“十三五”普通高等教育本科部委级规划教材

染整工艺与原理（第2版）

（下册）

赵　涛　主编

中国纺织出版社有限公司 | 国家一级出版社
全国百佳图书出版单位

内 容 提 要

本书简要介绍了各类纺织纤维用染料的化学基础知识及其应用性能，重点阐述了染色基本理论，各类染料在各种主要纤维上的染色原理、工艺条件及流程，各类染料的印花方法及工艺。

本书可供高等纺织院校轻化工程专业师生使用，也可供印染专业技术人员、科研人员参考。

图书在版编目(CIP)数据

染整工艺与原理．下册/赵涛主编．—2版．—北京：中国纺织出版社有限公司，2020.1（2025.5重印）

“十三五”普通高等教育本科部委级规划教材

ISBN 978-7-5180-6611-7

Ⅰ.①染…　Ⅱ.①赵…　Ⅲ.①染整—高等学校—教材
Ⅳ.①TS19

中国版本图书馆CIP数据核字(2019)第186449号

责任编辑：范雨昕　　责任校对：江思飞　　责任印制：何　建

中国纺织出版社有限公司出版发行

地址：北京市朝阳区百子湾东里A407号楼　邮政编码：100124

销售电话：010—67004422　传真：010—87155801

http://www.c-textilep.com

中国纺织出版社天猫旗舰店

官方微博 http://weibo.com/2119887771

北京虎彩文化传播有限公司印刷　各地新华书店经销

2025年5月第8次印刷

开本：787×1092　1/16　印张：22.75

字数：463千字　定价：72.00元

第2版前言

《染整工艺与原理》(下册)是以教育部“普通高等教育‘十一五’国家级规划教材”要求编写的轻化工程(染整工程)专业教材。其基本内容是将染料和纤维的化学基础知识、染色基本理论与染色工艺及印花工艺相融合,重点阐述了各类纤维纺织品的染色、印花的工艺原理和工艺过程。

该教材2007年被列为“十一五”国家级规划教材,第1版自2009年5月出版以来,承蒙广大院校轻化工程专业教师与学生们的厚爱以及相关专业技术人员的关注和支持,成为相关高校的本科专业教材和工程技术及科研人员的重要参考资料。该教材已经连续印刷11次,总印数近17000册。

通过对该书的学习,可以使学生系统地掌握染色和印花专业知识,培养学生运用专业理论知识合理地设计工艺方案的能力,达到全面提高学生素质培养的目的。在过去近十年使用的基础上,本教材对部分内容进行了重新设计和编排,对国内外最新的染色印花理论和工艺技术进行了补充,并进一步突出了清洁生产和绿色纺织品的概念。在讲述工艺原理的同时,突出了工艺实例的介绍。

本教材第一章至第四章由赵涛(东华大学)编写[其中第四章的第七节由邵建中(浙江理工大学)编写],第五章由吴赞敏(天津工业大学)编写,第六章和第十章由唐人成(苏州大学)编写,第七章由王树根(江南大学)编写,第八章由龙家杰(苏州大学)编写,第九章由王雪燕(西安工程大学)编写,第十一章由孟庆涛(天津工业大学)编写,第十二章由闵洁(东华大学)编写,第十三章由刘今强(浙江理工大学)编写,第十四章由孙向东(武汉纺织大学)编写。全书由赵涛统编和定稿。

在本书的编写过程中,东华大学教务处、东华大学化学化工与生物工程学院以及相关兄弟院校的多位专家和老师也为本教材的编写提供了许多支持和帮助,在此一并表示诚挚的谢意。

由于编者水平有限,缺点和疏漏在所难免,敬请读者批评指正。

编　者

2019年9月

第1版前言

《染整工艺与原理》(下册)是以教育部“普通高等教育‘十一五’国家级规划教材”要求编写的轻化工程(染整工程)专业教材。其基本内容是将染料的化学基础知识、染色基本理论与染色工艺及印花工艺相融合,重点阐述了各类纤维纺织品染色和印花的工艺原理。与本教材相配套的《染整工艺与原理》(上册)(阎克路主编)主要讲述织物前处理和整理方面的内容。

由于篇幅所限,本教材并未对染料和纤维的结构及其性能进行详细的论述,只是在讨论染色工艺与原理时,对相关的染料和纤维的结构进行了分析。关于染料和纤维的详细内容,可参阅《染料化学》(何瑾馨主编)和《纤维化学与物理》(蔡再生主编)等书。

在本教材编写中,编者对编写大纲和内容进行了合理的设计和编排,力求反映国内外最新的工艺技术和理论,并突出清洁生产和绿色纺织品的概念,在讲述工艺原理的同时,注重工艺实例的讲述。

本教材第一章至第四章由赵涛(东华大学)编写[其中第四章的第七节由邵建中(浙江理工大学)编写],第五章由吴赞敏(天津工业大学)编写,第六章和第十章由唐人成(苏州大学)编写,第七章由王树根(江南大学)编写,第八章由龙家杰(苏州大学)编写,第九章由王雪燕(西安工程大学)编写,第十一章由孟庆涛(天津工业大学)编写,第十二章由闵洁(东华大学)编写,第十三章由刘今强(浙江理工大学)编写,第十四章由孙向东(武汉科技学院)编写。全书由赵涛统编和定稿。

在本书的编写过程中,东华大学教务处、东华大学化学化工与生物工程学院以及相关兄弟院校的多位专家和老师也为本教材的编写提供了许多支持和帮助,在此一并表示诚挚的谢意。

由于编者水平有限,缺点和疏漏在所难免,敬请读者批评指正。

编　者

2009年1月

课程设置指导

课程名称 染整工艺与原理(下册)

适用专业 轻化工程(染整)

总 学 时 66

课程性质 本课程为轻化工程专业的核心专业课。

课程目的

1. 掌握染色基本理论,主要包括染色热力学和动力学有关基本概念以及各类染料的染色原理。

2. 掌握各类纺织品的主要染色和印花工艺原理与方法以及印染产品的质量要求,使学生具有较牢固的专业理论基础和一定的生产工艺分析能力。

课程教学的基本要求 该课程着重介绍染色和印花的基本理论和典型工艺,培养学生分析和解决问题的能力,并在讲课时介绍有关参考书籍和专业文献,增强学生的自学能力。教学时还应结合当前学科的发展,对一些有关问题进行讨论,培养学生理论联系实际和对实际问题的分析能力。有些章节不进行课堂教学,引导学生自学,进行讨论。

本课程共66学时,作业随堂布置,考试采用笔试的方式。

教学环节学时分配表

章 数	讲授内容	学时分配
一	绪论	2
二	染色基本理论	12
三	直接染料染色	3
四	活性染料染色	8
五	还原染料染色	4
六	酸性染料、酸性媒介染料及酸性含媒染料染色	5
七	分散染料染色	5
八	阳离子染料染色	4

续表

章　　数	讲授内容	学时分配
九	不溶性偶氮染料及硫化染料染色	自学
十	多组分纤维纺织品的染色	2
十一	印花方法	2
十二	印花色浆	4
十三	颜料印花	5
十四	各类织物的印花	8
考　　查		2
共　　计		66

目录

第一章　绪　论

第一节　引　言

一、印染工业发展历史及现状

纺织品的染色是人类文明最古老的工艺之一，人类使用染料(dyes)对纺织品进行染色具有十分悠久的历史。在19世纪中叶以前，人们使用的染料都来源于自然界的植物、动物和矿物，几乎未经过化学加工，因此称为天然染料(natural dyes)(严格说是天然色素)。其中主要是采用某些植物的花、茎、叶、根及果实的浸出液进行染色，如靛蓝、茜素等。天然染料除少数品种外，对纤维都没有亲和力(affinity)或直接性(substantivity)，必须与媒染剂作用后才能固着在纤维上。此外，天然染料还存在色泽单调、染色工艺繁杂、劳动强度大、产量小及季节依赖性强的缺陷。

从1856年英国化学家珀金(Perkin)制得第一只合成染料(synthetic dyes)——苯胺紫，到1910年前后，用于各类纤维染色、印花的染料已经有了许多性能良好的品种，如碱性染料(basic dyes)、酸性染料(acid dyes)、苯胺染料(aniline dyes)、直接染料(direct dyes)、硫化染料(sulfur dyes)及蒽醌结构的还原染料(vat dyes)等。

1910年以后，为了适应醋酯纤维染色的需要，染料商开发出了分散染料(disperse dyes)，后来又出现了具有酞菁结构的染料。此时，随着黏胶、醋酯等再生纤维素纤维的面世以及人们对纤维化学结构及微结构的深入研究，迫使人们对染色技术及染色理论进行深入研究，也促使许多性能良好的染料品种不断出现，染色技术日臻完美。

1940～1945年，伴随着聚酰胺纤维、聚酯纤维、聚丙烯腈纤维、聚丙烯纤维等新一代合成纤维的出现及迅速崛起，完全改变了20世纪40年代中期以前纺织工业都是以天然纤维或用天然聚合物制成的再生纤维为原料的结构。这些新型的纺织材料，促进了染整加工、染料制造技术的发展，使染料与纤维之间相互促进、相互发展，染色技术和理论不断完善，并使纺织产品的应用范围扩大至国防、宇航、水利、建筑、汽车等其他工业。20世纪70年代，新型纺(如气流纺纱机)织(如剑杆、喷气、喷水等无梭织机)机械进入商业化实用阶段，大大提高了纺纱和织造的效率，同时也促进了许多新型快速染色与印花设备的开发与应用，使世界纺织工业在随后的一二十年上升到一个前所未有的辉煌阶段。

20世纪80年代，由于环保费用的上升及发展中国家染整技术的提高，作为现代纺织工业发祥地的欧洲，已失去世界印染产品主要供给地的地位，但其一流的染整技术、染化料开发能力、染整机械制造能力及对高层次印染产品的消费，使其仍引导着世界染整技术的发展方向。

欧洲印染工业的现状是设备的专业化及加工领域专业化。在亚洲,拥有先进染整技术的日本、韩国把研究及开发精力放在高技术含量、高附加值的产品上。1980 年代以来,我国印染产业的规模得到了快速发展,印染布、服装及相关的染料产量都已位居世界第一位,印染行业整体技术水平与国外差距在逐步缩小,有些技术已达到世界先进水平。生产高品质、生态环保的染色产品是未来染色工业发展的趋势。

二、纺织品印染技术的发展趋势

目前,全球对纺织纤维的需求量约为八千万吨,而其中 80%以上的纺织品要经过染色湿加工。染色过程中污水及废弃固体物的排放,对生态环境产生了严重的影响;部分染料可能会分解产生致癌芳香胺或对人体皮肤具有刺激性,这促使各国制定了更严格的环境保护法及纺织品生态标准,已经或正在明显地促进纺织品染色工艺的更新、发展。目前,节水节能、高速高效、生态环保的染色加工技术的研究工作进行了很多,有的已在生产实践中发挥了作用。如欧洲倡导的清洁生产的四 R 原则(Reduce 内部减少、Recovery 回收、Reuse 回用、Recycle 循环)成为世界染色工业技术发展的主流。据估计,世界染料产量的 1/10 是在应用过程中废弃的。在染色技术的研究开发方面,重点关注的是提高染料利用率、减少消耗和污染物排放,提高染色的一次准确率等。特别是在活性染料的开发及染色技术的应用方面更是取得了较大发展,如具有明显节能减排效果的染色工艺有冷轧堆染色、湿短蒸轧染、高固着率染色、小浴比染色、低温染色、低盐染色、混纺织物一浴一步法染色等。国外许多学者采用某些天然染料对涤纶、锦纶、黄麻、棉、羊毛等纤维进行了染色研究,得到了明亮的浓色,同时染色物具有很好的染色牢度。但大多数天然染料染色时,需要用重金属盐进行媒染,不能从根本上解决纺织品染色生态问题。颜料染色(也称涂料染色)仍是染色工艺的一个重要发展方向,其不但可获得与普通染色工艺完全不同的时尚效果,同时,浸染(exhaust dyeing)和轧染(pad dyeing)工艺具有良好的续缸性能,染料的浪费及污水排放少,污水中不含有碱、电解质等对环境有害的物质。由于颜料(pigments)是通过黏着剂(binder)固着在纤维表面,因此黏着剂的性能对染色牢度(日晒牢度除外)、手感具有决定性的影响。

目前,筛网印花(screen printing)(平网、圆网)继续成为纺织品印花的主要生产方式,约占印花纺织品总产量的 80%;滚筒印花(roller printing)进一步减少,仅占总产量的 10%;其他为少量的转移印花(transfer printing)(4%)及手工台板印花(2%)等。新型的全彩色无版印花方式以其反应快速、适应小批量多品种以及清洁和环保生产等特点,向传统的筛网印花提出了挑战。另外,计算机微处理控制系统已广泛应用于印花设备。计算机辅助设计(CAD)也在图案数据处理、分色描稿、激光制网(laser engraving)、喷射印花(ink jet printing)中得到广泛应用。网点印花也在生产中得到了初步应用。印花工艺正向高速、高效、环保方向发展。作为发展最为迅速的喷墨印花技术,在装备、墨水等耗材和产品开发方面,国内与国外还存在一定差距,需要继续研究攻关。

以电子计算机为主体的现代控制技术已渗透到了印染加工的各个领域,人们正在运用高新技术成果研究和开发新型染色技术,包括高速、高效及高度自动化的染色加工设备。如真空吸液技术，用各种传感器对上染工艺参数适时监控以达到良好的匀染效果及最高固色率等。由于普遍采用自动化程序控制，利用各种高新技术加强工艺过程的在线检测、质量控制等先进的生产手段（如电脑测色配色、电脑分色制版、网络远程通信确认订单等），印染加工已从原先一般意义上的小批量多品种，提升为即时化（just-in-time）生产和一次准确化（right-first-time）生产。因此大大降低了生产成本，缩短了交货周期，增强了产品的竞争力，使染色与印花技术向高速、高效及数字化方向发展。

应该看到，染整工艺学是一门综合性的科学，离不开相关学科的发展，随着科学技术的高速发展，学科之间更强调相互渗透与交叉。计算机科学、材料科学、生物科学及其他学科在染色与印花技术中的应用，是现在也是未来染色与印花技术发展的基础与动力。

三、印染的目的与要求

纺织品的染色与印花过程，实质上是以染料从外部介质（外相）向纤维（内相）的转移扩散过程为基础的，是染料在两相间的分配过程。包括染料从外相向纤维表面扩散、在纤维外表面的吸附、在纤维中的扩散及在纤维内表面的吸附与固着等过程。外相可能是固态、液态、气态或液态与气态的结合态（超临界态）。染色过程中的液态介质，乃是染料在水中、有机溶剂中或其混合物中的溶液或分散液。印花过程中的浆膜为固态外部介质。分散染料热熔法染色（thermal fixation）高温焙烘升华后出现了气态外部介质。超临界二氧化碳流体则是结合了液体与气体两种介质性质的一种新型的染色介质。染色和印花的最终目的是使染料在纤维内表面（含外表面）的吸附与固着。

所谓染色是指用染料按一定的方法使纤维、纺织品获得颜色的加工过程。它包括将染料制成某种介质（一般是水）的溶液或分散液，利用染料与纤维之间产生物理的、化学的或物理与化学相结合的作用对纤维染色，或者用化学方法使染料中间体在纤维上生成颜料，从而使纺织品具有一定的颜色。纺织品通过染色所得颜色应符合指定颜色的色泽、均匀度和牢度等要求，同时也应该符合一定标准的生态环保要求。

第二节　电子测色配色及其应用

一、拼色

在纺织品的染色和印花加工过程中，通常需要两种或两种以上的染料进行拼混染色，来获得一定的色泽，该过程称为拼色（matching）或配色。在进行大生产以前，工厂一般通过打小样来获得配色的生产处方。打样的正确与否对保证染色产品的色泽是否符合来样要求、提高生产效率有着重要的意义。不管是采取计算机配色还是人工配色，都必须掌握配色原理及配色中的一些基本知识。

利用物体吸收入射光谱中的一部分光而显示出与入射光不同颜色的方法，称为减法混色。

染料的相互混拼属于减法混色。染料的三原色是黄、青、品红三种色光的染料,用这三原色混拼可以得到色彩范围很广的各种颜色。染料拼色时,由两个原色拼得的颜色叫二次色,当二次色再拼色就得三次色,它们的关系如下:

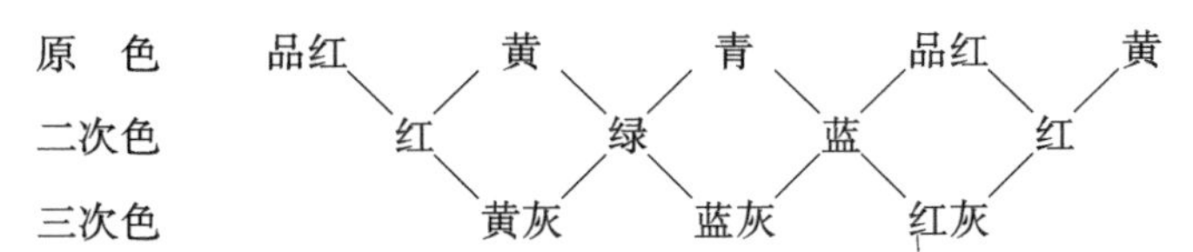

拼色时要对颜色的特征有所了解,色相(色调)、明度(亮度)、彩度(纯度、饱和度)是打样与标样对比的理论依据。对于色相属于三次色的颜色,色光(colour cast)较难掌握,一般采用三原色拼色,或者用一种原色加一种二次色(或三次色)的染料拼色,而不是全部用三次色的染料来拼色。另外,拼色用染料的染色性能应接近,上染速率差异大的染料拼染时,匀染性及色光稳定性较差。拼色用染料只数越少越好,一般不应超过三只,这样不仅可使色泽鲜艳、明亮,而且可以提高色泽的重现性。拼色染料的染色牢度应接近,否则因褪色程度不同,其色泽与原样相比变化较大。

二、颜色的测定

现代测色技术是建立在基本色度学和高等色度学的基础之上。基本色度学在 1931 年和 1964 年分别确立了 2°和 10°"CIE 标准色度观察者",规定了 CIE 标准照明体 D_{65}、D_{75}、D_{55}、C、A 等,及测量物体表面光谱反射率的几何光学照明条件等,建立了 CIE *XYZ* 表色系统。对于一个特定的颜色可用三刺激值 *X*、*Y*、*Z* 来表示。三刺激值是 CIE 表色系统使颜色定量化的基础。先测得物体的分光反射率曲线(或透光率曲线),然后再通过一系列计算得出 *X*、*Y*、*Z* 的值。而印染生产中,常用到的颜色测定如色差(colour deviation)、色深度、白度及荧光度都可由三刺激值导出。两个物体之间的色差(ΔE)对于颜色控制来说是一个重要的量。

色差的评价属于高等色度学的范畴,在实际生产活动和商业上有极其重要的作用。1976 年以前,色差公式的多元化给其应用带来很大不便和限制,1976 年 CIE 统一了色差公式的使用,推荐了 CIE 1976*Lab* 和 CIE 1976*Luv* 色差公式,并逐步在工业界的实际应用中推广。印染行业多属减法混色范畴,一般使用 CIE 1976*Lab* 色差公式及其色空间体系;而在电视、光源等行业的应用场合,属加法混色范畴,一般使用 CIE 1976*Luv* 色差公式及其色空间体系。由于对色的感觉因人而异,因而色差的定量具有与色的定量相同的重要性。由于 CIE 1976*Lab* 色差公式及其色空间体系在与人眼目测色差结果的对应关系上不够均匀,即在不同色区,当人眼目测色差视觉差不多的时候,计算出的色差数值却不尽相同,因而在实际使用中必须在不同色区设置不同的色差宽容度。针对这一问题,研究人员进行了大量的研究工作,目前已经推荐使用 CMC 色差公式,并成为国际标准。CMC 色差公式是在 CIE 1976*Lab* 色差公式的基础上进行修正得到的,大大改进了色差的均匀程度,使得在实际工业应用中在所有色区使用同一色差宽容度成为可能。这一公式目前已经在工业界得到广泛应用。

色差包括明度差、彩度差及色相差三个方面。它与视觉、灰色样卡色牢度级数之间具有一定的关系，由此通过评定色差可评定色牢度，分析各样品之间的差异等。用仪器代替人的眼睛来评定色差，可以克服环境、光源、人的视觉等因素的影响而带来的误差，具有精密、准确及快速的特点，为人力所不及。电脑测色时所取的样品应具有代表性。由于色差公式的缺陷，可能会出现测量值与目测结果不一致的现象，这与仪器本身无关。

三、电脑配色

电脑配色是利用光学仪器、计算机和软件来模拟人眼观察物体颜色的过程，配出与某一来样相同或相近似的颜色。电脑配色不但可以对许多新的色泽很快提供近似的染色处方，而且还可以把以往生产的品种按色泽、处方及工艺条件等汇编成文件后存入电脑，接到新样品后，根据输入的样品测色结果或直接输入代码而将色差小于指定数值的处方全部输出。较之人工配色，其具有准确高效、不受外界光源影响、不存在人为视觉差异、能够保存记忆、避免实样保存时的变褪色问题及检索更方便的优点。

电脑配色是建立在颜色测量技术的基础上的，由于配色可在相对不变的“标准色度观察者”和固定的标准光源（如 D_{65}）下进行，因此，若配出与某一来样相同或相近似的颜色，只要使拼色后的样品光谱反射率和来样一致便可达到目的。另一方面，在染料—纺织品着色体系中，所用各种染料的浓度（配方）与染色物的光谱反射率之间存在着定量的关系。目前国际上绝大多数的商业配色软件均是以传统的 Kubelka-Munk 理论为其光学理论基础的。根据该理论，可用下面公式来表示染料浓度（配方）、样品的吸收、散射和反射率之间的定量关系。

$$\frac{K}{S}=\frac{(1-R)^2}{2R}$$

则：

$$R=\frac{K}{S}+1-\sqrt{\left(\frac{K}{S}+1\right)^2-1}$$

式中：K 为染色物（不透明体）的吸收系数；S 为染色物的散射系数；R 为可见光的反射率。

由于 K 与 S 具有加和性，则 K/S 值可表示如下：

$$\frac{K}{S}=\frac{K_0+K_1c_1+K_2c_2+\cdots+K_ic_i}{S_0+S_1c_1+S_2c_2+\cdots+S_ic_i}$$

式中：K_i 和 S_i 分别为某一组分染料在单位浓度下的吸收和散射系数；K_0 和 S_0 为纤维的吸收系数和散射系数；c_i 为染料各组分浓度（染色配方）。

通过染制、测量，计算每只染料的基础色样而得出各档浓度的 K_i 和 S_i 值，利用上面公式计算出该染料的 K 值和 S 值，并算出该颜色的反射值 R。由于样品的 K 值和 S 值或 K/S 值与样品所含着色剂（如染料）浓度的实际函数关系和理论所假设的线性关系不一样，而直接影响配色的准确性。目前大多数软件采用对梯度浓度的样品试验点进行非线性的曲线拟合来模拟 K/S 值和样品所含着色剂浓度的函数关系，基本上解决了这个问题。

电脑测色配色基本过程为：分光光度计光源发出的光在积分球内反射形成散射光（模拟自然白光），散射光照在测孔处的标样产生反射光，此反射光被镜头接受，照在光电感应系统，产生电脉冲，经过转换传入计算机，作为数据（反射值）记录，计算机通过概括反射值，从基础数据库中选择配色候选染料，自动计算出预测配方，包括染料浓度、价格、同色异谱指数等，再由配色系统算出配方染样与标样间的实际色差,选出合格配方。试染后如果不合格就通过系统中配方修正程序,计算修正后的新配方,最后得到准确的配方。

由于染料在拼色时的相互作用,使得拼色时的上染行为和单色上染不太一样,这样按单个染料的上染行为制作的染料基础数据库计算和预报的配方就不太准确。近年来计算机配色软件向智能配色、精明配色、模糊配色等方向发展,来校正两者的差异。此外,由于染料不同批次间强度、色光的稳定性会直接影响配色效果,因此要求染料的质量要相对稳定,测色软件应具有由于染料质量不稳定而修正基础数据库的功能。

电脑配色能预告处方在不同光源下的误差,这是人工配色所不及的,可以开发新的色彩,还可以用于混纺织物的配色及荧光织物的配色等。电脑配色速度快,配方质量高,科学,经济。但若使其充分发挥效益,则从实验室到大生产的染色工艺必须具有良好的重现性,染料的色光、力份必须稳定,输入仪器的数据必须标准等。

第三节 染色牢度

一、染色牢度的概念

经过染色、印花的纺织品,在使用过程中要经受日晒、水洗、摩擦、汗渍等各种外界因素的作用;或染色、印花以后,还要经过其他的后处理加工过程(如树脂整理等),都有可能引起纺织品色泽的变化。所谓染色牢度(colour fastness)是指染色产品在使用过程中或以后的加工处理过程中,纺织物上的染料经受各种因素的作用而在不同程度上能保持其原来色泽的性能(或不褪色的能力)。保持原来色泽能力低的,即容易褪色,则染色牢度低,不容易褪色的染色牢度高。染色牢度是衡量染色产品质量的重要指标之一。

染色牢度的种类很多,一般以染料在纺织品上所受外界因素作用的性质不同而分类,主要有耐洗色牢度(colour fastness to washing)、耐摩擦色牢度(colour fastness to crocking)、耐刷洗色牢度(colour fastness to rubbing)、耐日晒色牢度(colour fastness to sunlight)、耐汗渍色牢度(colour fastness to perspiration)、耐热压(熨烫)色牢度(colour fastness to hot pressing)、耐干热(升华)色牢度(colour fastness to dryheat)、耐氯漂色牢度(colour fastness to chlorine bleaching)、耐气候色牢度(colour fastness to weathering)、耐酸滴或碱滴色牢度(colour fastness to acid/alkali spotting)、耐干洗色牢度(colour fastness to dry cleaning)、耐有机溶剂色牢度(colour fastness to organic solvent)、耐海水色牢度(colour fastness to sea water)、耐烟熏色牢度(colour fastness to burnt gas fume)等。

染色产品的用途不同,对染色牢度的要求也不一样。如夏季服装面料应具有较高的耐洗及耐汗渍色牢度,而汽车用布则要求有良好的耐日晒及耐摩擦色牢度。

为了对产品进行质量检验,国际标准化组织(International Organization for Standardization,缩写为 ISO)参照纺织品的服用情况,制定了一套染色牢度的测试方法及标准。各个国家也根据其国情和具体情况制定了相应的染色牢度国家标准,如 AATCC 标准(美国)及 JIS 标准

(日本)等。我国的国家标准包括强制性国家标准(GB)及推荐性国家标准(GB/T)。此外,还有推荐性行业标准(FZ/T)、企业标准及其他标准。由于纺织品的实际服用情况比较复杂,因此这些试验方法只是一种近似的模拟。对纺织品牢度进行检测时,应根据其适用范围来选用标准,同时应明确执行该标准方法的原理、适用的设备和材料、实验样品的制备、操作方法和程序以及实验报告的要求等。

染料在某一纤维上的染色牢度受许多因素的影响,除了与染料的化学结构有关外,还与染料和纤维的结合状态、纤维上的染料浓度、染料在纤维上的分布状态(如染料在纤维上的结晶形态、染料的分散或聚集程度等)、染色方法及工艺条件的选择等有关。此外,纤维的性质对染色牢度的影响也很大,如同一种染料在不同纤维上往往具有不同的染色牢度。

二、常见的染色牢度

1. 耐日晒牢度 耐日晒色牢度是指染色物在日光照射下保持原来色泽的能力。按一般规定,耐日晒牢度的测定以太阳光为标准。在实验室中为了便于控制,一般都用人工光源,必要时加以校正。最常用的人工光源是氙气灯光,也有用炭弧灯的。染色物在光的照射下,染料吸收光能,能级提高,分子处于激化状态,染料分子的发色体系发生变化或遭到破坏,导致染料分解而发生变色或褪色现象。日晒褪色是一个比较复杂的光化学变化过程,它与染料的结构、染色浓度、纤维种类、外界条件等都有关系。

一般来说,以蒽醌、酞菁为母体结构的染料,金属络合染料(metallized dyes),部分硫化染料的耐日晒色牢度较好;而各类偶氮染料的耐日晒色牢度则相差较大;三芳甲烷类染料(aryl carbonium dyes)一般都不耐日晒。

同一染料在不同纤维上的耐日晒色牢度亦有很大区别,如不溶性偶氮染料以同一浓度染在黏胶纤维上的耐日晒牢度比在棉纤维上的高得多。许多分散染料在聚丙烯腈纤维、聚酯纤维上的耐日晒牢度比在醋酯纤维上的高,同一品种的阳离子染料在不同品种的聚丙烯腈纤维上的耐日晒色牢度也不相同,分散染料在聚酯微细纤维上的耐日晒色牢度要低于普通聚酯纤维。

同一染料在同一品种纤维上,染色物的耐日晒色牢度会随染色浓度的变化而有所不同,浓度低的耐日晒色牢度一般较浓度高的差,这种情况对硫化染料及不溶性偶氮染料更为明显,只有极个别的分散染料和某些碱性染料在某些合成纤维上的耐日晒色牢度是随染色浓度的提高而降低的,分散染料对聚酯微细纤维染色浓度高时耐日晒色牢度也会降低。

除了染料和纤维的因素以外,外界条件如光源的光谱组成及入射角度、周围的大气成分和温度、试样的含湿率高低等都会影响试样的耐日晒牢度。如污染大气中的二氧化硫、二氧化氮等气体都可能引起染料变色或褪色;试样的含湿率高,会使染料的褪色速率增加;织物上有尿素、苯酚等化合物存在,也会降低耐日晒牢度。如果综合这些因素,将纺织品在气候侵蚀不加任何保护的情况下或在模拟外界气候条件下进行曝晒实验,所测定的织物色牢度称为耐气候色牢度。

耐日晒色牢度分为 8 级,1 级为最低,8 级最高。每级有一个用规定的染料染成一定浓度的蓝色羊毛织物标样。它们在规定条件下日晒,发生褪色所需的时间大致逐级成倍地增加(如 1 级标样约相当于在太阳光下曝晒 3h 开始褪色,而 8 级标样约相当于曝晒 384h 以上开始褪色)。

这些标样称为蓝色标样。测定试样的耐日晒牢度时,将试样和 8 块蓝色标样在同一规定条件下进行曝晒,看试样褪色情况和哪一块蓝色标样相当而评定其耐日晒色牢度。蓝色标样是将羊毛织物用表 1-1 所列染料按规定浓度染色制成的。

表 1-1 蓝色标样所用染料及其结构类别

标 准	染料名称	染料索引号	化学类别
1 级	酸性艳蓝 FFR	C. I. Acid Blue 104	三苯甲烷
2 级	酸性艳蓝 FFB	C. I. Acid Blue 109	三苯甲烷
3 级	酸性纯蓝 6B	C. I. Acid Blue 83	三苯甲烷
4 级	酸性纯蓝 EG	C. I. Acid Blue 121	—
5 级	酸性蓝 RX	C. I. Acid Blue 47	蒽醌
6 级	酸性淡蓝 4GL	C. I. Acid Blue 23	蒽醌
7 级	可溶性还原蓝 O6B	C. I. Solubilized Vat Blue 5	靛蓝
8 级	可溶性还原蓝 AGG	C. I. Solubilied Vat Blue 8	靛蓝

2. 耐洗色牢度 耐洗色牢度是指染色物在肥皂等溶液中洗涤时的牢度。耐洗色牢度包括原样褪色及白布沾色两项牢度内容,原样褪色即织物在皂洗前后相比的褪色情况,白布沾色是指与染色织物同时皂洗的白布,因染色物褪色而沾色的情况。试验方法参考国家标准 GB 3921—1997 纺织品耐洗色牢度试验方法。

耐洗色牢度首先与染料的化学结构有关。水溶性染料如直接、酸性染料等,由于含有水溶性基团且染料与纤维之间的结合键能较弱,若染色后未经固色处理(封闭其水溶性基团或提高染料分子与纤维之间的结合力),则耐洗色牢度一般较差,经固色后处理的染色物,耐洗色牢度可得到一定程度的提高。水溶性较差或水不溶性的染料,耐洗色牢度一般均较高。活性染料虽然具有较强的水溶性,但由于染料与纤维之间产生具有较强键能的共价键结合,因此耐洗色牢度较好。

耐洗色牢度还与执行不良的染色工艺有密切的关系,如活性染料的水解、固色不充分、浮色多、染色后水洗及皂煮不良均会导致耐洗色牢度降低。

耐洗色牢度的褪色及沾色等级,分别按"染色牢度褪色样卡"(习惯称为灰色样卡)和"染色牢度沾色样卡"的规定评定。样卡分 5 级 9 档,每档相差半级,以 1 级最差,5 级最好。

3. 耐汗渍色牢度 耐汗渍色牢度的评定方法与耐洗色牢度一样,也分为 5 级,也有褪色和沾色两种测试方法。

4. 耐摩擦牢度 耐摩擦牢度一般分为耐干摩擦牢度和耐湿摩擦牢度两种。耐干摩擦牢度指用干的白布在一定压强下摩擦染色织物时白布的沾色情况,耐湿摩擦牢度指用含水率 100% 的白布在相同摩擦条件下的沾色情况,因此耐湿摩擦牢度一般均比耐干摩擦牢度差。染色织物的耐摩擦牢度与染料在纤维上的分布状态有关,染料透染性好,表面无浮色,则耐摩擦牢度高。染色浓度高时易造成浮色,且在单位时间及单位面积内掉下来的染料数量常较浓度低时为多,故耐摩擦牢度较差。耐摩擦牢度试验方法为GB 3920—1997，试验时按规定条件将白布和试样摩擦，按原样褪色、白布沾色情况，分别与褪色、沾色灰色样卡比较来评定级别。耐摩擦牢度也分为5级，1级最差，5级最好。

5. 其他染色牢度　其他染色牢度除耐气候色牢度分为8级以外，其余均分成5级，各种试验方法可参见国家标准(GB)。

评定染料的染色牢度应将染料在纺织物上染成规定的色泽浓度才能进行比较。这是因为色泽浓度不同，所测得的牢度是不一样的。例如，浓色试样的日晒牢度比淡色的高，摩擦牢度的情况则与此相反。为了便于比较，应将试样染成一定浓度的色泽，主要颜色各有一个规定的所谓标准浓度参比标样，这个浓度写作"1/1"染色浓度。一般染料染色样卡中所载的染色牢度都注有"1/1"、"1/3"等染色浓度。"1/3"的浓度为1/1标准浓度的1/3。

第四节　生态纺织品与染整

生态纺织品是人们在环保意识不断加强、关注自身健康、保护地球资源的背景下应运而生的。其较全面的概念应包括生产过程的生态，用户生态即要求纺织品与人体接触时安全无毒性，处理生态即废弃物对环境无害。与染色、印花工艺相关的毒性主要是指禁用偶氮染料、致敏染料、有机氯化载体、含甲醛固色剂、色牢度以及重金属。重金属的来源主要是各种金属络合染料、媒介(染)染料、酞菁结构的染料、固色剂以及软化硬水、印花工序中的各种金属络合剂。这些物质可能对人体造成皮肤刺激、黏膜损伤、致畸、致变异和对水生物的毒性。对环境无害主要指废弃物具有生物可降解性。国际纺织品生态研究和检验协会(International Association for Research and Testing in the Field of Textile Ecology)于1992年制定了生态纺织品标准100(Oeko－Tex Standard 100)作为纺织品生态性能判别标准，对有关纺织品中有毒物质的测试标准进行了具体规定，修订版已于2019年2月发布。

大多数染料是用从煤焦油中提取出来的芳香胺作为中间体合成的，其化学结构属于偶氮类。研究表明，部分偶氮染料在一定的条件下会还原分解出某些对人体或动物有致癌作用的芳香胺。纺织品、服装使用含致癌芳香胺的偶氮染料之后，在与人体的长期接触中，可能发生还原反应而分解出致癌芳香胺，并经过人体的活化作用改变DNA结构，引起人体病变和诱发癌症。目前合成染料的品种约有2000种以上，其中约60％以上的染料是以偶氮结构为基础的，而涉嫌可还原出致癌芳香胺的染料品种(包括某些颜料和非偶氮染料)约有210种。除Oeko－Tex Standard 100对禁用偶氮染料有明确规定外，德国、荷兰、奥地利及欧盟消费品法令对偶氮染料的使用也有禁用规定。我国对于纺织品生态要求的了解及其概念，最早是来自于德国政府颁布的消费品法令。

致敏染料主要是一些用于涤纶、锦纶及醋酯纤维染色的分散染料，目前，Oeko－Tex Standard 100规定的不可以使用的致敏染料共20个品种。分散染料载体染色工艺中使用的有机氯化载体，对人体有潜在的致畸和致癌性。此外，纺织品的染色牢度如果不好，则其中的染料分子及重金属离子等有可能通过皮肤被人体吸收,从而危害到人体健康。

目前,国际上要求纺织品生产、供应商应向消费者出示衣服中不含有致癌性、致过敏性和环境激素等性质的染料说明书。同时,国际上兴起了纺织品标准热,既有国际标准、欧盟标准以及英国、日本、德国、俄罗斯等国家的国家标准,又有美国材料与试验协会、国际羊毛局、国际生态纺织品等协会标准,一些国际大型采购商还有自己制定的商业标准。而相关的绿色纺织品的标志有 Oeko - Tex Standard 100(生态纺织品标准 100)、GUT(环保型地毯协会)、Eco - Tex(国际生态协议标签)、GUW(生态友好装饰织物协会印记)、EPG(欧洲最大纺织和服装公司 Eltac 欧洲产品保证)等。

第五节 染色方法

染色方法的实施是在染色设备上完成的。染色设备是染色顺利进行的必要条件和手段,对染料的上染速率、匀染性、染色坚牢度、色差、染料利用率、劳动强度、生产效率、能耗及染色成本等都有很大的影响。节水、节能、多用途、智能化是当今染色设备的发展趋势。染色设备的品种、型号很多,分类方法也很多。按染色方法可分为浸染机、卷染机、轧染机;按被染物形态可分为散纤维染色机、纱线染色机、织物染色机;按染色温度及压力可分为常温常压染色机及高温高压染色机;按设备运转方式可分为间歇式染色机及连续式染色机等。

纺织品可以以不同的形态进行染色,如散纤维染色(stock dyeing)、纱线染色(yarn dyeing)、织物染色(fabric dyeing)等。其中织物染色应用最广,包括各种纯纺、混纺或交织的机织物和针织物。纱线染色主要用于纱线制品和色织物或针织物所用纱线的染色,其应用也比较广泛。而散纤维染色主要用于一些具有特殊效果的纺织品,应用范围最小。目前又出现了成衣染色,即将白坯织物制作成服装后再染色,由于其具有适合小批量生产、交货迅速、可快速适应市场的变化、产品具有良好的服用性能等特点,而引起了人们的重视。

根据把染料施加于染色物和使染料固着在纤维上的方式不同,染色方法可分为浸染(exhaust dyeing)(或称竭染)和轧染(pad dyeing)两种。

一、浸染

浸染是将纺织品浸渍于染液中,经一定时间使染料上染纤维并固着在纤维上的染色方法。浸染时,染液及被染物可以同时循环运转,也可以只有一种循环。在染色过程中,染料逐渐上染纤维,染液中染料浓度相应地逐渐下降。

浸染方法适用于各种形态的纺织品,如散纤维、纱线、针织物、真丝织物、丝绒织物、毛织物、稀薄织物、网状织物等不能经受张力或压轧的染色物的染色。浸染一般是间歇式生产,生产效率较低。浸染的设备比较简单,操作也比较容易,常用的主要有散纤维染色机、绞纱(skein/hank)或筒子纱(package)染色机、经轴(beam)染色机、卷染(jig)机、绳状染色机、喷射溢流(jet flooded)染色机、气流(air flow)染色机等。气流染色机属于新一代喷射染色机，其所需水和热量只是传统喷射染色机的一半，生产效率却比后者高100%，并且广泛适用于各种纤维和织物。

浸染时染液质量与被染物质量之比称为浴比(liquor ratio)。由于染色介质一般为水，则习惯上将染液体积(L)与被染物质量(kg)之比称为浴比。染料用量一般用对纤维质量的百分数(owf)表示，称为染色浓度。例如，被染物50kg，浴比20∶1，染色浓度为2%(owf)，则染液体积为1000L，所用染料质量为1kg。

浸染时，首先要保证染液各处的染料、助剂的浓度均匀一致，否则会造成染色不匀，因此染液和被染物的相对运动是很重要的，同时要尽可能地保证染液均匀流动。上染速率太快，也易造成染色不匀，一般可通过调节温度及加入匀染助剂来达到控制上染速率的目的。调节温度时应使染浴各处的温度均匀一致，升温速率必须与染液流速相适应。加入匀染剂可控制上染速率，或增加染料的移染(migration)性能，因此获得匀染(leveling)。另外，为了纠正初染率太高而造成的上染不匀，也可以采用延长上染时间的办法来增进移染，但对于移染性能差的染料很难有效。

浴比大小对染料的利用率、匀染性、能量消耗及废水量等都有影响。一般来讲，浴比大对匀染有利，但会降低染料的利用率及增加废水量。为了提高染料的利用率，在保证匀染的情况下，可用促染剂以提高染料的利用率。

纺织品在纤维生产和纺织加工过程中会受到各种张力的作用，为了防止或减少在染色过程中发生收缩和染色不匀，应预先消除其内应力。例如，棉织物染色前应用水均匀润湿，合成纤维织物染色前经热定形处理等。

二、轧染

轧染是将织物在染液中经过短暂的浸渍后，随即用轧辊轧压，将染液挤入纺织品的组织空隙中，并除去多余染液，使染料均匀分布在织物上，染料的固着是(或者主要是)在以后的汽蒸(steaming)或焙烘(baking)等处理过程中完成的。涤棉混纺织物轧染过程如图1-1所示。

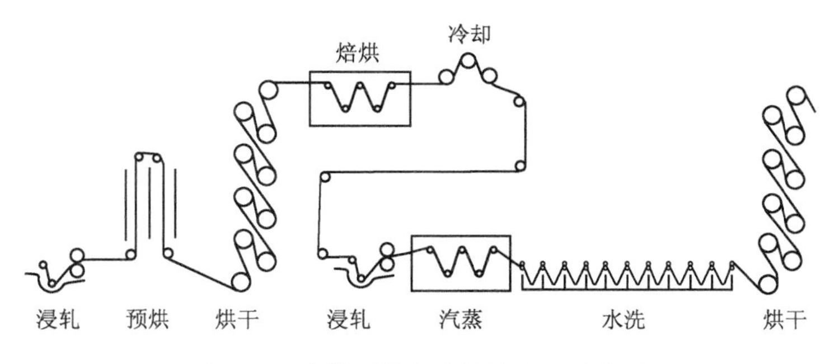

图1-1 涤棉混纺织物轧染过程示意图

和浸染不同，在轧染过程中，织物浸在染液里的时间很短，一般只有几秒到十几秒。浸轧后，织物上带的染液[即带液率(pickup)或轧液率，织物上带的染液质量占干布质量的百分率]不多，在30%～100%之间。如合成纤维的轧液率在30%左右，棉织物的轧液率在70%左右，黏胶纤维织物的轧液率在90%左右。不存在染液的循环流动,没有移染过程。

轧染一般是连续染色加工,生产效率高,适合大批量织物的染色,但被染物所受张力较大,通常用于机织物的染色,丝束和纱线有时也用轧染染色。

为了保证匀染性及防止色差,首先要求轧液要均匀,织物浸轧后,前、后、左、中、右的轧液率要求均匀一致。目前较理想的染色轧车是均匀轧车(也称浮游轧车)。该轧车的特点为:在轧辊的两端用压缩空气加压,在轧辊内部用油泵加压,通过调节使轧辊整个幅度上压力相同,不易造成织物边部与中间的深浅疵病。均匀轧车的一对轧辊都为软辊。

用于轧染的织物需有良好的润湿性能,这样染液才能迅速透入织物的组织空隙,将空气置换出来。因此染色前织物除应先经充分的前处理(如煮练、丝光)外,也可在染液中加适当的润湿剂。在这种情况下,增加轧辊压力可以更多地除去多余的染液,获得比较低的轧液率。但如果织物的润湿性能不好,则增加轧辊压力可以使更多的染液透入织物的组织空隙中,反而增加了轧液率。

浸轧有一浸一轧、一浸二轧、二浸二轧或多浸一轧等几种形式,采用哪种方法可视织物、设备、染料等情况而定。织物厚、渗透性差、染料用量高,则不宜用于一浸一轧。

织物经过轧点时,多余的染液大部分被轧去,但也有一部分染液在织物经过轧点后被重新吸收。经过轧压以后,织物上的染液可以分为三部分,即被纤维所吸收的染液,留在织物组织的毛细管空隙中的染液,留在织物间隙中、在重力作用下容易流动的染液。烘干时,织物表面的水分蒸发,后两部分染液通过毛细管效应,向织物的受热表面移动,产生“泳移”现象,造成色斑。所谓泳移(migration)是指织物在浸轧染液以后的烘干过程中染料随水分的移动而向受热面迁移的现象。泳移不但使染色不匀,而且易使摩擦牢度降低。很显然,织物含湿量越大,染料就越易泳移,因此浸轧时轧液率越高,烘干过程中产生泳移的情况越严重,织物上含湿量在一定数值以下时(例如,棉织物大约在30%以下,涤棉混纺织物大约在25%以下),泳移现象就不显著。除了降低轧液率防止泳移外,加入防泳移剂也是一个有效的途径。

一般染料对纤维都有一定的直接性,在浸轧过程中会对纤维发生吸附,因此轧余回流下来的染液浓度降低,结果轧槽里的浓度也随之而下降,造成染色前浓后淡的色差。染料对纤维的初染率越高,前浓后淡差别越大。一般可通过开车初期适当冲淡轧槽染液浓度的方法来避免。反之,如果染料对纤维没有直接性而又不能随水一起扩散进入纤维,那么回流下来的染液浓度反而增加了,结果会产生前淡后浓的现象。一般可提高开车初期的染液浓度而减少这种色差。

浸轧后的织物烘干一般有红外线(infrared)烘干、热风烘干、烘筒(cylinders)烘干三种,分别属于辐射、对流、传导传热方式。前两种属于无接触式烘干,烘干效率较低,最后一种属于接触式烘干,烘干效率最高。

热风烘干是利用热空气使织物上的水分蒸发,一般采用导辊式热风烘干机(有直导辊式和横导辊式两种)。空气先经蒸汽管加热,由喷风口送入烘箱内,各喷风口的风量要相等,左右要一致,以免引起烘干不匀。由于从织物上蒸发的水分直接散逸在热空气中,使热空气的含湿量增高,又由于其属于对流传热,因此烘干效率较低。

烘筒烘干是将织物贴在里面用蒸汽加热的金属圆筒表面，使织物上的水分蒸发。烘筒烘干是接触式烘干，烘干效率高。由于烘筒壁的厚薄不一致以及表面平整程度的差异，织物浸轧染液后直接用烘筒烘干，极易造成烘干不匀和染料泳移，因此一般烘筒烘干往往与热风或红外线烘干结合起来使用，待用热风或红外线烘至一定湿度后再使织物接触温度高的烘筒。

轧染中使染料固着的方法一般有汽蒸、焙烘（或热熔）两种。汽蒸就是利用水蒸气使织物温度升高，纤维吸湿溶胀，染料与化学药剂溶解，同时染料被纤维所吸附而扩散进入纤维内部并固着。汽蒸在汽蒸箱中进行，根据所用染料，有时用水封口，有时用汽封口。汽蒸时间一般较短，约 50s，温度为 100～102℃。除这种常压饱和蒸汽汽蒸外，还有常压高温蒸汽（即过热蒸汽）和高温高压蒸汽汽蒸。常压高温汽蒸是用温度高于 100℃的过热蒸汽汽蒸，常用的温度范围约在 170～190℃之间，一般用于涤纶及其混纺织物的分散染料热熔染色，也可用于活性染料常压高温汽蒸固色。高温高压汽蒸是用 130℃左右的高压饱和蒸汽汽蒸，可用于涤纶及其混纺织物的分散染料染色。

焙烘是以干热气流作为传热介质使织物升温，染料溶解并扩散进入纤维而固着。焙烘箱（thermosol oven）一般为导辊式，与热风烘干机相似，但温度较高，一般是利用可燃性气体与空气混合燃烧，也有用红外线加热焙烘的。焙烘法特别适用于涤纶及其混纺织物的分散染料热熔染色，也可用于活性染料的固色。焙烘箱内各处温度及风量应均匀一致，汽蒸箱内各处湿度及温度也应均匀一致，否则固色条件不一致就会造成色差。

汽蒸或焙烘后再根据不同要求进行水洗、皂洗等后处理，最后经烘筒烘干。

轧染的发展趋势是开发高效率的小批量连续染色机，克服批量间长时间停车以及批数调换时染液废弃不用的弊端。通过简化染色工艺，用最短的停机时间快速调换色泽，以及降低加工成本等来实现，但同时也应满足牢度等质量要求。

☞ 复习指导

1. 了解染色工业发展的历史、染色技术的现状及发展趋势以及生态纺织品的基本概念。
2. 了解纺织品测色与配色的基本原理。
3. 掌握染色的定义、目的和要求，染色牢度及其评价方法。
4. 了解常用染色设备、加工对象及其发展趋势。

☞ 思考题

1. 何谓染色和染色牢度？简述染色的目的和要求。
2. 简述按照染色方法、被染物形态、染色设备容器压力、设备运转方式分类的染色设备。
3. 何谓浸染和轧染？何谓浴比和轧液率？
4. 试述提高浸染染色均匀性的基本措施。
5. 简述影响连续轧染染色均匀性的主要因素。

参考文献

[1] ABOU Elmaaty T, Abd El - Aziz E. Supercritical carbon dioxide as a green media in textile dyeing: a review[J]. Textile Research Journal, 2018, 88(10): 1184 - 1212.

[2] ANDRADE R S, TORRES D, RIBEIRO F R, et al. Sustainable Cotton Dyeing in Nonaqueous Medium Applying Protic Ionic Liquids[J]. Acs Sustainable Chemistry, 2017, 5(10): 8756 - 8765.

[3] Mock G N. The textile dye industry in the United States[J]. Rev. Prog. Color., 2002(32): 80 - 87.

[4] ABOU E T, FATHY E T, HANAN E, et al. Water free dyeing of polypropylene fabric under supercritical carbon dioxide and comparison with its aqueous analogue[J]. The Journal of Supercritical Fluids, 2018, 139: 114 - 121.

[5] MARTINE Bide, MARY Beth Mather-Gale. Textiles and the environment from AATCC[J]. Textile Chemist and Colorist, 1999, 31(4): 33 - 35.

[6] GERHARD Horstmann. Dyeing as a new environmental challenge[J]. J. S. D. C., 1995, 111(6): 182 -184.

[7] Yang Y, Charles A Haryslak. Reuse of reactive dyebaths-dyeing nylon 66, nylon 6 and wool with hydrolyzed reactive dyes[J]. Textile Chemist and Colorist, 1997, 29(10): 38 - 46.

[8] William A Rearick, Leonard T Farias. Water and salt reuse in the dyehouse[J]. Textile Chemist and Colorist, 1997, 29(4): 10 - 19.

[9] Lorraine Hill. Waste minimization in the dyehouse[J]. Textile Chemist and Colorist, 1993, 25(6): 15 - 20.

[10] Lokhande H T, Vishnu A Dorugade, Sandeep R Naik. Application of natural dyes on polyester[J]. American Dyestuff Reporter, 1998, 9: 40 - 50.

[11] Bhattacharya N, Doshi B A, Sahasrabudhe A S. Dyeing jute fibers with natural dyes[J]. American Dyestuff Reporter, 1998, 4: 26 - 29.

[12] Vineet Kumar, Bharati B V. Studies on natural dyes: Mangifera indica bark[J]. American Dyestuff Reporter, 1998, 9: 18 - 22.

[13] Deo H T, Desai B K. Dyeing of cotton and jute with tea as a natural dye[J]. J. S. D. C., 1999, 115(7/8): 224 - 227.

[14] Tsatsaroni E G, Eleftheriadis I C. The colour and fastness of natural saffron[J]. J. S. D. C., 1994, 110(10): 313 - 315.

[15] Brian Glover. Are natural colorants good for your health? Are synthetic ones better? [J]. Textile Chemist and Colorist, 1995, 27(4): 17 - 20.

[16] Aspland J R. Pigments as textile colorants[J]. Textile Chemist and Colorist, 1993, 25(10): 31.

[17] Hyde R F. Review of continuous dyeing of cellulose and its blends by heat fixation processes[J]. Rev. Prog. Coloration, 1998, 28: 29.

[18] Trevor Lever. Exhaust dyeing with pigments on cotton piece and garments[J]. J. S. D. C., 1992, 108(11): 477 - 478.

[19] Martin White. Developments in jet dyeing[J]. Rev. Prog. Coloration, 1998, 28: 80 - 94.

[20] Stephen N, Croft David Hinks. Analysis of dyes by capillary electrophoresis[J]. Textile Chemist and

Colorist,1993,3:47－51.

[21] Fredgar Hoffmann. Computer-aided optimization of exhaust dyeing procedures[J]. Textile Chemist and Colorist,1998,10:19－23.

[22] Jun Lu,Charles Spiekermann,et al. A novel approach to modeling and controlling dyeing processes[J]. Textile Chemist and Colorist,1995,3:31－40.

[23] David W Farrington. Right-first-time-an approach to meeting the demands of today's customer[J]. J. S. D. C. ,1989,105(9):301－307.

[24] Elke Bach,Ernst Cleve,Eckhard Schollmeyer. Past,present and future of supercritical fluid dyeing technology-an overview[J]. Rev. Prog. Color. ,2002,32:88.

[25] Brent Smith. Global environmental trends: Greening of the textile supply chain[J]. Rev. Prog. Color. , 1998,9:28－34.

[26] 徐海松. 计算机测色与配色新技术[M]. 北京:中国纺织出版社,1999.

[27] www. oeko－tex . com,Standard 100 by OEKO－TEX®,Echtion 02,2019.

[28] 赵涛. 染整工艺学教程(第二分册)[M]. 北京:中国纺织出版社,2005.

[29] Hyde R F. Review of continuous dyeing of cellulose and its blends by heat fixation processes[J]. Rev. Prog. Color. ,1998,28:26－31.

[30] Von der EITZ. New techniques of continuous dyeing[J]. J. S. D. C. ,1985,5/6:168－173.

第二章　染色基本理论

染色理论的研究内容主要包括染色热力学(thermodynamic)即染料能否对纤维上染、上染可能达到的程度[染色平衡(equilibrium)]以及染色动力学即染料上染纤维的快慢(上染速率)。具体包括染色工艺条件如染料浓度、浴比、温度、pH 值、电解质、染色助剂(dyeing assistant/dyeing auxiliary)以及染色设备等对平衡上染程度及上染速率的影响。

第一节　染料的上染过程

一、上染过程的几个阶段

所谓上染是指染料舍染液(或其他介质)而向纤维转移并将纤维染透的过程。染料的四个基本上染步骤及染料上染过程中的浓度分布如图 2-1(a)、(b)所示。

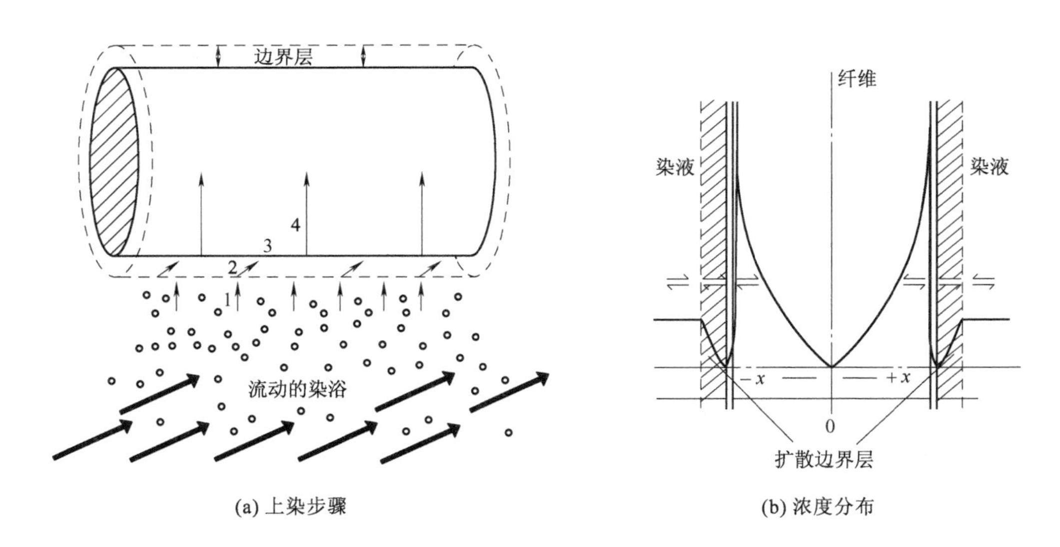

(a) 上染步骤　　(b) 浓度分布

图 2-1　染料对纤维的上染过程示意图

1—染料在染浴中的流动　2—通过扩散边界层　3—被纤维表面吸附　4—在纤维内部的扩散

(一)染料分子(或离子)随染液流动靠近纤维界面

此阶段主要受染液流动速率的影响，越靠近纤维界面的区域，染液的流动速率越慢，形成染液本体和纤维界面间的速度梯度。一般把染液流速从染液本体到纤维表面流速降低的区域称为动力边界层。动力边界层的体积虽小，但在染料的传递过程(包括染色和水洗)中却起着非常重要的作用。显然，动力边界层的厚度与纤维表面的染液流速有关。

(二)染料通过纤维表面的扩散边界层(diffusion boundary layer)向纤维表面扩散

动力边界层内靠近纤维表面的染液几乎是静止的，此时，染料主要靠自身的扩散靠近纤维表面，该液层称为扩散边界层。扩散边界层中的染料浓度从染液本体到纤维表面是逐渐降低的，存在着浓度梯度，染料的扩散方向由染液本体指向纤维表面。扩散边界层是动力边界层的一部分，厚度约为动力边界层的1/10，因此与动力边界层的厚度有关。扩散边界层会阻碍或降低纤维对染料的吸附速率或解吸速率，这种影响会随着扩散边界层厚度的增加而增加。因此，在染色过程中，若染液流动速率有差异，会使得纤维表面的扩散边界层厚度不均匀，从而造成染料吸附速率或上染速率的不均匀，导致染色不匀。提高染液的流动速率，减小扩散边界层厚度是提高染色速率、获得匀染的重要途径之一。实际染色时可通过提高染液和被染物之间的相对运动速率来降低扩散边界层的厚度，以获得良好的匀染效果。

(三)染料分子被纤维表面吸附

染料在扩散边界层中靠近纤维到一定距离后，染料分子被纤维表面迅速吸附，并与纤维分子间产生氢键、范德瓦尔斯力或库仑引力结合。

纤维对染料分子的吸附主要是通过物理吸附(如范德瓦尔斯力和氢键)及化学吸附(如离子键)等来完成的。吸附速率受纤维表面的电荷性质、染料的分子结构及所带电荷、染料的溶解性质以及染料分子在扩散边界层中的扩散速率(diffusion rate)等因素的影响。

(四)染料向纤维内部扩散并固着在纤维内部

染料吸附到纤维表面后，在纤维内、外形成染料浓度差，因而向纤维内部扩散并固着在纤维内部。

此阶段的扩散是在固相介质中进行的，由于染料分子在扩散过程中受到纤维分子的机械阻力、化学吸引力及染料分子间吸引力的阻碍，扩散速率仅为在溶液中扩散速率的千分之一到百万分之一，这往往是决定上染速率的阶段。这种扩散直到纤维和溶液间的染料浓度达到平衡，纤维内、外表面染料浓度相等即纤维染透为止。纤维中的染料分子分布在无定形区域，有的呈单分子状态吸附在纤维分子链上，有的则和纤维分子链上的染料保持平衡状态，分布在纤维内孔道的溶液中，少量染料分子也可能呈多分子层吸附在纤维分子链上。

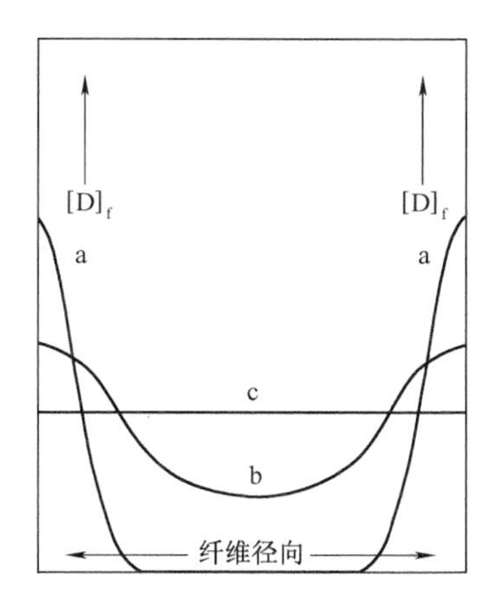

图 2-2　不同染色阶段染料在纤维内的浓度分布

a—染色起始阶段　b—染色中期　c—染色达到平衡

图 2-2 为三个不同染色阶段时染料在纤维的径向断面浓度分布示意图。曲线 a 为染色起始阶段，此时纤维表面上具有较高的染料浓度；曲线 b 为染色中期，纤维表面的染料浓度不断减少，内部浓度不断增加；曲线 c 为染色达到了平衡，纤维内外的染料浓度相等。纤维表面吸附染料的速率及染料向纤维内部的扩散速率决定该曲线的形状。染色达到平衡会需要很长的时间，实际染色时只要保证染料有理想的上染百分率

及在纤维内部有充分的扩散而不影响耐摩擦及耐日晒色牢度即可。

二、上染速率曲线及吸附等温线

上染速率通常以纤维上染料浓度对时间的变化率来表示,或者以达到一定上染百分率(percentage of exhaustion)所需的时间来表示。上染百分率表示吸附在纤维上的染料量占投入染料总量的百分率,简称上染率。在恒温条件下进行染色,以纤维上染料浓度($[D]_f$)或上染率(%)为纵坐标,染色时间(t)为横坐标作图,所得曲线称为上染速率曲线(exhaustion curve),如图 2-3(a)所示。该曲线是研究染色动力学的基础。

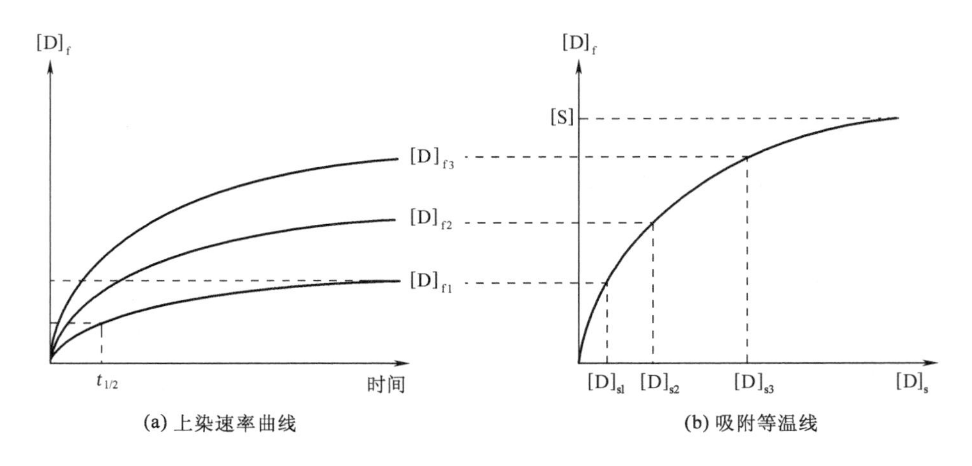

图 2-3 上染速率曲线及吸附等温线

从上染速率曲线可看出,在上染初期纤维上染料浓度增加得很快,随着上染时间延长,增加越来越慢,最后纤维上的染料浓度不再随染液浓度而增加,即达到了染色平衡。染色平衡时纤维上的染料浓度称为平衡吸附量(equilibrium absorption capacity)。此时的上染百分率称为平衡上染百分率(exhaustion percentage of equilibrium),为一定条件下染色时可达到的最高上染百分率。在染色条件相同时,染料对纤维的亲和力越高,纤维上的染料浓度越高。

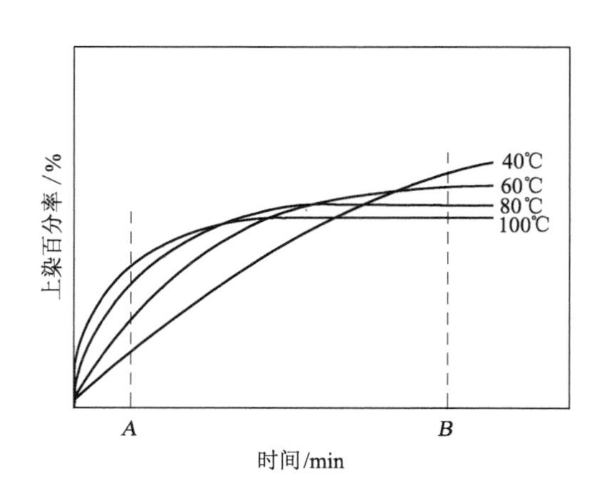

图 2-4 不同染色温度时的上染速率曲线

染色达到平衡往往需要很长时间,因此染色速率还可用半染时间(half-dyeing time)来表示。半染时间是达到平衡吸附量一半所需要的时间,用 $t_{1/2}$ 来表示,表示染色达到平衡的快慢。拼色时,若选用半染时间相近或上染速率曲线相近的染料容易染得前后一致的色泽。

同一只染料在不同的染色温度下,上染速率表现出一定的差异,如图 2-4 所示。染色温度越高,初染率(initial rate of dyeing)越高,上染速率越快，达到平衡所需时间越少，但平衡吸附量会降低，如 B 点所示。实际染色时，为了提高染色效率，节约染色时间，染色时间往往到达 A 点即结束，显然 100℃染色会获得最高的上染百分率。因此对于上染速率不同的染料，在合适的染色时间内，其染色最高温度以获得最高上染百分率为宜。对于上染速率高的染料，可采用较低温度染色，而对于上染速率低的染料，则应选用较高的染色温度。

染料对纤维的上染能力常用染色达到平衡后染料在纤维上的浓度与在染液中的浓度之比即分配率来表示。在恒定温度下，将染色达到平衡时纤维上的染料浓度 $[D]_f$ 对染液中的染料浓度 $[D]_s$ 作图，可得到吸附等温线，这是研究染色热力学的基础。如图 2－3(b)所示，图中[S]为染色饱和值(saturation value of dyeing)，即在一定条件下，染色达到平衡后，纤维上的染料浓度不再随染液中的染料浓度增加而增加时的值。

图 2－3(b)中曲线表示纤维上和染液中的染料浓度的变化情况。纤维上的染料浓度常以单位质量(例如，每克或每千克)纤维上的染料摩尔数或染料质量表示；溶液中的染料浓度常以每升溶液中的摩尔数表示。吸附等温线表示达到染色平衡后染料在纤维上和染液间的分配关系，表示染料在一定温度下对纤维的上染能力。不同的染料上染不同的纤维有不同的吸附等温线，而不同的吸附等温线又是由于上染或吸附机理不同引起的。

实际的浸染染色生产过程中，由于初始染液浓度高，初染率高，易造成染色不匀，因此宜采用较低的始染温度，降低初染率，随后逐渐提高染色温度以提高上染速率，缩短染色时间，最后再降温，以获得较高的上染百分率。该条件下做出的上染速率曲线称为升温上染速率曲线，如图 2－5 所示。始染温度不同，升温速率不同，曲线的形状就不同。该曲线对实际生产更具有指导意义。

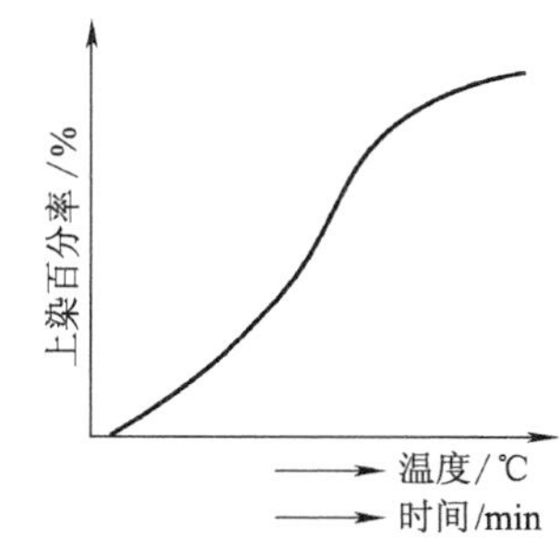

图 2－5　升温上染速率曲线

三、染料上染的可逆过程

必须指出，上染的各阶段都是可逆的。即染料从溶液向纤维表面靠近的同时，也有可能远离纤维表面；吸附(absorption)于纤维的同时，也有可能发生解吸(desorption)；向纤维内扩散(diffusion)的同时，也有可能从纤维内向纤维外层扩散。上染一开始，逆过程也同时开始，随着上染不断进行，两者的速率不断变化。

假如染色过程中染料的上染速率或吸附速率在恒定的染色条件下(如温度、浴比及助剂等)与染浴中的染料浓度呈比例关系，则吸附(或上染)速率可表示为：

$$V_{吸} = [D]_{s,t} \times k_{吸} \tag{2-1}$$

式中：$[D]_{s,t}$ 为染色时间 t 时染液中的染料浓度；$k_{吸}$ 为染色速率常数。

上染开始阶段，染液中的染料浓度最高，吸附速率最快，上染速率大于解吸速率，主要是染液中的染料上染纤维。但随着时间的延长，染液中的染料浓度不断降低，吸附速率不断减慢。

解吸速率可表示为：

$$V_{解} = [D]_{f,t} \times k_{解} \tag{2-2}$$

式中：$[D]_{f,t}$为染色时间 t 时纤维上的染料浓度；$k_{解}$ 为解吸速率常数。

随着纤维上的染料浓度不断增加，解吸速率不断增加，最后上染和解吸速率相等，这时染液和纤维上的染料浓度都不变化，达到吸附平衡，即达到上染平衡状态。此时：

$$[D]_{s,t} \times k_{吸} = [D]_{f,t} \times k_{解} \tag{2-3}$$

$$[D]_{f,t}/[D]_{s,t} = k_{吸}/k_{解} = K \tag{2-4}$$

式中：K 称为直接性或分配系数，可用来表示染料在纤维或水中的分配趋势或量度。

染料的上染率 E、染色浴比 L[染浴容量(L)与纤维质量(kg)之比]及分配系数的关系式为：

$$E = K/(K+L) \tag{2-5}$$

式(2－5)可以说明浴比对上染百分率及分配系数的影响。在相同的 K 值时，浴比越大，染料的上染百分率越低。

值得注意的是，达到吸附平衡后上染过程虽已结束，但染料的吸附和解吸并未停止。因此说上染过程是大量染料分子运动的结果，是宏观的，常以染料在染液中和纤维中的浓度变化来衡量，而不代表个别染料分子的行为。此时的上染百分率称为平衡上染百分率。

第二节　染料在溶液中的状态

染料上染纤维必须通过一定的染色介质(如水)等来完成，而染料在水溶液中的聚集或溶解状态直接影响染料的上染速率及平衡吸附量。随着染料分子结构、溶液温度、pH 值及其他组分的不同，染料在溶液中可呈分子或离子状以及胶体或悬浮状。

染料上染纤维时，纤维中微隙很小，只有单分子或单离子状态的染料才能顺利扩散进纤维内部。染料的分子尺寸与其在纤维上的可及度有很大关系。研究表明，有效直径为 2.5nm 的染料分子在纤维上的可及度是有效直径为 5nm 的染料分子的 4 倍。染料在水溶液中的存在状态，首先取决于它的分子结构，其次还与染色浓度、温度、电解质种类及用量、表面活性剂的性质及用量有关。

将离子型的染料如直接染料、活性染料、酸性染料和阳离子染料以及还原染料与硫化染料的隐色体等加入水中后，由于水分子为极性分子，染料的亲水部分能与水分子形成氢键结合，并根据其亲水性的强弱，与水形成水合离子或水合分子而溶解，形成染料的水溶液。不含水溶性基团(一般为离子基团)或极性基团的染料如还原染料及硫化染料等，不能溶于水，仅以微小颗粒状分散在水中形成染料的水分散液即悬浮液。含有极性基团的非离子染料如分散染料，在水中的溶解度很低，染色时先将其制成以微细颗粒呈分散状存在的悬浮体，随着染色温度的升高，染料不断溶解而上染纤维。

一、染料的溶解和电离

染料溶解于水，是由于受到极性水分子的作用，而使染料分子之间的作用力减弱或拆散。

离子型的染料溶解后形成水合离子,非离子型的染料溶解后形成水合分子。染料在水中的溶解性能常用每升染液中可以溶解的染料克数来表示。

染料的溶解性能首先与染料分子中极性基团的性能和含量有关。极性基团包括离子基($—SO_3Na$、—COONa、$—OSO_3Na$、$—SSO_3Na$、季铵盐等)和非离子极性基(—OH、$—NH_2$、$—CONH_2$ 等)。例如,在直接染料、酸性染料和活性染料的分子中都含有磺酸基(或其钠盐),在可溶性还原染料和乙烯砜型活性染料的分子中含有硫酸酯(钠盐或钾盐)基,在缩聚染料的分子中含有硫代硫酸(钠盐)基,在阳离子染料中含有季铵盐等。离子基一般都是强的电离基,习惯上称它们为水溶性基团,其中以磺酸基应用最广。这些基团在染色条件下发生电离,生成染料阴离子和金属阳离子。含有磺酸基染料的电离式如下:

$$D—SO_3Na \longrightarrow D—SO_3^- + Na^+$$

含有羟基、氨基、酰胺基等非离子极性基的染料分子(如分散染料),在水中溶解度很低,但提高温度,溶解度会有不同程度的提高。含有羟基的色酚,在水中溶解度很低,电离程度较弱,但在碱性条件下,特别是 pH 值大于 10 时,电离程度增加,染料的溶解度提高。

含有氨基或取代氨基的染料,氨基在酸性条件下能生成铵盐而电离成染料阳离子,提高染料的溶解度。如不溶性偶氮染料中的色基属于芳香胺类化合物,不溶于水,但在酸性条件下形成铵盐电离而溶解。有些染料的染料母体能与金属离子形成络合物,在溶液中可电离成络合离子,如大多数中性染料属于这种情况。

染料的水溶液是一个复杂的体系,它们的溶解情况除了受染料本身的结构影响外,还随染料浓度、染液温度以及盐类、助剂的性质和浓度等因素而变化。在溶液中,中性电解质的存在常使染料的溶解度降低。染料的溶解度一般随温度的升高而增加,同时溶解速度增加。图 2-6 所表示的是用扩散方法测得的染液温度和食盐浓度对直接天蓝 FF 聚集的影响。图中横坐标为食盐浓度,纵坐标为聚集数。

从图 2-6 中可以看出,降低温度和提高食盐浓度都会显著地增加染料的聚集(aggregation)。但是当用提高温度的办法来提高染料的溶解度和溶解速度时,必须注意染料的性质,因为有些染料在温度较高时容易被破坏。

在染液中加入助溶剂,往往可以使染料的溶解度增加,常用的助溶剂有尿素及表面活性剂等。它们能与染料分子形成氢键等,使染料分子之间的作用力减弱,而容易溶解。

表面活性剂(surfactant)分子是由亲水部分和疏水部分组成的,对染料溶解度也有一定程度的影响,使用时必须注意。一般染料的分子结构也有亲水和疏水两部分。聚氧乙烯非离子型表面活性剂通过分子结构中的亲水部分和水分子形成氢键,从而获得水溶性。疏水部分则引起它们自身分子间的聚集,在水溶液里存在着聚集和解聚的平衡。

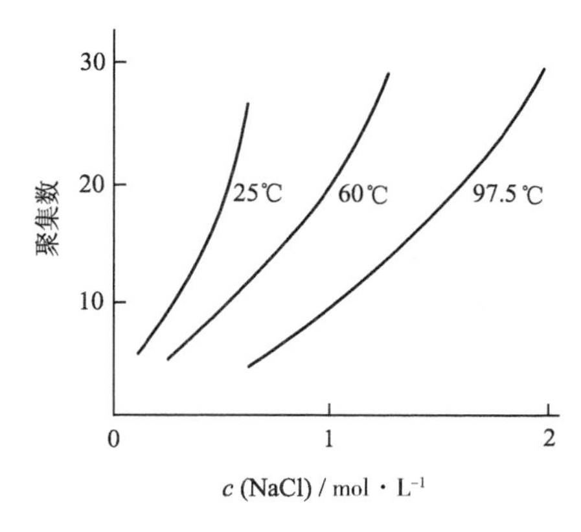

图 2-6 温度、食盐浓度对直接天蓝 FF 聚集的影响

$$mR—OC_2H_4(OC_2H_4)_nOH \rightleftharpoons [R—OC_2H_4(OC_2H_4)_nOH]_m$$

式中：R 为烷基或取代苯基；n 为正整数；m 为分子个数。

与此同时，非离子型表面活性剂分子 $R—OC_2H_4(OC_2H_4)_nOH$ 通过它的疏水部分和染料分子(或离子)的疏水部分相互作用而发生染料、助剂分子之间的聚集。此外，离子型的表面活性剂也会影响与其具有相反电荷的染料的溶解性能。

二、染料的聚集

染料在水中除溶解呈单分子状态外，由于染料分子之间的疏水部分的氢键和范德瓦尔斯力的作用而使染料发生不同程度的聚集。染料的溶解和聚集实际上是可逆的。染料聚集倾向的大小反映了染料分子之间吸引力的大小，也在一定程度上反映了染料亲水性的强弱和染料与纤维之间吸引力的大小，因此会影响染料的染色性能，如吸附速率、在纤维中的扩散速率及匀染性等。

(一)聚集方式及反应

一般染料在溶液中发生片状聚集或球形聚集。一般来讲，线型、芳环共平面性强的染料分子易发生片状聚集，疏水部分为长脂肪链的染料分子易发生球形聚集，球形聚集存在临界颗粒大小。

染料的聚集反应以含有磺酸基的阴离子型染料为例写成以下形式：

(1)$D—SO_3Na \rightleftharpoons D—SO_3^- + Na^+$，D 为染料母体，$D—SO_3^-$ 为电离的色素阴离子。

(2)$nD—SO_3^- \rightleftharpoons (nD—SO_3^-)^{n-}$，染料阴离子聚集成离子胶束，平均聚集数为 n，属于胶体电解质状态。该离子胶束再和 m 个 Na^+结合，如下式：

$$(nD—SO_3^-)^{n-} + mNa^+ \rightleftharpoons [(nD—SO_3^-)mNa^+]^{(n-m)-}$$

(3)$nD—SO_3Na \rightleftharpoons (D—SO_3Na)_n$，$n$ 个染料分子聚集成的胶核，所占比例较小。胶核吸附部分染料离子形成胶粒，在胶粒外再吸附电荷相反的离子形成胶团，属于胶体粒子，如下式：

$$(D—SO_3Na)_n + mD—SO_3^- \rightleftharpoons [(D—SO_3Na)_n mD—SO_3]^{m-}$$

(二)聚集的吸收光谱测定法

聚集程度可用聚集数来表示，聚集数是染料胶束或胶团中染料分子(离子)的数目。聚集数可用扩散、电导或吸收光谱等多种方法测定，各种方法所测得的绝对数值常常不一致。但实际测定的通常是整个溶液的平均聚集数。

染料的不同聚集状态在吸收光谱上表现出不同的特征。利用吸收光谱的这种变化可以研究染料在溶液中聚集和解聚的动力学问题，如图 2－7 所示。其中图 2－7(a)为偶氮染料加热溶解配制的 0.89×10^{-3}mol/L 溶液放置不同时间的吸收光谱变化，图 2－7(b)为上述染料溶液加水稀释成 0.16×10^{-4}mol/L 溶液放置不同时间的吸收光谱变化。从这些吸收光谱的变化可以看到，加热配制的 0.89×10^{-3}mol/L 溶液的长波吸收波带的 ε_{max} 随放置时间的推移而渐渐下降。放置 4h 后，在较短波长的波段上出现一个新的波峰，其 ε_{max} 4h 后还在继续增大。稀释后，情况就颠倒了过来。随放置时间的推移长波波段的吸收 ε_{max} 重新上升，波长较短的波段的吸收

ε_{max}则逐渐下降。上述变化表明了染料在染液里发生聚集和解聚的过程以及温度、染料浓度对染料聚集的影响。提高浓度、降低温度可使染料发生聚集。反之，降低染料溶液的浓度，提高温度可使染料聚集体发生解聚。两者随着条件的变化而互相转化，经过一定的时间达到平衡。

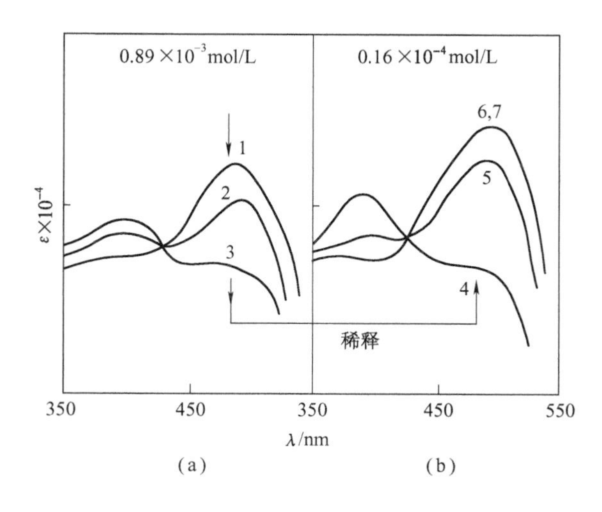

图 2－7　聚集和解聚的吸收光谱变化

1—加热溶解新配溶液放置 3min　2—加热溶解新配溶液放置 4h

3—加热溶解新配溶液放置 24h　4—稀释后放置 3min

5—稀释后放置 23min　6—稀释后放置 50min　7—稀释后放置 90min

三、影响染料聚集的因素

染料的聚集倾向首先取决于染料的分子结构。一般染料呈扁平状，其三维量度约为(1～3)×(0.5～1)×0.3nm^3。因此染料分子的结构越复杂，相对分子质量越大，线型、芳环共平面性越强，含有的水溶性基团越少，分子中具有的疏水性组分越多，聚集程度越高。

染料聚集还与染液的 pH 值、电解质的浓度、助剂的性质等因素有关。许多阴离子染料上染纤维时需要加入中性电解质，如食盐和元明粉，不但可提高染料的上染速率，还可提高平衡吸附量，但中性电解质的存在会降低染料胶束或胶粒的动电层电位，染料胶束或胶粒之间的静电斥力降低，使染料的聚集程度提高。染液中电解质浓度越高，染料溶液的胶体状态越易遭到破坏，染料越易聚集，甚至有沉淀析出，所以染色时中性电解质的加入量不宜太多。

染料的浓度高，聚集数较高；浓度低，聚集数较低。由于染料在溶液中发生聚集是放热过程，温度越低，越易聚集；温度越高，聚集体解聚，聚集数降低。

在染液中加入某些助剂如尿素，可提高染料的溶解度，这些助剂称为助溶剂；但有些助剂会降低染料的溶解度，增加聚集程度，如聚氧乙烯类的非离子型表面活性剂平平加 O、渗透剂 JFC 等，其疏水部分会和染料的疏水部分发生结合而产生染料、助剂分子之间的聚集，可起缓染作用，作为匀染剂使用，但会降低染料的上染百分率。阴离子型表面活性剂对阴离子染料聚集影响较小。

尿素$\left(O=C\begin{matrix}NH_2\\NH_2\end{matrix}\right)$为一常用的助溶剂，其中的 $>C=O$ 易与染料分子形成氢键，在染料分子表面形成很强的水化层，破坏了聚集体中染料离子之间的氢键，使染料溶解度提高，难于聚集。

染料在溶液中的聚集状态还与 pH 值有关，pH 值降到一定范围后，某些染料的聚集程度急速增高，甚至引起沉淀。染色时染液的 pH 值应控制在一定范围内。

阳离子染料在溶液中的聚集情况与上述相似。非离子型染料如分散染料在溶液中不电离，其溶液中的存在状态是单分子和不同聚集体(颗粒)之间的动平衡状态。

第三节　纤维在水溶液中的电化学性质

一、纤维在水溶液中的双电层

纤维具有很大的比表面积，当其与水溶液接触时，其表面会获得负电荷。这是纤维大分子中某些基团的电离，或者选择吸收溶液中的氢氧根离子及定向吸着水分子的结果。例如，纤维素大分子中含有若干数量的羧基，在水中能电离成—COO^- 和 H^+；涤纶分子的末端基有些是羧基；腈纶分子中含有磺酸基(sulfonic acid group)或羧基(carboxyl group)；羊毛、丝等蛋白质纤维和聚酰胺纤维分子中也含有羧基。对于聚乙烯和聚丙烯等纤维分子中不含酸性电离基，其带负电荷的原因可能是纤维表面优先吸着水中的氢氧根离子，也可能是极性的水分子在纤维表面上定向吸着，使纤维表面带有负电荷。

在水溶液中纤维表面带负电荷，与其带相反电荷的正离子由于热运动距离纤维表面远近有一定的浓度分布，因此产生一个吸附层和一个扩散层，形成所谓的双电层，如图 2-8 所示。图中纵坐标表示 ψ 电位，横坐标表示纤维表面向溶液深入的距离。双电层中有一部分离子被纤维表面很强地吸着，称为吸附层或固定层。当纤维和液相发生相对运动时，它不被液相吸引，即不随液相运动。而另一部分离子在外力的作用下，当纤维和液相发生相对滑移时，易随着液相运动，这部分液层称为扩散层，由比较容易活动的离子组成。

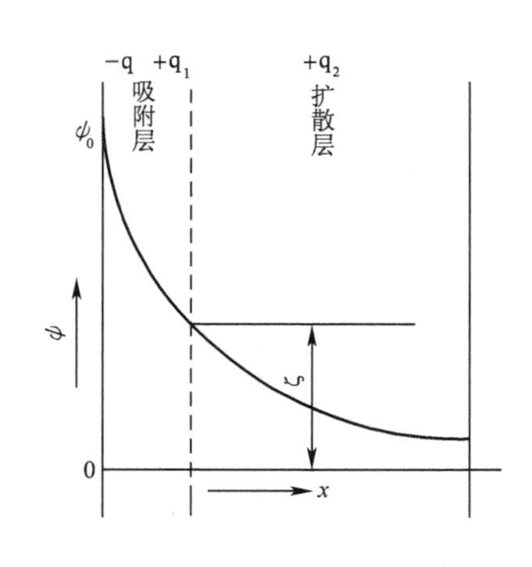

图 2-8　纤维表面双电层结构

在外力的作用下，吸附层与扩散层相对运动的现象称为界面动电现象。由于吸附层与固相纤维紧密联系，随着纤维运动，而扩散层仍留在液体中，所以纤维和溶液相对运动的滑移面不是纤维与溶液的界面，而是吸附层和扩散层的界面。吸附层和扩散层之间形成的双电层称为动电层。吸附层和扩散层发生相对运动而产生的电位差称为动电层电位或 ζ 电位(zeta potential)，如图 2-8 所示，用于表示纤维表面的带电情况。常见纤维在 pH 值为 7 的水溶液中的动电层电位如表 2－1 所示。

表 2－1　常见纤维的动电层电位

纤维种类	动电位/mV	纤维种类	动电位/mV
棉	－40～－50	腈　纶	－81
蚕　丝	－20	涤　纶	－95
羊　毛	－40	维　纶	－114～－125
锦纶 6	－59～－66	丙　纶	－140～－150

注　测定条件和方法不同，数值会有一定的差异。

动电层电位并不表示纤维表面的真正电位，而是表示距离纤维表面某一距离的电位。一般动电层电位与热力学电位 ψ_0（纤维表面对溶液内部的电位差）的符号相同。由于吸附层中有反离子存在，纤维表面的部分负电荷被阳离子电荷所抵消，因此 ζ 电位的绝对值总是低于热力学电位 ψ_0 的绝对值。但当纤维表面对反离子发生强烈吸附，而使吸附层中含有大量的反离子时，动电层电位的符号可能与热力学电位 ψ_0 的符号相反，此时的双电层电位变化如图 2－9 所示。因此，动电层电位并不能完全表示纤维表面的带电情况。

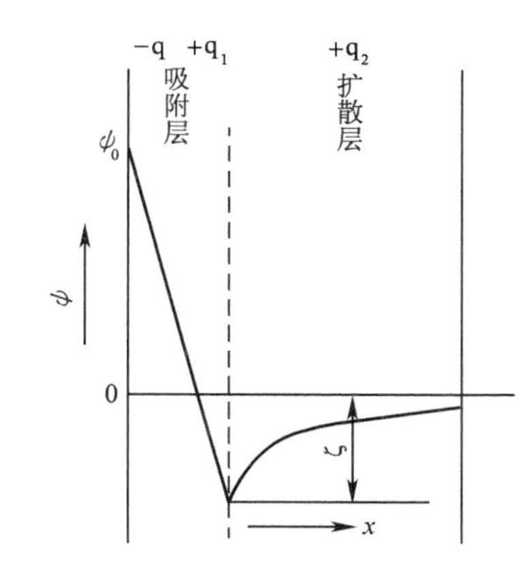

图 2－9　动电层电位与总电位符号相反时的双电层电位变化

二、ζ 电位的影响因素

ζ 电位除与纤维的种类有关外，溶液中的电解质及溶液的 pH 值对其影响都很大。当溶液的 pH 值升高时，ζ 电位的绝对值增高，主要是由于溶液中氢氧根离子的浓度增加，有利于纤维中酸性基团的电离，也有利于纤维吸附氢氧根水合离子。但达到一定的 pH 值后，ζ 电位趋于一平衡值。随着 pH 值的进一步升高，ζ 电位的绝对值还可能下降。相反，当 pH 值降低时，ζ 电位的绝对值也下降，主要是纤维中酸性基团的电离受到抑制，同时纤维吸附氢氧根水合离子较少的缘故（图 2－10）。

蛋白质纤维属于两性纤维，分子中既含有酸性基（如—COOH），又含有碱性基（如—NH_2），具有一定的等电点。其 ζ 电位随溶液 pH 值的变化而变化。溶液的 pH 值在等电点以上时，羧基电离的数量大于氨基，纤维表面带负电荷，ζ 电位为负值，且随着 pH 值升高，ζ 电位的绝对值增加。在等电点以下时，情况正好相反。等电点时纤维呈电中性，因此，ζ 电位的值为零。

电解质的种类和浓度对 ζ 电位的影响也很大，如图 2－11 所示。电解质的浓度决定于反离子在双电层中的分布情况。因此，随着电解质浓度的增加，会使反离子（如电解质阳离子）更多地分布于吸附层内，过剩的反离子则会减少，于是扩散层变薄，ζ 电位的绝对值降低。加入足够量的电解质,可使ζ电位的绝对值变为零,甚至使ζ电位变为正值。在ζ电位为零时,扩散层的厚度也为零,此时纤维处于等电状态。另外,在电解质浓度很低时,ζ电位的绝对值有升高的趋势,可能是此时纤维优先吸附电解质阴离子的缘故。

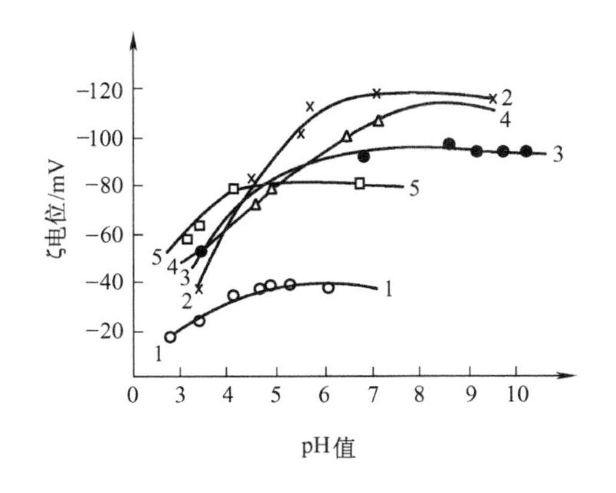

图 2-10 各种纤维在不同 pH 值水溶液中的动电层电位

1—棉 2—维纶 3—涤纶 4—聚乙烯纤维 5—腈纶

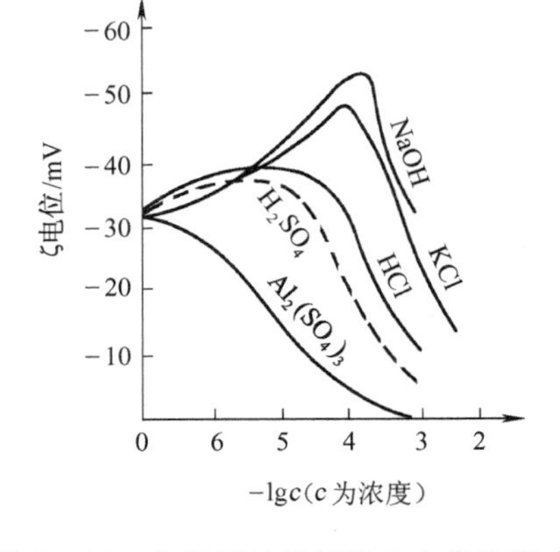

图 2-11 电解质对棉纤维ζ电位的影响

电解质阳离子对降低ζ电位的影响随阳离子的种类、电荷数而有很大不同。阳离子的电荷数越多,越易被纤维表面吸附,对降低ζ电位的影响越大。如三价铝离子对ζ电位的影响大于二价镁离子,又大于一价钠离子。若阳离子所带电荷数相同,一般离子半径越大,水合能力越小,不易形成水合离子,越容易被纤维表面吸附,对ζ电位的降低越显著。电解质阴离子对ζ电位的影响较小,若纤维表面吸附电解质阴离子,会使ζ电位的绝对值增加。其他阴离子物质,如阴离子染料、阴离子表面活性剂被纤维表面吸附后,会使ξ电位的绝对值增加。

三、纤维的ζ电位与染色

在实际染色时,溶液中的电解质及染料大都是离子化的。由于离子的热运动及搅拌作用,有使离子在溶液中呈均匀分布的倾向,电荷之间的作用力及离子热运动的综合效果使得对纤维无特殊引力(直接性)的离子的浓度分布随着与纤维表面的距离而变化,如图 2-12 所示。但是,对于和纤维具有一定直接性的染料离子而言,除了静电力以外,还有氢键结合力及范德瓦尔斯力等非静电力的作用,而后两者的作用距离较静电力小得多,因此只有当染料分子靠近纤维表面一定距离时,这两种分子间的作用力才会发生作用。若染料离子带有正电荷(如阳离子染料),与纤维表面负电荷相反,则静电引力和分子间引力(氢键、范德瓦尔斯力)作用方向相同,染料易被纤维吸附。若染料离子带有负电荷,与纤维表面电荷相同,由于静电斥力在染料距离纤维表面较远的距离就发挥较大的作用,此时斥力大于引力,只有当染料分子靠近纤维一定距离时,分子间的引力起主要作用,染料才会被纤维表面所吸附。不同电荷的染料离子在纤维表面附近的浓度分布情况如图 2-13 所示。

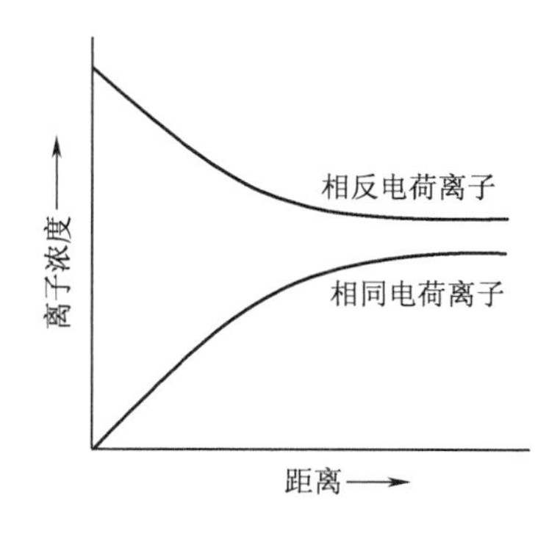

图 2-12　纤维表面附近离子浓度变化

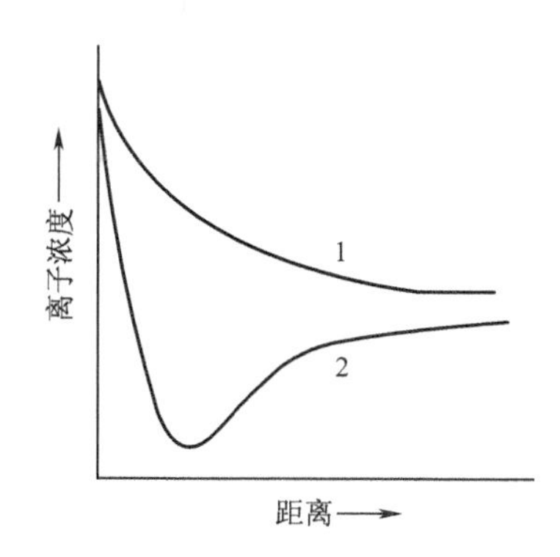

图 2-13　纤维表面染料离子的分布

1—与纤维表面带相反符号电荷的染料离子

2—与纤维表面带相同符号电荷的染料离子

染料阴离子在吸附过程中的位能变化如图 2-14 所示。当染料离子从无限远的距离靠近纤维表面时，由于静电斥力的作用，首先是位能增大，当达到某一距离时，引力发生作用，其位能随距离的减小而减小，直到染料离子被纤维表面所吸附，此时染料分子的位能比其在无限远处所具有的位能要小。此外，染料分子要靠近纤维表面，必须具有一定的能量 ΔE，克服由于静电斥力而产生的能阻，该能量称为吸附活化能。因此增加纤维表面的负电荷或染料阴离子的负电荷，该活化能的值就会增大；相反，降低纤维表面的负电荷或染料阴离子的负电荷，该活化能的值就会减小，也就是说，染色容易进行。在实际染色中加入中性电解质（如直接染料对纤维素纤维的染色）食盐或元明粉，可以降低纤维表面的负电荷即降低 ζ 电位，提高染料的上染速率。

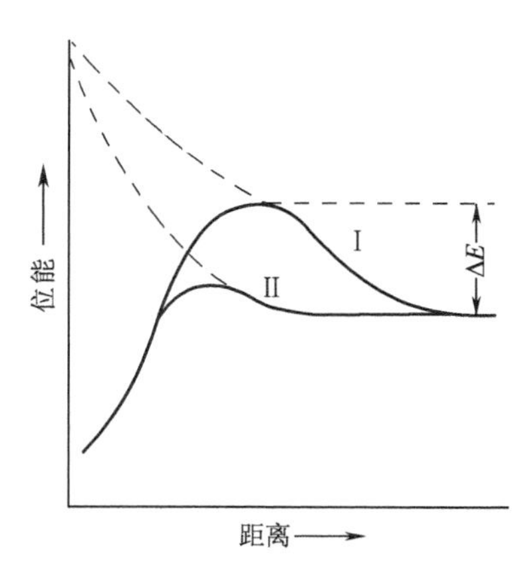

图 2-14　染料离子接近带电荷纤维表面过程中的位能变化

Ⅰ—未加电解质　Ⅱ—加入电解质

第四节　染色热力学基础

染色热力学或染料吸附热力学主要研究染料在染色介质相及纤维相的分配趋势和量度。

一、化学位、亲和力和直接性

（一）化学位（chemical potential）

由物理化学可知，当某一物质由一个相或一种状态转移到另一个相或另一种状态时，必然伴随着吉布斯（Gibbs）自由焓或化学位的变化，即物质从化学位高的相转移到化学位低的相。

根据热力学观点,染料从溶液中自动地转移到纤维上,是由于染料在溶液中的自由焓或化学位高,在纤维上的自由焓或化学位低,染料从溶液上染纤维伴随着自由焓或化学位的降低。

染色热力学就是以热力学第一、第二定律为基础,研究染色达到平衡时的自由焓或化学位的变化情况。对不发生化学变化或相变化的物系,其自由焓只受温度和压力两个变量的影响,而对发生化学变化或相变化的物系,自由焓的变化还和摩尔数有关。由于通常研究的上染过程是在等温、等压下进行的,染料在染液中和纤维上的摩尔数不断发生变化,因此,上染过程的自由焓将只受染料转移的摩尔数的影响。判断上染过程能否进行,通常用偏摩尔自由焓的变化情况来说明。偏摩尔自由焓称为化学位,用符号 μ 来表示:

$$\mu=\left(\frac{\partial G}{\partial n_i}\right)_{T,P,n_j} \tag{2-6}$$

式中:T 为绝对温度;P 为压力;n_j 为某一其他组分。

在染色体系中,染料在染液中的化学位是指在温度、压力及其他组分数量(n_j)不变的条件下,加入无限小量的染料(i 组分)n_i^{s} 摩尔,每摩尔所引起染液自由焓 G_{s} 的变化。如果以 μ_{s}表示染料在染液中的化学位,可表示为:

$$\mu_{\mathrm{s}}=\left(\frac{\partial G_{\mathrm{s}}}{\partial n_i^{\mathrm{s}}}\right)_{T,P,n_j} \tag{2-7}$$

染料在染液中的化学位越高,染料舍染液而被纤维吸附的倾向越大,染料越容易上染纤维。同理,染料在纤维上的化学位 μ_{f} 可表示如下:

$$\mu_{\mathrm{f}}=\left(\frac{\partial G_{\mathrm{f}}}{\partial n_i^{\mathrm{f}}}\right)_{T,P,n_j} \tag{2-8}$$

即在温度、压力和其他组分浓度保持不变的条件下,无限小量染料(i 组分)n_i^{f} 上染到纤维,每摩尔染料转移所引起染色纤维自由焓 G_{f} 的变化。染料在纤维上的化学位越高,染料舍纤维而发生解吸的倾向越大。

由此可知,化学位是染液(或染色纤维)自由焓对染料量的变化率。它和热力学中的温度、压强等变量一样,是一强度因素。根据化学位值的大小,可以判别染料能否舍染液(或其他介质)转移到纤维上(即过程进行的方向)与进行的程度(即染料对纤维的上染能力)。一个过程可自动地由高化学位的状态向低化学位状态转移,就如热量由高温状态可自动转移到低温状态一样。两种状态的化学位差值越大,转移的倾向也越大。

(二)亲和力

如前所述,在上染过程中吸附与解吸是同时存在的。在染色初始阶段,染液中染料浓度很高,吸附上染纤维的倾向也大。纤维上染料浓度很低,解吸倾向也低。随着上染过程的推移,纤维上染料浓度不断增加,染液中染料浓度不断降低,吸附的倾向不断减小,解吸倾向不断增加。上染速率决定于两种倾向的相对大小。

在染色初期,染液中的染料浓度高,染料在染液中的化学位(自由焓的变化率)最大,上染倾向最大,解吸倾向最小。随着时间的延长,纤维上染料浓度不断增加,染液中的染料浓度不断降低,吸附速率逐渐减慢,解吸速率不断增加,染料在染液中的化学位不断降低,在纤维上的化学位不断增加,最后染料在染液中和纤维上化学位相等,吸附速率和解吸速率相等,染色达到平衡。解吸情况正好相反，纤维上染料浓度越多，染料在纤维上的化学位（自由焓变化率）越大，解吸倾向越大，随着时间延长，也可达到解吸平衡点。

染料在染液中的化学位是它的活度 a_s 的函数。设标准状态 $a_s=1$ 的化学位为 μ_s°，则：

$$\mu_s=\mu_s^\circ+RT\ln a_s \tag{2-9}$$

设 a_f 为纤维上的染料活度，标准状态 $a_f=1$ 的化学位为 μ_f°，则纤维上的染料化学位 μ_f 为：

$$\mu_f=\mu_f^\circ+RT\ln a_f \tag{2-10}$$

平衡时，染料在染液中的化学位与纤维上的化学位相等，即 $\mu_s=\mu_f$，则：

$$\mu_s^\circ+RT\ln a_s=\mu_f^\circ+RT\ln a_f$$

移项得：

$$\mu_s^\circ-\mu_f^\circ=RT\ln\frac{a_f}{a_s} \tag{2-11}$$

令：

$$-\Delta\mu^\circ=\mu_s^\circ-\mu_f^\circ \tag{2-12}$$

则：

$$-\Delta\mu^\circ=RT\ln\frac{a_f}{a_s} \tag{2-13}$$

式中：$-\Delta\mu^\circ$称为染料对纤维的染色标准亲和力，或染色亲和力，简称亲和力。它是纤维上染料标准化学位和染液中染料标准化学位差值的负值。和标准化学位一样，标准亲和力是温度和压力的函数，与染色平衡时染料在纤维上的活度和染液中的活度有关，和体系的组成、浓度无关，它的数值随温度和压力而有不同。某一温度时的染色亲和力，可以从在该温度下上染达到平衡时纤维上染料活度和染液中染料活度的关系求得，也就是说，可从达到染色平衡后染料在纤维上和染液中的关系求得。

亲和力是染料从它在溶液中的标准状态转移到它在纤维上的标准状态的趋势和量度，染料上染纤维的必要条件是 $\mu_f^\circ<\mu_s^\circ$，亲和力越大。表示染料从染液向纤维转移的趋势越大，即推动动力越大。亲和力是染料对纤维上染的一个特性指标，它的单位为 kJ/mol。

（三）直接性

一般技术资料和染料使用说明书中常常用直接性这个名词来笼统地说明染料对纤维的上染能力。直接性的定义较含糊，可以理解为染料离开染液上染纤维的性能。直接性无严格的定量表示方法，一般可用染色平衡时染料的上染百分率大小来表示直接性的高低。在相同条件下染色，上染百分率高的，称之为直接性高，反之，上染百分率低，称之为直接性低。

直接性没有确切定量概念，常用作亲和力的定性描述，说明染料对纤维的上染能力，两者不能作为同义词。因直接性的高低（上染百分率的大小）随染料浓度、浴比、电解质性质及用量、助剂性质及用量等因素而变化，具有工艺特性。例如，其他条件相同，染浴中染料浓度高或浴比大的，所达到的平衡上染百分率就较低。亲和力则决定于染料和纤维的染色性质，它具有严格的热力学概念，在指定纤维上，亲和力是温度和压力的函数，是染料的属性，不受其他条件的影响，具有精确的热力学特性。

二、吸附等温线及其意义

从亲和力的方程式来看,计算某一染料在一特定纤维上的亲和力,首先必须知道纤维上和染液中的染料活度,而活度的求得依赖于染料在两相中的浓度及活度系数。染液中的染料活度可求,至少理论上如此,如果染液浓度很低,可以将活度系数作为1。对于非离子型染料,其活度 $a_s=[D]_s$,$[D]_s$ 为染料在染液中的浓度。对于离子型染料,如果染料分子具有 z 个磺酸基,其分子式可写作 Na_zD,在水中离解为 Na^+ 和 D^{z-},它们的浓度分别为$[Na^+]$、$[D^{z-}]$,则 $a_s=[Na^+]_s^z[D^{z-}]_s$。

但测定纤维上的染料活度,却十分困难,因此必须对染料在纤维上的吸附状态作一定的假设,这些假设一般以吸附等温线作为依据。吸附等温线是在恒定温度下,上染达到染色平衡时,纤维上的染料浓度和染液中的染料浓度的关系曲线。

研究发现,染料对纤维的吸附等温线主要有三种类型,即能斯特(Nernst)型、朗缪尔(Langmuir)型和弗莱因德利胥(Freundlich)型,如图2-15所示。

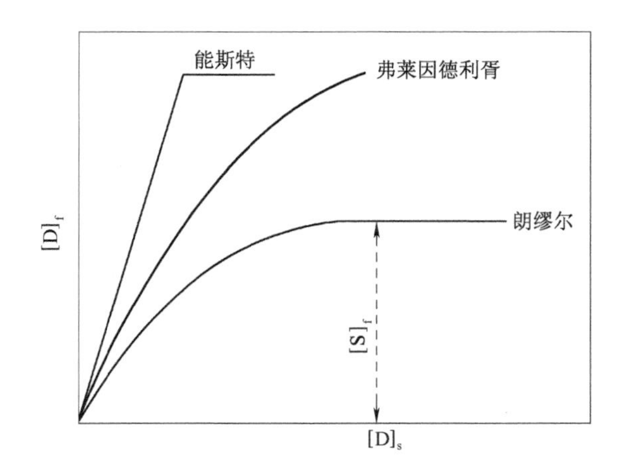

图2-15　染料吸附等温线

(一)能斯特(Nernst)型吸附等温线

能斯特型又称亨利(Henry)型吸附等温线,可能是最简单的一种吸附类型,可看作由于染料对纤维具有亲和力而溶解在其中。在染色平衡的情况下,染料在纤维上的浓度$[D]_f$与在染液中的浓度$[D]_s$之比为一常数。纤维上的染料浓度与染液中的染料浓度成正比关系,随着染液浓度的增高而增高,直到饱和为止,即纤维上的染料浓度不再随染液浓度的增加而增加。

该等温线完全符合分配定律,即溶质在两种互不相溶的溶剂中的浓度之比为一常数。

$$\frac{[D]_f}{[D]_s}=K \tag{2-14}$$

式中:$[D]_f$ 为染色平衡时纤维上的染料浓度(g/kg 纤维或 mol/kg 纤维);$[D]_s$ 为染色平衡时染液中的染料浓度(g/L 或 mol/L);K 为比例常数,称为分配系数。若以$[D]_f$ 对$[D]_s$ 作图,可得到一斜率为 K 的直线,如图2-15所示。

这种情况下计算亲和力时,一般假设染料是溶解在纤维里的,把染料作为溶质,纤维作为溶剂来处理,并假设活度系数为1,以浓度代替活度,则:

$$-\Delta\mu^{\circ}=RT\ln[D]_f/[D]_s \tag{2-15}$$

非离子型染料以范德瓦尔斯力、氢键等被纤维吸附固着，如分散染料上染聚酯纤维、聚酰胺纤维及聚丙烯腈纤维时，基本符合该种吸附等温线。

（二）弗莱因德利胥（Freundlich）型吸附等温线

弗莱因德利胥曲线的特征是纤维上的染料浓度随染液中染料浓度的增加而不断增加，但增加速率越来越慢，没有明显的极限。染料吸附在纤维上是以扩散吸附层存在的（图2－16），即染料分子除了吸附在纤维分子的无定形区外，还有些与它保持动态平衡，分布在孔道染液中，在染液中浓度呈扩散状分布，距离分子链近的浓度高，距离分子链远的浓度低。为了保持纤维呈电中性，和染料阴离子保持等当量的钠离子也分布在纤维上。

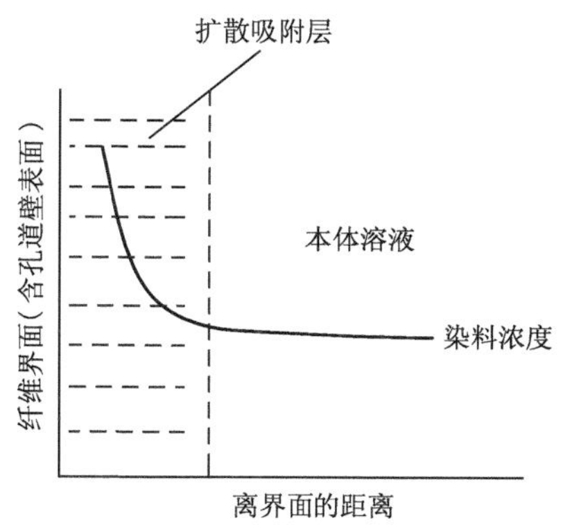

图2－16　染料在界面的扩散吸附层

这种吸附等温线可用以下半经验关系式表示：

$$[D]_f=K[D]_s^n \tag{2-16}$$

式中：$[D]_f$ 和 $[D]_s$ 分别为达到吸附平衡后染料在纤维上和染液中的浓度；K 为常数；$0<n<1$。它们的对数关系为：

$$\lg[D]_f=\lg K+n\lg[D]_s \tag{2-17}$$

式中：$\lg[D]_f$ 与 $\lg[D]_s$ 呈直线关系；n 为斜率；$\lg K$ 为截距。

符合弗莱因德利胥型吸附等温线的吸附属于物理吸附，即非定位吸附。离子型染料以范德瓦尔斯力和氢键吸附固着于纤维，且染液中有其他电解质存在时，其吸附等温线符合这种类型。例如，直接染料或还原染料隐色体上染纤维素纤维以及活性染料上染纤维素纤维在未发生共价结合时，基本上符合弗莱因德利胥型吸附等温线。

设每千克干纤维的吸附层容积为 V（各种纤维素纤维的无定形区所占比例不同，V 的数值也不一样），染料 Na_zD 离解为：

$$Na_zD=zNa^++D^{z-}$$

Na^+ 和 D^{z-} 分布在扩散吸附层中，染料在溶液中和纤维上的活度可表示如下（活度系数都假定为1）：

$$a_s=[Na^+]_s^z[D^{z-}]_s \tag{2-18}$$

$$a_f=\left(\frac{[Na^+]_f}{V}\right)^z\cdot\frac{[D^{z-}]_f}{V} \tag{2-19}$$

则亲和力：

$$-\Delta\mu^{\circ}=RT\ln\frac{[Na^+]_f^z[D^{z-}]_f}{V^{z+1}}-RT\ln[Na^+]_s^z[D^{z-}]_s \tag{2-20}$$

$\ln[Na^+]_f^z[D^{z-}]_f$ 对 $\ln[Na^+]_s^z[D^{z-}]_s$ 作图呈直线关系，则式（2－20）可写成：

$$[Na^+]_f^z[D^{z-}]_f/([Na^+]_s^z[D^{z-}]_s)=V^{z+1}\exp(-\Delta\mu^{\circ}/RT) \tag{2-21}$$

染液里加一定量的食盐使 $[Na^+]$ 恒定，纤维上除了染料阴离子以外，其他阴离子浓度很低，可以忽略不计,则$[Na^+]_f \approx z[D^{z-}]_f$,对某一染料以不同浓度在等温条件下上染指定的纤维来说,V 和$-\Delta\mu^\circ$都是常数,则式(2-21)可写成:

$$[D^{z-}]_f^{z+1}/[D^{z-}]_s = 常数 \tag{2-22}$$

该式为典型的弗莱因德利胥方程式。

(三)朗缪尔(Langmuir)型吸附等温线

符合朗缪尔型吸附等温线的吸附属于化学吸附,即定位吸附。假定在纤维上有一定数量的吸附染料的位置,这些位置称为染座(dye site),染料的吸附就发生在这些染座上。所有染座都能同样地吸附染料而不发生相互干扰。一个染座上吸附了一个染料分子后便饱和而不能发生进一步的吸附,即吸附是单分子层的。所有染座都被染料占据时,吸附就达到了饱和,此饱和值称为纤维染色饱和值,它决定于纤维上吸附位置的数量。根据这些假定,染料的吸附速率和解吸速率可以表示如下:

染料的吸附速率:

$$\frac{d[D]_f}{dt} = K_1[D]_s([S]_f - [D]_f) \tag{2-23}$$

染料的解吸速率:

$$-\frac{d[D]_f}{dt} = K_2[D]_f \tag{2-24}$$

式中:$[S]_f$ 为染料对纤维的饱和值;K_1、K_2 分别为吸附、解吸速率常数;t 为时间。

在染色达到平衡时,吸附速率等于解吸速率,即:

$$K_1[D]_s([S]_f - [D]_f) = K_2[D]_f \tag{2-25}$$

令 $K_1/K_2 = K$,则:

$$[D]_f = \frac{K[D]_s[S]_f}{1+K[D]_s} \tag{2-26}$$

或

$$\frac{1}{[D]_f} = \frac{1}{K[D]_s[S]_f} + \frac{1}{[S]_f} \tag{2-27}$$

式(2-26)是朗缪尔型吸附公式,式(2-27)为其倒数形式。

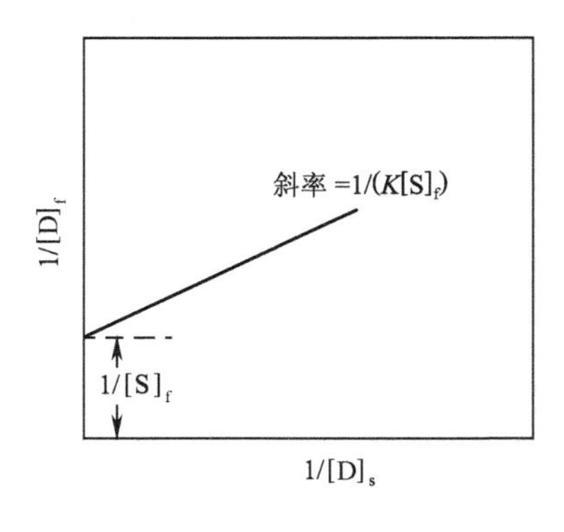

图 2-17 朗缪尔吸附的 $1/[D]_f$ 与 $1/[D]_s$ 的关系

将$[D]_f$ 对$[D]_s$ 作图,如图 2-15 所示。在$[D]_s$ 很低时,与$[D]_f$ 几乎呈直线关系;当$[D]_s$ 上升时,$[D]_f$ 上升较慢;继续增加$[D]_s$ 到一定值后,$[D]_f$ 不再增加,此时的$[D]_f$ 值等于染色饱和值。

若将 $1/[D]_f$ 对 $1/[D]_s$ 作图,可得一条直线,如图 2-17 所示。直线的斜率是 $1/(K[S]_f)$,截距是 $1/[S]_f$。根据图中的数值即可求出染料对纤维的染色饱和值$[S]_f$。

离子型染料主要以静电引力上染纤维,以离子键在纤维中固着时,符合朗缪尔型吸附。例如,强酸性浴酸性染料上染羊毛、阳离子染料上染聚丙烯腈纤维的吸附等温线基本上属于这种类型。

朗缪尔吸附等温线的特征是在低浓度区时，纤维上染料浓度增加很快，以后随染液中染料浓度的增加逐渐变慢，最后不再增加，达到吸附饱和值。

三、染色热

染料吸附上染纤维必然引起纤维—染液体系中物质分子间作用力的拆散和重建，并伴随热的放出或吸收，即发生染色热效应或体系焓的变化。所谓染色热(heat of dyeing)是无限小量染料从含有染料呈标准状态的染液中(活度等于1)转移到染有染料也呈标准状态的纤维上(活度等于1)，每摩尔染料转移所吸收的热量。它标志着上染过程中各种分子间力的作用所产生的能量变化。可用下式表示：

$$\Delta H^{\circ}=\frac{\partial H}{\partial n} \tag{2-28}$$

式中：ΔH°为标准染色热，简称染色热；∂H 为无限小量染料(∂n)从染液转移到纤维所吸收的热(kJ/mol)。

根据吉布斯—亥姆霍兹(Gibbs-Helmholtz)公式，可以得出亲和力($-\Delta\mu^{\circ}$)、温度(T)和染色热(ΔH°)的关系式：

$$\left[\frac{\partial\left(\frac{\Delta\mu^{\circ}}{T}\right)}{\partial T}\right]_{P}=-\frac{\Delta H^{\circ}}{T^{2}} \tag{2-29}$$

因 $\mathrm{d}\left(\frac{1}{T}\right)=-\left(\frac{1}{T^{2}}\right)\mathrm{d}T$，则上式可写成：

$$\left[\frac{\partial\left(\frac{\Delta\mu^{\circ}}{T}\right)}{\partial\left(\frac{1}{T}\right)}\right]_{P}=\Delta H^{\circ} \tag{2-30}$$

如果温度范围变化不大，$\frac{\Delta\mu^{\circ}}{T}$对$\frac{1}{T}$呈直线关系，$\Delta H^{\circ}$可以作为常数处理。这样便可对式(2-30)进行积分：

$$\int\mathrm{d}\left(\frac{\Delta\mu^{\circ}}{T}\right)=\Delta H^{\circ}\int\mathrm{d}\,\frac{1}{T} \tag{2-31}$$

$$\frac{\Delta H^{\circ}}{T}=\frac{\Delta\mu^{\circ}}{T}+C \tag{2-32}$$

式中：C 为积分常数。设 T_1、T_2 时的染色亲和力分别为$-\Delta\mu_1^{\circ}$、$-\Delta\mu_2^{\circ}$，则可求得 ΔH°：

$$\Delta H^{\circ}\left(\frac{1}{T_1}-\frac{1}{T_2}\right)=\frac{\Delta\mu_1^{\circ}}{T_1}-\frac{\Delta\mu_2^{\circ}}{T_2} \tag{2-33}$$

吸收热为正值，放出热为负值。在大多数染色体系中，染料的上染过程是放热反应，因此染色热为负值。提高染色温度会使染色平衡向吸热反应方向移动，即向解吸反应方向移动，平衡吸附量降低，亲和力降低。染色热负值绝对值越大，表示染料被吸附上染于纤维与纤维分子间的作用力越强，染色亲和力越大，反之亲和力越小。

四、染色熵

熵是反映物系内部大量质点运动紊乱程度的状态函数。所谓紊乱程度是在一定宏观状态下可能出现的微观状态数。物系可能出现的微观状态数越多,物系的紊乱程度就越大,熵也就越大。

染料从染液上染纤维也会引起物系状态数发生变化,即会引起物系的熵发生变化。所谓染色熵(entropy of dyeing)是指无限小量的染料从标准状态的染液中(活度等于1)转移到标准状态的纤维上(活度等于1),每摩尔染料转移所引起的物系熵变,单位为kJ/(℃·mol)。染色熵ΔS°为正值,表示染料上染纤维引起物系紊乱度增大,反之ΔS°为负值,表示染料上染纤维引起物系紊乱度减小。通常染色熵为负值。染色熵不仅与染料本身紊乱度变化有关,还与上染过程中引起物系中其他组成(如水)的紊乱度变化有关。

染料在染液中的紊乱度比在纤维中的紊乱度高,在其他组成紊乱度变化不大的情况下,染色熵为负值。但在有些情况下,如具有较多疏水基的染料上染纤维,其染色熵可能为正值,主要是由于染料分子上染而引起水的熵变。染料分子中的疏水部分有促使水分子生成簇状结构或类冰结构(即较规整排列)的倾向,疏水部分越大,这种倾向也越大。染料从溶液转移到纤维上后,这种作用消失,水的紊乱度增加,则熵值增大。当水的熵值增大大于染料的熵值减小时,就有可能使整个体系的熵增加,即ΔS°为正值。ΔS°为正值时,随着染色温度的提高,亲和力增大,但这种现象在染色中出现的较少。

由上可知,亲和力($-\Delta\mu^{\circ}$)主要由染色热(ΔH°)和染色熵(ΔS°)组成,其关系式如下:

$$-\Delta\mu^{\circ}= T\Delta S^{\circ}-\Delta H^{\circ} \tag{2-34}$$

从式(2-34)可以看出,染色熵负值绝对值越大,表示染料在纤维上的取向程度越高,被纤维吸附的可能性越小,亲和力就越低;染色熵负值绝对值越小,甚至为正值时,亲和力就高。染色热负值绝对值越大(放热越多),染料与纤维结合的程度越高,亲和力也就越高,反之越低。

在一定温距范围内,ΔH°为恒定,将$-\Delta\mu^{\circ}$对T作图可得一直线,如图2-18所示。从直线的斜率可求得ΔS°。

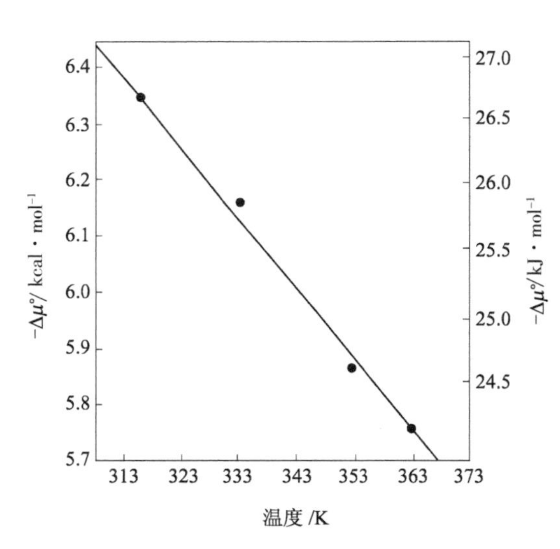

图2-18 温度对C.I.分散红19上染二醋酯纤维亲和力的影响

从亲和力($-\Delta\mu^{\circ}$)和染色热(ΔH°)、染色熵(ΔS°)的关系式可以看到染色热、染色熵以及染色温度对染料上染的影响。亲和力为:

$$-\Delta\mu^{\circ}=RT\ln\frac{a_f}{a_s} \tag{2-35}$$

则:

$$\ln\frac{a_f}{a_s}=\frac{\Delta S^{\circ}}{R}-\frac{\Delta H^{\circ}}{RT} \tag{2-36}$$

五、染料与纤维之间的作用力

染料对纤维具有亲和力(或直接性)的重

要原因是染料分子(或离子)与纤维分子之间存在着作用力。染料与纤维分子之间的作用力是多种多样的,主要有范德瓦尔斯力(van der Waals force)、氢键(hydrogen bond)、库仑力(coulomb force)、共价键(covalent bond)、配价键(coordinate bond)、电荷转移分子间引力(intermolecular attraction of charge-transfer)、疏水键(hydrophobic bond)等。

(一)范德瓦尔斯力

范德瓦尔斯力是分子间力,可分为偶极间引力、偶极—诱导偶极引力及非极性组分间的色散力。范德瓦尔斯力比较弱,结合能量只有 0.0836~8.36kJ/mol,较一般的共价键低得多。

偶极间引力是两个具有永久偶极的极性分子(或基团)之间的作用力,是它们之间发生相互取向,产生引力结合的结果。偶极—诱导偶极引力是一个具有永久偶极的分子与另一个被它诱导极化的非极性分子(产生诱导偶极)之间的作用力。色散力是在两个没有偶极的分子(非极性分子)之间,由于电子的运动和原子核的振动,电子云对原子核发生瞬时位移,结果产生瞬时偶极,这时瞬时偶极又可以引起邻近分子的极化,产生诱导偶极,于是在两者之间就产生相互吸引力。色散力在任何分子之间都存在。

范德瓦尔斯力的大小随分子的偶极矩、电离能、极化的难易程度等的不同而不同,分子的极性越大,极化越容易,则分子间的范德瓦尔斯引力越大。温度升高,极性分子的定向排列变差,偶极间引力降低。范德瓦尔斯力的大小还与分子间的距离有关,随着分子间距离的增大,范德瓦尔斯力急剧降低,作用距离约为 0.3~0.4nm。在偶极分子对偶极分子的情况下,范德瓦尔斯力与分子间距离的 6 次方成反比。在偶极分子对四极分子的情况下,偶极间引力与分子间距离的 8 次方成反比,色散力与距离的 7 次方成反比。在四极分子对四极分子的情况下,偶极间引力与距离的 10 次方成反比,色散力与分子间距离的 8 次方成反比。

染料和纤维之间的范德瓦尔斯力大小决定于分子的结构和形态,并和它们之间的接触面积及分子间的距离有关。一般染料的相对分子质量越大,结构越复杂,共轭系统越长,线型、共平面性越好,并与纤维的分子结构相适宜,则范德瓦尔斯力一般较大。

范德瓦尔斯力存在于各类染料上染各类纤维时,但作用的重要性各不相同。

(二)氢键

氢键是一种定向的、较强的分子间引力,它是由两个电负性较强的原子通过氢原子而形成的取向结合。氢键的强弱和氢原子两边所接原子的电负性大小有关。两原子的电负性越强,两者之间形成的氢键的键能就越大;芳香族酚类与脂肪醇相比,由于芳香环对电子的吸引,使芳香族酚通过氧原子形成的氢键键能比脂肪醇强。

在染料分子和纤维分子中不同程度地存在着供氢基团和氢基团,因此氢键在各类染料对各类纤维的染色中都存在,当然其大小和重要性各不相同。

一般将通过孤对电子与供氢基形成氢键结合的,称为 P 型氢键结合;通过孤立双键或芳香环上共轭双键的 π 电子与供氢基形成的氢键称为 π 型氢键。从结合能来看,π 型氢键通常低于 P 型氢键,但对于具有较长共轭体系的染料分子,π 型氢键具有很重要的意义。

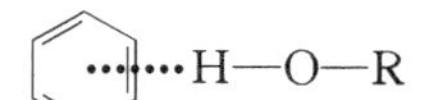

染料和纤维之间,染料分子与染料分子之间,纤维分子与纤维分子之间,染料分子与水分子,纤维分子与水分子以及其他溶剂相互之间都可能形成氢键。因此在染料分子与纤维分子形成氢键的同时,原有的氢键将发生断裂。

范德瓦尔斯力和氢键结合的能量较低,一般在 41.8kJ/mol 以下,但在染色中起着重要作用,是染料对纤维具有直接性的重要因素。范德瓦尔斯力和氢键引起的吸附属于物理吸附,吸附位置很多,是非定位吸附。

(三)库仑力

库仑力 f 和电荷 q、q 的乘积成正比,分别和 q、q 间的间距 r 的平方、介质的介电常数 ε 成反比。

$$f=\frac{q\cdot q}{\varepsilon\cdot r^2} \tag{2-37}$$

有些纤维具有可以电离的基团,在染色条件下,这些基团发生电离而使纤维带有电荷,当具有相反电荷的染料离子与纤维接近时,产生静电引力(库仑力),染料因库仑力的作用而被纤维吸附,并发生离子键形式的结合,离子键也称盐式键。例如,酸性染料染羊毛时,羊毛中的氨基在染色的条件下电离成 $W—NH_3^+$,带有正电荷,酸性染料则电离成 $D—SO_3^-$,染色时由于库仑引力作用而生成离子键。离子键的强弱与两者的电荷强弱成正比。

纤维在染液中带有电荷,在界面上形成双电层。例如,蛋白质纤维、聚酰胺纤维在酸性染液中带有正电荷,对染料阴离子产生库仑引力。聚丙烯腈纤维在染液中带有负电荷,对染料阳离子产生引力。纤维素纤维在中性和碱性染液中带有负电荷,对染料阴离子产生斥力,降低染料阴离子的上染速率,为了减少或消除这种斥力,染色时可在染液中加食盐。

(四)共价键

染料和纤维发生共价键结合,主要发生在含有反应性基团的染料和具有可反应基团的纤维之间。例如,活性染料和纤维素纤维之间可在一定条件下发生反应而生成共价键结合。

(五)配价键

配价键一般在酸性媒染染料或酸性含媒染料染色时和纤维之间产生,例如 1∶1 型金属含媒染料上染羊毛时与羊毛纤维生成配价键结合。

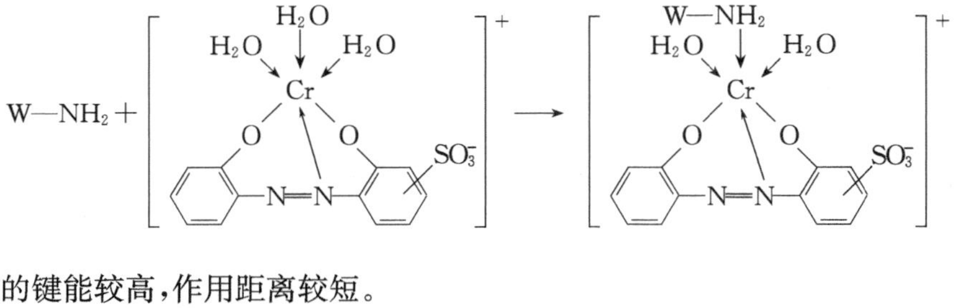

配价键的键能较高,作用距离较短。

离子键、共价键和配价键的键能均较高,在纤维中有固定吸附位置,由这些键引起的吸附属于定位吸附或化学吸附。

(六)电荷转移分子间引力

具有供电子体的分子(如供电子体 D)与具有受体性质的分子(如受电子体 A),从 D 到 A 转移了一个电子,在 D 与 A 之间会产生分子间的结合,这种结合具有路易氏酸碱结合的性质,称为电荷转移结合。

$$D + A \longrightarrow D^{+}—A^{-}$$

供电子体的电离能越低(即容易释放电子),受电子体的亲电性越强(即容易吸收电子),两体之间则越容易发生电子转移。

作为供电子体的化合物有胺类、酸类化合物或含氨基、酯基的化合物(称为孤对电子供电体)以及含双键的化合物(称为 π 电子供电体)。作为受电子体的化合物有卤素化合物(称为 σ 受电子体)及含双键的化合物(π 轨道容纳电子)。例如,分散染料中的氨基与聚酯纤维中的苯环,或聚酯纤维中的酯基与分散染料中的芳环可以发生电荷转移,生成电荷转移分子间引力。

第五节 染色动力学基础

染色动力学主要研究染料上染纤维的速率以及所经历的过程。

一、染料在纤维中的扩散和菲克(Fick)扩散定律

染料扩散是一种分子运动。吸附在纤维表面的染料分子,由于纤维表面的染料浓度高,与纤维内部存在着浓度梯度(concentration gradient),进而向纤维内部扩散,即染料扩散的动力是浓度梯度。染料在染液中的扩散比较迅速,在纤维内的扩散比较缓慢,而且只能在无定形区内扩散。染液在充分流动的条件下,后者往往是决定上染快慢的阶段,即对上染速率往往起着决定性的作用。扩散不是单个染料分子的运动行为,而是大量染料运动的结果。对一个分子来说,它向周围任何方向运动的机会是均等的,但大量染料分子运动的结果是向浓度低的方向扩散。

按扩散过程中扩散介质的浓度梯度变化可将扩散分为稳态扩散(steady-state diffusion)和非稳态扩散(non-steady state diffusion)两类。所谓稳态扩散是指在扩散过程中,扩散介质中各处的浓度梯度始终维持不变(通常就是各处浓度维持不变)的扩散过程。而非稳态扩散就是在扩散过程中,扩散介质中各处的浓度梯度不断变化(或各处浓度不断变化)的扩散过程。

稳态扩散过程可用菲克第一定律来表示。对各向同性的扩散介质即介质内任一点在各个方向具有相同的扩散性质,有下列关系式:

$$F_x = -D\frac{\partial c}{\partial x} \tag{2-38}$$

或

$$\frac{\mathrm{d}c}{\mathrm{d}t} = -A \cdot D \cdot \frac{\partial c}{\partial x} \tag{2-39}$$

式中:F_x 是扩散通量(扩散速率),即单位时间内通过单位面积的染料数量[$g/(cm^2 \cdot s)$];D 为扩散系数(diffusion constant),为在单位时间内,浓度梯度为 $1g/cm^4$ 时扩散经过单位面积的染料量(cm^2/s);$\partial c/\partial x$ 为扩散方向单位距离内的浓度变化,即浓度梯度(g/cm^4);式中的负号表示染料由浓度高向浓度低的方向扩散;dc/dt 为 x 轴向的扩散速率(g/s);A 为垂直于扩散方向的面积(cm^2)。

由上述关系可以看出,扩散快慢和染料的浓度梯度成正比,也和扩散通过的面积成正比。对纤维来说,纤维半径越小,比表面积就越大,扩散也越快。扩散系数在一定条件下是常数,决定于染料和纤维的化学结构及纤维的微结构。

实际染色时,随着染料不断从染液中上染到纤维上,染液中的染料浓度不断降低,吸附于纤维表面的染料浓度不断增加,纤维中各处的染料浓度梯度不断变化,所以是不稳定的扩散过程。因此用非克第一定律不能表示这种扩散过程,而应用菲克第二定律非稳态扩散方程进行研究。

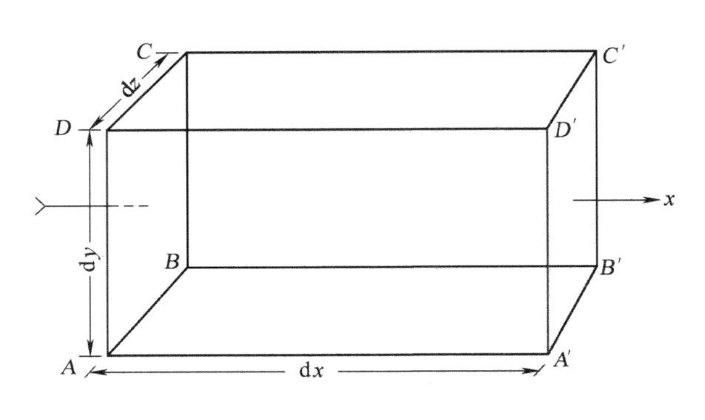

图 2－19　通过单元体积的扩散图

设 $ABCD$ 和 $A'B'C'D'$ 是互相平行且垂直于 x 轴的两个平面,面积均为 $dy \times dz$,如图 2－19 所示。它们离原点的距离分别为 x 和 $x+dx$。染料沿 x 轴扩散如图所示。设通过 $ABCD$ 平面的扩散通量为 F_x,dt 时间内通过的数量为 $dydzF_x dt$;通过 $A'B'C'D'$ 平面的扩散通量为 F_{x+dx},dt 时间内通过的数量为 $dydzF_{x+dx}dt$。在非稳态扩散条件下,扩散通量随距离 x 而变化,其变化率为 $\partial F_x/\partial x$,则通过 $A'B'C'D'$ 平面的扩散通量 F_{x+dx} 为:

$$F_{x+dx}=F_x+\left(\frac{\partial F_x}{\partial x}\right)dx \tag{2-40}$$

设 dt 时间内上述长方体中染料增加的数量为 ΔN,则:

$$\Delta N=(F_x dt-F_{x+dx}dt)\ dydz \tag{2-41}$$

根据式(2－40)、式(2－41)可得:

$$\Delta N=-\ dydz\left(\frac{\partial F_x}{\partial x}dx\right)dt \tag{2-42}$$

该体积中 dt 时间内增加的浓度 dc 为:

$$dc=\frac{\Delta N}{dx \cdot dy \cdot dz} \tag{2-43}$$

将式(2－42)代入式(2－43),得:

$$dc=-\left(\frac{\partial F_x}{\partial x}\right)dt \tag{2-44}$$

或

$$\frac{\partial c}{\partial t}=-\frac{\partial F_x}{\partial x} \tag{2-45}$$

根据菲克扩散第一定律方程式，$F_x=-D\frac{\partial c}{\partial x}$，则：

$$\frac{\partial c}{\partial t}=\frac{\partial}{\partial x}\left(D\frac{\partial c}{\partial x}\right) \tag{2-46}$$

如果扩散系数不随纤维上染料浓度 c 和时间 t 以及扩散距离 x 而变化，则上式可简化成下式关系：

$$\frac{\partial c}{\partial t}=D\frac{\partial^2 c}{\partial x^2} \tag{2-47}$$

式中：$\partial c/\partial t$ 是扩散介质中单位时间内浓度的变化，这是 x 轴向的情况。若考虑 x、y、z 三维空间体积内扩散，则得：

$$\frac{\partial c}{\partial t}=D\left(\frac{\partial^2 c}{\partial x^2}+\frac{\partial^2 c}{\partial y^2}+\frac{\partial^2 c}{\partial z^2}\right) \tag{2-48}$$

在实际染色中，由于扩散系数一般随着纤维上的染料浓度而变化，因而可进一步写成：

$$\frac{\partial c}{\partial t}=\frac{\partial}{\partial x}\left(D\frac{\partial c}{\partial x}\right)+\frac{\partial}{\partial y}\left(D\frac{\partial c}{\partial y}\right)+\frac{\partial}{\partial z}\left(D\frac{\partial c}{\partial z}\right) \tag{2-49}$$

式(2－49)是空间直角坐标的表示式，但对染色来说，一般把纤维看作圆柱体，因而转换成圆柱坐标，则上式可写成：

$$\frac{\partial c}{\partial t}=\frac{1}{r}\left[\frac{\partial}{\partial r}\left(rD\frac{\partial c}{\partial r}\right)+\frac{\partial}{\partial \theta}\left(\frac{D}{r}\ \frac{\partial c}{\partial \theta}\right)+\frac{\partial}{\partial z}\left(rD\frac{\partial c}{\partial z}\right)\right] \tag{2-50}$$

式中：r 是纤维径向方向的坐标；θ 是方位角；z 是纤维长度方向的坐标。

由于纤维可假定为无限长的(从截面和长度相对而言)，故$\frac{\partial^2 c}{\partial z^2}=0$。若将纤维看作是圆柱形，则在扩散中的各个方向只受 r 的影响，而与方位角无关，故式(2－50)又可进一步简化为：

$$\frac{\partial c}{\partial t}=\frac{1}{r}\ \frac{\partial}{\partial r}\left(rD\frac{\partial c}{\partial r}\right) \tag{2-51}$$

即：

$$\frac{\partial c}{\partial t}=D\frac{\partial^2 c}{\partial r^2} \tag{2-52}$$

式(2－52)对某些圆形截面的合成纤维具有特殊意义，但对截面为非圆形的纤维不适合。

二、扩散系数的计算方法

解菲克非稳态扩散方程式可以从 c、r、t 关系式求出扩散系数 D。这是一种在上染过程中从纤维上染料浓度分布情况求扩散系数的方法。纤维上某点的浓度不同，染料在该点的扩散系数不同，以 D_c 代表纤维上染料浓度为 c 的扩散系数称为实测扩散系数。

另一种方法是从 t 时间内上染到染色物的染料浓度 c 求得扩散系数 D，该方法实质上是从上染速率求扩散系数的方法，但解方程式求积分常数时，必须先确定边界条件。边界条件随上染条件而不同。试验时，应充分搅拌使染料分子到达纤维表面的速率大于染料向纤维内部扩散的速率，染料在纤维表面的吸附始终处于动平衡状态。用很大的浴比进行上染，可以维持染液浓度基本不变。这种浴比很大，足以维持染液浓度基本不变的染浴称为无限染浴。在这种情况下，纤维表面的染料浓度($x=0$ 时 c)恒定。另一种情况是充分搅拌，但浴比有限，在上染过程中染液浓度逐渐降低。这样,纤维表面吸附虽维持动平衡状态,但其浓度是随染液浓度的降低而相应下降的。不论哪一种情况,$t=0$ 时,即上染开始前,纤维上没有染料,任何一点的浓度 $c=0$。从无限染浴求扩散系数是一种常用的方法。

设对厚度为 1,各向同性的片状试样上染,染料从两面扩散进入片内,片状试样四个边上的扩散可以忽略不计,扩散系数不随试样上染料浓度变化而为常数,克兰克(Crank)解菲克扩散第二定律方程式得到 t 时间内上染在试样上的染料浓度 c_t(g/100g 试样)和平衡上染 c_∞、扩散系数 D 的关系为:

$$\frac{c_t}{c_\infty}=1-\frac{8}{\pi^2}\sum_{m=0}^{\infty}\frac{1}{(2m+1)^2}\exp\left[-D\frac{(2m+1)\pi^2 t}{l^2}\right] \tag{2-53}$$

式中:m 为正整数。

这是一个上染速率和扩散系数的关系方程式。

将这种关系应用于半径为 r 的纤维,两端的扩散可以忽略不计,推算结果 c_t/c_∞ 的关系如图 2-20 所示。已知 c_∞、c_t、t,便可从图 2-20 中查得 c_t/c_∞ 对应的 Dt/r^2 值,从而计算求得 D。

如果上染时间较短,染料远没有扩散到达纤维试样的中心,则可用下列简单关系式计算 D:

$$\frac{c_t}{c_\infty}=2\sqrt{\frac{Dt}{\pi}} \tag{2-54}$$

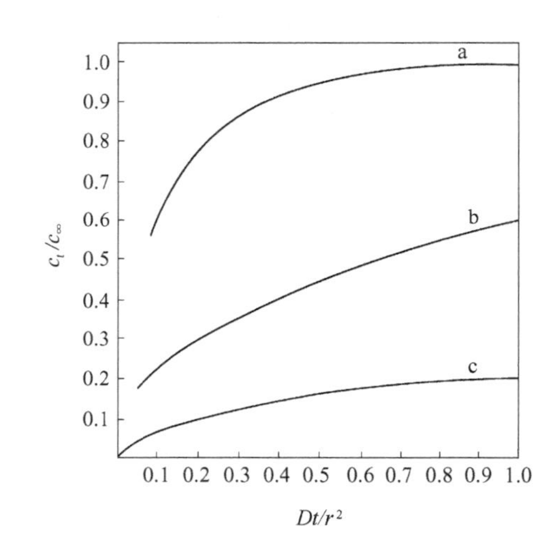

图 2-20 无限染浴柱状体的 c_t/c_∞ 和 Dt/r^2 的关系曲线

a—$Dt/r^2=0\sim1.0$ b—$Dt/r^2=0\sim0.1$

c—$Dt/r^2=0\sim0.01$

$\sqrt{t}$ 和 c_t 呈直线关系。从 c_t/c_∞ 对 $\sqrt{t}$ 图线斜率即可计算出表观扩散系数 D。

在充分搅拌、无限染浴条件下上染某一纤维,从所得 c_t/c_∞ 和 Dt/r^2 的关系式可得知,半染时间 $t_{1/2}$ 和扩散系数 D 呈反比关系,而和纤维的半径 r 的平方成正比,即若纤维半径是常数,扩散系数越大,半染时间越短;若扩散系数是常数,纤维半径越小,半染时间越短。如实验测定普通涤纶和超细涤纶的扩散系数相近,但后者的半染时间较前者要小得多。在充分搅拌、无限染浴的染色情况下,染液中的染料到达纤维表面的速率足以使纤维表面的染料浓度保持恒定,此时染料的继续上染有赖于纤维表面的染料向纤维内部不断地扩散。

三、染料在纤维内的扩散性能及影响因素

如上所述,染料在纤维内的扩散性能一般用扩散系数来表示。染料的扩散速率高,染透纤维所需要的时间短,有利于减少因纤维微结构的不均匀或因染色条件的原因造成吸附不匀的影响,而获得染色均匀的产品。因此染色时提高扩散速率具有重要意义。

扩散速率首先决定于染料分子结构的大小和纤维的微隙大小,纤维的微隙小,形成扩散的机械障碍,染料分子通过微隙的几率就比较低,扩散比较缓慢。如同一染料在黏胶纤维和铜氨

纤维上的扩散速率存在较大差异，主要是由于黏胶纤维的皮层结构具有较高的取向度。若染料分子大，纤维微隙小，则染料分子就不能扩散或通过。染料分子小，纤维微隙大，有利于染料分子的扩散。染料聚集体比较大，一般不能通过纤维的微隙。凡是使微隙增大的因素（如用助剂促使纤维吸湿溶胀、升温等）都有利于染料的扩散。

纤维的结晶度影响染料的扩散，尤其是合成纤维。结晶度高，表示纤维拉伸倍数大，分子排列整齐，玻璃态转化温度高，则染料在此纤维中的扩散系数较低。

染料与纤维之间的引力对扩散有很大影响。在其他条件相同时，染料与纤维分子间引力较大的（亲和力、直接性较高），扩散速率一般比较低。主要是由于在扩散过程中，它们对纤维的吸附几率高，或发生自身分子间的聚集倾向大，扩散便比较缓慢。

扩散速率也随染料浓度而变化，可以通过扩散方程或从实验测得的染料浓度分布曲线求出。染料浓度对扩散速率的影响随染料种类和纤维种类的不同而不同。在用非离子型染料染非离子纤维时，染料浓度对扩散系数的影响较小，而非离子染料上染具有相反电荷的纤维时，扩散系数受染料浓度的影响则较大，扩散速率随染料浓度的提高而增加，这有利于纤维染深色时的匀染和透染。

染料在纤维内的扩散与染色温度有很大关系。提高染色温度，可以提高染料的扩散速率，这是因为温度升高增加了染料分子的动能，使更多的染料分子能克服阻力向纤维内部扩散。温度和扩散系数之间符合阿累尼乌斯方程式（Arrhenius 式）：

$$D_T = D_0 e^{-\frac{E}{RT}} \tag{2-55}$$

或

$$\ln D_T = \ln D_0 - \frac{E}{RT} \tag{2-56}$$

式中：D_T 是绝对温度为 T 时，测得的扩散系数；D_0 为常数；E 为染料分子的扩散活化能（activation energy of diffusion），即染料分子克服能阻扩散所必须具有的能量，单位是 kJ/mol；R 是气体常数。

将不同温度时测得的扩散系数的自然对数（$\ln D_T$）对绝对温度的倒数（$1/T$）作图，可得到一直线，直线的斜率为 $-E/R$，由此可算出扩散活化能的大小。扩散活化能越大，表示分子扩散时克服阻力所需的能量越大，扩散速率较低，扩散受温度的影响也就越大。

热塑性纤维在玻璃态转化温度以上染色时，扩散系数和温度的关系不服从阿累尼乌斯公式，扩散系数的对数和绝对温度的倒数不呈直线关系。

同一类染料在相同纤维上的扩散活化能虽然比较接近，但并不相同。表 2－2 是几类染料在特定纤维上的扩散活化能。

四、扩散模型

从上染条件和扩散活化能的情况来看，染料分子在纤维上的扩散特点随纤维种类而有很大不同。棉、黏胶纤维、蚕丝等亲水性纤维在水里会发生比较大的溶胀，可以用相对分子质量较

表 2-2 几类染料在特定纤维上的扩散活化能

染料名称	纤维	扩散活化能/kJ·mol^{-1}
色酚钠盐	黏胶纤维	42
还原染料隐色体	黏胶纤维	52
直接染料	黏胶纤维	59
匀染性酸性染料	羊毛	92
耐缩绒酸性染料	羊毛	121
分散染料	醋酯纤维	96
分散染料	聚酰胺纤维	92
分散染料	聚酯纤维	167
阳离子染料	聚丙烯腈纤维(奥纶 42)	251

大的水溶性染料染色,上染的温度一般也比较低。也就是说,染料在较低的温度条件下便能扩散进入纤维内部,扩散活化能比较低(羊毛虽然也是亲水性纤维,但有鳞片层的障碍)。反之,聚酯、聚丙烯腈等合成纤维的吸湿性很低,在水中溶胀很少,需在比较高的温度下上染,染料的扩散活化能比较高。

按照上述情况,人们往往采用两种扩散模型(diffusion model)来说明染料在纤维中的扩散特点。一种是孔道模型,另一种是自由容积模型。前者主要用于说明染料在纤维素纤维等亲水性纤维中的扩散特点,后者主要用以说明染料在聚酯、聚丙烯腈等疏水性纤维内的扩散情况。

(一)孔道扩散模型(pore model of diffusion)

把经过练漂前处理的棉、黏胶纤维、铜氨纤维等亲水性纤维浸在水里,几秒钟后水就会透入纤维内部,使它发生溶胀。人们认为这些溶胀的纤维里存在着许许多多曲折而互相连通的小孔道。按孔道模型的解释,在染色时,这些纤维孔道里都充满着水,染料分子(或离子)通过这些曲折、互相连通的孔道扩散进入纤维内部。在扩散过程中,染料分子(或离子)会不断发生吸附和解吸。孔道里游离状态的染料和吸附状态的染料呈动平衡状态。孔道模型如图 2-21 所示。

一般认为孔道的断面形状是椭圆形,其长轴和纤维轴的方向一致。为了扩散能够进行,孔隙的长轴要大于或至少等于染料分子的长轴。

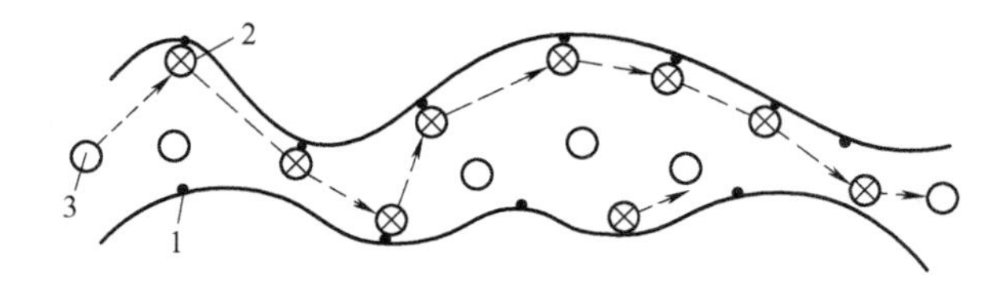

图 2-21 染料在纤维孔道中的扩散模型
1—纤维的活化中心 2—可逆的被吸附的染料分子(离子)
3—游离的染料分子(离子)

根据孔道模型的假定，在孔道之内，只有游离状态的染料才能够扩散，因此扩散方程可以写成：

$$F_x = -D_f \frac{\partial c_p}{\partial x} \tag{2-57}$$

式中：F_x 为孔道中游离状态染料的扩散通量，即纤维内单位时间内通过单位面积的染料数量；c_p 为孔道内可以扩散的游离染料的浓度；D_f 为游离染料的扩散系数。

由于游离状态染料的扩散仅发生在纤维的孔道内，故必须考虑孔道在纤维内所占的比率（孔隙体积/纤维总体积），设此比率为 α，孔隙的曲挠度（两点之间孔道的曲挠长度与两点之间直线距离的比值）为 τ，则沿 x 轴方向的扩散通量为：

$$F_x = -\frac{\alpha}{\tau} D_p \frac{\partial c_p}{\partial x} \tag{2-58}$$

式中：D_p 为染料在孔道染液中的扩散系数。由于 c_p 为 c_f（吸附在孔道壁上的染料浓度）的函数，则：

$$F_x = -\frac{\alpha}{\tau} D_p \frac{dc_p}{dc_f} \frac{\partial c_f}{\partial x} \tag{2-59}$$

实际测得的扩散系数（表观扩散系数）D 是以 $\frac{\partial c}{\partial x}$ 为浓度梯度，按通常的扩散方程式计算的，即：

$$F_x = -D \frac{\partial c}{\partial x} \tag{2-60}$$

c 为纤维上染料的总浓度，$c = \alpha c_p + c_f$，由于染料对纤维的亲和力，故 $c_f \gg c_p$，从而可认为 $c \approx c_f$，故上式可写成：

$$F_x = -D \frac{\partial c_f}{\partial x} \tag{2-61}$$

综合上述可知，实测扩散系数应为：

$$D = \frac{\alpha}{\tau} D_p \frac{dc_p}{dc_f} \tag{2-62}$$

由式（2－62）可看出，染料在纤维中的扩散速率不仅与染料分子的结构有关，还和染料对纤维的亲和力以及纤维的微结构有关。染料对纤维的亲和力越大$\left(\frac{dc_p}{dc_f}\right.$值越小，此比值与染料在纤维与染液间的分配系数成反比$\left.\right)$，扩散系数越小。染料分子结构越大，在孔道中扩散的过程中被孔道壁分子链吸附的几率越高，扩散就越困难。染料分子芳环共平面性越强，分子越大，吸附的几率也就越高，因此扩散也越困难。纤维无定形区含量越大，即 α 值越大，扩散系数越大。为此，染色时使纤维充分溶胀可加快染料的扩散。黏胶等化学纤维在生产过程中受到的不同程度的拉伸会使纤维的孔道形状、大小发生相应的变化，从而影响染料在纤维上的扩散速率。增加拉伸使纤维大分子的取向度增高、孔道变窄，扩散速率降低。若纤维孔道的曲挠度越高，扩散系数变得越低。一般来说，在一定的温度下，影响染料扩散的因素主要是纤维的溶胀和染料对纤维的亲和力，而染料分子在溶液中的扩散系数影响较小。温度越高，染料在孔道溶液中扩散变得容易，被孔道壁分子链吸附的几率也降低，所以扩散系数就增大。

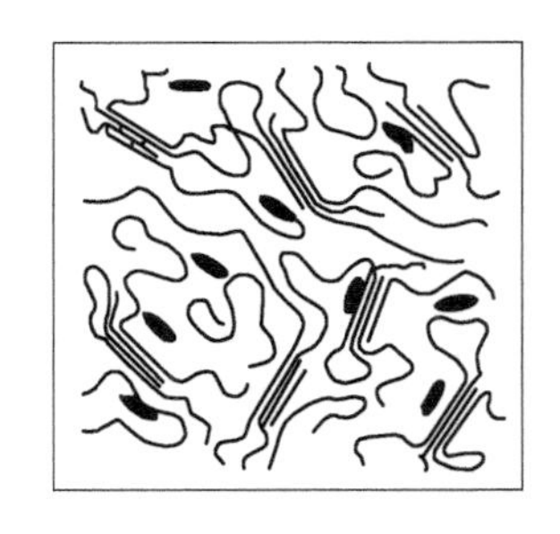

图 2-22　自由体积扩散模型

孔道模型所做的假设是大为简化了的情况，实际情况要复杂得多。纤维内外层结构也可能有较大的差异。例如黏胶纤维有扩散比较困难的皮层，羊毛有比较坚固的鳞片层。它们内外层的扩散情况显然不同。

(二)自由体积扩散模型(free volume model of diffusion)

聚酯纤维、聚丙烯腈纤维等疏水性纤维的吸湿性很低，在水中很少溶胀。这些纤维在玻璃化温度以下很少上染。由于这些纤维的孔道太小，以致染料难以在纤维内扩散，因此，按孔道模型解释不太恰当。而当染色温度超过纤维的玻璃化温度(T_g)以后，上染速率便迅速增加。这种情况一般用所谓自由体积模型来解释，如图 2-22 所示。

纤维的自由体积是指其总体积中没有被分子链占据的那部分空间，它以微小的空穴形式散布在纤维中。自由体积扩散模型是指聚酯纤维、聚丙烯腈纤维等合成纤维染色时，染料分子吸附在纤维大分子链上，当温度超过纤维的玻璃化温度以后，大分子的链段发生绕动，原来微小的空穴合并成较大的空穴，染料分子沿着这些不断变化的空穴，逐个“跳跃”扩散。

根据阿累尼乌斯方程式(Arrhenius 式)：

$$\ln D_T = \ln D_0 - \frac{E}{RT} \tag{2-63}$$

将表观扩散系数 D_T 的对数对 $1/T$ 作图，应为直线关系，但在一很宽的实验温度范围内，事实并非如此。例如，聚丙烯腈纤维用阳离子染料染色时，将表观扩散系数 D_T 的对数对 $1/T$ 作图(图 2-23)，却得到一曲线，其转折点的温度与聚丙烯腈纤维的 T_g 相符。原因可能是温度变化时，不但染料的扩散动能发生变化，而且纤维的自由体积也发生变化，因此扩散活化能不是常数。

根据以上所述，温度超过 T_g，高分子物的物理机械性质的变化和上染速率的增高，都是高分子物无定形区分子链段发生“跳跃”的结果。Williams，Landel，Ferry 得出了一个概括这些性质和温度关系的半经验方程式，即所谓的 WLF 方程式：

$$\lg \frac{\eta_T}{\eta_{T_g}} = \lg \alpha_T = -\frac{A(T-T_g)}{B+(T-T_g)} \quad (T>T_g) \tag{2-64}$$

式中：η_T、η_{T_g} 分别为温度 T、T_g 时无定形高分子物的黏度等物理机械性能数值，A、B 为该高分子物的特性常数。$\lg\alpha_T$ 称为温度 T 时的移动因子。

根据以上分析，黏度随着链段“跳跃”几率的增高而降低。与此相反，扩散速率随链段“跳跃”几率的增高而增高，故温度为 T 时的扩散系数 D_T 和温度为 T_g 时的扩散系数 D_{T_g} 的关系为：

$$\lg \frac{D_T}{D_{T_g}} = -\lg\alpha_T = \frac{A(T-T_g)}{B+(T-T_g)} \tag{2-65}$$

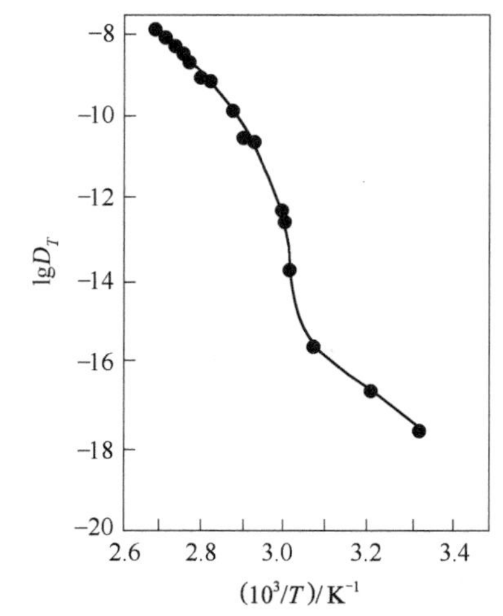

图 2-23　温度对孔雀绿上染聚丙烯腈纤维表观扩散系数的影响

合成纤维经过拉伸、热处理，产生了一定的取向和结晶。纤维的结晶度、微晶体的大小和取向度等因素都会影响它们的玻璃化温度和染料在纤维上的扩散速率。

纤维中少量低分子物质(如分散染料染色时的载体、水及染料)能增加纤维大分子链段的活动性,降低纤维的玻璃化温度,使纤维在相同温度染色时,染料的扩散速率提高。

五、匀染和移染

染色加工不仅要获得尽可能高的上染百分率及固色百分率,而且还应获得均匀和坚牢的颜色,在一定条件下产品颜色的均匀性好坏是衡量生产质量优劣的重要指标之一。

广义的匀染就是指染料在染色织物表面以及在纤维内各部分分布的均匀程度。染料在被染物表面各部分是否均匀分布比较容易观察到,习惯上所称的匀染就是指这一种。在纤维内染料是否均匀分布,虽然通常不易观察到,但其对产品的质量有很大影响。习惯上将这种染料在纤维内的均匀分布称为透染。例如,纤维束(如纱线)染色时,染料在纤维束内的分布情况可分为四种。第一种情况是染料在纤维束及每根纤维内都均匀分布,是一种理想状态;第二种情况是染料在纤维束内均匀分布,但对每一根纤维来说,染料只分布在纤维的表面,称为纤维环染,这种情况的染色可近似看作匀染,且染色结果一般较第一种情况浓;第三种情况是外层纤维染色,里层纤维不染色,是纤维束环染(白芯);第四种情况是纤维束外围的纤维环染或不均匀染色,而内部纤维基本不能上染。最后两种都属于匀染和透染性差。有些织物不耐摩擦和洗涤,常与纤维未透染有关。

匀染效果和许多因素有关,如染料的匀染性、纤维的染色性能或织物结构、染色前加工的均匀性、染色工艺的合理性、染色设备及操作情况等。

被染织物本身不均匀是造成染色不匀的很重要的因素。由于棉纤维成熟度不同,其染色性能有很大不同。羊毛的品种产地、生长部位不同,染色性能亦各不相同;羊毛纤维的毛尖和毛根的染色性能也不一样。化学纤维在制造时,由于聚合组分的不同以及牵伸热处理等条件的差异而造成纤维微结构的不同,都会导致染色性能的不同,有时即使在理想条件下染色,得色也不一致,造成染色不匀。

被染织物的前处理如退浆、煮练、漂白也会造成染色不匀。棉纱或棉织物在染色之前大都要经过丝光,丝光会影响纤维的微结构,如丝光不均匀或丝光时碱液浓度等条件的差异,就会造成各部分染色性能的差异,从而产生染色不匀。涤纶由于热定形的温度和张力不同,染色性能也不一样。

在浸染的上染过程中,初染速率太高或上染速率太快是造成染色不匀的重要原因。

对于浸染过程,控制匀染的主要途径是缓染(retarding dyeing)和移染。其匀染效果和上染百分率随时间的变化见图 2－24。

由图 2－24 可看出,通过缓染可控制上染速率,以使整个上染过程中,织物的匀染程度均高于临界匀染程度。达到缓染的手段主要是控制上染温度和加入一定量的缓染剂。上染温度越高,染料对纤维的吸附越快,容易引起上染不匀。将具有延缓染料上染作用的助剂称为缓染剂。阴离子染料上染纤维时主要选用非离子表面活性剂作缓染剂,这些缓染剂在染液中对染料阴离子产生吸附,有时还形成胶团(主要通过疏水组分间的范德瓦尔斯力、氢键等发生结合或聚集),

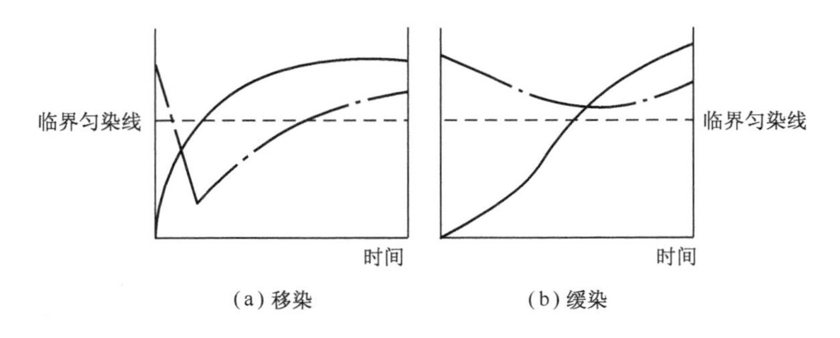

图 2－24　匀染程度及上染百分率随时间的变化

———临界匀染程度　——上染百分率　—·— 匀染程度

这样减少了染液中的自由上染的染料阴离子,故上染速率变慢。阴离子染料加入阳离子型缓染剂或阳离子染料加入阴离子型缓染剂,缓染作用也都较明显,它们可和染料离子在溶液中结合,减少自由上染的染料离子。但由于这种缓染作用很强,大大降低了染料的上染百分率,在染液中甚至引起染料沉淀,故较少单独选用。

阴离子染料上染带有正电荷的纤维(如强酸性浴酸性染料上染蛋白质纤维等)或阳离子染料上染带有负电荷的纤维(阳离子染料上染腈纶)时,可分别选用阴离子表面活性剂或阳离子表面活性剂作缓染剂,它们分别和染料离子对纤维上的阳离子染座或阴离子染座发生竞染作用,从而使上染速率减慢。

另一途径为移染,使上染较多部位的染料通过解吸转移到上染较少的部位,提高匀染效果。根据染料在纤维上的分布,移染有全过程的移染和界面移染两种可能。所谓全过程移染(the whole-process migration)是指已经扩散在纤维内部的染料,再通过由内向外的扩散,扩散到纤维表面上后,解吸进入染液,由染液再重新吸附到上染少的部位。而所谓界面移染(interfacial migration)是指染料由溶液吸附到纤维表面,还未扩散进纤维内部时就解吸到染液中,再由染液重新吸附到上染少的部位。显然后面这种移染进行较容易,不过两种方式都会发生。在上染初期的移染主要发生界面移染,上染后期主要发生全过程的移染。在染液中加入对染料具有剥色作用的助剂,或加快染液循环,都可加速移染过程。提高染液温度,由于加快了上染速率往往使匀染程度下降,但当染料大部分都上染到纤维后,升高温度则又可加快移染,提高匀染程度。由图 2－24 可以看出,按移染途径,在上染初期匀染程度随上染百分率增高而急速下降,但当上染百分率增加不明显后,继续保持一定温度染色时,匀染程度会逐渐增高,直到达到所要求的水平为止。

对于轧染,匀染程度主要取决于浸轧均匀性和烘干时染料的泳移。浸轧均匀性取决于设备条件,如轧辊的压力应一致,织物带液率相同,并应尽量低,以减少在烘干时染料发生泳移。或在染液中加入一定量的防泳移剂(如海藻酸钠等),以达到匀染效果。另外,采用无接触烘燥设备进行预烘,可在很大程度上降低或抑制烘干时的泳移。

复习指导

1. 掌握染料的上染过程和染色工艺过程的区别和联系、上染过程的几个阶段和影响因素等内容。

2. 了解纤维在溶液中的状态、纤维表面电荷性对染料上染的影响等内容。

3. 掌握染料在溶液中的状态，包括染料的溶解和聚集、染料聚集反应及方式、染料聚集的原因和影响因素、染料聚集对上染的影响。了解测定染料聚集程度的方法。

4. 掌握染色热力学的基本概念，包括化学位、亲和力、直接性、染色热、染色熵和亲和力等，吸附等温线的类型（能斯特型、朗缪尔型、弗莱因德利胥型），亲和力和温度的关系。

5. 掌握染色动力学基本概念，包括扩散边界层、菲克扩散定律、上染速率、半染时间、扩散速率及其影响因素、扩散活化能。了解扩散系数测定的基本方法。掌握染料在纤维中的扩散模型（孔道/自由体积扩散模型），匀染和移染（界面移染和全过程移染）的基本概念及影响匀染的因素。

思考题

1. 名词解释：上染、扩散边界层、动力边界层、双电层电位、动电层电位（Zeta 电位）、直接性、吸附等温线、上染速率曲线、上染百分率、平衡吸附量、染色饱和值、半染时间、稳态扩散、非稳态扩散、扩散活化能、有限染浴、无限染浴、匀染、移染。

2. 染料的上染过程包括几个阶段？影响各个阶段的因素有哪些？

3. 染料的吸附等温线有哪些主要类型？各类型吸附等温线有何特点及其物理意义？符合哪类纤维和染料的染色？

4. 什么叫染色亲和力、染色热、染色熵？三者之间的关系如何？不同吸附类型的亲和力计算公式有何不同？

5. 试从染料的平衡吸附、吸附速度、扩散速率、扩散活化能、纤维结构、染料聚集等方面说明温度对染色的影响。

6. 何谓孔道和自由体积扩散模型？比较它们的扩散特点，分析加快扩散的可能途径。

7. 染料在纤维中的扩散与染色效果有什么关系？影响扩散速率的因素有哪些？染料的扩散活化能对扩散有什么影响？

8. 如何提高浸染和轧染染色的匀染性？

9. 说明 Zeta 电位对染色的影响。

参考文献

[1] 王菊生. 染整工艺原理：第三册[M]. 北京：纺织工业出版社，1984.

[2] WELHAM A. The theory of dyeing (and the secret of life)[J]. J. Soc. Dyers Col., 2000,116(5－6): 140－143.

[3] Welham A. The dyeing theory[J]. Textile Res. J., 1997,67(10):720－724.

[4] Etters J N. Kinetics of dye sorption: effect of dyebath flow on dyeing uniformity[J]. American Dyestuff

Reporter,1995,84(1):38－43.

[5] 宋心远,沈煜如.活性染料的染色理论与实践[M].北京:纺织工业出版社,1991.

[6] Chapman G. Theory of relative contact level dyeing[J]. Colourage,1988,35(4):20－22.

[7] David Lewis. Dyestuff-fibre interaction[J]. Rev. Prog. Color. ,1998(28):12－17.

[8] Alan Johnson. The theory of coloration of textiles[M]. Second edition. The society of dyers and colourists, 1989.

[9] Aspland J R. The application of anions to nonionic fibers: cellulosic fibers and their sorption of anions [J]. Text. Chem. And Col. ,1991,23(10):30－32.

[10] Hori T,Zollinger H. Role of water in the dyeing process[J]. Textile Chemist and Colorist,1986,18(10):19－25.

[11] Zollinger H. Dyeing theories[J]. Textilveredlung,1989,24(4):133－142.

[12] David M Lewis. Wool dyeing[M]. The society of dyers and colourists, 1992.

[13] 陶乃杰.染整工程(第二册)[M].北京:纺织工业出版社,1984.

[14] 高敬宗,译.染色与印花过程中的吸附与扩散[M].北京:纺织工业出版社,1985.

[15] [日]黑木宣彦.染色理论化学[M].陈水林,译.北京:纺织工业出版社,1981.

[16] Wortmann F J. Pathways for dye diffusion in wool fibers[J]. Text. Res. J. ,1997,67(10):720－724.

[17] Cegarra J,Puente P,et al. Kinetic aspects of dye addition in continuous integration dyeing[J]. J. S. D. C. ,1989,105(10):349－355.

[18] Alberghina G. Diffusion kinetics of direct dyes into cotton fibre[J]. Colourage,1987, 34(14):19－23.

[19] 金咸穰.染整工艺实验[M].北京:中国纺织出版社,2003.

[20] Kuehni R G. Repeatability of dyeing[J]. Textile Chemist and Colourist,1988,20(8):23－25.

[21] Jone Shore. Blends dyeing[M]. The Society of Dyers and Colourists,1998.

[22] Holfeld W T. Role of fibre surface in dye rate uniformity[J]. Textile Chemist and Colourist,1985,17(12):231－238.

[23] Perkins W S. A review of textile dyeing processes[J]. Textile Chemist and Colourist, 1993, 23(8):23－27.

[24] Uhl V W,Gray J B. Mixing dyeing theory and practice[J]. America's Textiles International,1998,27(8):56－57.

第三章　直接染料染色

第一节　引　言

所谓直接染料(direct dyes)是指对纤维素纤维无须媒染剂而直接上染的一类染料。染料对纤维直接上染的性能称为直接性。适合纤维素纤维染色的染料品种较其他纤维要多,但直接染料之所以能历经百年不衰,最重要的原因是其对纤维素纤维上染的直接性,使纤维能快速便捷地获得所需要的颜色。随着科学技术的发展,尤其是染料化学的发展,直接染料的新品种不断出现,染色性能不断提高,而新型固色剂的开发又赋予了直接染料新的生命力。

直接染料由于线性、芳环共平面性及分子结构中含有可和纤维素纤维上的羟基形成氢键的基团,具有很高的直接性,染料的溶解及上染无须借助酸、碱、氧化剂、还原剂、媒染剂等的作用,因此染色工艺简单。同时直接染料价格低,色谱齐全。但它们在40℃的皂洗牢度一般为3级左右,有的还低于3级,虽然可以用后处理的方法加以改进,使原来牢度低的提高1级左右,甚至更多一些,但较还原、不溶性偶氮及活性等染料要差。它们的日晒牢度随纤维品种而有差异,有的可达6-7级,有的只有2-3级。

由于黏胶纤维的结晶度及聚合度较棉纤维低,因此黏胶纤维对直接染料的吸附能力比棉强,而且黏胶纤维织物皂洗牢度试验的温度比棉织物低,使得直接染料的湿处理牢度(40℃)在黏胶纤维上较棉上高0.5-1级,所以直接染料在黏胶纤维织物上的湿处理牢度基本上能符合规定的要求,是黏胶纤维纺织品染色的主要染料。

在棉织物的染色中,直接染料主要用于纱线、针织品和需耐日晒而对湿处理牢度要求较低的装饰织物,如窗帘布、汽车座套以及工业用布。此外,直接染料还用于皮革及纸张的染色。

直接染料除了对纤维素纤维具有亲和力外,还具有类似酸性染料的性质,可以在弱酸性和中性介质中上染蚕丝等蛋白质纤维。某些直接染料也是蚕丝染色的常用染料,特别是深色品种。

第二节　直接染料对纤维素纤维的染色原理及性能

直接染料分子的结构特点是线性、芳环共平面性及含有可和纤维素纤维上的羟基形成氢键的基团,使直接染料分子之间、直接染料和纤维素分子之间的范德瓦尔斯力和氢键作用力较大,对纤维素纤维具有较高的亲和力以及在染液中有较大的聚集倾向。

直接染料在纤维内的扩散遵循孔道扩散模型,扩散过程中存在着扩散吸附层,符合弗莱因德利胥(Freundlich)型吸附等温线。纤维首先吸收染液中的水分发生由表及里的溶胀,形成足以容纳染料分子扩散所需的孔道,同时染料分子被纤维表面的分子所吸附,并由外向内扩散至纤维的全部无定形区。直接染料的分子结构较大,在向纤维内部的扩散过程中会受到较大的机械阻力,以及染料分子与纤维分子之间的范德瓦尔斯力和氢键作用,在孔道内壁不断发生吸附与解吸,随着染色时间的推移,吸附与解吸作用最终达到或接近动态平衡,染色过程即结束。其表象是纤维由"环染"到"透染"的过程。

对于棉和黏胶纤维,它们的形态结构和超分子结构是不相同的,因此它们的物理性质存在差异:如天然棉纤维的结晶区高达 70%,而无张力丝光棉为 50%,黏胶纤维为 30%~40%。结晶区以外部分即为无定形区,所以它们的溶胀程度就不同。在最大溶胀时,棉纤维的横截面增加 40%~50%,黏胶纤维则增加 70%~100%。反映在染色性能上,黏胶纤维的得色量及对染料的吸收量均高于棉。对染色时间的掌握是以透染为准,黏胶纤维的染色时间要比棉为短。用同样的染料染色时,黏胶纤维的染色牢度比棉高,原因在于黏胶纤维对染料的吸收相对于棉而言要充分和深入。

直接染料各品种的化学结构相差很大,因此它们的染色性能也不相同。直接染料最常用的分类是 SDC(英国染色工作者学会)分类,它根据染料浸(竭)染时的匀染性及其对染色温度和中性电解质的敏感性等染色性能的不同分成三类。

A 类:匀染性直接染料。这类染料的分子结构比较简单,一般为单偶氮或双偶氮染料,在染液中的聚集倾向较小,对纤维的亲和力较低,在纤维内的扩散速率较高,移染性好,容易染得均匀的色泽,即使有盐的存在,也具有良好的移染性。在常规染色时间内,它们的平衡上染百分率往往随染色温度的升高而降低,因此染色温度不宜太高,一般在 70~80℃即可。为了提高上染百分率,一般要加入大量的盐促染(accelerate dyeing)。该类染料的湿处理牢度较低,一般仅适用于染浅色。

B 类:盐效应(salt effect)直接染料或盐控型直接染料。这类染料的分子结构比较复杂,常为双偶氮或三偶氮染料,对纤维的亲和力较高,分子中具有较多的磺酸基团,染料在纤维内的扩散速率低,移染性能较差,食盐等中性电解质对这类染料的促染效果显著,故必须通过控制盐的用量、加入时间以获得匀染和较高的上染百分率。若盐的加入量不当,会造成初染率太高,容易导致染色不匀。该类染料有较高的湿处理牢度。

C 类:盐和温度可控的直接染料。这类染料的分子结构也比较复杂,常为多偶氮染料,对纤维亲和力高,染料分子中含有的磺酸基较少,扩散速率低,移染及匀染性较差,其上染速率可由染浴的升温速率和盐的加入量来控制。染色时要用较高的温度,以提高染料在纤维内的扩散速率,提高移染性和匀染性。在实际的染色条件下,上染百分率一般随染色温度的升高而增加,但始染温度不能太高,升温速度不能太快,要很好地控制升温速率,否则容易造成染色不匀。染浅色时只需加入少量的盐就能获得较高的上染百分率。

图 3－1 为 A、B、C 三类染料移染或匀染的染色性能差异曲线。将相同质量的染色和未染色棉织物放入含有常规盐浓度、不含染料的空白染液，在正常染色条件（如 90℃）下处理一定时间，解吸的染料会不断上染到白织物上，使得染色织物上的染料浓度不断降低，白织物上的染料浓度不断提高，最后达到染色平衡。显然，A 类染料的移染性最好，B 类和 C 类染料较难移染。

因此，实际染色时要考虑染料的溶解性、升温速度、最大竭染温度以及中性电解质的影响等因素，制定合适的染色工艺条件。

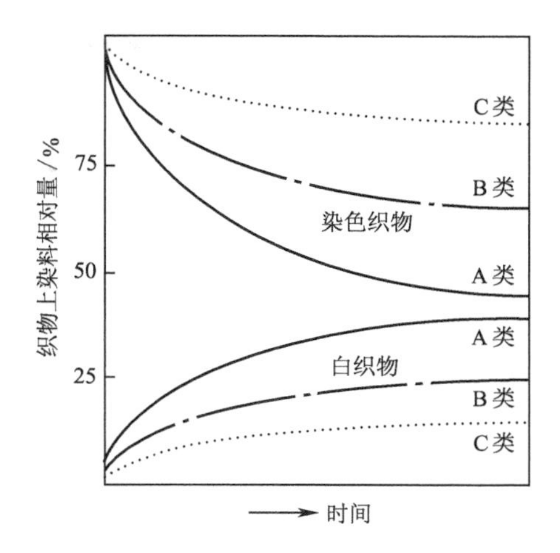

图 3－1　不同种类直接染料的移染性能

第三节　直接染料的一般染色过程

一、纤维素纤维的染色

直接染料主要用于纤维素纤维的染色，染色工艺较其他染料要简单，根据被染物的形态如散纤维、纱线或织物，可以采用合适的浸染、卷染及轧染的染色方法。

（一）浸染和卷染

染色时，首先应根据被染物的最终用途所需的染色牢度来选用染料。拼色时，应选用染色性能及染色牢度相似的染料。若染混纺织物，应考虑染料在另一纤维上的沾色程度要低，否则会影响染色物的色泽及最终的染色牢度。

有些金属离子，如钙、镁、铜、铁等离子，即使是极少量，也能使直接染料的色泽发生变化，甚至和直接染料作用生成沉淀，降低染料的利用率，并可能造成色斑等疵病，所以溶解染料及染色时的用水宜用软水，也可加入一些多价螯合剂，如六偏磷酸钠，来除去这些金属离子。若染色用水中含有因水厂净化水而残留的含氯化合物大于 1mg/kg，则对一些染料的色光可能会产生影响，此时应在溶解染料的水中加入亚硫酸钠或硫代硫酸钠等脱氯剂。

纤维素纤维的染色是在含有中性电解质的染浴中上染的，电解质的作用是促染。常用的中性电解质为氯化钠（食盐）、无水硫酸钠及元明粉（含 10 分子结晶水的硫酸钠）。1g 氯化钠含有与 1.22g 硫酸钠或 2.78g 元明粉相同质量的钠离子。配制染液时应注意元明粉与无水硫酸钠的区别。硫酸钠和氯化钠可以互换使用，但氯化钠可能会对不锈钢染色设备产生腐蚀性，还有些工业食盐含有较多的钙、镁离子，因此，尽管硫酸钠成本稍高，但相比而言，其对染色更为有利。盐的用量以保证染料有良好的竭染而又不产生沉淀为好，随染色深度、染色物质量和浴比而变化。

习惯上，染色时所需的染料及盐的用量是按被染物质量的百分比来表示的（%，owf），但盐的加入量必须随染料浓度的增加而增加，并随浴比的增加而增加，以保证获得相同的上染百分率，可用以下简单公式计算：

$$盐的浓度 = 染料用量(\%,owf) \times 10\ (g/L) \tag{3-1}$$

该公式适合于大范围变动的浴比和染料浓度。

对快速循环的染色设备如喷射染色机和筒子纱染色机以及A类染料，染色开始时就可加入电解质。如果使用B类或C类染料，最好在达到规定的染色温度并保温10min后再加盐，即待染液中的染料大部分上染纤维后再分次加入。染色过程中，电解质可以分成3～5批加入，每批间隔10min，开始时量可少些，以后逐步增加，这样可以防止因染料在短时间内的上染速率突然提高而造成染色不匀的疵病。对于促染作用不显著的染料或染浅色时，中性电解质可少加或不加。

直接染料通常在中性染浴中染色，加入纯碱可以帮助染料溶解，兼有软化水的作用，用量一般为1～3g/L。在碱性条件下染色时，染料的上染速率降低。这主要是由于纤维素纤维分子在碱性条件下会发生某种程度的离子化，如纤维素羟基的电离，或棉的过度漂白产生的氧化纤维素含有的大量羧基的电离等，使纤维表面带有更多的负电荷，对染料的上染产生排斥作用，从而降低染料的上染速率及上染百分率。此外，在碱性条件下，纤维素末端基团具有还原性，会造成某些偶氮结构的直接染料还原，降低上染率，并影响色光。

纺织品的染色一般以散纤维、纱线或织物的形式进行，具体工艺随设备类型和纤维、染料的性质而有不同。染色浴比一般为20∶1～40∶1。染色时，先用温水将染料调成浆状，然后加热水溶解，必要时可在染液中加入适量的软水剂、润湿剂及匀染剂，如肥皂、太古油、平平加O等。将染液稀释至规定体积，加入纯碱，升温至50～60℃开始染色。入染后，逐步升温至所需温度，染色10min后加入食盐，继续染30～60min。染色完成后进行固色(fixation)等后处理。

浸染过程中控制温度可以保证获得良好的匀染及较高的上染百分率。染色温度包括始染温度(primary temperature)、升温速度(heating rate)和最终染色温度。始染温度和升温速度在前面已谈及，最终染色温度影响上染百分率和匀染性，染色温度高，平衡上染百分率低，匀染性好。在常规染色时间(例如1h)内，扩散性能好的染料基本上已接近染色平衡，上染百分率会随温度的升高而降低，所以染色温度不宜太高。匀染性能差的染料，在常规的染色时间内如果未达到染色平衡，则上染百分率一般随染色温度的升高而升高。在常规染色时间内，达到最高上染百分率的染色温度称为最高上染温度。根据最高上染温度的不同，生产上常把直接染料分为最高上染温度在70℃以下的低温染料，最高上染温度为70～80℃的中温染料，最高上染温度为90～100℃的高温染料。

对于不易获得匀染的直接染料，还可以用所谓的“高温”染色法，即于110～120℃在封闭染浴中对纤维染色，通过增进移染而获得匀染。为了防止高温碱性条件下纤维素纤维上的还原性物质对偶氮染料的还原引起变色，应选择化学性质比较稳定的染料，并在染液中加入少量硫酸铵和间硝基苯磺酸钠等弱氧化剂。由于提高上染温度会降低染料的平衡上染百分率，因此，在染色后期应该逐渐降低温度，这样可获得良好的染色效果。

通常，直接混纺D型染料与分散染料同浴用于涤黏混纺或交织物的染色。染液组成为分散染料、直接染料、中性电解质、醋酸(调节 pH 值为 5 左右)。染色始染温度为 60℃,升温到 130℃,保温时间根据染色浓度而定。染色后水洗干净,进行固色后处理,固色浴为中性。

卷染的情况基本上和浸染相同,浴比为 2∶1～3∶1,染色温度根据染料性能而定,染色时间为 60min 左右。织物用热水均匀润湿后,进入染浴。染料溶解后在开始和第一道末分两次加入。染浴始染温度为 40～50℃。中性电解质在染色的第三、第四道末分次加入。对于移染性能比较差而可用中性电解质控制上染的染料,则可在升温过程中分次加入电解质;而对于移染性能差即使不加中性电解质也能达到较高上染百分率的染料,应在较低的温度开始上染并很好地控制升温速度,使染料缓慢均匀地上染。

(二)轧染(pad dyeing)和轧卷(pad roll)染色

直接染料可以用浸轧—汽蒸(padding-steaming)的方式进行染色。浸轧液内一般含有染料、纯碱(或磷酸三钠)0.5～1.0g/L,润湿剂 2～5g/L。由于直接染料对纤维的直接性较高,在浸轧过程中会对纤维发生吸附,使轧余回流下来的染液浓度降低,结果轧槽里的浓度随之下降,造成染色前浓后淡的色差。因此开车时轧槽始染液应适当稀释,以保持织物前后色泽一致。凡亲和力高的直接染料,稀释程度宜大;亲和力低者宜小。稀释程度大者应适当补充除染料外的其他助剂。轧液温度为 40～80℃,溶解度小的染料可适当提高温度,较高的轧染温度有利于匀染。汽蒸温度为 102～105℃,时间 45～60s,汽蒸时间长有利于提高上染百分率,获得均匀的染色。染后进行水洗及固色处理。

由于耐高温型直接染料的问世,对于以轧染设备为主要生产手段的印染厂,直接染料也可以用热熔法进行固色。其可用于纤维素纤维的纯纺产品,或纤维素纤维与涤纶混纺产品的分散/直接一浴法染色。染浴组成为分散染料、直接染料、尿素、海藻酸钠、润湿剂等,尿素有助于染料的溶解及纤维的溶胀,海藻酸钠为防泳移剂(migration inhibitor)。焙烘条件一般为 210℃,时间为 90s 左右。

轧卷染色是将织物浸轧染液后,打卷,在缓慢转动的情况下放置一段时间,完成染料的上染过程,而后进行水洗、固色等后处理。若保温堆置,则堆置时间可短些。

二、其他纤维的染色

直接染料除了用于纤维素纤维的染色外,部分品种还可用于蚕丝、锦纶、羊毛的染色。

蚕丝纤维的基本组成物质是蛋白质,既含有氨基又含有羧基,调节溶液的 pH 值,蚕丝纤维会表现出不同的离子性及存在等电点,其等电点在 3.5～5.2 之间。在等电点以下染色时,纤维带正电荷,染料与纤维的结合除了氢键和范德瓦尔斯力外,还包括染料分子中的水溶性基团磺酸基与蛋白质纤维离解出的阳离子氨基之间的离子键,染色牢度高于纤维素纤维。上染完毕,温水淋洗,最后可以用稀醋酸(1.5g/L)处理,以改进产品手感。在等电点以上染色时,纤维带有负电荷,直接染料对蚕丝的上染和固着机理与上染纤维素纤维相似,主要通过氢键和范德瓦尔斯力与纤维结合,元明粉起促染作用。蚕丝主要用酸性染料染色,用直接染料染色所得的蚕丝产品色泽不及酸性染料染色那样鲜艳,手感往往也不及酸性染料染色的产品。除黑、翠蓝、绿色等少数品种用直接染料来弥补酸性染料的色谱不足外,其余很少应用。蚕丝织物一般比较轻薄,对光泽要求较高,若经长时间沸染,会引起纤维表面的擦伤,因此不宜沸染。直接染料染蚕丝时,可以和酸性染料拼色。

直接染料也可用于锦纶的染色。由于锦纶为疏水性纤维,纤维分子中无大的侧链,因此,分子排列紧密,结晶度及取向度高,在水中的溶胀程度较低。由于直接染料的分子较大,因此在锦纶中的扩散性能较差,匀染性较差,容易造成环染,而且对纤维本身微结构的不均匀,没有很好的遮盖性,同时还存在着上染百分率低、颜色不鲜艳的缺点。因此,直接染料一般不作为主色用于锦纶的染色,仅由于色光的需要与酸性染料或中性染料拼混使用。

直接染料一般不用于纯毛织物染色。羊毛与纤维素纤维混纺织物有时可用直接染料染色,但染色牢度往往比它们各自染色时所得到的牢度要低。这主要是因为在羊毛与纤维素纤维混纺织物同浴染色时,为避免酸、碱对纤维素纤维和羊毛的损伤,一般采用中性浴和弱酸浴进行染色,这时染浴的 pH 值在等电点以上,由于蛋白质分子的螺旋结构,使得染料与蛋白质纤维分子之间的氢键和范德瓦尔斯力结合较弱。因此,染色时应选用结构较简单、在弱酸性条件下能较好地上染羊毛的直接染料。

第四节　直接染料的固色后处理

直接染料应用方便,一般品种的价格比较低廉,但它的染色牢度,特别是耐洗色牢度较差,需用后处理的方法加以改进。有些品种具有很好的耐日晒牢度,特别是一些含铜染料和铜盐直接染料经过铜盐后处理,耐日晒牢度可和还原染料媲美。

直接染料分子中的磺酸基或羧基具有较强的水溶性,上染纤维后,仅仅依靠范德瓦尔斯力和氢键固着在纤维上,键能较低,当染色物与水接触时,染色物上的部分染料便有可能重新解吸而向水中扩散,并重新溶解在水中,因而直接染料染色物的湿处理牢度较低,易造成褪色或沾色现象,不仅使纺织品本身外观陈旧,还会沾污其他纤维或织物。为改进直接染料的湿处理牢度或其他牢度,通常进行固色处理。固色所用的助剂称为固色剂(fixing agent)。目前常用的固色剂包括低分子阳离子型固色剂(cationic fixation agents)、阳离子树脂型固色剂以及反应性交联固色剂三种类型。

一、固色机理

直接染料含有亲水性的磺酸盐或羧酸盐,遇水时纤维上的染料会离解成磺酸根或羧酸根阴离子及钠的阳离子。采用阳离子化合物作固色剂,其可与染料阴离子在纤维上发生离子交换反应,生成微溶或不溶于水的盐类,从而封闭染料的水溶性基团,防止染料在水中电离和溶解而从织物上脱落。其反应机理如下:

$$\underset{\text{水溶性染料}}{D—SO_3^- \cdot Na^+} + \underset{\text{铵盐固色剂}}{F—NH_3^+ \cdot Cl^-} \longrightarrow \underset{\text{不溶性盐}}{D—SO_3^- \cdot NH_3^+—F} + NaCl$$

有些阳离子表面活性剂或阳离子树脂类固色剂,除与染料之间形成离子键以外,还可与染料和纤维之间形成氢键、范德瓦尔斯引力，能显著提高湿处理牢度。若在纤维表面形成立体网状的聚合物薄膜，可以进一步封闭染料，增加布面的平滑度，降低摩擦系数，减少染料在“湿摩擦”过程中的溶胀、溶解、脱落，同时也会降低织物在“湿摩擦”过程中由于剪切应力的作用产生极短绒毛的机会，从而进一步提高“湿摩擦”牢度。

含有反应性基团的阳离子固色剂与染料分子反应的同时，还能与纤维素纤维反应发生交联，形成高度多元化交联网状体系，使染料、纤维更为紧密牢固地结合在一起，防止染料从纤维上脱落，从而提高染色牢度。特别是反应性树脂固色剂，不但能在染料与纤维之间“架桥”形成大分子化合物，树脂自身也可交联成大分子网状结构，从而与染料一起构成大分子化合物，使染料与纤维之间结合得更加牢固。

二、固色剂的类型

（一）低分子阳离子固色剂

这类固色剂又可分为表面活性剂和非表面活性剂两种。表面活性剂型的固色剂结构主要有季铵盐、硫盐或磷盐等，其结构式如下：

$$R-\overset{+}{N}C_5H_5 \cdot X^-$$ （其中 $R=C_{10\sim20}$烷基，X=强无机酸根）

$$C_{17}H_{35}CONHCH_2CH_2\overset{+}{N}R_3 \cdot Cl^-$$ （其中 $R=H, CH_3, C_2H_5$）

$$H_{25}C_{12}-\overset{+}{S}(CH_3)_3 \cdot X^-$$

$$H_{25}C_{12}-\overset{+}{P}(CH_3)_3 \cdot X^-$$

此类固色剂可以封闭阴离子染料的水溶性基团，与染料在纤维上生成色淀，能增进染料的耐酸、耐碱及耐水洗色牢度，但不耐皂洗（肥皂、烷基硫酸盐等阴离子类洗涤剂），而且往往使处理后的织物出现变色和日晒牢度降低，故现使用较少。

非表面活性剂型的固色剂结构中含有两个或两个以上的阳离子基团（季铵基团），是一种既不属于合成树脂又无表面活性的固色剂。如多乙烯多胺类季铵盐、三聚氯氰与多乙烯多胺的高分子缩合物等。

$$-\left[\overset{CH_3}{\underset{CH_3}{N^+}}-CH_2CH_2\right]_n\overset{CH_3}{\underset{CH_3}{N^+}}-CH_2CH_2-\overset{CH_3}{\underset{CH_3}{N^+}}-\cdots nX^-$$

$$(CH_3)_3\overset{+}{N}CH_2-C_6H_4-C_6H_4-CH_2-\overset{+}{N}(CH_3)_3$$

这类固色剂可改进直接染料或活性染料的耐洗牢度，对色变和耐日晒牢度影响都较小。它能和铜盐混合使用，提高锦纶用酸性染料染色的耐日晒牢度。聚胺缩合物类固色剂用于真丝织物可提高皂洗、摩擦牢度而不影响手感和色光。

（二）树脂型固色剂（resin type fixing agents）

该类固色剂一般是具有立体结构的水溶性树脂，是目前直接染料染色后固色用较为广泛的一类固色剂。这类化合物又可分为两类：

1. 甲醛缩合物 由双氰胺与甲醛缩合的树脂，如国产固色剂 Y、固色剂 M 等。固色剂 Y 是双氰双胺甲醛缩合物的醋酸盐溶液或氯化铵溶液，为淡黄色透明黏稠体，其结构式如下：

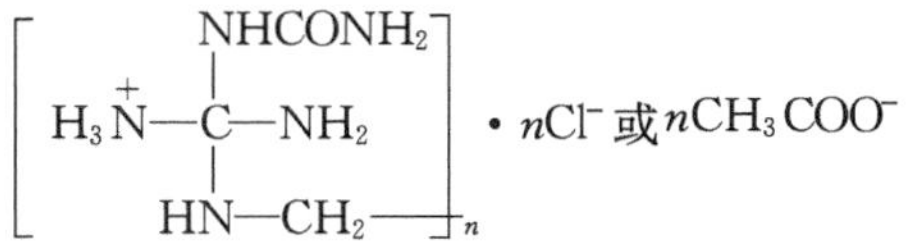

$$\left[\begin{array}{c} \quad\quad NHCONH_2 \\ \quad\quad | \\ H_3\overset{+}{N}-C-NH_2 \\ \quad\quad | \\ \quad HN-CH_2- \end{array}\right]_n \cdot nCl^- \text{或} nCH_3COO^-$$

这类化合物除能降低直接染料在纤维上的溶解度外，还能在烘燥时在染色物表面生成树脂薄膜，提高皂洗、汗渍、水浸、摩擦等色牢度，处理后对染色物的色光及耐日晒牢度影响较小。

将固色剂 Y 与铜盐(如醋酸铜)作用，即可制得蓝色的固色剂 M，其结构可写成下式：

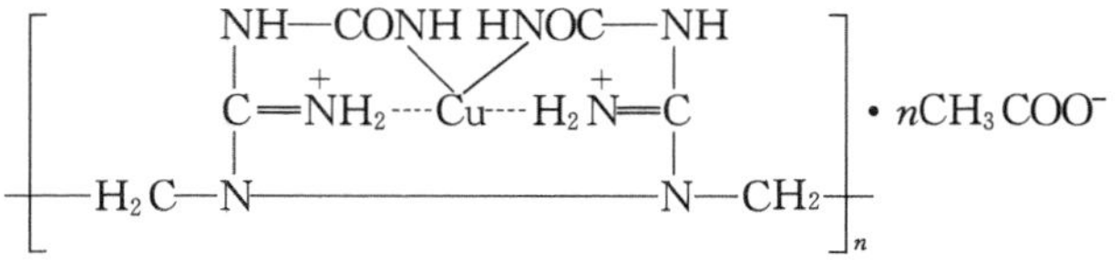

$$\left[\begin{array}{c} NH-CONH\ HNOC-NH \\ | \qquad\qquad\qquad\quad | \\ C=\overset{+}{N}H_2\cdots Cu\cdots H_2\overset{+}{N}=C \\ | \qquad\qquad\qquad\quad | \\ -H_2C-N-\!\!-\!\!-\!\!-\!\!-\!\!-\!\!-N-CH_2- \end{array}\right]_n \cdot nCH_3COO^-$$

由于固色剂分子中含有铜盐，固色后可以防止日晒牢度的下降，但色光常会发生变化，一般是变深暗，故固色剂 M 常用于深色染色物的固色。该类固色剂由于含有甲醛，现已逐步被无甲醛固色剂取代。

2. 多胺化合物 由双氰胺与二乙烯三胺之类多胺化合物、羟甲基尿素反应生成咪唑啉，得到水溶性树脂，是无甲醛固色剂的典型代表。其结构式为：

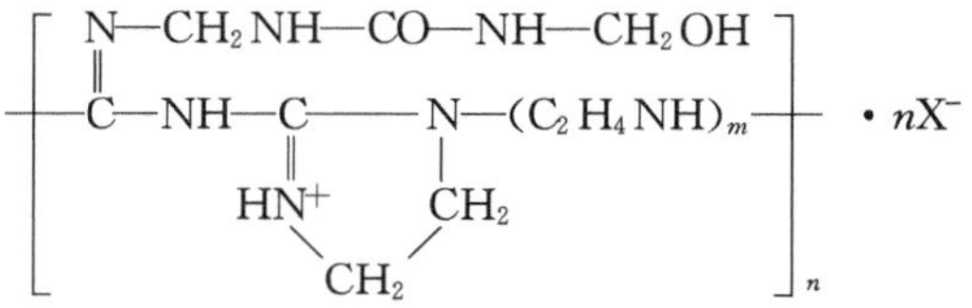

$$\left[\begin{array}{c} N-CH_2NH-CO-NH-CH_2OH \\ \| \\ -C-NH-C-\!\!-\!\!-N-(C_2H_4NH)_m- \\ \quad\quad \| \qquad | \\ \quad\quad HN^+ \quad CH_2 \\ \quad\quad\quad \diagdown \ \diagup \\ \quad\quad\quad CH_2 \end{array}\right]_n \cdot nX^-$$

这类固色剂呈网状结构，可与染料构成大分子化合物，并与染料中的阴离子基团发生离子键结合而提高湿处理牢度。由于分子中含有羟甲基，能与活性染料及纤维分子中的羟基交联，进一步提高染色牢度。但这种固色剂需要在固色后进行焙烘(180℃)处理。因含有树脂初缩体，所以能提高抗皱性。其缺点是有色变现象。据目前所知，用双氰胺做原料的固色剂都有色变现象，故需控制使用量，以减少其色变程度。用双氰胺与乙二醛缩合，可生成环状结构缩合物，在一般情况下，不会释放甲醛，也具有固色效果。使用双氰胺为原料制成的树脂型固色剂，色泽偏深，常为棕褐色或浅褐色溶液。

(三)反应性固色剂(reactive fixing agents)

该类固色剂除了和阴离子型染料成盐结合、封闭水溶性基团而生成沉淀外，更重要的是还能和纤维及染料中的—NH_2、—CONH—、—OH 等基团反应交联，从而全面提高湿处理牢度。如固色交联剂 DE 的结构为：

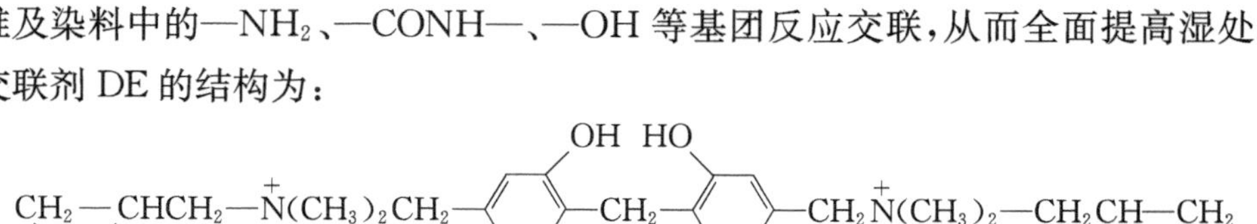

$$\underset{\diagdown O \diagup}{CH_2-CH}CH_2-\overset{+}{N}(CH_3)_2CH_2-C_6H_3(OH)-CH_2-C_6H_3(OH)-CH_2\overset{+}{N}(CH_3)_2-CH_2\underset{\diagdown O \diagup}{CH-CH_2} \quad Cl^- \quad Cl^-$$

除用于直接染料外，还广泛用于活性、酸性、中性、硫化等染料的固色。其他交联剂如交联剂

KS、交联剂P等也具有相同的效果。

以环氧氯丙烷为反应性基团，与胺、醚、羧酸、酰胺等反应而制得的聚合物，一般称为反应性无醛固色剂。该类固色剂目前使用较广泛。多乙烯多胺与环氧氯丙烷的缩合物是该类固色剂常用的品种。如二乙烯三胺与环氧氯丙烷经缩聚反应后，再经高温环构化，可得到具有咪唑啉结构的固色剂，结构如下：

$$-HN-CH_2CH_2-\!\left[NH-CH_2CH_2-NH-\underset{\underset{\displaystyle CH_2-\underset{\diagdown O \diagup}{CH}-CH_2-N^+}{\|}}{C}-\underset{\underset{\displaystyle CH_2-CH_2}{|}}{N}\right]_n\!-CH_2CH_2-NH-$$

第五节　直接染料对纤维素纤维上染的温度效应和盐效应

一、温度效应及其应用

由于直接染料的结构差异较大，其上染速率有较大的不同，因此，在一定时间内达到最高的上染百分率所需的温度随品种而有所不同。如果固定上染时间，将直接染料在加有适量食盐的染浴中以不同温度上染纤维，可以发现：有的染料上染速率比较高，在比较低的温度就可以达到上染百分率高峰，温度高了，上染百分率反而降低；从第二章亲和力的讨论中可以知道，在这个高峰的温度条件下，在规定时间内上染已达到了平衡；有些染料则需要较高的温度才能在规定时间内达到上染高峰，显然，它们的上染速率比较低。图3－2所示为三个上染速率不同的直接染料在60min内对黏胶丝的上染百分率随温度而变化的情况。

从图3－2中可以看到，直接绿BB要在90℃左右达到上染高峰，直接红4B在70℃左右达到上染高峰，而直接黄GC在40℃左右就达到了上染高峰。从三只染料的结构分析可看到，直接黄GC的分子结构最简单，对纤维的亲和力最低；直接绿BB的分子结构最复杂，对纤维的亲和力最高；直接红4B则介于两者之间。因此，对于结构比较简单的染料，其溶解性好，对纤维亲和力较低，扩散速率比较高，在比较低的温度就可以达到上染百分率高峰，温度高了，上染百分率反而降低。而对于分子结构比较复杂的染料，其溶解性较差，易聚集，对纤维亲和力高，扩散速率低，需要较高的温度才能在规定时间内达到上染高峰，显然，它们的上染速率比较低。三只直接染料的结构如下所示。

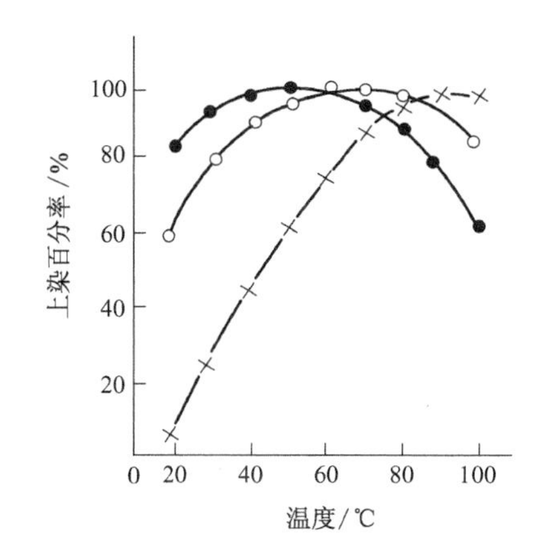

图3－2　染色温度对上染百分率的影响
染料浓度2%，浴比20∶1，食盐2%，染色时间1h
—●—直接黄GC　—○—直接红4B
—×—直接绿BB

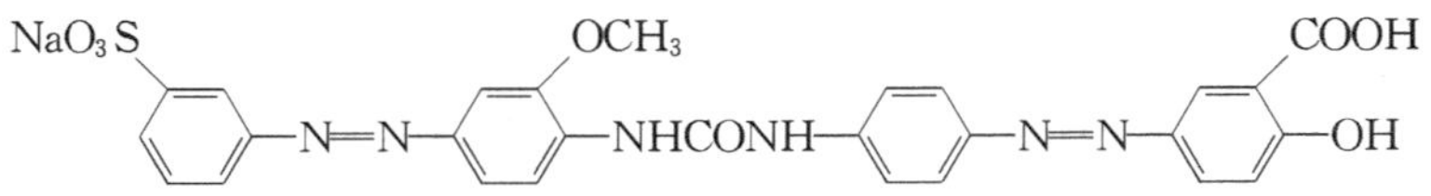

直接黄 GC

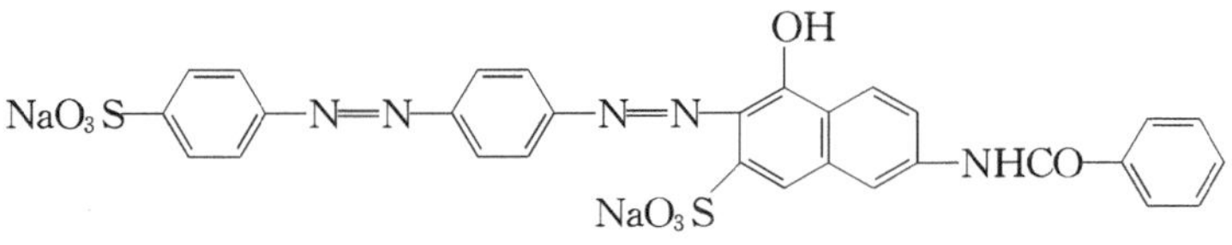

直接红 4B

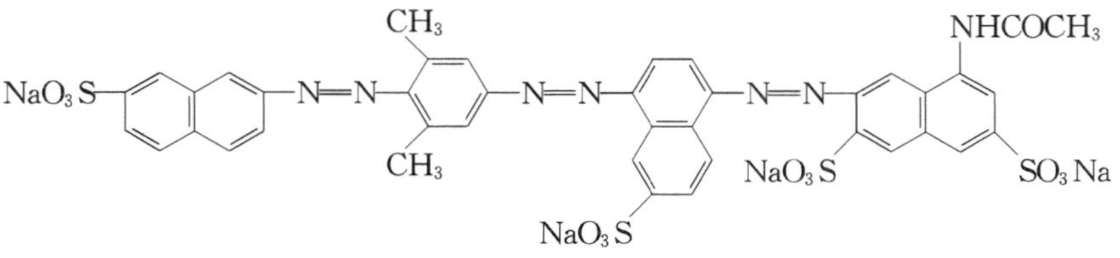

直接绿 BB

扩散速率的高低是染料的一种上染特性。扩散速率高的染料,移染性能比较好,容易染得均匀,而水洗牢度则比较低,如 A 类染料。扩散速率低的染料,移染性能较差,一旦造成上染不匀就比较难以通过移染的方法加以纠正,但它们的水洗牢度较高,如 B 类和 C 类染料。为了使它们均匀地上染,必须很好地控制上染过程。

染料扩散性能的差异,主要是由于它们的分子大小和它们对纤维亲和力的高低以及它们本身分子间聚集倾向大小的影响所引起的。提高温度虽然可以提高染料的扩散速率,但会降低染料的平衡上染百分率。因此,扩散速率高、对纤维亲和力低的染料,宜采用较低的温度进行染色,有利于获得较高的上染百分率;相反,扩散速率低、对纤维亲和力高的染料,宜采用较高的温度进行染色,有利于在较短的时间内获得较高的上染百分率。

黏胶等再生纤维素纤维在纺丝及染整加工过程中,经受不同程度的拉伸会使纤维的大分子具有不同的取向度,影响无定形区微隙的大小,引起染料在纤维上扩散速率的变化。取向度高的扩散速率低。即使纤维的线密度和晶区含量相同,取向度的不均一也会造成上染不匀的疵病。扩散速率低的染料,这种不匀现象更为显著。提高染色温度,有利于改善染色不匀。

二、盐的作用和电荷效应

利用盐的作用是控制直接染料上染过程的另一个重要方法。直接染料对盐的敏感程度随品种而有所不同,而且在不同的纤维素纤维上的敏感程度也不一样。一般来讲,盐对直接染料都有促染作用。元明粉或食盐对直接染料所起增进上染的作用称为促染。通过盐的促染作用,可提高染料的上染速率及上染百分率。

在单纯的直接天蓝 FF 染料的染浴里,如果不加元明粉或食盐,染料对纤维素纤维是难以上染的。要使它很好地上染,必须加适量的元明粉或食盐,而且平衡上染百分率随着所加食盐的数量而增加。图 3-3 所示为食盐用量对直接天蓝 FF 在各种纤维素纤维上平衡上染百分率的影响。它们的上染条件相同。

从图 3－3 可以看到，在食盐浓度很低的条件下，三种纤维的平衡上染百分率都很低。随着染液中食盐浓度的提高，三种纤维的平衡上染百分率大大提高。从图中还可看到，在食盐浓度很低的条件下，黏胶片的平衡上染百分率比棉及丝光棉都低。但在食盐浓度较高的条件下，前者的平衡上染百分率大大超过了后两者。这是因为黏胶片无定形区所占比例较高的缘故。直接红紫 4B 的情况和直接天蓝 FF 不同，只要在一定的温度条件下即使在不含食盐的染浴中，它也能对纤维素纤维上染，加了食盐则可以获得更高的上染百分率。应该指出，商品直接染料中都混合着一定比例的元明粉，但在一般染色过程中仍需要另加元明粉或食盐来提高上染百分率。

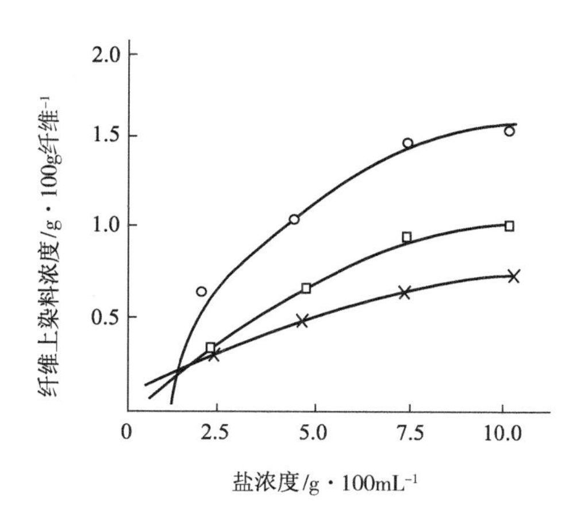

图 3－3　食盐浓度对直接天蓝 FF 在纤维素纤维上平衡上染百分率的影响

90℃，染料 0.05g/L

—○—黏胶片　—□—丝光棉　—×—棉

染料 Na_zD 在染液中离解为 Na^+ 和 D^{z-} 色素离子，盐对直接染料具有促染作用的一个很重要的原因是它能降低或克服上染过程中纤维上的电荷对染料色素离子的库仑斥力。

纤维素纤维在中性或弱碱性染浴中带有负电荷。在纤维带有负电荷的情况下进行染色，纤维周围的染料钠离子由于库仑引力，势必向纤维界面转移做扩散层状态分布，在界面上浓度最高，随着距离的增大，浓度逐渐降低，直到和染液本体一样，如图 3－4 所示。这样便造成纤维周围染液中的电位变化，如图 3－4 中 ψ 所示。

作为两个分子（或离子）间的引力来说，范德瓦尔斯引力与分子间距离的 6 次方成反比，因此有效距离是很小的(距离很近时才发挥作用)。而库仑引力与分子间距离的 2 次方成反比，作用距离比它大得多。染料阴离子在接近纤维界面时，首先受到纤维所带电荷的斥力影响。只有那些由于分子碰撞，在瞬时间里具有更高的动能，足以克服这种斥力的染料阴离子才能突破障碍进入到一定距离以内。这时，范德瓦尔斯力对它们发生的作用超过库仑斥力，染料阴离子便发生吸附。在这种情形下，染料阴离子的分布状况如图 3－4 曲线 D^{z-} 所示。图中曲线 Cl^- 为染浴中食盐的氯离子。染料阴离子所受的电荷斥力大小和它们本身所带的电荷数有关。也就是说，电荷效应和染料分子所含磺酸基的多少有关，事实也确是这样。例如前面所说的直接天蓝 FF 分子结构中含有 4 个磺酸基，如果染浴中没有食盐，是难以对纤维素纤维上染的。直接红紫 4B 分子结构中只有 2 个磺酸基，即使染浴不含食盐，它也能上染。

在染浴里加入食盐(或元明粉)，染液里就增加了额外的钠离子和氯离子(或 SO_4^{2-})，前者受纤维电荷的吸引，而后者则受到排斥，它们的分布如图 3－5 所示。

在钠离子的屏蔽作用下，染料阴离子接近纤维表面所受斥力便大为减弱。染料阴离子在吸附过程中的位能变化示意见图 2－14(第二章)。染浴中加有适量食盐时，会降低由于库仑斥力而产生的能阻 ΔE，提高染料的上染速率。

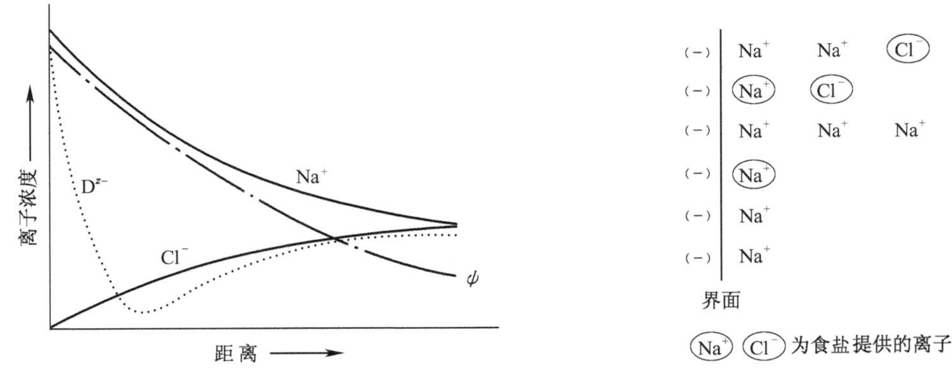

图 3-4　纤维/水界面附近的离子分布和电位示意图　　图 3-5　盐效应示意图

染料阴离子向纤维转移的过程中，必须带着相应数量的钠离子一起移动以维持电性中和。但是纤维界面附近的钠离子浓度本来就较染液本体中高得多，要使它们从浓度低的地方向浓度高的地方转移是要消耗能量的。在染液里加元明粉或食盐，增加染液本体中的钠离子浓度还可以减少染液本体和纤维界面附近的浓度差，从而降低由于浓度差而产生的能阻，提高染料的扩散速率。

染液中加入食盐或元明粉，可以增加染液中的染料活度($a_s=[Na^+]_s^z[D^{z-}]_s$)，提高染料的平衡吸附量，从而提高平衡上染百分率。

此外，加入电解质，会使得染料胶粒的动电层电位的绝对值降低，染料在水中的溶解度降低，提高染料的吸附密度，从而提高平衡上染百分率。

三、唐能(Donnan)模型

根据电荷效应，染液中距离纤维表面某一点的电位 ψ_r 和它对纤维表面的垂直距离 r 的关系如式(3-2)所示：

$$\psi_r=\psi_0 e^{-kr} \tag{3-2}$$

式中：ψ_0为纤维表面的总电位；k 在某一固定条件(包括介质的介电常数、温度、离子所带电荷数)下为常数。

电位的变化与距离的关系如图 3-6 中曲线 AB 所示。根据唐能假设，在某一距离 R 内电位恒定，该恒定电位称为唐能电位，而距离超过 R 以后，电位即刻趋向于零。唐能电位 ψ_D 如图中 PQ 所示。在唐能模型中，$PQRO$ 组成一个等电位的双电层，QR 为等电位双电层和染液本体的交界线。它可作为一个半透膜来处理，即染液中的离子可以透过，但纤维表面电荷却是固定的。$PQRO$ 沿纤维表面包围的体积可以看作表面溶液，而纤维表面电荷可看作分布在该溶液内。ψ_D 是由于纤维表面的固定电荷不能从表面溶液扩散到本体溶液中而产生的。

设等电位液层中的钠离子浓度为$[Na^+]_i$，染液本体中的浓度为$[Na^+]_s$，相应的染料阴离子浓度为$[D^{z-}]_i$ 和$[D^{z-}]_s$。它们的位能除了一般的化学位，还包括电位，两者统称为电化学位。

根据唐能模型，纤维表面所带电荷 X^- 以及 Na_i^+、Na_s^+、D_i^{z-}、D_s^{z-} 的分布如图 3－7 所示。

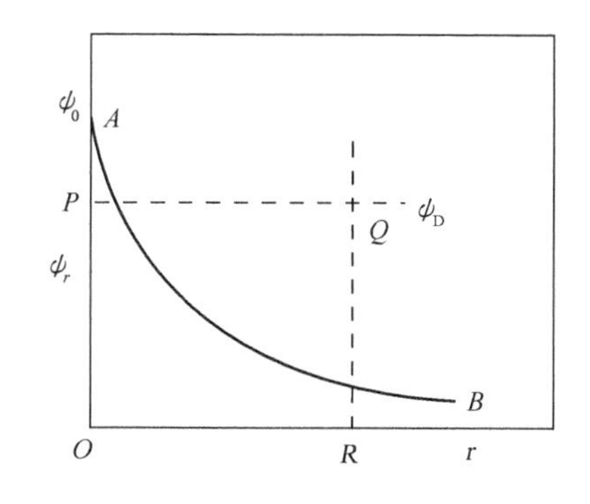

图 3－6　表面电位的唐能膜模型示意图

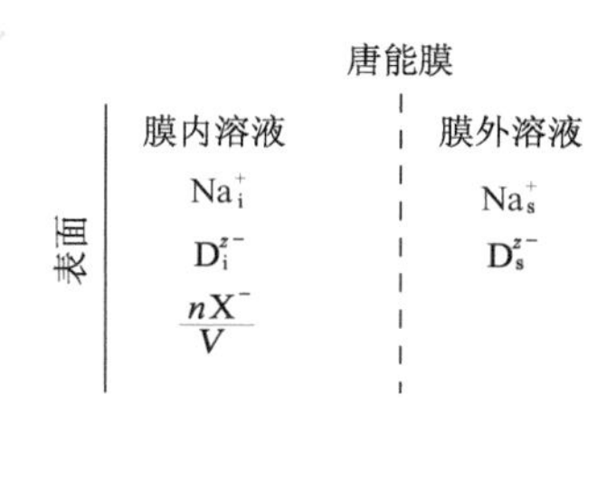

图 3－7　唐能膜内外离子分布

图 3－7 中 n 表示单位质量纤维所带 X^- 电荷数，V 表示单位质量纤维的唐能膜内体积，设膜内钠离子的电化学位为 $(u_i)_{Na^+}$，膜外染液本体的钠离子的电化学位为 $(\mu_s)_{Na^+}$，在稀溶液中以浓度代替活度，则：

$$(u_i)_{Na^+}=\mu^\circ_{Na^+}+RT\ln[Na^+]_i+\psi_D F \tag{3-3}$$

$$(\mu_s)_{Na^+}=\mu^\circ_{Na^+}+RT\ln[Na^+]_s \tag{3-4}$$

式中：F 为法拉第电量；膜内溶液和膜外染液本体溶液的 Na^+ 标准化学位相等，均为 $\mu^\circ_{Na^+}$。平衡时，$(\mu_i)_{Na^+}=(\mu_s)_{Na^+}$，则：

$$RT\ln[Na^+]_i+\psi_D F=RT\ln[Na^+]_s \tag{3-5}$$

$$RT\ln\frac{[Na^+]_s}{[Na^+]_i}=\psi_D F \tag{3-6}$$

$$\frac{[Na^+]_s}{[Na^+]_i}=\exp\frac{\psi_D F}{RT} \tag{3-7}$$

由于 ψ_D 为负值，故 $[Na^+]_i>[Na^+]_s$。对应的膜内外染料离子 D^{z-} 的电化学位 $(\mu_i)_{D^{z-}}$ 和 $(\mu_s)_{D^{z-}}$ 分别为：

$$(\mu_i)_{D^{z-}}=\mu^\circ_{D^{z-}}+RT\ln[D^{z-}]_i-z\psi_D F \tag{3-8}$$

$$(\mu_s)_{D^{z-}}=\mu^\circ_{D^{z-}}+RT\ln[D^{z-}]_s \tag{3-9}$$

平衡时膜内外染料阴离子的电化学位相等，则：

$$RT\ln\frac{[D^{z-}]_s}{[D^{z-}]_i}=-z\psi_D F \tag{3-10}$$

$$\frac{[D^{z-}]_i}{[D^{z-}]_s}=\exp\frac{z\psi_D F}{RT} \tag{3-11}$$

从式(3－6)和式(3－10)得：

$$\frac{[Na^+]_s^z}{[Na^+]_i^z}=\frac{[D^{z-}]_i}{[D^{z-}]_s}=\exp\frac{z\psi_D F}{RT} \tag{3-12}$$

此外，平衡时膜内呈电性中和，所以：

$$[Na^+]_i=z[D^{z-}]_i+\frac{n[X^-]}{V} \tag{3-13}$$

以上两式是求各种离子浓度关系的重要方程式。

第六节　直接染料对纤维素纤维的吸附

一、直接染料在纤维素纤维中的吸附状态

一般认为,直接染料对纤维素纤维的吸附符合弗莱因德利胥(Freundlich)吸附方程。通过对直接染料在纤维素纤维上的吸附进行进一步分析研究,认为当纤维上的染料浓度比该染料在纤维上的吸附饱和值低得多时,染料对纤维的吸附同时符合朗缪尔(Languir)吸附方程和弗莱因德利胥吸附方程;当纤维上的染料浓度接近或达到吸附饱和值时,有些直接染料也符合朗缪尔吸附方程,说明纤维素纤维分子上虽然没有蛋白质纤维上的氨基、羧基等"染座",但也存在着特定的化学吸附位置,染料上染时产生定位吸附。

直接染料分子具有直线展开、芳环呈同平面的结构特点,而且在共轭轴上一般都具有能够生成氢键的基团(例如—N ═N—、—OH、—NH_2、—CONH—等),研究表明,直接染料是沿着纤维大分子链取向并通过氢键吸附在纤维的微晶体表面的。实验还证明,直接染料的直接性往往随芳环、酰胺等偶极基团以及共轭双键的增加而提高,因此,除氢键以外,偶极引力和色散力也起着重要作用。此外,和其他许多水溶性染料一样,直接染料也具有一定的表面活性剂性质,使得染料在纤维、染液界面上发生某种程度的吸附。

二、混合染料在纤维素纤维上的吸附

混合染料(mixed dyes)在纤维素纤维上的吸附更能说明纤维上特定的化学吸附位置的存在。当混合染料对纤维素纤维染色时,染料在纤维上的吸附量较单独染色时要低,而且随染料的结构不同产生较大的差异。图 3－8 为直接蓝 1 浓度不变,染液中加入不同量的直接黄 12 染色时,两种染料对纤维的吸附情况。从图中可看到,直接蓝 1 在纤维上的吸附量$[D_1]_f$ 随直接

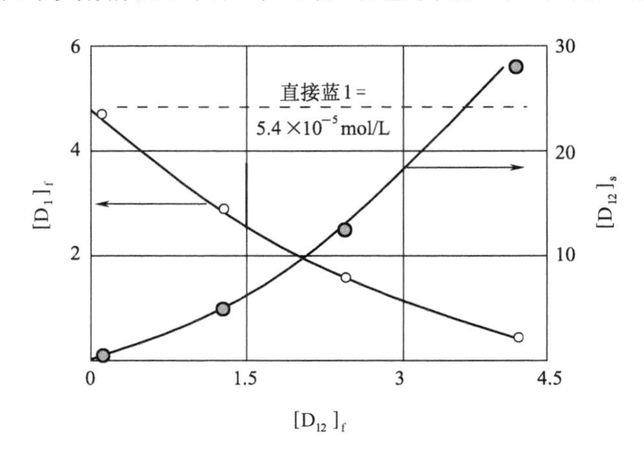

图 3－8　直接黄 12 对直接蓝 1 上染的影响[单位:mol/(kg×10^3)]

黄 12 吸附量$[D_{12}]_f$ 的增加而显著降低，即使当直接蓝 1 染液中直接黄 12 的浓度$[D_{12}]_s$ 很低时，也会严重影响直接蓝 1 对纤维的上染。以上实验说明直接黄 12 对直接蓝 1 的吸附表面（或位置）产生了竞染，直接蓝 1 被直接黄 12 所取代，导致其对纤维吸附量的降低。

图 3－9 为两只染料互换后重复上面的实验，即染液中直接黄 12 的浓度恒定，而直接蓝 1 的浓度$[D_1]_s$ 不同时，测定两种染料对纤维的吸附上染情况。发现直接蓝 1 对直接黄 12 的上染影响较小，说明直接黄 12 对直接蓝 1 的吸附位置有更高的亲和力。以上实验说明直接染料对同一染色位置存在着竞染作用，而不是染料在纤维内的扩散过程中不存在染色空间或染色位置的优先上染。

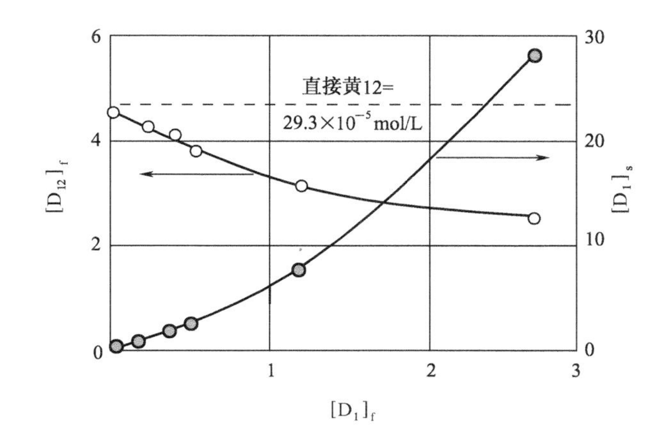

图 3－9 直接蓝 1 对直接黄 12 上染的影响［单位：mol/(kg×10^3)］

除了两只染料阴离子对现有吸附位置（或染座）的竞争外，优先吸附在纤维上的染料也会对另外一只染料的吸附产生电荷斥力或空间阻碍。此外，混合染料在染浴中由于相互之间的作用而形成复合物，也会降低每只染料在溶液中的活度，从而减少染料在纤维上的吸着量。

在实际染色中，混合染料具有相似的染色性能即具有良好的相容性或配伍性（compatibility），对染色物获得稳定的色泽具有重要意义。若染料的相容性好，具有相似的上染速率和上染百分率，则染色过程中随着颜色的变深，染色物会始终保持同一色光，而且受温度及电解质等染色条件的影响较小。因为在染色过程中，色光的不同远比颜色深度不同对染色物的色泽影响更加明显。

复习指导

1. 了解直接染料的结构和染色性能、染料适用的纤维、染料的染色牢度等内容。

2. 掌握直接染料对纤维素纤维的染色工艺（浸染、轧染）、对蚕丝的染色工艺以及固色后处理常用固色剂及其固色机理等内容。

3. 掌握染色温度效应和电解质（盐）效应、上染速率和温度的关系、直接性和温度的关系、电解质浓度和上染速率及平衡上染百分率的关系等内容。

4. 了解染料和纤维分子间作用力、染料在纤维上的吸附状态、混合染料的染色及其配伍性等内容。

思考题

1. 直接染料分几类？比较其染色性能。
2. 何谓温度效应？实际染色时如何合理制定染色温度？
3. 何谓盐效应？说明直接染料染色时加入中性电解质的促染机理。
4. 说明直接染料染色时阳离子固色剂的固色机理，目前常用的阳离子固色剂有哪些品种？
5. 写出直接染料浸染纤维素纤维的工艺过程及工艺条件。
6. 分析直接染料在纤维素纤维上的结合状态。

参考文献

[1] Kranse J. Colour index[M]. Third Edition. Society of Dyes and Colourist and AATCC, 1971.
[2] 王菊生. 染整工艺原理:第三册[M]. 北京:纺织工业出版社,1984.
[3] ASPLAND J R. Direct dyes and their application[J]. Textile Chemist and Colorist, 1991, 23(11): 14 -20.
[4] SHAKRA S. Dyeing natural silk fabrics-Part Ⅰ: Direct dyes[J]. American Dyestuff Reporter. ,1999, 88(3): 29 - 32.
[5] 赵涛. 染整工艺学教程:第二分册[M]. 北京:中国纺织出版社,2005.
[6] 唐育民. 固色剂的发展概述[J]. 染整技术,1995,21(5):19 - 21.
[7] 黄茂福. 论无醛固色剂的发展[J]. 印染,2000(26):6.
[8] Blackburn R S. The application of cationic fixing agents to cotton dyed with direct dyes under different pH conditions[J]. Journal of the Society of Dyers and Colourists, 1998, 114(11): 317 - 320.
[9] Hunter A, Renfrew M. Reactive dyes for textile fibers[M]. Bradford: The Society of Dyers and Colourists, 1999.
[10] Alan Johnson. The theory of coloration of textiles[M]. Second edition. Bradford: The Society of Dyers and Colourists, 1989.
[11] Etters J N. The influnce of the diffusional boundary layer on dye sorption from finite baths[J]. J. S. D. C. ,1991, 107(3):114 - 116.
[12] John J Porter. Dyeing equilibria: interaction of direct dyes with cellulose substrates[J]. Color. Technol. , 2002, 118(5):238 - 243.
[13] John J Porter. Understanding the sorption of direct dyes on cellulose substrates[J]. AATCC Review, 2003, 3(6): 20 - 24.

第四章　活性染料染色

第一节　引　言

活性染料(reactive dyes)是其离子或分子中含有一个或一个以上的反应性基团(reactive group,俗称活性基团),在适当条件下,能和纤维素纤维上的羟基、蛋白质纤维及聚酰胺纤维上的氨基等发生键合反应,在染料和纤维之间生成共价键结合的一类染料。按照染料索引分类,该类染料称为反应性染料,我国称为活性染料。从 1856 年 Perkin 发明合成染料到 1956 年 ICI 公司正式生产出第一批商品活性染料,整整经历了 100 年的历史。经过 50 年的迅速发展,活性染料已逐步取代不溶性偶氮染料、直接染料、硫化染料和还原染料,成为纤维素纤维染色的主要染料。

活性染料分子结构简单,色泽鲜艳,色谱较全,使用方便,成本较低,含有磺酸基水溶性基团,在水中电离成染料阴离子,对硬水有较高的稳定性,扩散性和匀染性较好。但是活性染料尚存在固色率低、需高盐染色和高浓度尿素印花等问题。活性染料和纤维反应的同时,还能与水发生水解反应,水解产物一般不能再与纤维发生反应,从而降低染料的利用率,残液中染料含量可高达 30%～40%。此外,活性染料染色时间较长,染料和化学品的耗用量大,染色时加入大量的中性电解质促染,对环保不利。随着活性染料品种的改进及小浴比染色的实施,这些问题正得到逐步解决。

活性染料和纤维之间生成的共价键的稳定性有一定限度,它与活性基团类型和染料的分子结构有关。一般来说,皂洗牢度和摩擦牢度较好,日晒牢度随染料母体结构不同而不同,随染色浓度提高而改善。大多数活性染料的耐氯漂牢度较低,蒽醌结构的蓝色品种有烟气褪色现象。

活性染料除用于纤维素纤维染色外,还可用于蛋白质纤维、聚酰胺纤维的染色。具有特殊活性基团的活性染料还能用于涤纶等纤维的染色。

活性染料的染色一般包括吸附(absorption)、扩散(diffusion)、固着(fixation)几个阶段,在固着阶段活性染料与纤维发生键合反应,习称固色,而把固色前的过程称为染色,以示区别。

第二节　活性染料的化学结构

活性染料的结构有别于其他染料,其化学结构通式可以表示为:

W—D—B—Re

式中：Re 为反应性基团（活性基）；B 为活性基与母体的连接基或称桥基；D 为染料发色体或母体染料；W 为水溶性基团，一般为磺酸基。

从上式可看出，活性染料分子和一般水溶性染料不同的地方是具有一个（或多个）可和纤维反应形成共价结合的活性基。绝大部分染料的活性基是通过连接基和染料母体芳环相连的。有些染料没有连接基，活性基直接连接在染料母体上。母体染料不但要求色泽鲜艳和牢度优良，而且要求有较好的扩散性和较低的直接性，使活性染料有好的匀染和透染性能，未染着的染料（包括和水反应的水解染料）(hydrolysed dyes) 也易于洗除。在母体染料中一般具有 1～3 个磺酸基作为水溶性基团，有些活性基本身也具有磺酸基或硫酸酯基作为水溶性基团。

活性染料的结构是一个整体，每一部分的变化都将使染料的各种性能发生变化，但就主要因素而言，活性基决定染料的反应性及染料—纤维键的稳定性；母体染料对染料的亲和力、扩散性、颜色、耐晒牢度等有较大的影响；连接基对染料的反应性和染料—纤维键的稳定性也有一定的影响。

活性染料虽然可按母体染料的发色体系分类，但一般都按活性基来分类。

一、均三嗪活性基类

这类染料的活性基是卤代均三嗪（triazine）的衍生物，连接基通常是亚氨基，离去基为卤素基团。这是一类最早大量应用的活性染料，结构通式可表示如下：

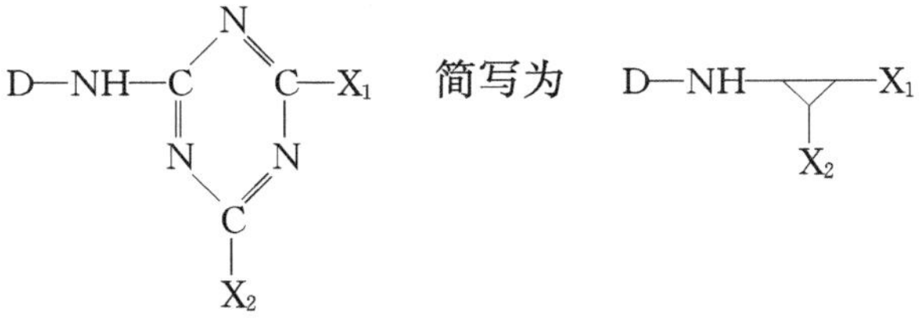

```
            N
         //   \
D—NH—C         C—X1      简写为   D—NH——▽——X1
        ‖       |                        |
        N       N                        X2
          \   //
            C
            |
            X2
```

其中 X_1、X_2 为离去基，或其中之一为其他基团所取代。根据均三嗪环上卤素原子的种类和数目又可分为二氯均三嗪、一氯均三嗪、一氟均三嗪等几类。

1. 二氯均三嗪型（dichlorotriazine） 其结构通式为：

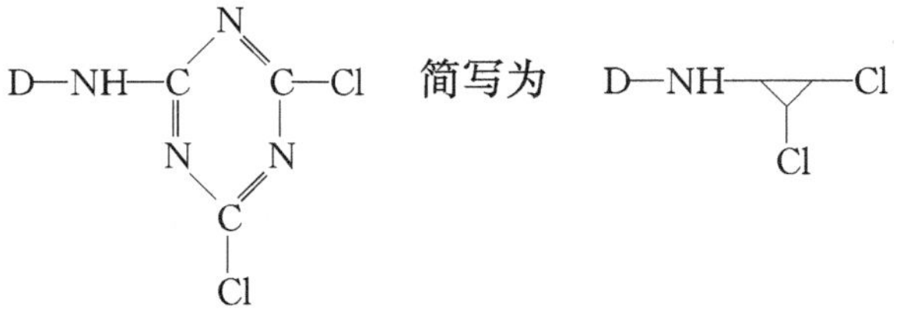

```
            N
         //   \
D—NH—C         C—Cl      简写为   D—NH——▽——Cl
        ‖       |                        |
        N       N                        Cl
          \   //
            C
            |
            Cl
```

国产的 X 型、国外的 Procion MX 等属于这一类。该类染料的反应性较强，在较低温度和碱性较弱的条件下即可与纤维素纤维反应，又称为冷染型活性染料。

由于该染料的反应性较高，所以稳定性较差，在贮存过程中，特别是在湿热条件下容易水解而失去和纤维的反应能力。一般来讲，pH 值在 6.4～7 的范围内，贮存最稳定；pH＝9 或 pH＝

5 时，水解速率最高。为了提高染料的贮存稳定性，在商品染料中常加入一些缓冲剂，如磷酸二氢铵和磷酸氢二铵的混合物以及尿素等。

在较低温度和碱性较弱时，均三嗪环上的一个氯原子可与纤维发生反应，但在碱性较强和温度较高时，两个氯原子都有可能参加反应，虽然与纤维的反应速率提高，但此时水解产物所占的比例将上升，因此该类染料染色时，一般不宜采用剧烈的工艺条件。

2. 一氯均三嗪型（monochlorotriazine）　具有一氯均三嗪活性基的活性染料，可用下式表示：

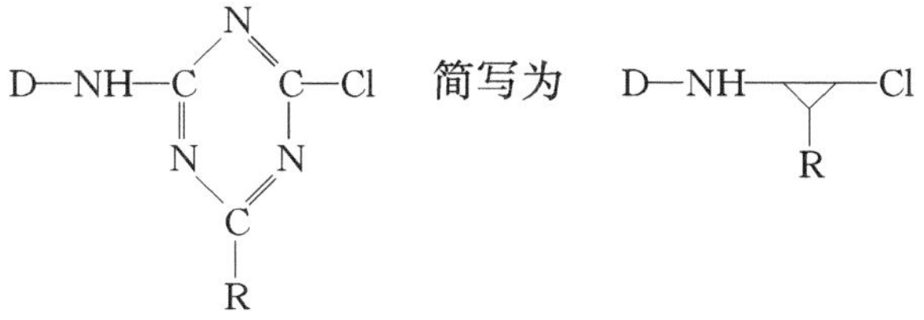

```
                N
              /   \\
D—NH—C         C—Cl    简写为    D—NH—▽—Cl
        ‖         |                    |
        N         N                    R
          \\     //
             C
             |
             R
```

该类染料我国称为 K 型活性染料，国外的 Procion SP、Cibacron Pront 等牌号的活性染料均属于此类。国产 KD 型中部分品种也属此类。其 R 基团一般为氨基、芳胺基、烷氧基等。它们的反应性较低，稳定性较好，中性溶解时可加热近沸而无显著水解，要求在较高的温度条件下固色，因此又称为热固型活性染料。用烷氧基取代的反应性较高，但会降低染料—纤维键耐碱性水解稳定性。

3. 一氟均三嗪型（monofluorotriazine）　该类染料的结构通式为：

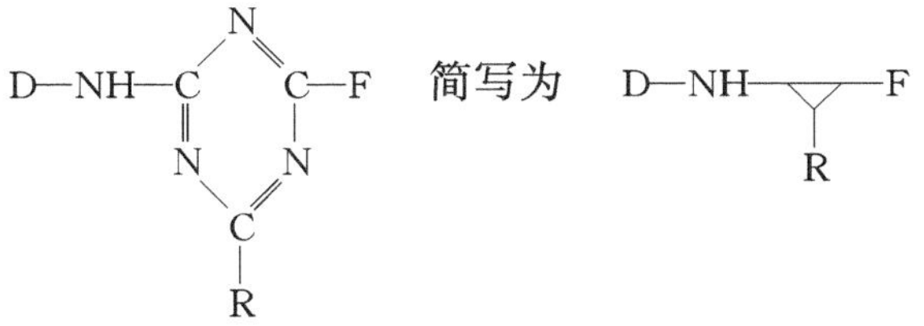

```
                N
              /   \\
D—NH—C         C—F    简写为    D—NH—▽—F
        ‖         |                   |
        N         N                   R
          \\     //
             C
             |
             R
```

Cibacron F 型活性染料属于此类，在相同条件下，其反应速率高出一氯均三嗪型活性染料 50 倍左右，染料—纤维键的稳定性与一氯均三嗪型相似。

1984 年日本化药公司生产的均三嗪型 Kayacelon React 活性染料，在均三嗪环上具有烟酸取代基。这类染料反应性高，直接性大，于高温条件下可在中性浴和纤维素纤维发生共价结合。因而特别适用于涤/棉、涤/黏等织物的分散/活性染料一浴法染色。我国试制的 R 型活性染料即属于这种类型。这种染料的结构式如下：

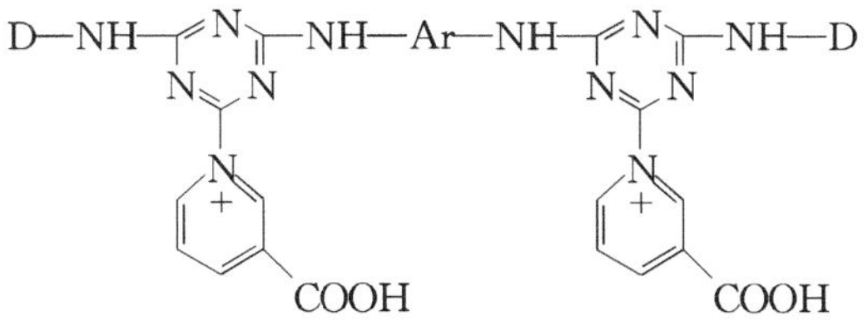

```
D—NH—⟨N⟩—NH—Ar—NH—⟨N⟩—NH—D
     N   N           N   N
       |               |
       N+              N+
   (pyridinium)    (pyridinium)
         \\               \\
         COOH            COOH
```

二、卤代嘧啶活性基类

卤代嘧啶活性基类又称二嗪型活性基，按嘧啶基的氯原子数不同，该类染料品种主要是二氟一氯嘧啶型，其结构通式为：

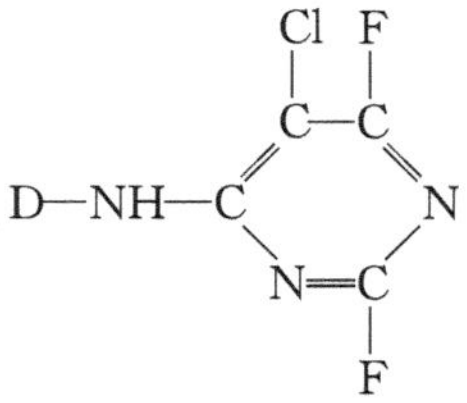

```
         Cl  F
         |   |
         C—C
        //    \\
D—NH—C          N
        \      /
         N═C
            |
            F
```

国产的 F 型，国外的 Drimarene R、Verofix、Levafix P—A 等活性染料均属此类。其反应性较高，染料—纤维键耐酸、碱的稳定性均较好，但价格较高。

三、乙烯砜活性基类

其结构通式为：

$$D—SO_2—CH_2CH_2—OSO_3Na$$

染色时碱性条件下可生成活性基——乙烯砜(vinyl sulfone)基($D—SO_2—CH═CH_2$)。国产 KN 型，国外的 Remazol 等牌号活性染料属于此类。反应性介于一氯均三嗪和二氯均三嗪型活性染料之间，在酸性和中性溶液中非常稳定，即使煮沸也不发生水解，但染料或染料—纤维键耐碱性水解的能力较差。

四、其他活性基类

1. 膦酸基型 国外的 Procion T 型以及国产的 P 型活性染料含有膦酸基活性基团，其结构式为：

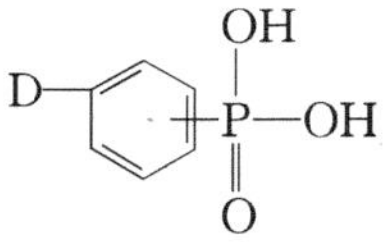

```
              OH
              |
D—⟨苯环⟩—P—OH
              ‖
              O
```

在高温下膦酸基能在双氰胺存在下，在弱酸性介质中与纤维素纤维的羟基发生共价键结合，故适用于和分散染料一浴法对涤棉混纺织物的染色，其与纤维形成的共价键很稳定。但由于在高温下酸催化固色往往会使纤维变黄和降解，色光不够鲜艳，其日晒牢度也较差，该类染料已逐步退出市场。

2. α–卤代丙烯酰胺型 具有 α–卤代丙烯酰胺基的活性染料其通式为：

```
D—NH—CO—CH—CH2—X    或    D—NH—CO—CH═CH2
          |                          |
          X                          X
```

该类染料的活性基一般由 C═C 双键和卤素两个活性基所组成，故反应性强，染物稳定性好，牢度较好。国产为 PW 型，国外商品有 Lanasol(X 为 Br)和 Lanasyrein(X 为 Cl)，主要用于蛋白质纤维的染色。

五、多活性基类

单活性基活性染料的固色率低，一般不超过70%，而多活性基染料(multifunctional)与单活性基染料相比，其首要的优点是因反应几率增大，固色率及染料利用率提高，染色废水中色素含量下降。活性基的种类基本不变，在染料中引入多个活性基，尤其是两个相同或不同活性基，以寻求更合理的组合，成为近期多活性基染料发展的特点。

1. 一氯均三嗪基和β-乙烯砜硫酸酯基 国产的M型，国外的Sumifix Supra和部分Procion Supra染料均属于这一类。一氯均三嗪活性基于高温固色，耐碱；乙烯砜硫酸酯基在中温固色，耐酸。其在染料上的组合，可兼顾两者的长处，提高了与纤维的反应几率，固着率高。同时，染料—纤维键的耐酸及耐碱稳定性较K型、KN型活性染料好。

另外，还有一氟均三嗪基和β-乙烯砜硫酸酯基双活性基活性染料，国外的Cibacron FN型即属此类，主要用于印花及连续轧染中。

2. 两个活性基都是一氯均三嗪基 活性基相同的多活性基染料的优点是活性基的反应性较匹配，合成原料简单，至今仍有很大的发展前景。国产的KE型、KP型，国外的Procion Supra染料属于这一类。国产KD型活性染料中的部分品种也含有两个一氯均三嗪基。KD型活性染料的分子结构一般比较复杂，对纤维具有较高的亲和力，反应性、稳定性与一氯均三嗪型相似，但固色率较高，染料—纤维键的稳定性较好。由于可在较高的温度下染色，因此，染料在纤维上的扩散性能增加，匀染性提高。它们是以范德瓦尔斯力、氢键、共价键的混合方式固着在纤维上的，较适用于黏胶纤维、蚕丝的染色。

KP型活性染料的直接性很低，主要适用于印花。

第三节 活性染料的反应性能

所有活性染料的染色是基于纤维素纤维、蛋白质纤维及聚酰胺纤维分子中含有可与活性染料发生反应的亲核基团，如羟基、氨基及硫醇基等。活性染料的反应性主要取决于分子中的活性基，此外也和母体染料及连接基有关。活性染料在染色时，与纤维反应的同时，也可与水等发生反应，它们的反应历程与纤维的反应历程基本相同。活性染料和纤维有关基团的反应历程随活性基结构的不同而异。

一、亲核加成—消除取代反应

(一)反应历程

具有卤代(或其他负性基)杂环活性基的染料和亲核试剂，如纤维素纤维的羟基阴离子、蛋白质纤维和聚酰胺纤维的氨基以及水、醇等简单化合物主要按此反应历程进行反应，其反应历程可用如下通式表示：

$$\text{D—NH—(I)—C—X} + Y^- \underset{k_{-1}}{\overset{k_1\text{缓慢}}{\rightleftharpoons}} \text{D—NH—(II)}\underset{k_{-2},\ -H^+}{\overset{k_2,\ +H^+}{\rightleftharpoons}} \text{D—NH—(III)}$$

$$\text{(II)} \xrightarrow{k_3} \text{D—NH—(IV)—C—Y} + X^-$$

（Ⅰ）　（Ⅱ）　（Ⅲ）　（Ⅳ）

式中只表示出部分杂环结构(大部分为氮杂环)。R 为杂环上的取代基;X 为 Cl、F 等离去基团;Y^-为亲核进攻离子(也可以是未电离的基团);D 是染料母体。如上式所示,杂环上的亲核取代反应实际是双分子亲核加成—消除取代(S_N2)反应,简称亲核取代反应(nucleophilic displacement)。第一步是亲核离子,例如,纤维素负离子(Cell—O^-)和氢氧根离子(OH^-)对染料(Ⅰ)杂环上电子云密度最低的碳原子发生亲核加成,生成带负电荷的中间加成产物(Ⅱ),负电荷比较集中分布在相邻于碳原子的电负性较高的氮原子上。中间产物(Ⅱ)还可从周围介质获得质子,生成产物(Ⅲ),质子脱去后又变成中间产物(Ⅱ)。中间产物(Ⅱ)如果脱去 X^-,则生成取代产物(Ⅳ)。染色时,Cell—O^-、OH^- 比 Cl^-、F^- 等难以离去,所以最终产物是活性染料与纤维有关基团的共价结合产物,或取代羟基的水解染料。整个反应的前两步都是可逆过程,第二步是在染色条件是不可逆的,因为取代下来的 Cl^-、F^- 等离子在水中发生水化,使其亲核性大大降低。实验证明,反应第一步是决定取代反应速率的阶段。反应速率除与活性基结构和亲核试剂的性质有关外,还和溶剂的性质以及溶液中的电解质、助剂等的存在有关。

(二)染料的结构和反应性

活性染料的反应性主要决定于活性基的结构和性质,也和染料母体、连接基及杂环上离去基的结构和性质有关,凡是能降低反应中心碳原子电子云密度的因素,都能提高染料的反应性,反之则降低染料的反应性。按上述反应历程发生反应的主要是具有卤代均三嗪、卤代嘧啶、卤代喹噁啉等杂环活性基的染料。

杂环的反应性因素可分永久性和暂时性两类。前者在反应前后一直存在,称为永久性活性源,后者在反应前存在,而在反应后就消失,称为暂时性活性源。

1. 杂环结构的影响　卤代氮杂环活性基的永久性活性源主要是杂环中的氮杂原子。氮原子的电负性比碳原子高,因而杂环的 π 电子云密度分布是不均匀的,在氮原子上较高,在碳原子上较低。根据计算,常见氮杂环的 π 电子云密度分布如下:

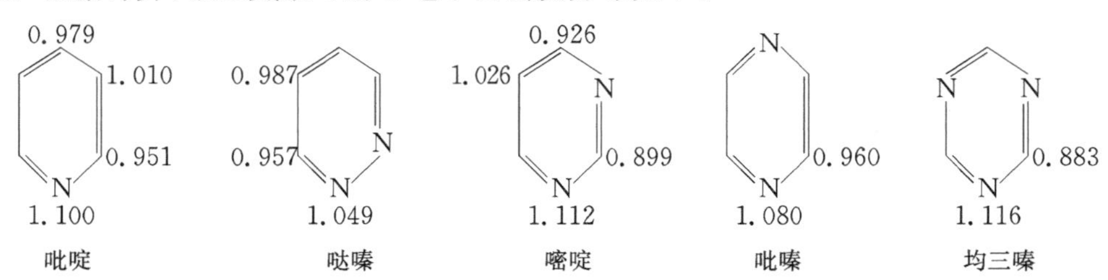

根据上述计算结果,如果杂环中氮原子数越多,碳原子电子云密度就越低,其中和氮原子相邻

的碳原子电子云密度最低。例如，均三嗪环中碳原子的电子云密度最低，嘧啶环中两个氮原子中间的碳原子的电子云密度也较低。碳原子电子云密度越低，活性基的反应性就越强，亲核进攻的位置主要发生在电子云密度最低的碳原子上。因此，杂环中具有氮原子数越多，特别是氮原子在被取代基的对位、邻位时，亲核取代反应性就越强，有时位置的影响可超过一个氮原子数的影响。

2. 杂环上取代基的影响　卤代氮杂环活性基的反应性，除了和杂环中杂原子性质、数目及位置有关外，还与杂环上的取代基的性质、数目和位置有关。在杂环上引入吸电子基将降低杂环碳原子的电子云密度，增强活性基的反应性；引入供电子基，则降低反应性。多数杂环上的吸电子基在反应过程中会被取代离去，所以这种增高活性基的活性源属暂时性的，不同于杂环中的氮杂原子对活性的影响。

在杂环上引入—NHAr、$—NH_2$ 以及$—OCH_3$ 等供电子基，将使杂环中的碳原子电子云密度增加，活性基反应性降低；而在杂环中引入吸电子基，例如—F、—Cl、—CN、$—SO_2CH_3$、$—NO_2$ 等基团，将使杂环中碳原子电子云密度减低，特别是所连的碳原子电子云密度降低最多，使活性基反应性增加。这种诱导效应的吸电子作用可表示如下：

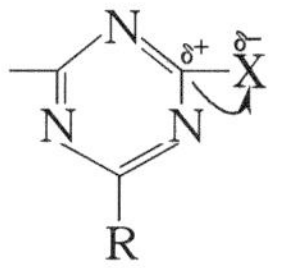

N　N　N　δ^+　δ^-　X　R

表 4－1 为一氯均三嗪活性基活性染料中第二取代基对反应性的影响。

表 4－1　一些一氯均三嗪活性染料活性基的 R 基对水解反应速率常数的影响(染料浓度 6mmol/L，pH＝11.2，40℃)

染　料	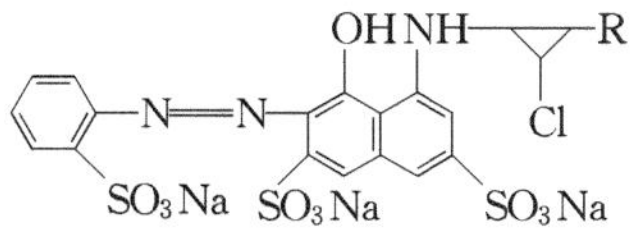 OH NH—(均三嗪)—R，Cl；—N=N—；SO_3Na　SO_3Na　SO_3Na				
取代基 R	$—O—C_6H_4—NO_2$	$—O—C_6H_5$	$—OCH_3$	$—NH—C_6H_5$	$—N(CH_3)_2$
假一级水解速率常数/min^{-1}	1.04×10^{-1}	3.65×10^{-2}	1.40×10^{-2}	5.0×10^{-4}	6.7×10^{-5}
相对水解速率	208	73	28	1	0.13

同一类活性基，由于取代基不同，也使染料具有不同的反应性。由表 4－1 可看出，第二取代基的供电子性增加，反应中心碳原子的电子云密度增加，则染料的反应性降低。如取代基为酚基或甲氧基时，反应速率常数较高，特别是在对位具有吸电子的硝基时，相对反应速率几乎为苯胺基的 208 倍。由此可知，二氯均三嗪染料比普通的一氯均三嗪染料的反应性要强得多。两个氯原子使杂环上碳原子的电子云密度大为降低。

活性基中的离去基也是取代基，它不仅可通过改变杂环上碳原子的电子云密度影响染料的反应性，其本身的离去倾向也直接和反应速率有关。离去基的吸电子性越强，离去倾向越大，取代反应越快。一般来说，离去基的电负性越强，越容易获得电子成阴离子离去。卤素原子既是吸电子基，又是离去倾向较强的基团，故氯、氟原子是最常见的离去基。氟原子的离去倾向虽然比氯原子小（同族原子半径越大越易离去），但吸电子能力强，降低活性基杂环电子云密度比氯原子大得多，故杂环具有氟原子的反应性比氯原子的活泼得多。例如，一氟均三嗪型活性染料由于氟的电负性比氯大得多，所以反应性比一氯均三嗪型活性染料高。同样，二氟一氯嘧啶型活性染料的反应性比三氯嘧啶型高。染色时也是根据这个原理使用催化剂，例如，下列叔胺类催化剂：

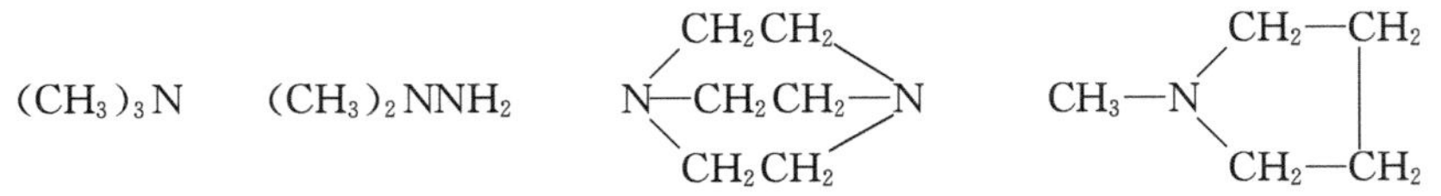

$(CH_3)_3N$　　$(CH_3)_2NNH_2$　　$N(CH_2CH_2)_3N$　　$CH_3-N(CH_2-CH_2)_2$（环状）

由于它们的亲核性，能与活性染料发生亲核取代反应。例如：

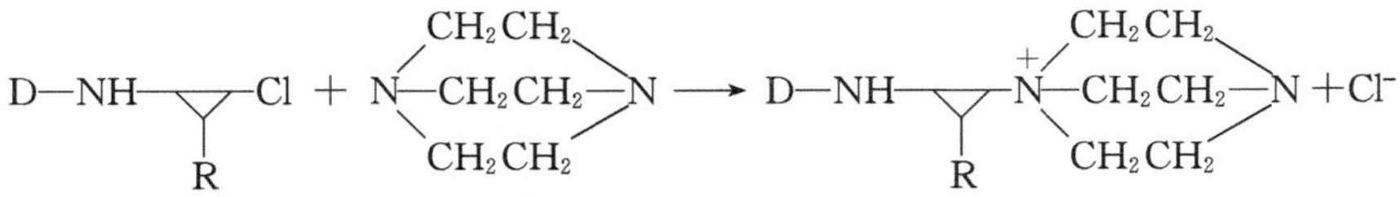

$$D-NH-\overset{}{\underset{R}{\triangle}}-Cl + N\!\left(CH_2CH_2\right)_3\!N \longrightarrow D-NH-\underset{R}{\triangle}-\overset{+}{N}\!\left(CH_2CH_2\right)_3\!N + Cl^-$$

生成的季铵化合物具有强的吸电子性，使反应中心碳原子上的电子云密度降低，反应性提高。使用这类催化剂后，大多数一氯均三嗪型活性染料甚至可以在 40℃左右与纤维素纤维发生显著的键合反应，而且染料—纤维键的稳定性并不改变。

3. 连接基对反应性的影响　连接基在大多数情况下是染料合成时必须的基团，但也可看成是活性基的一个取代基，由于这种取代基不会被取代离去，故可看作是活性基永久性活性源的一部分。

连接基种类很多，常用的连接基有$-NH-$，$-\underset{R}{\underset{|}{N}}-$，$-NH-\underset{O}{\underset{\|}{C}}-$，$-NH-\overset{O}{\overset{\|}{\underset{O}{\underset{\|}{S}}}}-$ 等，在染色过程中，其结合或失去质子，会改变活性基的结构，使染料的反应性增强或降低。

在一定的碱性条件下，连接基—NH—会失去质子带负电荷，使染料的反应性大为降低（可降低几十倍之多）。其反应可表示如下：

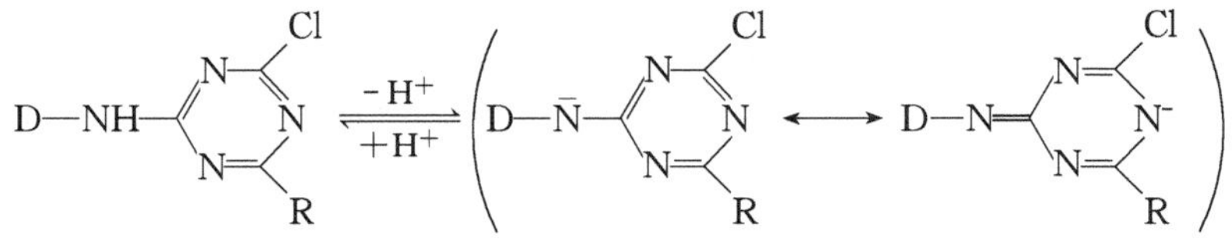

$$D-NH-\text{(三嗪环, Cl, R)} \underset{+H^+}{\overset{-H^+}{\rightleftharpoons}} \left(D-\bar{N}-\text{(三嗪环, Cl, R)} \longleftrightarrow D-N=\text{(三嗪环, Cl, R, } N^-\text{)} \right)$$

在酸性介质中，杂环氮原子可结合质子使杂环带正电荷，大大提高染料的反应性。染料在贮存时发生自身催化水解就是这个原因。同理，连接基—NH—、$-\underset{O}{\underset{\|}{C}}-NH-$ 等在一定的酸性条件下也可结合质子而带正电荷，提高染料的反应性。

二、亲核加成反应

另一类重要类型的活性染料是一些具有活泼碳碳双键（大多数是在染色过程中形成的）的活性基。它们可和纤维的有关基团或水发生亲核加成反应（nucleophilic addition）。

(一)反应历程

$$\underset{(\mathrm{I})}{\mathrm{D{-}Z{-}CH_2CH_2{-}X}} \underset{k_{-1}}{\overset{k_1(-\mathrm{HX})}{\rightleftharpoons}} \underset{(\mathrm{II})}{\mathrm{D{-}Z{-}CH{=}CH_2}} \underset{k_{-2}}{\overset{k_2(+\mathrm{Y}^-)}{\rightleftharpoons}}$$

$$\underset{(\mathrm{III})}{\mathrm{D{-}Z{-}\bar{C}H{-}CH_2{-}Y}} \underset{k_{-3}}{\overset{k_3(+\mathrm{H}^+)}{\rightleftharpoons}} \underset{(\mathrm{IV})}{\mathrm{D{-}Z{-}CH_2{-}CH_2{-}Y}}$$

式中:Z 为连接基,一般为吸电子的$-\mathrm{SO_2}-$、$-\mathrm{NH{-}CO}-$、$-\mathrm{NH{-}SO_2}-$等基团;X 为离去基,如$-\mathrm{OSO_3H}$、$-\mathrm{Cl}$等基团;Y 为亲核试剂阴离子,如 $\mathrm{OH^-}$、$\mathrm{Cell{-}O^-}$等。活性基的反应性主要决定于连接基的吸电子能力和离去基的离去性能。反应分两步进行,先发生消除反应形成活泼的碳碳双键,然后发生亲核加成反应。

一般在 α 碳原子上的连接基 Z 的吸电子能力越强,或者说 α 碳原子上的氢原子越易质子化,以及反应试剂的碱性越强,如有 $\mathrm{OH^-}$参加反应,消除反应越易发生。另一方面,离去基 X 的离去能力越强,反应也越快。但总的说来,反应第一步是较缓慢的,是决定整个反应的阶段。

按这种反应历程反应的最典型的染料是 β-羟基乙烯砜硫酸酯类染料。它通常以较稳定的硫酸酯形式存在,在碱性溶液中由于砜基的吸电子性,使 α 碳原子上的氢比较活泼,容易离解;又由于硫酸酯的吸电子性,使 C—H 键具有极性,容易断裂,从而先发生消除反应,形成较活泼的乙烯砜基。所生成的乙烯砜基,由于砜基通过共轭效应吸电子,使乙烯基发生极化,很容易和纤维素阴离子或氢氧离子发生亲核加成反应。其反应过程可表示如下:

$$\mathrm{D{-}SO_2{-}CH_2CH_2{-}O{-}SO_3Na} \overset{\mathrm{OH^-}}{\rightleftharpoons} \mathrm{D{-}SO_2{-}\bar{C}H{-}CH_2OSO_3Na} \longrightarrow$$

$$\mathrm{D{-}SO_2{-}CH{=}CH_2} \underset{\mathrm{H^+}}{\overset{\mathrm{OH^-}}{\rightleftharpoons}} \mathrm{D{-}SO_2{-}\bar{C}H{-}CH_2{-}OH} \xrightarrow{\mathrm{H^+}} \mathrm{D{-}SO_2{-}CH_2CH_2OH}$$

$$\mathrm{D{-}SO_2{-}CH{=}CH_2} \overset{\mathrm{Cell{-}O^-}}{\rightleftharpoons} \mathrm{D{-}SO_2{-}\bar{C}H{-}CH_2{-}O{-}Cell} \xrightarrow{\mathrm{H^+}} \mathrm{D{-}SO_2{-}CH_2CH_2{-}O{-}Cell}$$

不同 pH 值时,β-羟基乙砜硫酸酯染料的存在形式不同。在 pH 值较低时主要以硫酸酯形式存在，在 pH＝6～7 时，则主要以乙烯砜结构存在，pH 值较高时大部分被水解，以 β-羟基乙砜结构存在。因此，该类染料以在弱碱性介质中和纤维素的反应几率最高。

(二)染料的结构和反应性

一般来说，在 α 碳原子和 β 碳原子上取代基(X 和 Z)的吸电子能力越强、反应试剂(Y^-)的碱性越强，反应性越强，反之则较弱。如—SO_2—吸电子能力比—SO_2—NH—、—NHCO—等的吸电子能力强，使得 β-羟基乙砜硫酸酯类的染料反应速率很快。另一方面，有些活性基的离去基是—$N(C_2H_5)_2$、—$N(CH_3)$—CH_2CH_2—SO_3H 等基团，它们的离去能力比—OSO_3H 基差，故消除反应速率较低，形成活泼乙烯基的速率较慢。相反，当离去基是阳离子基时，消除速率就很快。如下述一些活性基就有很快的消除速率：

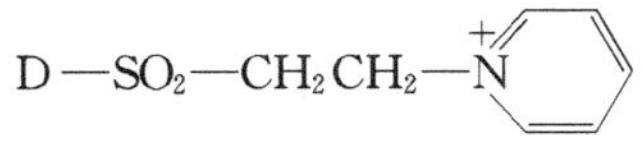

$$D—SO_2—CH_2CH_2—\overset{+}{N}C_5H_5 \qquad D—SO_2—CH_2CH_2—\overset{+}{N}(CH_3)_3$$

而一些氨基离去基吸附质子变成阳离子基后，离去速率也大为加快，所以这些染料在中性和碱性溶液中消除速率低，而在酸性介质中反应大为加速。氨基吸附质子后，从原来的给电子基变成吸电子基，故消除反应大为加快，如下述活性染料：

$$D—SO_2—CH_2CH_2—N(CH_3)—CH_2CH_2—SO_3H$$

除了上述两种反应历程外，随着活性基结构和反应条件不同，有些活性染料在与纤维或水反应时，可以按其他历程反应。

由上述可知，同类型的活性染料因取代基、连接基和离去基不同，反应性也将不同，而不同结构的活性基反应性差别更大，往往反应历程也不相同。所以要全面比较各种结构的活性染料的反应性是很困难的，只能得到大致的相对结果。一般来说，二氯均三嗪类活性染料反应性最强，其次是二氟一氯嘧啶、二氯喹噁啉、一氟均三嗪类，它们的反应性也较强；再次为甲砜嘧啶、乙烯砜、一氯甲氧均三嗪以及一氯均三嗪类等，它们的反应性属中等，而三氯嘧啶类、丙烯酰胺类等的反应性较低。

第四节 活性染料与纤维素纤维的反应性

一、纤维素纤维的化学结构和反应性

纤维素是多糖化合物，是组成纤维素纤维的基本物质，其分子链主要由 β-D-葡萄糖剩基彼此以 1,4-苷键联结而成，亲核反应性比水强。例如，活性红 G 和葡萄糖的反应速率为水的 5.5 倍。

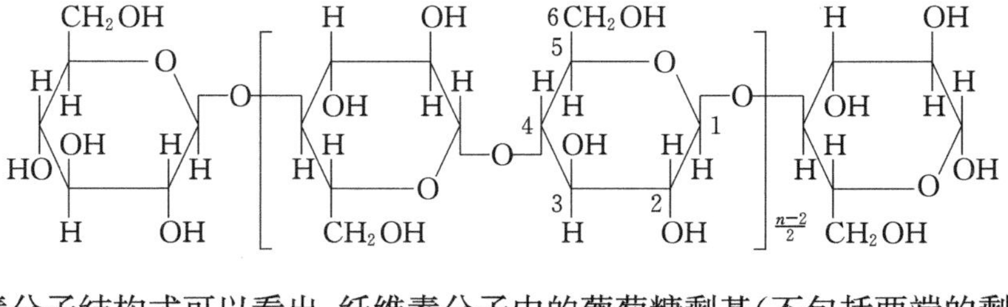

由纤维素分子结构式可以看出，纤维素分子中的葡萄糖剩基(不包括两端的剩基)上有三个

羟基，其中第 2、第 3 位上是两个仲羟基，第 6 位上是一个伯羟基。而在左端的葡萄糖剩基上含有四个羟基，在右端的葡萄糖剩基则具有一个潜在的醛基。不过由于两端的葡萄糖剩基所占比例较低，故纤维素的反应性主要取决于分子链中的葡萄糖剩基上的三个羟基的性质。

如果葡萄糖剩基上的三个羟基都发生反应，纤维素纤维的理论取代能力为18.5mol/kg纤维。但大多数情况下，取代程度远远低于此理论值。这主要是因为只有无定形区的葡萄糖剩基上的羟基才可能与染料等发生取代反应(即染料可及区的羟基才可能发生反应)。

一般认为，染料可及区约占纤维总体积的 5%～14%，随纤维前处理和染色时的溶胀状态而不同。对分子结构较大的染料，可及程度还小一些。实际染色时，纤维素分子中参加反应的羟基仅是可及羟基很少的一部分，这与各羟基的反应性和空间阻碍等因素有关。

染料分子与纤维素分子中葡萄糖剩基的三个羟基反应性是不同的。从羟基的亲核反应性来说，第 2 位羟基的反应性最强，这是由于和第 2 位碳原子相邻的第 1 位碳原子连接两个氧原子，氧原子的诱导吸电子作用使第 2 位碳原子的电子云密度较第 3、第 6 位的低，所以与第 2 位碳原子相连的羟基较易离解成阴离子，反应性较强。但由于第 2 位上的羟基受空间阻碍较第 6 位的大，因而对一些体积较大的试剂(如染料)的反应几率较低，而对分子较小的试剂受空间的阻碍影响较小，反应几率较高。第 6 位碳原子上的伯羟基亲核反应性较一般的伯羟基强，而且受空间阻碍的影响较小，所发生亲核反应的几率较高。第 3 位碳原子上的羟基是仲羟基，受空间影响也较大，而且还容易与相邻的葡萄糖剩基形成如下结构的分子内氢键，故反应性最低。在正常反应条件下，由于第 2 位的空间阻碍较第 6 位的大，所以染料主要和第 6 位的羟基反应。

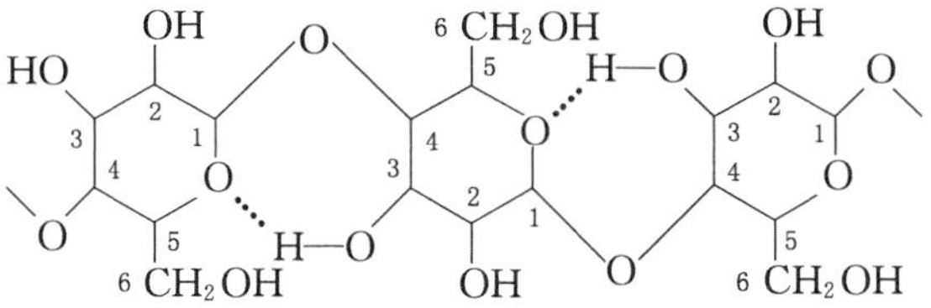

二、活性染料的醇解反应动力学

如前所述，纤维素和水都可作为亲核试剂与染料发生反应。染色时不但溶液中存在大量水，被水溶胀的纤维内也存在很多水，染料与水反应后就失去与纤维反应的能力，这种反应越快，损失的染料就越多，固色率就越低。因此研究活性染料与纤维及水的反应具有重要意义。

染料与水的反应是均相反应，而与纤维素纤维的反应是非均相反应。在固色时两种反应同时存在，比较这两种反应是非常困难的。为了方便起见，可先选择适当的水溶性多元醇作为模型化合物代替纤维素纤维来进行研究。常作为模型化合物的是山梨糖醇和甘露糖醇。在醇的碱性水溶液中可发生以下反应：

$$\mathrm{AOH} \longrightarrow \mathrm{AO^-} + \mathrm{H^+}$$　　醇的离解

$$\mathrm{AO^-} + \mathrm{D} \longrightarrow \mathrm{AOD}$$　　染料的醇解

$$\mathrm{OH^-} + \mathrm{D} \longrightarrow \mathrm{HOD}$$　　水解产物

其中 AOH 表示醇，D 表示染料。

醇解（相当于和纤维素的反应）和水解的速率可分别表示如下：

$$\text{醇解反应速率} = k_a[\text{D}][\text{AO}^-] \tag{4-1}$$

$$\text{水解反应速率} = k_h[\text{D}][\text{OH}^-] \tag{4-2}$$

式中：k_a 和 k_h 分别为醇解和水解反应速率常数。式(4－1)、式(4－2)表示的都是二级反应。

若 t 为时间，活性染料的消耗速率$\left(\frac{-\text{d}[\text{D}]}{\text{d}t}\right)$等于醇解和水解速率之和：

$$\frac{-\text{d}[\text{D}]}{\text{d}t} = k_a[\text{D}][\text{AO}^-] + k_h[\text{D}][\text{OH}^-] \tag{4-3}$$

如果用 k_A 表示反应速率常数，它等于：

$$k_A = k_a[\text{AO}^-] + k_h[\text{OH}^-] = \frac{1}{t}\ln\frac{[\text{D}]_0}{[\text{D}]_t} \tag{4-4}$$

式中：$[\text{D}]_0$ 和 $[\text{D}]_t$ 为反应开始时和 t 时的染料浓度。

实际上$[\text{AO}^-]$不但和$[\text{OH}^-]$有关，还决定于醇的羟基离解常数 K_a：

$$K_a = \frac{[\text{AO}^-][\text{H}^+]}{[\text{AOH}]} \tag{4-5}$$

或

$$K_a = \frac{[\text{AO}^-]K_w}{[\text{AOH}][\text{OH}^-]} \tag{4-6}$$

式中：K_w 为水的离解常数。

由于醇是一种非常弱的酸，在 pH 值低于 11 时离解度很低，[AOH]可看作常数，故总消耗反应速率常数只与$[\text{OH}^-]$有关。由上面的式子还可得到醇解反应效率 E_a(醇解速率和水解速率之比)：

$$E_a = \frac{k_a[\text{AO}^-]}{k_h[\text{OH}^-]} = \frac{k_a}{k_h}\,\frac{K_a}{K_w}[\text{AOH}] \tag{4-7}$$

由上式可以看出，反应效率 E_a 和醇的离解常数、反应性比值（两种反应速率常数比）以及醇的浓度成正比，和水的离解常数成反比。

三、活性染料与纤维素纤维的反应动力学

如果不考虑活性染料与纤维素羟基反应的具体位置，并认为和醇解一样，纤维素羟基主要是以阴离子形式参加亲核反应（Cell—O$^-$ 亲核反应性远大于Cell—OH），而且染料在与纤维反应的同时，还和水（即和 OH$^-$）反应形成水解染料。水解反应可发生在外相溶液中，也可发生在纤维内相孔道溶液中。

假定在染色初期，染料分别与水及纤维素发生反应，反应介质的 pH 值以及反应温度等条件不变，染料吸附在纤维表面，不考虑染料扩散因素的影响，其固色效率 E_d 具有和醇解反应效率类似的关系：

$$E_d = \frac{k_f}{k_h}\,\frac{[\text{D}]_f}{[\text{D}]_s}\,\frac{[\text{Cell—O}^-]}{[\text{OH}^-]_s} = \frac{k_f}{k_h}\,\frac{[\text{D}]_f}{[\text{D}]_s}\,\frac{K_{\text{Cell}}}{K_w}[\overline{\text{C}}] \tag{4-8}$$

式中：k_f 为染料与纤维素的反应速率常数；$[\overline{\text{C}}]$为纤维素浓度；K_{Cell}为纤维素的离解常数。和式(4－7)比较可发现固色效率和$[\text{D}]_f/[\text{D}]_s$ 成正比，也就是说和染料的直接性成正比，因为直接性越高，此比值越大。

实际染色时，染料是一边上染一边反应的。固色时，由于碱的作用，反应加速，但染料的吸附、扩散和反应还是同时存在的，因此固色效率还和染料的扩散性能有关。染料扩散速率快，接触纤维素羟基的几率高，固色速率和效率就高。

此外，纤维内相和外相溶液中的$[OH^-]$是不等的，内相和外相的浓度差随溶液的pH值、盐的浓度等因素而变化。因此实际反应要比上述讨论的复杂得多。在假定染料的扩散系数D不随纤维上染料浓度而变化，内相氢氧根离子浓度$[OH^-]_i$、$[Cell—O^-]$和染液染料浓度恒定，但考虑染料的扩散、纤维的结构以及内外相溶液中离子分配等因素的影响，可得到下式所示的固色反应速率方程式：

$$\frac{d[D]_f^r/P}{dt}=k_f\cdot K\cdot[Cell—O^-][D]_i\left[\frac{D}{r^2(k_f\cdot K\cdot[Cell—O^-]+k_h^i[OH^-]_i)}\right]^{1/2} \tag{4-9}$$

式中：$[D]_f^r$为与纤维发生反应的染料浓度；P为每千克纤维所具有的扩散孔道体积；r为纤维的半径；K为染料吸附平衡时的$[D]_a/[D]_i$（$[D]_a$和$[D]_i$分别为染料吸附在纤维上和在内相溶液中的浓度）；k_f为染料和纤维的反应速率常数；k_h^i为内相溶液中染料的水解速率常数。类似地可求得染料在纤维孔道溶液中的水解速率方程式：

$$\frac{d[D]_h^i}{dt}=k_h^i[OH^-][D]_i\left[\frac{D}{r^2(k_f\cdot K\cdot[Cell—O^-]+k_h^i[OH^-]_i)}\right]^{1/2} \tag{4-10}$$

式中：$[D]_h^i$为内相溶液中水解染料浓度。而染料在外相溶液中的水解速率为：

$$\frac{d[D]_h^s}{dt}=k_h^s\cdot[OH^-]_s[D]_s=k_h^s\frac{1}{n_d\cdot n_h}\cdot[OH^-]_i[D]_i \tag{4-11}$$

式中：$[D]_h^s$为染浴中水解染料浓度；k_h^s为染浴中染料水解速率常数；n_d为内相和外相溶液中染料的浓度比值；n_h为内相和外相溶液中$[OH^-]$的浓度比值。和醇解反应效率类似，将固色速率和水解速率相比，可得到固色效率E_d：

$$E_d=\frac{d[D]_f^r/P}{d[D]_h^i+d[D]_h^s V/P}=\frac{k_f}{k_h^i}K\frac{[Cell—O^-]}{[OH^-]_i}\left(\frac{1}{1+\phi}\right) \tag{4-12}$$

$$\phi=\frac{V}{P}\frac{m}{n_d\cdot n_h}\left[\frac{r^2(k_f\cdot K\cdot[Cell—O^-]+k_h^i[OH^-]_i)}{D}\right]^{1/2} \tag{4-13}$$

$m=k_h^s|k_h^i$，一般假定等于1，由式（4－12）、式（4－13）可看出，固色效率不仅与反应性比、直接性（或平衡吸附常数）、纤维素阴离子浓度和氢氧根离子浓度比值有关，还和纤维的结构与半径r及孔道体积P、染料的扩散系数、浴比V以及纤维内外相溶液中的染料离子与氢氧根离子浓度的比值有关。这些因素都会随染色工艺条件而变化。因此，温度、pH值、电解质浓度以及助剂性质等因素都会影响固色速率及固色效率（fixation efficiency）。

四、影响固色反应速率及效率的因素

由上述各式可以看出，影响固色效率及固色速率的因素是多方面的，现将主要因素讨论于下。

（一）染料的反应性及反应性比

活性染料的反应性既包括与纤维素纤维的反应，也包括与染色介质如水的反应，即水解反应。通常用水解反应速率常数来间接地代表染料和纤维的反应速率常数。因此染料的反应性越强，其与纤维的反应速率常数往往越大，但其水解速率常数也会增大。由上述固色速率及固色效率方程式可以看到,染料的固色反应性及反应性比(k_f/k_h)是影响固色速率及固色效率的重要因素。反应速率常数大(即反应性强),固色反应速率快,但固色效率不一定提高。反应性比值越大,固色效率才越高。因此为了提高固色效率,应该提高染料与纤维的反应速率,降低染料的水解速率。也就是说,既要保证染料具有一定的反应性,又要具有高的固色效率。这往往是由活性染料的结构及染色条件等因素综合决定的。

(二)染料的亲和力或直接性

活性染料的母体一般是简单的酸性或直接染料,故具有较低的直接性和良好的扩散性。此外,活性基和连接基对直接性和扩散性也有一定的影响。活性基越大,特别是卤代杂环活性基可使直接性有一定的提高,而扩散性能则有所降低。β-羟基乙烯砜硫酸酯染料生成活性基团乙烯砜后,染料的水溶性降低,直接性提高。

活性染料的亲和力或直接性越高,在一定条件下吸附到纤维上的染料浓度越高,越有利于染料和纤维的反应,固色效率和固色速率都可提高。图4-1所示为活性染料固色率(固色率即染料与纤维发生共价结合的染料量占投入染料总量的百分率)随直接性增高而增加的情况。

在实际染色条件下,活性染料吸附平衡不断随染料与纤维反应而变化,因此$[D]_f/[D]_s$不能准确求得(特别是一些反应性较强的染料),可用竭染常数SR来代替直接性$[D]_f/[D]_s$,它被定义为纤维上固着与吸附的染料浓度之和与染液中残存的染料浓度之比:

$$SR=([D]_{固}+[D]_{吸})/[D]_s \tag{4-14}$$

染料的固色率与竭染常数的关系如图4-2所示。

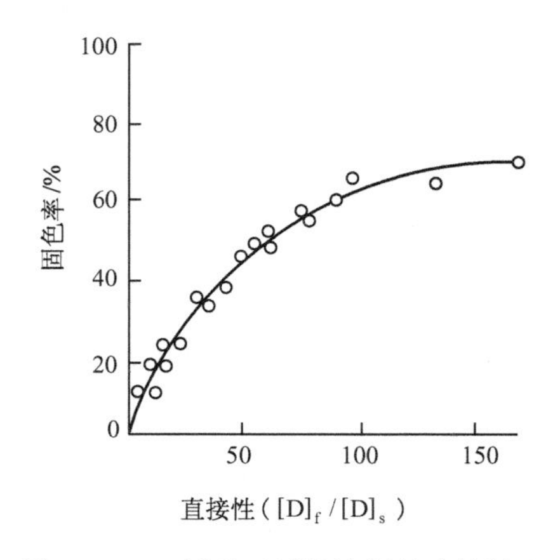

图4-1 乙烯砜型活性染料的直接性和固色率的关系

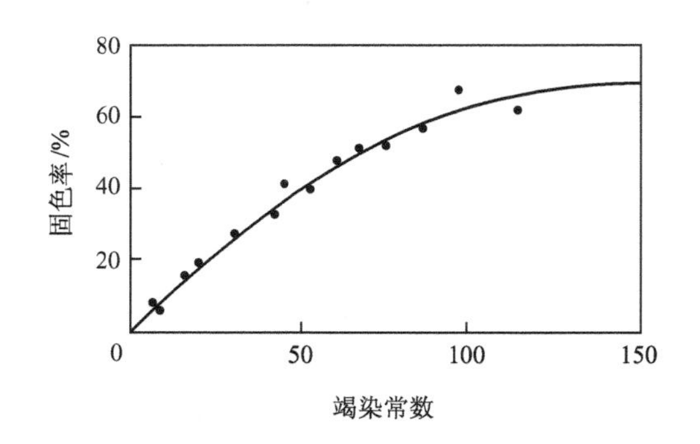

图4-2 乙烯砜型活性染料的竭染常数和固色率的关系

丝光棉,40℃,纯碱5g/L,32.50%(38°Bé)烧碱1mL/L,硫酸钠50g/L,浴比20∶1

从图4-1和图4-2中可以看出,固色率随直接性或竭染常数的增加而增高,开始阶段升高很快,以后逐渐变慢,说明直接性过高没有必要。此外,直接性过高会使染料的扩散性及匀染性降低,水解染料难以洗除。当然,近年来一些染料厂商生产出来的一些专用于高温浸染的活性染料可获得较高的固色率,同时也会使中性电解质的用量降低。

染料的直接性、反应性或反应性比(k_f/k_h)与固色率 F(%)之间可用式(4－15)表示：

$$F=E\times\frac{k_f/k_h}{k_f/k_h+1} \tag{4-15}$$

式中：E 为上染百分率，可表示直接性高低。

(三)染料的扩散性

染料的扩散性能不但和上染速率及匀染性、透染性有关，而且由于染料扩散快，在一定的时间内和纤维的羟基阴离子接触的几率也高，反应速率和固色效率就高。这对一些反应性强的染料来说更为重要，因为这些染料在上染过程中就会和纤维发生反应。如果染料扩散性能差，不仅匀染和透染性变差(染料和纤维反应后失去扩散能力)，而且固色率也低。对于具有皮层结构及需低温染色的黏胶纤维来说，更要求染料有足够好的扩散性能。活性染料的扩散系数一般比直接染料高。其中以母体染料不含金属络合离子的扩散性能最好，1∶1 型金属络合染料其次，1∶2 型金属络合染料较差，酞菁结构的最差。

(四)pH 值

pH 值对染料和纤维的反应具有较大的影响。随 pH 值增高某些染料的连接基会阴离子化，从而降低染料的反应性。纤维素阴离子与氢氧根离子的浓度比值($[Cell—O^-]/[OH^-]$)在 pH 值高到一定程度后会减小，影响固色速率和固色效率。

对大多数染料来说，pH 值增高，纤维素电离程度增加，纤维素羟基离解的数量增多，纤维带负电荷也多，对染料阴离子的斥力增加，因而使阴离子染料的亲和力(或直接性)降低。当 pH 值约大于 10.5 后直接性急剧下降，与此同时，染料水解反应的假一级水解速率常数随 pH 值升高迅速增加，如图 4－3 所示。

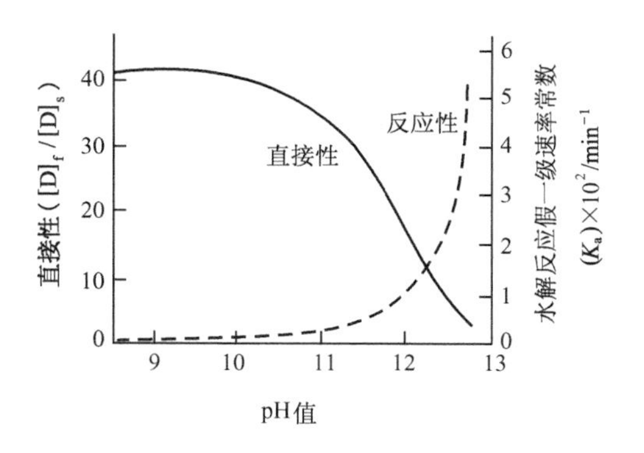

图 4－3 染液 pH 值与染料直接性和水解反应假一级速率常数的关系(活性艳红 M—2BS)

提高染液 pH 值，虽然可以提高染料和纤维素纤维的反应速率，但水解速率增加得更快，k_f/k_h 减小。由图 4－4 可以看出，染料对纤维素纤维的固色反应和水解反应的假一级速率常数比值随 pH 值增加而变小。所以 pH 值越高，固色效率越低。

由此可以看出，活性染料的固色应在碱性溶液中进行，但碱性不要太强，否则水解染料增多，而且反应太快还容易引起染色不匀和不透。

(五)温度

温度是影响反应的又一个重要因素。提高温度可使染料的水解以及染料和纤维的反应速率都增高，但对水解的影响更为显著。例如，二氯喹噁啉活性染料艳红 E—2B 水解反应的活化能为 102.926kJ/mol，对棉和黏胶纤维反应的反应活化能分别为 95.813kJ/mol 和 91.211kJ/mol。从图 4－4 看出，无论是与棉还是与黏胶纤维反应，20℃时的 k_f/k_h 比 40℃的高。

温度越高，染料的亲和力或直接性就越低，染料的平衡吸附量也会降低。如果用竭染常数

(*SR*)来表示直接性也有类似结果(图 4－5),即温度越高,竭染常数或固色率越低。

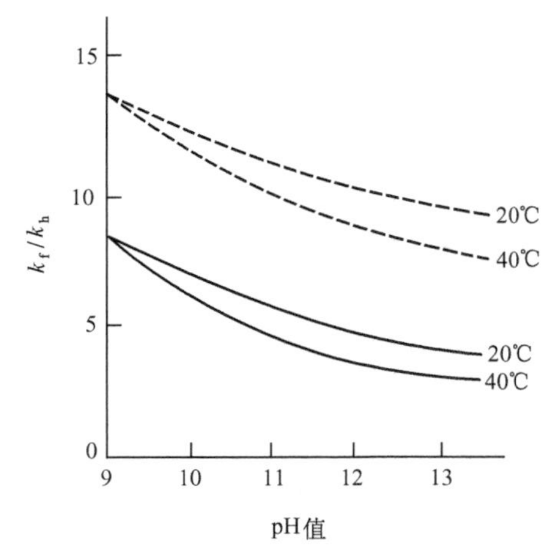

图 4－4　染液 pH 值与染料的固色反应和水解反应假一级速率常数比的关系(活性艳红 E—2B)

———黏胶纤维　———棉

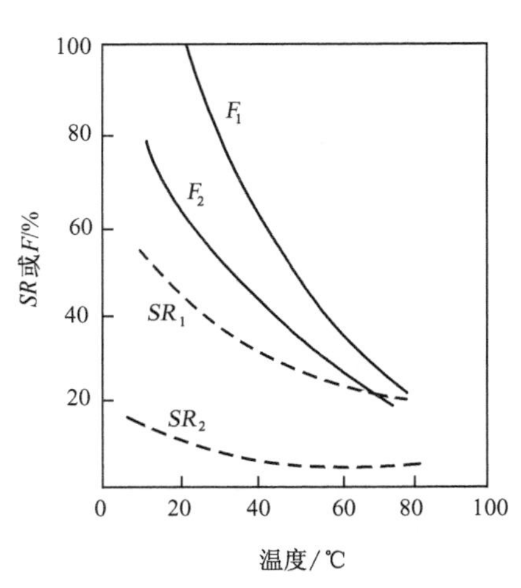

图 4－5　温度对竭染常数(*SR*)和固色率(*F*)的影响

1—活性艳红 BB　2—活性艳橙 RR

此外,温度变化还会引起纤维内外相溶液中离子浓度分配的变化,对纤维溶胀性能也有影响。总之,温度越高,固色速率越高,而固色效率越低;在保证一定固色速率的情况下,固色温度不宜太高。

(六)电解质

电解质对固色速率和固色效率也有较大的影响。与直接染料的促染机理相同,加入元明粉等中性电解质可提高染料的吸附速率、平衡吸附量及纤维上的吸附密度。图 4－6 为 40℃时向 C. I. 活性蓝 9 染液中加入不同电解质对棉的上染量的影响。图 4－7 为活性染料的固色率及竭染常数与 Na_2SO_4 浓度的关系,随着硫酸钠浓度的增加,染料的固色率及竭染常数均增加。

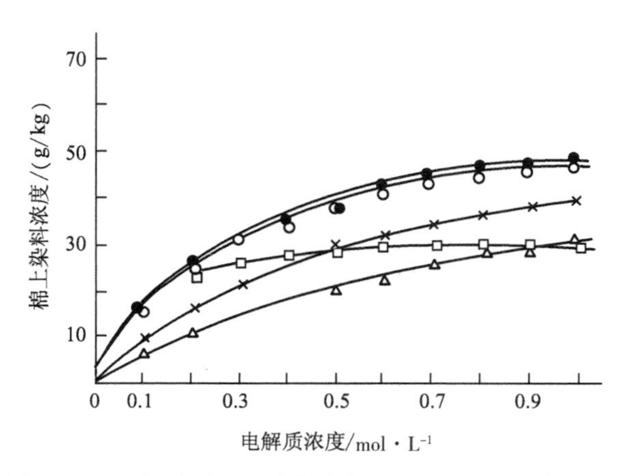

图 4－6　电解质对活性染料染棉时上染量的影响(40℃)

—○— NH_4Cl　—×— NaCl　—△— LiCl

—●— $(NH_4)_2SO_4$　—□— $MgCl_2$

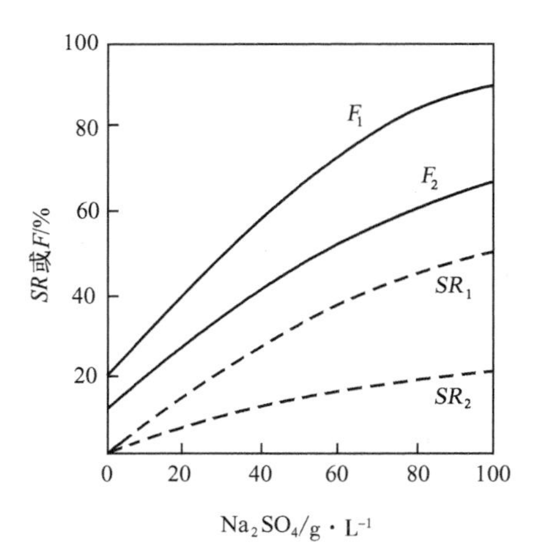

图 4－7　电解质对竭染常数(*SR*)和固色率(*F*)的影响

F_1,SR_1—活性艳红 BB 固色率曲线和竭染常数曲线

F_2,SR_2—活性艳橙 RR 固色率曲线和竭染常数曲线

电解质提高染料固色率的作用除了靠提高直接性外，还包括提高[Cell—O$^-$]/[OH$^-$]比值这个因素。按照唐能膜平衡原理，在碱性溶液中，纤维素纤维孔隙中溶液的 pH 值低于外相溶液的 pH 值，加入盐可缩小内外相 pH 值差别。如表 4-2 所示，在不同 pH 值的情况下，[Cell—O$^-$]/[OH$^-$]比值都不同程度地随盐浓度的增高而增大。

表 4-2 电解质浓度和[Cell—O$^-$]/[OH$^-$]$_s$ 的关系

pH 值	[OH$^-$]/(mol/L)	[Cell—O$^-$]/[OH$^-$]$_s$，X=电解质总摩尔浓度				
		X=0.001 mol/L	X=0.01 mol/L	X=0.1 mol/L	X=0.6 mol/L	X=1 mol/L
7	10^{-7}	0.59	5.8	20	26	26
8	10^{-6}	0.59	5.8	20	26	26
9	10^{-5}	0.59	5.8	20	26	26
10	10^{-4}	0.59	5.5	19	26	26
11	10^{-3}	0.58	3.2	19	26	26
12	10^{-2}	—	—	12	21	23
13	10^{-1}	—	—	4.8	10	13
14	1	—	—	—	—	4.0

活性染料和纤维素离子都带有负电荷，因此增加盐的浓度，提高溶液的离子强度后也会加速它们之间反应。曾测得一氟均三嗪活性染料模型化合物在离子强度为 0.5mol/kg 时的假一级水解速率常数约为未加盐时的 2.6 倍(40℃)。不过在相同条件下对染料的影响没有这样明显。

当然，电解质浓度过高，将增加染料在溶液中发生聚集而生成沉淀的程度，此时，染料的固色速率及固色效率随电解质浓度的增加而不断降低，染色匀染性也很差，对固色反应反而不利。

(七)助剂或添加剂的影响

尿素是染料的良好助溶剂，一些溶解度低的染料或染料浓度高时，在轧染或印花时需加尿素助溶。尿素又是良好的吸湿剂，可加速纤维溶胀。由于黏胶纤维存在皮层结构，在染色、印花时增强纤维的吸湿对溶胀十分重要。实验发现，尿素水溶液比纯水对纤维的溶胀能力强。采用焙烘或过热蒸汽汽蒸固色时，尿素的存在也可大大加速染料的固色。在高温下，尿素可与染料或水形成低熔点共溶物。尿素的熔点为 134℃，如果吸收了 7%的水后，熔点就降到 115℃左右，这种共溶物不但溶解染料能力强，对纤维也有较强的溶胀能力。事实上，尿素和活性染料混合后，熔点也会降低，如尿素与活性染料 3∶1 混合物的熔点可降到 110～120℃。熔点降低，对活性染料的固色是有利的，在较低的温区就可开始上染和固色。高温固色时尿素对活性染料固色率的影响见图 4-8。

尿素用量不宜太高，否则在焙烘时会产生大量烟气，污染设备和空气。在高温下还会与某些活性染料反应，如与乙烯砜染料发生以下反应，变成不活泼的染料副产物。

首先，在高温下，尿素本身发生缩合，生成缩脲，并放出氨气：

$$H_2N—CO—NH_2 + H_2N—CO—NH_2 \longrightarrow H_2N—CO—NH—CO—NH_2 + NH_3\uparrow$$

氨可以和乙烯砜染料反应形成不活泼的氨解产物：

$$D—SO_2—CH{=}CH_2 + NH_3 \rightleftharpoons D—SO_2—CH_2CH_2—NH_2$$

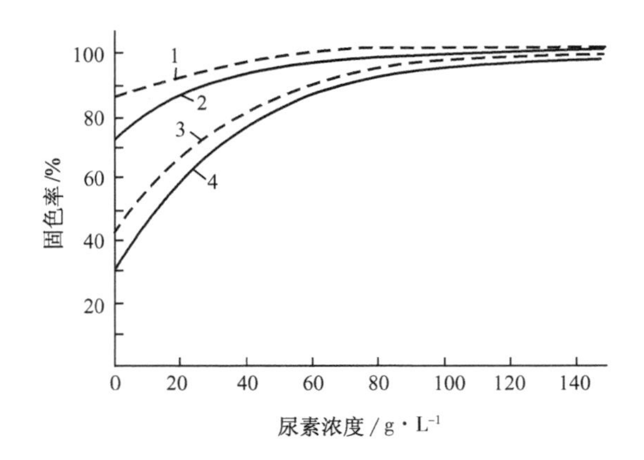

图 4-8 高温固色时尿素对活性染料固色率的影响

1—黏胶纤维纺织品 150℃焙烘 1min 2—漂白棉纺织品 150℃焙烘 1min

3—黏胶纤维纺织品 150℃汽蒸 1min 4—漂白棉纺织品 150℃汽蒸 1min

温度足够高时,乙烯砜染料还有可能直接和尿素反应:

$$D—SO_2—CH═CH_2+H_2N—CO—NH_2 \rightleftharpoons D—SO_2—CH_2CH_2—NH—CO—NH_2$$

在高温下(例如,焙烘固色时),即使一些较不活泼的活性染料,例如三氯嘧啶、一氯均三嗪类等也有可能和尿素或其分解产物反应。

尿素在高温焙烘时还会发生分解,放出酸性物质。尿素在高温下也可能和小苏打($NaHCO_3$作为固色剂)反应生成有毒的氰酸或异氰酸盐。

双氰胺等也具有类似尿素的作用,可作为活性染料的焙烘固色剂。某些染料还可在双氰胺存在下不加碱剂(或少加碱剂)进行固色。尽管尿素、硫脲和双氰胺都可提高染料的固色率,而且随用量的增加固色率增加,不过用量高到一定程度后,固色率增加不明显。

(八)浴比

降低浴比可增加活性染料的直接性,从而增加纤维上的染料浓度,因而可提高固色速率及固色效率。近年来,活性染料染色在小浴比设备方面有了很大发展,这会更有效地提高固色效率,降低染料、盐和碱的用量。

(九)纤维的结构和性质

活性染料上染纤维素纤维或蛋白质纤维遵循孔道扩散模型,故在染色时,使纤维充分溶胀,使孔隙尺寸增加,染料在纤维中的扩散就快,可提高染料的固色效率。此外,纤维的半径越小,纤维比表面积越大,固色速率及固色效率越高。

第五节 纤维素纤维纺织品的浸染工艺

一、活性染料的上染过程

活性染料与其他染料在上染过程中的最大不同之处就是在吸附和扩散的同时还会发生与

纤维的键合反应（固色）及水解反应。如果染料过早发生固色反应，将会影响染色织物的匀染及透染效果。一般来说，活性染料的反应性越强，直接性越高，扩散性越低，匀染和透染性就越差；反之就较好。

此外，染料水解后虽可继续发生吸附和扩散，但却失去了与纤维共价结合的能力，使染料的固色率降低，影响染色物的湿处理牢度。因此纤维素纤维染色时，应在近中性上染，待达到或接近吸附平衡后再加碱剂（通常将这些碱剂称为活性染料的固色剂）。随后提高染液的 pH 值，使纤维素纤维的羟基容易离解成阴离子，加快染料和纤维间的固色反应。这样不但可以减少染料在染浴中水解的几率，提高固色率，而且还会获得良好的匀染及透染效果。

图 4－9 为活性染料上染（第一阶段）及固色过程（第二阶段）示意图，它反映出染料上染率及固色率随时间的变化情况。常规染色时间为 120min，染色 30min 后加入碱。在未加碱剂前的 30min，染料吸附已接近平衡，且上染百分率一般不太高，染料Ⅰ及染料Ⅱ的上染百分率 EⅠ和 EⅡ分别为 46％、10％，说明染料Ⅰ的直接性较染料Ⅱ高。此时和纤维共价结合的染料量很少，几乎可看作零；但加入碱剂后，由于提高了染液 pH 值，使纤维素阴离子浓度迅速增加，因此固色率迅速增高。随着固色率的增加，纤维的上染百分率（吸附和固色染料的总和）也相应迅速增加。其迅速增加的原因是由于吸附在纤维上的染料和纤维素分子共价结合后打破了吸附平衡，纤维上染料解吸速率减慢，因而又有部分染料上染纤维，并与纤维分子发生共价结合，最后达到新的吸附平衡。上染百分率始终高于固色百分率是由于在固色的同时，染料还发生水解，部分水解染料也吸附在纤维上的缘故。

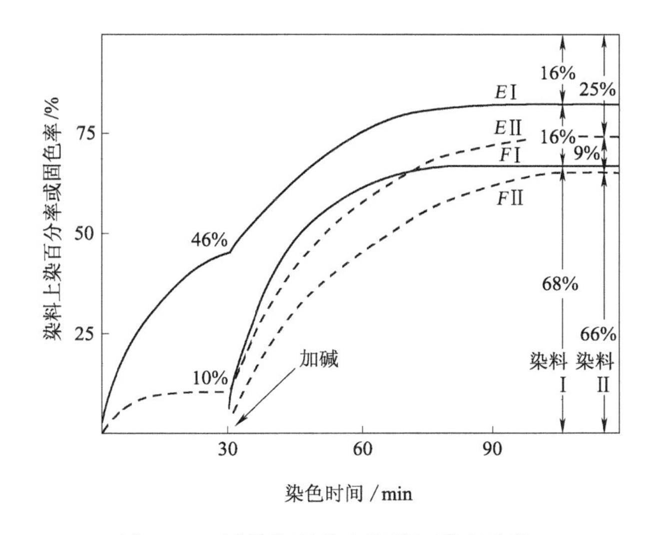

图 4－9　活性染料的上染及固色率曲线

加碱以前，染料基本上以 Dye—X（X 为活性基）原始状态存在，加碱以后，染料逐渐形成两种新的形式 Dye—O—Cell（与纤维键合的染料）和 Dye—OH（水解的染料）。纤维上的染料以 Dye—O—Cell 形式为主，其次为水解的染料。如果染色时间足够长，在染液中只有水解染料，在纤维上则存有共价结合的染料和吸附的水解染料，纤维上的水解染料必须在染色后水洗除去。如果染色时间不是很长，则染液中和纤维上还可能有少量未反应的活性染料。此外,染料即使与纤维分子共价结合后,也可能会发生水解断键,生成水解染料,特别是在染色后期。

从图 4-9 中可以看到,染料Ⅰ和染料Ⅱ的实际固色率 FⅠ和 FⅡ分别为 68%和 66%,染浴中未上染的染料量分别为 16%和 25%,纤维上水解染料分别为 16%和 9%,染料的实际浪费量分别为 32%及 34%。因此,活性染料染色时,除了提高固色率,减少染料浪费外,还应将纤维上所有水解和未固着的染料通过洗涤去除,以提高染色的湿处理牢度。

加入碱剂后,上染百分率提高的程度主要取决于染料的直接性。直接性高的染料如染料Ⅰ在未加入碱剂前已有很高的上染百分率,染液中平衡存在的染料较少,所以加入碱剂后打破平衡再上染的染料就少。反之,直接性低的染料,如染料Ⅱ在加入碱剂前吸附上染的染料量较少,染液中留有较多染料,加碱剂后再上染的染料就多。在加入碱剂后,若染料上染过快则会降低匀染效果,所以加碱剂后上染速率很快的染料匀染性差。

上染曲线随染料结构和性质的不同有很大差别,也与染色条件,如浴比或染料的浓度、温度、电解质用量等因素有关。活性深蓝 K—R 是金属络合染料,直接性较高,加入碱剂后上染百分率几乎不增加(图 4-10)。活性嫩黄 M—7G 的直接性较低,但具有双活性基,加入碱剂后上染率和固色率增加较多(图 4-11)。

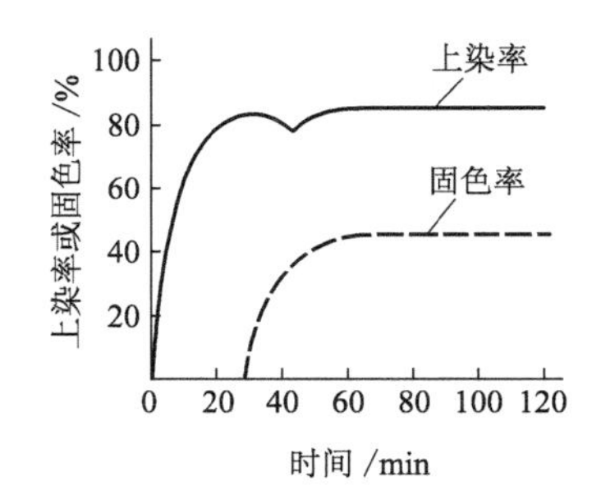

图 4-10　活性深蓝 K—R 的上染固色曲线

染料 1%,食盐 50g/L,纯碱 10g/L,吸附温度 40℃,固色温度 90℃,浴比 20∶1

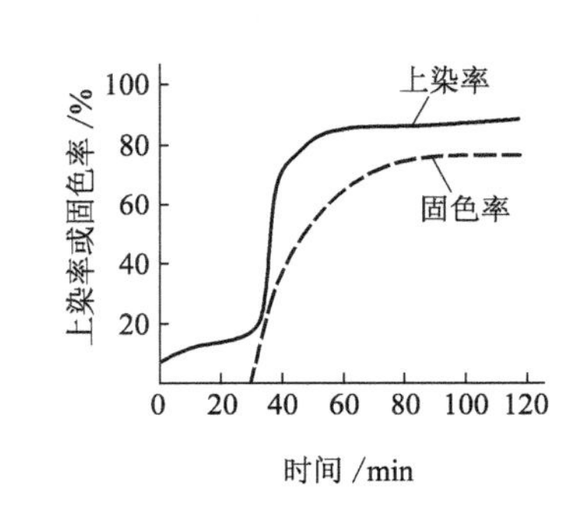

图 4-11　活性嫩黄 M—7G 的上染固色曲线

染料 1%,食盐 60g/L,纯碱 15g/L,吸附温度 60℃,固色温度 90℃,浴比 20∶1

因此,浸染选用染料应该考虑以下一些因素:匀染性、重现性和相容性、固色率和固色效率、坚牢度、易洗除性、色泽鲜艳度、染色工艺简便或容易控制。

二、浸染用活性染料的染色特征值

为了比较染料的性质,研究者提出所谓的 *S. E. R. F.* 值概念。*S. E. R. F.* 值就是浸染时用上染曲线和固色曲线中某些点的数值来表示活性染料的染色性质。它们是从两阶段染色的上染、固色曲线求得的,如图 4-12 所示。

S 值表示在中性盐存在下染料达到第一次平衡的上染率,反映染料对纤维的亲和力或直接性高低。E 值表示加碱后染色最终时染料的上染率,第二次上染程度可以从 $E-S$ 求得,S 和 $E-S$ 值的大小关系到第一次上染和第二次上染的匀染性和上染量。R 值表示加入碱剂

10min(或 5min)时的固色率与最终固色率的比值,表示染料与纤维发生反应的固着速率,可粗略反映染料的反应性。T_{50}表示达到最终固色率一半所需的时间,也常用来表示染料的固色速率。F 值表示洗去浮色后染料的固着率,它反映染料的固色率高低。

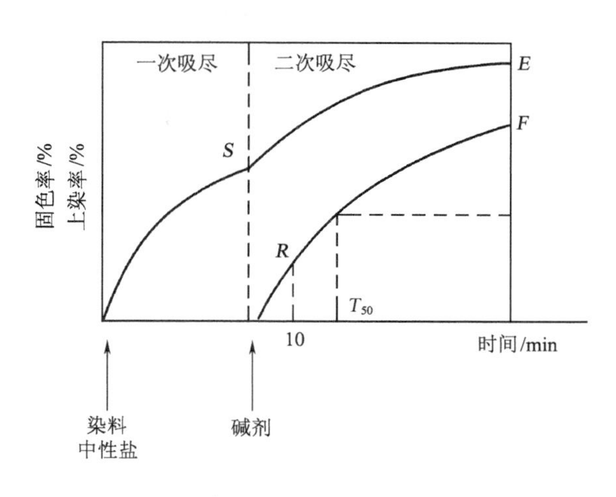

图 4-12　活性染料的上染、固色曲线及染色特征值

在第一次上染时,染料未与纤维发生共价结合,可以发生移染,移染性好,匀染性就好。染料的移染性可用移染指数 MI 值表示:

$$\mathrm{MI}=\frac{Q_1}{Q_2}\times 100\% \qquad (4-16)$$

式中:Q_1 和 Q_2 分别为移染织物和被移染织物的表观颜色深度或织物上的染料量。移染性还表现在第二次上染,与 S 值和 E 值都有关,故用匀染因子 LDF 值表示活性染料染色全过程的匀染性更为合理。LDF 和 S、E 及 MI 关系如下:

$$\mathrm{LDF}=\frac{S}{E}\cdot \mathrm{MI} \qquad (4-17)$$

由式(4-17)可以看出,S/E 比值越大,MI 值越大,匀染性就越好。

S 值过高或过低都会使匀染性及透染性变差。对于 S 值高的染料,可通过分批加盐、控制染色温度和时间来增加移染,提高匀染效果。对于 S 值小、E 值大,两者相差超过 30%的染料,加碱后容易引起染色不匀,这时不可能通过移染来提高匀染效果,必须通过分批加碱才有可能获得匀染。

对于 S 值较大,$E-S$ 值相对较小,可通过加盐量来控制吸附速率的染料称为盐控型染料,KE 型和 M 型多数染料属于此类;对于 S 值很高,$E-S$ 值较小,染料在染液中呈聚集状态,提高温度可以提高匀染性的染料称为温控型染料;对于 S 值较低,加碱后 E 值提高较大,$E-S$ 值较大,有较好移染性的染料称为碱控型染料或自匀染型染料,如 KN 型染料。

R 值不仅表示固色快慢,与匀染性也有关。R 和 F 值还关系到最终固色效率。S、E、R、F 等特征值基本上可以反映染料的染色性能,是采用受控染色工艺的依据。这些特征值又称为配伍因子 RCM 值,在拼用染料时要选用配伍性好的染料。

三、浸染主要工艺因素

浸染工艺参数主要有温度、固色碱剂、浴比、中性电解质的性质和用量以及助剂的选用等。

(一)染色及固色温度

具有不同反应性基团的染料要求不同的染色及固色温度,反应性强的温度低,反之较高。

二氯均三嗪类染色温度为室温(20～35℃),固色温度在40℃左右;二氟一氯嘧啶、一氟均三嗪以及二氯喹噁啉类的染色和固色温度稍高,约为40～50℃;乙烯砜类染色温度约为40～50℃,固色温度约为60℃;因M型染料为具有一氯均三嗪类和β-羟基乙烯砜硫酸酯基的双活性基染料,反应性和乙烯砜类的接近,但由于还具有一氯均三嗪基,相对分子质量或直接性较高一些,染色温度为60℃左右,固色温度在60～70℃;一氯均三嗪类的染色温度约为60～70℃,K型较低,KD、KE及KP型较高,固色温度约为80～90℃。

(二)固色碱剂

活性染料固色pH值一般以10～11较合适。根据活性基反应性的不同,选用碱剂的碱性强弱也应不同。同时也随所要求的固色速率而定。通过实验测定,常用碱剂的碱性强弱及pH值(10g/L溶液,25℃)为:

碱　性:	烧碱 ($NaOH$)	>	磷酸钠 (Na_3PO_4)	>	水玻璃 (Na_2SiO_3)	>	纯碱 (Na_2CO_3)	>	小苏打 ($NaHCO_3$)
pH值:	13.4		11.4		10.4		10.3		8.4

除了碱性强弱之外,各碱剂对溶液的pH缓冲能力也是不同的。磷酸三钠、水玻璃和纯碱缓冲能力较强,因此染液pH值较稳定。浸染常用的碱剂是纯碱,可维持染液pH值在10.5左右。对于再生纤维素纤维织物以及一些较难渗透的棉织物,可用小苏打和纯碱混合碱剂,有利于提高匀染和透染效果。如果用少量纯碱和烧碱的混合碱(烧碱应在后期加入),也可获得较好的效果。水玻璃的缓冲能力虽然很强,但会增加溶液黏度,用量过高会影响渗透,且水玻璃在染液中还会吸附染料,故一般只是在需要高缓冲能力时才选用。

(三)中性电解质

活性染料的直接性一般较低,所以电解质的用量应较直接染料高。通常在吸附浴和固色浴中都需加入一定量的中性电解质,如食盐、硫酸钠(元明粉),主要是提高染料的上染百分率。工业食盐价廉,但纯度不高,含有较多钙、镁等金属离子,会降低某些染料的色泽鲜艳度和溶解度。元明粉较纯,用量约为食盐的一倍,但用量不宜过高,否则会引起染料在溶液中的聚集而降低上染百分率、匀染及透染效果,甚至有可能使溶解度低的染料沉淀。电解质的用量随染料用量的增加而增高。电解质用量一般为20～60g/L(无水元明粉的用量与食盐用量相同,结晶元明粉增加一倍)。

(四)浴比

浴比主要与染色设备有关,一般来说,选用较小浴比,染料利用率高,但会影响匀染效果。因此,应根据织物的种类、设备和染料性质,适当调节浴比。

(五)助剂

对一些难溶的染料还可加入尿素等助溶剂,以提高染料的溶解度和纤维的溶胀性。染色用水不宜含有铁、铜或铬等金属离子,它们会使染料的溶解度降低或色泽萎暗。因此染色应该用软水,可用EDTA或六偏磷酸钠来软化。对染料母体含金属络合结构的染料,不宜采用过强的络合剂,因它有可能剥离染料分子中的金属离子而造成色变和色牢度下降。选用一些叔胺化合物作催化剂,可提高染料的反应性,降低固色温度。为了提高活性染料的染色湿处理牢度,有时可采用诸如阳离子季铵类化合物等固色剂对染料进行固色处理。

四、浸染工艺过程

浸染采用的方法大致可以分为三种：两浴两阶段工艺、一浴两阶段工艺及全料一阶段工艺。

两浴两阶段工艺是染料在中性浴中上染，然后在另一不含染料的碱性固色浴中固色。由于其染料吸附和固色分别在两个浴中进行，吸附浴和固色浴都可以续缸使用，因而染料利用率高，固色效率较高。

大多数纺织品主要采用一浴两阶段工艺。此法是把染料、电解质等预先配制成染液，在染物浸染吸附染料后，再加碱剂同时升高温度进行固色。该工艺质量较容易控制，色差较小，但不能续缸生产。

全料一阶段工艺是将染料、电解质、碱剂等在染色开始时全部加入染浴，一面上染，一面固色。工艺较为简便，但染料水解率较高，染色质量稳定性也较差。只适于一些结构较疏松的织物或纱线（吸附较快）或在碱剂碱性较弱的情况下采用，且以染浅、中色为主。

卷染也属于浸染，特别适合小批量、多品种的生产，灵活性较强。染色时，织物大部分时间不是浸渍在染浴中，而是通过不断的交替浸渍染浴，从染浴中带上染液，在卷轴上不断转动，织物所带染液中的染料对纤维发生上染，加入碱剂后，可与纤维发生共价结合，故上染过程和通常的浸染基本相同，只是上染时的浴比较小而已。

染色半制品应不含浆料、残余氯及双氧水，因为浆料等杂质会与活性染料发生反应，不但降低固色率，而且会降低色泽鲜艳度和摩擦牢度。大多数活性染料耐氯漂牢度较差，故次氯酸钠漂白后脱氯要净。棉织物应丝光充足，丝光后要充分去碱，织物上 pH 以中性为宜。

五、活性染料的水洗后处理

活性染料的水洗后处理是整个染色工艺过程的重要环节，对于染色物的牢度及染色时间、能源、水的节约具有重要意义。所有活性染料都存在着固着不充分、在纤维上留下大量水解染料的缺点，水解的活性染料由于对纤维素纤维的亲和性影响了它的易洗涤性。低亲和性的染料甚至能用冷水去除，而高亲和性的染料需要高温洗涤。此外，水洗后处理的时间一般是染料的上染及固着过程的两倍多，因此大量的水和热能用于水洗后处理过程。水洗的目的就是去除未固着的染料、盐及碱，使染色织物的 pH 接近中性。

活性染料的水洗过程一般包括冷水洗、热水洗、皂洗、热水洗、冷水洗等。皂洗以前一般要先经过冷水洗和热水洗（40～50℃），这是稀释阶段，目的是尽可能从织物上去除盐、碱及纤维表面未固着的染料，这样可使下一阶段的皂洗更有效。热水洗涤时间为 10min，延长洗涤时间不会提高洗涤效果，因为此时洗涤液已达到饱和。有些染料与纤维之间的共价键耐碱性较差，皂洗前最好在醋酸浴中进行中和，可以防止染料在皂洗过程中水解，也可避免碱剂去除不净。因为，染色物上若含有残碱，烘干后会影响色光，如许多红色染料色光偏黄、萎暗。若皂洗液中电解质的含量超过 2g/L，会降低水解染料从纤维内部向纤维表面的扩散，从而降低染色物的耐洗牢度。因此,皂洗以前的水洗过程应将织物上的电解质尽量洗净。

皂洗过程是促使纤维内部未固着的水解染料扩散到纤维表面,同时解吸到洗涤液中。提高温度不但可以提高水解染料的扩散速率,还可以降低水解染料的亲和性,提高染料的解吸速率。常规使用的皂类洗涤剂及非离子表面活性剂并不能加速水解染料的扩散。阳离子型助剂有助于提高净洗效果,但却容易使水解染料固着在纤维上而影响水洗牢度。某些助剂含有对染料具有高亲和性的特殊组分,通过与浴中的水解染料形成络合物,防止重新被纤维吸附,可提高湿处理牢度 0.5－1 级。

皂洗后应首先进行热水洗(70℃),进一步冲淡、去除黏附在纤维上的染料溶液,使最后干燥时织物上未固着的染料量尽可能少。洗涤时间不超过 10min。最后进行冷水洗。若水洗后处理的染色物耐水色牢度(水浸牢度)良好而耐洗色牢度较差,应检查洗涤液中是否含有电解质、金属离子以及皂洗温度是否太低,或进行第二次皂洗;若染色物的耐洗色牢度良好而耐水色牢度(水浸牢度)较差,应提高最后的净洗效果,提高水的用量,尽可能减少洗涤液中水解染料的含量。

第六节　纤维素纤维纺织品的连续轧染、轧卷堆染色工艺

一、连续轧染工艺

连续轧染工艺主要包括浸轧染液、烘干、汽蒸(高压饱和蒸汽)或焙烘(干热空气或常压高温蒸汽)固色以及平洗后处理等过程。根据碱剂和染料的加入情况,轧染可分为一相法和两相法两种。一相法是将染料和碱剂放在同一染浴中,浸轧后经烘干、汽蒸或焙烘以及平洗等过程;两相法是浸轧染液和烘干后,浸轧或喷淋含碱剂的固色液,再经过汽蒸或焙烘处理,使活性染料发生固色反应,固色后还要经过充分水洗和皂洗。以一相法浸轧—汽蒸(常压饱和汽蒸)工艺为例,浸轧液中含有染料、小苏打或小苏打/纯碱(1∶1)、渗透剂、海藻酸钠糊、尿素、元明粉、防染盐 S 等。近年来,研究人员还在研究采用红外和微波加热来固色,效果更好。

适用于轧染的染料应有良好的水溶性、扩散性及易洗除性,原则上各类活性基的染料均可适用。两相法染色由于染液中不含碱剂,pH 值近中性,染液稳定性好,染料的适用性更广。染料要充分溶解,配制成染液后最好在较短时间内使用,特别是一些较活泼的染料,以免染料水解影响得色量。两相法轧染液中也可加一定量的弱碱剂,以提高固色率。固色碱剂溶液中含有食盐或元明粉,一般是接近饱和浓度,可以减轻染料在浸轧碱液时发生解吸,减少织物上染料的溶落。

织物烘干后应立即浸轧含碱剂和食盐的固色液。由于不存在碱剂对染液稳定性影响问题,而且此时染料已均匀浸轧在织物上,不存在碱剂对染料直接性和扩散性的影响,所以可选碱性强的烧碱作碱剂。但对一些很活泼的 X 型染料,为了提高汽蒸时的固色效率,可用纯碱作固色剂,或用烧碱和纯碱的混合碱剂[20g/L 纯碱和 10mL/L 的 32.5%(38°Bé)烧碱]。固色液碱性强,汽蒸固色时间短,可提高生产效率。

碱剂的种类和用量应根据染料的反应性和用量而定。反应性高的染料如 X 型可采用小苏打作碱剂，染液的 pH 值在 8 左右，这样，在染液内染料的水解较少，在烘干、汽蒸或焙烘时，小苏打分解出二氧化碳，生成纯碱，pH 值提高，促使染料和纤维发生反应。乙烯砜型活性染料的本身及其染料—纤维键耐碱性水解的能力均较差，一般也采用较弱的碱剂，如小苏打，也可采用释碱剂三氯醋酸钠。K 型活性染料的反应性较低，故一般宜用较强的碱剂，如碳酸钠。M 型活性染料可以根据具体情况选用碳酸钠或用碳酸钠/碳酸氢钠混合碱剂。

浸轧方式有一浸一轧和二浸二轧两种。棉织物的带液率控制在 60%～70%，黏胶纤维织物在 80%～90%。浸轧染液温度根据染料性质可适当高一点，以保证染料充分溶解。为了帮助染液渗透，可加适量的渗透剂。海藻酸钠糊作防泳移剂可以减轻染料在浸轧后烘干时的泳移。防染盐 S(弱氧化剂)可以防止活性染料在汽蒸时因受还原性物质(纤维素纤维在碱性条件下汽蒸时有一定的还原性)或还原性气体的影响使结构破坏而使颜色变萎暗。加入尿素既可帮助染料溶解还可提高纤维在汽蒸时的吸湿性，增加纤维的溶胀度，从而加速染料向纤维内的扩散，提高固色率。

轧染易发生头尾色差。主要原因是染料对纤维的亲和力较高，经过一定时间后，染槽中的染料浓度低于补充液，同时由于染槽或贮液槽中的染料不断发生水解，使可反应的染料浓度不断降低。为此，要选用直接性低的染料，不但有利于汽蒸时快速扩散和固色，也可减轻头尾色差。在开车时加入染液量的 5%～27%的水冲稀染液，缩小轧槽容积，缩短染液交换时间，可减少头尾色差。一般活性染料的直接性不高，色差主要是由于染液不稳定、染料发生水解引起的。

织物浸轧染液后一般先经烘干，烘干方式常先采用红外线或热风预烘，以减少染料泳移，然后用烘筒烘干。在某些情况下也可省去中间烘干，如棉织物染浅、中色等。烘干的织物要经过汽蒸(100～102℃饱和蒸汽，1～3min)才能完成染料的上染及固着，未经中间烘干时还要适当延长 1～2min。汽蒸时间过长，会使染料水解率提高，固色率提高并不明显。图 4－13 为 Procion 金黄 H—RS 在常压高温蒸汽、常压饱和蒸汽中固色率和汽蒸时间的关系。

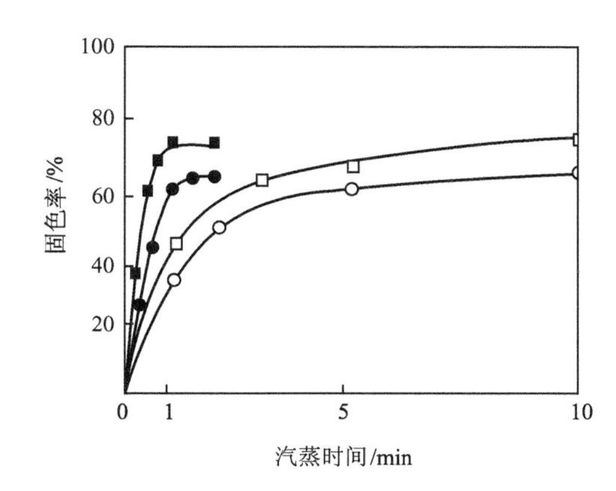

图 4－13　Procion 金黄 H—RS 在常压高温蒸汽中、常压饱和蒸汽中固色率和汽蒸时间的关系

—■— 150℃常压高温蒸汽中汽蒸(丝光棉织物)
—●— 150℃常压高温蒸汽中汽蒸(黏胶纤维织物)
—□— 102℃常压饱和蒸汽中汽蒸(丝光棉织物)
—○— 102℃常压饱和蒸汽中汽蒸(黏胶纤维织物)

染料的上染和固色原理与浸染时完全相同，染料必须充分溶解并被纤维吸附扩散后才能和纤维充分反应。浸轧在织物上的染料烘干时只有少量对纤维发生吸附、扩散和固着，大部分染料沉积在织物毛细管中的纤维表面。在用饱和蒸汽汽蒸时，染料从蒸汽中吸收水分后溶解在纤维间的毛细管中，被纤维吸附的同时向纤维内部扩散，并发生固色反应。在焙烘或常压高温蒸汽中处理时，由于缺少水分帮助染料溶解，固色较难，因此要加一定的助剂(如尿素或双氰胺)，来完成染料的上染及固着

过程。

在选用合适的染料和设备的前提下,织物浸轧染液后可不经过中间烘干,而直接汽蒸,也有很好的固色效果,称为轧—蒸染色工艺。采用该工艺不存在染料的泳移现象,对容易产生染料泳移的织物,如毛巾布、天鹅绒等很适用。

活性染料固色也可在无水、有一定助剂(如尿素)条件下焙烘完成。焙烘加热介质一般为热空气或常压过热蒸汽。尿素可起到助溶、吸湿、溶胀纤维等作用。尿素还可减轻纤维素纤维在高温碱性条件下焙烘泛黄和损伤,提高色泽鲜艳度。尿素在高温阶段会分解,放出酸性物质,消耗部分碱剂,还会和小苏打反应生成有毒的氰酸盐或异氰酸盐:

$$(NH_2)_2CO + NaHCO_3 \longrightarrow Na^+O^- - C \equiv N + NH_3\uparrow + CO_2\uparrow + H_2O$$

所以尿素用量过高或焙烘温度过高是有害的。此外,乙烯砜类染料不宜加尿素,否则会显著降低得色量。一些双氰胺化合物可代替尿素加速染料固色,但成本比尿素高,目前主要用于膦酸类活性染料的印花。

一般焙烘温度为150~160℃,时间2~3min。与分散染料一步固色时,由于分散染料固色温度较高,所以固色时间短。固色温度为200℃时,只需0.5~1min,180℃固色只需1.5~2min。

经过汽蒸或焙烘后,未反应的活性染料剩余很少,水解染料、残存的碱剂及助剂等必须洗除。所以固色后要进行充分的水洗和皂洗。一些对碱性稳定性差的如KN型染料等,皂洗浴中不宜加纯碱。

除采用浸轧染液方式外,还有许多新的加工方式,如喷雾、淋液、泡沫以及喂给方式等。喷雾方式特别适合连续的纱线间隔染色,淋液方式则适合平幅的机织物和针织物连续染色,主要适用于起绒织物的湿—湿加工。

为了缩短染色工艺流程,减少染料的泳移,染色工作者尝试采用浸轧—湿蒸工艺。但染色织物湿蒸难度很大。首先,湿织物直接汽蒸,由于水分吸热蒸发,织物升温速率减慢,延长了汽蒸固色时间;其次,织物上含有大量水分(通常浸轧后的带液率为60%~70%)时,汽蒸升温过程中,织物上的活性染料会发生大量水解,降低固色率和色牢度。为了克服这些缺点,1995年Menforts与Zeneca公司开发了Econtrol设备和工艺,1998年Babcock和BASF公司研发了Babco Therm Eco Flash工艺,都称为湿短蒸工艺。前者蒸箱采用蒸汽和热空气混合气体作为热载体,装有灵敏的湿度探测器,并用电脑控制湿度;后者以高温过热蒸汽(180℃)作为热载体。

湿短蒸工艺就是在选用适当染料和固色碱剂的前提下,采用专用汽蒸设备,使织物尽快升温,其上的水分从60%~70%很快降到适当水平,再进行湿态汽蒸或蒸焙,使染料快速固色,棉织物含水率快速降到30%左右,黏胶织物降到35%左右,此时织物上的水分基本上属束缚水和化学结合水,自由水很少,但可以保证纤维孔道中充满水,有利于染料在孔道中溶解、扩散以及对纤维吸附和固着,可大大减少染料的水解。为了使织物上水分能快速蒸发并维持在合适的水平,湿短蒸的蒸箱除了供给常压饱和蒸汽外,还需要具备使蒸汽迅速升温的附加设备,汽蒸时往往用蒸汽/空气混合气体或高温过热蒸汽作加热介质,前者120~130℃蒸焙2~3min;后者180℃左右仅汽蒸20~75s,在这种条件下固色率较高。

二、轧卷堆染色工艺

(一)工艺概述

所谓轧卷堆(pad-batch)染色工艺是将织物浸轧染液(染料、碱剂、助剂)后于一定温度打卷堆置,并不断地缓慢转动,使染料完成均匀吸附、扩散和固色反应,然后经水洗等加工的染色方法。该工艺具有设备简单,浴比小,能源消耗少,匀染性和重现性好,固色率较高,适用于染料品种多,排放污水少,加工成本低等特点,尤其适合加工小批量、多品种的产品。最常用的是室温下卷堆的工艺,即冷轧堆(pad-batch cold)工艺。

冷轧堆染色浴比小,上染和固色温度低,使得染料扩散慢,固色和水解速率也慢,所以上染和固色时间长,特别是上染速率,往往是决定室温堆置时间的主要因素。由于固色温度低,有利于提高固色效率。此外要求染料有良好的溶解和扩散性能。为了保证织物浸轧染液时的充分渗透,帮助纤维溶胀,染液中应加适当助剂。

(二)普通法冷轧堆工艺

普通法冷轧堆轧液中含有染料、碱剂、助溶剂、促染剂、渗透剂等,染色工艺过程包括浸轧染液、打卷后转动堆置、后处理(水洗、皂洗、烘干)。

宜选用溶解性好、直接性低或中等,而扩散性能好的染料。乙烯砜、一氯均三嗪、二氯均三嗪、一氟均三嗪及二氯喹噁啉等类染料都可选用。反应性强的染料,如二氯均三嗪、二氟一氯嘧啶、二氯喹噁啉、一氟均三嗪类等可用碱性较弱的碱剂固色,包括纯碱、硅酸钠或它们与烧碱的混合物,如采用纯碱,用量为5～30g/L。反应性中等的染料,如M型(双活性基)、乙烯砜类染料,多半选用烧碱和纯碱、硅酸钠、磷酸三钠的混合碱剂。例如,染料用量在10g/L以下的,采用磷酸三钠作碱剂,用量为10g/L乘以染液体积加染料克数之和。染料用量在10g/L以上的,可用混合碱剂,即磷酸三钠5～7g/L加烧碱3～4g/L,也可以单用烧碱。对一些性质很稳定的染料,如一氯均三嗪类等,则要选用烧碱或烧碱为主的混合碱剂,烧碱用量为12～15g/L。除此之外,染料溶解度低的不宜多加硅酸钠,染液中的电解质总量也应低。耐碱稳定性差的乙烯砜类染料,固色碱剂也不能太强。若采用较强的碱剂,必须采用混合装置即计量泵加料。

促染剂如食盐、元明粉有利于堆置时纤维吸附染料,提高上染速率及固色率。助溶剂如尿素有利于染料溶解和纤维的溶胀,加强染料对纤维的渗透和扩散。

室温浸轧染液,必须严格控制带液率,带液率以低些为宜,一般棉织物带液率控制在60%～70%,黏胶纤维为80%～90%。浸轧染液后,织物打卷要平整,布层之间无气泡。堆置时,布卷要用塑料薄膜包覆、密封,并不停地缓缓转动,防止布卷表面及两侧水分蒸发或由于染液向下流淌而造成染色不匀。在堆置时,浸轧在织物上的染料被纤维吸附,向纤维内扩散、固着。其原理相当于极小浴比的浸染,因温度较低,堆置时间较长,有较长的扩散和固着时间,所以固色率高,匀染性好,不会出现在轧染烘干时由于染料泳移而造成的染疵,布面比轧染光洁。

打卷堆置的时间取决于染料的反应性和固色碱剂的碱性及用量,一般二氯均三嗪类活性染料用小苏打作碱剂需堆置48h,用碳酸钠作碱剂需堆置6～8h;一氯均三嗪和一氟均三嗪类用硅酸钠和烧碱混合碱剂需分别堆置16～24h和6～8h;乙烯砜类活性染料用硅酸钠和烧碱混合碱剂需堆置8～12h。铜酞菁结构的翠蓝染料扩散性差,反应性低,要适当增加碱剂用量和堆置时间。

为了缩短反应性低的活性染料的堆置时间，也可采用保温堆置的方法，即在打卷时用蒸汽均匀地加热织物，成卷后放入保温箱中堆置。堆置后可在平洗机上进行水洗等后处理。

第七节　活性染料对蛋白质纤维及锦纶的染色

羊毛、蚕丝和聚酸胺纤维上都含有氨基(—NH_2)，羊毛纤维还含有羟基(—OH)和巯基(—SH)，蚕丝纤维也含有羟基(—OH)，这些亲核基团都可与活性染料反应形成共价键结合。其中，羊毛胱氨酸中的二硫键水解生成的巯基反应性最强，氨基次之，羟基最弱，羟基只能在碱性介质中形成—O^-后才有较强的反应性。羊毛纤维不耐碱，一般需在弱酸性和中性介质中进行染色，与羊毛反应的主要是氨基和巯基。蚕丝丝素的氨基含量很低，仅为羊毛的1/4，而酚羟基含量则较高，约为羊毛的1.5倍，且主要分布于染料可及的丝素表面和无定形区，蚕丝丝素的醇羟基含量很高，但绝大部分位于染料不可及的晶区。蚕丝的活性染料染色一般在弱碱性条件下进行，与蚕丝反应的主要是氨基和酚羟基。

一、羊毛的染色

除了羊毛纤维的化学结构与反应性有关外，羊毛的形态结构对活性染料染色也有很大影响。羊毛纤维的鳞片层会阻碍染料向纤维内的扩散，因而需采用较高的染色温度，在这种情况下，一般活性染料不但很容易水解，而且所产生的水解染料会吸附在纤维上造成浮色。此外，由于羊毛纤维之间染色性能的差异，以及同一根纤维毛尖与毛根染色性质不同，毛尖易受损伤，对染料的吸附速率较快，易造成染色不匀。因此选用的活性染料的反应性要适当，保证染料与纤维发生键合反应前具有良好的扩散性及移染性，而且染色条件不应使羊毛受到损伤。

根据活性染料染羊毛纤维的染色特点，可以把用于染羊毛的活性染料分为两类，一类是用于纤维素纤维染色的活性染料(简称棉用活性染料)，找出比较适合羊毛纤维的染色条件，主要是β-羟基乙砜硫酸酯，少数是一氯及二氯均三嗪类。另一类是合成的专用于羊毛染色的活性染料(简称毛用活性染料)，该类染料中的大多数在一些专用助剂的存在下固色率可达90%左右，如α-溴代丙烯酰胺类、N-甲基氨基乙磺酸衍生物及二氟一氯嘧啶类等。

1. 卤代均三嗪类染料　棉用活性染料可以在弱酸性条件下上染羊毛，在此条件下，活性染料被羊毛吸附主要是依赖于染料与纤维之间的范德瓦尔斯力和氢键。染料与纤维的反应以二氯均三嗪型活性染料为例表示如下：

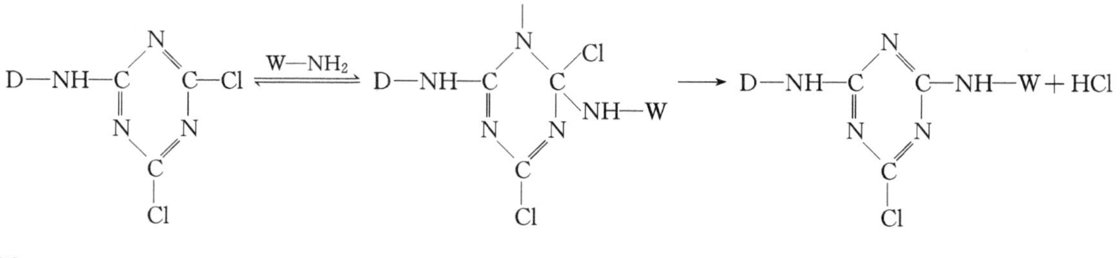

$$\text{D—NH—}\underset{\text{(N, N, N; C—Cl)}}{\text{C}_3\text{N}_3}\text{—Cl} \xrightleftharpoons{\text{W—NH}_2} \text{D—NH—C}_3\text{N}_3\text{(Cl)(—Cl)(NH—W)} \longrightarrow \text{D—NH—C}_3\text{N}_3\text{(Cl)—NH—W} + \text{HCl}$$

由于二氯均三嗪类染料反应性强，扩散性差，在酸性介质中易于水解，匀染性较差，除了冷轧堆染色工艺外，一般很少选用大浴比染色。一氯均三嗪类染料反应性低，在酸性介质的稳定性也较二氯均三嗪类好，部分染料可用于羊毛染色。

2. 乙烯砜类　如前所述，β－羟基乙砜硫酸酯活性染料在酸性介质中主要以硫酸酯形式存在，在近中性条件下才主要以反应性活泼的乙烯砜基形式存在，此时，反应性高，固色率高，匀染性好，较适合染羊毛。实验证明，β－羟基乙砜硫酸酯活性染料和蛋白质模型化合物 ε－氨基己酸反应在 pH 值为 6.5～7 时最快，水解速率则随 pH 值增加而迅速加快。因此在较强的酸性浴中使用时，其染色性能与匀染性酸性染料相似，仅有部分染料与羊毛纤维反应成键，随 pH 值的降低，离子键结合增多。pH＝6.5～7 时，染料以活泼的乙烯砜基形式存在，与蛋白质纤维反应性高，因此固色率也高，如图 4－14 所示。

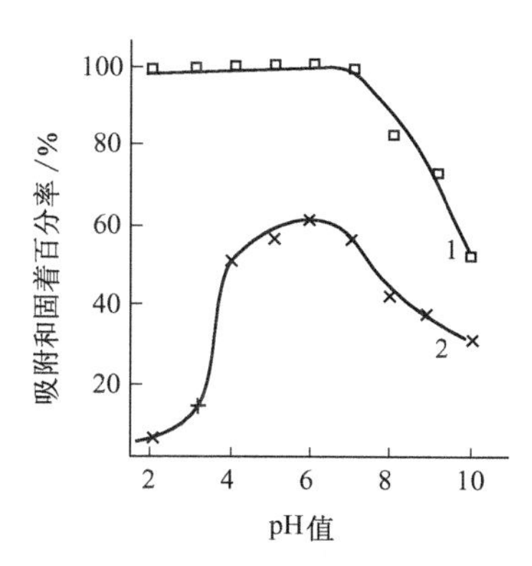

图 4－14　β－羟基乙砜硫酸酯活性染料（C. I. 活性蓝 19）在羊毛上的吸附和固着

1—吸附　2—固着

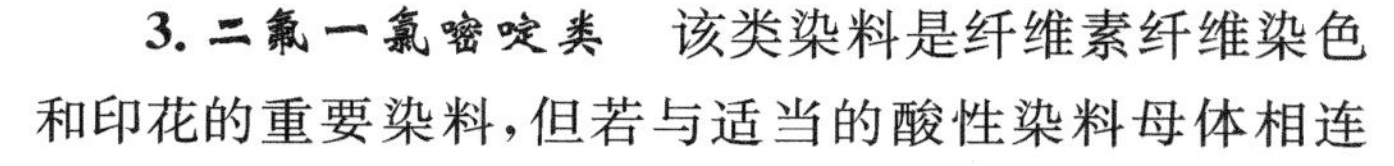

3. 二氟一氯嘧啶类　该类染料是纤维素纤维染色和印花的重要染料，但若与适当的酸性染料母体相连接，具有较好的耐日晒和湿处理牢度，属于羊毛专用活性染料，如 Drimalan F 和 Verofix 均属此类，其结构如下：

D—NH（嘧啶环：2-F，4-F，5-Cl）

这类染料在染色过程中水解倾向较低，故活性基团上的两个氟原子都能与羊毛上的—NH_2 生成稳定的共价键结合，所以实际上也是一多官能活性染料，而且性质很活泼，固色率可达 90％。

染液为弱酸性，pH 值为 4.5～6.5，一般用醋酸及硫酸铵来调节，染色浓度高时，pH 值可高一些，反之，可低一些。在等电点以上染色时可加入一定量的元明粉促染。染色温度为 100℃，时间 30～90min，视色泽深浅而定。染色完毕，降温至 80℃，清水加氨水调节 pH 值至 8.5，于 80℃保温处理 15min，以洗净未固着的染料。

4. α－溴代丙烯酰胺类　该类染料结构为：

$$\text{D—NHCOCH(Br)—CH}_2\text{Br} \quad 或 \quad \text{D—NHCOC(Br)=CH}_2$$

丙烯酰胺型活性染料在弱酸性染液中比较稳定，反应活泼性也比较低，因而可将羊毛织物染得比较均匀，并获得较高的固色率。α,β－二溴代丙烯酰胺可看成 α－溴代丙烯酰胺染料的前身，其在水溶液中消除一分子 HBr 得到 α－溴代丙烯酰胺基，后者除发生亲核取代反应外，还可发生亲核加成反应，所以它实际是一双活性基的染料。取代或加成反应产物可进一步失去一分子溴化氢（加成产物）或分子内转位发生环化（取代产物），形成氮丙啶衍生物。该衍生物还可和氨基发生亲核加成反应，整个反应过程可表示如下：

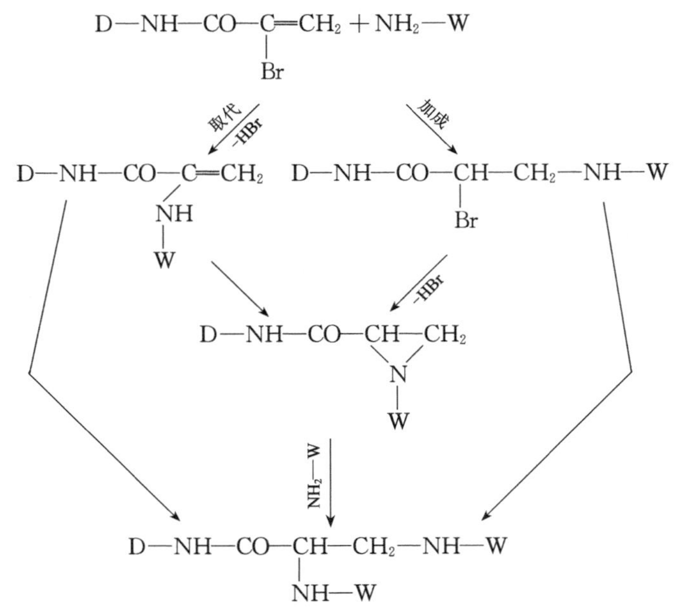

固色时的 pH 值一般应控制在 4.0～5.5，酸性太强（pH 值小于 2.8），羊毛和染料的酰胺基易水解，若在碱性介质中（pH 值大于 11）染料也易水解生成羟乙基化合物。温度对这类染料的染色速率的影响也很大，和酸性染料染色一样，温度过低，染料很难通过羊毛鳞片层扩散进入纤维。温度对染料的上染百分率和固色速率的影响见图 4－15。

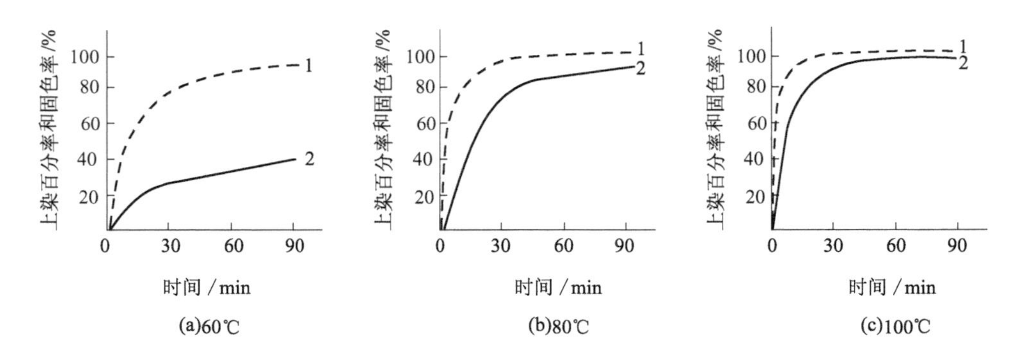

图 4－15　温度对 α－溴代丙烯酰胺活性染料（C. I. 活性蓝 50）在羊毛上的上染百分率和固色率的影响

染浴：染料 2%，醋酸 2%，硫酸钠 5%

1—上染曲线　2—固色曲线

从图 4－15 中可看出，上染百分率虽然随温度升高而增加，但不如固色率增加多。在 60℃时，上染百分率较高，而固色率随时间延长增加很慢。这表明染料在羊毛纤维外层吸附较多，难于扩散进去，只有当温度高于 80℃后，固色率才达到较高水平。

5. *N*－甲基氨基乙磺酸衍生物　该类染料如 Hostalan E 具有 *N*－甲基氨基乙磺酸活性基团，在 pH＝5.5 时沸煮，形成乙烯砜基，才能和羊毛反应。如：

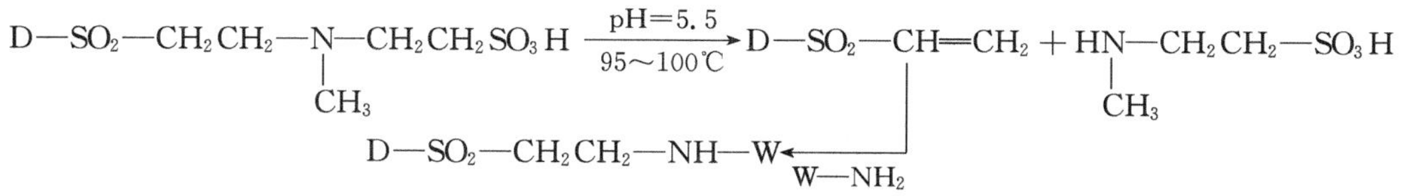

$$D-SO_2-CH_2CH_2-\underset{\underset{CH_3}{|}}{N}-CH_2CH_2SO_3H \xrightarrow[95\sim100^\circ C]{pH=5.5} D-SO_2-CH=CH_2 + H\underset{\underset{CH_3}{|}}{N}-CH_2CH_2-SO_3H$$

$$D-SO_2-CH=CH_2 \xrightarrow{W-NH_2} D-SO_2-CH_2CH_2-NH-W$$

该类染料转化成乙烯砜的速率如图 4－16 所示，在不同的 pH 值时染料存在的几种形式见图 4－17。从图 4－17 中可看到，在 pH＝5.5 左右时生成乙烯砜形式的量最高，但此时转化成反应性乙烯砜的速率仍相当缓慢，在 100℃、1h 左右才能完成，所以这类染料只能在高温染浴中逐渐与羊毛生成共价键结合，具有较好的匀染性，适用于浸染。

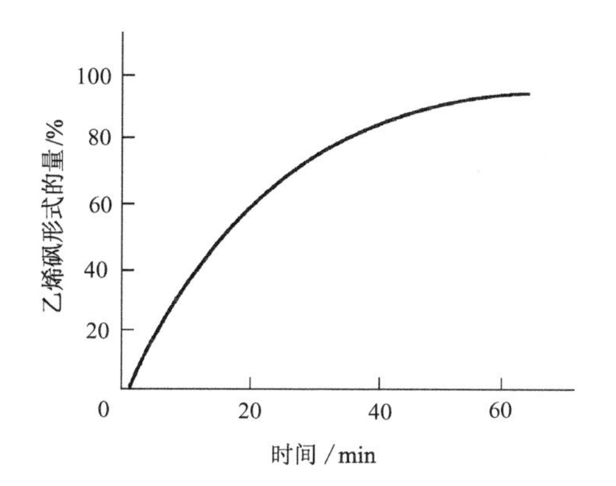

图 4－16　Hostalan E 活性染料转化成乙烯砜型的速率

pH ＝5.0，100℃

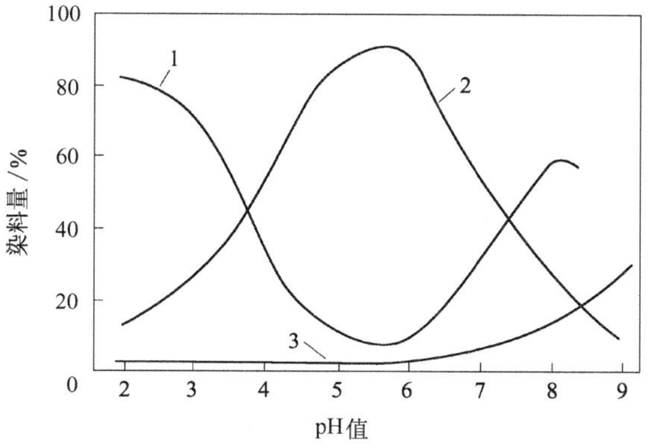

图 4－17　pH 值对乙烯砜基形成的影响（100℃，1h）

1—$D-SO_2CH_2CH_2-\overset{\overset{CH_3}{|}}{N}-CH_2SO_3$

2—$D-SO_2CH=CH_2$　3—$D-SO_2CH_2CH_2OH$

二、蚕丝的染色

蚕丝和羊毛同为蛋白质纤维，但两者在形态结构方面存在很大差异，在氨基酸组成及含量方面也有所不同，因此它们与活性染料的反应性能及染色机理存在差异，与之适应的染色条件也有差别。

蚕丝纤维上可与活性染料反应的亲核基团主要有丝素大分子主链上的末端氨基及赖氨酸等碱性氨基酸剩基的侧链氨基（$-NH_2$）、酪氨酸剩基上的酚羟基（Ar—OH）以及丝氨酸剩基等的醇羟基（R—OH）。用异丙胺、对甲酚和甲醇分别模拟蚕丝丝素上氨基、酚羟基和醇羟基，应用高效液相色谱（HPLC）分析技术研究蚕丝上三类亲核基团与活性染料的反应性能，结果表明不同的亲核基团与不同类型的活性染料反应表现出不同的反应性能，如在弱碱性条件下三类亲核基团与乙烯砜型活性染料的反应能力排序为：氨基＞ 酚羟基＞ 醇羟基，而与一氯均三嗪型活性染料的反应能力排序为：酚羟基 ＞ 氨基 ＞ 醇羟基（见图 4－18 和图 4－19）；氨基与乙烯砜型染料和一氯均三嗪型染料反应的最适宜 pH 值范围较宽（分别为 8～11 和 8～10），而酚羟基和醇羟基与该两类活性染料反应的适宜 pH 值范围分别为 8～9 和 10～12。

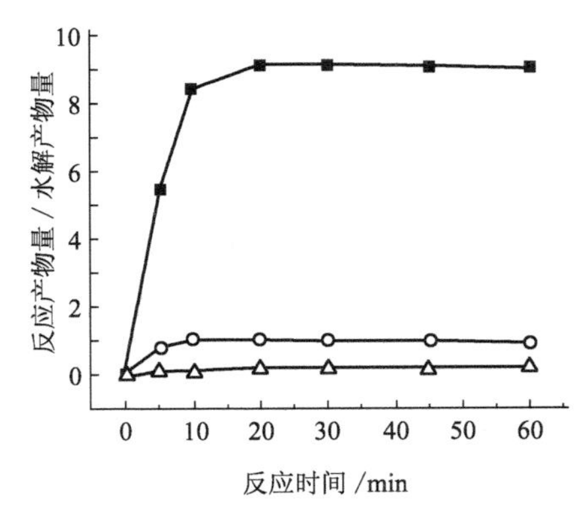

图 4-18　不同亲核基团与乙烯砜型活性染料(C. I. Reactive Blue 19)的反应能力比较(pH=9,70℃)

—■— 0.075mol/L 氨基与 1g/L 染料反应

—○— 0.03mol/L 酚羟基与 1g/L 染料反应

—△— 1mol/L 醇羟基与 1g/L 染料反应

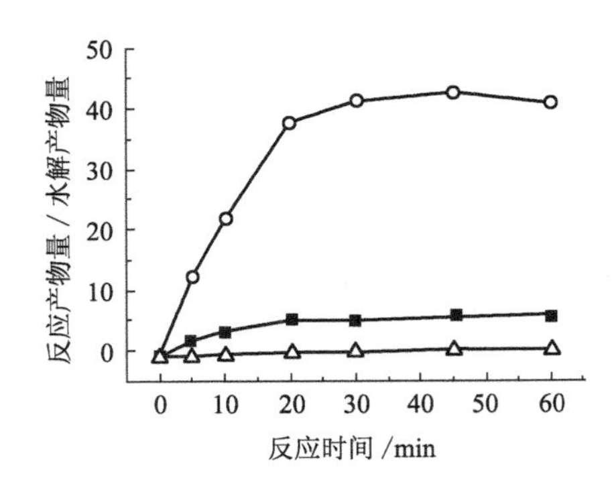

图 4-19　不同亲核基团与一氯均三嗪型活性染料(C. I. Reactive Red 24)的反应能力比较(pH=9,85℃)

—■— 0.075mol/L 氨基与 1g/L 染料反应

—○— 0.03mol/L 酚羟基与 1g/L 染料反应

—△— 1mol/L 醇羟基与 1g/L 染料反应

蚕丝丝素的氨基含量很低(0.2mol/kg),仅为羊毛的 1/4;蚕丝丝素的酚羟基含量较高(0.6mol/kg),约为羊毛的 1.5 倍,且主要分布于染料可及的丝素表面和无定形区;蚕丝丝素的醇羟基主要来源于丝氨酸剩基,其含量很高(1.25mol/kg),但绝大部分位于染料不可及的晶区。综合比较蚕丝上三类亲核基团的含量、分布与反应能力,可知酪氨酸剩基的酚羟基在蚕丝活性染料染色中具有举足轻重的作用,而醇羟基的作用甚微。

由于蚕丝纤维结构的复杂性和蚕丝上亲核基团的多元性,在不同的染色条件下,蚕丝上不同亲核基团的存在状态和反应能力不同。在染色中,当工艺条件出现偏差时,蚕丝上实际参与反应的亲核基团尤其是酚羟基的数量也发生变化,因而蚕丝活性染料染色的重现性较差,一次正确率较低。调控酪氨酸酚羟基的反应能力对于提高蚕丝活性染料染色的得色率和一次正确率至关重要。理论研究和实际应用均表明,在常规浸染时,蚕丝的活性染料染色拟控制 pH=8～9,该 pH 值范围是蚕丝上两类重要的亲核基团酚羟基和氨基共同的活性区间,可确保两类亲核基团均能与丝素充分反应,同时,在该 pH 值范围,活性染料的水解也相对较少,因而染料的固色率高,染色重现性好,并且较弱的碱性对蚕丝光泽和机械性能的损伤较小。在酸性浴(蚕丝等电点以下)染色时,活性染料与蚕丝纤维主要以离子键结合,上染率较高,但固色率低,湿处理牢度差。在强碱浴染色,染料水解严重,固色率也不高,且易使纤维受损。

目前蚕丝专用活性染料还有待于进一步研究和开发。实际应用中,经选择的羊毛专用活性染料和棉用活性染料可用于蚕丝染色,如一氯均三嗪型活性染料、乙烯砜型活性染料、溴代丙烯酰胺型活性染料、二氟一氯嘧啶型活性染料、一氯均三嗪型/乙烯砜异双活性基活性染料(国产为 M 型染料)以及其他多官能团活性染料等。

一氯均三嗪/乙烯砜异双活性基活性染料在 pH＝8～9 的条件下染蚕丝可获得很高的上染率和固着率，其原因主要在于它能使蚕丝上两大类亲核基团均充分发挥作用，从而使染料的固着率和染色的重现性均得以提高。蚕丝用一氯均三嗪/乙烯砜异双活性基活性染料染色的常用固着碱剂为小苏打，染色温度以 80～85℃为宜。

三、锦纶的染色

锦纶是一热塑性合成纤维，亲水性较弱，在水中不易溶胀，又由于氨基等反应性基团含量低，如锦纶 66 的平均氨基含量为 0.036mol/kg，因此活性染料不易获得深色。用活性染料染色时，当染色 pH 值低于纤维的等电点，染料阴离子通过库仑引力与纤维上的氨基正离子结合，染色牢度差；在等电点以上染色时，染料与纤维上的游离氨基反应形成共价结合，染色牢度较好。

目前，常用的各类活性染料在锦纶上的上染百分率低，国内试制了一类具有 β-羟基乙砜硫酸酯暂溶性基团的活性分散染料，其染料母体中无水溶性基团，染色如普通活性染料上染，经碱液处理后，脱去硫酸酯基转变成不溶于水的乙烯砜基，此时水溶性很小，可像分散染料一样上染纤维，同时乙烯砜基可与纤维上的氨基发生共价结合。如某橙色的活性分散染料结构如下：

$$(H_5C_2)_2N-C_6H_4-N{=}N-C_6H_4-SO_2CH_2CH_2OSO_3H$$

该染料在酸性条件下依靠静电引力上染纤维；在碱性条件下 β-羟基乙砜硫酸酯基很快转变成乙烯砜基与纤维发生共价反应；未反应的或水解的染料可像分散染料那样通过范德瓦尔斯力和氢键与纤维结合，因此该染料比普通活性染料匀染性好，容易染成深浓色泽。

染色时在弱酸性浴入染（40～50℃），40min 内升温至沸，保温 1h，然后加入碱剂（pH＝8.5～9），处理 15～20min，最后水洗干净。

第八节　活性染料和纤维间共价键的稳定性

活性染料和纤维素形成的键有的是酯键（卤代含氮杂环活性基和纤维之间的键），有的是醚键（乙烯砜型活性基与纤维之间的键），都是极性共价键，在一定条件下都可水解，发生断键反应。水解染料对纤维的亲和力很小，易于解吸而被洗去，因而造成染色纺织品的褪色。

一、染料—纤维间共价键的水解反应

活性染料与纤维间共价键水解断键反应历程与成键反应历程相同，都属于亲核反应（亲核取代或亲核加成反应）。现以均三嗪和乙烯砜活性基染料在酸、碱条件下的水解断键反应为例

加以说明。

在碱性介质中，首先是OH^-进攻与纤维素相连的碳原子，发生亲核加成反应，其次发生消除取代反应，染料与纤维素离解，生成水解染料。反应历程如下：

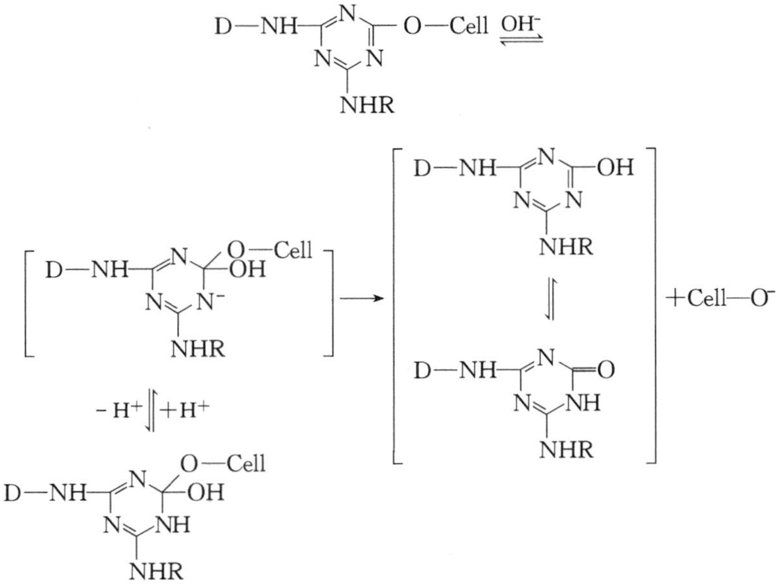

D—NH—(三嗪环 N, N, N)—O—Cell $\xrightleftharpoons{OH^-}$
NHR

[D—NH—(三嗪环 N, N, N^-)(O—Cell)(OH) NHR] ⟶ [D—NH—(三嗪环 N, N, N)—OH NHR ⇌ D—NH—(三嗪环 N, N, NH)=O NHR] +Cell—O^-

$-H^+$ ⇅ $+H^+$

D—NH—(三嗪环 N, N, NH)(O—Cell)(OH) NHR

二氯均三嗪类活性染料和纤维素的反应，随反应条件的不同，可以生成Ⅰ、Ⅱ、Ⅲ三种结构的产物，如下列各式所示：

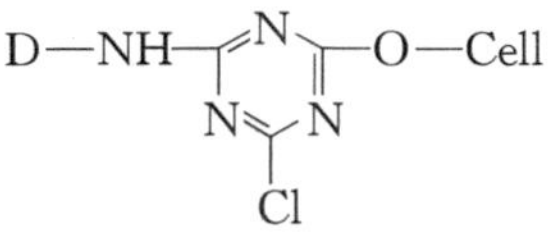

D—NH—(三嗪环 N, N, N)—O—Cell，Cl

（Ⅰ）

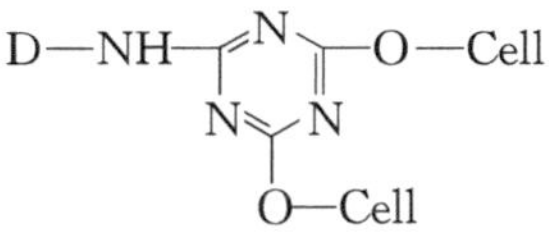

D—NH—(三嗪环 N, N, N)—O—Cell，O—Cell

（Ⅱ）

D—NH—(三嗪环 N, N, N)—O—Cell，OH $\xrightleftharpoons{互变异构}$ D—NH—(三嗪环 N, N, NH)—O—Cell，O

（Ⅲ）

在温和条件(如以$NaHCO_3$为碱剂)下，生成的是Ⅰ式结构产物。在稍为强一些的碱性介质(如以Na_3PO_4为碱剂)中，Ⅰ式结构产物进一步和纤维素发生反应，生成Ⅱ式结构产物。在更剧烈的条件(如在100℃、1% NaOH溶液中)下，氢氧根离子会将Ⅱ式结构中的一个纤维素分子取代下来而生成Ⅲ式结构产物。Ⅲ存在互变异构，在碱性介质中主要以烯醇式结构存在，在中性和酸性介质中以酮式结构为主。三种产物的水解机理与一氯均三嗪水解机理类似。

乙烯砜型染料和纤维素反应生成的醚键在碱性介质中很容易发生β-消除反应，生成乙烯砜，然后发生亲核加成，生成水解活性染料。

$$D—SO_2—CH_2CH_2OCell \xrightarrow[慢]{OH^-} [D—SO_2\overset{-}{C}H—CH_2OCell \longrightarrow$$

$$D—SO_2—CH{=}CH_2\ ] \xrightarrow[H_2O]{OH^-} D—SO_2CH_2CH_2OH$$

在酸性介质中，H^+ 对水解起催化作用，均三嗪环上氮原子优先结合质子，生成 H^+ 的加成产物，使均三嗪环具有正电荷，环中碳原子电子云密度降低，然后发生取代反应。由于环中各取代基相连的碳原子都有可能遭到水的亲核进攻而发生断裂，所以有多种断键的可能性，但水解主要发生在染料和纤维的结合部分。反应历程如下：

D—NH—(均三嗪环，取代基 O—Cell、NHR) $\overset{H^+}{\rightleftharpoons}$ [D—NH—(均三嗪环，N 质子化为 NH^+，取代基 O—Cell、NHR)] $\xrightarrow[迅速]{H_2O}$ D—NH_2 + (三嗪环：O、O—Cell、NH、NHR) + H^+

$\xrightarrow[迅速]{H_2O}$ D—NH—(三嗪环：NH、O、NH、O) + RNH_2 + Cell—OH + H^+

$\xrightarrow[迅速]{H_2O}$ D—NH—(三嗪环：O、NH、NHR) + Cell—OH + H^+

乙烯砜型染料—纤维键的酸水解如下：

$$D—SO_2—CH_2CH_2OCell + H^+ \longrightarrow D—SO_2CH_2—CH_2\overset{H}{\underset{+}{O}}Cell \longrightarrow$$

$$D—SO_2CH_2CH_2OH + Cell—OH + H^+$$

二、影响染料—纤维键酸、碱水解的因素

(一)碱水解

从上述水解反应历程可看出，活性染料的水解反应和成键反应一样，属于亲核取代或亲核加成反应。因此对于亲核取代反应，与纤维相连的碳原子的电子云密度越低，越易受到 OH^- 的进攻而发生水解断键。对于亲核加成的水解反应，α 碳原子上的氢原子越易离解，则越易发生消除反应，水解断键速度越快。

对于一氯均三嗪型活性染料，其活性基上第二取代基的供、吸电子性将直接影响染料—纤维键的稳定性。取代基的供电子性越强，与纤维相连的碳原子的电子云密度越高，不易发生亲核取代反应，因而较耐碱性水解。反之，取代基的吸电子性越强，越容易碱性水解。离去基的吸电子性越强，反应性越高，但对染料—纤维键对碱的稳定性没有影响，如一氟均三嗪型活性染料

的反应性比一氯均三嗪型高得多，而染料—纤维键碱的稳定性却一样。

如前所述，一氯均三嗪和二氯均三嗪型活性染料与纤维共价结合时随固色条件的不同生成下列几种产物：

D—NH—(三嗪环)—O—Cell，环上另一取代基为 Cl　（Ⅰ）

D—NH—(三嗪环)—O—Cell，环上另一取代基为 O—Cell　（Ⅱ）

D—NH—(三嗪环)—O—Cell，环上另一取代基为 OH　（Ⅲ）

D—NH—(三嗪环)—O—Cell，环上另一取代基为 NHR　（Ⅳ）

上列四种产物中活性基上的第二取代基的供电子性强弱的次序为：—NHR＞—O—Cell＞—OH＞—Cl，因此它们的耐碱稳定性次序是：Ⅳ＞Ⅱ＞Ⅲ＞Ⅰ，即 X、K 型活性染料与纤维共价键在碱性条件下的稳定性为 K 型＞X 型。

二氟一氯嘧啶类活性染料的杂环活性基中只具有两个氮原子，固色后两个氟原子均不存在，因此与纤维相连的碳原子上的电子云密度较高，一般来说染料—纤维键对碱的稳定性较好，所以这类染料在碱性介质中发生水解断键的可能性比二氯及一氯均三嗪类小。

乙烯砜型染料和纤维素反应生成醚键，这种结合形式在碱性介质中很容易发生 β 消除反应，使染料从纤维上脱离而形成水解染料。其原因是砜基的强吸电子性，α 碳上的氢在碱性介质中易离去，并进一步发生消除反应。反应历程如前所述。

(二)酸水解

均三嗪型活性染料与纤维素纤维形成的四种结构产物对酸的稳定性是不同的。杂环中的氮原子结合质子后，与纤维素相连的中心碳原子的电子云密度都会降低，但发生亲核取代的难易仍然是由第二取代基的性质决定的，因此Ⅳ型结构最稳定，Ⅰ型、Ⅱ型结构相似，Ⅲ型结构最不稳定。主要是由于Ⅲ型酮式结构中的羰基具有强吸电子性，因此稳定性最低。乙烯砜型染料与纤维素形成的醚键不易发生酸水解，因此对酸的稳定性较高。

从实际应用来看，染色物在碱性条件下洗涤时，容易发生染料—纤维键的碱性水解，而染料在贮存时经常接触酸性气体（主要是 CO_2）和水分，容易发生酸水解，而酸水解一旦发生，则 pH 值进一步下降，使酸性水解加速。染色织物经树脂整理后若不进行水洗，整理液中的酸性催化剂会影响织物贮存时染料—纤维键的稳定性。温度提高，也会使染料—纤维键的水解反应速度加快。尽管各类活性染料与纤维形成的共价键的稳定性差别很大，但都是在近中性（pH＝6～7）时最稳定。

此外，二氟一氯嘧啶类和二氯喹噁啉类活性染料在受到过氧化物作用时也容易引起褪色，主要原因是过氧化物引起了活性染料与纤维间共价键的断裂。在过氧化氢溶液中（碱性溶液），过氧氢离子（HO_2^-）对染料杂环的亲核取代反应也会使染色织物易断键褪色。因此前处理双氧水漂白中的双氧水成分一定要清洗干净，否则将对活性染料染色产品的牢度产生影响。

总之，活性染料与纤维素纤维形成的共价键含有乙烯砜活性基的易发生碱性水解，含有二氯均三嗪活性基的易发生酸性水解。

活性染料和蛋白质纤维反应的基团种类较多，其共价键的断键问题比纤维素的复杂，和氨基反应形成的键稳定性较高，而与羟基和巯基反应形成的键稳定性就较低，但总体上共价键的稳定性较好。如常用活性染料在羊毛上碱水解 24h 的最高断键率也只有 10%左右，大多数只有 2%～3%。

第九节　化学改性纤维素纤维的染色

纤维素纤维上的羟基的亲核性较羊毛纤维的氨基低，因此，为了提高纤维素纤维的羟基亲核性，染色应在碱性条件下进行，而且要加入大量的中性电解质进行促染，这样不但水解染料多，增加了染色成本，同时也造成了严重的环境污染。为了增强纤维素纤维对活性染料的结合能力，对纤维素纤维进行胺化和季铵化改性，不但可以提高活性染料的上染百分率及固色率，而且还可以在中性和无盐条件下进行染色。

一、季铵基改性纤维素纤维的染色

用反应性季铵化合物处理纤维素纤维，对其进行季铵基改性，可大大提高纤维的染色性能。如用环氧基三甲胺的季铵化合物（Glytac A）处理棉纤维，可大大提高纤维与染料的反应速率，进行无盐中性染色。其与纤维素纤维的反应如下所示：

$$\text{Cell—O}^- + \text{H}_2\overset{\overset{\text{O}}{\diagup\diagdown}}{\text{C—CH}}\text{—CH}_2\text{—}\overset{\overset{\text{CH}_3}{|}}{\underset{\underset{\text{CH}_3}{|}}{\text{N}^+}}\text{—CH}_3\,\text{Cl}^- \xrightarrow{\text{OH}^-}$$

$$\text{Cell—O—H}_2\text{C—}\overset{\overset{\text{OH}}{|}}{\text{CH}}\text{—CH}_2\text{—}\overset{\overset{\text{CH}_3}{|}}{\underset{\underset{\text{CH}_3}{|}}{\text{N}^+}}\text{—CH}_3\,\text{Cl}^- \xrightarrow{-\text{HCl}} \text{Cell—O—H}_2\text{C—}\overset{\overset{\text{O}^-}{|}}{\text{CH}}\text{—CH}_2\text{—}\overset{\overset{\text{CH}_3}{|}}{\underset{\underset{\text{CH}_3}{|}}{\text{N}^+}}\text{—CH}_3$$

含有磺酸基的阴离子染料首先通过离子键被纤维上的季铵基团吸附，然后与相邻的羟基负离子（亲核基团）发生共价结合。

二、氨基或胺烷基改性纤维素纤维的染色

用胺或季铵的环氧化合物处理纤维素纤维，通过环氧基和纤维素的羟基反应，接上氨（或胺）基，称为纤维素纤维的胺烷基化改性。如用二甲胺和环氧氯丙烷反应制得的 1，1－二甲基－3－羟基氮杂环的氯化物（DMAAC），在碱性条件下，采用轧—烘—焙工艺处理，反应如下：

$$\text{H—N}\begin{matrix}\diagup\text{CH}_3\\ \diagdown\text{CH}_3\end{matrix} + \text{Cl—H}_2\text{CH}\overset{\overset{\text{O}}{\diagup\diagdown}}{\text{C—CH}_2} \longrightarrow \begin{matrix}\text{H}_3\text{C}\diagdown\\ \text{H}_3\text{C}\diagup\end{matrix}\overset{+}{\text{N}}\lozenge\text{OH}\quad \text{Cl}^-$$

它在碱性条件下与纤维素纤维的反应为：

$$\left[(H_3C)_2\overset{+}{N}\text{(azetidinium ring)}-OH\right]Cl^- + Cell-O^- \xrightarrow{NaOH} (H_3C)_2N-\underset{\displaystyle OH}{\underset{|}{CH}}-CH_2-O-Cell + Cl^-$$

用它改性的棉纤维在中性及无盐条件下用活性染料沸染，固色率很高。其原因可能是叔氨基进攻卤代杂环基后，形成了季铵取代基，提高了活性基的反应性，使它和临近的纤维素羟基的反应速率大大加快的缘故，即起到了自身催化作用。

三、羟甲基丙烯酰胺及胺化改性纤维素纤维的染色

用 N-羟甲基丙烯酰胺(NMA)化合物，采用轧—焙工艺对棉纤维进行改性，可以与棉纤维发生共价结合，在纤维上引入不同的脂肪氨基。反应如下：

$$Cell-OH + HO-CH_2-NH-\overset{\displaystyle O}{\overset{\|}{C}}-CH{=}CH_2 \xrightarrow{ZnCl_2/150℃} Cell-O-CH_2-NH-\overset{\displaystyle O}{\overset{\|}{C}}-CH{=}CH_2 + H_2O \qquad (\text{Ⅰ})$$

羟甲基丙烯酰胺改性后的纤维染色性能通常无显著改善，但纤维接上该基团后，很容易和各类胺反应，发生胺化或季铵化，使纤维的染色性能得到很大改善。纤维素的羟甲基丙烯酰胺(产物Ⅰ)与合适的胺类化合物反应的产物如下：

$$Cell-O-CH_2-NH-CO-CH_2-CH_2-NH_2 \qquad (\text{Ⅱ})$$

$$Cell-O-CH_2-NH-CO-CH_2-CH_2-NH-CH_3 \qquad (\text{Ⅲ})$$

$$Cell-O-CH_2-NH-CO-CH_2-CH_2-N(CH_3)_2 \qquad (\text{Ⅳ})$$

$$Cell-O-CH_2-NH-CO-CH_2-CH_2-\overset{+}{N}(CH_3)_3 \qquad (\text{Ⅴ})$$

将改性织物Ⅰ～Ⅴ用2%(owf)的C. I. 活性红5(二氯均三嗪活性染料)在pH值为5的染液中无盐沸染60min，发现：单用甲基丙烯酰胺改性的织物Ⅰ在中性条件下染色固色率很低，而织物Ⅱ和织物Ⅲ得到了很高的竭染率和固色率。含有叔胺的织物Ⅳ固色率也很低，说明未能充分固色，可能是二氯均三嗪活性染料与叔胺化合物容易形成季铵均三嗪衍生物，而失去和纤维反应的能力，同时，含有季铵取代基的活性染料非常容易水解，导致固色率降低。用一氯均三嗪活性染料代替二氯均三嗪活性染料，可以获得较好的染色效果，因为一氯均三嗪活性染料与叔胺化合物形成的季铵均三嗪衍生物，在酸性至中性条件下比较稳定，不易水解，可以与纤维发生固色反应。

目前胺化改性剂种类很多，但都因有一定的缺陷而未大量应用。但综合其多方面的功能，例如可无盐、中性、低温染色，改善湿处理牢度，增深等，在某些情况下还是具有一定应用价值的。

复习指导

1. 了解活性染料及其染色的进展、活性染料的结构和性能、染色适用的纤维、染料类别、不同活性基染料染色条件的差别以及染色牢度等内容。

2. 掌握活性染料的结构和纤维反应性的关系、影响染料反应性的因素、染料的水解速率和固色反应速率、染料的固色率和固色效率、影响固色效率的因素等内容。

3. 掌握纤维素纤维浸染(卷染)、轧染工艺及其工艺条件分析,冷轧堆染色及其工艺条件分析等内容。

4. 掌握活性染料对羊毛、蚕丝及锦纶的染色工艺。了解蚕丝丝素的化学结构和物理结构特点对活性染料反应性能的影响,了解蚕丝和羊毛两种蛋白质纤维在活性染料染色方面的差异性。

5. 掌握活性染料和纤维间共价键的断键反应,染料结构和断键稳定性的关系,提高断键稳定性的途径等内容。

思考题

1. 活性染料的活性基主要有哪几类? 各有什么特征? 对染料母体有何要求?

2. 写出卤代氮杂环(X 型、K 型、KE 型)和 β-羟基乙烯砜硫酸酯(KN 型)活性染料与纤维素纤维的反应历程,指出决定速率的阶段,影响反应过程的主要因素有哪些? 碱剂在反应中起什么作用?

3. 活性染料的染色特征值有哪些? 其中评价活性染料固着快慢程度的指标是什么?

4. 活性染料染色主要有几种工艺? 写出工艺过程和固色条件。

5. 何谓固色率、固色速率和固色效率? 影响固色效率的因素主要有哪些?

6. 蚕丝上三类亲核基团与乙烯砜型和一氯均三嗪型活性染料的反应性能有何不同? 为什么?

7. 请设计一氯均三嗪/乙烯砜异双活性基活性染料染蚕丝的工艺条件并说明其理论依据。

8. 写出卤代杂环和 β-羟基乙烯砜硫酸酯活性染料的断键反应历程。

9. 比较常见几类活性染料的酸、碱断键稳定性,提高断键稳定性的措施可能有哪些?

参考文献

[1] 王菊生. 染整工艺原理:第三册[M]. 北京:纺织工业出版社,1984.

[2] ALAN J. The theory of coloration of textiles[M]. Second edition. West Yorkshire:The Society of Dyers and Colourists, 1989.

[3] Chambers R D. Flourinated heterocyclic compounds[J]. Dyes and Pigments, 1982,3:183 - 190.

[4] Stead C V. Halogenated heterocyles in reactive dyes[J]. Dyes and Pigments, 1982,3:161 - 171.

[5] Fujioka S,Abeta S. Development of novel reactive dyes with a mixed bifunctional reactive system[J]. Dyes and Pigments, 1982,3:281 - 294.

[6] Ramsay D W. Reactive dyes in the 80's[J]. J. S. D. C. ,1981, 97:102.

[7] David M Lewis. The dyeing of wool with reactive dyes[J]. J. S. D. C. ,1982, 98:165.

[8] Hunter A,Renfrew M. Reactive dyes for textile fibers[M]. West Yorkshire: The Society of Dyers and Colourists, 1999.

[9] David M Lewis. Wool dyeing[M]. Society of Dyers and Colourists, 1992.

[10] 宋心远,沈煜如. 活性染料的染色理论与实践[M]. 北京:纺织工业出版社,1991.

[11] Matsui M,Meyer U,Zollinger H. Dye – fiber bond stabilities of some reactive dyes on silk[J]. J. S. D. C. ,1986, 102:6.

[12] Ball P, Meyer U, Zollinger H. Cross linking effects in reactive dyeing of protein fibers[J]. Text Research J. , 1986,56:447.

[13] 陶乃杰. 染整工程(第二册)[M]. 北京:中国纺织出版社,1994.

[14] Aspland J R. Reactive dyes and their application[J]. Textile Chemist and Colorist, 1992, 24 (5):18 – 23.

[15] 宋心远,沈煜如. 新型染整技术[M]. 北京:中国纺织出版社,1999.

[16] 吴祖望,王德云. 近十年活性染料的理论与实践的进展[J]. 染料工业,1998,35(1):1 – 8.

[17] Mike Bradbury. Dynamic respones-process optimization in the exhaust dyeing of cellulose[J]. J. S. D. C. , 1995,111(5):130 – 134.

[18] 上海印染工业行业协会.《印染手册》编修委员会编. 印染手册[M]. 2 版. 北京: 中国纺织出版社,2003.

[19] 赵涛. 染整工艺学教程(第二分册)[M]. 北京:中国纺织出版社,2005.

[20] Wu Zuwang. Recent developments of reactive dyes and reactive dyeing of silk[J]. Rev. Prog. Colouration,1998, 28(33):32 – 38.

[21] David M Lewis. Dyeing nylon 66 with vinylsulfone reactive dyes[J]. Textile Chemist And Colorist, 1998,30(5):31 – 35.

[22] Masaki Matsui etc. Dye-fibre bond stabilities of dyeings of bifunctional reactive dyes containing a monochlorotrianze and a β-hydroxyethylsulphone sulphuric acid ester group[J]. J. S. D. C. , 1988,104 (11):425 – 431.

[23] Cai Y,Pailthorpe M T,David S K. A new method for improveing the dyeability of cotton with Reactive dyes[J]. Textile Res. J. ,1999,69(6):440 – 446.

[24] Hauser P J,Tabba A H. Dyeing cationic cotton with fiber reactive dyes:effect of reactive chemistries [J]. AATCC Review,2002:36 – 39.

[25] Wang H, Lewis D. Chemical modification of cotton to improve fibre dyeability[J]. Color Technol. , 2002,118:159 – 168.

[26] Nalankilli G, Sir Padampat. Reaction mechanism of reactive dyes with silk[J]. American Dyestuff Reporter, 1994, 83 (9):28 – 34.

[27] 邵敏,邵建中,刘今强,等. 丝素与一氯均三嗪型活性染料反应性的高效液相色谱研究[J]. 纺织学报, 2007,28 (6):83 – 87.

[28] 邵敏,邵建中,刘今强,等. 活性染料与蚕丝亲核基团反应性能的高效液相色谱分析[J]. 分析化学, 2007, 35 (5):672 – 676.

[29] Robson R. Silk: Composition, structure and properties in handbook of fiber chemistry[M]. New York: Marcel Dekker, 1998.

[30] Shao J, Liu J, Zheng J, et al. X-ray photoelectron spectroscopic study of the silk fibroin surface[J]. Polym. International, 2002, 51(12):1479 - 1483.

[31] 沈一峰,林鹤鸣,杨爱琴,等. 双活性基活性染料真丝绸染色工艺研究[J]. 染料与染色,2004, 41(2): 105 - 108.

[32] Gulrajani M L. Dyeing of silk with reactive dyes[J]. Rev. Prog. Colouration, 1993, 23:51 - 56.

[33] Wu Z. Recent development of reactive dyes and reactive dyeing of silk[J]. Rev. Prog. Colouration, 1998, 28(33):32 - 38.

第五章　还原染料染色

第一节　引　言

还原染料（vat dyes）不溶于水，但染料分子上通常含有两个或多个共轭的羰基（$\gt C=O$），染色时，可以在碱性条件下，被还原剂还原为可溶性的、对纤维素纤维有亲和力的隐色体钠盐（简称隐色体，$\gt C-O^{-}$）上染纤维，染色后再经氧化，恢复为原来不溶性的染料色淀固着在纤维上。还原染料的化学结构类型多，也比较复杂，但主要为靛类和蒽醌类。

染料的还原氧化反应可表示如下：

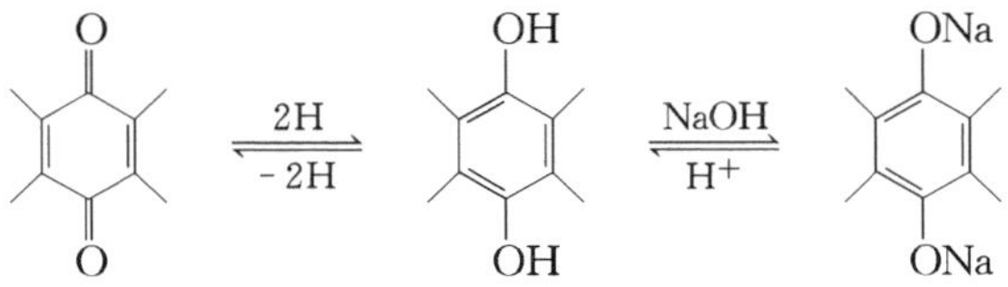

$$O=C_6\lt\!\!\gt=O \ \underset{-2H}{\overset{2H}{\rightleftharpoons}}\ HO-C_6\lt\!\!\gt-OH \ \underset{H^{+}}{\overset{NaOH}{\rightleftharpoons}}\ NaO-C_6\lt\!\!\gt-ONa$$

在酸性介质中 $\gt CO^{-}$ 转变成 $\gt COH$，即隐色酸，隐色酸不溶于水。

还原染料也称士林染料，主要用于纤维素纤维及其混纺的纱线、机织物或针织物的染色，也可用于维纶等纤维的染色。由于还原染料染色要在碱性介质中进行，故一般不适用于蛋白质纤维的染色。还原染料色泽鲜艳，色谱齐全，皂洗、日晒等各种牢度都比较高，许多浅色品种在纤维素纤维上的日晒牢度高达 6 级以上。

还原染料的物理状态有：普通粉状（powder）、染色用细粉状（powder fine for dyeing，简称 p. f. f. d.）、印花用细粉状（powder fine for printing，简称 p. f. f. p.）、超细粉状（super fine）和浆状。目前国际上各商品还原染料一般都为超细粉状的。

还原染料又称瓮染料，这是由于最早用这类染料染色时必须在空气接触面积较小的瓮中进行的。还原染料的应用历史悠久，我国很早就用植物还原染料靛蓝进行染色。据记载，汉墓马王堆的出土麻织物中就有用靛蓝染色的。埃及和印度用靛蓝染色的历史也很早。靛蓝在菘蓝植物中以配糖体的形式存在，用水将其浸出，经过发酵、水解、氧化即得。

还原染料合成方法较复杂，流程长，价格较高；还原染料红色品种较少，染浓色时摩擦牢度较低，有的黄、橙、红色品种有光敏脆损作用，有些还原染料还存在光敏褪色问题；还原染料隐色体对纤维素纤维有很高的亲和力，因此隐色体染色时匀染性、透染性较差，容易产生白芯现象。但是，还原染料染色色牢度高的特点，使其仍是纤维素纤维纺织品印染加工的一类重要的染料。

某些还原染料染色的织物，在日晒过程中，染料会加速纤维的光氧化脆损，而染料颜色没有明显变化，这种现象称为还原染料的光敏脆损，也称染料的光脆性。染料的光敏脆损性和染料对光的选择吸收的波长有关，黄、橙和红色还原染料，光敏脆损现象较显著；蓝、绿色的光敏脆损现象较少。

有许多还原染料可以加工制成暂溶性染料，称为暂溶性还原染料，上染到纤维以后，经过化学反应，脱去水溶性基团便恢复成不溶状态固着在纤维上。

第二节　还原染料的染色过程和染色机理

还原染料染色过程一般包括染料的还原和溶解、隐色体上染、隐色体氧化、皂煮后处理等四个步骤。

一、染料的还原和溶解

(一)还原反应

还原染料染色，是在碱性条件下被还原成为可溶性的隐色体钠盐上染纤维的。最常用的还原剂是连二亚硫酸钠（$NaSO_2—SO_2Na$），俗称保险粉（sodium dithionite），最常用的碱剂是烧碱。

在碱性条件下，保险粉有较强的还原能力，分解产生具有还原性的物质：

$$Na_2S_2O_4 + 2H_2O \longrightarrow 2NaHSO_3 + 2[H]$$

在保险粉的作用下，染料上的羰基被还原成羟基。还原反应如下：

$$2\ \rangle C{=}O + 2[H] \longrightarrow 2\ \rangle C{-}OH$$

（羟基化合物）

反应生成的羟基化合物，称为隐色酸，它不呈现染料原有的颜色，而且和染料同样不溶于水，但在碱性介质中形成钠盐，溶于水。即：

$$\rangle C{-}OH + NaOH \longrightarrow \rangle C{-}ONa + H_2O$$

形成的隐色体钠盐，简称隐色体（leuco），在溶液中可离解为：

$$\rangle C{-}ONa \rightleftharpoons \rangle C{-}O^- + Na^+$$

染料的隐色体溶于水，对纤维素纤维有亲和力，能被纤维吸附，并在纤维上扩散上染。染料变成隐色体，结构发生了变化，因此颜色也相应发生了变化，与还原染料本身的颜色不同。靛系还原染料的隐色体颜色通常比染料本身的颜色浅，一般是黄绿色或黄色，如靛蓝分子处于高度的极化状态，整个分子共轭双键贯通，颜色深；但当它还原成隐色体钠盐时，共轭双键减少，并失去了吸电子基团，因此吸收波长向短波长方向移动，颜色变浅；蒽醌类还原染料隐色体的颜色一般比原染料的深。蒽醌本身两个苯环之间共轭双键不贯通，还原成隐色体后，整个分子共轭双键贯通,因此吸收向长波方向移动,颜色变深。由于蒽醌类还原染料的结构种类很多,有些(主要是稠环酮结构)还原成隐色体后颜色也有变浅的。

(二)染料的还原性能

染料的还原性能主要包括:还原的难易、还原速率、还原剂和隐色体的稳定性等。

1. 还原难易 还原染料与其隐色体可以组成一个可逆的还原—氧化体系,染料还原的难易可以用标准还原电位来表示,但是染料及其隐色体必须始终处于可溶状态才适用。而还原染料不溶于水,将它们还原为隐色体钠盐,再用氧化剂进行电位滴定时,染料被氧化析出,而且隐色体本身又可能发生聚集,测得的电位缺乏严格的热力学意义。且其隐色体只有在很高的 pH 值条件下才处于可溶状态,因此,其还原—氧化体系在水溶液中处于不可逆状态,不能用标准还原电位来表示染料还原的难易,一般用其隐色体电位来衡量。

(1)隐色体电位。还原染料隐色体电位(leuco potential)的测定。先将一定浓度的染料用保险粉、烧碱溶液还原成隐色体,在一定条件下,用氧化剂赤血盐[$K_3Fe(CN)_6$]滴定,染料被氧化开始析出沉淀时所测得铂电极与饱和甘汞参比电极间的电动势就是还原染料隐色体电位。其滴定曲线如图 5-1 所示。

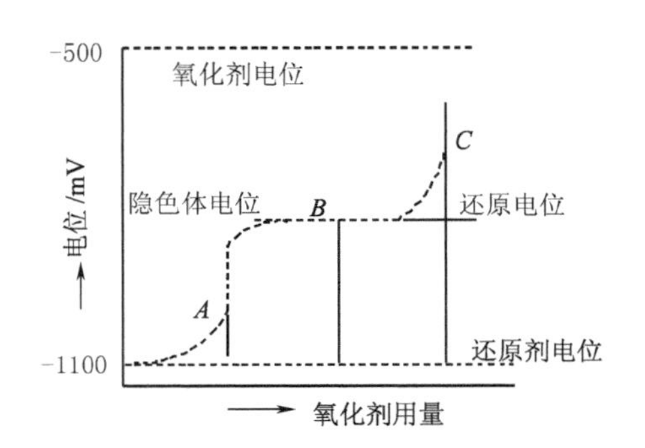

图 5-1 还原染料还原—氧化电位滴定曲线

开始时测得的电动势取决于过量的还原剂,随着氧化剂溶液的加入,当还原剂即将被完全氧化时,电动势便急剧上升。当还原剂完全氧化后,隐色体开始氧化析出染料沉淀(图 5-1 中 A 点),测得的电动势取决于图 5-1 还原染料还原—氧化电位滴定曲线染料的 $E_{Ox/Re}$。当染料的还原态即将被完全氧化时(图 5-1 中 C 点),电动势又急剧上升,隐色体完全被氧化,测得的电动势则取决于加入的氧化剂(图 5-1 中 B 点)。图 5-1 中 A 点标志着还原染料隐色体开始被氧化析出沉淀的电位,称为隐色体电位。其不同于不能测得的标准还原电位。

(2)隐色体电位的意义。还原染料的隐色体电位为负值。它的绝对值越小,表示染料越容易被还原,可用较弱的还原剂还原,且还原状态比较稳定;反之,隐色体电位绝对值越大,表示该染料越难被还原,它的氧化状态比较稳定,需要选择较强的还原剂。有的还原染料还原电位负值特别高,不易还原,易于过早氧化,析出色淀。织物暴露在空气中,极易产生“黑皮”色花染疵。染色时,应避免风吹。常用还原染料的隐色体电位在-615~-920mV 之间。

染料还原的难易与其分子结构有关,靛系(硫靛、四溴靛蓝)及黄蒽酮还原染料的隐色体电位绝对值较低,易被还原;蒽醌类还原染料中的大多数隐色体电位绝对值较高,难还原。同一母体结构的染料,若苯环上含吸电子基,易被还原;含供电子基,难还原。染料分子中苯环结构较多的难还原,如多苯核稠环蒽酮(芘蒽酮等)和氨基蒽酮类染料最难还原。值得注意的是,不同条件下测得的隐色体电位数值也不相同。

染料的隐色体电位是选择适当还原剂的重要依据,只有当还原剂的还原电位绝对值大于该染料隐色体电位时，才能使染料还原溶解。在烧碱液中，保险粉的浓度即使较低，仍能保持相当高的还原能力。例如：$c(NaOH)=0.5mol/L$ 和 $c(Na_2S_2O_4)=0.05mol/L$ 混合溶液，60℃时的还原电位是−1137mV，足以使各种还原染料还原，而且保险粉的价格相对较低，因此实际生产中一般都用保险粉作还原剂。在隐色体浸染过程，要始终保持染浴的还原电位在隐色体电位的绝对值以上。

2.还原速率及影响因素

(1)还原速率。还原速率表示染料被还原的快慢，可从还原过程中隐色体溶液的吸收光密度的变化和时间的关系求出。还原速率一般用半还原时间来表示。半还原时间是还原达到平衡浓度一半时所需的时间。半还原时间越短，表示还原越快，反之则越慢。各种还原染料的还原速率相差很大，一般靛系还原染料，特别是硫靛类染料的半还原时间较长，还原速率远比稠环蒽酮、氨基蒽醌类低，比黄蒽酮更低，蒽醌类半还原时间较短，还原速率较快。例如，还原黄G的半还原时间小于5s，而还原橙RF的还原速度很慢，半还原时间是3000s(测定条件：NaOH 20g/L，$Na_2S_2O_4$ 20g/L，40℃)。

还原染料的还原速率和隐色体电位之间并不存在对应关系。如芘蒽酮的隐色体电位很低，而还原速率却比较高，对于还原速率很慢的染料，必须采取措施提高还原速率。

(2)还原速率的影响因素。还原速率除取决于染料的分子结构外，还与染料晶态、颗粒大小及其分布、还原条件等因素有关。

①染料的还原是一种多相反应，染料颗粒的大小直接影响发生反应的固体—水界面的接触面积大小和反应的概率。染料颗粒小，单位质量染料的接触面积大，反应速率相应也大。染料颗粒越大，单位质量染料的表面积越小，与溶液的接触面(反应面积)越小，还原速率越低。染料的结晶性质也影响还原速率的大小，若染料形成结晶，则还原速率降低。因此，还原染料在使用前应仔细研磨，同时使其在水中呈高度分散状(可用萘磺酸甲酯缩合物等作分散剂)、超细粉为佳。但当染料颗粒小于2～3μm时，对还原速率的影响很小，而且受热、研磨时间太长会使染料的晶态变化，反而使还原速率下降。表5－1为某种还原染料的颗粒大小及分布对还原速率的影响。

表5－1　颗粒大小及分布对还原速率的影响

颗粒平均大小/μm	<0.7	0.7～1.0	1.0～3.0	>3.0
实测半还原时间/s	50	75	68	120
按颗粒表面积计算的半还原时间/s	53	75	176	350
计算时采用的平均颗粒大小/μm	0.6	0.85	2.0	4.0

从表5－1中可看到，计算值和实测值有较大的差异，表明较大颗粒的还原速度远较预期的快。产生这种现象的原因，可能是染料的大颗粒实际上由较小的结晶所堆成，在还原过程中很容易裂开，因此还原速率要比估计的迅速得多。因此可以认为，对于还原速率来说，染料结晶的性质比颗粒大小更为重要。

②还原温度、烧碱、保险粉的浓度等，对染料的还原速率也有重要的影响。如烧碱和保险粉

的浓度都增加 5 倍,许多还原染料的还原速率可以提高 3 倍左右;温度提高 20℃,许多染料的还原速率可提高 3～4 倍,随染料而不同。如在 $Na_2S_2O_4$ 20g/L 、NaOH 20g/L 条件下,还原艳绿 FFB 在 40℃时的半还原时间为 50s,而在 60℃时则为 30s;还原桃红 R 在 40℃时半还原时间是 2880s,而在 60℃时为 660s。对还原速率低的染料,可以采用较高温度、保险粉及烧碱的浓度相对比较高的条件下还原,以提高还原速率。如还原桃红 R,可在较高温度(75～80℃)、较小的液量下还原,即“干缸”还原。如粉状还原艳桃红 R(硫靛)不易还原充分,须用“干缸”法还原;而还原艳桃红 BBL(吖啶酮蒽醌)还原速率快,无须也不宜采用剧烈的还原条件,应采用“全浴”还原。还原的具体条件根据染料的性质而定。

3. 还原剂

(1)保险粉。保险粉,即连二亚硫酸钠($Na_2S_2O_4$)或低亚硫酸钠。保险粉的化学性质很活泼,易溶于水,有很强的还原能力,在空气中很不稳定,受潮会被迅速氧化,甚至燃烧。遇酸则发生剧烈分解,放出二氧化硫。在 pH 值为 10 左右较稳定。因此保险粉要避光、防潮、密封贮存。

在碱性条件下,保险粉释放出电子,染料接受电子被还原成隐色体:

$$S_2O_4^{2-}+4OH^- \longrightarrow 2SO_3^{2-}+2H_2O+2e$$

$$SO_3^{2-}+2OH^- \longrightarrow SO_4^{2-}+H_2O+2e$$

染料还原过程中,连二亚硫酸根离子对染料羰基发生亲核加成反应,生成不稳定的中间产物,并在碱作用下,迅速分解成隐色体和亚硫酸盐,加成反应速率较慢,决定整个反应速率。其反应历程为:

$$\text{(醌)} + {}^{-}O-\underset{O}{\overset{\|}{S}}-SO_2^- \underset{}{\overset{\text{慢}}{\rightleftharpoons}} \text{(}O^-,\ S_2O_4^-\text{ 加成中间体)} \xrightarrow[\text{快}]{OH^-} \text{(}O^-\text{…}O^-\text{ 隐色体)} + 2HSO_3^-$$

在隐色体浸染过程中,保险粉不断分解,浓度逐渐降低,但只要不低于某一范围,仍然具有足够的还原能力,维持隐色体的稳定,但低于某个限度后,还原能力便迅速下降,染液电位急剧上升,染料随之被氧化析出。

空气中的氧气与保险粉的反应迅速,氧化过程比较复杂,氧化产物为硫酸氢钠,具有酸性,因此在染色过程中,空气中的氧气进入不但会增加保险粉的分解,还会导致染浴 pH 值降低:

$$2Na_2S_2O_4+3O_2+2H_2O = 4NaHSO_4$$

染液温度越高、染液循环速度越快、接触空气的面积越大,保险粉分解速率越快。实际染色中用的保险粉,大部分是被空气氧化和自身分解消耗掉的。因此,为了减少保险粉的消耗,应该尽量减少与空气的接触。同时,为了中和其酸性产物,保持隐色体的稳定,染色中途常常要补加一定量的保险粉,另加适量的烧碱,使染料保持良好的还原状态。

(2)二氧化硫脲。二氧化硫脲(NH_2NHCSO_2H)(thiourea dioxide,简称 TD)的还原电位绝对值比保险粉高,还原能力较保险粉强,在碱性溶液中,或汽蒸受热生成具有还原作用的亚磺酸,将染料还原,如下所示:

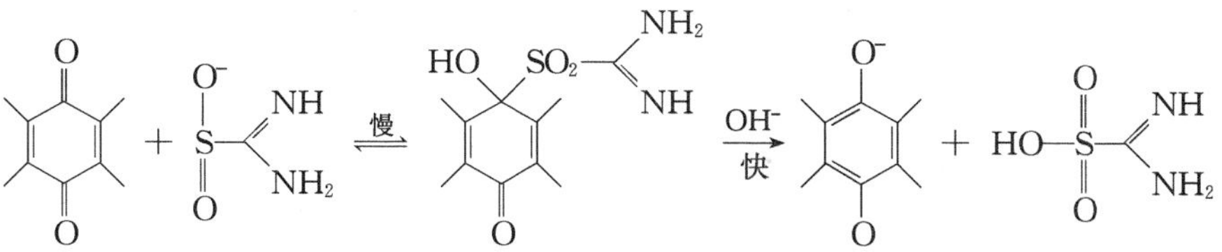

二氧化硫脲在室温下较稳定，在使用过程中分解损耗少，因而用量仅为保险粉用量的1/5～1/10，比保险粉成本要低25%～30%，且效果好。但二氧化硫脲也有一定的局限性。由于还原电位高，对于某些还原染料易于过度还原，尤其是对具有蓝蒽酮结构的染料，使染料的直接性降低，染物色光变暗，得色量下降，浮色过多，影响色牢度，甚至产生染疵，而且这种过还原现象难以恢复。为了避免过度还原，在二氧化硫脲用量超过保险粉的1/5时，须加入适当的防过还原剂，如0.3～0.5g/L的亚硝酸钠($NaNO_2$)，或丙烯酰胺和黄糊精等。

另外，对于适宜低温染色的染料，一般只选用保险粉，因为二氧化硫脲需要较高的温度(70～80℃)。如果采用70% ～75%保险粉与10%的二氧化硫脲拼用，既可让保险粉将还原染料溶解还原成为隐色体钠盐，又可依靠二氧化硫脲使染料始终保持还原状态。这样可利用两者的协同作用，既增加了染液隐色体的稳定性，又降低了生产成本。此外，二氧化硫脲还有潜在的还原作用，两者混用，可避免过氧化情况。

4. 不正常的还原现象　在染料还原过程中。若还原条件控制不当，可能会产生不正常的还原现象，影响染色性能。主要有以下几种：

(1)过度还原现象。一般在还原过程中羰基都能被还原，但一些含有氮杂苯结构的还原染料，主要是黄蒽酮和蓝蒽酮类还原染料，它们分子结构中的羰基在正常情况下并不全部被还原，如果还原液的温度过高、还原时间过长或烧碱—保险粉的浓度太大，就会引起过度还原。例如还原蓝RSN，正常还原时，只有两个碳基被还原，得到亲和力较高、色光较好的二氢蓝蒽酮隐色体。但如果还原条件激烈，则四个碳基都被还原成棕色的四钠盐，对纤维的直接性大为降低，而且容易进一步过还原为对纤维几乎完全丧失亲和力的产物，同时氧化后也不能恢复成原来的染料，染色品的色光萎暗、颜色变浅，染色牢度低。如下所示：

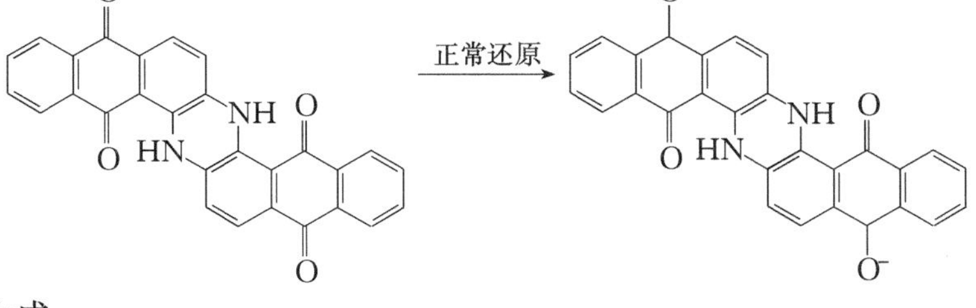

正常还原

过度还原生成：

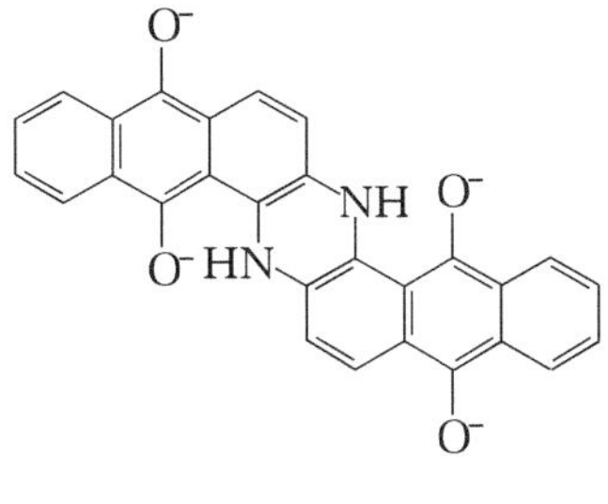

进一步还原生成：

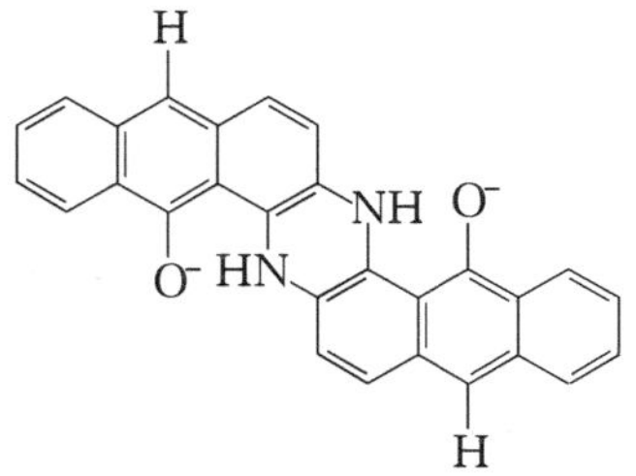

(2)脱卤现象。某些分子结构中含有卤素基团的染料，当还原条件过于剧烈时，容易发生脱卤现象，使染料的直接性、鲜艳度及色牢度降低。例如，还原蓝 BC，高温还原会使分子中两个氯原子脱落，蒽醌环 3 位上的氯原子会被氢原子取代，变成蓝蒽酮的隐色体，氧化后色光变红，产品的耐氯漂牢度下降。

还原染料常用卤化来改进其色光和染色性能，但不正常的还原使这些优点丧失。如下所示：

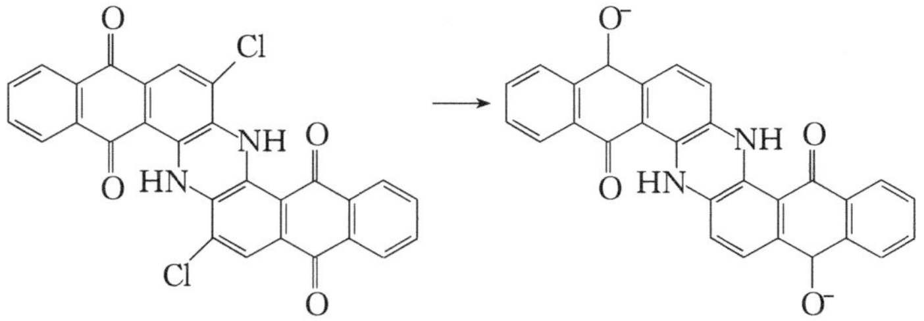

(3)分子重排现象。还原染料被还原、在碱性条件下生成的隐色酸钠盐是强碱弱酸盐，在水中会发生水解，要使其稳定地溶解在水中，溶液中应保持适当过量的烧碱。若烧碱量不足，溶液的 pH 值既不能使染料充分地生成隐色酸，又不足以保持其隐色体的钠盐状态，有些染料会发生分子重排，生成蒽酚酮。蒽酚酮只有在较浓的碱溶液中加热才会逐步变为隐色酸钠盐而重新溶解。

如还原蓝 RSN，不但异构性较强，且生成的蒽酚酮异构体呈沉淀析出，即使再添加烧碱，也难以恢复成正常的隐色体，导致染品的色泽变浅、不匀，摩擦牢度也降低。

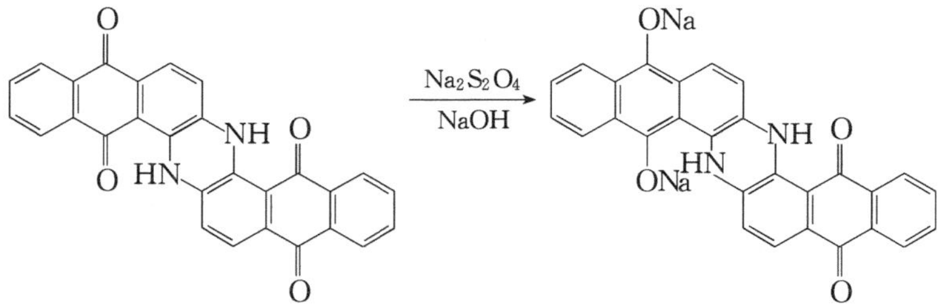

$$\xrightarrow[NaOH]{Na_2S_2O_4}$$

除蓝蒽酮类染料外，酰胺类、咔唑类、噻唑类还原染料也有可能发生这种现象。

若 NaOH 量不足，则生成：

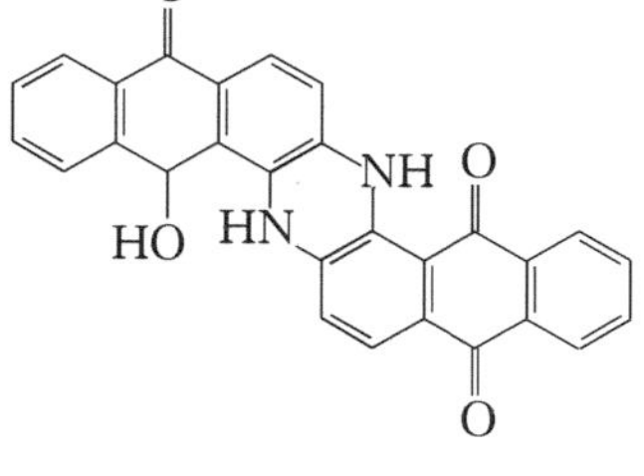

(4)水解现象。含有酰胺基蒽醌结构的还原染料,在温度和烧碱浓度较高的情况下,容易发生不同程度的水解,生成色泽萎暗的氨基化合物,影响染色物的色泽和牢度。如还原橄榄 R、还原棕 X、金橙 3G 等也会发生这种现象。

5. 隐色体的溶解度 还原染料隐色体溶解度的大小与分子中被还原的羰基数目及取代基有关。例如,还原蓝 RSN、蓝 BC,只有两个羰基被还原,隐色体溶解度较低,若染料浓度较高,温度较低,或电解质的浓度较高,就可能析出沉淀。染料相对分子质量大、结构复杂、同平面性好、共轭性强的染料隐色体在染液中的溶解度较低,会发生显著聚集;卤化后的染料,隐色体的溶解度一般降低;隐色体遇钙、镁离子会生成难溶的钙盐、镁盐,因此,还原和染色时宜用软水。

另外,保险粉和烧碱的浓度过高,还原温度较低或不适当加盐、放置时间过长的情况下,会发生隐色体的聚集、结晶或沉淀现象,溶解不良的可以适当提高温度、冲淡染液,使沉淀或结晶重新溶解。但一旦发生大的结晶,就难以再溶解。这种聚集,会导致染色不匀、颜色变浅、染色牢度降低等。

二、染料隐色体的上染

(一)隐色体的上染机理

还原染料隐色体溶于水,其上染机理与直接染料上染纤维素纤维相似,以色素阴离子通过范德瓦尔斯引力和氢键等吸附于纤维表面,向纤维内部扩散,并与纤维结合。染料在纤维内的扩散属于孔道扩散模型,吸附等温线符合弗莱因德利胥型。

由于隐色体染液中钠离子的浓度及隐色体在染液中的初始化学位高,使得隐色体初染率很高,染色开始的 10min 内大约有 80%~90%的染料隐色体被吸附、聚集在纤维表面,使染料向纤维内的扩散速率降低,延长了达到染色平衡需要的时间,有时甚至需要一周。因此,还原染料隐色体对纤维素纤维染色亲和力的测定较困难,测得的部分还原染料对棉纤维的亲和力数值范围为 8368~25104J/mol,并未超过直接染料对棉纤维的亲和力(16736~29288J/mol)。

隐色体对纤维的亲和力与其结构有关,如 1-氨基蒽醌的隐色体对纤维素纤维没有什么亲和力;1,4-二氨基蒽醌隐色体对纤维的亲和力也很小,但在两个氨基上各引入苯甲酰基以后,成了还原红 5G 染料,便具有一定的亲和力。因此,结构简单的还原染料对纤维具有亲和力的条件与直接染料一样,除了芳环共平面以外,还应具有与纤维形成氢键的基团。

结构复杂的染料,只要芳环共平面,便具有亲和力,如紫蒽酮、异紫蒽酮,以及其他多稠环酮类的还原染料,虽然它们的分子中都没有酰胺基,但都具有共平面结构,其隐色体对纤维素纤维的亲和力很高,主要是由于这些染料分子结构中迫位稠合的苯环较多,色散力比较大。另外,这些染料还可以通过芳环共轭系统与纤维素的羟基发生氢键(π 氢键)结合。如以下两只染料:

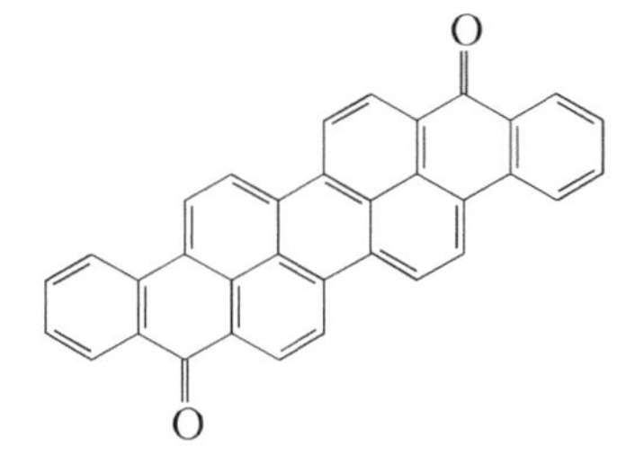

紫蒽酮(还原深蓝 BO)　　　　异紫蒽酮(还原紫 R)

(二)隐色体的染色性能

1. 隐色体的扩散性能　还原染料隐色体在纤维内的扩散速率随染料结构的不同而有较大差异。如以 60℃时染料隐色体 t 时间内在黏胶片内扩散的平均距离 x/t(x 以 μm 为单位)作为染料隐色体的相对扩散速率,一些典型的还原染料隐色体的相对扩散速率为:分子结构很大的还原卡其 GG 的相对扩散速率为 1μm/min,而分子结构简单的还原黄 GK 的却高达 470μm / min。95℃时测得直接橙 R 和直接坚牢蓝 3GLL 的相对扩散速率分别为 8500μm/min 和 50μm/min。若将温度降至 60℃,其扩散速率将降低为原先的 1/10 左右。在相同温度下,一般还原染料隐色体的相对扩散速率和直接染料属同一个数量级,还原染料隐色体在纤维内的扩散速率对匀染及透染性有较大的影响。

2. 隐色体匀染性能及影响因素

(1)初染率的影响。还原染料隐色体浸染时,和直接染料相似,可以用食盐等电解质促染。但还原染料的上染百分率及上染速率都较高,特别是初染率很高。染色时,吸附在纤维表面的还原染料隐色体,不易扩散进入到纤维内部,容易产生环染白芯现象。

产生白芯现象的原因,是由于染料隐色体的分子较大、平面性好、对纤维的亲和力高,而且染色温度较低,这虽然有利于提高染料上染百分率、减少保险粉的损耗、避免过还原、脱卤、水解等不正常现象,但由于染色温度低,隐色体容易聚集、在纤维内的扩散速率低,移染和透染性差。另外,染浴中含有保险粉、烧碱等大量电解质,对隐色体上染起促染作用,使得初染速率很高、匀染性下降,即使延长上染时间,也难以获得匀染。这与直接染料的因染色温度高,染色初期的不匀可以通过延长染色时间来补救有较大的不同,因此,容易造成环染白芯现象。

一般初染速率高,而扩散速率又很慢的染料是最难匀染的,拼色时选用的染料初染率应大致相近,否则容易造成前后色泽不一致。

(2)隐色体溶解性的影响。还原染料隐色体的聚集性随染料的结构不同而异。分子结构简单的,如靛蓝和硫靛类隐色体在染液中聚集很少。靛蓝和硫靛的衍生物倾向于形成几个分子的聚集体,它们对纤维的亲和力较低。而结构复杂、相对分子质量大、同平面共轭性好的隐色体,在染液中的聚集显著,如蒽醌类比靛类更容易聚集。甚至可以形成 3000 个分子以上的聚集体,这类隐色体对纤维的亲和力高,而且电解质的存在和温度低都会引起聚集增加。

提高匀染性,可采取控制或降低上染速率及增进移染的方法。对于初染率高的染料,除通过控制上染温度、降低上染速率外,还可以选用适当的缓染剂,如平平加类,能和染料隐色体形成不稳定的染料—助剂结合体,再慢慢分解,逐渐释放出游离的隐色体,以降低初始吸附速率和上染速率，对苯嵌蒽酮稠环酮类和蓝蒽酮类等染料的缓染效果较显著。也可用阳离子型表面活性剂控制初染率以提高染料的匀染性，但会降低上染百分率。牛皮胶是一种高分子的动物蛋白质，在染液中形成隐色体的保护胶体，可以延缓隐色体的上染速率。应用缓染剂，一般会降低染料的上染百分率，因此用量不宜太多。

移染的方法一般是加入助溶剂，如乙醇、三乙醇胺等，以提高隐色体的分散性能，降低隐色体的聚集，提高其扩散性和移染性。染料隐色体比较稳定的，可以适当提高染色温度和延长染色时间，增进移染，因为温度越高，移染性越好，但以 70～80℃为限，否则会降低染料的吸尽率及加速保险粉的分解。

3. 还原染料的分类和染色方法　按染料的还原性能和隐色体的直接性、溶解性及稳定性等，通常把还原染料分为甲、乙、丙三类。隐色体上染性能不同，染色方法也不同，所对应的染色方法分别称为甲法、乙法及丙法等，如表 5－2 所示。

表 5－2　还原染料的染色方法及染色条件

染色方法	染色温度/℃	烧碱浓度/g·L^{-1}	保险粉浓度/g·L^{-1}	元明粉浓度/g·L^{-1}
甲法(IN)	50～60	10～16	4～12	—
乙法(IW)	40～50	5～9	3～10	8～12
丙法(IK)	20～30	4～8	2.5～9	10～15

甲类染料分子结构较复杂，隐色体的聚集倾向较大，亲和力较高，扩散速率较低，如蓝蒽酮、紫蒽酮、异紫蒽酮及含五个蒽醌核的咔唑蒽醌等结构的(还原蓝 RSN、还原黄 GCN 等)；乙类染料的染色性能介于甲类和丙类染料之间，如还原棕 BR、还原灰 BG 等；丙类染料分子结构较简单，亲和力较低，聚集倾向较小，扩散性较好，如酰胺基蒽醌、吖啶酮蒽醌、分子结构比较简单的稠环烃蒽醌(如缔蒽酮艳橙)、二苯并芘醌金黄及含两个蒽醌核的咔唑类蒽醌(还原黄 FFRK)、还原黄 5GK、还原黄 7GK、还原艳桃红 R 等。

此外，有些个别染料需选择其他合适的染色条件。以上染色方法的分类是为了应用的方便，但并不是绝对的。有些染料往往几种方法都可适用，只不过相对以某种方法最适宜。

三、染料隐色体的氧化

染料隐色体上染纤维后，必须经过氧化使它恢复为原来不溶性的还原染料固着在纤维上。在染料隐色体氧化过程中，必须使其充分氧化发色。氧化不足，会造成染色物在皂洗过程中发生色浅和色花现象；但对易氧化的染料也要防止过度氧化，以免造成染料结构破坏、产生晶粒，引起色泽变化、摩擦牢度降低、色差变大，影响染色质量。

(一)染料隐色体的氧化方法和氧化工艺

一般还原染料隐色体的氧化速率较快，可以不用氧化剂，只要进行水洗，去除纤维上多余的染液，用空气(透风)就能氧化，如紫蒽酮、蓝蒽酮类染料(还原蓝 RSN、还原绿 4G、还原绿 FFB 等)，对纤维亲和力高的隐色体采取水洗后空气氧化的方法。

对于氧化速率较慢、对纤维亲和力较低、溶解度大的染料隐色体,如黄蒽酮、硫靛型和某些蒽醌类(还原桃红 R、还原黄 G、艳橙 GK 等),要用氧化剂氧化,使氧化充分。氧化前不宜水洗,用氧化剂带碱氧化后再水洗,否则隐色体容易溶落在水中,造成染料损失,降低染料的利用率。常用的氧化剂有过硼酸钠、双氧水等。对于氧化速率特别慢的染料隐色体,宜用重铬酸盐的酸性溶液作氧化剂。

(二)氧化常见问题及注意事项

隐色体在酸、碱或中性介质中,可能有不同的氧化历程,一般在中性或碱性介质中氧化较快,在酸性介质中氧化速率很缓慢。若先加酸中和,使隐色体转变成隐色酸后再氧化,氧化速率极慢。例如,靛蓝的隐色体钠盐在空气中不到 10min 便可氧化成蓝色,而其隐色酸却需要若干小时,甚至更长的时间才能完成氧化。有许多还原染料的隐色酸容易生成蒽酚酮异构体,或者和已氧化的隐色酸生成醌氢醌型加成物,这也是隐色体的氧化应在一定的碱性条件下进行、通常不经过隐色酸阶段的原因之一。

但是,若氧化介质的碱性太强,一些蓝蒽酮类的隐色体,如还原蓝 RSN 会发生过氧化现象,使 *N*, *N* -二吖嗪结构成为吖嗪结构,颜色变暗并带绿光。但这类染料发生的过度氧化,可用稀的保险粉—烧碱溶液处理,恢复原来的色泽。靛蓝及其衍生物、还原橄榄绿 B 等发生过度氧化后,色光变红,而且,过氧化后很难恢复到原来的颜色。对于容易过度氧化的染料,应避免用重铬酸盐或其他强烈的氧化剂处理,并在氧化前尽量用冷水冲洗,再透风氧化,以除去染物上残留的烧碱和浮色,用 $NaHCO_3$ 淋洗可以使 NaOH 转变为 Na_2CO_3,对于避免带烧碱易发生过度氧化更有效。

蓝色染料多数适宜先水洗再氧化,这样颜色比较鲜艳;对于含羟基的染料,如还原艳紫 RK(1,5 -二羟基- 4,8 -对-二甲氧基苯甲酰胺基蒽醌)等,隐色体被氧化后需要经过稀酸处理,避免皂煮时染料溶解从织物上脱落下来;还原黑 BB 原为二硝基紫蒽酮,在还原过程中,硝基被还原成氨基,染色后需要用次氯酸钠溶液氧化,才能由墨绿色转变成乌黑色。

四、皂煮后处理

染料隐色体被氧化后,需要进行水洗、皂煮等处理。皂煮的目的一方面是去除纤维表面的浮色、染色助剂,提高湿处理牢度。另一方面在皂洗过程中,染料分子发生移动聚集,形成微晶体,从而改变纤维内染料微粒的聚集、结晶等物理状态,使染着在纤维上的染料状态更为稳定,获得稳定的色光,提高染色物的色泽鲜艳度,也可以提高某些染料的日晒、耐氯等牢度。如还原蓝 2B、还原深蓝 BO、还原橄榄 R、还原橄榄 B、还原棕 RRD、还原紫 2R、还原蓝 RSN 等,只有通过皂煮才能获得稳定的色光,同时耐晒牢度有所提高。若皂煮不足,在以后洗涤过程中就容易发生色变。

浮色主要是由于染色残液没有充分去除即被氧化黏附在纤维表面形成的,它们在纤维表面呈高度的分散状态或形成胶状物,更难洗。因此,皂煮前最好先用温水冲洗,去除浮色,再皂洗,以免在高温皂煮过程中,纤维表面高度分散的染料或胶状物黏附在纤维上,难以洗去。

皂煮后某些染料的色泽会有所变化,有的很明显。如还原黄 GK 会产生深色效应(吸收

λ_{max} 从 445nm 变为 462nm)，而还原深蓝 BO 则产生浅色效应。这主要因为上染时，染料隐色体分子与直接染料一样，吸附在纤维内的孔隙壁上，并沿着纤维分子链取向。氧化后的隐色体变成不溶性的染料，它们和纤维之间的吸引力较小，处于高度分散的状态，在皂煮过程受到热和湿的作用，染料分子发生移动、形成聚集体，甚至形成微晶体，染料分子的取向也从原来与纤维链的平行状态趋向与纤维分子链垂直状态，从而引起染料吸收光谱或颜色的改变。此外，在皂煮过程中，有些染料分子还可能发生构型的变化，如 1，4 －二苯甲酰胺基蒽醌类还原染料，其吸附在纤维上的隐色体氧化后成为不稳定的亚稳态结构，经皂煮转变成一种稳定态，皂煮前后出现色泽的变化。此外，硫靛类还原染料皂煮过程中发生的分子顺式、反式异构的变化，可能也是造成色光变化的原因。

皂煮时间不宜过长，否则纤维中小晶体或小聚集体会逐渐“溶解”，而使纤维表面结晶体增大，可能导致染色物的耐摩擦牢度和水洗牢度降低。

第三节　还原染料的染色方法

还原染料的染色主要有隐色体浸染和悬浮体轧染等方法。

一、隐色体浸染

(一)染料还原和染色工艺

染料先被还原为隐色体，然后隐色体吸附上染，再经氧化、皂洗完成染色的方法，常称为隐色体染色法(leuco exhaust dyeing)。

1. 染色方法　根据染料隐色体的染色性能不同，染色方法主要分为：甲法、乙法、丙法三种。

有的染料，如还原艳绿 FFB，甲、乙、丙三种方法都可以用；含酰胺基的不能用较高温度染色，以防酰胺基水解，一般用乙法；特别容易聚集的、扩散性能差的隐色体宜用甲法，即较高的温度染色；不容易聚集的可用丙法；靛系还原染料，宜在高温还原、低温染色。

除以上三种方法外，还有甲特法、特别法等。甲特法的烧碱用量为甲法的 150％，保险粉用量及染色温度与甲法相同；特别法Ⅰ主要用于硫靛结构还原速率特别慢的染料，还原温度较高(70～80℃)，染色温度接近乙法；特别法Ⅱ又称黑色法，适用于黑色还原染料品种，还原温度为 60℃，染色温度为 80℃，可根据设备的种类、染液或被染物的循环速率、浴比、染液及被染物与空气接触的几率等，对烧碱及保险粉的用量进行调整。

2. 还原方法

(1)干缸还原法。干缸法是染料及助剂不直接加入染槽，而是先在另一较小的容器中，用较浓的碱性还原液还原，然后再将隐色体钠盐的溶液加入染浴中。

操作过程是：先将染料用少量助剂(润湿剂，或 1％拉开粉，或酒精)调成浆状，然后加入为染料 50 倍或 100 倍的热水调匀，每千克染料约用 50L 水稀释(干缸还原，染料与水量之比为干缸浴比，一般为 1∶50，对容易不正常还原的染料可扩大至 1∶100)，加入规定量烧碱的 2/3，搅匀并升温至还原温度,缓缓加入规定保险粉量的 1/2～3/4,保温还原 10～15min。在染缸加入规定量的水,升至染色温度,加入余下的烧碱和保险粉,将已还原好的染料隐色体溶液滤入染槽,搅匀后开始染色。

(2)全浴还原法。全浴法是染料直接在染浴中还原的方法,也称染缸还原法。染料被还原后即可开始染色,染料、保险粉及烧碱的浓度都相对比较低,适用于还原速率比较高的染料。

操作过程是:将还原染料用分散剂(或润湿剂)和少量温水调成均匀薄浆,再加适量水(5～10 倍)稀释、搅匀,滤入规定温度、含有规定量的烧碱和保险粉的染浴中,还原 10～15min 后进行染色。全浴法适用于隐色体溶解度低,容易碱性水解、发生过还原或脱卤的染料,如还原大红 R、还原蓝 RSN、还原蓝 BC、还原蓝 GCDN、还原湖蓝 3GK 等。

实际上许多还原染料,既可用干缸还原法,也可用全浴还原法。

(二)隐色体浸染及影响因素

隐色体浸染染浴组成为:染料、NaOH、保险粉、匀染剂(或促染剂)等。

1. 染料的选择　染色宜选用匀染性较好的染料,浸染由于液量大,为了操作方便,除适用于全浴法还原的染料外,一般都用干缸还原。拼色时,应选用染色方法相同的染料。还原染料隐色体具有较强的氢键和分子间作用力,亲和力高,初染率高,为减少染色不匀和白芯现象,一定要控制还原染料初期上染速率。

2. 烧碱用量　烧碱的作用一是中和保险粉分解产生的亚硫酸氢钠,防止染浴 pH 变化,二是保证染料的充分还原溶解,染料隐色体在强碱性条件下,方能保持稳定,所以染浴中的烧碱用量(包括干缸烧碱用量),往往高于理论用量。烧碱用量不足,染料溶解不完全,有些染料还会发生不正常的反应,一般染料隐色体聚集倾向较大的,碱浓度较高,反之碱浓度可低些。但烧碱用量也不可太多,因为染色温度低时烧碱过量也容易聚集,或者染料过多地溶解在染液,上染百分率低,色泽灰暗。

3. 保险粉的用量　染浴中的保险粉浓度随染色深度、温度、时间、浴比而定,并应考虑染色设备条件和车间通风状况,容易使保险粉分解的,浓度要高些,反之保险粉浓度可低些。一般保险粉比理论用量大 2～5 倍,而且在染色过程中,适量补充(追加)保险粉,以保证染料始终在充分还原的条件下上染。

保险粉用量不足,会产生色浅、色花疵病,且水洗牢度下降,但也不可过多,过多不仅是浪费,也会造成色光萎暗。

4. 染色温度　染色温度对染料的上染速率、上染百分率及匀染性和保险粉的用量有很大影响,并随染料的种类不同而异。一般染料隐色体聚集倾向较小的染料,扩散速率较高,上染温度较低,提高温度反会降低上染百分率;聚集倾向较大的,扩散速率较低,染色时需较高的染色温度,以提高染料扩散速率和匀染性。但有些染料,如还原蓝 RSN,染色温度过高,会发生过度还原反应。另外高温保险粉不稳定,所以染色温度不宜超过 65℃。需要高温染色的,保险粉的用量要适当增加。

5. 染色时间　染色时间对于匀染、染色牢度及上染百分率等有较大影响。染色时间短,上染百分率低,匀染不足,染色牢度也不良;但染色时间过长,虽匀染性和染色牢度好,但也增加了保险粉的消耗。染色时间一般为30～45min即可。

6. 电解质用量　染料隐色体聚集倾向不同，对食盐或元明粉的效应也不同。聚集度小的，染浴中可酌加食盐，提高上染百分率，但用量不宜过多，一般为染物重的10%～15%。聚集度较大的，亲和力和上染百分率一般也高，不需再加食盐。乙法和丙法染色的隐色体，对纤维的亲和力低，为了提高上染百分率，可加适量的电解质。

7. 染色浴比　浴比的大小与上染百分率和染化料的用量、染色设备有关。浴比大有助于匀染，但上染百分率降低，染化料耗用量大。染色浴比小，浓度过高，使部分染料溶解不良，形成色淀，沾污纤维表面，容易造成条花。染色最好用软水，对钙硬度敏感的染料遇到硬水会出现凝聚淀析等现象，染后产生色花疵病。

8. 匀染剂　对纤维亲和力高的染料，初染率高，容易染色不匀，染色时常加入缓染剂平平加或牛皮胶。平平加O在染浴中能与染料隐色体生成缔合物，随着染色的进行逐步分解释出隐色体上染纤维。这样能降低染料的上染速率，起缓染作用。牛皮胶是一种高分子动物蛋白质，在染液中能形成保护胶体，增加染液的黏稠度，使染料向纤维的吸附速度减慢，达到缓染。平平加O的用量一般为0.1～0.5g/L，牛皮胶的用量为1～4g/L。在拼色中，有时可用两种不同的缓染剂。缓染剂用量不宜太多，否则使染料残留在染液中，降低上染百分率。

二、悬浮体轧染

悬浮体轧染法（suspension pad dyeing）是将织物直接浸轧还原染料配成的悬浮体溶液，然后浸轧还原液，在汽蒸等条件下使染料还原成隐色体，被纤维吸附、上染的方法。

该方法的优点是可以克服隐色体染色初染率高和移染性能低的缺点，不会有白芯现象，特别是对于结构紧密的机织物。由于染料悬浮体对纤维无亲和力，均匀分布在纤维与纱线的表面，还原后隐色体被纤维吸附，并向纤维内扩散，具有较好的匀染性和透染性。悬浮体轧染对染料的适应性较强，工艺产量高、质量好，不受染料上染率不同的限制，因此上染率不同的染料可拼染。其工艺流程为：

浸轧染料悬浮体液→烘干→透风（降温）→浸轧还原液→汽蒸→（水洗）→氧化→（水洗）→皂煮→热洗→冷洗→烘干

浸轧染料悬浮体液，轧槽要小些，以加快染液更新速度。浸轧要均匀，应适量加渗透剂，轧液率适量小些。开车时要加浓染液，浸轧温度通常在室温。染料颗粒越小，染料悬浮液稳定度越高，对织物的透染性越好，还原速率快。染料颗粒太大会影响得色量，甚至会造成色点等疵病。在配制染料悬浮液时，一般要加入适量的分散剂，以增强染料悬浮液的稳定性，常用的分散剂有分散剂NNO、平平加O等。

烘干采用无接触式烘干，如红外、热风烘干，烘干开始时温度可高一些，然后再逐渐降低。

烘干后的织物应先冷却，再进入还原液，以防烘干后的布面过热，使还原液温度升高，导致保险粉分解损耗。还原液应保持较低温度，以保证还原液的稳定。

浸轧还原液含NaOH、保险粉、染料等，以防止织物上的染料脱落，开始时要加浓还原液浓度；只浸不轧，随后立即进蒸箱以避免保险粉损失。

浸轧还原液的织物立即进入含有饱和蒸汽(102～105℃)的还原蒸箱内汽蒸 50s 左右,使染料还原、上染。还原蒸箱进布及出布口应采用液封或汽封,防止空气进入蒸箱,过多地消耗保险粉,影响染料的正常还原。蒸箱不能滴水。

汽蒸完毕,再进行水洗、氧化和皂洗等后处理。

还原染料悬浮体轧染时,由于悬浮体颗粒的疏水性及染液中含有一定量的分散剂,烘燥时染料颗粒易发生泳移。若产生不规则泳移时,会造成织物局部浓度差异,出现染斑,并形成阴阳面。织物表面受热风或烘筒烘干时,受热面水的蒸发剧烈,为了补充表面干燥部分的水分,织物内部被水溶胀的毛细管中的水分则向受热面移动,同时染料颗粒随水分一起向受热面迁移,并在织物表面沉积,引起阴阳面、深浅色斑等染疵。织物在烘燥过程中,被水溶胀的毛细管收缩到染料颗粒尺寸大小时,染料颗粒停止泳移。染料颗粒在织物上的泳移程度与染料的平均颗粒直径、纤维的比表面积、织物总的轧液率、纤维吸附或滞留在毛细管中的染液量(非自由流动的染液)等有关。

在相同的烘干条件下,颗粒越细,泳移倾向越大。轧液率越高,表面水(游离水)含量越高,也容易产生泳移。因此,在染液中加入适量防泳移剂如海藻酸钠,降低轧液率,或采用合理的烘干方式都有利于减少烘干过程中染料的泳移。海藻酸钠主要是通过使分散的染料颗粒形成絮凝来控制泳移的。由于产生较大的絮凝体,以致不能在织物的毛细管空间中移动。均匀浸轧后的织物,烘干时一般先用红外线辐射器进行预烘,它能从内部加热、均匀去除部分水分,然后再结合热风烘燥,至含水率为 20%～30%时,再用烘筒烘干,可以防止染料的泳移。

三、靛蓝染色

靛蓝染料亦称靛青染料,国际上称为印地科(Indigo)染料,是传统牛仔布经纱染色最常用的染料。靛蓝隐色体对纤维的亲和力很低,不易染得深浓的色泽,同时移染性差,用于纱线染色时大多呈环染状(白芯),且湿摩擦牢度较差,仅能达到 1 级,因此牛仔布成衣经石磨洗或其他助剂处理,可获得均匀或局部剥色效果,显露出一定程度的白芯,形成蓝里透白"石磨蓝"、"仿旧"整理等特殊外观。

牛仔布经纱靛蓝染色常采用两种方式,一种是用片状经纱染色机(又称为浆染联合机),纱线染色时以相互平行的状态呈片状行进,且纱线染色与色纱上浆可以在同一设备上完成;另一种是用绳状染色机(又称为球经染色机),纱线染色时以数百根经纱聚集在一起的绳状方式进行,可以克服片状染色机由于横向挤压不匀而导致边、中、边色差、条花等染疵,具有透染性好、匀染程度高、染色牢度好的优点,生产效率是浆染联合机的 2～3 倍。

靛蓝染料的染色也包括染料还原、隐色体上染、隐色体氧化及后处理四个过程。靛蓝染料的还原方法一般采用发酵法、保险粉法及二氧化硫脲法等,其中保险粉法应用最普遍,而二氧化硫脲法则具有较好的发展前景。

由于靛蓝隐色体对棉纤维的亲和力低,上染困难,若采用提高染液浓度和温度的方法来促使上染,不但会使纱线色光泛红、色泽鲜艳度变差、色光不稳定,同时还会造成大量浮色,降低色纱的耐摩擦牢度。因此经纱染色时,一般都采用低浓、常温(或低温),多次浸轧、氧化的连续染色方法。即每浸轧染液一次，氧化后再进行第二次浸轧染色，依次类推，经过 6～8 次染色方能达到所需的色泽深度。

染色时，吸附在纤维表面的隐色体向纤维内部扩散，当纱线离开染液后，因碱性减弱，隐色体钠盐即水解成隐色酸，与空气接触时，即被氧化成不溶性的靛蓝染料固着在纤维上。由于靛蓝隐色酸的氧化较容易，因此，一般都采用空气氧化法。经纱用靛蓝染色后，一般都不需皂煮，因为靛蓝隐色体氧化后，染料在纱线上已呈结晶状态，且皂煮前后色光变化不大，因此只需要充分的水洗，即可达到染色的要求。

四、还原染料染色新技术

还原染料染色时，要使用保险粉等还原剂使其还原，才能完成上染过程。染色工艺繁杂，染浴稳定性差，难以控制，另外保险粉分解所产生的硫酸盐及亚硫酸盐对环保有较大的影响。因此，近年来人们不断研究开发新型还原方法，以降低保险粉用量或代替传统的保险粉还原染色法。主要包括染料的催化加氢预还原、电化学还原技术及超声波还原等。

1. 催化加氢预还原 催化加氢预还原（electrocatalyitc hydrogenation reduction）是在氢气压力为 0.2～0.4MPa、温度 60～90℃的条件下，采用阮内镍作为催化剂，对碱性、浆状靛蓝染料进行预还原。预还原的靛蓝染料在贮存及供应过程中应在氮气保护下进行。在染色过程中，只需加入少量还原剂保持染液的还原稳定性就可直接使用，因此大大降低了化学还原剂如保险粉的用量，而且洗涤用水可以经过超滤后循环使用，因此降低了污水排放量及染色成本。

催化加氢预还原是靛蓝生产过程中环境友好的制备方法。电催化氢化的原理可用靛蓝的电催化氢化反应表示。在碱性介质中，水在阴极还原生成吸附活性氢原子，此活性氢原子催化靛蓝分子的羰基加氢，在 NaOH 碱性介质中生成靛蓝隐色体钠盐。副反应主要是析氢反应，即吸附的氢原子放电或混合生成氢气，从而降低了电解效率。催化加氢虽然具有环保和生态效益，但由于其还原速率慢、还原的不稳定性、需要高压容器等缺点，所以到目前为止还不能大规模应用于工业生产。而且因为需要在一定的氢气压力和催化剂下进行，存在爆炸的危险，不适合印染厂的现场染色工艺，只能由染料厂为印染厂提供商品级的预染料还原染料。

2. 电化学还原 电化学还原（electrochemical reduction）是一种可选择的替代保险粉的新型还原技术。染料还原染料的电化学还原染色方法是环境友好的新型染色方法，具有还原剂使用量少或不使用还原剂、排放的废水少、染色过程易于控制等特点，是一种可供选择的替代保险粉的新型还原技术。电化学还原染色包括直接电化学还原染色和间接电化学还原染色。一般采用间接电化学还原，若采用直接电化学还原，由于染料颗粒不溶于水，染浴中的染料颗粒必须和阴极表面直接接触，才能获得电子而发生还原反应，在技术上难以实现。

电化学还原，如由 Pt 为阳极、Cu 为阴极，使用由 Fe(Ⅱ)—三乙醇胺（TEA）组成的能再生的还原体系。阴极的还原能力通过可溶性的可逆氧化还原系统（媒介物）而转移到溶液中，使染料在阴极区被还原，这个可逆的氧化还原系统在阴极不断地再生，因而获得了还原剂的更新。例如，用三乙醇胺或 D-葡萄糖酸为配位体的铁盐络合物作媒介物（电子载体），可以完成电极和染料颗粒表面电子转移的还原过程。铁(Ⅱ)—三乙醇胺络合物的还原机理如下：

$$Fe(X)_n^{3+} + e \rightleftharpoons Fe(X)_n^{2+} \qquad \text{阴极还原}$$

$$D(\text{还原染料}) + 2Fe(X)_n^{2+} \rightleftharpoons D^{2-}(\text{染料隐色体}) + 2Fe(X)_n^{3+} \qquad \text{染料还原}$$

如图5－2所示，3价铁配合物从阴极获得电子变成2价铁配合物，2价铁配合物将不溶于水的氧化态染料还原成可溶于水的还原态染料被纤维吸附并向纤维内扩散，2价铁配合物在还原染料的同时又被氧化成3价铁配合物，从而完成一个循环。两极组成的电化学染浴对染料起到还原作用，无电极组成电化学还原体系染料无法上染纤维。

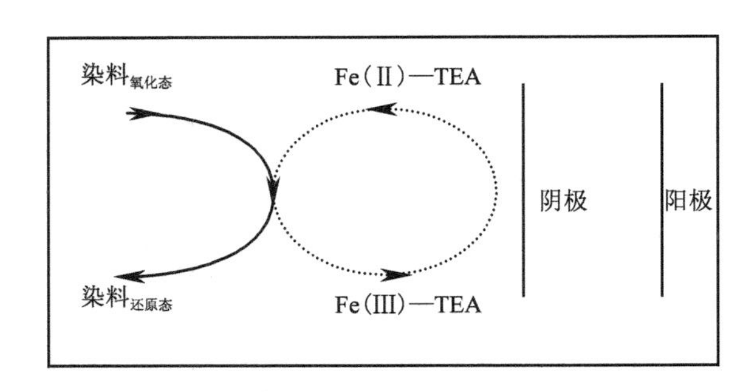

图5－2　染料的电化学还原机理

由于铁(Ⅱ)—胺络合物在碱性溶液中具有充分的还原电位，可以获得较保险粉更高的还原速率。可以通过测量染浴还原电位直接了解染料的还原状态，控制还原条件。用电化学染色的织物与保险粉还原染色的相比，在染色温度60℃、还原电位值在－900mV或更低时，会获得最小差异的CIE Lab坐标和最高的染浴上染率。当然，还原温度高时，某些染料也会产生不正常的还原现象，如过度还原及水解等。

由于还原剂可以通过阴极的还原作用不断地再生，不会失去化学活性，用过滤器去除氧化的染料之后，染浴可以循环使用，改善了染色过程的控制和重现性，染色效果和传统方法相似。与保险粉作为还原剂的常规还原技术相比，电化学还原法化学物质用量少，减少了还原剂分解物对环境的污染，废水处理简单，成本降低。

除采用氧化还原媒介物的间接电化学还原工艺外，在采用靛蓝自由基的靛蓝染料直接电化学还原、电化学催化加氢还原以及在石墨电极上的靛蓝直接电化学还原等工艺方面也取得了一定进展。通过电化学作用提高保险粉在染浴中的稳定性以及保险粉的还原能力再生也是人们研究的方向。

3. 超声波还原　近年来，不断涌现出新的还原染色技术。在染料还原过程中，超声波对不溶性的染料悬浮体颗粒具有较强的粉碎作用，增加染料颗粒与还原剂的反应面积；同时超声波有类似搅拌的作用，利于增加两者的接触，因此能大大提高还原速率，提高染料的上染速率和上染百分率，降低保险粉及染料用量，同时还可以降低染色温度及烧碱用量，因为部分烧碱是用来中和由于过量保险粉分解所产生的酸性物质硫酸氢钠的。

第四节 可溶性还原染料的染色

由还原染料隐色酸制得的可溶性硫酸酯钠盐或钾盐，可以在弱碱性浴中对纤维素纤维直接上染，在酸性浴中对蛋白质纤维进行染色，上染以后，在酸性浴中用氧化剂处理，便可恢复成原来的还原染料固着在纤维上，该类染料称为可溶性还原染料。由靛族类还原染料制得的隐色酸硫酸酯盐称为溶靛素，由稠环酮类还原染料制得的隐色酸硫酸酯盐称为溶蒽素。两者统称印地科素(Indigosol)。可溶性还原染料上染后转变成原来的还原染料母体的过程称为显色。

可溶性还原染料与相应的还原染料隐色体相比，具有较低的亲和力，但扩散性好，容易染得均匀的色泽，且使用方便。但由于价格较高，染深性差，因此主要用于纤维素纤维织物浅色产品的染色和印花。

一、可溶性还原染料的染色性能

可溶性还原染料可溶于水，其溶解度和硫酸酯基团在整个分子中所占的比例有关。例如，溶蒽素蓝 IBC 含有四个硫酸酯钾盐，具有很高的溶解度，而溶蒽素绿 IB 及溶靛素棕 IRRD 属于二硫酸酯盐，溶解度比较小。此外，可溶性还原染料的溶解度随分子中卤化程度的增加而降低。溶解度低的可加一些助溶剂，如乙二醇、乙醚、二甘醇等。由于可溶性还原染料主要用于染淡色，因此其溶解度对染色性能影响不大。

可溶性还原染料上染纤维素纤维的原理与直接染料和还原染料隐色体相似，与纤维主要通过氢键和范德瓦尔斯力结合，但其亲和力较对应的还原染料隐色体要低，除了其亲水性较高以外，其隐色体中的 $\rangle C{-}O^-$ 转换成 $\rangle C{-}OSO_3^-$ 后，使共轭效应和生成氢键的能力减弱，降低了染料的直接性。由于可溶性还原染料对纤维素纤维的亲和力比较低，扩散速率比较高，聚集倾向小，在浸染和卷染时应采用较低的温度，同时要加入适量食盐或元明粉促染，以提高上染百分率。

可溶性还原染料在中性及稀碱性溶液中很稳定，在通常温度(如 20～100℃)下不会发生显著水解。在冷的稀酸溶液中只要没有氧化剂同时存在，一般也比较稳定。但在热或有氧化剂存在下不稳定，它们在稀硫酸或醋酸溶液中就会转变为原来的还原染料色淀析出。

可溶性还原染料对还原剂的稳定性很好，常用的还原剂如保险粉还可以提高染液的稳定性。对氧化剂的稳定性和介质的 pH 值有很大关系，碱性条件下比较稳定；在酸性条件下，会发生水解、氧化而显色，变成原来的还原染料。因此在纤维素纤维染色中一般都用亚硝酸钠为氧化剂，羊毛染色中则用重铬酸盐为氧化剂。

二、可溶性还原染料的显色机理

关于可溶性还原染料的显色机理，最初认为是分两步进行的，即硫酸酯先水解成隐色酸，然

后再被氧化成还原染料母体,反应如下:

$$NaO_3S—O—D—O—SO_3Na+2H_2O \longrightarrow HO—D—OH+2NaHSO_4$$

$$HO—D—OH \longrightarrow O=D=O+H_2O$$

实际上,第一步的水解及第二步没有空气存在时亚硝酸对隐色酸的氧化速率都比较缓慢。用亚硝酸显色时,若有氧存在或在显色液中加入一些过氧化氢,可使显色速率大为增加。1955年,约翰逊(A. Johnson)对模型化合物如蒽醌磺酸隐色体硫酸酯的显色动力学进行了深入研究。结果表明:在与空气接触的条件下用亚硝酸显色时,隐色酸酯先发生缓慢的水解,生成隐色酸,再和空气接触发生氧化并产生过氧化氢,过氧化氢也使隐色酸氧化并产生 HO·游离基,而 HO·游离基可直接将隐色酸酯氧化成染料母体,显色速率不受水解速率的限制。整个反应过程如下:

$$\text{(OSO}_3\text{H)}_2\text{-苯环} \xrightarrow[\text{缓慢}]{H^+,H_2O} \text{(OH)}_2\text{-苯环} + 2H_2SO_4$$

$$\text{(OH)}_2\text{-苯环} + O_2 \longrightarrow \text{醌} + H_2O_2$$

$$\text{(OH)}_2\text{-苯环} + 2H_2O_2 \longrightarrow \text{醌} + 2HO\cdot + 2H_2O$$

$$\text{(OSO}_3\text{H)}_2\text{-苯环} + 2HO\cdot \longrightarrow \text{醌} + 2H_2SO_4$$

而在亚硝酸溶液中,过氧化氢和亚硝酸作用生成过亚硝酸:

$$H_2O_2 + HONO \longrightarrow H_2O + HOONO$$

过亚硝酸又分解生成 HO·游离基,使隐色酸硫酸酯显色:

$$HOONO \longrightarrow HO\cdot + \cdot ONO$$

上式所生成的·ONO 游离基和亚硝酸作用又生成过亚硝酸:

$$HONO + \cdot ONO \longrightarrow HOONO + \cdot NO$$

这样便形成不断产生游离基 HO·的连锁反应。与此同时,·ONO 会发生分子重排生成·NO_2,后者和 HO·结合生成硝酸而使反应中止。

$$\cdot ONO \longrightarrow O=\dot{N}=O$$

$$HO\cdot + O=\dot{N}=O \longrightarrow HONO_2$$

若有过量的亚硝酸存在，· ONO 会优先和亚硝酸作用生成过亚硝酸而失去重排的机会。因此用亚硝酸显色时，其用量应适当过量。

此外，隐色酸硫酸酯对光较敏感，遇到日光会分解为原来的不溶性还原染料，因此可溶性还原染料一般应避光密封保存。

三、可溶性还原染料的染色工艺

可溶性还原染料用于纤维素纤维织物的染色，主要有卷染和连续轧染两种方式。

（一）卷染

卷染时，织物在加有亚硝酸钠的中性或弱碱性染液中上染，染色温度根据染料的直接性、溶解性和扩散性而定。对于直接性低、溶解性及扩散性好的染料，为了获得较高的上染百分率，可采用较低的温度（如 20～40℃）进行染色。而对于直接性高、溶解性及扩散性差的染料，宜采用较高的上染温度（如 60～70℃或 90～95℃），不但在较短时间内可获得较高的上染百分率，同时有利于匀染和透染。对于亲和力比较低的染料，可以在染浴中酌加适量的食盐或元明粉，提高上染百分率。若染液中加入 0.5～2g/L 的纯碱，可以抵消空气中酸性气体的影响，有利于染液的稳定。

显色液一般为硫酸溶液，硫酸的用量根据染料用量和显色性能而定，一般 97.7%（66°Bé）硫酸的浓度为 20～25mL/L。显色速率高的可在 40℃左右显色约 10min，显色速率慢的可适当提高显色温度至 60℃或 70℃。有些染料分子中含有氨基和亚氨基，在过量酸和亚硝酸钠的作用下，可能会发生重氮化或亚硝化反应，并进一步分解，使染料结构发生变化，而且难以挽回，所以显色液的浓度和温度都不应过高。蓝蒽酮结构的染料，发生过氧化时会生成吖嗪结构，用还原剂处理可以恢复成原来的颜色。在显色液中加入尿素或硫脲（0.5～2g/L），可以和显色液中过剩的亚硝酸反应，防止易过氧化的染料产生过氧化。反应式为：

$$CO(NH_2)_2 + 2HNO_2 \longrightarrow CO_2\uparrow + 2N_2\uparrow + 3H_2O$$

$$CS(NH_2)_2 + 4HNO_2 \longrightarrow SO_2\uparrow + 3N_2\uparrow + 4H_2O + CO_2\uparrow$$

同时，由于亚硝酸温度高时易分解而产生有毒的二氧化氮，加入尿素或硫脲有利于减少二氧化氮气体的逸出。

显色后的织物要进行水洗和皂煮，以提高染色牢度和获得稳定的色泽。

（二）连续轧染

连续轧染特别适合浅色产品，生产效率高。轧染液中一般含有染料、亚硝酸钠、纯碱、渗透剂等。其工艺过程为：

浸轧染液→烘干→浸轧显色液→透风（10～20s）→冷水洗→中和→皂洗后处理→烘干

亚硝酸钠用量一般为 5～10g/L、纯碱为 0.5～1g/L，可以提高轧染液的稳定性。轧染液温度一般为 60℃左右，轧液率为 70%～80%。始染液必须加水冲淡，以避免初开车时得色较深的缺点，一般加入量为 20%～40%。拼染的染料应尽量选用直接性和氧化速率相近的品种，这样可以获得稳定的色光。

显色液中 97.7%（66°Bé）硫酸的浓度为 10～20mL/L，温度为 25℃左右，显色速率慢的可提高到 60～70℃，轧液率为 90%～100%。为了防止溶落在显色液中所形成的不溶性染料黏附在织物上形成色斑,可加入适量的分散剂,如平平加 O。浸轧显色液后的透风是为了延长染色时间,使染料充分显色。透风后的织物要经过充分的水洗和皂洗。

复习指导

1. 了解还原染料的结构特点和染色原理,掌握染色适用的纤维,染色牢度等内容。

2. 掌握隐色体浸染和悬浮体轧染的染色工艺过程和条件分析,染色还原剂的结构、性质,并了解反应历程。

3. 掌握染料的还原电位、还原速率和染料结构的关系,影响还原速率的因素,隐色体的稳定性和溶解性与染料结构和还原条件的关系,染料的过还原等内容。

4. 掌握隐色体浸染染色方法分类及工艺条件,亲和力和染料结构的关系,温度和电解质效应等内容。

5. 掌握隐色体氧化反应、条件和过氧化等内容。了解皂煮的目的、条件和作用。

6. 了解可溶性还原染料的染色工艺过程及工艺条件。

思考题

1. 名词解释

还原染料、隐色体浸染、悬浮体轧染、干缸还原、全浴还原、隐色体电位、半还原时间。

2. 简述还原染料的染色机理。还原染料的染色过程有哪几个基本步骤?

3. 影响还原染料还原速率的主要因素有哪些?

4. 还原染料有几种染色工艺?各有什么特点?浸染的染色温度主要根据哪些因素决定?

5. 还原染料隐色体浸染有哪几个步骤?分析各步骤加入的试剂及其作用、染色中注意的问题。

6. 还原染料悬浮体轧染常见问题有哪些?如何控制?

7. 写出还原金黄 GK、艳桃红 R 的还原反应历程,并比较它们的还原电位高低。

8. 还原染料常有哪些不正常的还原现象产生?举例说明。

参考文献

[1] 王菊生. 染整工艺原理:第三册[M]. 北京:纺织工业出版社,1984.

[2] ALAN J. The theory of coloration of textiles [M]. Second edition. The Society of Dyers and Colourists, 1989.

[3] Sampath M R. Dyeing of vat dyes[J]. Colourage, 2002, 49(4): 101 - 106.

[4] Aspland J R. Vat dyes and their application[J]. Textile Chemist and Colorist, 1992, 24 (2): 27 - 30.

[5] Chares M Horne, Honex, Chapel Hill. A review of vat dyeing on cotton yarns[J]. Textile Chemist and Colorist, 1995, 27 (10): 27 - 32.

[6] 赵涛. 染整工艺学教程(第二分册)[M]. 北京:中国纺织出版社,2005.

[7] 钱崇濂. 棉纱线还原染料染色的匀染问题[J]. 纺织导报,2006(1):70 - 71.

[8] An on the influence of vat dyes particle size on colour yield and industrial washfastness[J]. Textile Chemist and Colorist,1991, 23 (2):16 - 20.

[9] 陶乃杰. 染整工程(第二册)[M]. 北京:纺织工业出版社,1990.

[10] 黄立,译. 在还原染料染色中连二亚硫酸钠(保险粉)的有效使用[J]. 印染译丛,1990,3:1 - 5.

[11] 张萍. 还原染料纱线染色及疵病防范[J]. 印染,2007(6):20 - 22.

[12] 尹钟民,译. 还原染料的轧卷染色法——小批量差别化加工[J]. 印染译丛,1991,2:7 - 11.

[13] 李毅. 牛仔布生产与质量控制[M]. 北京:中国纺织出版社,2002.

[14] Etters J N. Equilibrium sorption isotherms of indigo on cotton denim yarn[J]. Textile Research Journal,1991, 61(12): 773 - 776.

[15] Albert Roessler. State of the art technologies and new electrochemical methods for the reduction of vat dyes[J]. Dyes and Pigments, 2003,59(3): 223 - 235.

[16] Etters J N. Chemical conservation in indigo dyeing of cotton denim yarn[J]. Textile Chemist and Colorist, 1999, 31(2):32 - 34.

[17] Etters J N. Alkalinity studies of commercial denim fabrics[J]. American dyestuff Reporter,1998, 87 (5):24.

[18] Roessler A. Electrocatalytic hydrogenation of vat dyes [J]. Dyes-and-Pigments, 2002, 54 (2): 141 - 146.

[19] Bechtold T. Indirect electrochemical reduction of dyes in dyeing bath:WO9015182[P]. 1990.

[20] Bechtold T,Burtscher E. Multi-cathode cell with flowthrough electrodes for the production of iron(II)-triethanolamine complexes[J]. Journal of Applied Electrochemistry,1997,27(9):1021.

[21] Bechtold T. The reduction of vat dyes by indirect electrolysis[J]. J. S. D. C. ,1994,110(1):14.

[22] Roessler A,Crettenand D,Dossenbach O. Electrochemical reduction of indigo in fixed and fluidized beds of graphite granules[J]. Journal of Applied Electrochemistry. 2003,33(10):901.

[23] Roessler A,Xiunan Jin. State of the art technologies and new electrochemical methods for the reduction of vat dyes[J]. Dyes and Pigments,2003,59(3):223.

[24] Walter M,Otmar D. Method and apparatus for electrocatalytic hydrogenation of vat dyes and sulfur dyes:WO 2003054 286[P]. 2003.

[25] Schrott W. Electrochemical dyeing [J]. Textile Asia , 2004(2): 45 - 47.

第六章　酸性染料、酸性媒介染料及酸性含媒染料染色

第一节　引　言

酸性染料(acid dyes)通常是以磺酸钠盐的形式存在，极少数以羧酸钠盐形式存在。由于这类染料在发展的初期需要在酸性条件下染色，所以习惯上将这类染料称为酸性染料。酸性染料结构比较简单，多数为单偶氮结构，少数为双偶氮结构，染料分子中缺乏较长的共轭体系，分子芳环共平面性或线性特征不强，对纤维素纤维的直接性很低，只有少数结构复杂的染料可以上染纤维素纤维。酸性染料主要应用于羊毛、蚕丝等蛋白质纤维以及聚酰胺纤维的染色和印花。此外，还应用于维纶、皮革、纸张、木材、食品的染色或着色和制备墨水等。

酸性染料是一类很重要的染料，其品种很多，具有色谱齐全、色泽鲜艳等特点。酸性染料的湿处理牢度和耐光色牢度随品种的不同而有很大的差异，其中结构较简单、含磺酸基较多的品种湿处理牢度较差，一般中深色都必须经过固色处理，方能达到湿处理牢度要求。

酸性媒介染料(acid mordant dyes)是一类能与金属媒染剂形成螯合结构的酸性染料。由于其染色过程除包括在正常的酸性条件下染色外，还包括金属盐媒染一步，故在染料分类和染料索引中单独列出，称为酸性媒介或媒染染料。酸性媒介染料可溶于水，能在酸性溶液中上染蛋白质纤维和聚酰胺纤维，上染纤维的染料与金属媒染剂作用形成螯合物后，便具有很高的耐湿处理牢度和耐光色牢度。常用的媒染剂是重铬酸盐。该类染料的缺点是染色废水中含有六价铬离子，易造成环境污染；染色物色泽不鲜艳；后媒染法需经两个工序，过程长，化学损伤较严重，影响纤维的手感及纺纱性能。这类染料价格便宜，耐洗和耐光色牢度高，所以是羊毛(包括散毛、毛条、匹料)染色用的重要染料。由于色泽不鲜艳，它们常用来染一些灰暗的颜色。在蚕丝绸染色方面，因其色泽较暗，染色工艺复杂，容易引起丝纤维损伤，故极少使用。而用于锦纶染色时，除了工艺复杂和色光较暗外，如果染后纤维上的媒染剂去除不净，极易引起经日光曝晒后锦纶强力明显下降，故也极少使用。

酸性含媒染料或金属络合染料(metal complex dyes/pre-metallized acid dyes)是分子中已含有金属螯合结构的酸性染料，即合成时已将金属离子引入染料。所含金属离子一般是铬离子，少数是钴离子。在染料索引中，酸性含媒染料属于酸性染料之列。这类染料在染色时不再需要媒染处理。它们的色泽鲜艳度介于酸性媒介染料和酸性染料之间。优点是染色简便，具有较高的耐洗、耐光、耐缩绒等牢度，是羊毛和蚕丝染色常用的染料，在锦纶染色中也有较多的应用。

酸性媒介染料染色存在严重的含铬废水排放问题、金属络合染料在某些使用条件下的稳定性问题、染料中游离的金属问题等均严重影响着染色纺织品是否符合环保法规指标，采用高坚牢度的酸性染料、活性染料取代酸性媒介染料和酸性含媒染料，是解决现有酸性媒介染料和酸性含媒染料存在的生态问题的主要途径。

第二节　酸性染料的分类

一、酸性染料按应用分类

酸性染料按染色 pH 值、匀染性、湿处理牢度等应用性能的不同，可分为强酸性浴染色酸性染料、弱酸性浴染色酸性染料和中性浴染色酸性染料三种类型，或分为匀染性酸性染料（acid levelling dyes）、半耐缩绒性酸性染料（half milling acid dyes）或半匀染性酸性染料（half levelling acid dyes）、耐缩绒性酸性染料或非匀染性酸性染料三种类型。

从匀染性酸性染料到耐缩绒性酸性染料，染料相对分子质量、对纤维的亲和力、湿处理牢度逐渐增加，但染料分子中磺酸基所占比例、移染性、匀染性、溶解度逐渐降低。酸性染料的匀染性和湿处理牢度呈反比关系。酸性染料应用分类及主要应用性能的比较见表 6－1。

表 6－1　酸性染料的应用分类及主要应用性能

性　　能	强酸性浴染色的酸性染料	弱酸性浴染色的酸性染料	中性浴染色的酸性染料
分子结构	较简单	较复杂	较复杂
相对分子质量	小	中等	较大
磺酸基在分子中的比例	较大	较小	小
溶解性	好	稍差	差
在溶液中的聚集度	基本不聚集	聚集	低温聚集
对纤维的亲和力	较小	较大	很大
匀染性	好	中等	差
移染性	好	较差	很差
染液 pH 值	2.5～4	4～5	6～7
染羊毛常用酸剂	硫酸	醋酸	硫酸铵
元明粉的作用	缓染	缓染作用小	促染
湿处理牢度	很差	中等	较好
耐缩绒性	不好	较好	很好

二、酸性染料按结构分类

从化学结构上来看，酸性染料可分为偶氮类（azo dyes）、蒽醌类（anthraquinone dyes）、三芳甲烷类(triphenylmethane dyes)、呫吨或氧杂蒽(xanthene dyes)和吖嗪或氮杂蒽(azine dyes)等杂环类(heterocyclic dyes)、硝基亚胺类(nitro dyes)、靛族类(indigoid dyes)、酞菁类(phthalocyanine dyes)等类别。其中,偶氮染料品种最多,蒽醌和三芳甲烷染料次之,其他染料品种和生产量很低。

偶氮类酸性染料色谱较齐,包括黄、橙、红、藏青、棕色、黑色等各种颜色,以黄、橙、红色为主,深色较少,蓝色品种主要是藏青色,紫色和绿色品种的鲜艳度不高。偶氮酸性染料多数为单偶氮类,少数为双偶氮类;偶氮基增加,染料色光趋向深暗。

在偶氮酸性染料中,一般含有苯环或萘环结构简单的单偶氮染料为强酸性染料,如酸性嫩黄 2G、酸性橙Ⅱ等。其中,吡唑酮结构的偶氮染料在嫩黄色酸性染料中占有重要的地位。强酸性染料分子特别短小,磺酸基所占的比例大,结构简单,对纤维的亲和力低,移染性和匀染性好,缺点是需要在较低的 pH 值条件下染色,且湿处理牢度差。事实上,只有那些色泽鲜艳度要求特别高、洗涤次数少的毛线、女衣呢等才采用强酸性染料染色。

偶氮类弱酸性染料结构相对较复杂,相对分子质量比强酸性染料大,一般是在强酸性染料基础上通过增加染料的有机部分而成,通常具有以下几种结构特征:

(1)在强酸性染料分子的适当位置引入长链烷基、苯甲氧基、苯磺酰基、环己烷基等,这样既可以提高染料的湿处理牢度,又不会显著改变染料的色泽或降低色泽鲜艳度,如弱酸性桃红 BS 和弱酸性艳红 B。

(2)双偶氮结构,该类染料结构比第一种染料复杂,相对分子质量更大。在双偶氮弱酸性染料中,有些染料(如弱酸性嫩黄 G)的偶氮基之间没有连贯的双键连接,它们像单偶氮染料那样,具有较浅而鲜艳的颜色,但具有较高的湿处理牢度。也有一些双偶氮弱酸性染料(如弱酸性藏青 5R),它们的偶氮基之间由共轭系统连接起来,这些染料大多为苯或萘的 1,4 -双偶氮衍生物,它们除了具有较好的湿处理牢度外,还有深色效应。

(3)同时具有上述两种染料的结构特征,即这些染料既是双偶氮染料,又增加了某些有机基团,如 Sandolan 棕 N—2RL。

蒽醌类酸性染料,除了含有磺酸基外,在 α 位上一般含有 2～4 个氨基、芳氨基、烷氨基和羟基。大多以紫、蓝、绿色为主,深色居多,尤以蓝色为最多。这类染料色泽鲜艳,耐光色牢度较好,匀染性和湿处理牢度随结构的变化而不同,蓝色和绿色染料广泛应用于羊毛、蚕丝和锦纶的染色。

三芳甲烷酸性染料一般为氨基三芳甲烷结构,并至少含有两个磺酸基,其中一个磺酸基与氨基形成内盐,剩余的磺酸基可保证染料的水溶性。该类染料大多以浓艳的紫、蓝、绿色为主,色泽特别鲜艳,但耐光色牢度较差,不超过 4 级,很多品种只有 1 - 2 级。有些染料对酸、碱、中性电解质、氧化剂、还原剂、温度等条件极为敏感,常因不适当的条件而出现聚集、水溶性下降、变色和消色,造成严重的染色质量问题。

杂环类酸性染料中比较重要的是呫吨(氧杂蒽)和吖嗪(氮杂蒽)染料,另还有喹啉、氨基酮类等。呫吨类酸性染料大多为色泽鲜艳、耐光色牢度很差的玫瑰红和红紫色,如酸性红 XGN、酸性玫瑰红 B(即酸性玫瑰精 B 或罗达明 B),玫瑰红染料带有荧光,非常娇艳,只适用于色泽要求特别鲜艳而牢度要求低的产品染色。叫嗪类酸性染料具有较好的耐光色牢度，大多为深色。

第三节 酸性染料对羊毛、蚕丝和锦纶的上染原理

一、羊毛、蚕丝和锦纶的两性性质与染料上染机理

羊毛和蚕丝等蛋白质纤维是由氨基酸通过肽键相结合的天然聚酰胺纤维，锦纶属于合成聚酰胺纤维。羊毛和蚕丝等蛋白质纤维大分子侧链上含有大量的氨基和羧基，锦纶的纤维分子链两端分别为氨基和羧基。氨基和羧基使得这些纤维具有两性性质，如以 $H_2N—F—COOH$ 代表纤维，则在水溶液中氨基和羧基发生离解，形成两性离子 $^+H_3N—F—COO^-$。随着溶液 pH 值的变化，氨基和羧基的离解程度不同，纤维净电荷也不同。当 pH 值较低（低于纤维等电点）时，质子化氨基的数量大于离子化羧基的数量；随着 pH 值的升高，质子化氨基的数量减小，离子化羧基的数量增加；当 pH 值较高（高于纤维等电点）时，离子化羧基的数量大于质子化氨基的数量。当溶液的 pH 值在某一值时，纤维中质子化的氨基和离子化羧基数量相等，此时纤维大分子上的正、负离子数目相等，纤维的净电荷为零，即呈电中性，处于等电状态，此时溶液的 pH 值称为纤维的等电点（pI）。羊毛和蚕丝（丝素）等电点时的 pH 值分别为 4.2～4.8 和 3.5～5.2。当溶液 pH 值低于等电点时，蛋白质纤维和聚酰胺纤维带正电荷；当溶液 pH 值高于等电点时，纤维带负电荷。蛋白质纤维和聚酰胺纤维随溶液 pH 值的不同，其带电情况如下：

$$\underset{pH<pI}{\begin{matrix} ^+NH_3 \\ | \\ F \\ | \\ COOH \end{matrix}} \underset{H^+}{\overset{OH^-}{\rightleftharpoons}} \underset{pH=pI}{\begin{matrix} ^+NH_3 \\ | \\ F \\ | \\ COO^- \end{matrix}} \underset{H^+}{\overset{OH^-}{\rightleftharpoons}} \underset{pH>pI}{\begin{matrix} NH_2 \\ | \\ F \\ | \\ COO^- \end{matrix}}$$

不同 pH 值下蛋白质纤维和聚酰胺纤维所带净电荷的性质对其他离子（包括染料离子）在纤维上的吸附影响很大。随着染液 pH 值的不同，酸性染料可以与蛋白质纤维和聚酰胺纤维分别以离子键或范德瓦尔斯力和氢键的结合方式而上染纤维。

酸性染料对蛋白质和聚酰胺纤维的染色绝大多数是在酸性条件下进行的。在染液中，酸性染料 NaD 离解成 Na^+ 和 D^-，染液中还有 H^+、Cl^-（或 SO_4^{2-}）离子（如加入盐酸和硫酸调节染液 pH 值，加入氯化钠和硫酸钠调节染色速率）。H^+ 在纤维上发生吸附时，必然伴随着相当数量的阴离子一起进入纤维中，阴离子 Cl^- 和 D^- 可对纤维上的 $—NH_3^+$ 发生吸附。由于对纤维的亲和力和扩散速率不同，它们在染液中的浓度随时间变化的情况也就不同。会田等对 C. I. 酸性黄 23 在蚕丝上的上染过程进行研究，染液中各种离子浓度随时间的变化如图 6－1所示。由图 6－1可知，H^+ 对蚕丝的吸附速率最快，因而染液中 H^+ 浓度降低得快，其浓度很快降为一常数。随着 H^+ 在蚕丝上的吸附，为了保持纤维的电中性，Cl^- 和 D^- 离子也随之在纤维上发生吸附。氯离子扩散速率远比染料阴离子快，故在最初阶段染液中氯离子浓度的降低速率比染料阴离子快。但由于染料阴离子对纤维的亲和力高于氯离子，稍后染料阴离子就会逐步将氯离子从

纤维上取代下来，即发生了离子交换作用。因此，染液中氯离子的浓度在经过一段较短时间的下降后，随后便重新逐渐升高；而染液中的染料浓度则缓慢地下降。整个吸附过程可简单地表示如下：

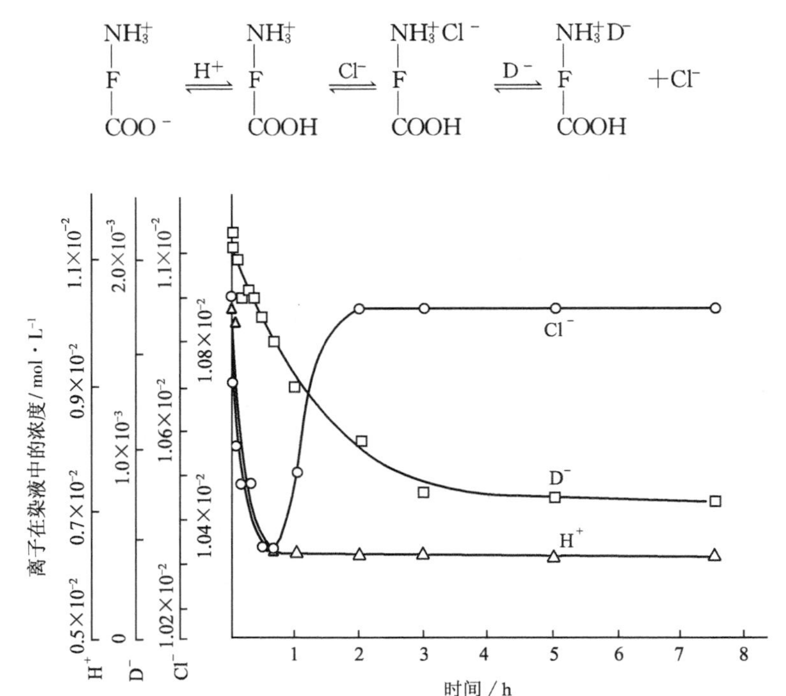

图 6－1　C. I. 酸性黄 23 上染蚕丝时各离子浓度随时间的变化

可以说，当染液 pH 值小于纤维等电点时，酸性染料阴离子被蛋白质纤维和聚酰胺纤维上带正电荷的氨基所吸引，或者说酸性染料常常借助于离子键的结合而染着于纤维上。尽管酸性染料阴离子较氯离子或硫酸根离子对纤维有更高的亲和力，能在很大程度上将氯离子从纤维上取代下来，然而这种较大的亲和力是不可能由离子本身的电性所产生，而是因为染料分子和纤维之间除离子键结合外，还存在其他形式的结合力，例如，范德瓦尔斯力和氢键，特别是范德瓦尔斯力起的作用往往是非常重要的。除此之外，染料在纤维上发生吸附，也使体系的熵值发生了变化。染料分子中的疏水部分在溶液中会增加水的“类冰”结构，从而增加了染料离子在染液中的化学位，提高了染料上染时的亲和力，这也是染料离子能取代简单无机离子的一个重要原因。

由染料在 pH 值低于纤维等电点时的上染过程分析可知，加入食盐或硫酸钠，必然会延缓染料离子与氯离子或硫酸根离子的交换，从而起到缓染作用，提高匀染性。如果染料阴离子对纤维的亲和力不是十分大，例如，强酸性浴染色的酸性染料对羊毛的亲和力相对较低，则加入氯化钠或硫酸钠等中性电解质就足以获得良好的匀染效果。另外，加入中性电解质还能促使已吸附的染料从纤维上解吸下来，从而有利于增进染料移染，提高匀染效果。对于弱酸性浴和中性浴染色的酸性染料而言，如果在 pH 值低于纤维等电点时染色，由于其亲和力大于强酸性浴染色的酸性染料，因此往往要选用对纤维亲和力更大的阴离子有机物作匀染剂。

强酸性酸性染料染羊毛是在强酸性染浴中进行的，弱酸性酸性染料与强酸性酸性染料的结构不同，它们的染色条件也有差异，染浴的 pH 值视染料品种、染色对象、染色深度和染色加工要求等而有所不同，可以在弱酸性条件下染色，也可以在近中性条件下染色。

中性浴染色的酸性染料在近中性条件下染色，由于具有两性性质的纤维带有较多的负电荷，酸性染料阴离子必须克服较大的静电斥力才能上染纤维，因此染色过程中染浴中各离子浓度随时间的变化类似于直接染料染纤维素纤维，染料也依靠范德瓦尔斯力和氢键与纤维发生结合。在染浴中加入中性电解质，起促染作用，促染机理与直接染料上染纤维素纤维时中性电解质的促染机理相同。

弱酸性浴染色的酸性染料常在 pH 值为 4～5 的弱酸性浴中染色，该 pH 值与羊毛和蚕丝的等电点非常接近，染料除与纤维发生离子键结合外，还能与纤维发生较强的范德瓦尔斯力和氢键结合。即使在纤维的等电点时染色，染料与纤维之间也能发生离子键结合，因为此时纤维仍带有较多的正电荷，只不过总的净电荷为零。分析由天门冬氨酸（Asp，酸性氨基酸）、赖氨酸（Lys，碱性氨基酸）、精氨酸（Arg，碱性氨基酸）组成的水溶性蛋白质模型物在不同 pH 值下所带的电荷性质和数量（表 6－2），不难理解两性纤维在 pH 值等于或略大于等电点时染料与纤维之间存在的离子键结合方式。

表 6－2　水溶性蛋白质模型物在不同 pH 值下所带的电荷性质

pH 值		2.0	3.86	4.0	5.0	7.0	8.95	11.0	13.2	14.0
Asp	—COOH	93.6	50	42	6.8	0.1	0	0	0	0
	$—COO^-$	1.4	50	58	93.2	99.9	100	100	100	100
Lys	$—NH_3^+$	30	30	30	30	29.7	15	0.26	0	0
	$—NH_2$	0	0	0	0	0.3	15	29.7	30	30
Arg	$—NH_3^+$	50	50	50	50	50	50	49.7	25	6.8
	$—NH_2$	0	0	0	0	0	0	0.3	25	43.2
净电荷		＋78.6	＋30	＋22	－13.2	－20.2	－35	－50	－75	－93.2

二、纤维染色饱和值、超当量吸附及亲和力

（一）纤维染色饱和值、超当量吸附及吸附性质

染色时，蛋白质纤维、聚酰胺纤维与酸性染料的结合量与其可质子化的氨基数量有关，并且取决于染液的 pH 值或氢离子浓度。当 pH 值低于等电点时，纤维与酸性染料发生离子键结合，结合量随 pH 值的降低而增加；当 pH 值降低到某一数值或一定数值范围时，染料吸附量为一恒定值。该恒定值相当于纤维上的氨基含量，通常将之称为纤维的染色饱和值（dyeing saturation),意即理论上酸性染料吸附量可达到的最大值。换言之,染料在纤维上的最大吸附量与纤维上的氨基含量彼此成当量的关系。酸性染料与纤维上的氨基以当量关系吸附的现象,称为染料的当量吸附(equivalent adsorption)。

必须指出的是,除了一些典型的强酸性染料外,研究人员经常发现,只要染料数量足够,染料的吸附量会超过纤维的染色饱和值,即发生超当量吸附。当用弱酸性浴和中性浴染色的酸性染料染色时以及染液 pH 值较低时,这种情况尤其容易发生。例如,一些酸性染料在 60℃时不同 pH 值下在锦纶 66 上的吸附量如图 6-2 所示。这些曲线分三部分:染液 pH 值比较高时,染料吸附量较低;当 pH 值降低到一定数值后,染料上染量增加较多,很快便达到饱和,在一段 pH 值间距范围内曲线呈平坦状,此时的吸附量与氨基含量相当,即达到离子键吸附的饱和值,一般正常染色即是在这个 pH 值限度内进行(pH 值不小于 3);超过上述 pH 值间距范围,进一步降低染液 pH 值,染料的上染量又急剧增加,发生了超当量吸附,俗称"过染"(overdyeing)。

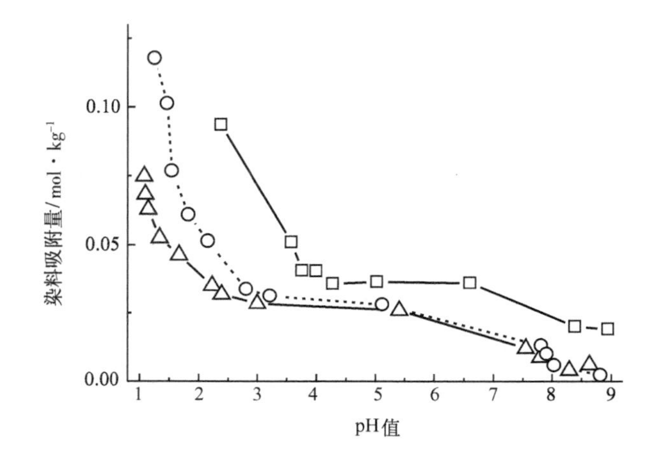

图 6-2 酸性染料在 60℃时不同 pH 值下在锦纶纱上的吸附

—△— C. I. 酸性蓝 45 ···○··· C. I. 酸性红 1 —□— C. I. 酸性橙 7

在 pH 值较低的情况下,发生超当量吸附的主要原因是:氢离子吸附在酰胺基上,使酰胺基成为第二种染座;当 pH 值很低时,酰胺基甚至发生水解,并生成新的氨基,新的氨基也能吸附氢离子,这也是过染的原因之一。带正电荷的酰胺基与染料的结合很不牢固,当 pH 值增高时,与酰胺基结合的氢离子脱落后,染料也随之解吸下来,这也很容易导致湿处理牢度降低。另外,酰胺基水解会导致纤维强力降低;即使是酰胺基带正电荷,由于吸附的染料分子大量进入分子链之间,也势必会降低纤维分子链间的吸引力,从而导致纤维的断裂强力降低。

除了上述两个原因会造成超当量吸附外,染料与纤维之间范德瓦尔斯力和氢键的结合也是造成超当量吸附的重要原因。此外,在某些情况下,染料在纤维上可能发生的聚集和疏水性组分引起的水的类冰结构变化也是促使染料上染纤维的重要原因。特别需要指出的是,在 pH 值不是很低的情况下,染料与纤维之间范德瓦尔斯力和氢键的结合往往是造成超当量吸附的主要原因，弱酸性浴和中性浴染色的酸性染料尤其容易发生此类超当量吸附，这种超当量吸附对染料湿处理牢度的提高是有益的。

酸性染料在羊毛、蚕丝、锦纶上发生的超当量吸附在很多研究工作中得到了证实，很多的研究人员在进行酸性染料吸附等温线实验时，观察到了这一现象。根据吸附等温线实验结果，并结合超当量吸附的原因，有助于分析酸性染料的染色机理。

就纤维而言，羊毛的氨基含量最高，其次是蚕丝，最低的是锦纶。蚕丝的氨基含量相当于羊毛的1/6～1/5，锦纶66和锦纶6的氨基含量相当于羊毛的1/20和1/10。因此，在正常染色条件下，染色饱和值应是：羊毛＞蚕丝＞锦纶。但是，由于锦纶的疏水性大于羊毛，在使用同一染料染色时，染料以非离子键结合方式上染锦纶的吸附量将占有很大的比例，这也是酸性染料对锦纶的亲和力大于羊毛的重要原因。

对于多磺酸基酸性染料而言，纤维上吸附的一个染料分子的多个磺酸基团有可能均与质子化的氨基结合，这往往导致染料的饱和吸附量低于纤维的氨基含量。此外，由于空间位阻效应，多磺酸基酸性染料分子上的磺酸基往往不能都与纤维上质子化的氨基发生结合，而使纤维带更多的负电荷，从而阻止了染料吸附于纤维上，此时不但不发生超当量吸附，而且会达不到吸附当量。

综上所述，酸性染料在羊毛、蚕丝和锦纶上可发生不同性质的吸附，虽然染料与纤维之间的静电引力起了重要的作用，但这不是染料和纤维之间的唯一结合方式。随着染液pH值、染料分子结构、纤维类型及超分子结构、纤维上氨基含量的不同，氢键和范德瓦尔斯引力等会对吸附产生重要影响，染色饱和值将会发生相应的变化。即使同一染料，它在纤维上的吸附方式也随着pH值的不同而不同。例如，带长链烷基的染料，在酸性浴中染色时，主要通过磺酸基和纤维结合，并导致纤维表面疏水性增加；而在中性浴中染色，主要通过疏水性的脂肪长链和纤维结合，并会导致纤维表面亲水性增加。

(二)染色亲和力

长期以来，确定典型酸性染料对羊毛亲和力的处理方式有两种理论：一种是吉尔伯特(Gilbert)和赖迪尔(Rideal)根据朗缪尔(Langmuir)的吸附概念提出的理论；另一种是在唐能(Donnan)膜平衡理论基础上发展起来的理论。两种理论都假定当纤维吸水溶胀后在整个纤维容积里的电位是相等的，纤维和染液间的电位差存在于纤维和染液两者的界面上。并假设质子吸附在纤维分子的 $—COO^-$ 基团上。两种理论对阴离子的吸附却采用了不同的处理方式。其中，以第一种理论应用更多。以下简单介绍吉尔伯特－赖迪尔(Gilbert-Rideal)理论。

吉尔伯特－赖迪尔(Gilbert-Rideal)理论，根据朗缪尔(Langmuir)吸附概念，建立在以下几个假设条件基础上：

(1)纤维吸附染料阴离子仅发生在特定的位置上，即吸附在纤维的$—NH_3^+$上。

(2)每个吸附位置一旦吸附一个染料阴离子后就达到饱和，吸附位置各自独立，互不干扰，而且吸附热与染料的吸附量无关。

(3)纤维上的阳离子和阴离子的数量相等。

(4)被水溶胀的纤维是一种结构均匀的介质。

(5)阳离子和阴离子从溶液转移到纤维内会分别获得和消耗一定的静电功,但对整个染料分子来说,阳离子和阴离子获得和消耗的静电功相等,即染料吸附的静电功等于零。

按照这些假设,羊毛浸入酸性染料染液后,扩散快的氢离子首先扩散进入纤维,抑制羧基电离,使纤维带净正电荷($—NH_3^+$ 数量大于$—COO^-$数量)。为了保持纤维的电中性,同时有等当量的阴离子(如染料阴离子)进入纤维内部与$—NH_3^+$ 发生吸附。

如果探讨染料对一元酸的吸附情况,根据朗缪尔(Langmuir)吸附,氢离子和染料阴离子在纤维上的活度均可用$\theta/(1-\theta)$表示,其中,θ为离子在纤维上的吸附饱和分数。

$$\theta_H=\frac{[H^+]_f}{[S]} \qquad \theta_D=\frac{[D^-]_f}{[S]} \tag{6-1}$$

式中:$[H^+]_f$ 和$[D^-]_f$ 分别为纤维上的氢离子和染料阴离子浓度;$[S]$为纤维上的吸附位置总数。

相应地,氢离子和染料阴离子在纤维上的活度计算公式如下:

$$\frac{\theta_H}{1-\theta_H}=\frac{[H^+]_f}{[S]-[H^+]_f} \qquad \frac{\theta_D}{1-\theta_D}=\frac{[D^-]_f}{[S]-[D^-]_f} \tag{6-2}$$

一元染料酸对蛋白质纤维的亲和力可按照式(6-3)计算:

$$-\Delta\mu_{HD}^{\circ}=RT\ln a_{H_f^+}a_{D_f^-}-RT\ln a_{H_s^+}a_{D_s^-} \tag{6-3}$$

式中:a_{H^+} 和 a_{D^-} 分别为氢离子和染料阴离子的活度;f 表示纤维;s 表示溶液。

假设溶液中一元染料酸的活度系数为 1,则一元染料酸对羊毛的亲和力为:

$$-\Delta\mu_{HD}^{\circ}=RT\ln\frac{\theta_H}{1-\theta_H}\cdot\frac{\theta_D}{1-\theta_D}-RT\ln[H^+]_s[D^-]_s \tag{6-4}$$

式中:$[H^+]_s$ 和$[D^-]_s$ 分别为溶液中的氢离子和染料阴离子的浓度。

假设羊毛的氨基和羧基含量基本相等,则 $\theta_H\approx\theta_D$,故式(6-4)又可近似写成:

$$\frac{-\Delta\mu_{HD}^{\circ}}{RT}=\ln\left(\frac{\theta}{1-\theta}\right)^2-\ln[H^+]_s[D^-]_s \tag{6-5}$$

或

$$\left(\frac{\theta}{1-\theta}\right)^2=[H^+]_s[D^-]_s\exp\frac{-\Delta\mu_{HD}^{\circ}}{RT} \tag{6-6}$$

或

$$\frac{1-\theta}{\theta}=\frac{K}{([H^+]_s[D^-]_s)^{1/2}} \tag{6-7}$$

式中:$K=\exp(\Delta\mu_{HD}^{\circ}/2RT)$,在一定温度下是常数。

由于 $\theta_H=[H^+]_f/[S]$,因此,式(6-7)又可写成:

$$\frac{1}{\theta}-1=\frac{[S]}{[H^+]_f}-1=\frac{K}{([H^+]_s[D^-]_s)^{1/2}} \tag{6-8}$$

或

$$\frac{1}{[H^+]_f}=\frac{K}{[S]}\frac{1}{([H^+]_s[D^-]_s)^{1/2}}+\frac{1}{[S]} \tag{6-9}$$

由式(6－9)可以看出，$\frac{1}{[H^+]_f}$对$\frac{1}{([H^+]_s[D^-]_s)^{1/2}}$呈直线关系，由于$\theta_H \approx \theta_D$，因此$\frac{1}{[D^-]_f}$对$\frac{1}{([H^+]_s[D^-]_s)^{1/2}}$同样保持直线关系，该直线的截距为$\frac{1}{[S]}$，斜率为$\frac{K}{[S]}$。所以，根据实验点的回归直线，可得到饱和值[S]和K值，并可进一步计算得到一元染料酸对羊毛的染色亲和力。

式(6－9)的关系已为许多强酸性条件下染色的染料所证实，按此法求得的羊毛染色饱和值约为0.9mol/kg，这与盐酸在羊毛上的吸附饱和值接近。

对于多元染料酸H_zD而言，情况较为复杂。假如一个染料分子占据一个吸附位置，即一个染料分子上的z个磺酸基中只有一个磺酸基与纤维上的一个$—NH_3^+$结合，即$z\theta_D=\theta_H$，则可得到与式(6－4)类似的关系式：

$$-\Delta\mu^\circ_{H_zD}=-(z\Delta\mu^\circ_H+\Delta\mu^\circ_D)=RT\ln\left(\frac{\theta_H}{1-\theta_H}\right)^z\left(\frac{\theta_H}{z-\theta_H}\right)-RT\ln[H^+]^z_s[D^-]_s \tag{6－10}$$

如果染料一个分子占据z个吸附位置，即一个染料分子上的z个磺酸基均与纤维上的$—NH_3^+$发生了结合。此时$\theta_D=\theta_H$，式(6－4)可变成式(6－11)。

$$-\Delta\mu^\circ_{H_zD}=-(z\Delta\mu^\circ_H+\Delta\mu^\circ_D)=RT\ln\left(\frac{\theta_H}{1-\theta_H}\right)^{z+1}-RT\ln[H^+]^z_s[D^-]_s \tag{6－11}$$

多元染料酸H_zD在纤维上的吸附决定于很多因素，尤其是磺酸基团的位置。不过，Lemin用含三个磺酸基的C.I.酸性红18在不同θ_H值时对羊毛的染色亲和力进行了计算，发现由后一种方法计算所得到的亲和力数值比较一致。

锦纶的羧基和氨基含量相差较大，蚕丝上的羧基和氨基含量也相差不小，且这两种纤维均是羧基含量大于氨基含量，染色亲和力的计算公式不能直接采用羊毛的关系式，而要做适当的修正。

如果羧基与氨基含量之差为δ，饱和值为[S]，则一元染料酸的亲和力计算式(6－4)可修正为式(6－12)。

$$-\Delta\mu^\circ_{HD}=-RT\ln K_{HD}=RT\ln\frac{[H^+]_f+\delta}{[S]-[H^+]_f}\cdot\frac{[D^-]_f}{[S]-[D^-]_f}-RT\ln[H^+]_s[D^-]_s \tag{6－12}$$

式中：K_{HD}是吸附平衡常数。

纤维是保持电性中和的，$[D^-]_f=[H^+]_f$，由式(6－12)可导出式(6－13)。

$$r=\frac{\{[D^-]_f([D^-]_f+\delta)\}^{1/2}}{\{[H^+]_s[D^-]_s\}^{1/2}}=\frac{[S]}{K^{1/2}_{HD}}-\frac{[D^-]_f}{K^{1/2}_{HD}} \tag{6－13}$$

这样，将r与$[D^-]_f$作图，可得到一直线，斜率为$-1/K^{1/2}_{HD}$，截距为$[S]/K^{1/2}_{HD}$，从而可计算出吸附平衡常数、染色亲和力及染色饱和值。

Reminton等曾测得C.I.酸性黄36和C.I.酸性紫43在21℃和80℃时染锦纶66的r与$[D^-]_f$的线性关系，并计算了亲和力、染色饱和值，求得的染色饱和值与滴定法求得的氨基含量基本相当。

De Giorgi 等曾经合成了六只单磺酸基的二苯并呋喃和二苯并噻吩结构的酸性染料，其结构如下：

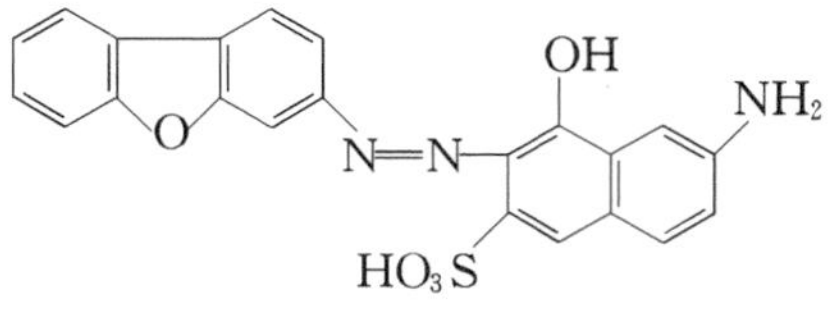

(Ⅰ)

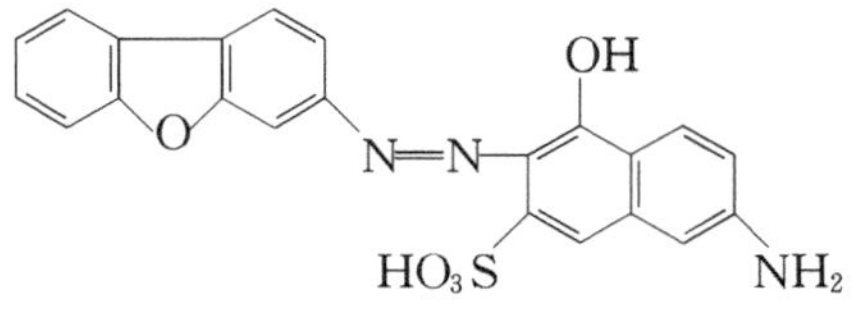

(Ⅱ)

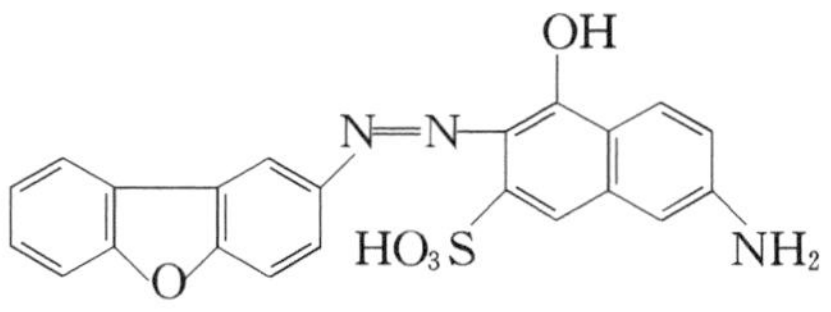

(Ⅲ)

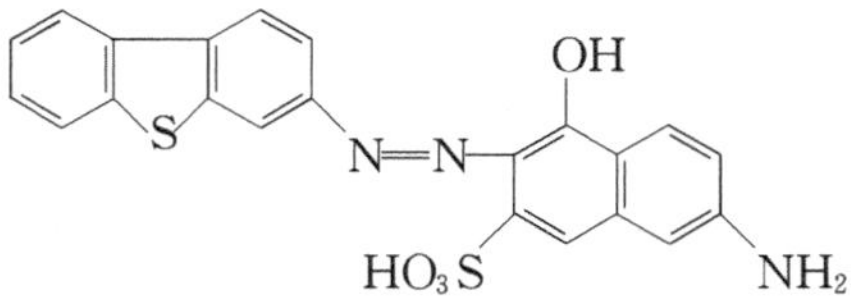

(Ⅳ)

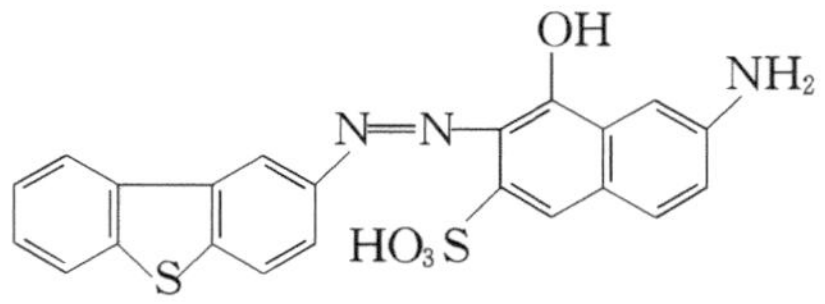

(Ⅴ)

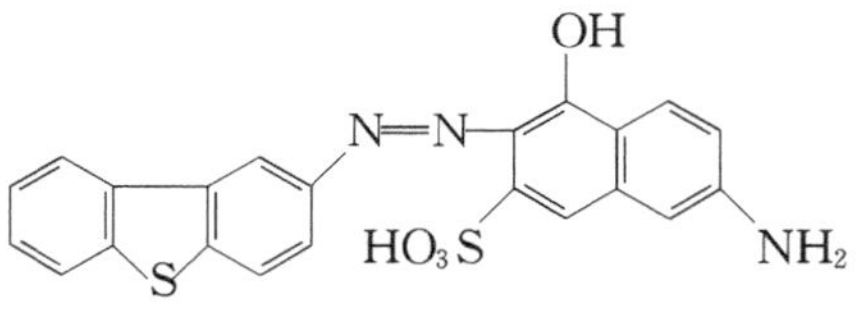

(Ⅵ)

将它们用于蚕丝的染色，所用蚕丝的氨基和羧基含量分别为 55mmol/kg 和 182mmol/kg，实验获得的 r 与 $[D^-]_f$ 线性关系如图 6－3 所示，计算得到的染色饱和值及亲和力见表 6－3，表中的染色饱和值与蚕丝的氨基含量基本相等。

表 6－3 单磺酸基酸性染料对蚕丝纤维的亲和力及染色饱和值

染 料	$K_{HD}\times10^{10}$	$[S]$/mmol·kg^{-1}	$-\Delta\mu^{\circ}_{HD}$/kJ·mol^{-1}
Ⅰ	4.26±0.21	54.72±1.58	64.27±0.21
Ⅱ	1.73±0.05	56.51±1.00	66.94±0.13
Ⅲ	6.77±0.06	56.06±0.30	62.89±0.13
Ⅳ	4.00±0.02	58.46±0.15	64.43±0.08
Ⅴ	2.17±0.11	56.39±1.17	66.27±0.21
Ⅵ	0.72±0.01	57.41±0.17	69.53±0.08

注 pH＝4.5，温度为 85℃。

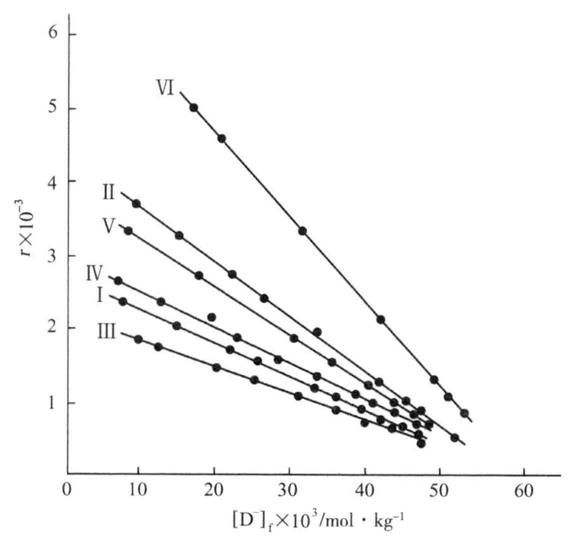

图 6－3　单磺酸基酸性染料在蚕丝上的平衡吸附
——r 与$[D^-]_f$ 的关系
pH＝4.5，85℃，相关系数 ≥0.998

第四节　酸性染料对羊毛、蚕丝和锦纶的染色工艺

一、羊毛的染色

（一）羊毛染色工艺因素分析

影响酸性染料染羊毛的因素是多方面的。对于染色工作者来说，要根据染样的品种规格、用途、颜色、染色深度等合理地选用染料、染色工艺和染色设备。合理的染色工艺条件必须能使染料以适当的上染速率对羊毛均匀上染，而又不损伤羊毛，同时还要能保证足够的染色坚牢度。

1. 染料扩散性能和染液的流动　染料的扩散性能对酸性染料染羊毛有着重要的影响。如果染液搅拌充分而染液浓度又足以使纤维表面的吸附保持平衡，那么上染速率便决定于染料在纤维内的扩散速率。扩散系数是随着纤维上的染料浓度变化而变化的，当纤维上的染料浓度超过一定范围后，扩散系数随着染料浓度的增加而急速增大。由此可知，若始染时染液浓度比较高，这时一旦吸附不匀，扩散速率便产生很大差异，匀染性将受到严重影响。因染料亲和力较高（尤其是弱酸性和中性浴染色的酸性染料）而造成的染色不匀后，用延长染色时间的办法是较难补救的。为了使染料均匀上染，染料的上染速率必须与染液的流动速率相适应，以便使织物各部位的纤维处在温度、浓度比较均匀一致的染液中上染。

2. 染液 pH 值　染液的 pH 值对羊毛的染色有着极其重要的影响。染料的结构不同，染料对羊毛的亲和力和平衡上染百分率也不同，上染所需要的 pH 值也不一样。不同取代基的吡唑酮结构的偶氮酸性染料对羊毛的平衡上染率如图 6－4 所示。

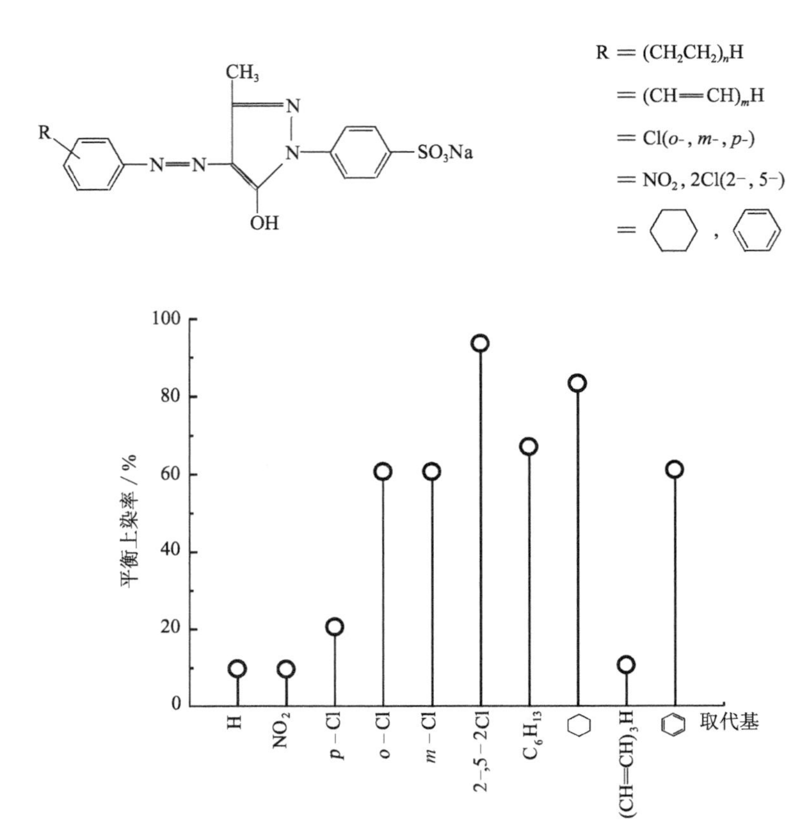

图 6-4　不同取代基的吡唑酮结构的偶氮酸性染料对羊毛的平衡上染率(pH 值为 6，70℃)

由图 6-4 可看出，在吡唑酮结构的偶氮酸性染料中引入环己烷基和苯基，增加了染料疏水性，导致了平衡上染率的增加。疏水性强的染料对 pH 值的敏感性也低，即使在相对较高的 pH 值下也能获得较高的上染率，如图 6-5 所示；或者说，染色不需要很低的 pH 值。

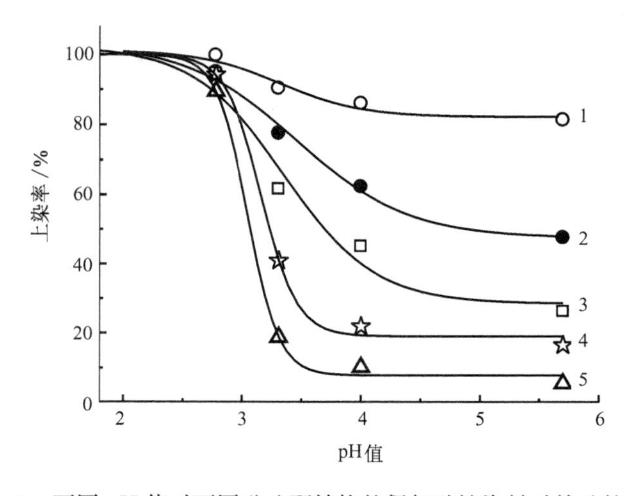

图 6-5　不同 pH 值时不同吡唑酮结构的偶氮酸性染料对羊毛的上染率

1—R=$(CH_2)_8H$　2—R=$(CH_2)_6H$　3—R=$(CH_2)_4H$　4—R=$(CH_2)_2H$　5—R=H

匀染性酸性染料对羊毛的亲和力低，移染性好，在较低的pH值下才能获得很高的上染率，pH值可控制在2.5～4。但是，由于匀染性酸性染料的湿处理牢度较差，这类染料在羊毛染色中已较少使用。弱酸性浴染色的酸性染料的移染性比较差，亲和力较高。如果在比较强的酸性染浴中上染，它们在羊毛表面很快被吸附，甚至在纤维表面发生超当量吸附，染料分子发生聚集，难以扩散进入纤维内部。因此，用它们染羊毛，必须很好地控制弱酸性（一般用醋酸调节），上染接近完毕时，为了增加上染量，可以再加一些酸。中性浴染色的耐缩绒性酸性染料对羊毛的亲和力更高，移染性更差，一般在加有硫酸铵或醋酸铵的染液中染色，随着染液温度的升高，铵盐逐渐水解，放出氨气，缓慢地降低染液pH值，使上染率缓慢地增加。为了获得匀透的上染效果，染液中除了加硫酸铵外，始染时可酌情加入少量氨水使染液呈微弱碱性。

3. 染色温度　温度是控制染料上染的另一重要因素。羊毛的外层是结构紧密的鳞片层，鳞片层对染料的扩散有很大的阻力。羊毛在50℃以下在染浴中的溶胀度较小，染料的扩散速率较低，所以羊毛的始染温度可在50℃。当温度超过50℃后，羊毛的溶胀随着温度的升高而不断增加，且在酸性条件下纤维间的氢键被打开，纤维中空隙变大，染料可顺利地进入纤维内。

匀染性染料的移染性和匀染性较好，在低温的染浴中染料聚集程度低，溶解性好，在低温时染色可获得一定的上染百分率。在升温过程中造成的染色不匀，可通过高温保温一定时间得以匀染。

耐缩绒性酸性染料在50℃以下的染浴中，聚集程度较高，当温度升到一定值时，染料聚集体解聚，染料在纤维中的扩散速率才能明显增加。对于耐缩绒性酸性染料的上染，在60～80℃的临界温度区内控制升温速率是十分重要的。由于该类染料亲和力高，移染性差，故通过延长保温时间，即通过移染的方法来提高匀染性的效果就较差。

为了获得匀透的染色效果，往往需要采用延长高温保温时间来进一步提高染料的移染性和染料在羊毛中的扩散速率，所以羊毛需要长时间沸染。但是，长时间沸染对羊毛的损伤比较严重，尤其是深浓色染色需要更多的酸和更长的染色时间，这更加重了羊毛的损伤。采用低温染色法或等电点染色法有助于降低羊毛的损伤。

4. 匀染剂　为了增进匀染，匀染性酸性染料染色时可用元明粉作缓染剂。元明粉可延缓染料的上染，还可增进染料的移染，提高匀染效果。元明粉的匀染作用与染料亲和力及染料磺酸基数目有关，对亲和力低和磺酸基数目多的染料的匀染作用更大。虽然氯离子对酸性染料也有明显的缓染作用，但是由于硫酸根离子的缓染作用更大，故实际生产中一般采用元明粉作缓染剂。

对于耐缩绒性酸性染料而言，中性盐所起的作用与pH值有很大的关系。若pH值低于羊毛的等电点，中性盐起缓染作用；若pH值高于羊毛的等电点，中性盐起促染作用。即使起缓染作用，对耐缩绒性酸性染料的缓染作用也较小。因此，对于耐缩绒性酸性染料需要选用其他缓染剂，如阴离子、非离子和阳离子类的缓染剂。

阴离子型缓染剂在酸性介质中对纤维具有一定的亲和力，与染料阴离子一起对纤维发生竞染作用,它们的扩散速率比染料阴离子快,先于染料上染纤维,又由于它们的亲和力比染料低,故随后又逐渐被染料阴离子取代下来,从而起到延缓染料上染的作用。阴离子型缓染剂会降低染料的最终上染量,降低的程度取决于它们的扩散速率、对纤维的亲和力及用量。阳离子型缓染剂的作用是通过在染液中与染料阴离子发生作用,形成结构疏松的复合物,降低染液中有效或游离的染料浓度来达到。阳离子型缓染剂不仅会降低染料的上染速率,而且会使染料的最终上染量受到较大的影响,甚至引起染液稳定性降低,严重时造成染料凝聚和沉淀,因此阳离子型缓染剂的用量应严格限制,并加入非离子型的分散剂,提高染液稳定性。非离子型缓染剂在染液中也能与染料发生作用,降低游离染料的浓度,从而起到缓染作用。但在羊毛染色时它们的缓染作用比阴离子和阳离子型缓染剂均弱。

由于阴离子型和阳离子型的缓染剂往往降低了染料在羊毛上的最终上染量,因此,两性离子类聚醚型匀染剂和阳离子/非离子复配型匀染剂在实际生产中应用更多。两性离子类聚醚型匀染剂对染料具有亲和力,在染液中能与染料阴离子形成离子型复合物,降低染液中游离染料的浓度,当染色温度升高时,复合物才逐渐解体,因此具有缓染作用。两性离子类聚醚型匀染剂与染料阴离子形成的复合物还能吸附在羊毛的尖端,从而还有利于降低毛尖和毛根吸附染料的差异。此外,它们大大提高了羊毛的润湿性能,使羊毛的吸附性质均匀化,这对均匀染色起着十分重要的作用。这类匀染剂与其他匀染剂有降低染料最终上染量的趋势相反,在用量适当的情况下,它们还能提高染料的最终上染量,这与它们能被羊毛吸收,中和了羊毛上的部分负电荷,即减小了羊毛与染料之间的斥力有关。

由于两性离子类聚醚型匀染剂具有匀染作用的同时,对染料上染羊毛又具有促进作用,而且能改善羊毛纤维的润湿、渗透性能,有利于降低染料在羊毛中的扩散屏障,故利用该类匀染剂还可以达到低温染色的目的。

5. 尖染效应 在羊毛的生长过程中,毛尖经常受到日光、空气、雨水和摩擦作用,使得其化学组成和染色性能不同于中部和根部。毛尖和毛根对染料的吸附量存在差异,毛尖有时染得浓,有时染得淡,易产生色差,毛尖染色时浓时淡的现象称为尖染效应(tip dyeing)。毛尖染色的浓淡取决于染料的性质。一般用匀染性酸性染料染色时得色较淡,而用耐缩绒性酸性染料染色时得色较浓。匀染性酸性染料扩散性能、移染性能和匀染性能均较好,染色初期吸附量大,而在后面的染色过程中,毛尖部分所吸附的染料逐渐解吸,并移染或迁移至纤维的其他部位,所以造成毛尖得色淡。而耐缩绒性酸性染料的疏水性强,对羊毛的亲和力大,当染色温度超过临界温度时,染料的上染能力较强,同时耐缩绒性酸性染料的移染性差,使毛尖保持了初染时所吸附的染料量,因而得色较浓。为了降低毛尖、毛根之间的色差,多倾向于选用匀染性较好的酸性染料,并选用合适的匀染剂。

(二)羊毛染色工艺举例

根据酸性染料性质的不同,实际生产中羊毛的染色方法分为如表 6－4 所示的四类。

二、蚕丝的染色

蚕丝的酸性染料染色原理与羊毛染色相同,所不同的是两种蛋白质纤维在氨基酸组成、氨基含量、等电点、超分子结构、形态结构、服用性能、用途等方面存在差别，这些差别影响着酸性染料的染色性能及其选用。

表 6-4　酸性染料染羊毛的工艺举例

适用染料		匀染性酸性染料		耐缩绒性酸性染料	
染色方法		1	2	3	4
染色处方/%(owf)	染料用量	x	x	x	x
	元明粉	5～10	5～10	5～10	—
	96%硫酸	2～4	—	—	—
	80%甲酸	—	1～2	—	—
	98%醋酸	—	—	1～2	—
	硫酸铵或醋酸铵	—	—	—	2～5
	润湿匀染剂	y	y	y	y
染浴 pH 值		2～3	3～4	4～6	6～7
元明粉作用		匀染效果明显	匀染效果一般	匀染效果很差	起促染作用
升温情况		40℃始染，1～2℃/min 升温至沸，保温 45～70min 左右，然后水洗		50℃始染，70℃以下升温速度 1℃/min，70℃以上 2～3℃/min 升温至沸，保温 45～75min 左右，然后水洗	

蚕丝织物常用作高档的夏季面料和内衣，既要求具有良好的色泽鲜艳度，又要求较高的染色牢度，故一般选用弱酸性染料染色。对于色泽要求特别鲜艳的产品，经常选用三芳甲烷结构的酸性染料染色，如酸性紫 4BNS、弱酸性艳蓝 6B、弱酸性湖蓝 5GM、弱酸性果绿 3GM、弱酸性艳蓝 G 等。但是，这些染料的最大问题是耐洗牢度和日晒牢度较差。呫吨结构的玫瑰红酸性染料(如酸性玫瑰红 B)因带有荧光，非常娇艳，故在真丝绸上也偶有使用。

中性电解质和染液 pH 值对蚕丝染色的影响与羊毛相似，蚕丝(丝素)等电点时的 pH 值为 3.5～5.2。染液 pH 值应根据染料亲和力的减小而降低，随亲和力的增加而增加。尽管中性电解质对弱酸性染料在中性浴染色时有促染作用，但应注意它们会给蚕丝的光泽和手感带来不利的影响。

蚕丝比较娇嫩，真丝绸质地轻薄，长时间沸染后因表面擦伤而失去光泽，容易出现灰伤疵病，因此一般宜采用 95℃左右染色。用普通绳状染色机染色时最容易出现灰伤疵病，尤其是染墨绿、枣红、藏青、黑色等深浓色时，产生的灰伤疵病暴露得更加明显，这时可添加浴中柔软剂或润滑剂来减轻灰伤。也可以将染色温度降低到 90℃或 85～90℃之间，或采用醋酸—醋酸钠缓冲体系调节染液 pH 值至等电点附近，以减小蚕丝的损伤。

蚕丝染色对匀染剂的要求没有羊毛和锦纶染色要求高，国内广泛使用的匀染剂是非离子型的平平加 O。阴离子型的匀染剂和弱阳离子型的烷基胺聚氧乙烯醚匀染剂也可应用于蚕丝染色，阳离子型的匀染剂极少使用。

蚕丝在染色前必须先脱去丝胶。脱胶的质量对颜色鲜艳度、染色均匀性、染色牢度、染色成品的手感有着重要的影响。蚕丝的脱胶或精练，首先要求脱胶程度均匀一致。若脱胶不匀或不充分，则易产生染色不匀，而且染色产品的手感和光泽亦差。脱胶不充分还会导致在染色时浮色较多，染色牢度也差。通常染色半制品的脱胶率应略低于练白成品，这样有利于染色时保护蚕丝纤维。

蚕丝染色后，需要用阳离子型固色剂固色。对于湿处理牢度差的三芳甲烷结构的酸性染料，浅色可用阳离子型固色剂固色。中深色往往需要经过二次固色，先用带磺酸基的甲醛酚类缩合物固色剂固色，水洗充分后，再用阳离子型固色剂固色，但前者对染色产品的色光和鲜艳度有一定的影响；有时也可采用固色交联剂固色，亦能达到双固色的效果，且对色光的影响小。

蚕丝用酸性染料染色的方法及助剂作用如表 6-5 所示。

表 6-5 酸性染料染蚕丝的方法举例及助剂作用

染色方法	酸性浴染色		中性浴染色
酸性染料	弱酸性浴染色的酸性染料	中性浴染色的酸性染料	中性浴染色酸性染料及与直接染料同浴 1∶2 型金属络合染料
染浴 pH 值	4～5	5～6	6～7
醋酸/%(owf)	3～5	1～2	—
醋酸铵/%(owf)	2～3	3～5	—
元明粉/%(owf)	—	—	5%～20%
阴离子匀染剂 1%～3%(owf)	缓染(大)	缓染(中)	缓染(小)
非离子匀染剂 1%～3%(owf)	受 pH 值的影响很小		
元明粉作用	缓染(大)	缓染(小)	促染(大)

三、锦纶的染色

(一)锦纶染色用酸性染料

锦纶为聚酰胺纤维，其分子主要由三部分组成，即疏水性的亚甲基部分、具有亲水性的酰胺基桥及链端的氨基和羧基。锦纶 6 和锦纶 66 末端的氨基染座分别为 0.074mol/kg 和 0.036mol/kg，分别占羊毛氨基含量(0.82mol/kg)的 1/10 和 1/20。因此，锦纶用强酸性染料染色，染色饱和值低，不易染得深浓色，染色后水洗掉色严重。而且，强酸性染料的磺酸基在分子中所占比例高，当用双磺酸基染料染色时，很有可能一个染料分子上的两个磺酸基同时被纤维上的氨基所吸附，即一个染料分子占据两个染座，这样更不容易染得浓色，或者可以说，这类染料的提升性能不好。因此，适用于锦纶染色的染料基本上都只有1～2个磺酸基。

虽然锦纶的氨基含量低，但是具有较多的可形成氢键的基团，还有大量的可以与染料发生非极性范德瓦尔斯力作用或疏水作用的亚甲基，所以，如果采用弱酸性染料染色，染料除了借助离子键结合方式外，还可通过较强的范德瓦尔斯力和氢键结合方式上染锦纶。实际上，酸性染料对锦纶的亲和力高于羊毛。在实际生产中，锦纶大多采用弱酸性染料染色。

锦纶结晶度高，末端氨基含量少，特别是因纤维制造中形成的物理结构（如取向度）的不同，染色时很容易出现经向和纬向条花疵病（经柳和横档）。用不同化学结构的染料染色时，这些疵病暴露程度不同，有些染料对纤维结构的差别特别敏感，如酸性蓝127、酸性红15等。在染蓝灰、浅灰、浅棕等颜色时，经柳和横档暴露得更明显。因此，选用染料时，应考虑到染料的匀染性和对经柳、横档的遮盖能力。

相对分子质量小的酸性染料移染性和匀染性好，对锦纶的物理和化学结构的不一致性具有较好的遮盖能力，但这类染料的湿处理牢度较差。因此，在考虑匀染性的同时，必须兼顾染料的湿处理牢度。粗略地说，一般相对分子质量在400～500的单磺酸基偶氮染料和相对分子质量为700多的双磺酸基偶氮染料的匀染性和牢度是比较满意的。相对分子质量太大，不能匀染；相对分子质量过低，湿处理牢度低。此外，在染料分子中引入羟基、酰胺基或磺酰胺基、砜基这样的氢键生成基团，可以提高耐色牢度，同时又能保证匀染性，这是兼顾湿处理牢度和匀染性的较好的途径。

锦纶用酸性染料染色时，如果仅从匀染性和湿处理牢度要求来选择染料还是不够的。因为在通常的酸性条件下，染料阴离子与锦纶分子链末端的氨基相结合，而这些氨基是非常有限的。因此，当染料拼染时，如果某一拼色染料占据了所有的氨基染座，则其他染料就不能再以这种方式与纤维结合，这样亲和力大的染料就可以排斥亲和力小的染料，发生所谓的竞染。最后，纤维上的氨基主要与亲和力高的染料结合，亲和力低的染料很少上染，得到的颜色接近于亲和力高的染料的颜色。这种竞染现象在用酸性染料染锦纶时普遍存在，为此，最好选用亲和力相近、染色速率大致相同的染料进行拼色。

由于锦纶染色时染料的匀染性、湿处理牢度、拼色相容性等问题对获得均匀的坚牢染色特别重要，因此很多的染料生产厂家推出了锦纶专用酸性染料。这些专用酸性染料一部分是从普通酸性染料中筛选出来的，一部分是新开发或合成的染料。锦纶专用酸性染料分为匀染型和坚牢型两类，具体可参考一些染料公司的专用染料商品牌号。

（二）锦纶染色工艺因素分析

1. 染色温度　酸性染料对锦纶的亲和力较之对羊毛等蛋白质纤维的亲和力高，故在锦纶上的初始上染量比羊毛高得多，很容易产生染色不匀现象，这就需要控制与染色速度有关的染色温度。根据锦纶的玻璃化温度低（约为50～60℃）和弱酸性染料匀染性差的特点，锦纶的始染温度应低一些，一般不超过40～50℃。同时，升温速度可慢一些，也可以采用分段升温，即在升温过程中设定几个温度点，在这些温度下保温一段时间再升温。

锦纶的最终染色温度基本上可控制在98～100℃。然而，还需要指出的是，随着染色温度的升高，染色速率增加，染料的移染性和遮盖性（coverage of irregularities）也提高，为了使染料更好地扩散进入纤维内部及增加在纤维上的移染性,有必要在高温下保温一段时间。当染色温度高于100℃后,因锦纶物理结构的差异而造成的染料上染量的差异和条花能在很大程度上得到遮盖,但不能遮盖因氨基差异引起的染料上染量差异和条花。多数锦纶品种在高温高压染色时的物理机械性能和染色牢度不会受到明显的影响,但弹力锦纶丝的弹性会降低。

2. 热定形对染色的影响 为了保证锦纶丝或织物的尺寸稳定性,提高染色稳定性,防止染色时产生难以消除的折皱,往往会根据实际需要确定是否进行预定形及采用何种方法定形。常见的热定形方法有两种,即空气干热定形和蒸汽湿热定形。经过热处理后,纤维的物理微结构会发生一定的变化,末端氨基含量也会发生变化。热处理对锦纶染色性能的影响随染料的不同而有很大的差异。锦纶染前在空气中干热定形,端氨基容易受到氧化,染料的上染速率和平衡上染量明显降低。例如,锦纶66在180℃的热空气中加热5min,氨基含量从40mmol/kg降低到31mmol/kg,用酸性蓝45和酸性蓝122染色的上染速率显著下降。相反,用蒸汽定形后,不少染料的上染速率非但不降低,反而增高。蒸汽温度越高,上染速率增加得也越多。

3. 染液pH值 染液pH值对酸性染料上染锦纶时的上染速率和上染百分率影响很大,染色时加酸或酸性盐起促染作用。不同的酸性染料在不同的pH值下在锦纶上的平衡吸附量虽有很大的差别,但在染料用量较高的情况下,在pH值为3～6的范围内,染料的吸附量相对保持在一定范围内或是恒定值(图6-2),在此范围内进行染色比较合适。当然,pH值的控制还应综合染色深度、染料类型、匀染性等因素而定。

由于锦纶本身匀染性差,加之酸性染料对锦纶的亲和力较高,因此初染速率较快,很容易染花。如果对染浴的pH值进行很好的控制,那么对提高染色均匀性是十分有帮助的。常见的有效控制pH值的方法有三种:第一种,始染时不加酸,而在染色中途或保温染色时加酸,以降低初染速率和保证染料在保温时被吸尽;第二种,对自动化程度较高的染色设备,可采用逐步加酸的方法使染料逐步上染纤维,改善匀染性;第三种,添加pH滑移剂(pH sliding agents)染色,使始染时染液呈弱碱性,随着染色温度的升高,pH滑移剂水解或离解而释放出酸,使染液pH值缓慢降低,染料上染率缓慢增加,从而可通过缓染达到匀染。pH滑移剂一般为有机酯类,随着温度的升高,有机酯水解生成醇和有机酸。

4. 匀染剂 尽管采用控制染液pH值和升温速度的方法可促进锦纶的匀染,但这还不足以克服条花的疵病。因此,锦纶染色时必须加入适当的匀染剂才能保证获得均匀的颜色。

锦纶染色用匀染剂可以分为亲纤维型和亲染料型两大类。有代表性的亲纤维型匀染剂是阴离子表面活性剂。阴离子匀染剂对锦纶具有亲和力,能与染料阴离子竞争纤维上带正电荷的染座。如果pH值较低,阴离子匀染剂很快被锦纶吸附,匀染作用也较明显。但在中性浴或近中性浴中染色时,匀染作用不大。阴离子匀染剂与染料阴离子的竞争效应会使染料上染百分率降低,其降低程度与染料和匀染剂对纤维的相对亲和力有关。

有代表性的亲染料型匀染剂是阳离子表面活性剂,它能与染料作用形成结构疏松的复合物,其匀染作用不容易受pH值的影响,这类匀染剂对酸性染料在锦纶上的最终上染量影响较大,且会导致染液不稳定,甚至染料沉淀,通常不可单独使用。如果改用弱阳离子型的烷基胺聚氧乙烯醚作匀染剂，则可以防止染料沉淀的发生，同时又能起到缓染作用。烷基胺聚氧乙烯醚类匀染剂充当了阳离子和非离子表面活性剂的双重角色，其上的烷基胺能与酸性染料作用形成复合物，其上的聚氧乙烯链对染料与助剂的复合物起增溶作用。

实际生产中使用效果较好的锦纶匀染剂多为亲染料型与亲纤维型助剂的复配物（如烷基胺聚氧乙烯醚—烷芳基磺酸钠复配物），或者是以烷基胺聚氧乙烯醚类为主体的表面活性剂复配物。

5. 固色处理　为提高锦纶染色成品的湿处理牢度，需对中、深色产品进行固色处理。以前主要采用单宁酸/吐酒石处理，它们的固色作用在于由单宁酸和吐酒石生成的单宁酸锑盐沉积在锦纶表层，堵塞酸性染料再溶出的孔隙，从而减小褪色的可能性。而现在均采用合成单宁类固色剂固色。

合成单宁（syntan）早期是指皮革鞣制时植物鞣剂的代用品，但在纺织品染色领域已成为锦纶合成固色剂的代名词。合成单宁固色剂大致有三类：

（1）带磺酸基的甲醛酚类缩合物，棕色，易沾染纤维。

（2）硫酚类化合物，由多硫化合物与苯酚合成，制造成本低。

（3）二羟基苯砜化合物，可与染料同浴使用。

市场上常用的锦纶固色剂以带磺酸基的酚类缩合物居多，该类固色剂与普通的阴离子染料的阳离子型固色剂的电荷性质不同，它对锦纶具有亲和力的原因在于：在酸性条件下固色处理，锦纶质子化的氨基与固色剂上的磺酸基形成离子键结合，除了离子键结合外还存在氢键的结合。其固色机理主要有两方面：固色剂在锦纶表面形成一个阻止染料向外扩散的薄膜或阻挡层，固色剂上的磺酸基与染料阴离子之间的排斥力也阻止了染料从纤维内向外的扩散。

（三）锦纶染色工艺举例

锦纶用强酸性浴酸性染料染色，染液 pH 值为 3～4（常用蚁酸或醋酸调节）；弱酸性浴染色的酸性染料染色，染浴 pH 值为 4～6（常用醋酸和醋酸铵调节）；中性浴染色的酸性染料染色，pH 值为 6～7（常用醋酸铵调节）。锦纶染色的工艺以尼丝纺用卷染机染色为例加以说明。

染色处方：弱酸性染料 x（%，owf），匀染剂 1g/L，硫酸铵 1g/L，浴比 2∶1～3∶1。60℃始染，染 2 道，升温至 70℃染 2 道，最后升温至 100℃染 8 道，其中在第 6、第 7 道分别加入已溶解好的硫酸铵溶液。染浓色时，在沸染 30min 后追加少量酸，以促进染色深度的提高。染毕排液，70℃热水、50℃温水及冷水充分洗除浮色，最后用合成单宁固色剂在弱酸性条件下于 70～80℃固色 20min。

pH 滑移染色工艺举例如下：pH 滑移剂用量 1～2g/L，添加 pH 滑移剂后用纯碱或氨水调节 pH 值，使染液呈弱碱性，初始 pH 值取决于染色深度和锦纶品种（表6－6）。最终的 pH 值可通过初始 pH 值和 pH 滑移剂用量调节。添加助剂后加入酸性染料，然后升温，以 1～1.5℃/min 的速度升温至 98℃，进行保温，染毕水洗，固色。

表 6-6 锦纶 pH 滑移染色法 pH 值的控制

染料用量	初始 pH 值		最终 pH 值
	锦纶 6	锦纶 66	锦纶 6/锦纶 66
＜0.2%(owf)	9.5	8.5	6.5
0.2%～0.5%(owf)	8.5	7.5	5.5
＞0.5%(owf)	7.5	6.5	4.5

第五节 混合酸性染料的相容性

在实际染色工作中，为了染得满意的特定的颜色，经常要采用两只以上的染料来拼色，这就涉及染料的拼色相容性问题。广义地讲，拼色相容性应包括以下几方面：

(1)单一纤维纺织品用两只以上的同类属染料拼色。

(2)单一纤维纺织品用两只以上的不同类属的染料拼色。

(3)混纺交织物用两只以上的同类属染料拼色。

(4)混纺交织物用两只以上的不同类属的染料拼色。

由于两只染料化学结构的差别，故它们的溶解度、聚集度、亲和力、上染速率、扩散性能、染色牢度等不尽相同，这将影响它们的拼色染色性能。另外，染浴 pH 值、温度、助剂等染色工艺条件对染料拼色性能也有着重要的影响。因此，选择何种染料进行拼色以及如何控制染色工艺条件是一个非常重要的理论和实际问题。一般而言，阳离子染料、活性染料、酸性染料染色时对染料的拼色相容性要求比较高。对于羊毛、蚕丝和锦纶而言，由于锦纶的氨基含量较低，染座有限，染液中的染料对锦纶竞争上染的情况比较突出，所以锦纶染色时混合酸性染料的相容性比羊毛和蚕丝染色更为重要。

一、混合染料相容性的基本概念

染料的相容性(compatibility)是指两只及两只以上的染料拼混后的染色行为。若这些染料在同一染浴中以相同速率上染，在整个染色过程中被染物的色调或色相始终保持一致，则认为这些染料是相容的。

如果两只染料是相容的，则每只染料在染色时间 t 时在纤维上的上染量 c_t 和染色平衡时在纤维上的上染量 c_∞ 之比应该相同，即存在如下关系式：

$$\frac{c_{1,t}}{c_{1,\infty}}=\frac{c_{2,t}}{c_{2,\infty}} \tag{6-14}$$

亦即每只染料的相对上染速率曲线必定是相同的，如图 6-6 中的曲线 1 所示。若两只染料的相对上染速率不同，图 6-6 中的曲线就会偏离对角线，则表明两只染料是不相容的。偏离对角线的程度越大，相容性就越差。图 6-6 中的曲线 2 表示染料 2 的上染速度快于染料 1，曲线 3 表示染料 1 的上染速度快于染料 2。

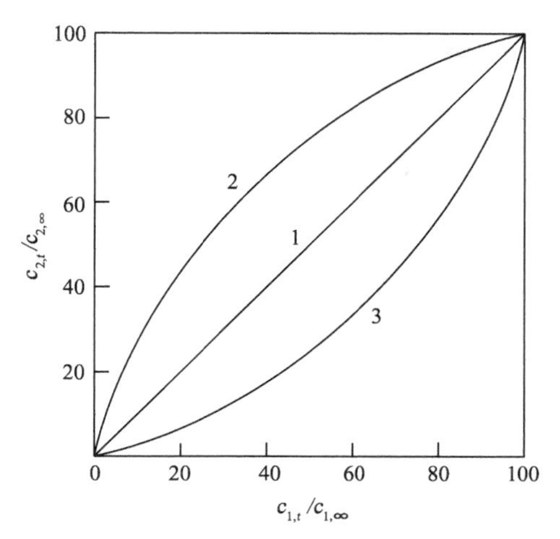

图 6-6 染料相对上染率对染料相容性行为的定量描述

1—相容 2,3—不相容

二、混合酸性染料相容性的理论基础

为了表示混合染料各组分在实际染色条件下的竞染能力，必须用一个特性指数即相容性指数来表示当另一种染料存在时这一染料在纤维上的竞染能力。

E. Atherton 等对混合酸性染料与锦纶的染色体系做了如下的假设：

(1)染色速率取决于染料从纤维表面向纤维内部扩散的速率，并受每只染料的活度梯度控制，染料扩散的驱动力是各染料的活度梯度。设：在染色时间 t 时，染料 i 在纤维上的浓度和活度为 c_i 和 a_i，染料 i 在单位时间内扩散通过纤维表面的数量为 $\mathrm{d}c_i/\mathrm{d}t$，染料 i 在纤维内的扩散系数为 D_i，根据 Fick 扩散定律，则有如下的关系式：

$$\frac{\mathrm{d}c_i}{\mathrm{d}t}=-F\left(D_i\,\frac{\partial a_i}{\partial x}\right)_{x=0} \tag{6-15}$$

式中：x 为染料离开纤维表面的距离；F 为扩散通量。

(2)纤维表面的染料量是按染料的亲和力分配的。

(3)染料在纤维上的活度为染料在纤维上的浓度与未被占据的染座的浓度之比，对于两只染料拼混染色，染料 1 和染料 2 的活度计算公式如下：

$$a_1=\frac{\theta_1}{1-\theta_1-\theta_2}=\frac{c_1}{S-c_1-c_2} \qquad a_2=\frac{\theta_2}{1-\theta_1-\theta_2}=\frac{c_2}{S-c_1-c_2} \tag{6-16}$$

式中：S 为纤维的染色饱和值；θ 为染料对纤维的吸附饱和分数。

(4)纤维表面的染料是饱和的。

(5)在染色过程中染浴中染料浓度保持不变，即染浴为无限染浴。

(6)染色过程中扩散系数保持不变，与染料浓度无关，或两只染料的扩散系数之比 D_1/D_2 与染料浓度无关。

对于在染色过程中染料浓度保持不变的染浴，E. Atherton 等推导出了染料 1 和染料 2 上染速率之比的关系式：

$$\frac{dc_1/dt}{dc_2/dt}=\frac{D_1z_1c_{1,s}\exp(-\Delta\mu_1^\circ/RT)}{D_2z_2c_{2,s}\exp(-\Delta\mu_2^\circ/RT)} \tag{6-17}$$

式中：$-\Delta\mu_1^\circ$和$-\Delta\mu_2^\circ$分别为染料 1 和染料 2 的标准亲和力；$c_{1,s}$和 $c_{2,s}$分别为染料 1 和染料 2 在染液中的浓度；z_1 和 z_2 分别表示染料 1 和染料 2 的磺酸基数或碱度。

由式（6－17）可知，当染色未达到平衡时，两只染料在纤维上的上染量或上染速率比决定于它们的扩散系数、磺酸基数、在染液中的浓度以及亲和力的相对大小。

式（6－17）中的分子和分母的数值可认为是染料的特性参数，如果以相同染色时间 t 时染料 1 和染料 2 在纤维上的上染量 c_1 和 c_2 的一组数据作图，则可以得到比较好的直线关系。E. Atherton 等采用 9 只染料组合进行拼混染色，通过实验验证了相应的直线关系，如图 6－7 和图 6－8 所示。

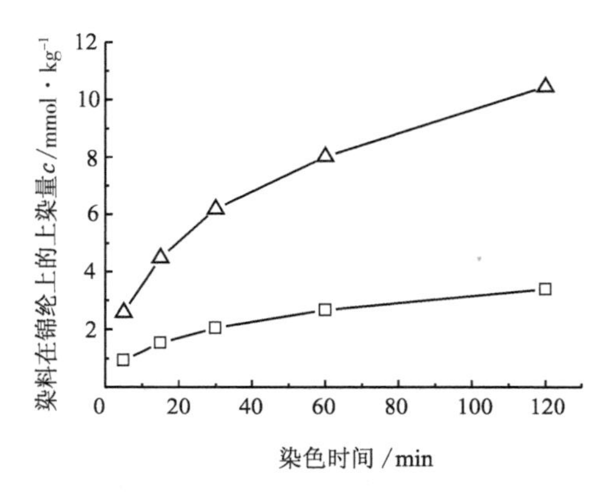

图 6－7 无限染浴中混合酸性染料对锦纶的上染速率

染料 1：C. I. 酸性黄 17，染料 2：C. I. 酸性紫 7

各染料浓度 1g/L，75℃，pH 值为 3.2

—△—染料 1 —□—染料 2

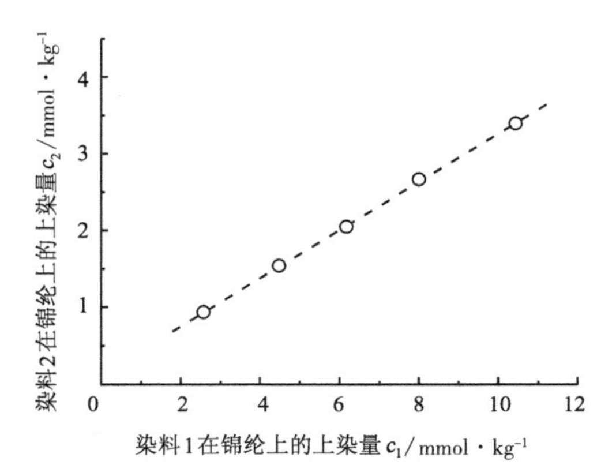

图 6－8 无限染浴中混合酸性染料对锦纶的上染量

染料 1：C. I. 酸性黄 17，染料 2：C. I. 酸性紫 7

各染料浓度 1g/L，75℃，pH 值为 3.2

对于有限染浴而言，染色过程中染浴中的染料浓度是发生变化的，时间 t 时的染浴中染料数量为染浴中初始染料数量与纤维上的染料数量之差值，即存在如下的关系式：

$$Vc_{1,s}=Vc_{1,s}^0-c_1m \qquad Vc_{2,s}=Vc_{2,s}^0-c_2m \tag{6-18}$$

或

$$c_{1,s}=c_{1,s}^0-\frac{c_1}{R} \qquad c_{2,s}=c_{2,s}^0-\frac{c_2}{R} \tag{6-19}$$

式中：$c_{1,s}^0$为染浴中初始染料浓度；V 为染液体积；m 为纤维质量；R 为浴比。

由式（6－19）可得到式（6－20）：

$$R\mathrm{d}c_{1,s}=-\mathrm{d}c_1 \qquad R\mathrm{d}c_{2,s}=-\mathrm{d}c_2 \tag{6-20}$$

将式（6－20）代入式（6－17）可得：

$$\frac{\mathrm{d}c_{1,s}/c_{1,s}}{\mathrm{d}c_{2,s}/c_{2,s}}=\frac{\mathrm{dln}c_{1,s}}{\mathrm{dln}c_{2,s}}=\frac{D_1z_1\exp(-\Delta\mu_1^\circ/RT)}{D_2z_2\exp(-\Delta\mu_2^\circ/RT)} \tag{6-21}$$

按照上式，在有限染浴中整个染色过程期间，$\ln c_{1,s} \sim \ln c_{2,s}$应保持直线关系。实验结果与此相符，如图 6－9 所示。将式(6－21)积分后可写成：

$$\ln c_{1,s} = k \ln c_{2,s} + M \tag{6-22}$$

式中：M 为积分常数；k 为两只染料的扩散系数、磺酸基数和亲和力的函数，它等于：

$$k = \frac{D_1 z_1 \exp(-\Delta\mu_1^\circ/RT)}{D_2 z_2 \exp(-\Delta\mu_2^\circ/RT)} \tag{6-23}$$

由式(6－22)可看出，两只染料在染液中的浓度的对数比决定于 k 值的大小，k 值可从如图 6－9 所示实验点的线性回归直线斜率获得。为了保证实验点具有很好的线性关系，实验中的染料浓度必须足够高，这样可保证纤维外表面上的染料饱和。

通常将式(6－23)右边的分子和分母两项分别称为两只染料的配伍指数或相容性指数(compatibility index)，它们分别决定于各染料的特性。k 值称为配伍性比值或相容性比值(compatibility ratio)。如果上染过程中染浴中的两只染料浓度保持一定的比例，或者说纤维上染料浓度比一定，则：

$$k = 1$$

或

$$D_1 z_1 \exp(-\Delta\mu_1^\circ/RT) = D_2 z_2 \exp(-\Delta\mu_2^\circ/RT) \tag{6-24}$$

即两只染料的配伍性指数相等，这时两只染料的相容性最好，不易发生染色不匀现象。反之，k 值偏离 1 越远，两只染料的相容性越差，即拼色效果越差。

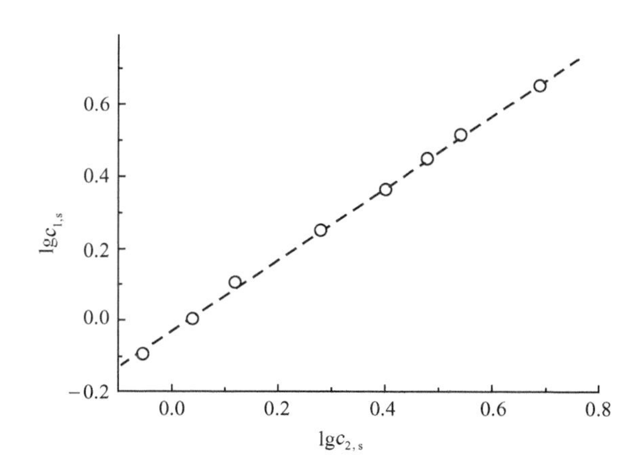

图 6－9　有限染浴中混合酸性染料染色染料浓度之间的关系

染料 1：C. I. 酸性紫 7，染料 2：C. I. 酸性黄 17，各染料浓度 1g/L，浴比 100∶1，75℃

第六节　酸性媒介染料的染色机理与染色方法

酸性媒介染料一般具有强酸性染料的基本结构，其特征是染料分子中还含有两个能提供给电子对、可以与过渡金属元素络合形成螯合结构的配位基，而且这些配位基还必须处于分子的适当位置上。

按照化学结构分,绝大多数酸性媒介染料属于偶氮类,其中主要是单偶氮染料,其他如三芳甲烷、蒽醌、硫氮蒽结构的染料为数不多。偶氮类媒介染料主要有水杨酸衍生物类、羟基偶氮类、迫位二羟基萘衍生物类(变色酸类)等,该类染料几乎包括了整个色谱,只是蓝、紫和绿色较少;三芳甲烷类酸性媒介染料分子一般含有水杨酸结构,主要是一些蓝色、紫色染料;蒽醌类酸性媒介染料都是在 α 位上具有羟基、氨基、取代氨基等基团,这些基团可以与迫位的羰基生成螯合环,能与金属离子生成螯合物。

酸性媒介染料价格便宜,耐洗和耐光色牢度高,以前是毛制品染色的重要染料。因染色时需要采用重铬酸盐类媒染剂,染色废水对环境的污染大,故现在已几乎被高坚牢度的酸性染料和活性染料所取代。

一、酸性媒介染料的染色机理

(一)羊毛的媒染剂处理

酸性媒介染料的整个染色过程包括两个方面:染料在酸性染浴中吸附于纤维上,扩散进入纤维内部;在媒染处理时,染料与金属离子反应生成络合物。常用的媒染剂(mordant)是重铬酸钠(或钾),俗称"红矾"。重铬酸盐在溶液中的存在状态随 pH 值的变化而变化,重铬酸盐和铬酸盐可随着溶液 pH 值的不同而相互转化。

$$Na_2Cr_2O_7 + 2NaOH \longrightarrow 2Na_2CrO_4 + H_2O$$

$$2Na_2CrO_4 + H_2SO_4 \longrightarrow Na_2Cr_2O_7 + Na_2SO_4 + H_2O$$

当溶液 pH 值较高时,主要以铬酸根离子(CrO_4^{2-})的形式存在;当 pH 值较低时,主要以重铬酸离子($Cr_2O_7^{2-}$)的形式存在。在 pH 值为 2~5.3 时,$Cr_2O_7^{2-}$ 约占 90%,$HCrO_4^-$ 约占 10%。

重铬酸离子和铬酸根离子都可通过离子键形式与羊毛上的质子化氨基发生结合。为了使重铬酸盐媒染比较匀透,溶液的 pH 值不宜过低,否则吸附过于迅速,容易造成媒染不匀、不透。溶液的 pH 值太低,尤其是在较高的温度下,重铬酸盐的氧化作用很强,容易使羊毛氧化受到损伤。

六价铬盐对羊毛的吸附比较均匀,吸附在羊毛上的六价铬经过一系列氧化还原过程所产生的三价铬离子很快与染料、羊毛上的配位原子配位络合,其络合反应速度比三价铬盐(如三氟化铬)快得多。当用三价铬盐作媒染剂时,三价铬离子先与水分子等配位络合,再被羊毛或染料的配位基取代,故与羊毛和染料的络合速度较慢。例如,在 25℃,六价铬盐与羊毛的反应达到平衡约需 140h,而三价铬盐则需要 8~9 个月;在 60℃,六价铬盐只需 90min,而三价铬盐需要 2 个月。因此实际生产中不直接采用三价铬盐而是采用六价铬盐。

在低于 60℃时,六价铬盐与羊毛的反应速率很慢。随着温度的升高,反应速率不断增加。为了获得匀透的媒染效果,媒染处理时要缓慢升温,先使重铬酸盐在70~80℃比较均匀地吸附于纤维上,然后升温至沸,完成还原、络合过程。在加热条件下,羊毛吸附的六价铬被逐步还原成三价铬,并在还原过程中逐步与羊毛发生络合反应。结合的铬离子除非用草酸等螯合剂处理,否则不能被洗去。

六价铬主要被羊毛中的胱氨酸的二硫键或半胱氨酸中的巯基还原，也有人认为酪氨酸剩基上的酚羟基也具有还原作用。胱氨酸剩基在酸性条件下可直接使重铬酸离子还原，在碱性条件下胱氨酸容易水解，其水解产物的还原能力更强。

```
羊毛主链                    羊毛主链     羊毛主链
 ⌇                            ⌇           ⌇
 ⌇—CH2—S—S—CH2—⌇           ⌇—CH2—SH
 ⌇                            ⌇           ⌇
        胱氨酸                          半胱氨酸
```

实际上，还原历程非常复杂，从六价铬还原成三价铬不是一步，而是经历几个反应完成的。一般认为，六价铬先被还原成四价铬（主要被胱氨酸剩基还原），然后，四价铬进一步被胱氨酸和酪氨酸剩基还原成二价铬，二价铬再与羊毛的羧基迅速反应形成络合物，最后这种二价的铬络合物再被空气等氧化变成三价铬络合物。F. R. Hartley 提出的这种还原机理可用以下的反应式表示：

$$Cr^{6+}\xrightarrow[\text{的氧化}]{\text{羊毛胱氨酸}}Cr^{4+}\xrightarrow[\text{酪氨酸的氧化}]{\text{羊毛胱氨酸、蛋氨酸}}Cr^{2+}\xrightarrow{\text{Wool—COOH}}$$

$$\text{Wool—COOCr}^{2+}\xrightarrow{\text{在空气中迅速氧化}}\text{Wool—COO—Cr}^{3+}$$

$$Cr_2O_7^{2-}+14H^{+}+6e\longrightarrow 2Cr^{3+}+7H_2O$$

从上述反应式可看出，在反应过程中要消耗大量的质子，所以溶液的 pH 值会显著升高。这也是媒染需要在酸性介质中进行、加酸可加速反应的原因。例如，用浓度 2.5×10^{-3}mol/L 的 $K_2Cr_2O_7$ 溶液处理羊毛，溶液的 pH 值将由 4.76 升高到8.76。由于媒染过程中溶液 pH 值逐渐升高，妨碍重铬酸盐的吸附和还原，因此，可在溶液中加一些具有还原性的有机酸（如蚁酸），维持溶液的pH 值。

以上利用羊毛本身作为还原剂的方法简便，但羊毛本身被氧化，有一定损伤，手感不良。因此，媒染处理时，加入还原性的有机酸，还可以增进重铬酸盐的还原，减少羊毛的损伤。

紫外线或日光照射，会加快六价铬的还原，并会增加羊毛的氧化损伤，还会引起预媒染法染色时的染色不匀。媒染处理后，必须将羊毛充分水洗，洗除多余的媒染剂，防止羊毛进一步遭受氧化损伤。

(二)媒染剂与染料和羊毛的络合反应

三价铬离子的配位数是 6，染料与三价铬离子的络合反应分子比决定于染料配位体的结构和反应条件。

1. 水杨酸结构的酸性媒介染料 对于水杨酸结构的酸性媒介染料（每个水杨酸结构具有两个配位基），理论上可形成 1∶1、1∶2、1∶3（中心金属离子与染料分子数之比）三种类型的络合物，实际上主要形成 1∶2 型的络合物。在羊毛上反应时，羊毛上具有孤对电子的基团可作为配位基参加络合反应。如果铬离子的配位数尚未达到饱和，它还能与纤维或溶液中的水分子完成配位。水杨酸结构的酸性媒介染料除通过三价铬离子与羊毛形成配位键结合外，与酸性染料一样，它与羊毛之间还存在离子键、范德瓦尔斯力和氢键等的结合。

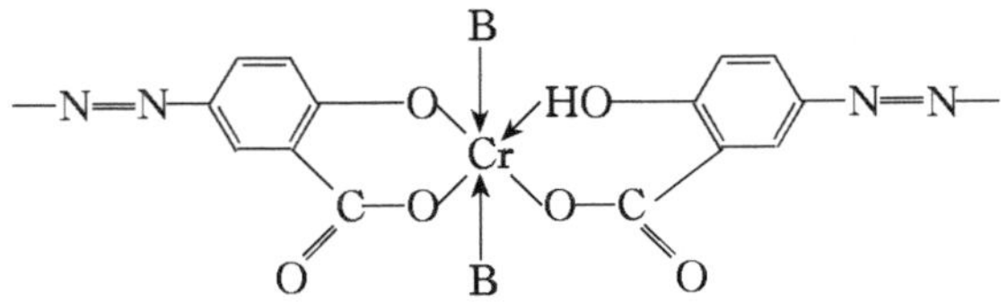

1∶2 型(B代表其他配位基)

2. O,O′-二羟基偶氮结构的酸性媒介染料 对于O,O′-二羟基偶氮结构的酸性媒介染料，在溶液中与三价铬离子的络合反应随pH值的不同理论上可形成1∶1和1∶2型两种络合物。在pH值小于4的溶液中，主要生成1∶1型的络合物。

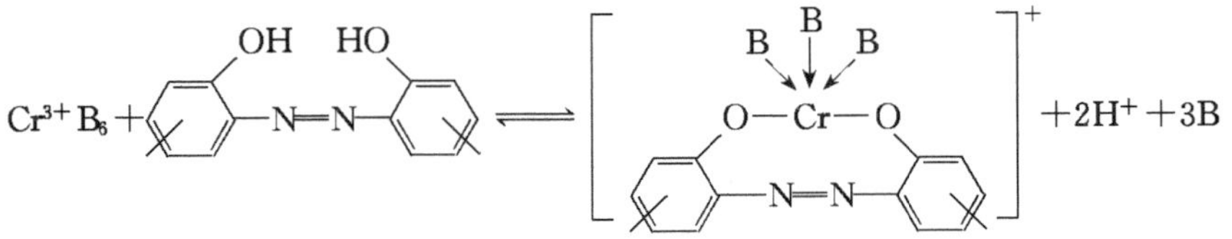

在弱酸性或中性染液中，主要生成1∶2型的络合物。

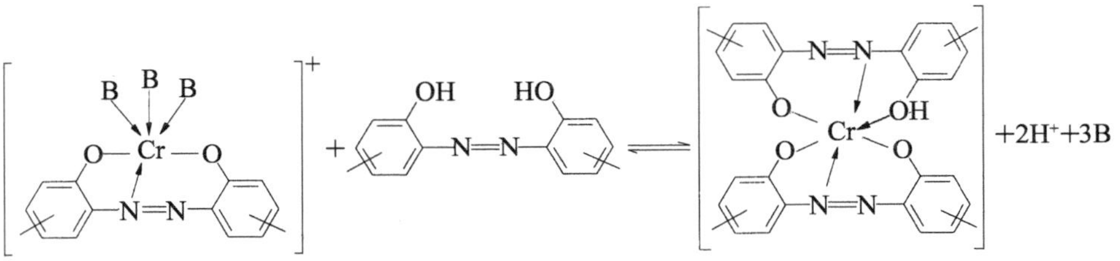

染料和三价铬的络合是一个亲核取代反应过程，在此过程中有质子放出，溶液pH值越低，越有利于反应向反方向进行。因此，在较低pH值时易于形成1∶1型的络合物，而在较高pH值时易形成1∶2型的络合物。

染料在羊毛上发生络合反应时，羊毛上的具有孤对电子的基团(羧基、氨基、羟基等)也可参加反应。如前所述，三价铬离子在羊毛上主要与羧基成络合物的形式存在。特别是在预媒染色时，三价铬离子是以羊毛络合物的形式与染料反应，染料分子上的配位基取代羊毛上铬络合物中的水分子和羊毛上的配位基而与三价铬络合。

由于媒染处理一般在酸性条件下进行，因此有人认为染料与三价铬离子主要生成1∶1型的络合物，此时铬离子与染料和羊毛之间存在配价键结合，另外染料与羊毛之间还有离子键、范德瓦尔斯力和氢键等的结合。然而，染料与三价铬离子1∶2型的络合物也是存在的，此时羊毛虽然不参加络合，但与染料之间仍存在离子键、范德瓦尔斯力和氢键等的结合，在纤维内形成1∶2型的络合物后，染料体积显著增加，溶解度显著降低，较难从纤维中扩散出来，所以湿处理牢度也很好。

根据立体化学，Cr^{3+}和Co^{3+}的配位数为6，形成的络合物应具有八面体构型；Cu^{2+}和Ni^{2+}的配位数为4，形成的络合物一般为平面正方构型。

二、酸性媒介染料的染色方法

酸性媒介染料可按酸性染料的染色方法染羊毛，但是，为了提高染色牢度，必须用重铬酸盐或其他金属盐进行媒染。媒染过程可以在染色之前、染色之后或染色的同时进行。因此，酸性媒介染料的染色方法有所谓的预媒染法（pre-mordanting method）、后媒染法（post-mordanting method）和同浴媒染法（meta-mordanting method）三种。三种方法各有特点，可根据染料性质和品种选用。

（一）预媒染法

预媒染法是羊毛染前先用媒染剂处理，再用酸性媒介染料染色，这是最古老的媒染方法。羊毛先用红矾的稀溶液处理，红矾的用量约为 2%～4%(owf)(随染色深度而定)，媒染浴中加入 1%～2%(owf)的甲酸或 1%～3%(owf)的酒石酸。50℃开始处理，以 1℃/min 的速度升温至沸腾，沸染 60～90min。在铬媒处理过程中，羊毛吸收六价铬盐，羊毛中的胱氨酸将六价铬还原成三价铬，可以观察到羊毛由黄变成绿色。铬媒处理完毕，淋洗去除多余的媒染剂，以防染色不匀或染色物耐摩擦色牢度太差。水洗后立即进行染色，如放置太久，特别是受到日光的作用，会使羊毛脆损。铬媒处理后的染色过程与酸性染料基本相同。

在铬媒处理过程中，加入还原性的有机酸，可使六价铬还原充分，并可防止羊毛因被过度氧化而损伤。特别需要注意的是，蚕丝中的胱氨酸比羊毛少得多，锦纶中缺少还原性的基团，媒染处理时一定要加硫代硫酸钠等还原剂。

预媒染法的优点是可及时控制颜色浓度，仿色比较方便，特别适用于染淡色和中色。缺点是染色过程繁复，工艺过程较长，而且羊毛经铬媒处理后，媒介染料上染太快，容易染花，染色物耐摩擦色牢度偏低，因此这种方法极少使用。

（二）同浴媒染法

同浴媒染法是将酸性媒介染料和媒染剂放在同一染浴中染色。先在染浴中加入 1%～2.5%(owf)的红矾和 2%～5%(owf)醋酸铵或硫酸铵(pH 值调至6～8)，40～50℃处理 20min，搅匀后，加入已溶解的染料，约在 30～60min 内升温至沸腾，沸染 45～60min。

因为染浴中含有大量的媒染剂，所用染料必须具备以下条件：

(1)染料应有很好的溶解度，不会因染浴中的重铬酸盐的存在而沉淀析出。

(2)染料不会与重铬酸盐发生氧化还原反应而分解或过早地络合。

(3)染料对羊毛要有较好的亲和力。

(4)染料在 pH 值为 6～8.5 的染浴中能很好地被吸尽。

并不是所有的染料均能满足上述条件，都可以采用同媒染法染色，必须对染料进行筛选，并对染色工艺做适当的调整和改进。

在同浴媒染时，羊毛的铬媒处理、酸性媒介染料的吸附、在纤维上形成络合物是同时发生的。为了使铬媒随着染料的上染而逐步释出铬酸，不致过早地生成色淀，宜在染浴中加入硫酸铵或醋酸铵，一般硫酸铵与红矾的比例是 2∶1。

同浴媒染法最大的优点是将两个过程在同一浴中完成，工艺简单，染色时间短，色光容易控制，羊毛的损伤小，毛制品手感好。缺点是适用的染料品种受到限制，给拼色带来麻烦，因上染与络合反应同时完成,染料在纤维内的扩散往往不够充分,染深浓色时产品的耐摩擦色牢度不及后媒染法好。这种方法应用较少,尤其在染深浓色时一般不使用这种方法。

(三)后媒染法

后媒染法是先按酸性染料的染色方法进行染色,然后再用媒染剂进行媒染处理。

后媒染法的染浴由以下组分组成:染料、匀染剂、硫酸和(或)醋酸、元明粉。40℃始染,45min 内逐渐升温至沸腾,沸染 45~60min。上染比较充分后,将染浴降温至 65~75℃,加入甲酸和约为染料质量 1/4~1/3 的红矾,在 30~45min 内升温至沸,沸染 45min,完成染色。如果染色时染料已被羊毛吸尽,红矾可直接加入染浴中;如果染料未被羊毛吸尽,则红矾不宜加入,应另浴处理。

染色时,如果有的染料匀染性差易染花,低温下易聚集导致色花和浮色,可提高始染温度。例如,酸性媒介黑 T,始染温度以 70~75℃为宜。铬媒处理的沸染时间一定要充分,以保证六价铬完全还原。若媒染时间不够,染色物容易褪色,色牢度降低。吸尽的染浴在加红矾前一定要降低温度,以保证铬盐的均匀吸收,避免染色不匀。铬媒处理的 pH 值控制在 3.8~4.2 为宜,考虑到六价铬需要还原成三价铬才能络合,为了避免羊毛被过度氧化,故宜使用还原性的甲酸、酒石酸等有机酸,既可调节染浴 pH 值,也可充当还原剂。

在实际生产中,一般均使用后媒染法染色,其优点是匀染和透染性好,缩绒、煮呢效果好,皂洗牢度好,尤其是深浓色,而且在整理过程中色光变化小。此外,又有利于部分混纺物的匹染,因为在酸性浴中酸性媒介染料对棉或黏胶的沾色较少。该方法的缺点是染色过程长,能源消耗较多,色光和仿色不易控制,因为染色物的正常颜色只有在媒染之后才能表现出来,但如果严格控制工艺条件和掌握染料染色性能,还是可以克服的。

实践证明,媒染剂重铬酸盐用量过多,会导致染色废水含铬过多,引起公害污染环境,并且使羊毛遭受损伤,影响手感、弹性、可纺性和耐摩擦色牢度等质量指标。媒染剂用量不足,可能导致染料的络合不充分,影响染色物的湿处理牢度和色泽鲜艳度。

为了减少环境污染、降低羊毛损伤、保证染色质量,科学合理地掌握重铬酸盐用量、进行低铬染色是十分必要的。当然,最好的方法是采用耐缩绒性酸性染料、1∶2 型含媒染料和毛用活性染料替代酸性媒介染料。

第七节 酸性含媒染料的染色原理和工艺

酸性含媒染料是由可提供电子对的偶氮染料与三价铬盐(有些是钴、铜等),通过络合作用而形成的。按照中心金属离子与络合的染料分子数目之比,酸性含媒染料可分为 1∶1 型和 1∶2型金属络合染料两大类。

1∶1 型酸性含媒染料需要在强酸性条件下染色,在国产染料分类中,称为酸性络合染料。该类染料的母体大多是由邻氨基酚衍生物与含羟基或氨基的偶合组分偶合得到的单偶氮染料,且多为 O,O' - 二羟基偶氮染料。染料分子中含有一个或两个磺酸基,以一个磺酸基的居多。

含有一个磺酸基的 1∶1 型含媒染料，以两性离子形式存在；含有两个磺酸基的染料，整个分子带有一个负电荷。1∶1 型酸性含媒染料具有优良的匀染性、较好的耐光色牢度和耐湿处理牢度，对羊毛的亲和力与耐缩绒性酸性染料近似。但是，这种染料需要在强酸性条件下染色，且酸用量大，才能获得很好的匀染效果，故带来了易使羊毛受到损伤、影响织物手感和光泽、易腐蚀设备等缺点，这类染料目前应用较少。

1∶2 型酸性含媒染料在弱酸性或中性条件下染色，在国产染料分类中，称为中性金属络合染料，简称中性染料。该类染料母体结构主要是 O,O' - 二羟基偶氮染料。两个母体染料可以相同，也可以不同，分别称为对称型和不对称型。

1∶2 型酸性含媒染料分子结构中大多不含磺酸基团，仅含有非离子性的亲水基团，如磺酰胺基、烷砜基、烷基磺酰胺基等。不含磺酸基的染料，在水溶液中呈一价负离子，有一定的溶解度，但水溶性不够良好，染料溶液容易呈聚集状态，该类染料的水溶性、匀染性、亲和力、染色牢度主要取决于磺酰胺基等亲水基的多少、芳香环和其他取代基的性质、络合金属离子的性质等。

在染料分子中引入一定数量的磺酸基，可提高 1∶2 型酸性含媒染料的水溶性。含磺酸基的 1∶2 型酸性含媒染料有两种类型，即双磺酸基型和单磺酸基型。虽然含磺酸基的 1∶2 型酸性含媒染料水溶性较好、应用方便，但对酸的稳定性降低，拼色相容性以及对毛尖毛根染色差异的遮盖性比不含磺酸基的 1∶2 型酸性含媒染料差。1∶2 型酸性含媒染料具有较好的耐光和耐洗色牢度，现被广泛应用于羊毛、蚕丝、锦纶等纤维的染色。

一、1∶1 型酸性含媒染料的染色

1∶1 型酸性含媒染料主要用于羊毛的染色，其染色方法大体与强酸性染料相似。不过用酸量较大，沸染时间长，元明粉的匀染作用很小。由此可以判断，酸性含媒染料的染色原理与一般强酸性染料是不同的。

1∶1 型酸性含媒染料染羊毛时，一般可能按图 6-10 的方式与羊毛结合。染料的磺酸基与纤维上离子化的氨基形成离子键；染料上的铬原子与纤维上的羧基(或氨基)形成配价键。此外，染料与纤维之间还有范德瓦尔斯力、氢键的结合。

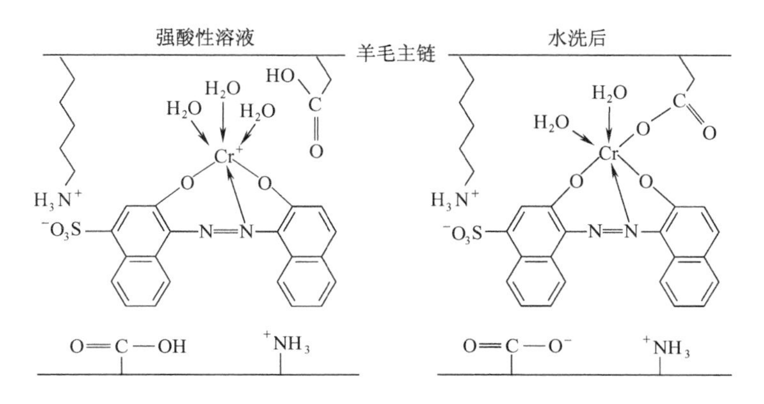

图 6-10 1∶1 型酸性含媒染料(Palatine Fast Blue BN)与羊毛的结合方式

如果以上各种结合方式在染色中同时迅速进行的话，那么必然会引起上染过快，造成染色不匀的后果。为此，在染色时必须加入较多的硫酸，来降低这些结合形成的速率，达到缓染和匀染的目的。因为硫酸加入量多，虽然能促使纤维上更多的氨基发生离子化，但带正电荷的氨基却不能与铬原子形成配价键结合，而且硫酸还能抑制纤维上羧基的离子化，使它不能与铬原子形成配价键。因此，硫酸就减弱和延缓了染料与纤维之间的结合，促进了匀染，在染色中实际上是起缓染作用。经过水洗洗除硫酸后，纤维上的羧基便发生离子化，离子化的氨基也变为游离的氨基，这时两者与铬原子发生络合，从而使纤维与染料牢固地结合。

由以上分析可知，由于1∶1型酸性含媒染料在染色时能与羊毛上的氨基和羧基发生络合作用，因此导致了酸或者pH值对染色的影响与强酸性染料不完全相同。如图6－11所示，1∶1型酸性含媒染料的上染率在pH值为3～4.5时最高，pH值低于3时上染率反而有所下降，这与酸性染料是不同的。上染率在pH值为3～4.5时最高的原因是：染料磺酸基以离子形式存在，pH值低于羊毛的等电点或接近等电点，羊毛上的氨基发生离子化，染料磺酸基与羊毛上的离子化氨基发生离子键的结合，虽然离子化的氨基不能与染料上的铬原子发生络合作用，但此时羊毛上还有较多的离子化羧基，而离子化羧基可以与染料上的铬原子络合。当pH值约低于2.2时，羊毛上的氨基全部离子化，羧基的离子化程度却很低，此时羊毛与染料的络合作用很小，因此，尽管染料与羊毛之间存在离子键结合，但是上染率反而下降了。

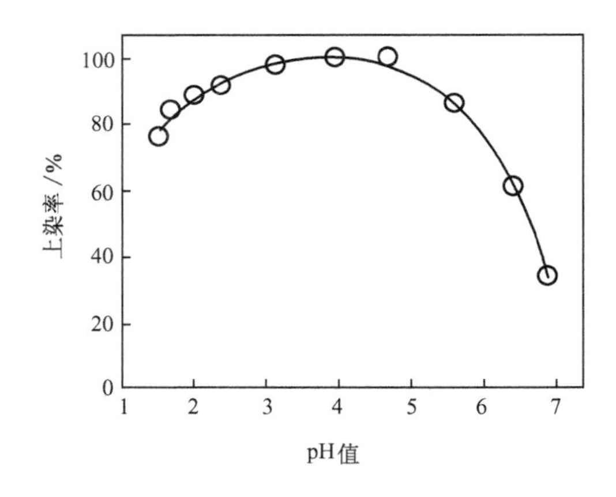

图6－11　pH值对1∶1型酸性媒介橙GRE上染羊毛的影响

羊毛用1∶1型酸性含媒染料染色时，为了降低上染速率，提高匀染性，应在强酸性条件下染色，97.7%(66°Bé)的硫酸用量一般高达5%～8%(owf)，pH值为1.8～2.0。为了减少强酸性和高温沸煮情况下羊毛的损伤及改善羊毛的手感，并增进匀染效果，可在染浴中添加非离子型聚氧乙烯醚类的匀染剂(如平平加O)，并减少硫酸用量。加入1.5%～2.0%(owf)的匀染剂后，硫酸用量可降至4%(owf)左右，pH值控制在2.2～2.4。

羊毛用1∶1型酸性含媒染料染色的处方如表6－7所示。工艺流程如下：30℃左右加入助剂和染料溶液，60～70min内升温至沸，沸染75～90min，染毕逐步降温，清洗。当清洗液pH值为4～5时，再加碱中和，40℃中和处理20～30min。

表 6-7　1:1 型酸性含媒染料染色处方(%,owf)

染料与助剂		处方 1	处方 2
染色	染料	x	x
	硫酸 97.7%(66°Bé)	5~7	4~4.5
	非离子匀染剂	—	1.5~2
中和	纯碱	1.5~2	1~1.5
	或醋酸钠	3~4	2~3
	或 25%氨水	2~2.5	2~2.5

二、1∶2 型酸性含媒染料的染色

1∶2 型酸性含媒染料由于染料分子中的金属原子已与染料完全络合，故它不能再与羊毛、蚕丝和锦纶上的供电子基发生配价键结合。1∶2 型酸性含媒染料的染色原理与中性浴染色的弱酸性染料十分相似。不含磺酸基的 1∶2 型酸性含媒染料在染液中呈一价负电荷离子形式存在，单磺酸基和双磺酸基的染料则分别呈二价和三价负离子形式，这些染料阴离子可与纤维上的离子化氨基通过离子键结合。此外，纤维与染料间的范德瓦尔斯力和染料母体结构上的磺酰胺基等基团之间还存在氢键结合。

G. Beck 等人曾经测定了在中性染色条件下 1∶2 型酸性含媒染料对未乙酰化和乙酰化羊毛的吸附等温线，结果见图 6-12。对于未乙酰化的羊毛，1∶2 型酸性含媒染料的吸附等温线具有明显的朗缪尔吸附特征，说明 1∶2 型酸性含媒染料主要以离子键的形式与羊毛结合。如

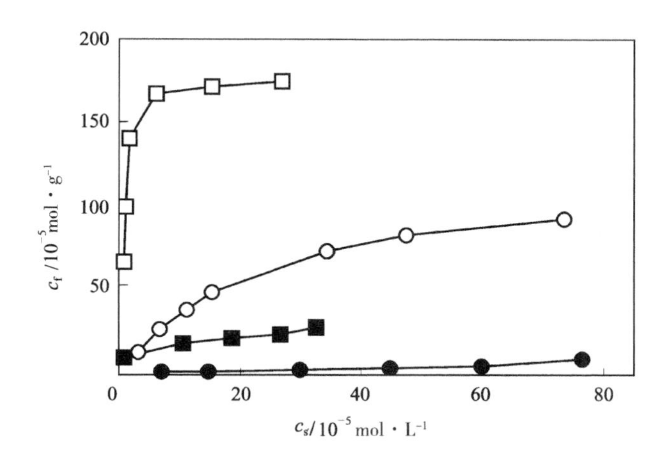

图 6-12　1∶2 型酸性含媒染料对羊毛的吸附等温线

100℃，pH=7.09

---○--- 染料Ⅰ　未乙酰化羊毛　　—●— 染料Ⅰ　乙酰化羊毛

—□— 染料Ⅱ　未乙酰化羊毛　　—■— 染料Ⅱ　乙酰化羊毛

果采用乙酰化的方法封闭羊毛上的氨基等基团,则 1∶2 型酸性含媒染料在羊毛上的吸附量大大降低,吸附等温线不再具有明显的朗缪尔吸附特征,这也表明 1∶2 型酸性含媒染料主要以离子键的形式与羊毛结合,但分配型吸附(能斯特吸附)对染料上染也起着作用。而且随着染料疏水性(染料Ⅱ>染料Ⅰ)的增加,对羊毛的亲和力增大,染料在羊毛上的吸附量增加,这与分配型吸附贡献的增大是有关的。

锦纶的疏水性高于羊毛和蚕丝,分子结构中含有大量的亚甲基,虽然 1∶2 型酸性含媒染料与锦纶之间存在离子键的结合,但是,范德瓦尔斯力、氢键、疏水键的结合却比羊毛和蚕丝高。图6－13是 1∶2 型酸性含媒染料对尼龙薄膜的吸附等温线,该吸附等温线与图 6－12 羊毛的吸附等温线存在着明显的差别,类似分散染料以溶解机理上染的分配型吸附在总吸附中的贡献是很高的,尤其是当染料浓度较高时。

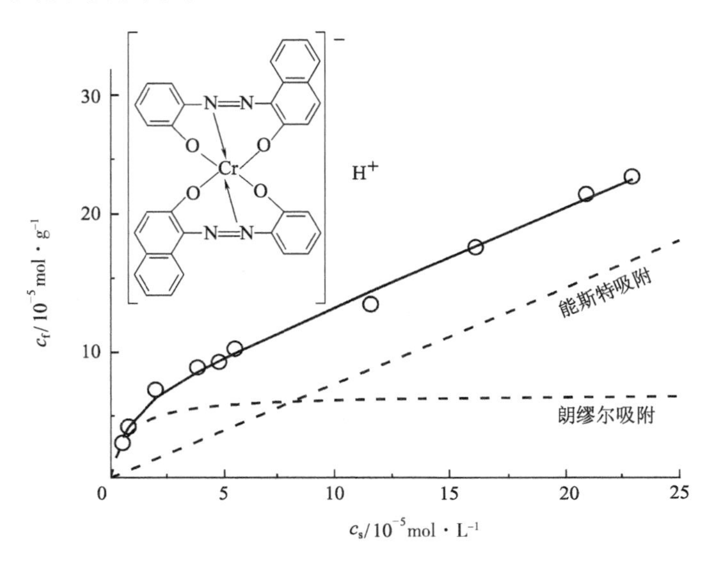

图 6－13　1∶2 型酸性含媒染料对尼龙薄膜的吸附等温线

80℃,pH 3.5,染色时间 120h

1∶2 型酸性含媒染料分子复杂,相对分子质量大,对纤维的亲和力高,初染速度快,在纤维内的扩散速度慢,染料的移染性差,对由纤维微细结构差别引起的染色疵病的遮盖性差。当温度低于某一范围时,染料的聚集程度较高。因此,如何使染料上染均匀和透染是制定染色工艺的关键。

1∶2 型酸性含媒染料与蛋白质纤维和聚酰胺纤维之间存在离子键的结合,因此染浴 pH 值越低,染料与纤维之间的离子键结合程度越高,上染速率越快,很容易导致染色不匀。所以,染浴 pH 值以控制在微酸性或中性为宜。醋酸、硫酸铵等均可用于调节 pH 值,但硫酸铵释放氢离子的速度较慢,有利于控制上染速度,获得匀染。染色时还需加入匀染剂,采用 pH 值滑移染色法也是一个很好的提高匀染性的措施。通常,始染温度不宜过高,宜缓慢升温,有时也可采用分段升温的染色方法。

羊毛毛条、散毛、绞纱的染色方法举例如下:

染色处方：中性染料 x（%，owf）、80%醋酸 0.5%～1.5%（owf）、匀染剂 O 0.3%～1.0%（owf）、元明粉 0～10%（owf），浴比 10∶1～20∶1。50℃运转 5min，加入醋酸和助剂，运转 5min 后加入已溶解的染料，再运转 5min，在 30～60min 内升温至沸，沸染 30～60min，降温，清洗。

1∶2 型酸性含媒染料广泛用于锦纶的咖啡、黑色等深色品种的染色。下面以黑色尼丝纺为例，说明 1∶2 型酸性含媒染料的染色方法。

染色处方：中性黑 BGL 4.4%（owf）、中性深黄 GL 0.22%（owf）、直接墨绿 B 0.09%（owf）、匀染剂 O 0.4g/L、净洗剂 LS 1g/L、冰醋酸 2～3g/L（或硫酸铵 4g/L）。在加罩卷染机中，加入助剂和染料，先在 80℃染 1 道，升温至 100℃染 12 道，染后 80℃水洗 1 道，再 100℃皂洗 4 道（净洗剂 LS 1g/L），最后 70℃、50℃各水洗 1 道，冷水上卷。

复习指导

1. 了解酸性染料的结构和分类（染色条件、匀染性、耐缩绒性），酸性染料与直接染料在结构和应用性能方面的异同点。

2. 掌握酸性染料对羊毛、蚕丝和锦纶的上染原理，羊毛、蚕丝和锦纶的电荷性质与染料上染机理、酸性染料与纤维的结合力、中性电解质作用的关系。了解染色过程中溶液中各离子浓度随时间的变化与染料上染过程、无机和有机缓染剂缓染能力的关系。

3. 掌握纤维染色饱和值、超当量吸附和亲和力的相关内容。了解酸性染料对纤维亲和力的计算方法及 Gilbert-Rideal 理论、Donnan 膜平衡理论。

4. 了解拼色染料相容性的基本概念和应用，不同种类的染料其相容性的重要性及其与其他染色性能之间的关系。

5. 了解酸性媒介染料和酸性含媒染料染色的原理、纤维的结构和性能与染色工艺条件的关系。了解羊毛、蚕丝和锦纶的染色工艺条件之间的区别和联系，染色工艺参数的确定及其对染色的影响。了解羊毛和蚕丝与锦纶染色所用固色剂类型及固色条件的差别。

思考题

1. 酸性染料染蛋白质纤维时，中性电解质的作用随染液 pH 值变化有何不同？为什么？

2. 试解释下列专业术语：酸性染料的当量吸附、超当量吸附和染色饱和值，混合染料的相容性、配伍指数及比值。

3. 分析酸性染料在锦纶上发生超当量吸附的原因。

4. 分析 pH 值、元明粉、两性离子聚醚类匀染剂、温度对羊毛染色的影响。

5. 影响酸性染料染羊毛和蚕丝的主要工艺因素有哪些？

6. 比较弱酸性染料、直接染料、中性染料对蚕丝的染色特性。

7. 为什么强酸性染料不适合用于锦纶的染色？

8. 弱酸性染料对锦纶染色时，影响染色速度和上染率的主要工艺参数是什么？

9. 试从纤维基本结构单元、氨基含量、亲水性、形态结构、物理结构紧密度、染料与纤维结合力等角度,分析羊毛、蚕丝和锦纶染色对温度、pH 值的敏感性。

10. 1∶1 型金属络合染料与羊毛如何结合?染色时加较多的酸为什么能起匀染作用?

11. 简述酸性媒介染料的染色原理。媒介染料有哪些染色方法?不同染色方法有何优缺点?

12. 阐述 1∶2 型金属络合染料的染色原理和染色方法,如何掌握主要的工艺因素?

13. 羊毛和蚕丝与锦纶染色所用固色剂有何差别?

14. 如何控制酸性染料浅淡色染色物的匀染性?

15. 如何减轻羊毛深浓色染色产品的强力降低问题?

16. 举例说明毛条、真丝双绉、尼丝纺酸性和中性染料染色的工艺流程、处方、所用染色设备。

参考文献

[1] 陈荣圻,王建平. 生态纺织品与环保染化料[M]. 北京:中国纺织出版社,2002.

[2] HANNERMANN K. 后铬媒介染料替代品的最近进展[J]. 国际纺织导报,2001(3):50－53.

[3] 加藤弘. 絹纖維の加工技術とその 應用[M]. 东京:纖維研究社株式會社,1987.

[4] 王菊生. 染整工艺原理:第三册[M]. 北京:纺织工业出版社,1984.

[5] 宋心远. 染色理论概述(四)[J]. 印染,1984,10(3):36－44,59.

[6] Johnson A. The theory of coloration of textiles [M]. Bradford: The Society of Dyers and Colourists, 1989.

[7] Bird C L, Boston W S. The theory of coloration of textiles[M]. Bradford: The Dyers Company Publications Trust, 1975.

[8] 矢部章彦. 新染色加工讲座 4——染色/坚ろぅ性の理论[M]. 东京:共立出版株式会社,1971.

[9] 黑木宣彦. 染色理论化学[M]. 陈水林,译. 北京:纺织工业出版社,1981.

[10] Burkinshaw S M. Chemical principles of synthetic fibre dyeing[M]. London: Chapman Hall, 1995.

[11] Qian Jiahe, Hamada K, Mitsuishi M. Sorption of behaviour of fluorinated azo sulphonated dyes by silk fibre[J]. Dyes and Pigments, 1993, 21: 255－263.

[12] Razafimahefa L, Vroman I, Viallier P. Mechanisms of fixation of dyestuffs in polyamide 66 fibres[J]. Coloration Technology, 2003, 119: 10－13.

[13] Taemoon T, Komiyama J, Iijima T. Dual sorption and diffusion of acid dyes in nylon[J]. Sen-i Gakkaishi, 1979, 35(11): 96－101.

[14] Viallier P, Jordan C. Nylon 66 dyeing behaviour of fibers of different levels of fineness[J]. Coloration Technology, 2001, 117(1): 30－34.

[15] De Giorgi M R, Cerniani A, Maria G. et al. Thermodynamic affinity of acid dyes on silk[J]. Dyes and Pigments, 1991, 15: 47－55.

[16] 滑钧凯. 毛和仿毛产品的染色和印花[M]. 北京:中国纺织出版社,1996.

[17] 木村光雄. 染浴の基础物理化学[M]. 东京:纖維研究社,1979.

[18] 孔繁超,吕淑霖,袁柏耕. 毛织物染整理论与实践[M]. 北京:纺织工业出版社,1990.

[19] Arved Datyner. 表面活性剂在纺织染加工中的应用(Surfactants in Textile Processing)[M]. 施予长，译. 北京：纺织工业出版社，1988.

[20] Aspland J R. Chapter 10：The application of ionic dyes to ionic fibers：Nylon，silk and wool and their sorption of anions[J]. American Dyestuff Reporter，1993，25(2)：22－26，(3)：55－59，(4)：19－23.

[21] Datye K V，Vaidya A A. Chemical processing of synthetic fibers and blends[M]. USA：John Wiley and Sons Inc.，1984.

[22] 张壮余，吴祖望. 染料应用[M]. 北京：化学工业出版社，1991.

[23] 上海市纺织工业局. 染料应用手册:第二分册[M]. 北京：纺织工业出版社,1983.

[24] Tang R C. Yao F. The sorption of a syntan on nylon and its resist effectiveness towards reactive dyes [J]. Dyes and Pigments,2008. 77:665－672.

[25] 章杰. 染料相容性与匀染性关系的研究[J]. 染料工业，1991，28(2)：28－33.

[26] Beckmann W，Hoffmann F，Otten H G. Practical significance，theory and determination of compatibility of dyes on synthetic-polymer fibers[J]. Journal of the Society of Dyers and Colourists，1972，88：354－359.

[27] 钱国坻. 混合染料的相容性[J]. 染料工业，1990(1)：29－35.

[28] Atherton E，Downey D A，Peters R H. Some observations on the dyeing of nylon with mixtures of acid dyes[J]. Journal of the Society of Dyers and Colourists，1958，74：242－251.

[29] 张兆麟，张玉珍. 金属络合染料[M]. 北京：化学工业出版社，1991.

[30] 最新染料使用大全编写组. 最新染料使用大全[M]. 北京：中国纺织出版社，1996.

[31] 上海市毛麻纺织工业公司. 毛纺织染整手册(下册)[M]. 2 版. 北京：中国纺织出版社，1998.

第七章　分散染料染色

第一节　引　言

分散染料(disperse dyes)是一类水溶性很低、染色时在水中主要以微细颗粒呈分散状态存在的非离子染料。分散染料分子较小、结构简单,不含磺酸基等强亲水基团,仅含有一些羟基、氨基、硝基等弱极性基。粉状商品化分散染料需经研磨形成 0.1～2.0μm 的微细结晶(crystal)颗粒。染色时借助分散剂以细小的微粒分散悬浮在染液中,分散染料的染液是这些细小染料晶体的悬浮液。为了克服粉状染料易产生的粉尘污染,近年来液体分散染料的份额在增加,液体分散染料大大减少了分散剂、填充剂的用量,采用热熔染色工艺时,这些助剂在纤维表面残留比使用粉状染料少得多,热熔固色后可以不还原清洗、不水洗也有较好的牢度,液体分散染料也是"免水洗"染色工艺的适用染料。

分散染料是随着疏水性纤维的发展而发展起来的一类染料。20 世纪 20 年代醋酯纤维出现后,用当时水溶性的染料很难染色,为解决醋酯纤维的染色问题,人们合成了疏水性较强的一类染料——分散染料。随着聚酰胺纤维、聚丙烯腈纤维,特别是聚酯纤维的迅速发展,分散染料有了飞速发展。目前,分散染料已成为色谱齐全、品种繁多、性能优良、用途广泛的一大类染料,是合成纤维,特别是聚酯纤维染色和印花的主要染料。

由于合成纤维的物理结构和疏水性程度各不相同,对染料的要求也不同,一般地说,疏水性强的纤维适合用疏水性强的染料染色。分散染料在涤纶上的上染率高、染色牢度好,在腈纶上的染色牢度也较好,但亲和力低,只能染得浅色,在锦纶上的湿处理牢度较低。

分散染料有两种分类方法:一种是按应用性能分类,主要是按升华(sublimation)性能分类;另一种是按化学结构分类。按应用性能分类应用较普遍,但按应用性能分类还缺少统一的标准,各染料厂商会按自己的一套方法进行分类,通常在染料名称的词尾(尾注)前加注字母来标明。例如,瑞士科莱恩(Clariant)公司[原山德士(Sandoz)公司]的 Foron 分散染料分为 E、SE 和 S 三类:E 类升华牢度(sublimation fastness)低,匀染性好;S 类的则相反,升华牢度高,匀染性差;SE 类的性能介于两者之间。又如英国帝国化学公司(ICI)的 Dispersol 染料分为五类:A 类升华牢度低,主要适用于醋酯纤维和聚酰胺纤维的染色, B、C、D 类适用于聚酯纤维,分别相当于低温、中温和高温三类;P 类适用于印花。根据分散染料上染性能和升华牢度的不同,国产分散染料一般分为高温型(S 型或 H 型)、中温型(SE 型或 M 型)和低温型(E 型)三类。一般的,升华牢度低的染料适用于载体染色(carrier dyeing);升华牢度中等的染料适用于 120～140℃下的高温染色(high temperature dyeing);而升华牢度高的,由于匀染性差,主要用于热熔染色(thermosol dyeing)。近年来随着纤维品种的发展和染色工艺的进步,在这些分类的基础上筛选出适合新纤维或新工艺的染料,给出专门的分类名称,如超细旦纤维分散染料、快速染色分散染料等。选用染料时应注意商品类别。

分散染料在涤纶上的染色牢度受多种因素的影响,如纤维结构、染料结构、染色深度、染色条件、染色后处理工艺等,其中染料的结构和性能是影响染色牢度的主要因素。分散染料分子小,极性弱,难溶于水,染料分子与涤纶相容性好。在高于涤纶玻璃化温度下,涤纶无定形区分子链活动产生能容纳染料分子的孔隙,纤维表面染料以分子形式向纤维内部扩散上染。染色过程完成后,涤纶表面吸附着分散染料,这些染料随着染色浓度的增加而增加,它们的存在造成涤纶织物的色牢度下降,还原清洗可清除这些吸附在纤维表面的染料,提高牢度。一般情况下,涤纶用分散染料染色后还原清洗充分,染色产品的水洗牢度、摩擦牢度都很好。但涤纶在染色时经受高温和张力作用,物理形态发生变化,还原清洗后需要热定形来稳定尺寸,涤纶一旦受热(如温度>140℃),纤维内部的染料就会发生与上染逆向的热迁移,部分染料会重新移至纤维表面,使染料在纤维表面堆积,导致成品色牢度下降。同时后整理所用的助剂也会对涤纶织物的湿处理牢度有影响。分散染料的热迁移性与染料本身的结构有关,而与染料的耐升华牢度没有绝对关系,因为两者产生的机理不同,升华是染料先汽化,呈分子状态再转移,热迁移是染料以固态凝固体(或单分子)向纤维表面迁移。因此,耐升华牢度好的分散染料的耐热迁移性(thermal migration)并不一定好。

第二节　分散染料溶液特性

分散染料不具有—SO_3H、—COOH 等水溶性基团,而具有—OH、—NH_2、—CN、—NO_2 以及卤素等取代基,是一类非离子染料,在水中溶解度很小,但仍有一定的溶解度。商品分散染料中已加入了和染料几乎相同分量的分散剂,染色时染浴中还需加入适量的分散剂。分散剂使分散染料以细小晶体均匀地分散在染液中,形成稳定的悬浮液,此外也有部分染料聚集在分散剂胶束中。所以染料在染浴中一般存在以下三种状态:溶解在染浴中的少量单分子分散染料、存在于分散剂胶束中的分散染料和悬浮在染浴中的分散染料颗粒(晶体)。这三种状态的染料在染浴中同时存在,处于动态平衡中。

染料在染浴中的这三种状态对染色性能有很大影响。而染料在染浴中的状态与染料的结构及染色工艺条件有很大关系。

一、分散染料的溶解性和分散稳定性

分散染料在水中的溶解度不高。溶解度过低,上染速率太慢;溶解度过大,将导致染料与水的作用力增大,而与纤维的亲和力降低,使上染速率和上染百分率下降。因此分散染料的溶解度对其上染有重要意义。

分散染料在水中的溶解度与染料的分子结构、物理状态以及染浴条件有关。分散染料的溶解度随染料结构不同而有较大差异，具有—OH等极性取代基的染料溶解度较高些。相对分子质量较大、含极性基团少的染料溶解度很低。升高温度是提高染料溶解度最简捷的办法，但各种染料之间差异较大，一般来说，溶解度大的，随温度的升高溶解度提高得多一些，反之则较少。一般的分散染料在室温时的溶解度约为0.1～10mg/L；80℃时的溶解度约为0.2～100mg/L；100℃时溶解度约0.4～200mg/L；130℃时的溶解度是100℃时的10倍。在商品分散染料中通常含有大量的分散剂等助剂，分散剂除了能使染料以细小晶体分散在染液中呈稳定的悬浮液外，当超过临界胶束浓度后，还会形成微小的胶束，将部分染料溶解在胶束中，发生所谓的增溶现象，从而增加染料在溶液中的表观浓度。分散剂的增溶作用随染料结构不同差别很大，随分散剂浓度的增高而增加，但有些非离子型的表面活性剂对温度十分敏感，随温度升高提高溶解度的程度会降低。

分散染料的溶解度高低除了和染料分子的分子大小、极性基团的性质和数量以及分散剂性质和用量有关外，还和染料的晶格结构和颗粒大小有关。商品染料的颗粒大小都有一定的分布范围，大多数在0.1～1.0μm之间，极小的和极大的颗粒所占比例较小。颗粒小、晶格结构不稳定的分散染料溶解度较大，而颗粒大、晶格结构稳定的分散染料溶解度较小。

染料分散到染液中后，染料晶体有可能发生晶体增长。因为颗粒小的染料溶解度大，其饱和溶液对颗粒较大的染料来说是过饱和溶液，使颗粒大的染料能够自发地发生晶体增长。选用适当的分散剂将染料颗粒稳定地分散在溶液中，同时还可以防止染料晶体的增长。曾经发现，用某些染料染色，染色初期上染百分率随时间的延长不断增加，但达到一定时间后，上染百分率非但不再增加，反而逐渐降低。其原因就是由于染色时间过长后，染料颗粒变大的缘故。

染料结晶增长的情况还会在配制染液时发生。因为颗粒小的染料溶解度高，颗粒大的染料溶解度低。所以，如果染液温度降低，容易变成过饱和状态，已溶解的染料有可能析出或发生晶体增长。这种现象在染液加热不均匀时很容易发生。当温度高的染液流到温度低的地方，染料会析出或晶体增长。然而，在实际生产过程中，由于染液中染料浓度不是很高，所以晶体增长情况没有那么严重。但在染深色或化料操作时，染浴中染料浓度较高，如果温度不是逐渐下降而是突然冷却，那么在饱和溶液中已溶解的染料就会在尚未溶解的染料颗粒周围结晶析出。

如果一种染料能形成几种晶型，则染料还会发生晶型转变，由较不稳定的晶型转变成较稳定的晶型。变成稳定晶型后，染料的上染速率和平衡上染百分率都会下降。如某分散黄染料有五种不同晶型的晶体，它们的物理性能和上染性能差别很大。晶型转变速度随温度的升高而加快。采用高温高压法染色时，染色温度有时高达140～150℃，在这样高的温度下染料很容易发生晶型转变。为此，商品染料往往加有一些助剂来防止晶型转变。

二、分散染料的化学稳定性

分散染料一般在高温下染色，多种因素会影响到染料的化学稳定性。一旦染料结构发生破坏，染料的色光、上染性能和染色牢度会发生显著变化。

(一)耐酸碱稳定性

分散染料的化学结构不同，耐酸碱稳定性不同。结构中含有酯基、酰胺基、氰基等基团的分散染料，在高温、碱性条件下，染料会发生水解破坏，从而引起染料的色光变化、上染百分率变化。

$$D-\overset{\displaystyle O}{\overset{\|}{C}}-O-R \xrightarrow{OH^-,H_2O} D-\overset{\displaystyle O}{\overset{\|}{C}}-O^- + R-OH$$

$$D-CN \xrightarrow{OH^-,H_2O} D-\overset{\displaystyle O}{\overset{\|}{C}}-O^- + NH_3\uparrow$$

$$D-\overset{\displaystyle O}{\overset{\|}{C}}-NH-R \xrightarrow{OH^-,H_2O} D-\overset{\displaystyle O}{\overset{\|}{C}}-O^- + R-NH_2$$

分子中含有羟基的分散染料，在高温碱性浴中，羟基离子化($D-OH+OH^- \longrightarrow D-O^-+H_2O$)，染料的亲水性大为增加，染料的上染性能也不同了。

如果在酸性较强的染浴中，高温下 H^+ 也会催化水解染料，或使$-NH_2$ 离子化。由此可见，染色时，染浴的 pH 值不同，会影响染色织物的色光和染色性能。通常分散染料染色时，染浴 pH 值控制在 5～6 之间，此时染色织物的上染百分率高，色泽鲜艳度好。

在传统的涤纶织物染整加工中，前处理和碱减量工序在碱性条件下进行，而分散染料染色却在酸性浴中进行。由于前处理未洗净的浆料、油剂以及其他分解产物在酸性浴中析出，导致产生许多染疵。因此，在 20 世纪 80 年代中期开发了分散染料碱性染色法(pH 值控制在 8.5 左右)。碱性染色法是染色工艺合理化和提高产品质量的有效方法，与传统的酸性染色法比，具有如下特点：在碱性浴中具有柔软效果，能防止细旦织物的擦伤，染色后织物手感柔软；防止低聚物发生；防止由前处理造成的一些染疵，如退浆不尽、精练不足等；防止碱减量杂质的再沾污；省略还原清洗；有可能实现精练、染色一浴法工艺等。但需要筛选或开发耐碱的分散染料和新的专用染色助剂。分散染料碱性染色法的问世，不是取代传统的酸性染色法，而是一个重要的补充，是染色工艺技术上的新进展。

(二)耐还原剂稳定性

由于某些还原物质的存在，对偶氮型分散染料的色泽会有影响。残留的浆料、纤维素纤维、分散剂(含有亚硫酸盐)、羊毛的半胱氨酸等都具有还原剂的作用，使染料在染浴中还原成胺化合物而不能染着涤纶，至多是略呈淡黄的沾色而已。其中酸性介质时比碱性介质对染料的还原分解率大得多。但利用此性质，不耐还原剂的分散染料可用作拔染印花的地色染料。

$$Ar-N=N-Ar' + 4[H] \longrightarrow Ar-NH_2 + Ar'-NH_2$$

三、分散染料的热稳定性

分散染料分子结构简单，含极性基团少，分子间作用力弱，受热容易升华。

分散染料染色织物在高温热处理时，因染料升华作用(由固相直接转化成气相)而造成的变色和沾染白地或沾污其他颜色。很多分散染料当温度达到 160℃左右即可升华，与其他种类染料相比，许多分散染料有显著的蒸汽压，所以用这些分散染料染色的织物当经受诸如熨烫、热固着、热定形和树脂焙烘等高温干热处理时，即发生升华作用，且其蒸汽能被相邻的纤维吸收，致使得色量降低和沾染白地或沾污其他颜色，同理染料蒸汽也能沾污高温热处理设备。

某些分散染料除了气相转移外，还存在着其他形式的转移，例如，C. I. 分散黄 37（熔点 150～155℃），它在温度低于其“升华”沾染起始温度很多时，就已熔融而成液体，而并非真正的升华。所以，分散染料在高温热处理时，除了气相转移外，还发生接触转移。

分散染料升华牢度主要和染料分子的极性、相对分子质量大小有关。极性基的极性越强、数量越多，芳环共平面性越强，分子间作用力就越大，升华牢度也就越好。染料相对分子质量大，也不易升华。此外，染料所处状态对升华难易也有一定的影响，染料颗粒大、晶格稳定，不易升华。在纤维上则还和纤维分子间的结合力有关，结合力越强，越不易升华。

改善染料的升华牢度可采取在染料分子中引入适当的极性基团、增加染料的相对分子质量等措施，但都有一定的限度。极性基团过多、极性过强，不但难以获得所需的色泽，而且会改变染料对纤维的染色性能，降低对疏水性合成纤维的亲和力。增加相对分子质量则往往会降低染料的上染速率，使染料需要在更高的温度下染色。如前所述，除了改变染料的化学结构外，染料在纤维上的分布状态也会影响升华牢度。染色时，应该提高染料的透染程度，来获得良好的升华牢度。

染料的升华牢度与其应用性能关系非常密切。前已述及，不同升华牢度的染料适用的染色方法不同。需要经受热定形、压烫整理等加工的涤纶及其混纺织物需选用升华牢度良好的染料，采用高温、热熔的方法染色。升华牢度较低的染料可以在常压染浴采用载体染色。用于转移印花的染料，则要求有一定的升华性能。拼色时一般要选用同类染料以保证色相稳定、重现性强。有时选定主色后，可以用少量非同类染料调整色光，但需相互兼顾并做好小样实验。

分散染料有一个不能完全用升华牢度来解释的迁移现象，即染色完成后的牢度表现合格，但在后续加工如施加整理剂、涂层等完成后，甚至远洋运输后水洗、皂洗、升华牢度等表现为不合格，其原因一部分是与染色后热加工时染料的升华有关，另一部分原因是“溶解”在涤纶中的染料，在涤纶表面的助剂层“溶解”度更大。

第三节　分散染料染色理论

一、上染过程

分散染料的水溶性很低，在染液中它们是通过溶解成分子以分子状态上染到纤维上去的。将分散染料的分散液置于黏胶薄膜袋中，染料分子能够透过薄膜而聚集的染料不能透过，结果发现溶解度大的染料对二醋酯纤维的上染速率高。

染色时，染料颗粒不能上染纤维，只有溶解在水中的染料分子才能上染纤维。随着染液中染料分子不断上染纤维，染液中的染料颗粒不断溶解，分散剂胶束中的染料也不断释放出染料单分子。在染色过程中，染料的溶解、上染（吸附、扩散）处于动态平衡中，这一过程可简单表示如下（图 7－1）：

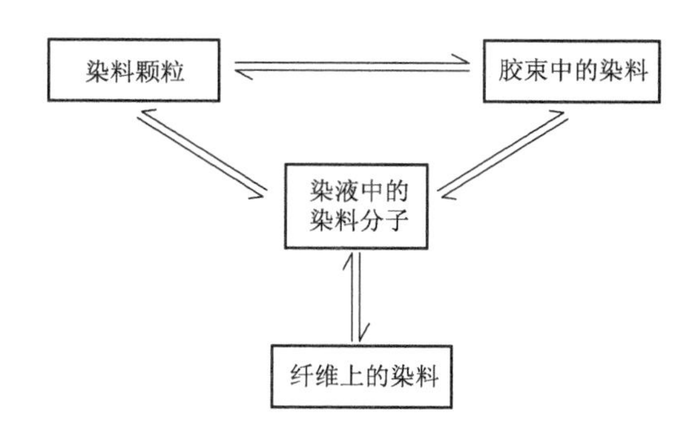

图 7-1　染液中分散染料的平衡关系示意图

染料在溶液中还可能发生结晶增长或晶型转变。上述几个平衡过程是相互关联的，染料最终转移是由溶液中的晶体转移到纤维上的，水溶液主要起转移介质的作用。

已经指出，染液中的分散剂不仅可以提高染液的分散稳定性，提高染料的溶解度，还可和染料结合形成胶束分散在染液中。这种胶束在上染过程中起“贮存”染料的作用。随着染料分子从溶液中吸附到纤维上，“贮存”在胶束中的染料可较快地释放出来。这种作用随染料和分散剂的不同而不同。一般来说，由于胶束的存在增加了染料在溶液中的分散稳定性，因而会降低染料的平衡上染百分率，对溶解度较高的染料尤为明显。

染料吸附上纤维和从纤维表面向纤维内部扩散都是以单分子形式来完成的。染料分子从溶液接近纤维，进入扩散边界层后，当离纤维表面很近时，很快被纤维吸附，在纤维内外形成一个浓度梯度，使染料不断由表面向中心扩散（可逆过程），直到达到染色平衡。与染料饱和溶液保持平衡的纤维上的染料浓度就是此时的染色饱和值。

二、分散染料的吸附等温线

在温度不变的条件下，将典型的分散染料分别对醋酯纤维、聚酯纤维、聚酰胺纤维和聚丙烯腈纤维上染，达到平衡时，将纤维上的染料浓度（$[D]_f$）对染液中的染料浓度（$[D]_s$）作图，所得吸附等温线为斜率为 K 的直线（图 7-2），这和一种物质溶解在两种互不相溶的溶剂中的分配关系相似，服从能斯特（Nernst）分配关系：

$$[D]_f = K[D]_s$$

式中：K 为分配系数。所以一般都把分散染料在上述纤维中的上染作为“溶解”在固体纤维的无定形区看待。由此也可以看出，前述的纤维染色饱和值也就是染料在纤维中的“溶解度”。

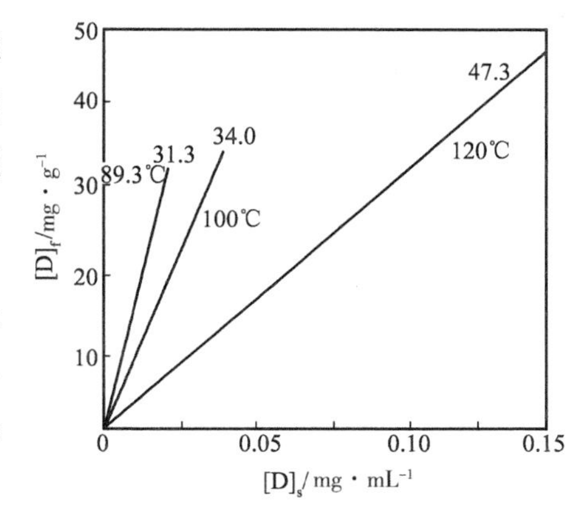

图 7-2　1-氨基-4-羟基蒽醌上染涤纶的吸附等温线

染料对纤维的染色亲和力为：

$$-\Delta\mu^{\circ} = RT\ln\frac{[D]_f}{[D]_s} = RT\ln K$$

不同纤维无定形区含量不同，比较染料对不同纤维的染色亲和力时应该将纤维无定形区（或可及区）含量因素考虑在内。故可将纤维上的染料浓度 $[D]_f$（单位为：mol/kg 纤维）除以每千克纤维所具有的无定形区体积 V，因此有：

$$-\Delta\mu^{\circ}=RT\ln\frac{[D]_f}{V[D]_s}$$

染色亲和力取决于染料和纤维的结构和性质。当染料的结构和性质与纤维的结构和性质相接近时，两者容易相容，染色亲和力很高(这点将在后面讨论)。此外还和染色工艺条件，特别是染色温度有关。从图 7－2 可看出，染色温度增高，染色饱和值增高，而吸附等温线斜率则降低，即亲和力随着温度的升高而下降。其原因是随温度的升高，分散染料在水中溶解度增加比在纤维中增加的快。

染色亲和力还受染浴中其他组分，例如，分散剂、匀染剂和载体等的影响。这些助剂如果增加染料在染液中的溶解度，便会使分配系数下降。

实践中还发现，有些染料的吸附等温线并不是直线而是具有部分朗缪尔吸附的吸附特征。产生这种现象的原因较为复杂。一方面是染料在溶液中的状态比较复杂，另一方面染料在纤维无定形区中的状态与真正的溶解也有差异，它们可能发生定位吸附，染料分子间也有可能发生相互作用，而在纤维的空隙里发生聚集，这些都会使吸附等温线偏离直线特征。

亲和力和分配系数只表示染料在染液和纤维两相间的分配关系，并不表示纤维的最大吸附量。表示最大吸附量的是染色饱和值。温度越高，饱和值越大。分散染料在各类合成纤维上的饱和值差别很大。一般在聚丙烯腈纤维和聚酰胺纤维上的饱和值较低，故只适合染淡、中色泽的品种，在二醋酯纤维上的饱和值最高，很容易染得浓色。例如，分散橙 G 在 85℃染锦纶 66、涤纶和二醋酯纤维的染色饱和值分别为 2.1g/100g 纤维、4.1g/100g 纤维和 5.1g/100g 纤维。

合成纤维的分散染料染色饱和值，还随纤维染色前热定形条件不同而变化。例如涤纶在不同温度热定形后，分别在 100℃和 130℃染色的饱和值，以 180℃热定形的最低，温度高于 180℃后，饱和值随着定形温度的升高而增加，敏感程度随染料品种而不同。

如果将几种染料拼混染色，发现有一些染料在混合染色的吸附等温线和上染速率与单独染色时基本一样，纤维中混合染料量基本等于它们单独染色上染量之和。这种性质称为染色加和性。而另一些染料混合染色时，不论是吸附等温线还是上染速率都和单独上染时有很大不同。它们的平衡吸附量低于两种染料单独染色平衡吸附量之和。前者主要发生在染料结构和性质差别较大的时候；后者则主要发生在染料结构和性质相似的时候。例如，在下述三只染料中，染料(Ⅰ)和(Ⅱ)有加和性，(Ⅰ)和(Ⅲ)就没有。

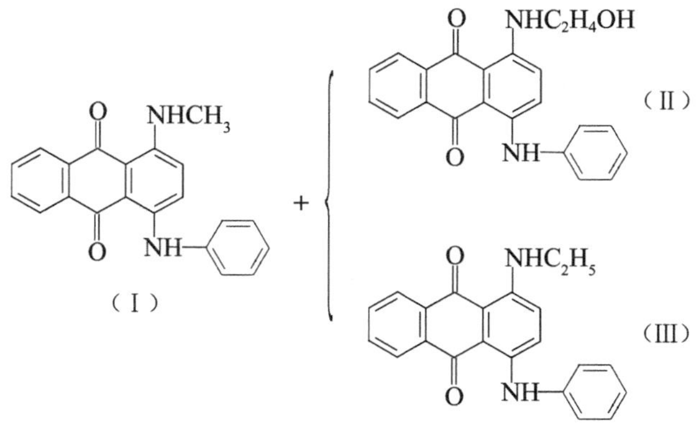

O　$NHCH_3$
NH—
O
(Ⅰ)

＋

O　NHC_2H_4OH
O　NH—
(Ⅱ)

O　NHC_2H_5
O　NH—
(Ⅲ)

它们的结构虽然都相近，但(Ⅰ)和(Ⅱ)极性相差较大，(Ⅰ)和(Ⅲ)性质则很接近。染料(Ⅰ)、(Ⅱ)、(Ⅲ)85℃染醋酯纤维的饱和值分别为6.1mg/g纤维、4.1mg/g纤维和1.4mg/g纤维。在相同条件下，染料(Ⅰ)和(Ⅱ)拼混染色的总饱和值为10.3mg/g纤维，而染料(Ⅰ)和(Ⅲ)拼混染色的总饱和值却仅为4.7mg/g纤维。对这种现象曾有过多种解释，大多数人认为这和染料的晶型特征有关。一些结构和性质相近的染料，在溶液甚至在纤维中可形成混晶，它们在染色时没有加和性。此外，还有人认为，由于分散染料在纤维部分存在定位吸附，因此结构和性质相近的染料可能存在竞染作用。染料的染色加和性具有重要实际意义，合理拼混染料不仅可获得所需的色泽，还可以提高染色饱和值。这无论是对染色饱和值低的锦纶、腈纶染色，或是对一些很难用单只染料染得浓色的产品，都具有重要意义。事实上，为了获得所需的色泽，有些商品染料本来就是由不同染料混拼而成的。

三、分散染料与纤维分子间的相互作用

在第二章中已经指出，染色亲和力高低取决于染色热和染色熵。染色热主要取决于上染前后染料、纤维分子间力的变化。对分散染料来说，染料本身分子间以及和纤维分子间存在多种分子间作用力，包括氢键、偶极力、色散力等。

醋酯纤维、涤纶和锦纶分子中存在大量羰基，醋酯纤维和锦纶分子中还分别存在一定数量的羟基和氨基。这些基团都可与染料有关基团形成氢键。羰基的氧原子可和染料的供质子基($—OH$，$—NH_2$等)形成氢键。

此外，涤纶的苯环也可以和染料的供质子基形成氢键。实验发现，在一定范围内，分散染料分子中供质子基数量越多，在醋酯等纤维中染色饱和值就越高。在一定范围内染料分子中的羟基和氨基数量越多，在涤纶中的饱和值也越高。当然，这些基团过多，染料亲水性变得太高，则会降低染料的亲和力。

范德瓦尔斯引力是分散染料和纤维结合的一种重要结合力。随着染料和纤维结构不同，范德瓦尔斯力的性质也不同。有的主要靠偶极力或诱导力结合，例如醋酯纤维的羰基和染料间可形成偶极力结合；有的则主要靠色散力结合，例如涤纶和分散染料间的作用就是这样。

分子间的作用力是上述各种引力的总和，可用内聚能或内聚能密度(cohesive energy density，C. E. D.)来衡量。内聚能ΔE为1mol物质汽化成气体所需要的能量。

内聚能和内聚能密度可用溶解度参数来表示，它们的相互关系为：

$$\text{内聚能密度(C. E. D.)} = \frac{\Delta E}{V} = \frac{\Delta H - RT}{V} = \delta^2$$

式中：ΔE为内聚能；V为摩尔体积；δ为溶解度参数；ΔH为汽化热；RT代表膨胀功。

如前所述，分子间引力包括色散力、偶极力和氢键，故内聚能密度和溶解度参数也可分为这三种组分：

$$\delta^2 = \delta_d^2 + \delta_p^2 + \delta_h^2$$

式中：δ_d^2、δ_p^2和δ_h^2分别表示色散力、偶极力和氢键产生的内聚能密度。

δ_p^2和δ_h^2为极性力产生的内聚能密度，它们之和称为极性力内聚能密度δ_a^2。而δ_d^2又称为非

极性力内聚能密度。故总内聚能密度又可写成：

$$\delta^2=\delta_a^2+\delta_d^2$$

两个液体如果它们不仅 δ 值相同，而且极性情况也相当，那么，就容易相互混溶。虽然载体和分散染料在涤纶等纤维中的情况和液体的混溶有很大不同，但人们一般仍把载体和分散染料在这些纤维中的状态作为“溶解”在纤维的无定形区看待，用间接的方法估算出纤维的内聚能密度，并引用上述根据溶解度参数预计溶解度的方法，来估计或比较不同载体和分散染料在这些纤维中的“溶解度”，已取得了一定结果。例如，涤纶的溶解度参数为 $22.1J^{1/2}/cm^{3/2}$。分散大红 GF2R 和分散红 3B 这两只染料主要由于氨基上取代基不同，它们的溶解度参数分别为 $22.1J^{1/2}/cm^{3/2}$ 和 $26.8J^{1/2}/cm^{3/2}$。前者和涤纶的相同，后者相差较大。前一染料常用于涤纶染色，后一染料则较适合于染二醋酯纤维。一般来说，染色饱和值大于 10g/kg 纤维的染料，在涤纶上就可得到良好的上染效果，它们的溶解度参数一般在 $(22.1\pm2)J^{1/2}/cm^{3/2}$ 范围内。

在分散染料载体染色时，需选择溶解度参数与染料、纤维的溶解度参数相近的载体，这样才有利于染料上染，载体的促染作用才明显。如表 7－1 所示，载体的溶解度参数与涤纶的溶解度参数越相近，其在纤维上的溶解度就越大。

表 7－1　不同载体的溶解度参数及其在涤纶上的溶解度

载　　体	溶解度参数/$J^{1/2}\cdot cm^{-3/2}$	在涤纶上的溶解度/g·100g 纤维$^{-1}$
苯甲醚	19.4	7.4
苯甲醛	21.3	9.7
苯甲醇	24.5	8.5

四、分散染料的上染速率

如上所述，分散染料的上染过程包括：染料晶体的溶解、染料扩散通过晶体周围的扩散边界层、染料分子随染液流动到达纤维周围的扩散边界层，再扩散通过这个扩散边界层并在纤维表面发生吸附，在纤维内外产生浓度差后，染料分子不断向纤维内部扩散，最后达到平衡。在染料厂加工染料时，一方面使染料颗粒尽量变小，并且加了足量的助剂增溶，以加速染料的溶解。

扩散边界层厚度与染液的流动速率和染色温度有关。采用浴比小、染液和织物间相对运动速度大的染色设备，在高温下染色，这样染料就较容易通过扩散边界层。染料向纤维内部的扩散速率则取决于纤维内外层的浓度梯度和扩散系数。纤维表层吸附的染料浓度取决于染料的分配系数和染液浓度。如果染液中的染料在充分搅拌下，足以使纤维表面吸附呈饱和状态，则染料对纤维的上染速率取决于染料分子的扩散速率。

关于分散染料在合成纤维中的扩散问题，在第二章中已作了讨论。从这些讨论中可以知道，染料在这些纤维中的扩散速率和纤维在生产过程中所受拉伸比的大小、热定形的温度等条件有关。染液温度在纤维玻璃化温度以下时，染料上染速率是很低的。染液温度超过纤维玻璃化温度后，上染速率迅速增高，对温度的差异很敏感。染料在合成纤维中的扩散活化能比较大，如直接染料染黏胶纤维时平均扩散活化能为 63kJ/mol，酸性染料染羊毛时平均扩散活化能为 84kJ/mol，而分散染料染涤纶时平均扩散活化能为 126kJ/mol。

第四节 涤纶的染色特性

涤纶是疏水性纤维，纤维结构较紧密，结晶度高。染色时，染料进入纤维的无定形区。水溶性染料不能上染涤纶，根据“相似相容”原理，涤纶的染色应采用与涤纶疏水性相当的染料。涤纶无定形区的结构较紧密，大分子链取向度较高，分子间隙小，因此应采用结构简单、相对分子质量较低的染料染色。分散染料符合涤纶对染料的基本要求。

分散染料对涤纶具有亲和力，染液中的染料分子可被纤维吸附，但由于涤纶大分子间排列紧密，在常温下染料分子难以进入纤维内部。涤纶是热塑性纤维，当纤维加热到玻璃化温度(glass-transition temperature)(T_g)以上时，纤维大分子链段运动加剧，分子间的空隙加大，染料分子可进入纤维内部，上染速率显著提高。因此，涤纶的染色温度应高于其玻璃化温度。分散染料对涤纶染色时的扩散属于自由体积模型(free volume model)。

涤纶的染色性能随纺丝条件及染色前加工不同而变化。因为纤维的微结构，例如结晶度、晶体大小、取向度以及无定形区分子的排列等，不但取决于纺丝成型工艺条件，而且随染整加工(例如热定形、高温热处理等)条件而变化。

涤纶的无定形区微结构变化可以通过其玻璃化温度(T_g)来反映。通常无定形结构的涤纶 T_g 约为 67℃，结晶型的 T_g 约为 81℃，结晶又取向纤维的 T_g 约为 125℃。纤维的 T_g 随热定形温度而变化，在 150℃左右热定形得到的 T_g 最高(表 7-2)。

表 7-2 涤纶热定形温度和 T_g 的关系

热定形温度/℃	未定形	90	120	150	180	210	230	245
T_g/℃	75	105	123	125	122	115	105	90

不同 T_g 的纤维的上染所需温度各不相同。只有当染色温度高于 T_g 后，上染速度才迅速加快，存在所谓染色转变温度(T_D)。通常 T_D 约比 T_g(湿态纤维)高十几度。这是因为只有当无定形区分子链段运动激烈到一定程度，分子链间形成的瞬间空穴大于染料分子后，染料才能扩散进去。而且染料分子越大，T_D 和 T_g 相差也越大，T_D 和 T_g 保持直线关系。T_D 与热定形温度的关系和 T_g 的情况类似，T_D 也是经 150℃ 热定形的纤维最高(表 7-3)。

表 7-3 热定形温度和 T_D 的关系

热定形温度/℃		未定形	150	245
T_D/℃	分散红 FB	94	100	87
	分散黄 NL	102	107	90

注 T_D 是在湿态下测得的，所以 T_D 比表 7-2 中的 T_g 低。

热处理时,纤维所受张力不同也会引起纤维超分子结构的差异,影响它们的染色性能。为了消除涤纶织物在前加工中所受张力的影响,增加其尺寸稳定性,并去除前处理中可能造成的褶皱,染色前往往将涤纶织物作一次热定形处理。

纤维细度不同,特别是超细纤维,表现出不同的染色性能。纤维的细旦化固然可以增进织物的透气性和排湿性,但也给其染色带来了难度。与普通的涤纶相比,超细涤纶的染色性能具有上染速度较快、匀染性较差、染料用量增大和染色牢度变差等特点,对其染色的匀染性、染色深度、染色牢度等方面提出更高的要求。

单根纤维的直径变细,即纤维线密度降低,则制成的纱和纺织品总表面积迅速增大,尤其当纤维线密度小于 1.1dtex(1 旦)时,其总表面积将呈指数级增大。每根纤维表面都有一定的反射光,同一种纤维的反射率与线密度有关。不同线密度涤纶的反射率与纤维的比表面积有关,而与染色无关。纤维染色后的折射光取决于由纤维内部重新返回到外部的折射光,其色相和色泽深浅则取决于由表面直接反射光与由染色纤维内部返回到外部的折射光。具有很大表面反射光的细旦或超细旦纤维,比用同样数量染料染色的粗旦纤维的色泽要浅得多。为增加表面色泽深度,则要求由染色纤维内部返回的折射光尽可能地少,即只有提高纤维内部染料浓度才能实现。而纤维越细,则表面反射光越大,染深色尤为困难。除纤维直径外,纤维截面形状、消光程度以及纱线线密度等都会影响视觉深度。表面积增大的另一个负面效应是耐光牢度差。同一种纤维,不同线密度、消光度和截面形状,其耐光牢度也有差异。细旦、超细旦纤维与常规涤纶相比,其织物更为紧密和光滑,增加了纤维的总曝光量,致使染料受到更多破坏。随着纤维表面积增大,其吸附性能增强,以致染色吸附速度(上染速率)加快,容易造成染色不匀。不同线密度涤纶的匀染性,可通过染料选择、升高染色温度、延长染色时间或添加匀染剂等措施加以改进。

与常规涤纶相比,提高细旦和超细旦涤纶的染色均匀性,还需注意:染料的选择;起始染色温度需降低 10～15℃,以降低瞬染现象;降低升温速度等。

第五节　涤纶的染色方法

分散染料在水中的溶解度很小,涤纶的吸水性又低,在水中不易溶胀,所以按常法染涤纶,在 100℃以下上染速率很慢,色泽也染不浓。因此如何加快上染和提高染料平衡吸附量是涤纶染色的一个重要任务。目前主要采取以下几种措施:第一,选用所谓载体作助剂,使染料的上染速率和吸附量都获得提高,在 100℃左右有较快的上染速率,这种染色方法称为载体染色法。第二,在染液中不加载体而提高染色温度,一般提高到 120～140℃,在水分子的增塑作用和高温条件下,上染速率和染料吸附量也能显著提高。温度高于 100℃后,染色需要在密封设备中进行,要求设备能承受一定的压力,这种染色方法称为高温或高温高压染色法。第三,干态纤维在温度足够高,例如,在 180～220℃,纤维无定形区分子链段的运动非常剧烈,也可以产生足够大的瞬间孔穴,同时在高温下染料分子热运动速度也快,所以染料能迅速上染。这种干态高温固色的染色方法称为热熔染色法。

一、载体染色法

载体染色是利用载体助剂对涤纶的增塑膨化性能，使分散染料能在常压100℃以下的条件上染涤纶的一种染色方法。

涤纶与不能耐受高温的纤维混纺，如涤毛、涤腈混纺产品染色，或由于生产企业染色设备及生产条件受到限制时常常采用载体染色法。

(一)常用的载体及其作用

分散染料在100℃以下对涤纶染色时，上染缓慢，完成染色需要很长的时间，上染百分率也极低，而当染浴中适当加入某些化学药剂时，能大大加速染料的上染，同时提高上染百分率，使分散染料对涤纶的染色可采用常压设备进行，这些药剂称为载体。常用的载体一般是一些结构简单的芳香族有机化合物，如芳香族的酚类、酯类、醇类、酮类、烃类等。

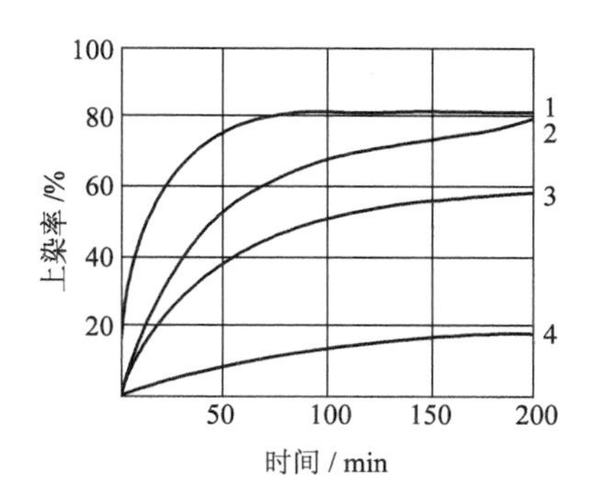

图7－3　联苯对分散染料涤纶染色速率的影响(染料浓度为3%)

1—加8%的联苯(100℃染色)　2—加8%的联苯(85℃染色)
3—未加联苯(100℃染色)　4—未加联苯(85℃染色)

载体是随着聚酯纤维的染色而发展起来的，也用于其他难染纤维的染色。在聚酯纤维染色时载体的作用情况如图7－3所示。由图可以看出，由于使用载体而显著增大了染料的上染速率和上染百分率。

关于载体的研究极多，其作用机理也有很多学说，大体可以分为在染浴中的作用和在纤维中的作用两类，而且都有相应的实验支持，也各自有局限性。可以共同接受的事实是：载体对纤维吸附能力很强；载体预处理也有同样的效果；载体导致纤维内部结构变化使涤纶玻璃化温度下降20～25℃。所以可以将载体的作用机理描述为：载体小分子能进入纤维，并以氢键或范德瓦尔斯力方式与纤维结合，削弱了纤维内分子链间的结合力，增大了大空穴产生的概率，染料扩散速率提高，上染百分率增加。染色时，载体吸附在纤维表面形成一层液状载体层，又由于载体对染料的溶解能力较强，因此在纤维表面可形成一层浓度很高的染液层，这样提高了染料在纤维内外的浓度梯度，可加快染料的上染速率。

载体的用量应适当，随着载体用量的增加，涤纶的T_g不断降低，染料上染量也不断增加，但增加到一定程度后，上染量不再随T_g的降低而增加，甚至降低，见表7－4。理想的载体用量应该是在染浴中刚达到饱和而不形成第三相。一旦形成第三相后将使较多的染料残留在染浴中，降低染料上染量。应该指出，一些扩散速率很低的分散染料，用载体染色法染色，在涤纶上要获得良好的染色效果还是比较困难的。

表7－4　联苯浓度和涤纶T_g的关系

联苯浓度/%	0	2	4	6	8	10
涤纶T_g/℃	85	83	77.5	72.5	69	66

理想的载体应该是无毒、无臭、易生物降解、促染效果好、不降低染料的亲和力、不影响色泽和牢度、易于洗除和成本低廉的化合物。

具有载体功能的化合物种类繁多,例如,水杨酸酯、苯甲酸酯、卤代苯(三氯苯等)、甲基萘、联苯、联苯酚、苯二甲酸二甲酯等。它们的水溶性一般均不高,使用时需要预先制成乳化液或分散液,必须保持载体乳化液或分散液稳定,否则易形成载体斑,造成染疵。这些载体大多气味较大或有一定毒性。邻苯基苯酚的钠盐(又叫膨化剂 OP)溶解于水,当染浴 pH 值降低时,逐渐析出邻苯基苯酚,邻苯基苯酚促染效果很好,特别适用于纯涤纶或涤棉混纺织物的染色。但它有一定毒性,还容易沾染在羊毛和聚酰胺纤维上。洗除不净会降低染料的耐日晒牢度,故染色后要充分皂洗或在 150~160℃干热处理 30min,以去除残余的载体。

(二)载体染色工艺

染色时,根据各种载体的性能,预先制备载体乳化液或分散液。染浴中加入染料、载体乳化液或分散液、分散剂等,控制染液 pH 值在 5 左右,升温至沸,染色 30~90min。载体的用量和种类与染料用量和浴比有关,如邻苯基苯酚钠做载体染中、淡色时用量为 2~3g/L,浓色时用量为 4~6g/L;水杨酸甲酯(冬青油)做载体时,染浅色时用量为 2~3g/L,中色用量为 4~5g/L,浓色用量为 6~8g/L。使用邻苯基苯酚钠做载体时要酸化,以产生具载体作用的邻苯基苯酚,酸化温度要求在 60℃以上,以防结晶析出,失去促染效果。

载体也可用于涤纶染色病疵的修复。对于色点、色斑、色花和色渍等染色病疵,可采用高温载体法,再辅以剥色等配套措施,使其能在一定程度上得到修复。

目前,载体染色法存在的主要问题是:载体在涤纶染色中容易引起染液分散稳定性下降,染料聚集而产生染疵;染色后载体去除较困难,造成色牢度下降及织物对人体的刺激性;有的载体毒性较大,生物降解性也较差,对环境造成污染,有的载体属于禁用化合物。所以研究解决这些问题具有重要意义。

二、高温高压染色法

涤纶高温染色法是染色温度高于 100℃(一般是在 130℃左右),在密闭的染色设备中进行的一种湿热染色方法。为了获得高温,密闭的染色设备中压力必须高于 101.3kPa(1 个大气压),这种染色方法也叫高温高压染色法。随着染液温度的升高,染料上染速率大为加快,染料吸附量也大大提高。高温高压染色可以获得匀染性和透染性均好的淡、中、浓各色产品,适用的染料品种也多,染料利用率高,但对设备要求高,生产为间歇式,染色时间长,生产效率较低,能源消耗大。

(一)影响高温高压染色的因素

1. 温度 温度是影响高温高压染色的最主要因素。曾有人测定 49 只分散染料在 100℃、120℃、130℃以及 140℃对涤纶的平均扩散系数,结果见表 7-5。

表 7-5　分散染料染涤纶的扩散系数和温度的关系

温度/℃	扩散系数/$cm^2 \cdot min^{-1}$	相对倍数
100	4.972×10^{-10}	1
120	0.877×10^{-8}	17.6
130	2.367×10^{-8}	47.6
140	8.499×10^{-8}	171

注　表中的扩散系数是 49 只染料的平均值。

如表所示，如果将 100℃的扩散系数定为 1，则 120℃时为 17.6，130℃时为 47.6，140℃时则高达 171。温度越高，扩散系数增加得越快。一般高温高压法染色是在 120～130℃的温度下进行的。温度再高对设备耐压要求高，纤维损伤也较大。

2. pH 值　前已述及，高温条件下，由于染浴 pH 值的不同，能使相当部分染料受到破坏，结果导致上染率的降低以及色光变化、重现性差。实验证明，当染浴中含有亚铁离子且染浴为酸性时，则染料还原分解量增多；当染浴为碱性时，则染料水解量增加。染料结构不同，对 pH 值变化的忍受性也有差异，偶氮染料较蒽醌染料易被还原分解，如分散藏青 S—2GL 在高温下只要 pH 值达到 8 就会变为无色，其拼混物的色光也会发生变化。大部分分散染料当 pH>8 时明显分解，当 pH<4 时，则色光萎暗。一般染色以 pH 值为 5～6 为宜。

涤纶在高温染液中也会因 pH 值提高而遭受破坏。实验表明，当 pH>7 时，涤纶“碱剥皮”现象显著，纤维强力降低，而且脱落的低聚物又易沾污纤维而造成染疵。

在高温高压染色时，为了降低 pH 值并稳定在一定范围，需要加入酸或缓冲溶液。常用的酸和缓冲剂是醋酸一醋酸钠、磷酸二氢铵、硫酸铵等。

3. 助剂的选择　提高温度也会给染色带来不利影响，比如容易使染料聚集或水解。高温下染料分散稳定性会降低，染料颗粒容易凝结成粗大的颗粒或成焦油状液滴吸附在织物表面产生色点。温度越高，染料在染液中发生结晶增长或晶型转变的速度也越快。这些都要求染料有良好的分散稳定性。分散染料商品中虽已加有分散剂，高温染色时，往往还要补充加入适量耐高温分散剂。

常用的分散剂有木质素磺酸钠及其衍生物、萘磺酸和甲醛的缩合物、酚醛缩合物磺酸钠、非离子型表面活性剂、阴离子型表面活性剂等。其中最常用的是木质素磺酸钠及其衍生物以及萘磺酸钠和甲醛的缩合物。一般认为，阴离子型分散剂之所以具有分散作用，是由于分散剂的疏水基能与染料粒子以范德瓦尔斯力结合，并且带酚基(或羟基)的分散剂又能与染料分子中的羟基或氨基以氢键结合，在染料粒子外层形成一层强的负电荷层，使得染料粒子在水中互相排斥，形成分散状态。

在纺丝成型或染色前的处理过程中，纤维各部分受热和张力等作用不均匀而引起的超分子结构不匀，会在染色时暴露出来。为了获得均匀的染色效果，除了要求染料具有良好的匀染性外，染色工艺也有显著的影响。分散染料高温染色如同其他的染料染色一样，控制染浴温度、控制升温速率和染液流动充分是匀染的主要工艺措施，还可以通过在染浴中加入适当的匀染剂达到匀染。匀染剂的作用途径大致有两种类型:一种是通过缓染使染料在织物各部位均匀上染;另一种是增强染料在纤维上的移染性,使染料上染较多的地方尽快解吸下来,再吸附到上染较少的地方。分散染料高温染色的匀染剂主要有载体和表面活性剂。

载体的作用前面已经述及,载体的匀染效果在于促染以及移染。但是载体作为匀染剂的最大缺点就是其促染作用使得染色初期上染过快,导致不匀染,以后大部分的染色时间用于消除起始的不匀染。

表面活性剂用作分散染料染色匀染剂的多是非离子型表面活性剂和阴离子型表面活性剂的复配物。表面活性剂类匀染剂主要是通过增大染料在溶液中的溶解度,使染料部分贮存于胶束中以控制染料均匀吸附上染。但染色结束时仍有部分染料残留在染浴使染色物得色较浅,影响染料利用率。

兼具载体和表面活性剂类双重作用的匀染剂是分散染料高温高压染色匀染剂的发展方向。

4. 焦油化问题 涤纶织物在用分散染料高温高压染色的加工过程中,织物表面有时会出现大小不一的色点和色斑,即所谓的焦油斑(tar spot)。

焦油斑是染液中形成的黏稠物黏附在织物上或黏附在染色设备上再转移到织物上而难以修正的染疵,它由涤纶低聚物、染料、分散剂和纤维屑等杂质组成,是分散染料高温高压染色中的常见问题。

涤纶上含有数量不同的线状和环状低分子组分(即低聚物)。涤纶低聚物存在于纤维内部,其平均含量大约为 0.5%~1.5%,与涤纶有相似的化学结构,相对分子质量较低,聚合度 $n=2,3,4$ 等,是涤纶树脂缩聚产生的副产品,大多数被裹在纤维内部。高温高压染色时,涤纶中所含的少量低聚物容易从纤维中扩散到表面,甚至进入染液中,在染液中形成黏稠物,如果它黏附在纤维上则形成难以纠正的染疵,造成染色牢度下降,同时给后面的加工带来许多麻烦,如果它黏附在染色设备上,则形成难以去除的积垢而又易沾污织物,严重影响产品的质量和生产效率。

低聚物问题的研究可追溯到 20 世纪 50 年代后期,H. Zahn 首次研究了加捻聚酯纱线染色中低聚物问题,但并未引起足够重视。随着聚酯纤维产量的日益增长,对聚酯纤维染色的要求也日益提高,例如提高染色温度、减小浴比、载体染色等,这些条件都能加快低聚物从纤维内部扩散到表面,进而进入到染液中,严重影响纤维的染色和后加工,低聚物问题也变得日益尖锐,因此引起了国内外研究者的广泛关注。起初,人们试图在聚酯合成和纤维生产中减少低聚物含量,但大量的实验表明,由于聚合中小分子和大分子之间的平衡性,不可能完全消除低聚物,将二聚物降低到 0.5%及总低聚物含量降低到 1%也是不可能的。后来,有人建议在染色前用四氯乙烯处理纤维,但结果并不理想,一方面增加了染色工序和成本,另一方面高温染色中低聚物又从内部泳移到纤维表面,低聚物问题仍得不到有效解决。因此人们把注意力集中在染色工艺的改进和染色助剂的开发上。根据已有文献报道,目前解决低聚物问题的方法主要有以下几种。

(1)载体染色。由于低聚物受热容易泳移到纤维表面,降低染色温度有利于防止低聚物的生成。载体的利用可实现低温染色,而且某些有机化合物用作载体有助于溶解或分散低聚物,避免高温染色骤降时重结晶的发生，因此在20世纪70年代初一般采用载体染色来解决低聚物问题。但使用载体存在的问题前已述及，另外许多载体能加快低聚物从纤维内部泳移到表而甚至进入染浴中，而浴中少量的载体（小于2%～3%）又不足以溶解染浴中的低聚物，因此，低聚物问题得不到有效解决。

（2）高温排液。高温排液曾被认为是一种最简单而有效的低聚物解决方法，因为它能有效防止因温度骤降时低聚物的沉积，但就目前染色设备而言，很难达到这个要求也不利于节能。而且即便高温排液，也不能完全达到低聚物含量的要求，因为这也只能排掉染液中的少量低聚物，不能排掉纤维表面和织物夹持的大量低聚物。

（3）碱性染色。聚酯纤维碱性染色新工艺的开发，为低聚物的解决带来了光明前景，这也是目前研究最多的用以解决低聚物问题的新工艺。其优点是：防止低聚物的析出，减少染色疵病，省略还原洗涤，改善织物手感，简化工艺。

（4）染色助剂的加入。在染浴中添加合适的助剂一直是解决低聚物问题广泛采用的方法。一方面不必改变传统的染色工艺，另一方面避免设备的再次投资，因此能满足大工业生产的需要。但是，能有效解决低聚物问题的染浴助剂品种有待进一步开发。

（5）还原洗涤中助剂的添加。在还原洗涤中添加合适的助剂在一定程度上能减轻低聚物问题。目前主要开发的品种有：脂肪脲盐类、脂肪酸聚氧乙烯酯、邻苯二甲酸酯等。但许多助剂对染品的日晒牢度有影响，且不易从纤维上去除，用量也较大。

一般来说，以上这些方法往往是相互结合而进行的，另外有些方法与染色工艺之间存在矛盾，比如有些助剂的添加会降低上染率和色牢度，高温排液必须增添高温排液装置并辅以合适的载体，低温染色可能会降低染色速率，载体染色不仅造成环境污染，而且温度过高反而会使低聚物问题加重等。因此这一问题还有待于更多、更深入的研究。

前已述及，高温下染料分散稳定性会降低，染料颗粒容易凝结成粗大的颗粒或成焦油状液滴吸附在织物表面产生色点。高温染色时，加入适量耐高温分散剂可以减少因染料形成的焦油斑。

（二）高温高压染色工艺

高温高压染色时，将分散染料先用40℃的温水化料，配制染液，然后过滤入机，50℃始染，慢慢升温至120～130℃。涤纶染色在温度低于80℃以下时，染料上染纤维很少，即使升温不匀对匀染性影响也不大，故升温速率可相对快些；超过80℃以后，上染速率随着温度的升高而迅速增加，升温不匀很容易引起色差，此时要严格控制升温速率和保证染液良好循环，以保证染料均匀上染。达到保温温度时继续染色30～90min，使染料向纤维内部扩散，并增进染料的移染，把纤维染匀、染透。保温时间由染料的扩散性能、染色温度、织物组织结构和染色深度决定，扩散性能差、染色温度低、织物紧密厚实或染深浓色时，保温时间应长些，反之，可短些。然后降温，应注意在80℃以上时，降温速率应适当慢些，否则会引起织物产生折皱和手感粗糙。最后进行还原清洗（70～80℃，用烧碱和保险粉各约2g/L进行还原清洗，去除浮色和涤纶中析出的低聚物等杂质），再经水洗，以提高染色产品的染色牢度和染色鲜艳度。

浴比对染色效果也有影响，浴比小，节能节水，但浴比太小会使染色织物产生折皱、擦伤、染色不匀等缺点；浴比大，存在耗能耗水等缺点。因此，浴比选择应根据设备运行情况及染物的形态(筒子纱、织物或成衣等)而定，在保证染色效果的前提下，浴比可适当减小。匹染设备浴比可在 10∶1～30∶1 之间，近年来出现的小浴比染色设备，浴比可减小到 3∶1～5∶1，气流染色可到 2∶1。

分散染料高温高压染色为间歇式生产，染色时间长、耗能大，为了节能并提高生产效率，提出了一种分散染料高温高压快速染色工艺。快速染色的基本原理是：选择匀染性、移染性好、扩散速率快的分散染料组合，在升温速度较快、保温时间较短(30min)时，可以达到良好染色效果，从而缩短了整个染色时间，达到快速染色、提高生产效率的目的。快速染色要求设备应具有很好的染液循环能力，即循环泵能力强、染液流量大、织物运转顺畅、速度快，并能加快给液、排液速度及升温、降温速度等。

三、热熔染色法

热熔染色法是一种干态高温固色的染色方法，多用于织物连续染色。主要过程包括浸轧染液、红外线预烘和热风(或烘筒)干燥、高温焙烘固色以及水洗或还原清洗等几个阶段。热熔染色是连续化生产，固色快、生产效率高，和高温高压染色法相比，色泽鲜艳度和织物手感稍差，染料固色率也稍低，适合大批量加工浅、中色的品种，多用于涤棉混纺织物中涤纶的染色，染色设备一般为连续轧染的热熔染色设备。热熔染色具体工艺过程如下：

(一)浸轧染液

染液组分主要包括染料、润湿剂和防泳移剂等。由于商品染料本身已含有足够量的分散剂，浸轧温度也不高，故不必另加分散剂。只是染浅色时，因冲淡倍数高，可适当补充些分散剂。分散剂含量不宜太高，否则会降低染料的固色率。

用于热熔染色的染料颗粒要特别匀细，染料颗粒大小对固色率和色泽均匀性影响很大。选用含分散剂少的液状染料可得较高的固色率。使用粉状染料配液时要不断搅拌，染液温度不能太高，以防染料聚集。

因热熔染色焙烘固色温度很高，要求染料的升华牢度要好。加入适当润湿剂有利于浸轧时染料颗粒透入织物内部，得色匀透。

染液应用软水配制，pH 值维持在 6.5～7。浸轧染液温度应维持在室温。在持续长时间加工时，为防止染液温度升高，织物浸轧前要充分透风降温。浸轧后的带液率应尽量低，纯涤纶织物控制在 40%左右，涤棉混纺织物控制在 50%～60%。织物含水分多，烘干时耗能多。浸轧压力要均匀，以防产生织物正反面或两边与中间的色差。

(二)烘干

为了防止或减少染料泳移，织物浸轧后不宜立即采用接触式烘干，最常用的是红外线预烘和热风烘干相结合的烘干方式，有的在热风烘干后再增加一道烘筒烘干，以提高烘干效率。对涤棉混纺织物来说，带液率降低到 20%～30%后，不会发生明显的泳移(表 7－6)。

表 7-6　分散红 B 在涤棉(50/50)混纺织物烘干时泳移率和带液率的关系

带液率/%	142	80	63	54	50	44	39	34	32
泳移率/%	87	77	72	64	54	44	24	13	6

染料的泳移会造成色斑,固色率和染色牢度也会降低。染色产品烘干时由于受热不均,水分不规则地汽化,将引起染料沿着水分蒸发的方向移动,从而产生阴阳面,前后、左中右色差等染色不匀疵病,这就是染料的泳移现象。由于分散染料对涤纶缺乏亲和力,因此,烘干时很容易发生泳移现象。

为了减少染料在烘干时的泳移,除了改善烘干条件和提高轧水效率外,在染液中加入适当的防泳移剂也是非常有效的。

食盐、元明粉等有一定的防泳移效果,但它们的防泳移能力不够强,加入量过多,还会降低染料分散液的稳定性。常用的防泳移剂是一些高分子的物质如海藻酸钠、羧甲基纤维素钠盐等高分子防泳移剂。近年来人工合成了许多防泳移剂,大多数是丙烯酸酯和丙烯酰胺的共聚物。它们在中性或碱性溶液中可溶解或剧烈溶胀成黏稠的溶液,烘干后变成透明薄膜,热熔固色时不会熔化,所结薄膜在 pH 值高于 7 的水溶液中容易重新溶解或溶胀洗除。海藻酸钠的防泳移效果一般,用量较高。而且还往往会使色泽萎暗和产生色点。

合成防泳移剂的防泳移效果好,得色也较鲜艳。不过,目前常见的合成防泳移剂或多或少地存在黏附导辊的现象,使织物产生条花和起皱的问题。合成防泳移剂的防泳移效果随浓度的增加而提高,固色率也随着增加。但当浓度高到一定程度后,防泳移效果不再增加,固色率反而下降。因为防泳移剂浓度过高,在织物上结膜过厚,染料吸附和扩散都发生困难。一般合成防泳移剂用量为 10～20g/L。

高分子防泳移剂的作用可能是通过吸附染料颗粒,使细小的颗粒松散地聚集成稍大颗粒,并黏附在防泳移剂长链分子上,防泳移剂大分子就像一根长绳一样“扎结”许多松散聚集的染料颗粒,使染料颗粒难于泳移。由于这种颗粒结构很松散,在高温热熔固色时染料分子仍然容易上染,固色率非但不降低,反而由于染料泳移程度的降低、染料和纤维充分接触,上染速率因而有所提高。也有人认为,染液中加入高分子防泳移剂后,和未加防泳移剂时相比染液黏度增加,也使染料难于泳移。

(三)热熔固色

织物烘干后,绝大部分染料晶粒仍停留在纤维表面,只有经 180～220℃的高温焙烘一定时间后,表面上的染料才能被纤维吸附并进而扩散进入纤维内部,这种处理称为热熔固色。

用于热熔染色的是具有较高升华牢度的分散染料。加热达到固色所需温度后,它们才对涤纶发生吸附,形成“环染”,在纤维表层和纤维内部形成一个浓度梯度,使染料不断向纤维内部扩散。整个焙烘固色过程大致可分为织物升温、染料吸附和染料向纤维内部扩散三个阶段。实际的固色是从吸附开始的。固色所需的温度随染料的升华牢度而不同,一般在 190～225℃之间。升华牢度高的所需固色温度比较高,升华牢度低的所需固色温度低一些。

织物没有达到固色温度,染料不能很好地上染。温度太高,则会增加染料升华逸入大气的损失,并沾污焙烘设备。升华牢度较差的染料此种情况就更为严重,故必须合理选择染料并制定相应的加工条件。一般的固色率应在75%~90%之间。

织物在焙烘设备中处理时间的长短随设备的加热效率、织物的组织结构、焙烘的温度和染色浓度等因素而定。例如,同一种织物用烘筒加热升温时间只需3~5s,而在有的热风设备中升温时间可长达数十秒。织物达到固色温度后,染料把纤维染透大致需30s。在固色温度范围内,降低10℃,固色时间要增加一倍左右。一般在焙烘设备中的焙烘时间为1~1.5min。若固色不充分,纤维染不透,产品得色不艳,一旦熨烫,色泽便会发生变化。固色时间过长,则会增加染料升华的损失。要注意的是加热必须均匀,特别是一些对温度比较敏感的染料,受热不匀便会产生显著的染色不匀现象。拼色时,应该选用温度和固色率关系曲线相似的染料。

织物焙烘时所受张力也要均匀一致,以防产生褶皱和色差。如前所述,涤纶在热熔固色时,本身微结构也会不断变化,变化程度取决于焙烘温度、时间和所受张力大小。这种变化也会反映到纤维的染色性能上。染料对纤维也有增塑作用,纤维吸附染料后微结构更加容易变化。

如果用常压高温蒸汽代替空气作传热介质,固色效果有显著提高,匀染性也好。一些染料在190℃的常压高温蒸汽中的固色效果可相当于220℃空气的固色效果。常压高温蒸汽特别适用于涤棉混纺织物的固色,因为固色温度比较低,纤维素纤维损失小。不过,一些染料在常压高温蒸汽中较易水解和还原,所以要仔细选用染料。

织物焙烘后温度仍然很高,不能立即落布,通常经冷风或冷水滚筒降温至50℃左右,再进入堆布箱。织物焙烘固色后再经皂洗或还原清洗处理。

混纺织物的染色将在专门章节论述,但涤棉混纺织物热熔染色有一定的特殊性。涤棉混纺织物的涤纶组分仍主要用分散染料染色,棉纤维则用常用的棉用染料染色,例如还原染料、活性染料等。由于纤维素纤维吸水性比涤纶高得多,当混纺织物浸轧分散染料染液后,大部分染料留在纤维素纤维上。例如,混纺比为50∶50的涤棉混纺织物浸轧后有70%的分散染料是在棉纤维上的,只有30%在涤纶上。

在热熔固色时,纤维素纤维上的分散染料绝大部分可转移到涤纶上。关于分散染料转移到涤纶上的机理有不同的解释,总的说来有两种可能:一种是气相转移;一种是接触转移。

按照气相转移原理,在高温焙烘条件下,纤维素纤维表面上的分散染料是经过汽化,变成气体后转移到附近的涤纶上去并染着在涤纶上的。涤纶表面的分散染料虽然也会转变成气体,但由于染料对纤维的亲和力高,除非温度过高,焙烘时间过长或染料过于容易汽化,一般转变成气体的数量较少,大部分都直接染着在涤纶上。例如,实验发现不同升华牢度的分散染料在涤纶和棉纱(各占50%)的交织物上经120℃焙烘箱中焙烘1min后,不容易汽化的染料在焙烘过程中转移很少,交织物中两种纤维上的染料分配百分比很少变化;比较容易汽化的染料,它们的转移量随着汽化而增加。汽化的染料有一小部分损失在大气中。焙烘后残留在棉纤维上的分散染料应该在后处理过程中加以洗除,否则会降低产品的染色牢度和色泽鲜艳度。

实际上,由于织物内部的两种纤维接触点非常多,特别是混纺织物,染料可以通过接触点从纤维素纤维直接转移到涤纶上去。有不少分散染料在焙烘固色时会熔化,在含有大量助剂时,熔点更低,这样在纤维表面会形成一层很薄的熔融的染料。这种状态的染料通过接触点更加容易转移到涤纶上去。一些升华牢度高的染料固色作用可发生在染料升华之前，在200℃只有4%～7%的染料发生升华，而混纺织物的固色率却高达60%～70%，不但大大高于升华的染料量，也高于浸轧时涤纶本身所带的染料量。显然，这里接触转移起了更加重要的作用。这类染料最适合的焙烘温度是210～220℃，由于考虑到棉在高温损伤严重，实际焙烘温度一般不超过210℃。

分散染料在涤纶与纤维素纤维混纺织物热熔染色中的转移方式，随染料的升华牢度、熔点、颗粒大小和所含助剂的性质以及织物组织结构而有所不同。两种转移方式可能同时以不同的程度存在。

(四)涤纶染色后的还原清洗

涤纶染中、深色时通过还原清洗可以提高染色坚牢度，减少或清除低聚物。染料的还原清洗通常采用保险粉和烧碱。保险粉的化学性质活泼，在烧碱溶液中即使在室温或浓度较低时，也有强烈的还原作用，在保险粉和烧碱的作用下，分散染料结构被破坏或蒽醌结构的染料还原成为水溶性酚钠盐溶解于水，染料结构发生变化，对纤维亲和力显著降低，有利于去除表面浮色。

通常，还原清洗时保险粉和烧碱的用量较低，清洗温度要考虑保险粉的稳定性，一般为70～80℃。因为保险粉的稳定性等问题，有很多研究设法找到保险粉的替代品。这在染色病疵的修复需要剥色时问题更为突出，剥色时不但要求还原剂破坏纤维表面的染料，还要求可以破坏纤维内部的染料，沸点以下还原剂不能接触到纤维内部的染料，所以剥色时要求还原剂能够耐受较高温度，显然保险粉不能满足要求。

四、新型染色方法

1. 分散染料非水溶剂染色　染色需要消耗大量的水和化学品，污水处理负担重，耗热能大。根据分散染料染色的基本原理，分散染料是最有希望实现非水溶剂染色的。目前一般认为分散染料非水溶剂染色原理同水相染色原理一样：染料溶解在溶剂中形成单分子状态，溶解的染料吸附并扩散进入纤维内部，染料在纤维和溶剂中的分配符合Nernst型分配原则，染料在纤维中的扩散模型为自由体积扩散。

分散染料适合涤纶着色是公认的事实，染色体系是实施染色的过程，在遵循染色基本原理的前提下，非水溶剂染色首先需要回答的问题是采用什么溶剂，一旦溶剂确定须根据所用溶剂设计染色工艺，根据染色工艺与溶剂建立染色设备和溶剂回收系统，可以预见非水溶剂的工艺设备与目前实际生产体系会有很大不同。目前的研究热点在溶剂选择阶段，还没有完全成熟，需要继续努力，选择的溶剂必须廉价易得、无毒、不易燃、使用条件下化学稳定性好、容易回收而且对纤维和设备没有腐蚀性。目前报道的溶剂有氯代烃类如四氯乙烯和三氯乙烯、液体石蜡、十甲基环五硅氧烷(简称D5)等。

总之，在溶剂染色方面需要进行更进一步的研究，希望能找到合适的染料和有机溶剂，并开发出相应的染色工艺和设备，掌握其染色原理，为取代传统的水相染色工艺提供支持。

2. 分散染料超临界二氧化碳流体染色　超临界染色(supercritical fluid dyeing，简称SFD)

也叫无水染色(waterless dyeing),具有工艺简单、流程短、不用助剂、染色后不用清洗、染料利用率高、从源头上杜绝废水的生成等优点。

研究典型的二氧化碳相图可以了解压力和温度的改变对各相态的影响。图 7-4 说明了二氧化碳的相变关系,图中标出了二氧化碳以固态、液态或气态存在的区域。高于三相点,达到临界点(二氧化碳临界温度 31.1℃,临界压力 7.39 MPa)之前,温度的升高使液态转化成气态,然而压力的增加又使气态转化成液态。在临界点以上,气液界面消失,为超临界状态(亦称超临界流体)。超临界流体同时具有气态和液态的性质。流体仍然保持气态的自由可移动性,但随着压力的提高,流体的密度增大,流体的溶解能力与密度成正比,但流体的黏度仍接近于气体的黏度。所以,超临界流体具有显著的渗透性能。

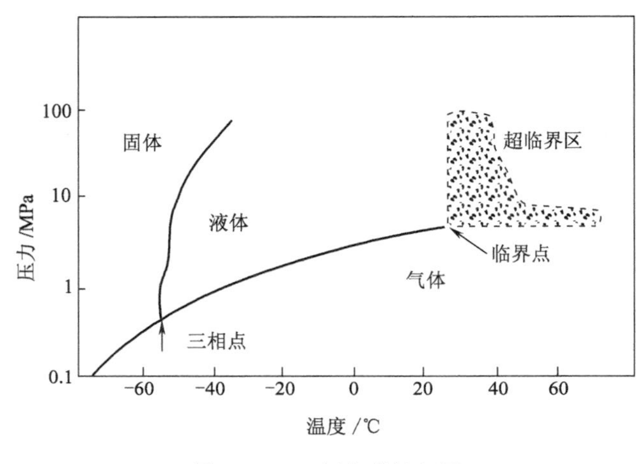

图 7-4 二氧化碳的相图

超临界二氧化碳具有液体的密度(有利于疏水性染料的溶解),有气体的低黏度和良好的扩散性能,与水介质相比,染色时间大大缩短。超临界二氧化碳染色原理与水介质染色没有本质差别,染料存在着吸附、扩散和固着阶段。由于二氧化碳是非极性分子,只能溶解非极性或极性低的染料。在二氧化碳染色过程中仅通过温度和压力的改变,就能在一个设备中进行纺丝油剂的萃取、染色和过剩染料的去除;在工艺的最后阶段二氧化碳以气态形式释放,无须烘干。

第六节 分散染料对其他纤维的染色

分散染料除了染涤纶外,还可以染锦纶、腈纶、氨纶、聚乳酸纤维和醋酯纤维等。

一、锦纶的染色

分散染料对锦纶的染色方法简单,匀染性较好,对纤维品质差异有覆盖能力,能避免纤维在纺丝时因拉伸程度不同而造成的染色不匀，染色重现性好，但不易染得浓色，皂洗牢度较差，只限于染浅色，主要用于锦纶丝袜及其他针织制品。锦纶吸湿性较好，在水中溶胀程度比涤纶好，玻璃化温度较低，因此染色温度较涤纶低。锦纶的疏水性较涤纶弱，染色所用分散染料的极性应较强。染色时，在30℃起染，逐渐升温至95～100℃，续染30～45min。分散染料也可与弱酸性或中性染料同浴染色，以调整色光，增进匀染度。

二、腈纶的染色

腈纶用分散染料的染色工艺与锦纶相似。染色匀染性和染色牢度较好，但也只能染中浅色。阳离子染料染腈纶，色泽浓艳，牢度好，因此目前腈纶很少用分散染料染色。

三、醋酯纤维的染色

醋酯纤维是纤维素醋酸酯纤维的简称，醋酯纤维一般分为二醋酯纤维和三醋酯纤维。醋酯纤维长丝具有酷似真丝的独特性能，纤维的光泽柔和，色泽鲜艳，染色牢度好，弹性、悬垂性优良，质地轻薄，透气，手感滑爽，是优良的纺织材料。早在1928年，在实验室对醋酯纤维性能进行检测时，就发表了用分散染料染醋酯纤维的报道，所以分散染料最早就叫分散性醋酯纤维染料，1954年由美国纺织化学家和染色家协会（AATCC）正式公布用分散性染料的名称取代了醋酯纤维染料。

原来染醋酯纤维的分散染料分子结构都比较小，分散染料以中/低温型较适宜醋酯纤维织物的染色。分散染料对醋酯纤维的染色，用量有一定限度。染色深度达到饱和时，染液中的染料则难以吸尽，而醋酯纤维又不能高温染色，所以染深色时，最好选用化学结构不同、色光相近的染料拼混染色，效果就会改善，这主要是利用分散染料的加和性来提高醋酯纤维的得色量。醋酯纤维织物一般只能在80～95℃之间染色，对分子结构庞大的分散染料无疑会产生上染率不高、浮色严重、湿处理牢度低劣等缺点。

醋酯纤维的酯键化学稳定性特别是耐碱性较差，使用传统的烧碱或烧碱加保险粉清洗的方法往往会使还原清洗前后色光偏差较大，而且还会使醋酯纤维强力下降，要选用温和碱性条件的还原清洗方法。

四、氨纶的染色

氨纶的学名是聚氨基甲酸酯弹性纤维。氨纶的主要化学组成是聚氨基甲酸酯，但均聚的聚氨基甲酸酯纤维不但性硬，也不具有良好的弹性。氨纶的良好弹性首先是由于它是由所谓软链段和硬链段组成的嵌段共聚物组成的网络结构所致，即具有“区段”网络结构。不同纺丝工艺和不同的共聚物形成的“区段”网络结构是不同的，具有不同的性能。“区段”结构通过二异氰酸酯分段加聚而获得。由低分子二异氰酸酯与低分子二羟基化合物反应制得高熔点的易结晶的“硬段”，它也可能由异氰酸酯与链增长剂二胺化合物反应形成。“软段”则为长链二羟基化合物（大分子二醇）。它又可分为聚醚二醇和聚酯二醇两类。根据分子链中软链段的聚酯型和聚醚型，聚氨酯纤维可以分为聚酯类和聚醚类两大类。

氨纶的组成和结构随所用原料的纺丝方法而异,因而它的染色性能也不尽相同。从总体来看,影响染色性能的结构特征有以下几点:

(1)氨纶分子中基本上不具有离子基和强亲水基团,而具有较多疏水亚甲基链和较少的芳基(例如二异氰酸酯中的苯环),所以它是一种疏水纤维。

(2)在缩聚过程中,氨纶分子中形成了较多的脲基、氨基甲酸酯基。此外,在聚醚型纤维中还具有较多醚基,在聚酯型纤维中具有较多酯基。所以它具有一定数目的极性基团,这些基团和染料分子中有关基团发生偶极力、氢键结合。

(3)氨纶的嵌段共聚结构在纤维中的分布是不均匀的。其硬链段极性基团多,但结构紧密,多半是结晶性的,染料等较难进入;软链段是醚链(或酯链),结构松弛,即使结晶,也易拆开,染料易进入,但与染料的结合能力弱。

(4)不同纺丝法制得的氨纶形态结构不同,化学反应法纺制的不但有化学交联,还具有皮芯结构特征;湿法纺丝往往也有一定的皮芯结构。这些形态结构的差异也会影响氨纶的染色性能。

(5)为了改善染色性能,一些氨纶加入了协扩链剂(如叔胺)或其他添加剂,染色性能较好,分别可用酸性染料和活性染料染色(加入量约为 25~250mmol/kg)。

基于上述结构特征,氨纶通常可用酸性染料、中性染料、酸性媒染染料和分散染料染色。但不论哪类染料,都要进行筛选,选用适合氨纶染色的染料,才有好的上染率、匀染性、鲜艳度和牢度。从结构上来看,最适合常规氨纶染色的染料还是分散染料,特别是对聚酯型氨纶。它与分散染料分子可建立较强的分子间作用力,还可以形成少数氢键结合。虽然氨纶的软、硬链段的微相结构使分散染料容易上染,但也容易解吸。这是由于目前分散染料商品主要适用于涤纶染色,染料的分子结构较小,极性基团较少,因此它较容易扩散进氨纶内部,但与氨纶的软链段分子很难建立较强的结合,因此平衡上染率低,而且在湿热条件下容易解吸出来。在许多情况下,分散染料的这种特性严重影响了含氨纶纺织品的色牢度。

氨纶混纺织物,由于氨纶含量低[氨纶一般制成包芯纱形式(芯为氨纶)],一般不对氨纶进行染色。若氨纶裸露,选用分散染料染氨纶时,染色温度不能太高,应低于 120℃,织物张力不能过大,否则,氨纶的弹力损失会增大。可以利用载体或染色促进剂的作用来降低染色温度。目前氨纶染色主要是湿处理牢度差、工艺不易控制,需要开发和选用专用染料,如一些酸性、金属络合和分散染料等以及新型染色助剂和染色工艺。

五、聚乳酸纤维的染色

聚乳酸(polylactic acid)纤维,简称 PLA 纤维,又称玉米纤维,是以乳酸为主要原料聚合所得到的高分子聚合物。聚乳酸纤维与涤纶有许多相似的性质,但由于本身的结构特点,又有其明显的特性,如 PLA 纤维的耐热性不及涤纶,玻璃化温度为 58~62℃,熔点为 160~170℃,均比普通涤纶低;其耐碱性也不及涤纶,在氢氧化钠作用下其酯基迅速水解;但其亲水性好于涤纶等。这些差异使 PLA 纤维在染整技术上具有特殊性。

聚乳酸纤维是脂肪族聚酯纤维，标准状态下回潮率一般为0.5%左右，属于疏水性纤维，疏水性的分散染料对它具有一定的亲和力，所以用分散染料对聚乳酸纤维进行染色。分散染料在聚乳酸纤维上的饱和上染量较低，扩散系数较高。染色时pH值为4.0～6.0，110℃保温，染料在80～110℃温度范围上染速率较快。

六、PTT纤维的染色

PTT即对苯二甲酸丙二酯（polytrimethylene terephthalate）是由对苯二甲酸（PTA）和1，3-丙二醇（PDO）经酯化缩聚而成的聚合物。PTT纤维集锦纶的弹性、腈纶的蓬松性和涤纶的易洗快干性于一身，再加之本身固有的抗污性和良好的手感，染料对PTT纤维的渗透力高于PET纤维（普通涤纶），且染色均匀，染色牢度好，低温易染。PTT纤维的玻璃化温度为45～65℃左右，比PET纤维的70～80℃要低25℃左右，故其染色性能明显优于PET纤维。可在常压下沸染，在相同的染色温度下，分散染料在纤维上的渗透性也明显好于PET纤维。

PTT纤维的染色，基本上和PET纤维的染色相同，唯一不同的是，其染色温度相对于PET纤维约低20℃，弱酸浴、中性浴染色。PTT纤维采用中温、低温型分散染料染色时，pH值近中性的情况下，最佳染色温度为100～110℃，低温型分散染料更适宜于PTT纤维的染色。在无载体的情况下，100℃以下PTT纤维染色比PET纤维染色的得色量高很多。染色牢度与PET纤维相当。采用高温型分散染料对PTT织物进行染色时，最佳染色温度控制在110～120℃时较为合理。

复习指导

1. 了解分散染料的结构和染色性能、染色适用的纤维、染色牢度和染料类别等内容。

2. 掌握分散染料在溶液中的状态和分散稳定性，分散染料的溶解性及其影响因素，分散染料的化学稳定性、热稳定性（升华牢度与染料结构的关系，升华牢度与应用性能的关系）等内容。

3. 了解涤纶的结构特点和染色特性、染色时对染料和染色条件的要求等内容。

4. 了解涤纶的载体染色法、常用载体及其作用，掌握高温高压染色法及其基本工艺条件，热熔染色法及其染色工艺，泳移及防止措施等内容。了解涤/棉染色中分散染料的转移方式。

5. 掌握分散染料浸染染色吸附等温线及亲和力、分散染料染色加和性及用途等内容。

6. 了解分散染料与合成纤维间分子间的作用力。了解内聚能、内聚能密度、溶解度参数的含义。

思考题

1. 分析分散染料在溶液中的状态，染料的溶解性和分散稳定性主要和哪些因素有关？

2. 分散染料主要有哪几种染色方法，说明它们的工艺过程和特点。

3. 何谓载体？说明它的作用机理，用量过高过低会有什么结果？

4. 分析高温高压染色法的主要工艺条件，应选用什么性质的染料和助剂。

5. 何谓泳移？减轻烘干时染料泳移的主要措施有哪些？解释防泳移剂的作用机理。

6. 说明涤棉混纺织物热熔固色机理。

7. 分析温度对分散染料染色亲和力和染色饱和值的影响。

8. 何谓染色加和性？分析它和染料化学结构的关系。

参考文献

[1] 王菊生. 染整工艺原理(第三册)[M]. 北京：纺织工业出版社，1994.

[2] 陈晓健，沈永嘉. 分散染料和还原染料的商品化加工及环境保护[J]. 上海染料，2015(3)：5－8.

[3]《最新染料使用大全》编写组. 最新染料使用大全[M]. 北京：中国纺织出版社，1996.

[4] 霍瑞亭，董振礼. 分散染料扩散性能对染色牢度的影响[J]. 纺织学报，2007(4)：76.

[5] 章杰，晓琴. 分散染料染色物若干色牢度问题分析和改进技术[J]. 染料与染色，2006(12)：17.

[6] 宋心远. 新合纤染整[M]. 北京：中国纺织出版社，1997.

[7] 陈荣圻. 关于活性染料及分散染料色牢度几个热点问题的探讨[J]. 染料与染色，2004(8)：198.

[8] 陈荣圻. 现代活性染料与分散染料的发展[J]. 染料与染色，2007(2)：5.

[9] Aspland J R. Chapter 8：Disperse dyes and their application to polyester[J]. Textile Chemist and Colorist，1992，24(12)：18－23.

[10] 顾帆. 分散染料碱性染色工艺研究[D]. 上海：东华大学，2018.

[11] 孔繁超. 涤纶针织物染整[M]. 北京：纺织工业出版社，1985.

[12] [日]黑木宣彦. 染色理论化学(下册)[M]. 陈水林，译. 北京：纺织工业出版社，1981.

[13] 郑敏，宋心远. 聚酯纤维高温高压染色中低聚物问题及其控制[J]. 上海纺织科技，2002(2)：37－39.

[14] 许素新. 分散染料染色机理及非水溶剂染色研究[D]. 上海：东华大学，2015.

[15] 吴浩，刘今强. 涤纶以D5为介质的分散染料常压高温无水染色工艺研究[J]. 浙江理工大学学报，2015(9)：584－590.

[16] 郑环达，郑来久. 超临界流体染整技术研究进展[J]. 纺织学报，2015(9)：141－148.

[17] 林志阳. 超临界 CO_2 染色过程控制关键技术研究[D]. 厦门：华侨大学，2018.

[18] 郑环达，郑禹忠，岳成君，等. 超临界二氧化碳流体染色工程的研究进展[J]. 精细化工，2018(35)9：1449－1456.

[19] Law R C. Cellulose acetate in textile application[J]. Chemical Fiber International，2004，54(6)：374－375.

[20] 宋心远. 氨纶的结构、性能和染整[J]. 印染，2003(1)：31－38.

[21] 潘刚伟，侯秀良，杨一奇. PTT织物的染色性能：一些染整技术的回顾之八[J]. 2013(39)24：42－45.

第八章　阳离子染料染色

第一节　引　言

阳离子染料(cationic dyes)是一类色泽浓艳且可电离为带正电荷的色素阳离子和无色阴离子的水溶性染料。按应用性能，阳离子染料分为两类。一类为早期的阳离子染料，称为碱性染料或盐基染料(basic dyes)。碱性染料发色强度高，颜色鲜艳，着色力强，为其他类型染料所不及，在皮革、纸张、羽毛、草制品等染色领域具有广泛的用途。除极少数品种外，大部分碱性染料在纤维纺织品，如丝、毛或纤维素纤维(经单宁、吐酒石预处理)的染色中，染色牢度差，不耐水洗，特别是耐日晒牢度极差，故在纤维纺织品中的应用受到限制。另一类为适用于腈纶(polyacrylonitrile，PAN)等纺织品印染加工的染料，称为阳离子染料(但在《染料索引》中仍以碱性染料类称)。该类染料染色性能优良，各项牢度好，尤其是耐日晒牢度高。在20世纪50年代初随着国际上腈纶的出现，这类染料得到了促进和发展，并不断推陈出新，其染色性能、色牢度等也不断得以改善和提高。

国产阳离子染料是20世纪60年代随着国产腈纶的工业化，首先从原碱性染料的基础上发展而来。重点对其耐热、耐光性进行改进，发展了第一代国产阳离子染料——普通型阳离子染料。大部分普通型阳离子染料染色牢度优良，但对腈纶的亲和力高，初染速率快，匀染性差。到20世纪70年代，国产阳离子染料在不断扩大色谱的同时，对其配伍性、染色性进行了较大改进，开发了第二代X型阳离子染料。X型阳离子染料的匀染性比普通型阳离子染料有了一定程度的改善，广泛用于腈纶膨体纱、毛腈混纺织物等的染色。到20世纪70～80年代，国产阳离子染料又推出了第三代迁移性阳离子染料——M型阳离子染料。M型阳离子染料移染性好，匀染性优异，可使染色升温时间大大缩短，适用于不同酸性基团的腈纶。大量用于腈纶纺织品的中、浅色染色加工，特别适宜于染米、灰色等难以匀染的品种，并可与X型阳离子染料同浴使用。20世纪90年代以来，国内又出现了亲和力较低的E型阳离子染料，如阳离子艳红E—4BL、阳离子艳蓝E—3RL、阳离子黄E—RL等。E型阳离子染料色光鲜艳，其耐光、耐热等各项牢度优良，pH值适用范围较广(一般为3～7)，溶解性、配伍性好，其配伍指数(K)为5左右，移染性、匀染性优良。

随着节水节能短流程工艺和清洁化生产的推行，以及为适应和方便腈纶、酸改性涤纶混纺或交织织物一浴一步法染色，国内外相继开发出了相应的新型染料——分散型阳离子染料(disperse cationic dyes)和活性阳离子染料(reactive cationic dyes)。国产分散型阳离子染料统称为SD型阳离子染料(或分散阳离子染料)；国外品种有日本化药公司(KYK)生产的Kayacryl

ED型、保土谷(HCC)生产的Aizen Cathilon CD型阳离子染料等。分散阳离子染料一般是用阴离子基团(如萘磺酸基等)先暂时将染料阳离子基团封闭,从而避免与染浴中其他带相反电荷的染料离子或助剂成盐形成沉淀;当其他染料上染以及染浴温度升高时,封闭基团才逐步解离,释放出阳离子染料而上染腈纶。分散型阳离子染料比一般阳离子染料具有更高的移染性,初染速率低,匀染性好,少用或不需使用缓染剂。活性阳离子染料是在阳离子染料分子结构中引入能与纤维发生反应的活性基团,使染料既具有活性染料的反应特性,可对毛、棉、丝等组分染色,又具有阳离子染料的特征,能以离子键上染腈纶、酸改性涤纶组分。因而该类染料对多组分纤维染色加工时,可完全避免不同种类染料离子(或助剂)同浴所带来的不良影响,同时可大大节约染化料,实现多组分纤维织物的短流程加工,同色简单易行,并有助于提高染色质量。但目前活性阳离子染料色谱有待完善,缺乏鲜艳的红色品种,有些品种色泽鲜艳度不高,需进一步发展。为达到染色兼功能整理的双重效果,近年来又开发出了功能型阳离子染料(functional cationic dyes)。功能型阳离子染料是一类集染色和功能整理于一体的新型染料,是在传统阳离子染料分子上,通过连接基接入功能性整理基,可在腈纶、酸改性涤纶等及其混纺交织物染色的同时,获得如防水、阻燃、抗紫外、抗化学药品、抗菌等功能性整理效果。

随着人类环保意识的增强,以及各种生态纺织标准(如Oeko-Tex Standard 100)及法令的颁布和实施,近年来对阳离子染料的环保性要求越来越高。其中对不含重金属盐的无锌阳离子染料以及新型低毒阳离子染料的开发研究得到了国内外的广泛关注。目前国内部分厂家以及原DyStar、Ciba等公司都开发出了无锌系列阳离子染料(如Astrazon、Viocryl ZF染料等);同时为配合染色自动化的计量系统,又发展了液状、无粉尘粉状及颗粒状阳离子染料,以提高加工产品质量,减少污染,节约能源。

阳离子染料是为腈纶开发的专用染料,除主要用于腈纶纺织品及其混纺、交织物的染色和印花外,在锦纶、醋酯纤维、腈纶基牛奶蛋白纤维和阴离子改性后的涤纶、真丝、棉、麻、羊毛、丙纶、锦纶等印染中也有应用,以及芳纶、芳砜纶等高性能新型纤维制品的染色加工。

第二节 阳离子染料的染色特性

阳离子染料的染色特性主要包括阳离子染料的配伍性(compatibility behavior)、染色饱和浓度(dye saturation concentration)和饱和系数(dye saturation factor),以及阳离子染料的移染性(migration behavior)等。

一、阳离子染料的配伍性

由于阳离子染料在腈纶等纤维上吸附上染的染座(纤维上的酸性基团)有限,因而阳离子染料的拼色与单色染色时的情况差异较大。不同结构的阳离子染料对纤维的亲和力不同,同时其在纤维内相中的扩散速率也有差异。因而,亲和力高的阳离子染料,染色初始阶段一般在纤维表面吸附速率快,但在纤维内相中的扩散速率慢,同时也容易取代纤维上已上染的亲和力低的染料，从而产生“竞染”（competition dyeing）现象。由于各染料的“竞染”，导致在上染过程中染浴和纤维上各拼色染料的比例时刻发生变化，产品色泽不一，难以达到理想的拼色效果。因而在拼色时，就涉及所选染料之间的染色性能是否一致，即所选染料的配伍性如何。

阳离子染料的配伍性通常用配伍指数（K）（compatibility index）或配伍值（compatibility value）来表征。如式（8－1）所示，阳离子染料的配伍指数（K）是反映染料亲和力大小和扩散速率高低的综合指标。最初由贝克曼（Beckmann）提出，并为英国染色家学会（SDC）所采用，且在染料厂和印染生产中广为接受，成为拼色时选择染料的依据。

$$K_i = D_i^{\circ} \exp\left(-\frac{\Delta\mu_i^{\circ}}{RT}\right) \tag{8-1}$$

式中：$i=1,2,3,\cdots,n$；K_i 为相应阳离子染料的配伍指数；D_i° 为相应阳离子染料标准状态时的扩散系数；$-\Delta\mu_i^{\circ}$ 为相应阳离子染料的标准亲和力；R 为气体常数；T 为绝对温度。

根据阳离子染料的配伍性不同，其配伍指数（K）划分为5组。选择上染性能不同而具代表性的染料作为参比标准，如通常采用黄、蓝两色标准染料各一套，每套由5只染料组成，每只标准染料都有相应的配伍指数，上染最快的配伍指数设为1，最慢的设为5。试验染料的配伍性测试则选择色泽差异大的一套标准色染料与其进行拼色，从拼色效果来判定其配伍性。若试验染料与某只参比染料配伍性一致或相近，则参比的标准染料的配伍指数就为试验染料的配伍指数。配伍指数越趋近于1，染料对纤维的亲和力就越高，上染速率就越快；而配伍指数越趋近于5，染料对纤维的亲和力就越低，上染速率就越慢。因而染料的配伍指数不仅可作为拼色时选择染料的依据，同时根据 K 值大小，可用于指导和控制工艺条件，调节染色速率的快慢，有助于提高产品的匀染性。

传统型国产阳离子染料的配伍指数通常划分为5类（A～E），其配伍指数与染色性能如表8－1所示。

表8－1　传统阳离子染料的配伍指数与染色性能

配伍指数	1 A	1.5	2 B	2.5	3 C	3.5	4 D	4.5	5 E
亲和力	高←				中等				→低
上染速率	快←				中等				→慢

用配伍指数相近的染料拼色，在染料上染过程中，纤维上各染料的比例始终保持相近，染色产品的色光也始终保持一致。相反，若采用配伍指数差异大的染料拼色，在整个染色过程中，染浴及纤维上各染料的比例始终都在发生较大变化，从而难以保证前后色泽一致。通常配伍指数较小的染料，对纤维亲和力高，不易匀染，但竭染率高，故适合于染深浓色；而配伍指数较大的染料，匀染性好，竭染率相对较低，适合于染浅淡色。一般配伍指数在3左右的阳离子染料适应性较广。

对移染性好的第三代迁移型(M 型)阳离子染料、分散型阳离子染料以及活性阳离子染料，由于其移染性高，匀染性好，一般不进行上述的配伍性分类。

二、染料的染色饱和浓度($[S]_D$)及饱和系数(f)

阳离子染料对腈纶等纤维的上染，发生在纤维上有限的酸性基染座上，因而要使染浴中拼混的阳离子染料在纺织品上获得预期的色光和染色深度，就必须知道所用染料对该种纤维染色时的染色饱和浓度。阳离子染料的染色饱和浓度($[S]_D$)是指能使给定纤维达到饱和吸附所需商品染料的量，以相对于纤维或织物的质量(owf)来表示。

借助于染料的染色饱和浓度，有助于正确控制染浴中各染料所能使用的最高量，以达到节约染化料、提高产品质量的目的。如染浴中染料的用量远远超过其染色饱和浓度，则染浴中可能残存大量未上染染料，造成染化料利用率下降，增加废水处理难度，同时染料在纤维上也可能发生分子间作用的超当量吸附，使染色品耐洗和耐摩擦牢度降低。

染料的饱和系数(f)是阳离子染料的特征常数，与染料的纯度和摩尔质量有关，而与纤维特性或纤维种类无关。特定染料的饱和系数可表征该染料在对纤维染色时的饱和特性。纤维的染色饱和值($[S]_f$)与染料的染色饱和浓度($[S]_D$)之比，即为染料的饱和系数(f)，如式(8－2)所示：

$$f=\frac{[S]_f}{[S]_D} \tag{8-2}$$

部分常见阳离子染料的饱和系数如表 8－2 所示。染料的饱和浓度和饱和系数一般可由生产厂商提供。

表 8－2　部分常见阳离子染料的饱和系数

染料名称	饱和系数	染料名称	饱和系数
孔雀绿 100%	1.00	阳离子橙 GLH 100%	0.39
碱性品红 100%	0.79	阳离子橙 RH 100%	0.57
阳离子黄 X—6G	0.66	阳离子紫 2RL 250%	0.51
阳离子嫩黄 7GL 500%	0.45	阳离子翠蓝 GB 250%	0.65
阳离子桃红 FG 250%	0.49	阳离子艳蓝 RL 500%	0.38
阳离子红 X—GRL	0.35	阳离子蓝 X—GRL	0.50

三、阳离子染料的移染性

带正电荷的阳离子染料一旦与纤维上的酸性基团结合后，移染性变差，尤其是分子结构复杂、阳离子性和疏水性强的国产普通型阳离子染料。国产普通型阳离子染料配伍指数(K)为1～2(A)，其配伍性差，吸附速率快，移染性差，往往容易引起染色不匀，而且不能像酸性染料和分散染料那样可通过延长保温时间来达到匀染效果。因而对染色工艺的控制要求更高，如染浴pH值、始染温度、升温速率等，且拼色时对染料的配伍性也提出了更高的要求，实际生产中往往需通过使用缓染剂来达到匀染。

国产第二代X型阳离子染料，是在普通型阳离子染料的基础上，对其配伍性及染色性能进行了改进，其配伍指数(K)为2.5～3.5(B,C)，具一定的移染性，匀染性中等。

而第三代迁移型(M型)阳离子染料、分散型阳离子染料，由于对染料结构的改进或采用暂时封闭染料的阳离子基团，使其对纤维的亲和力降低，或在染色过程中缓慢释放出染料离子，从而提高了染料在纤维上的移染性或缓染作用，匀染性能优良。

阳离子染料移染性的评定方法较多，如可通过染料的移染曲线上染料达到移染平衡时所需的时间来评定，也可通过静态移染率或移染指数来表征染料移染性的高低。

影响阳离子染料移染性的主要因素除染料本身结构性能外，染色温度、染浴pH值、染色用助剂、染浴中染料浓度等都会影响染料的移染性。当染色温度由100℃分别提高到110℃和120℃时，不同配伍指数的阳离子染料在腈纶上的移染率可提高数倍。其中配伍指数越大，染料亲和力越低，移染率越高，移染性越好。

第三节　腈纶的染色特性及阳离子染料的染色机理

一、腈纶的染色特性

(一)纤维化学结构与微细结构对染色的影响

腈纶是聚丙烯腈纤维的国内商品名称，于20世纪50年代初出现的一类合成纤维。早期生产的腈纶为均聚产品，大分子链排列规整，物理结构紧密，玻璃化温度高(干态时T_g为105℃)，亲水性小，分子链上缺少与染料作用的活性染座，难于染色。即使采用高温高压分散染料染色，由于其纤维的饱和值低，也只能获得浅淡色。

由于腈纶具有优良的全面服用特性，因而为改善均聚腈纶的染色特性和物理机械性能，目前工业化的腈纶一般是以丙烯腈为主体，添加少量第二单体及第三单体共聚而成。第二单体为中性单体，如丙烯酸甲酯、甲基丙烯酸甲酯、醋酸乙烯酯等。因第二单体带有侧基，引入后降低和破坏了大分子结构的规整性、紧密性及其结晶结构，提高了纤维的热塑性能和弹性，其玻璃化温度(T_g)降低，增大了染料对纤维的可及度，因而可采用常压染色。同时，第二单体中酯基的存在，也有助于染料上染。第三单体一般为含磺酸基或羧酸基的酸性单体，如丙烯磺酸($CH_2{=}CH{-}CH_2SO_3H$)、2-甲基丙烯磺酸[$CH_2{=}C(CH_3){-}CH_2SO_3H$]、衣康酸[$CH_2{=}C(COOH){-}CH_2{-}COOH$]、乙烯苯磺酸[$CH_2{=}CH(C_6H_4){-}SO_3H$]等。如以丙烯酸甲酯为第二单体(约5%～9%)，丙烯磺酸为第三单体(约0.5%～2.0%)，共聚后腈纶大分子链的化学结构为：

$$\sim\!\sim CH_2{-}\underset{\displaystyle CN}{\underset{|}{CH}}\sim\!\sim CH_2{-}\underset{\displaystyle CH_2SO_3H}{\underset{|}{CH}}\sim\!\sim CH_2{-}\underset{\displaystyle COOCH_3}{\underset{|}{CH}}\sim\!\sim$$

由于酸性基团的引入,纤维大分子链上具有阴离子染座,因而可采用阳离子染料在常压下染色。通常常规腈纶中丙烯腈单体的含量不低于85%,而第二、第三单体之和不多于15%。丙烯腈单体含量为35%~85%,第二、第三单体含量大于15%的共聚产物称为改性腈纶。由于改性腈纶即使在染色温度较低时,其阳离子染料的吸附速率也比常规腈纶上的快得多,从而极易引起染色不匀。改性腈纶在纺织品中的应用不如常规腈纶广泛。

由于腈纶大分子中丙烯腈组分含有体积较大、极性强的侧基——氰基,当同一大分子相邻氰基之间当极性方向相同时,具有很大斥力;而当相近氰基间极性相反时,则相互吸引。由于这些斥力和引力的存在,使纤维大分子的自由转动受到阻碍,因而纤维大分子主链呈不规则螺旋状的立体构象,又叫螺旋棒状构象,如图8-1所示。

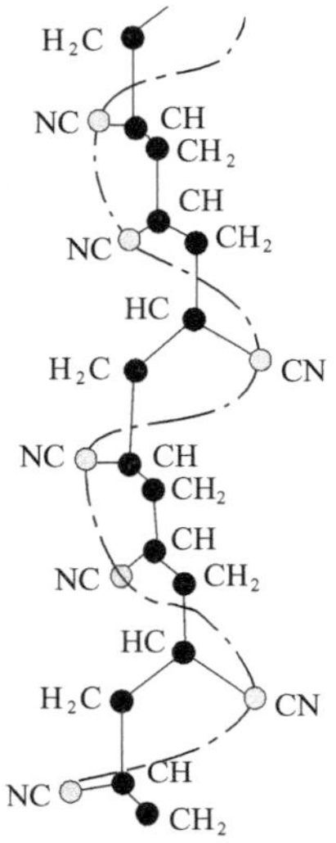

极性强、作用力大的氰基的存在,使纤维大分子链沿纤维轴向的原子排列没有规律,即腈纶大分子纵向无序;而同时又使纤维大分子链在垂直于轴向(侧向)上呈有规则的排列,即纤维大分子的侧向有序。因而在腈纶中不存在真正的结晶结构,而是一种准晶状态,准晶状态区又叫准晶高序区;其"非晶区"又分为非晶中序区和低序区,由于纺丝时的高度牵伸,其纤维"非晶区"的规整性又比一般高聚物高。腈纶的准晶区和非晶区无严格的分界面,而是连续过渡、相互渗透,故腈纶既无一般概念的无定形区,也无严格的结晶区。

图8-1 聚丙烯腈大分子链螺旋棒状构象示意图

另外,由于第二、第三单体的加入,使腈纶大分子链的侧基发生复杂的随机变化,其结构和立体构象变得更加不规则,尤其是侧向有序度下降,从而引起纤维大分子链排列的规整性降低,以及其分子取向也可能下降,因而有利于染料的上染和扩散。

腈纶按纺丝工艺可分为湿法纺丝和干法纺丝。与干法纺丝相比,湿法纺丝的纤维在共聚过程中,纤维内部可产生大量的微孔,从而具有较大的内部表面积。对染色而言,具有可及度越高的纤维微细结构,其染色性往往越好。

随着目前世界腈纶工业向个性化、功能化、环保化、高技术化格局的发展,国内大量差别化、功能性腈纶应运而生。与传统的常规腈纶相比,差别化和功能性腈纶在形态结构及其性能上存在较大区别,因而其染色性能也存在差异。如差别化中的超细纤维、中空及多孔纤维、异形纤维等,由于纤维线密度低,或具有多孔结构,或截面呈异形,使纤维的表面积增大,阳离子染料的吸附上染速率加快,不易匀染,且在纤维上的显色性较差,得色浅。对在纺丝或聚合过程中添加功能性填料,如无机微粒或纳米材料,而得到的阻燃、抗菌、抗紫外、防辐射、抗静电、远红外保健等功能性腈纶,在赋予纤维以特殊功能的同时,添加的各种填料也显著地降低了纤维高序区分子间等距离排列的规整性,从而使其非晶区比例增加,提高了染料的可及度,有利于染料上染。

(二)腈纶阳离子染料染色的饱和值($[S]_f$)

纤维的染色饱和值(fiber saturation value)是表征和评价纤维可染性的重要指标之一,是纤维本身的一种特性常数。由于阳离子染料对腈纶的染色,主要是染料离子与纤维上酸性基以离子键作用而上染，因而腈纶阳离子染料染色具有饱和值（$[S]_f$）。腈纶阳离子染料染色饱和值（$[S]_f$），可用以表征单位质量纤维上含有可容纳阳离子染料的阴离子染座数量。

通常腈纶阳离子染料染色饱和值（$[S]_f$）的测定采用 SDC 推荐的方法，并用稳定性更高的亚甲基蓝（C. I. Basic Blue 9）代替孔雀绿（C. I. Basic Green 4）作为标准染料。贝克曼（Beckmann）曾以相对分子质量为 400、亲和力较高的阳离子染料，在 pH 值为 4.5，浴比为 100∶1 的条件下，染浴中用足量染料使平衡上染百分率达到 95%时，每 100g 纤维上的染料量来表征（g 染料/100g 纤维）。

部分腈纶阳离子染料染色饱和值的测定结果如表 8－3 所示。

表 8－3　部分腈纶阳离子染料染色饱和值

纤维名称	纤维染色饱和值/g 染料·100g 纤维$^{-1}$	纤维名称	纤维染色饱和值/g 染料·100g 纤维$^{-1}$
考台尔（Courtelle）	2.2	贝丝纶（Beslon）	2.7
特拉纶（Dralon）	2.1	开司米纶 FH（Cashmilon FH）	2.3
爱克司纶 L（Exlan L）	1.1	文耐尔（Vonnel V 17）	1.4
爱克司纶 DK（Exlan DK）	2.2	兰州石化腈纶（国产）	2.3
奥纶 42（Orlon 42）	2.1	金山腈纶（国产）	2.6
奥纶 21（Orlon 21）	4.2	腈纶 F（国产）	2.7
奥纶 23（Orlon 23）	1.7		

由表 8－3 可知，腈纶品种不同，其纤维染色饱和值差异较大，因而相同条件下同一阳离子染料在不同腈纶上的染色深度不同。通常酸性基团含量多的纤维，染色饱和值（$[S]_f$）高，适合于染浓色和黑色；而染色饱和值（$[S]_f$）低的纤维，适合于染浅淡色。同时由于各染料的饱和系数不同，在同一纤维上获得相同色泽深度时，所用染料量也有差异。利用纤维染色饱和值（$[S]_f$）及所用染料的饱和系数（f），就可计算出该纤维所用阳离子染料的饱和浓度，即该染料上染该纤维时所能使用的最高染料浓度。如对饱和值为 2.1 的奥纶 42，采用饱和系数为 0.38 的阳离子艳蓝 RL 500%染色，则该染料染色的饱和浓度（$[S]_D$）为：

$$[S]_D=\frac{[S]_f}{f}=\frac{2.1}{0.38\times100}\approx5.53\%(\text{owf})$$

因而阳离子艳蓝 RL 500%对奥纶 42 染色时，染料用量为 5.53%（owf）就可使纤维趋于饱和。若染料用量超过此浓度，就可能引起浮色严重，降低产品色牢度；同时染料利用率降低，而且污水处理负担加重。在拼色以及使用阳离子缓染剂（cationic retarder）时，各染料及阳离子缓染剂的用量与其各自的饱和系数的乘积之和不应大于所染纤维的染色饱和值，如式（8－3）所示：

$$\sum_{i=1}^{n}[S]_{Di}\cdot f_i+R\cdot f_R\leqslant[S]_f \tag{8-3}$$

式中：R 为阳离子缓染剂用量，单位为%（owf）；f_R 为阳离子缓染剂饱和系数；$[S]_{Di}$ 为相应阳离子染料的染色饱和浓度；f_i 为相应阳离子染料的饱和系数。

利用纤维的染色饱和值($[S]_f$)及染料的饱和系数(f)有助于对不同品种纤维进行合理的染色加工以及正确控制阳离子染料的使用浓度。此外,腈纶阳离子染料染色饱和值也常随染浴中pH值的变化而发生改变,尤其是第三单体为弱酸的腈纶。

(三)阳离子染料在腈纶上的吸附等温线

研究证实,带正电荷的阳离子染料在腈纶上的吸附上染,发生在纤维中特定的酸性基团上,属于定位的化学吸附,符合朗缪尔(Langmuir)型吸附,其吸附等温线(absorption isotherm)如图8-2所示。

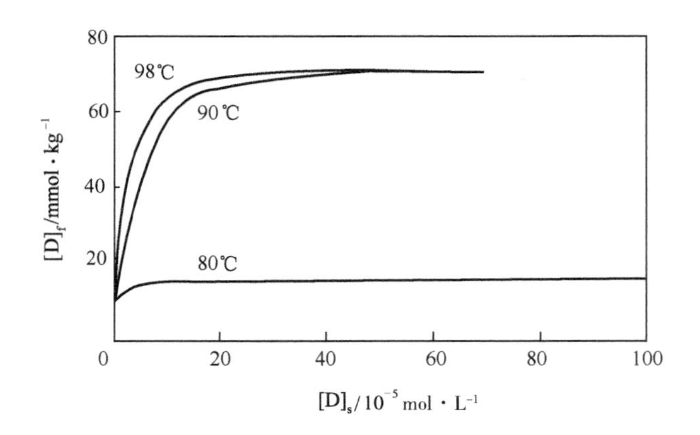

图8-2 阳离子染料在腈纶上的吸附等温线

C. I. Basic Blue 3,Courtelle S[Courtaulds],pH=4.5

图8-2表明,腈纶用阳离子染料染色时纤维具有饱和值($[S]_f$),其与纤维上酸性基团的含量相对应。阳离子染料的上染,实际上是溶液中染料与纤维上酸性基团进行离子交换的过程,如下所示:

$$F—SO_3^-H^+ + D^+ \rightleftharpoons F—SO_3^-D^+ + H^+$$

当染色达到平衡时,平衡常数(K)可表征为:

$$K=\frac{[H^+]_s[D^+]_f}{[H^+]_f[D^+]_s} \tag{8-4}$$

式中:$[H^+]_s$、$[D^+]_s$ 表示染液中 H^+ 和 D^+ 的浓度;$[H^+]_f$、$[D^+]_f$ 表示纤维上 H^+ 和 D^+ 的浓度。

纤维上未结合染料的酸性基团含量可表征为:

$$[H^+]_f = [S]_f - [D^+]_f \tag{8-5}$$

式中:$[S]_f$ 为纤维上酸性基团的总含量。

因此,由式(8-4)、式(8-5)得:

$$K=\frac{[H^+]_s[D^+]_f}{([S]_f-[D^+]_f)[D^+]_s} \tag{8-6}$$

如染浴中pH值维持恒定,上式可改写为:

$$K'=\frac{[D^+]_f}{([S]_f-[D^+]_f)[D^+]_s} \tag{8-7}$$

将式(8－7)变形后得：

$$\frac{1}{[D^+]_f}=\frac{1}{K'[D^+]_s[S]_f}+\frac{1}{[S]_f} \tag{8-8}$$

式(8－8)即为朗格缪尔(Langmuir)型吸附方程式，如将$\frac{1}{[D^+]_f}\sim\frac{1}{[D^+]_s}$作图，由其截距可得$\frac{1}{[S]_f}$，从而可求得纤维的染色饱和值$[S]_f$。

实际染色过程中，染浴中除存在染料离子(D^+)及氢离子(H^+)外，还有Na^+、Cl^-等的参与，同时纤维上酸性基团也有强弱之分，情况就更为复杂。此外，也可通过唐能膜原理来探讨染料在纤维上的吸附。

(四)阳离子染料的上染速率

由于阳离子染料与腈纶间的强离子键作用，以及偶极之间、偶极与诱导偶极之间、瞬时偶极之间等作用，导致阳离子染料在腈纶上具有较高的直接性，染料吸附快，初染速率高，且常规阳离子染料移染性差，故容易引起匀染性差等问题。

影响阳离子染料上染速率的因素很多，既有阳离子染料本身的化学结构、对纤维的亲和力以及纤维物理化学结构的因素，又有染色工艺条件的影响。亲和力高的阳离子染料，染色初期染料在纤维表面吸附较快，但在纤维内相中的扩散却比较慢，其透染性差，易环染。研究发现，阳离子染料在纤维中的表观扩散系数(D_a)，随纤维中酸性基团(磺酸基)含量的增多而增大。如图 8－3 所示，孔雀绿在腈纶上的表观扩散系数随纤维中磺酸基的含量(以含硫量表示)增大而增加。

同时，如果腈纶中所含酸性基团种类不同，由于酸性基的酸性强弱差异大，在相同 pH 值染浴中各自的电离程度不同，也导致阳离子染料上染速率出现较大差别，如图 8－4 所示。

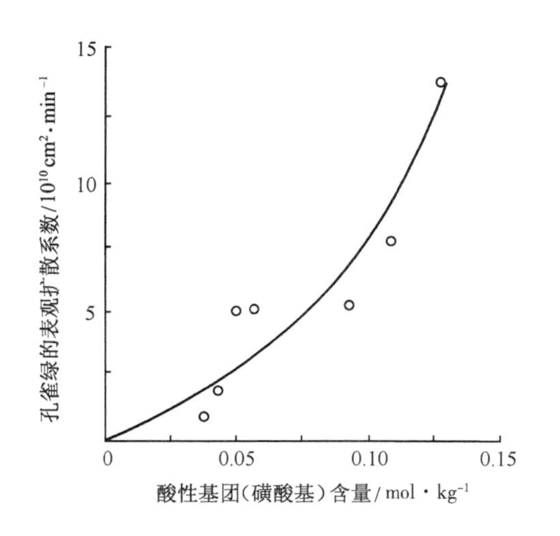

图 8－3　腈纶中酸性基团(磺酸基)含量对孔雀绿表观扩散系数的影响

95.1℃，pH＝4.20，NaAc 0.07mol/L

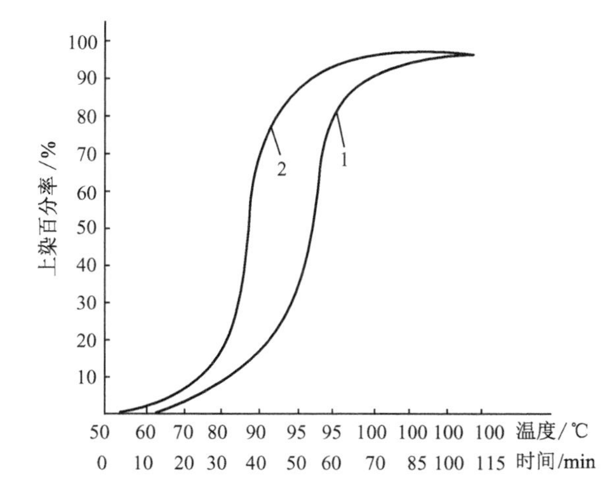

图 8－4　含不同酸性基团的腈纶的上染速率曲线

染色处方(owf)：阳离子蓝 RL(250%)1%，

匀染剂 TAN 0.5%，HAc 4.0%，NaAc 1.0%

1—仅含弱酸性基团的腈纶　2—含强酸性基团的腈纶

图 8－4 表明，由于强酸性基团电离度高，染色初期，有更多的染座供染料吸附，故其上染速率曲线中上染率更高。而图 8－5 表明，含两种酸性基团的腈纶同浴染色时，含强酸性基团的纤维，其染料上染率明显高于含弱酸性基团的纤维。因而实际生产中，不宜将染色饱和值不同或酸性基团种类不同的腈纶纺织品进行混纺或合股，也不宜进行同浴染色加工，否则易引起色花等疵病。

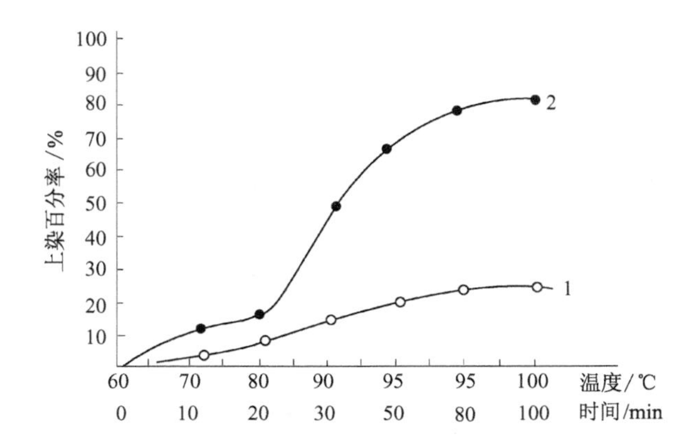

图 8－5　同浴条件下阳离子染料对含不同酸性基团腈纶的上染情况

染色处方(owf)：阳离子蓝 RL(250％)1％，HAc 4.0％，NaAc 1.0％

1—仅含弱酸性基团的腈纶　2—含强酸性基团的腈纶

腈纶在加工过程中的热处理以及外力拉伸对染料在纤维中的扩散也会产生较大影响。图 8－6 显示，在热处理时由于大分子链段的运动，纤维内应力可能得到消除，因而该实验中的腈纶在处理温度超过 108℃后，染料的扩散速率随处理温度的升高而增大。图 8－7 表明，可能由于拉伸比为 2 左右时，拉伸有利于拆散纤维中的折叠结构，故其染料的扩散速率有所增大，但继续增大拉伸比，由于纤维的取向性增强，因此染料的扩散速率又出现大幅度下降。

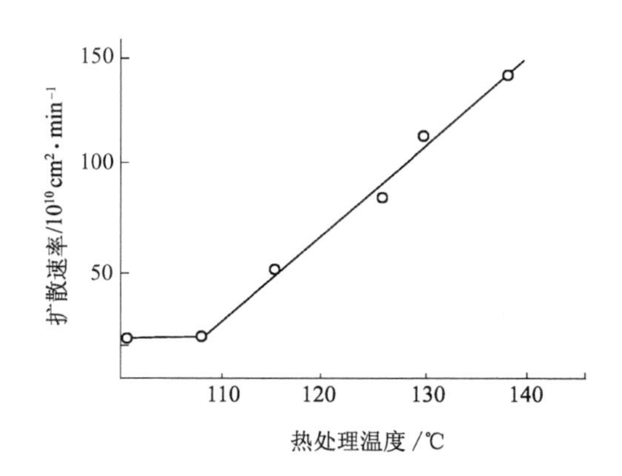

图 8－6　腈纶的热处理对染料扩散速率的影响

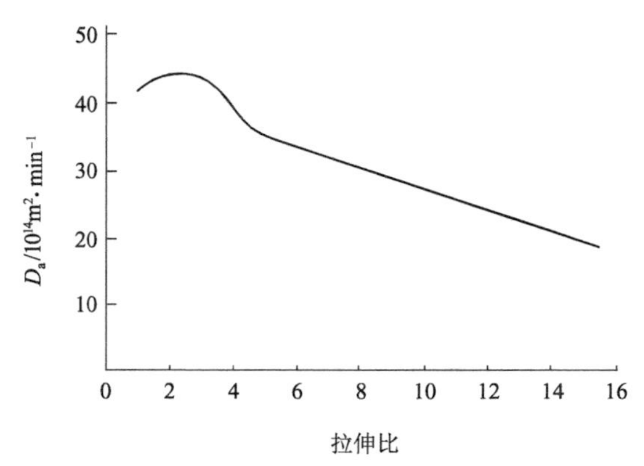

图 8－7　腈纶的拉伸比对染料扩散速率的影响

染浴中染料浓度的变化对染料的上染速率也会产生不同的影响。如图 8－8 所示，其他条件相同时，当染浴中染料浓度低于某一临界值时，随着染浴中染料浓度的增加，染料的上染速率急剧增大；而当染浴中染料浓度超过此临界浓度后，染料上染速率不再增大，此时上染速率与染浴浓度无关。这是由于染浴超过临界浓度以后，染料在纤维表面的吸附呈饱和状态，表面浓度维持动态平衡，因而上染速率完全受纤维内相中染料的扩散过程控制。Cegarra 等的研究证实，在染色初期，染色速率常数增加很快，当进一步增加染料浓度时，染色速率常数保持为常数。

染色温度低于腈纶玻璃化温度（80～85℃，湿态）时，纤维上吸附的染料很少，染料在纤维中的扩散也非常慢，但当染色温度超过其玻璃化温度时，阳离子染料的上染速率发生突跃，如图 8－9所示。

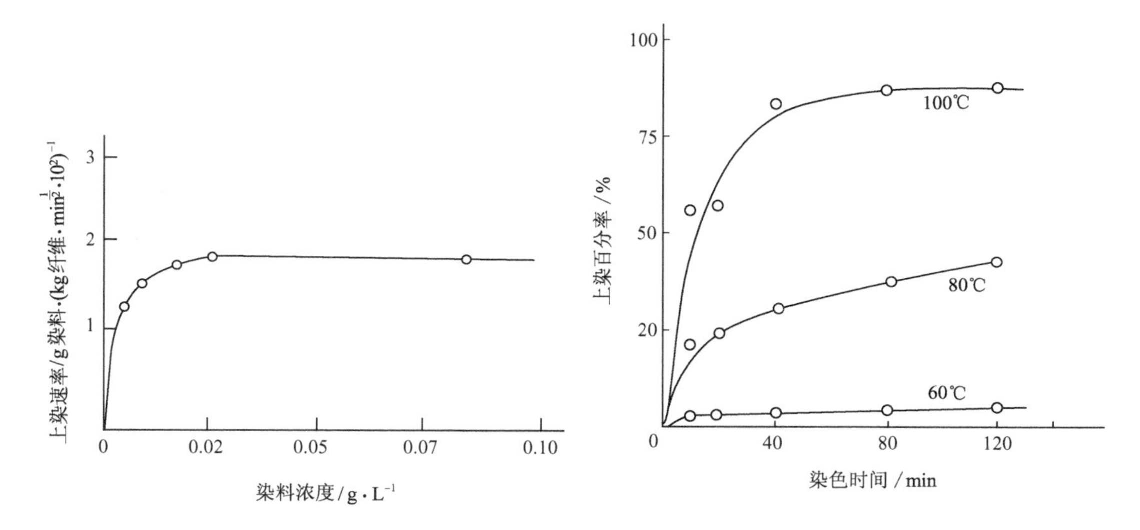

图 8－8　染浴中染料浓度对上染速率的影响　　图 8－9　亚甲基蓝 2B 在腈纶上的上染曲线

腈纶在染浴温度达到其玻璃化温度以上时，其染色速率对温度非常敏感，每提高 1℃，上染速率可增加 30%左右，故控制恰当的升温速率对匀染至关重要。此外，腈纶在染浴中较低的 Zeta 电位（－44mV）也会促使阳离子染料在纤维表面发生快速吸附，但可通过电解质等的作用来减弱或消除其影响。

二、阳离子染料的染色机理

从腈纶阳离子染料染色饱和值及其吸附等温曲线的研究可知，阳离子染料对腈纶的上染实质上是一个离子交换过程，如下式所示。

$$\begin{matrix} \sim\sim COOH + D^+X^- \\ \sim\sim SO_3H + D^+X^- \end{matrix} \longrightarrow \begin{matrix} \sim\sim COOD \\ \sim\sim SO_3D \end{matrix} + 2HX$$

染料离子主要借助于与纤维上酸性基团间的离子键作用上染；同时纤维上的极性基团（如氰基）以及染料分子结构中的多种极性取代基等，使染料与纤维间存在着如偶极之间、偶极与诱导偶极间、瞬时偶极间等分子间作用以及染浴中纤维表面负的双电层电位——Zeta 电位(-44mV),都使阳离子染料对纤维具有较高的亲和力,从而被吸附上染纤维。

吸附在腈纶表面的阳离子染料,随着染色温度升高,尤其达到或超过纤维玻璃化温度(T_g)以后时,表面吸附的染料很快向纤维内相扩散。一般认为阳离子染料在腈纶内相的扩散模型为自由体积模型,即阳离子染料从一个染座上解吸下来,再吸附到另一个染座,并逐渐向纤维内部扩散,在各染座间呈跳跃式的传递,最后主要以离子键在纤维的染座上固着。

第四节　腈纶纺织品的阳离子染料染色

一、染色工艺因素

(一)染浴 pH 值对染色的影响

染浴 pH 值可通过对染浴中的纤维和染料两方面对染色产生影响。阳离子染料的平衡上染量随染浴 pH 值的升高而增大。其中仅含弱酸性基团(如—COOH)的纤维,由于弱酸性基团的电离受染浴 H^+ 浓度影响大,因而 pH 值升高,更加有利于纤维染色饱和值的提高,故其平衡上染量增加明显;而强酸性基团(如—SO_3H)的电离几乎不受染浴 pH 值的影响,其平衡上染量不如前者明显,如图 8-10 所示。

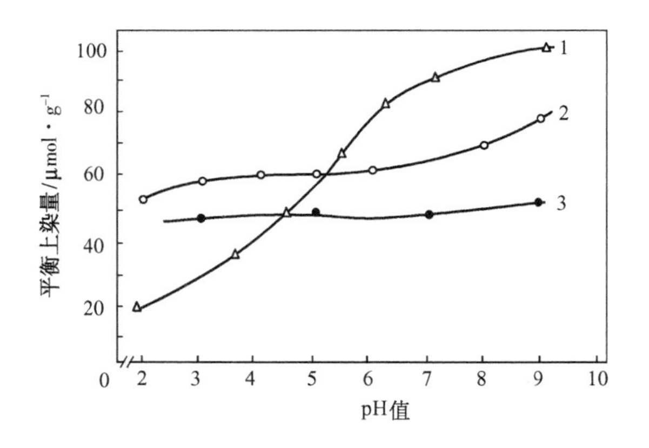

图 8-10　染浴 pH 值对平衡上染量的影响

染色条件:100℃,16h,浴比 40∶1

1—Courtelle,仅含弱酸性基团　2—Beslon,含强酸性基团 70μmol/g 纤维、弱酸性基团 44μmol/g 纤维　3—Orlon 42,含强酸性基团 43μmol/g 纤维、弱酸性基团 17μmol/g 纤维

在染浴 pH 值为 3.5~6 范围内,当每升高一个单位 pH 值时,通常对含弱酸性基团的腈纶而言,其染色饱和值可增加 10%~20%,甚至更多。

同时,随着染浴 pH 值在一定范围内的升高,由于纤维上染座增多,阳离子染料的吸附速率也会增大,不易匀染。

由于染浴 pH 值在 4~6 范围内时,大部分阳离子染料及纤维的性质较稳定,故通常染浴

pH 值都控制在此范围内；其中最理想的染浴 pH 值为 4.5～5.5 之间，尤其对部分碱性染料和传统阳离子染料。新型阳离子染料中，如分散型阳离子染料，其耐酸碱性提高，pH 值适应范围增大，一般为 3～6，个别可为 2～7。通常当染浴 pH 值超过染料的适用范围时，阳离子染料就开始发生变色，甚至沉淀，或结构发生破坏。故在实际染色过程中，可采用缓冲体系（如 HAc—NaAc 等）来保持染浴中 pH 值的恒定，保证染色过程的正常进行。

（二）温度对染色的影响

染色温度对阳离子染料的染色速率及上染量影响显著。当染色温度在低于纤维玻璃化温度（湿态为 70～85℃）时，纤维大分子链自由运动几乎为零，纤维结构紧密，染浴中染料分子仅吸附于纤维表面。当染浴温度接近其玻璃化温度时，腈纶大分子链的自由运动对温度变得敏感；进一步升高染浴温度，纤维大分子链运动更为剧烈，其自由体积呈指数形式增长，大量染座暴露给染浴中的染料，同时染料的扩散速率也加快，因而此时染料的上染速率发生突变，如图8－11所示。染色温度处于纤维玻璃化温度以上 10～15℃时，大部分染料都在此范围内完成上染，故为染料的集中上染区。但通常染色温度对纤维的染色饱和值影响不显著。

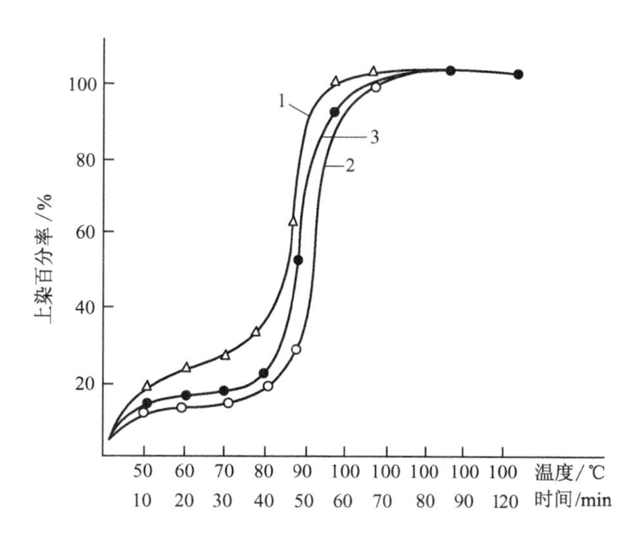

图 8－11 温度对阳离子染料上染速率的影响

1—阳离子红 2GL 2—阳离子艳红 5GN 3—阳离子嫩黄 7GL

在实际生产中，染色温度的良好控制对提高染色质量至关重要。对腈纶、酸改性涤纶，一般采用 50～60℃始染，然后可进行分段升温染色。染色温度越接近集中上染区，升温速率应越慢，且有时在每个升温段之间，保温染色一定时间，以利于匀染。

腈纶的最高染色温度一般可控制在 98～105℃，这对缩短染色时间，提高染色深度，增加透染性和提高色牢度等效果显著。如果染色温度过高，腈纶会过度收缩，易引起织物变形，手感发硬。最高染色温度的确定，同时应兼顾具体纤维的物理化学结构。当中性单体或酸性单体侧链基团较大时，纤维结构疏松，染色温度可适当降低，如甲基丙烯酸甲酯、对甲基丙烯酰胺苯磺酸与丙烯腈的共聚腈纶。反之，纤维结构越紧密，最高染色温度应适当高一些。

（三）缓染剂

由于常规阳离子染料对腈纶具有高的亲和力，在纤维上的上染速率高，尤其在染色温度高于玻璃化温度（T_g）10～15℃的较窄温度范围内，染料上染速率发生突变，容易发生集中上染，同时由于其低的移染性，故极易产生染色不匀。如仅仅通过控制染色温度的途径来提高产品的匀染性，还往往不够。实际生产中，通常采用在染浴中加入缓染剂的方法，来改善阳离子染料的匀染性能。常用缓染剂主要包括阳离子型、阴离子型及无机缓染剂等。

1. 阳离子型缓染剂(cationic retardants) 阳离子型缓染剂是阳离子染料印染加工中应用范围最广的一类有机缓染剂，一般为长链烷烃或烷芳烃的季铵盐类，如阳离子缓染剂 1227、匀染剂 PAN(Levegal PAN)、匀染剂 CN、抗静电剂 SN 等。阳离子缓染剂 1227 结构式如下：

$$\left[C_{12}H_{25}-\overset{\overset{CH_3}{|}}{\underset{\underset{CH_3}{|}}{N^+}}-CH_2-C_6H_5 \right] Cl^-$$

阳离子型缓染剂按其分子中所含阳离子基数目及其分子结构大小，可分为常规阳离子缓染剂和聚合型阳离子缓染剂。常规阳离子缓染剂相对分子质量较小(300～500)，分子中含有一个季铵阳离子基团。常规阳离子缓染剂能扩散进入纤维内部，在纤维表面及纤维内相与染料争夺腈纶上的染座，可起到暂时封闭纤维上染座的作用，并可降低纤维上的染料浓度梯度，从而降低染料的上染速率，达到延缓上染的效果。如图 8－12 所示，随着阳离子缓染剂 DS 用量的增加，阳离子染料的上染速率明显降低。由于阳离子缓染剂对纤维的亲和力一般较染料小，故在沸染阶段，染座上大部分缓染剂又能被阳离子染料所取代，不致使最终上染百分率显著降低。但如果此类缓染剂用量过大，则染料上染百分率降低明显，色泽变淡，故染深浓色时，缓染剂应少用或不用。

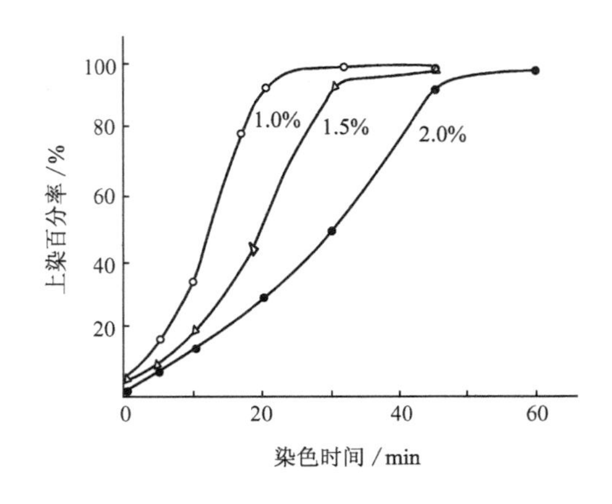

图 8－12 阳离子缓染剂的缓染作用

阳离子缓染剂 DS(Du Pont)(owf)：1.0%、1.5%、2.0%

阳离子染料(owf)：Severon Brill. Red 4G 0.2%

常规阳离子缓染剂品种众多，功效不一，选用时需根据其对纤维亲和力的大小以及所用染料的配伍性来综合确定。阳离子缓染剂亲和力较高时，较适用于配伍指数(K)较小的染料，其缓染效果会更好，且不会显著降低染料的竭染率。亲和力中等的阳离子缓染剂，较适合于 K 值为 2.5 左右的阳离子染料，如缓染剂 PAN。国产阳离子缓染剂 1227 适用性较广，对 K 值为 1.5 及 2.5～3.5的阳离子染料均具有缓染效果。

在拼色时，阳离子缓染剂会扩大染料配伍性的差异，故对拼色染料的配伍性要求更高。

聚合型阳离子缓染剂分子中含有上百个阳离子基团，相对分子质量可达1000～200000，与常规阳离子缓染剂相比，聚合型阳离子缓染剂不能向纤维内相扩散，仅仅吸附于纤维表面。通过减少或消除纤维表面的 Zeta 电位以及在纤维表面形成对阳离子染料的电荷排斥力，来降低阳离子染料的上染速率。其特点是在染色过程中，缓染剂不扩散进入纤维内占据染座，因而染色时不需考虑其用量对纤维得色量的影响；同时聚合型阳离子缓染剂缓染作用强，用量少，作用范围广，适合于各种配伍指数的阳离子染料，且在高温沸染阶段仍具有缓染作用，其缓染作用贯穿于染色全过程；聚合型阳离子缓染剂主要是通过缓染作用来改善和提高染料的匀染性，但对阳离子染料的移染影响甚微。

2. 阴离子型缓染剂(anionic retardants) 一般阳离子染料染色时，染浴中及纤维上不宜含有有机阴离子化合物，否则染浴中染料易沉淀，影响染色过程的进行及产品质量。但脂肪醇及芳烃（如苯、萘等衍生物）的磺酸盐，却可作为阳离子染料染色的阴离子缓染剂使用，如分散剂NNO等。此类阴离子缓染剂在染浴中与阳离子染料以离子键结合，形成一种不稳定的染料—助剂复合物，如下所示：

$$Ar-SO_3^- + D^+ \rightleftharpoons Ar-SO_3D$$

其中 $Ar-SO_3^-$ 为阴离子缓染剂，D^+ 为阳离子染料。

染料—助剂复合物的形成，减少了染浴中呈离子状态染料的浓度，同时在非离子型助剂如平平加O等的作用下，可保持其良好的分散状态。当染浴温度升高时，染料—助剂复合物重新逐渐释放出呈离子状态的阳离子染料，从而上染纤维，达到缓染目的。阴离子缓染剂在腈纶混纺织物的染色加工中应用较多。如在毛腈混纺织物染色时，阳离子染料与阴离子缓染剂形成复合物后，可有效防止阳离子染料在毛组分上的沾色（而阳离子缓染剂无此功效），而且可实现与酸性、中性、活性等染料的同浴染色。

在实际生产中，阴离子缓染剂需配合非离子型表面活性剂同时使用，以防止染浴中色淀的形成。同时对阳离子染料而言，并不是所有阳离子染料都能使用，如果染料与助剂的复合物过于稳定，高温阶段仍不离解，则易降低上染百分率。使用阴离子缓染剂加工后的产品手感较差。

由于染料与阴离子缓染剂形成复合物后，染料的染色速率不再取决于染料本身，而是取决于复合物的离解，这在很大程度上改变了阳离子染料原来的染色特性，故拼色时染料的配伍性差异减小。

3. 无机缓染剂（inorganic retardants） 阳离子染料染色中的无机缓染剂主要包括部分弱酸、中性盐等。

阳离子染料染色一般多采用HAc、NaAc等作为缓冲剂，以维持染浴中合适的pH值。同时HAc也是一种阳离子染料的良好溶剂。其电离出的 H^+ 可抑制纤维上酸性基团的电离，尤其是纤维上的弱酸性基团（—COOH），从而也可起到缓染作用。

中性盐中的硫酸钠（元明粉）是一种价廉易得、应用广泛的缓染剂。其在染浴中离解产生的 Na^+ 扩散快，可优先与纤维上的酸性基团结合，同时也可有效减少或削弱纤维表面的Zeta电位对染料的作用，从而延缓染料上染，尤其对含羧酸基团的纤维，缓染效果更显著。无机缓染剂硫酸钠对配伍指数（K）为1～1.5的阳离子染料缓染作用不明显，而对 K 值为3～5的染料缓染效果较好。硫酸钠可与有机阳离子缓染剂配合使用，以增进缓染功效。

近年来，在阳离子染料染色的染浴中添加稀土离子（指氯化混合稀土），以求得匀染的技术日臻成熟。因而稀土离子目前已成为阳离子染料染色中的一种无机缓染剂。其缓染效果优于元明粉，同时在一定程度上可提高染料在纤维上的得色量。因而在实际生产中，通常可将染色处方中的元明粉采用0.1%～0.2%（owf）氯化混合稀土代替，并可按元明粉作缓染剂的阳离子染料染色的方法进行染色加工。同时可节约染化料10%～20%，改善染色品的匀染性和色牢度，缩短工艺时间。

二、染色方法

腈纶及其混纺制品的阳离子染料染色,主要包括散纤维、毛条、纯腈纶绒线(细、中、粗绒线)、针织绒线、膨体绒线、毛腈混纺绒线、筒子纱及其他腈纶混纺织物的染色等。根据腈纶纺织品的特点,其染色工艺和设备也多种多样,而按染色方法主要包括浸染和连续轧染两大类。

(一)浸染

腈纶纺织品,特别是纯纺品,通常较多采用浸染方式进行染色。由于阳离子染料的初染速率高,染浴温度的变化对染料上染速率及产品匀染性影响显著,尤其当染色温度超过纤维玻璃化温度以后,在较窄的温度范围内,染料易集中上染。对传统阳离子染料而言,又难以通过移染来达到匀染,因此浸染时控制染浴中各部位温度的均匀性和适当的升温速率,对产品的匀染性至关重要。根据腈纶纺织品用阳离子染料染色时,对染色温度的不同控制,又常分为升温控制染色法和恒温快速染色法。

1. 升温控制染色法(controlled temperature rising process) 升温控制染色法是在染料上染过程中严格控制升温速率,缓慢升温,甚至进行分段升温染色,并通过染液的良好循环,保持染浴各部位温度及浓度的均匀性,使染料缓慢均匀上染。升温控制染色法可同时配合使用缓染剂,这是使用比较广泛而稳妥的染色工艺。如腈纶散纤维、长丝束、腈纶条的染色处方为:

传统阳离子染料(owf)	x
HAc(98%)	2%～3%(owf)
NaAc	1%(owf)
缓染剂 1227(深浓色可不加)	0～2%(owf)
元明粉	0～10%(owf)
浴比	20∶1～30∶1

腈纶纺织品选用 60～70℃的清水循环处理 10min,使纤维充分润湿,再分别加入助剂与溶解好的染料(加 HAc 和热水溶解),然后开始染色。染色升温速率按给定升温曲线严格控制,当染色温度接近或达到纤维玻璃化温度(T_g=85℃)时,应缓慢升温,在 T_g 以上 10～15℃集中上染区(如 85～95℃)实行特慢升温。染色结束后,以 1℃/min 的速率降温至 55℃(不宜骤然降温,否则成品手感不良),然后根据需要进行柔软处理,最后出机。

在浸染过程中应充分消除染浴中的游离氯,以及避免使用硬水。由于阳离子染料中大部分染料为含杂环的甲川及偶氮类,这类染料对自来水中的游离氯非常敏感,易使染料发生变色和褪色。因而对含游离氯高的水质,最简便和经济的方法往往是采用加热脱氯。活性氯往往随温度升高,其在水中的溶解度减少。故对染浅色或鲜艳度要求高的品种,一般可将水先升温至 90℃除氯,然后开车循环降温到纤维玻璃化温度(80～85℃)左右入染。硬水中的 Ca^{2+}、Mg^{2+} 等金属离子,尤其当水中含有 Fe^{2+}、Fe^{3+}、Cu^{2+} 时,容易使阳离子染料发生色光改变,染色品色泽萎暗、鲜艳度下降。一般在升温脱氯过程中可去除水中部分暂时性硬度,采用软水剂或金属离子屏蔽剂处理,可得到较理想的水质。

2. 恒温快速染色法(rapid dyeing process at constant temperature) 在升温控制染色法中,虽然升温速率缓慢,但不易准确控制,同时也难以保证染浴内出现某种程度的温度不均,从而引起染色不匀。而恒温快速染色法是指选择在纤维玻璃化温度以上、染液沸点以下某一固定的温度始染，并保温染色45～90min，使染浴中大部分的染料上染，然后再升温至沸点作短时间沸染，让染料在纤维内相充分扩散或移染，以提高染色均匀性和色牢度。恒温快速染色法可减少或消除由于染浴中温度不均匀而引起的染色不匀现象，并可缩短20%～30%的染色时间，操作简便，不易染花。恒温快速染色的关键是选择合适的恒温上染温度，以使染料不发生集中上染，而是在整个恒温阶段均匀缓慢地上染。其染色实例处方如下：

阳离子艳蓝 RL	0.2%(owf)
HAc(98%)	3.0%(owf)
NaAc	1.0%(owf)
缓染剂 TAN	0.8%(owf)
浴比	20∶1～30∶1

染色时，在染槽内先加入 HAc、NaAc 和缓染剂 TAN，织物在85℃先处理10min，然后加入用 HAc 和热水溶解好的染料，于85℃恒温染色60min，然后升温至沸点续染30min，最后缓慢降温至50℃左右出机。

（二）连续轧染

腈纶纺织品的连续轧染不如浸染工艺应用广泛，其主要用于腈纶、酸改性涤纶的某些混纺或交织织物以及腈纶毛条和丝束的染色。腈纶纺织品中有相当一部分是以精梳条或丝束的形式采用连续轧染染色，而混纺品如涤/腈品种也可采用连续法轧染。但由于腈纶不耐高温干热，容易变形泛黄，故有所限制。

腈纶纺织品的连续轧染分为汽蒸轧染及热熔轧染两种。汽蒸轧染主要用于腈纶精梳条或丝束的染色。由于汽蒸时间受设备条件的限制，一般不超过45min，故要在较短的时间内把纤维染透，就必须提高染料固色时在纤维中的扩散速率。通常需在轧染液中添加纤维膨化剂，如碳酸乙烯酯、碳酸丙烯酯、腈乙基胺类、尿素/甘油（1∶1）等助剂，来帮助纤维膨化，提高染料的扩散速率。同时，为保持轧染物在汽蒸固色时染料所需的合适 pH 值，通常在轧染液中添加不挥发性酸（如酒石酸等）或释酸盐（如硫酸铵等）。为防止纤维上染料泳移，轧染液中还常加入少量易于洗涤的非离子型糊料作为防泳移剂，防止浸轧物在烘干时由于染料泳移而产生的阴阳面等疵病。腈纶纺织品的汽蒸轧染工艺流程为：浸轧→汽蒸→水洗。一般汽蒸固色时采用100～103℃饱和蒸汽，汽蒸时间为10～15min。汽蒸时间需根据所用染料的扩散性、染色浓度、汽蒸温度及助剂使用情况等因素决定。对于亲和力高的阳离子染料，由于在纤维中扩散更慢，为获得透染和匀染效果，一般可适当延长汽蒸时间。如果汽蒸采用120℃的高温，汽蒸时间可相应缩短为5～8min。汽蒸固色后，进行充分的水洗去除浮色。

热熔轧染主要用于涤/腈等中长纤维织物的染色。腈纶组分较多采用能与分散染料同浴的分散型阳离子染料。随着耐汽蒸、热稳定性高的新型阳离子染料的大量开发和应用，其连续轧染在实际生产中将进一步得到广泛应用。

第五节　阳离子染料可染改性涤纶的染色

涤纶(PET 纤维)自 20 世纪 50 年代工业化以来，以其优良的性能，如高强度、高模量、回弹性好、耐光、耐磨、耐多种化学品等，成为合成纤维中发展最快的品种。但由于涤纶分子结构的高度规整性和紧密性，其结晶度高，疏水性强，大分子链上缺乏活性染座，因而不易染色。通常只能选用分子结构小、疏水性强的分散染料，采用高温高压法、载体法或热熔法染色。但难以获得像阳离子染料染色那样浓艳的色泽，且往往经树脂等处理后，其摩擦牢度、升华牢度易降低。

阳离子染料可染改性涤纶克服了常规涤纶不易染色的缺点，可采用阳离子染料对其纤维着色。染料与纤维以离子键结合，其湿处理牢度及升华牢度高，染色物色泽鲜艳，色谱广，得色量高，可染深色，比常规涤纶用分散染料染色可节约染化料 20%左右，而且节能。

阳离子染料可染改性涤纶又称为酸改性涤纶，根据添加的改性组分不同，分为阳离子染料高压可染改性涤纶(CDP 纤维)及阳离子染料常压可染改性涤纶(ECDP 纤维)。由于改性组分的加入，改变了纤维原有的物理化学结构，尤其是改善了纤维的染色性能，可采用阳离子染料进行染色。同时由于改性组分的不同，其所得纤维的阳离子染料染色性能也具有较大差异。

一、阳离子染料可染改性涤纶的染色特性

(一)CDP 纤维的染色特性

CDP 纤维是在常规 PET 纤维的二元单体基础上，添加少量第三单体，如常用 3,5 -二(β-羟乙氧羰基)苯磺酸钠(SIPE)或 3,5 -二甲酸二甲酯苯磺酸钠(SIPM)，然后经共聚而得。其中 SIPM 单体改性后的 CDP 纤维与常规 PET 纤维的结构区别如下：

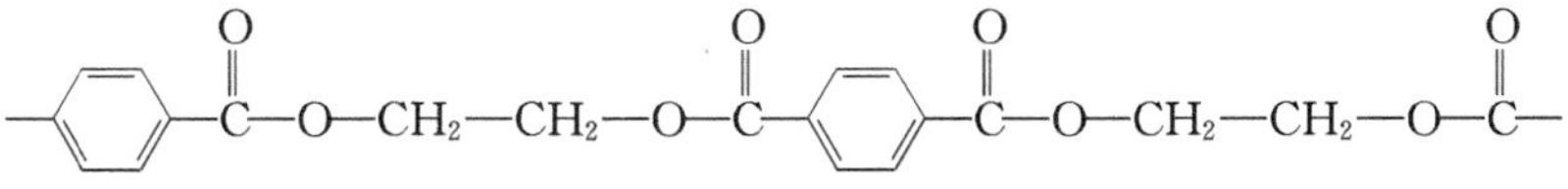

$$-C_6H_4-\overset{O}{\overset{\|}{C}}-O-CH_2-CH_2-O-\overset{O}{\overset{\|}{C}}-C_6H_4-\overset{O}{\overset{\|}{C}}-O-CH_2-CH_2-O-\overset{O}{\overset{\|}{C}}-$$

常规 PET 纤维

$$-C_6H_4-\overset{O}{\overset{\|}{C}}-O-CH_2-CH_2-O-\overset{O}{\overset{\|}{C}}-C_6H_3(SO_3Na)-\overset{O}{\overset{\|}{C}}-O-CH_2-CH_2-O-\overset{O}{\overset{\|}{C}}-$$

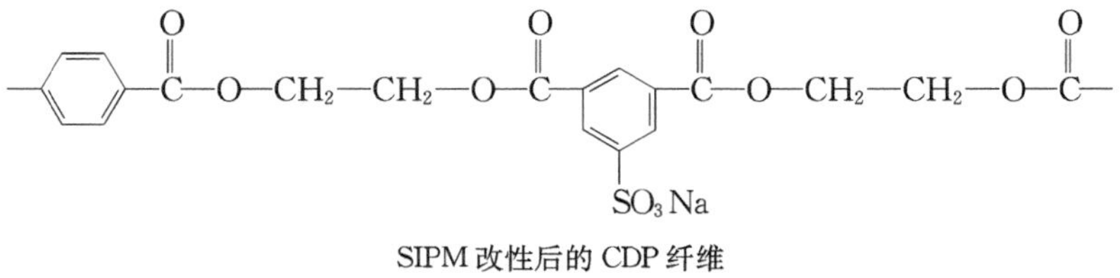

SIPM 改性后的 CDP 纤维

可见，CDP 纤维大分子链上因带负电荷的磺酸盐基团的引入，使其可用阳离子染料染色(当然也可采用分散染料染色，并可获得双色效果)。但由于其纤维超分子结构仍与常规涤纶相似，结构的规整性、紧密性仍然较高，其玻璃化温度(T_g)也较高(干态时 T_g 为 110℃左右)，故常压下阳离子染料对纤维内磺酸基染座的可及度较低，也需要在一定压力下染色，这样有利于染料吸尽率的提高。但其最高上染温度比常规 PET 纤维下降了 10～15℃，而比腈纶的要高。

在染色温度低于 90℃时，阳离子染料对 CDP 纤维的上染很慢；90℃以上时，染料的上染速率

对温度变得敏感,如图 8－13、图 8－14 所示,因此在 90℃以上宜缓慢升温。当 CDP 纤维与羊毛的混纺品进行染色时,其最高染色温度一般控制在 100～105℃,以避免羊毛组分受损。

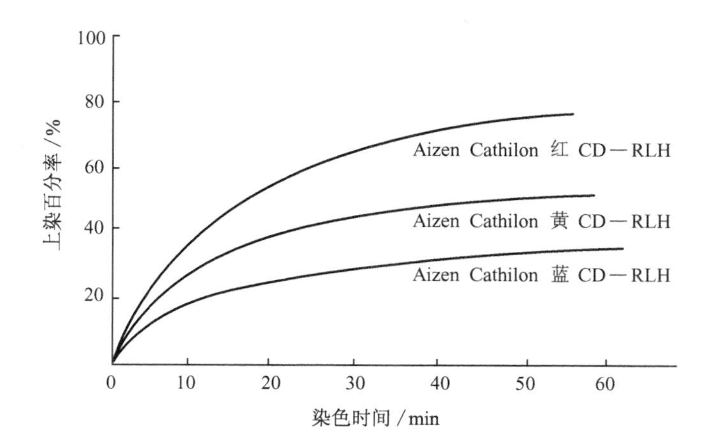

图 8－13　90℃时阳离子染料在 CDP 纤维上的恒温染色速率曲线

各染料用量:1.0%(owf)

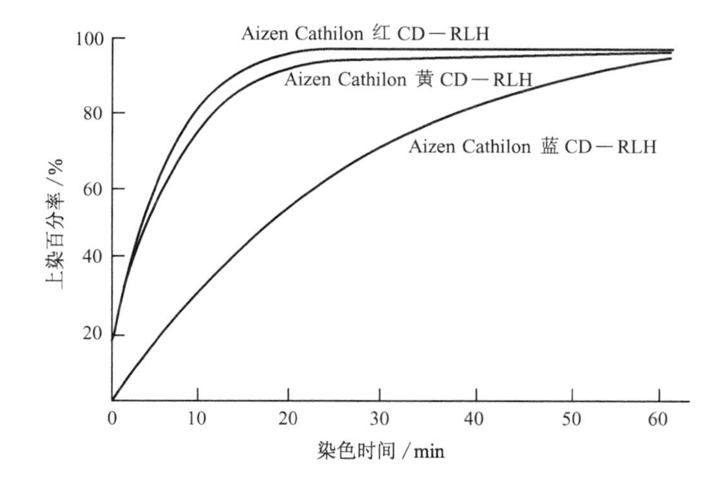

图 8－14　100℃时阳离子染料在 CDP 纤维上的恒温染色速率曲线

各染料用量:1.0%(owf)

阳离子染料在 CDP 纤维上的吸附,仍属于化学定位吸附,其吸附等温曲线为朗缪尔(Langmuir)型,纤维具有染色饱和值,其染色原理与阳离子染料上染腈纶相一致。

(二)ECDP 纤维的染色特性

ECDP 纤维是在 CDP 纤维的基础上,添加少量一定相对分子质量的聚乙二醇或脂肪族聚酯二醇作为第四单体,所得到的一种共聚酯。由于 ECDP 纤维大分子链中引入了柔性链段,使得纤维大分子结构更为疏松,无定形区增大,阳离子染料更容易扩散进入纤维内部,并与纤维上的磺酸基团结合。因而 ECDP 纤维的染色条件更温和,可在常压沸染条件下进行染色,其上染率高,染色速率快,色牢度较高(如其耐皂洗、耐摩擦牢度均可达 5 级)。ECDP 纤维与其他普通纤维混纺可得到不同风格的织物,特别是其异形截面纤维可用于高档仿毛面料。

近年来由于纳米技术的兴起,其在纤维改性中的应用也不断扩大。将无机纳米材料添加到 ECDP 聚合体中,可制得功能化阳离子染料可染改性涤纶。该类纤维在碱减量处理过程中,表面及浅表面的微粒脱落,可在纤维表面形成大量微孔,从而可提高涤纶织物的吸湿透气性,以及可赋予改性纤维以抗菌、远红外保健、紫外屏蔽、抗辐射、阻燃、防水防油、自清洁等特性。但同时由于纤维表面的大量微孔增大了纤维表面积,使染料在纤维表面吸附和纤维内扩散加快,提高了初染速率,不利于匀染。因而一般要求适当降低始染温度,或加强缓染剂的缓染效果来加以改善。同时由于纳米颗粒等其他组分的掺入,也改变了纤维上的染座含量,一般使纤维的染色饱和值降低,染料在纤维上的平衡吸附量下降,使得色偏浅。此外,纤维表面的大量微孔也可对纤维的显色性产生影响。

酸改性涤纶由于在纤维大分子链中引入了第三单体(如 SIPE)——酸性单体,在较大程度上改变了涤纶的结构及性能。酸性基团离解后,可作为染座提供给阳离子染料上染,因此纤维上酸性基团含量的变化往往引起纤维染色性能的改变。除了在聚合纺丝过程中可引起此种变化外,在印染加工过程中,也同样会引起纤维上酸性基团含量及结构的变化,从而影响其染色性能。如印染加工中的染色、碱减量等工艺控制不当,往往引起纤维大分子链的降解及酸性单体含量的改变,导致纤维本身染色特性的改变,从而产生如批间色差、缸差等疵病。

二、阳离子染料在酸改性涤纶中的应用

与分散染料染色相比,阳离子染料在酸改性涤纶上具有色泽鲜艳、升华牢度及湿处理牢度好的优点,并可像腈纶那样染色。但对酸改性涤纶,并非所有阳离子染料都能适用。适用于酸改性涤纶的阳离子染料主要有经选择的传统阳离子染料以及分散型阳离子染料。常用的传统阳离子染料主要包括阳离子黄 7GL、阳离子红 2GL、阳离子艳蓝 RL 及阳离子黄 X—6G、阳离子红 X—GRL、阳离子蓝 X—GRRL 这两组三原色。分散型阳离子染料包括国外如 Aizen Cathilon CD 型、Diacry PN 型、Kayacryl ED 型等,以及国产 SD 型。

阳离子染料染酸改性涤纶时,染浴中常用 HAc－NaAc 作缓冲体系,染浴 pH 值控制在 3.5～4.5,也常使用阳离子缓染剂。对分散型阳离子染料,其染浴 pH 值可控制在 3～6,并少用或不用缓染剂。由于酸改性涤纶的玻璃化温度(T_g 为 110℃左右)比腈纶高,故其最高染色温度高于腈纶,如 110℃左右,有助于提高染料的吸尽率。ECDP 纤维由于第四单体的引入,结构更疏松,染色温度相对较低。与腈纶相似,当染色温度超过玻璃化临界温度时,染料上染速率对温度敏感,在较窄的温度范围内,染色速率发生突跃,易发生集中上染,此时宜缓慢升温。

分散型阳离子染料由于封闭基团的作用,其上染百分率比传统阳离子染料略有降低。然而,由于分散型阳离子染料的初染速率相对较低,且具有较好的移染性,故其匀染性能优良,可适当提高升温速率,以缩短染色加工时间。同时由于分散型阳离子染料与其他类型染料及助剂的相容性好,因此除常用于纯纺腈纶、酸改性涤纶纺织品外,对其相应的多组分混纺或交织织物

进行一浴一步法染色，缩短工艺流程，表现出更大的优越性。

☞ 复习指导

1. 了解阳离子染料的结构类型、特点与应用分类。

2. 掌握阳离子染料对腈纶的染色原理，吸附等温线类型，染料上染纤维时的主要作用力，纤维的染色饱和值、染料的染色饱和值及染色饱和系数等内容。

3. 掌握阳离子染料上染腈纶的主要影响因素、缓染剂类型及缓染机理等内容。

4. 掌握腈纶及其混纺品的主要染色方法及工艺。了解两类阳离子染料可染改性涤纶的染色特性。

☞ 思考题

1. 名词解释：阳离子染料的配伍指数(K)、染色饱和浓度($[S]_D$)、饱和系数(f)、纤维的染色饱和值($[S]_f$)。

2. 腈纶用阳离子染料染色的原理是什么？说明阳离子染料上染腈纶的染色过程和染色基本条件。

3. 影响阳离子染料染腈纶时匀染性的因素主要有哪些？可采取哪些措施来提高匀染性？

4. 说明阳离子匀染剂的匀染作用，一般如何控制其用量。

5. 腈纶用阳离子染料染色的工艺过程和条件是什么？

6. 简述阳离子染料常用染色工艺处方中 HAc—NaAc、硫酸钠、匀染剂 TAN 的作用。

参考文献

[1] VENKATARAMAN K. The chemistry of synthetic dyes[M]. New York: Academic Press, 1971.

[2] Griffiths J. Developments in the chemistry and technology of organic dyes[M]. London: Blackwell Scientific Publications, 1984.

[3] 王菊生. 染整工艺原理：第三册[M]. 北京：纺织工业出版社，1984.

[4] 上海市纺织工业局《染料应用手册》编写组. 染料应用手册：第四分册[M]. 北京：纺织工业出版社，1984.

[5]《最新染料使用大全》编写组. 最新染料使用大全[M]. 北京：中国纺织出版社，1996.

[6] 张壮余，吴祖望. 染料应用[M]. 北京：化学工业出版社，1991.

[7] 杨薇，杨新玮. 腈纶及碱性(阳离子)染料的现状及发展(二)[J]. 上海染料，2003，31(4)：19－22，31.

[8] 王益民，黄茂福. 新编成衣染整[M]. 北京：中国纺织出版社，1997.

[9] 冉华文. 分散型阳离子染料新品投放市场[J]. 上海染料，2002(4)：49.

[10] 杨薇，杨新玮. 腈纶及碱性(阳离子)染料的现状及发展(二)[J]. 上海染料，2003，31(5)：9－14.

[11] 谢孔良，曾兆敏，杨锦宗. 含氟活性阳离子染料的研究[J]. 染料工业，1990，27(4)：6－12.

[12] 姜艳秋，曾兆敏. 活性阳离子染料的应用性能[J]. 北京服装学院学报，1993，13(1)：40－46.

[13] 章杰. 聚丙烯腈纤维和阳离子染料市场近况[J]. 上海化工，1999，24(19)：26－28.

[14] 章杰. 我国阳离子染料市场现状和发展趋势[J]. 上海染料，2007，35(2)：10－15.

[15] 杨薇,杨新玮. 国内外阳离子染料的进展(下)[J]. 化工物资,1997(6):19－21.

[16] 唐人成,梅士英,等. 双组分纤维纺织品的染色[M]. 北京:中国纺织出版社,2003.

[17] 贾秀平,刘振东,陈英. 牛奶蛋白纤维阳离子染料染色性能[J]. 印染,2006,32(24):5－8.

[18] 李质和,赵川. 丝绸的阳离子染料染色工艺研究[J]. 西北纺织工学院学报,1995,9(4):320－323,311.

[19] 施楣梧. 我国真丝绸染色的现状和研究动态[J]. 精细石油化工,1996(6):1－3.

[20] 陈国强. 真丝绸氨基磺酸的接枝及染色性能的研究[J]. 纺织学报,1994,15(6):15－18.

[21] 周宏湘. 真丝绸阳离子染料染色技术的发展[J]. 上海丝绸,1996(4):13－16.

[22] 张镁,涂赞润. 细旦丙纶丙烯酸接枝提高染色性的研究[J]. 印染,1999(7):5－9,24.

[23] 王雪良,闵丽华,龚丽琴. 阳离子染料可染丙纶的染色性能研究[J]. 金山化纤,2002,19(3):1－3.

[24] 何中琴,译. 阳离子染料可染富纤“ADXCEL”的特征和商品开发[J]. 印染译丛,1999(3):40－43.

[25] 朱谱新,杜宗良,等. 乙烯基单体接枝苎麻的染色性能[J]. 印染,2000(1):8－9,12.

[26] 熊方堃,丁尔民,封其都,等 . 阳离子染料可染尼龙 6 制备及性能[J]. 高分子材料科学与工程,2016,32(10):23－29.

[27]王普慧,周翔,王明勇 . 溶胀处理提高芳砜纶可染性[J]. 印染,2006,32(2):4—7,37.

[28]陆少锋,胡欢鸟,蔡再生,等 . 环保载体用于芳纶织物阳离子染料染色[J]. 印染助剂,2018(5):8—11.

[29]祁秋娟 . 羊毛/腈纶混纺织物一浴法染色研究[J]. 毛纺科技,2015,43(7):46－49.

[30]张振华,方磊,钟建亭,等 . 芳砜纶纤维的阳离子染料染色[J]. 印染,2010,36(1):20－22.

[31] Vogel T, Debruyne J M A, Zimmerman C L. The mechanism of dyeing Orlon 42 acrylic fiber[J]. Amer. Dyest. Rep. ,1958,47:581.

[32] Harwood R J, Mcgregor R, Peters R H. Adsorption of cationic dyes by acrylic fiber[J]. J. S. D. C. , 1972,88:216－220.

[33] Evans D G. Tentative tests for the evaluation of the dyeing properties of basic dyes on acrglic fibres [J]. J. S. D. C. ,1971,87:60.

[34] The society of dyers and colorists. Publications sponsored by the basic dyes on acrylic fibers committee—Ⅱ:Compatibility test for combinations of basic dyes in the dyeing of acrylic fibers[J]. J. S. D. C. , 1972,88:220.

[35] Anderson W L, Bent C J, Ricketts R H. A theoretical and practical study of compatibility in the basic dye-acrylic fiber dyeing system[J]. J. S. D. C. ,1972(88):250－254.

[36] Burkinshaw S M. Chemical principles of synthetic fiber dyeing[J]. London: blackie academic & professional,1995.

[37] Keshav V Datye, Vaidya A A. Chemical processing of synthetic fibers and blends[J]. John Wiley and Sons,1984:284－292,295－297.

[38] 钱国坻,朱健生,陆同庆,等. 弱酸性染料在真丝绸染色过程中的移染性能[J]. 染料工业,1992(2):40－44,60.

[39] 蒲宗耀. 阳离子染料移染率 tanγ 的仪器测试法[J]. 印染,1987,13(5):47－50,43.

[40] 郑庆康,程莉萍,朱谱新. 匀染剂对涤锦复合超细纤维织物匀染性能的研究[J]. 印染助剂,1999,16(1): 6－9.

[41] 龙家杰. β-环糊精在阳离子染料染色中的应用研究[J]. 印染助剂,2003,20(1):31－35.

[42] 林福海,徐德增,郭静,等. 分散染料与阳离子染料可染型聚丙烯纤维的研究[J]. 大连轻工业学院学

报,1997,16(3):8－12.
[43] 邬国铭,梅千芳. 阻燃剂对共混腈纶结构和性能的影响[J]. 合成纤维工业,1991,14(1):29－34.
[44] 章股,王逸君. 远红外腈纶的研制[J]. 金山化纤,2001,20(1):43－45,53.
[45] 祝章莹. 吸湿腈纶结构特征、机理及其应用探讨[J]. 上海毛麻科技,1990(3):1－3.
[46] 邬国铭,方军. 磷氮阻燃腈纶结构性能及阻燃机理研究[J]. 合成纤维工业,1997,20(3):8－12.
[47] 滑均凯. 毛和仿毛产品的染色和印花[M]. 北京:中国纺织出版社,1996.
[48] Rosenbaum S. Role of sites in dyeing part Ⅰ:Equilibria,rates and their interdependence[J]. Text. Res. J. ,1964,34:159.
[49] Rosenbaum S. Role of sites in dyeing part Ⅱ:Diffusion[J]. Text. Res. J. ,1964,34:291.
[50] Rosenbaum S. Dyeing of polyacrylonitrile fibers part Ⅱ:Experimental methods and dyeing rate with cationic and anionic dye[J]. Text. Res. J. ,1964,34:52.
[51] Cegarra J. Use of 2,4－dihydroxybonzo phemine－2′－ammonium sulfonate to prevent the yellowing of wool. by ultraviolet radiation[J]. J. S. D. C. ,1971,87:149.
[52] Beckmann W. Dyeing polyacrylonitrile fibers with cationic dyes—A survey and evaluation of published work[J]. J. S. D. C. ,1961,77:616－625.
[53] 张秋萍,沈孝昂,贡宝彬. 稀土在腈纶用阳离子染料染色中的助染作用[J]. 染料工业,1990,27(5):45－50,63.
[54] 金咸穰. 染整工艺实验[M]. 北京:纺织工业出版社,1987.
[55] 梁子青,刘建华,李少友. 腈纶机织物的染色研究[J]. 天津纺织科技,2002,40(3):12－14,47.
[56] 范雪荣. 纺织品染整工艺学[M]. 北京:中国纺织出版社,1999.
[57] 周宏湘. 腈纶及其染色技术的进展[J]. 广西纺织科技,1999,28(2):39－42.
[58] 杨如馨,戴孟卓. 酸改性多组分共聚酯纤维染色性能研究[J]. 苏州丝绸工学院学报,1996,16(1):48－55.
[59] 魏文良,王建明. 常压阳离子染料可染聚酯纤维的染色[J]. 聚酯工业,1996(4):12－15,17.
[60] 吴倩梅. 阳离子染料可染聚酯染色饱和值的测定[J]. 广东化纤,1998(2):34－40.
[61] 王莉,李晓春. 改性涤纶染色性能的研究[J]. 河南纺织高等专科学校学报,2000(2):3－5,9.
[62] 王祥荣,曹学琴,龙丽芳,等. 波拉型电解质在 ECDP 纤维染色加工中的应用研究[J]. 丝绸,1999(11):13－15.
[63] 鞠培勇. 阳离子染料可染改性聚酯现状及发展[J]. 济南纺织化纤科技,2002(3):6,13.
[64] 宋心远. 新合纤染整[M]. 北京:中国纺织出版社,1997.
[65] 王祥彬,王红,于庆杰,等. 多功能改性聚酯的研制[J]. 聚酯工业,2002,15(2):27－30.
[66] 龙家杰,管新海,陈磊. 纳米材料改性涤纶的碱减量研究[J]. 印染,2004(7):1－5.
[67] 刘吉平,田军. 纺织科学中的纳米技术[M]. 北京:中国纺织出版社,2003.
[68] 边树昌,孙砚军. 纳米阻燃—阳离子染料可染聚酯切片的研制[J]. 聚酯工业,2004,17(2):38－39.
[69] 俞成丙,马正升. 染色条件对功能腈纶染色效果的影响[J]. 印染,2006,32(5):14－16.
[70] Ingamkells W,Lilou S H,Peters R H. The accessibility of sulphonic acid groups in basic dye able polyester fibers[J]. Journal of Applied Polymer Sicence,1981(26):4087－4094.
[71] 李明,徐秀雯. 阳离子染料高压可染聚酯纤维常压染色的研究[J]. 印染助剂,2002,19(2):49－52.
[72] 吕小芳. 阳离子可染聚酯纤维的染色[J]. 印染,2006,32(20):23－24.

第九章　不溶性偶氮染料及硫化染料染色

第一节　不溶性偶氮染料染色

一、引言

不溶性偶氮染料是由两个染料中间体：偶合剂（coupling agent）（又叫色酚，俗称纳夫妥，Naphtol）和显色剂（developer）（色基，又称倍司，Base），在适宜 pH 值条件下，在织物上发生偶合显色反应而形成的一类不溶于水的染料。由于色基不能直接与色酚发生偶合反应，必须首先将色基重氮化，生成重氮盐后才能与色酚偶合，考虑到重氮盐不稳定，色基的重氮化反应需要在低温加冰（0～5℃）的条件下进行，所以不溶性偶氮染料又称冰染料（ice colour）。

不溶性偶氮染料具有色泽浓艳、价格便宜、皂洗牢度优良的特点。但其摩擦牢度、耐氧漂和耐气候牢度较差，浓色产品日晒牢度较好，淡色产品较差，而且淡色产品遮盖能力较弱。目前不溶性偶氮染料主要用于纤维素纤维织物深浓艳色产品的染色和印花。尤其适合蜡染印花。

不溶性偶氮染料的染色工艺过程包括：织物先用色酚打底，然后脱水、烘干。接下来将已经过打底的织物投入到已调好偶合 pH 值的色基重氮盐显色液中，在低温条件下，色基重氮盐与织物上的色酚发生偶合显色反应，生成不溶性偶氮染料固着在纤维上。最后将染色织物进行水洗、皂洗、水洗等处理，去除织物上的浮色，完成染色过程。

二、色酚的性能及其打底液的配制

（一）色酚的化学性能

色酚为不溶性偶氮染料的偶合组分（coupling component），又称打底剂。大多数色酚是一些含羟基的芳香族化合物。依据色酚的结构，色酚具有以下化学性质：

色酚结构上不含水溶性基团，色酚本身不溶于水；但色酚结构上有酚羟基，显弱酸性，能溶于强碱中，所以可用氢氧化钠溶解色酚，反应式如下：

$$\text{(萘环)}\begin{matrix}\text{OH}\\ \text{CONH—Ar}\end{matrix} + \text{NaOH} \rightleftharpoons \text{(萘环)}\begin{matrix}\text{ONa}\\ \text{CONH—Ar}\end{matrix} + H_2O$$

此反应为可逆反应，生成的色酚钠盐是强碱弱酸盐，易水解，遇到空气中的碳酸等酸性气体反应易向逆方向进行，所以为了防止色酚钠盐水解，溶解色酚时需加过量的碱，但碱不能过量太多，否则，会降低色酚上染量，增加偶合 pH 值控制的难度。

色酚对光敏感，尤其在碱性条件下，色酚易在空气中被氧化成醌式结构，色泽变深，失去与重氮盐偶合能力，而且形成的醌式化合物不易洗去，所以打底后的织物，若不立即进行偶合显色，需用塑料布等材料罩起来，防止织物上的色酚被氧化。

$$\text{(萘环)}\text{-}O^-\text{, -CONH—Ar} + 2[O] + 2e \xrightarrow[OH^-]{h\upsilon} \text{(萘醌, =O, =O)}\text{-CONH—Ar} + H_2O$$

色酚可与甲醛反应，在色酚的 α 位生成羟甲基化合物。由于 α 位生成的羟基可与 β 位上的氧形成氢键，从而使色酚打底液稳定性提高。当偶合反应时，α 位上的羟甲基脱落，色酚仍可以与重氮盐发生偶合反应。

$$\text{(萘环)}\text{-OH, -CONH—Ar} + H\text{—}\overset{O}{\overset{\|}{C}}\text{—}H \longrightarrow \text{(萘环)}\text{-}CH_2OH\text{, -O—H}\cdots O\text{=C(—NH—Ar)}$$

(二)色酚对纤维素纤维的直接性

色酚结构较直接染料分子结构简单得多，色酚在染液中聚集度小，对纤维素纤维的直接性较直接染料小得多，所以色酚匀染性好，同温度下，染料向纤维内部的扩散速率比直接染料几乎大 100 倍。

不同结构的色酚对纤维的直接性大小不同，将影响染色性能。直接性太小的色酚，上染率低，染色产品牢度差；而直接性太大的色酚，打底不易均匀，显色后容易产生色差，而且染色产品表面浮色难洗去，尤其印花时容易造成白地不洁白。因此，不同染色工艺应选择直接性合适的色酚。浸染打底时，应选择亲和力较高的色酚，以提高色酚上染百分率；轧染时，可选亲和力较低的色酚；印花时也应选亲和力较低的色酚，使印花产品白地洁白。

(三) 色酚打底液配制

色酚不溶于水，对纤维素纤维没有亲和力，必须在烧碱溶液中溶解，生成对纤维有亲和力的色酚钠盐。色酚打底液配制就是将色酚溶解变成色酚钠盐，其配制方法一般有两种：

1. 热法 色酚先用少量红油等润湿渗透剂及部分氢氧化钠调成浆状，并加一定量的沸水，使色酚变成透明状的色酚钠盐溶液；然后将剩余氢氧化钠及水加入，并加热到规定温度；最后将溶解好的色酚溶液加入到配液桶中，再加沸水至规定体积，即配制成打底液。热法配制色酚打底液用得较普遍。

2. 冷法 色酚先用其用量的 1～2 倍的酒精调制成浆状，再加氢氧化钠及少量冷水充分溶解，制成澄清的色酚钠盐溶液，最后加水至规定体积，即配制成打底液。

(四)色酚打底液中各组分的作用

氢氧化钠的作用是溶解色酚，使色酚变成溶于水的色酚钠盐，其用量应超过理论用量，可以防止空气中二氧化碳及其他酸性气体对色酚钠盐作用，引起其水解。氢氧化钠过量部分控制在 3～5g/L。氢氧化钠过量太多，会降低色酚的上染量，影响以后偶合显色。润湿渗透剂有助于提高色酚钠盐在织物上的渗透性能，提高染色织物的摩擦牢度。

浸染法打底时，可加入适量无机盐起促染作用。盐除了有利于色酚上染外，还可提高织物对碱的吸附量,从而能减少氢氧化钠用量,但盐用量不能太多,否则会引起色酚聚集严重,甚至沉淀,降低色酚打底液的渗透效果,影响染色织物的摩擦牢度。

三、色基的重氮化

(一)色基的性质

色基是不溶性偶氮染料的重氮组分,其为芳香族伯胺类化合物。色基不含水溶性基团,不溶于水;由于含有氨基碱性基团,可溶于酸。溶于酸后,形成铵盐,铵盐再水解成为游离的芳伯胺,游离芳伯胺可进行重氮化反应,生成重氮盐,重氮盐在适当条件下能与偶合剂发生偶合反应。

(二)色基重氮化反应

1. 重氮化反应 游离的芳伯胺在盐酸和亚硝酸钠作用下,色基分子上的氨基转变成为重氮基,生成重氮盐,这个反应称为重氮化反应,其反应机理为亲电取代反应,反应式如下:

$$ArNH_2 + NaNO_2 + 2HCl \longrightarrow ArN_2Cl + NaCl + 2H_2O$$

2. 重氮化反应液中各组分的作用

(1) 盐酸:1mol 盐酸溶解芳伯胺,生成铵盐,再水解出游离的芳伯胺:

$$Ar—NH_2 + HCl \longrightarrow Ar—NH_3^+ \cdot Cl^- \rightleftharpoons Ar—NH_2 + HCl$$

另 1mol 盐酸与亚硝酸钠作用,生成亚硝酰氯(NOCl)及亚硝酸酐(N_2O_3)亲电质点,它们可与游离芳伯胺发生亲电取代反应,生成重氮盐。

$$NaNO_2 + HCl \longrightarrow NOCl + N_2O_3 + NaCl + H_2O$$

剩余过量的酸的作用是维持重氮液 pH 值小于 3,以提高重氮盐稳定性。重氮化反应完毕时,溶液仍应呈较强的酸性,一般用刚果红检验重氮化溶液的酸是否合适,显蓝色表明酸用量充足。但盐酸用量也不能过量太多,否则造成浪费,并阻止铵盐水解成游离芳胺,妨碍重氮化反应进行,同时影响以后的偶合 pH 值的调节,因此盐酸过量应适度。

(2) 亚硝酸钠:亚硝酸钠可与盐酸作用产生重氮化试剂。亚硝酸钠不足,易发生自偶副反应,同时因亚硝酸钠不稳定,所以亚硝酸钠用量应适当过量,理论上,色基∶$NaNO_2$ = 1∶1(摩尔比),而实际其摩尔比为 1∶1.1。但亚硝酸钠不能过量太多,否则会引起色酚发生亚硝化副反应,使色酚丧失与重氮盐偶合的能力,同时,造成空气中氧化氮类有毒气体量增加。一般用淀粉—KI 试纸检验亚硝酸钠是否合适,若重氮化结束后其溶液遇淀粉—KI 试纸显微蓝色,表示亚硝酸钠合适,原因如下:

$$NaNO_2 + 2HCl + KI \longrightarrow \frac{1}{2}I_2 + H_2O + KCl + NO + NaCl$$

碘遇淀粉显蓝色。若亚硝酸过量太多,可用尿素除去,反应式如下:

$$NH_2—\overset{\overset{\displaystyle O}{\|}}{C}—NH_2 + HNO_2 \longrightarrow CO_2 + N_2 + H_2O$$

3. 重氮化合物性质

(1)重氮化合物的几种互变异构体。重氮化合物不稳定,易分解,尤其在高温条件下,更不稳定。pH 值不同,重氮化合物有以下几种互变异构体,它们具有不同的稳定性。pH 值较低时，重氮盐稳定性较好，随 pH 值升高，重氮盐不稳定性提高，但 pH 值继续升高，重氮盐会形成稳定的反式重氮酸盐。

$$\underset{\text{较稳定}}{Ar{-}N^{+}{\equiv}NX^{-}} \underset{H^{+}}{\overset{OH^{-}}{\rightleftharpoons}} \underset{\text{活泼}}{Ar{-}N{=}N^{+}X^{-}} \underset{H^{+}}{\overset{OH^{-}}{\rightleftharpoons}} Ar{-}N{=}N^{+}\;X^{-} \underset{H^{+}}{\overset{OH^{-}}{\rightleftharpoons}} \underset{\text{顺式重氮酸盐}}{Ar{-}N{=}N{-}ONa} \underset{H^{+}}{\overset{OH^{-}}{\rightleftharpoons}} \underset{\text{反式重氮酸盐}}{Ar{-}N{=}N{-}ONa}$$

(2)自偶反应。发生重氮化反应的同时，反应条件控制不当会发生自偶副反应。自偶反应是指已重氮化的重氮盐与重氮盐溶液中的游离芳伯胺之间或与重氮盐溶液中的重氮盐分解产物之间所发生的反应，反应生成不溶于水的重氮氨基化合物，使其失去与色酚的偶合能力，减少染料生成的量，并使染色织物色光不纯，色泽鲜艳度下降，色深度降低，所以自偶反应为副反应。重氮化时应选择合适的重氮化工艺条件(酸用量适当过量、亚硝酸钠用量适当过量、重氮化温度要低)及重氮化方法来抑制自偶反应的发生。

$$Ar{-}N{=}N{-}Cl + Ar{-}NH_2 \longrightarrow Ar{-}N{=}N{-}NH{-}Ar\downarrow$$ (酸不足时，与游离芳胺发生的自偶反应)

$$Ar{-}N{=}N{-}Cl + Ar{-}OH \longrightarrow Ar{-}N{=}N{-}Ar{-}OH\downarrow$$ (温度高时，与重氮盐分解物发生的自偶反应)

(三)重氮化方法

1. 顺法 对于结构上含有多个供电子基，碱性较强的色基，其易溶于盐酸溶液，形成铵盐，但铵盐的水解倾向小，游离芳胺少，自偶反应倾向小，此类色基适于采用顺法重氮化。其重氮化过程为：先用少量沸水将色基调制成浆状，再加入规定量的盐酸，搅拌均匀，使色基呈盐酸盐充分溶解，然后加冰块，冷却至所需温度，一般为 0～5℃，再在搅拌下，慢慢加入预先用冰水冷却的亚硝酸钠溶液(按 1∶1 溶液配制)，保持重氮化温度，继续反应 15～30min，使重氮化反应完全。

有些色基碱性较弱，在稀盐酸中溶解度小，但形成铵盐后，容易水解出游离的芳胺，所以重氮化时，先用热的稀盐酸溶解色基，再加冰冷却析出疏松的悬浮体，然后在不断搅拌下，加入亚硝酸钠溶液进行重氮化，这种重氮化方法称为悬浮法，操作方法与顺法相同，故也归为顺法，但操作时加入亚硝酸钠速度较快。

2. 逆法 对于结构上含有多个强吸电子基、碱性较弱的色基，较难溶于稀盐酸，但形成的铵盐水解程度大，游离芳胺浓度大，自偶反应倾向大，重氮化反应时一般采用逆法重氮化。其重氮化操作过程为：先用少量热水将色基调成浆状，然后加入亚硝酸钠，充分搅拌，并冷却。另取一容器，将盐酸用适量水稀释，并加冰冷却至所需温度(一般为 10～15℃)。最后将色基与亚硝酸钠混合液在均匀搅拌下缓缓加入到盐酸溶液中，反应 30min，完成重氮化过程。如色基红 B、色基橙 GR 等一般采用逆法重氮化。逆法重氮化时，色基加入到盐酸溶液中，色基周围酸浓度高，可抑制游离芳胺的生成，同时产生的亚硝化试剂浓度高，从而使重氮化反应顺利进行，并能有效阻止自偶副反应的发生。

当色基重氮化反应完全，重氮盐溶液应呈透明液体。若重氮化反应不完全，或发生自偶反应时，溶液会变得混浊。重氮化完毕后，用冰水冲淡至规定体积，并加入适宜的抗碱剂和中和剂，调节合适的偶合 pH 值，即配成显色液，待偶合显色用。

四、色盐

有些色基重氮化条件难控制,染料厂往往将这些色基预先重氮化成为重氮盐,再加入适当稳定剂和填充剂制成稳定的色盐供应市场。色盐应用方便,印染厂应用色盐时,只需将色盐溶解,便可直接用来显色。色盐要求在储存和运输过程中稳定,在使用时只需将其溶于水,色盐就能容易地转变为活泼的重氮盐,与织物上的色酚发生偶合显色反应,所以色盐是加入了稳定剂的暂时稳定的重氮盐,其应用起来比色基方便,不需进行重氮化反应。

五、偶合显色

(一)偶合反应(coupling reaction)

色酚与重氮盐在适当 pH 值下发生的反应称为偶合反应。由于偶合反应生成含偶氮结构的有色化合物,故此反应又称为显色反应。偶合反应机理属于亲电取代反应,例如色酚 AS 钠盐与色基大红 G 重氮盐偶合反应式如下:

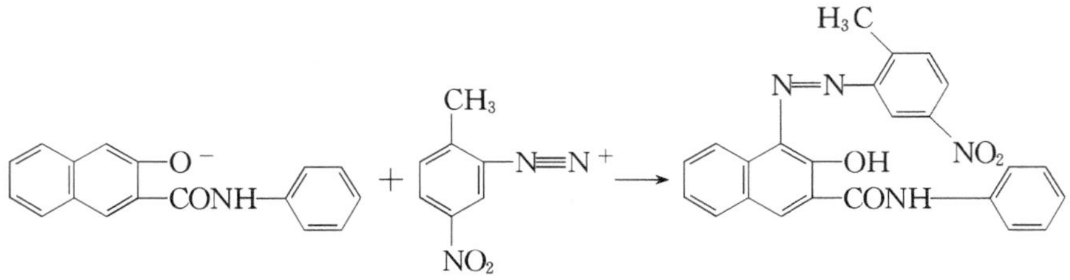

H_3C N=N $-OH$ NO_2 $-O^-$ $-CONH-$ + CH_3 $-N\equiv N^+$ NO_2 ⟶ $-CONH-$

(二)偶合反应条件选择

1. 偶合 pH 值 偶合 pH 值选择非常重要,pH 值高低影响偶合反应速度,也影响重氮盐的稳定性。一般升高 pH 值,偶合反应速率提高,但重氮盐分解速率也提高。偶合 pH 值由色酚与重氮盐偶合反应能力决定。偶合能力较强的色基,偶合 pH 值较低,可控制在 3~5,如色基橙 GR;偶合能力较弱的色基,偶合 pH 值较高,可控制在 6~8,如凡拉明蓝盐 VB;偶合能力中等的色基,偶合 pH 值控制在 5~6;偶合时应选择适宜的 pH 值。

偶合显色时,需加碱性物质以中和重氮液中过量的酸,称为中和剂,常用的中和剂有 NaAc、NaH_2PO_4、Na_2HPO_4 等碱性物质。此外,色酚打底织物上过量的碱会溶于显色液中,为了维持显色液 pH 值不超过某一限度,可在显色液中加入适当的抗碱剂以中和打底布上落入的氢氧化钠,常用的抗碱剂有 HAc、$ZnSO_4$、$(NH_4)_2SO_4$、NH_4Cl、$Al_2(SO_4)_3$ 等酸性物质。为了使显色液的 pH 值稳定在某一范围内,中和剂与抗碱剂最好组成缓冲溶液,如 HAc—NaAc 稳定 pH 值范围为 4~5,Na_2HPO_4—NaH_2PO_4 体系稳定 pH 值范围在 6~7。为了保持重氮盐的稳定性,一般中和剂应在临偶合前加入,不能加入过早。

2. 偶合比 色酚与色基摩尔比称为偶合比,理论上,色酚:色基(含一个氨基的色基)= 1:1(摩尔比);而实际上色基应比理论值多,过量多少与色酚、色基结构有关,还与染色工艺方法有关,通常浸染时,色酚:色基 = 1:(1.2~1.4),轧染时,色酚:色基 = 1:(1.05~1.1)。

色基过量的原因为:

(1)色基在重氮化时,很难反应完全,有损耗。

(2)重氮化合物不稳定，产生分解，也存在一部分损耗。

(3)色基对纤维无亲和力，过量的色基易洗去。

(4)以织物上色酚量决定染品的深浅容易控制。

3. 偶合温度及时间　一般温度升高，偶合反应速度提高，重氮盐的分解速率提高会更大。研究表明，温度升高 10℃，偶合反应速率提高 2～2.4 倍，而重氮化合物分解速率提高 3.1～5.3 倍，因此偶合反应温度通常控制在低温条件下进行。一般浸染偶合显色温度选择在 5～20℃，显色时间为 20～30min；轧染时，轧槽染液温度为 10～15℃，浸轧显色液后，织物在空气中透风 10～60s，使色酚与重氮盐充分显色，反应慢者，如凡拉明蓝盐 VB，可采用短时间汽蒸，在 102℃汽蒸 30～40s，以加快偶合速度。

六、不溶性偶氮染料染纤维素纤维的染色工艺

(一)浸染染色工艺

浸染染色工艺过程通常为：

色酚打底→脱水→偶合显色→后处理

1. 色酚打底　配制好色酚打底液，然后将准备染色的染物投入到打底液中，使色酚上染纤维，此过程称为色酚打底。考虑到不溶性偶氮染料淡色产品的日晒牢度差，而且遮盖能力差，一般不适于染浅淡色，所以一般要求织物上色酚上染量应大于 8g/kg 纤维。浸染时，打底工艺条件为：在 25～40℃ 打底 25～30min。浴比为(20～30)∶1[卷染为(3～5)∶1]，浴比由设备结构及染物结构、状态决定。浸染时应选亲和力较大的色酚，否则色酚利用率低，此外，色酚打底液中可加电解质无机盐，促进色酚上染，同时可减少烧碱用量，但盐用量不能过多。打底后织物立即脱水，除去织物表面的打底液，以减少显色时重氮盐的损失，同时减少纤维表面的浮色，提高摩擦色牢度。脱水一定要均匀，脱水后织物含水率应低，脱水后织物应立即投入显色液中进行偶合显色。若显色液未配制好，打底织物应先罩起来，以防水滴滴到织物上，或防止色酚受空气中氧气作用被氧化，失去偶合能力。打底后的残液，即进行头缸(第一次打底液)打底后的打底液中还剩余很多色酚，为了减少污染，降低成本，还可以再补充色酚及适量助剂进行续缸打底。

2. 偶合显色　显色液配制时：若使用的是色基，需先根据色基结构和性能，采用合适的重氮化方法和重氮化条件，将色基转化为重氮盐，然后依据色酚和色基重氮盐偶合能力的强弱，加合适的抗碱剂和中和剂，调节适宜的偶合 pH 值，配成显色液。若为色盐，则不需重氮化，直接溶于水，并加合适助剂配制成显色液。

显色液中色基用量依据染物上色酚量而定，比理论值适当过量。此外，显色液中还可加入食盐等电解质，用量为 20～25g/L，并加入平平加之类的分散剂，用量为 0.1g/L 左右。盐的作用主要是减少染物上色酚脱落到显色液中；分散剂可以提高显色液的润湿、渗透性，并使溶落下的不溶性偶氮染料色淀分散，使形成的浮色容易洗去。

显色液配制好后，将已打底的染物投入到显色液中，进行偶合显色。显色条件为：10℃左右，显色 10～30min，若偶合能力弱，偶合显色温度可提高到 25～30℃。

3. 后处理 显色完毕，织物要进行水洗、皂煮、水洗等后处理。后处理的目的是去除染物上的浮色，提高染品的色泽鲜艳度和染色牢度。显色后的染品应先用大量冷流动水充分水洗，去除织物上大部分残余的重氮盐，然后再进行热水洗和皂洗，由于水洗温度高，未偶合的重氮化合物遇热分解后难以去除。皂煮条件为：肥皂 2～3g/L，纯碱 1～1.5g/L，90～95℃，处理 10min 左右。皂煮时间选择合适，浮色去除干净，色牢度好，另外皂煮时染料在纤维内会发生聚集、结晶，皂煮后染品的色泽鲜艳度会提高。但皂煮时间不宜过长，否则染料聚集度增大，并向纤维表面迁移，致使染物的耐摩擦牢度降低，色泽变暗。对于中深色产品，可皂洗两次，皂洗后应先用热水洗，再用冷水洗。

(二) 轧染染色工艺

轧染染色工艺过程为：

色酚打底液配制好后，将前处理好的织物浸轧打底液(二浸二轧，轧液率 70%～80%，60～80℃)→均匀烘干(先红外烘干，后热风烘干，防泳移)→透风冷却(避免显色液温度提高，重氮盐分解)→ 浸轧显色液(一浸一轧，或二浸二轧，依偶合速率快慢而定，轧液率 80%，温度保持在 15℃以下)→透风(延长偶合时间，使色酚与色基重氮盐充分发生偶合反应，透风时间一般为 30～60s)，或汽蒸(对于偶合反应慢者，100～102℃，汽蒸 30～40s)→水洗→皂煮→水洗→烘干。

第二节 硫化染料染色

一、引言

硫化染料(sulfur dyes)是以某些芳香胺类化合物或酚类化合物为原料，与硫黄或多硫化钠一起共热硫化，而制成一类含硫的有色物。该有色物不溶于水和有机溶剂，但能溶解在硫化碱溶液中，溶解后可以直接染着纤维素纤维。硫化染料制造方法简便，价格低廉，拼色方便，湿处理牢度好，耐摩擦牢度中等，耐晒牢度随染料结构不同而异，硫化染料中绝大部分不耐氯漂。硫化染料的色泽不够鲜艳，色谱不全，缺乏色泽良好的红色，主要颜色有蓝、黄、黑色等。

$$\text{Ar—NH}_2 \text{ 或 Ar—OH} + \text{S(硫黄)或 Na}_2\text{S}_x\text{(多硫化钠)} \xrightarrow{\text{熔融}} \text{硫化染料}$$

硫化染料染色的织物在贮存过程中纤维会逐渐脆损，其中以硫化元染品的贮存脆损现象最严重。其原因主要为：硫化染料分子内含有多硫键，含硫量高，并且分子结构松弛，在湿热和空气中氧的作用下，释放出的游离硫会逐渐被氧化成硫酸而使纤维素纤维脆损。因此硫化染料染色的染品均需经防脆处理。常用的防脆剂主要有 NaAc 、Na_3PO_4 等碱性化合物，以及尿素、甲醛等化合物。

除了有不溶性的硫化染料外，还有暂溶性硫化染料，它是由硫化染料加亚硫酸氢钠制成的一种染料，其结构上含有硫代硫酸钠基(—SSO_3Na)，能溶于水。另外也可将硫化染料预先还原为硫化染料隐色体溶液，并加入过量还原剂制成储存较稳定的隐色体硫化染料。

二、硫化染料染色原理

硫化染料分子结构比较大，它是由—S—S—键连接若干发色体单元而成的聚合物。该聚合物结构中不含水溶性基团，不溶于水，染料母体对纤维没有亲和力，染色时，在碱性硫化碱等还原剂作用下，染料被还原，染料中的—S—S—断裂，生成—SNa，染料即转化为溶于水的隐色体形式，隐色体对纤维有亲和力，能上染纤维，染毕，染料隐色体又重新被氧化为不溶于水的硫化染料母体形式，—S—S—键又重新连接，形成不溶于水的染料沉积在纤维上，因此硫化染料上染过程与还原染料相似。硫化染料的染色原理可用下式表示：

$$R{-}S{-}S{-}R' \xrightarrow{[H]} R{-}SNa + NaS{-}R' \xrightarrow{上染} R{-}SNa{-}f + f{-}NaS{-}R' \xrightarrow{[O]} R{-}S{-}S{-}R'{-}f \xrightarrow{后处理} R{-}S{-}S{-}R'{-}f$$

（其中 f 代表纤维大分子）

三、硫化染料的染色工艺及方法

（一）浸染

硫化染料浸染工艺过程主要包括染料的还原溶解、隐色体上染、氧化及皂煮后处理等。

1. 染料的还原溶解 硫化染料母体本身不溶于水，对纤维素纤维没有亲和力，染色前必须将染料母体还原成溶于水、对纤维素纤维有亲和力的隐色体。硫化染料还原溶解工艺条件由染料结构中链状硫的化学反应性决定。硫化染料隐色体电位（一般为负值）的绝对值较低，所以硫化染料比还原染料容易还原，不需采用保险粉等强还原剂还原，通常多采用还原能力较弱、价格较低的硫化钠作为还原剂将染料还原溶解。硫化钠比较稳定，高温时分解损耗少，比保险粉更适应硫化染料高温还原和染色的要求。

一般认为在还原剂作用下，硫化染料分子的还原主要是染料中的二硫键和多硫键被还原成硫醇基（硫酚基），在碱性溶液中生成隐色体钠盐而溶解。硫化钠反应过程表示如下：

$$Na_2S + H_2O \longrightarrow NaOH + NaHS$$

$$2NaHS + 3H_2O \longrightarrow Na_2S_2O_3 + 8H^+ + 8e$$

$$2NaHS \longrightarrow Na_2S + S + 2H^+ + 2e$$

硫氢化钠对染料发生还原作用如下：

$$4D{-}S{-}S{-}D' + 2NaHS + 3H_2O \longrightarrow 4D{-}SH + 4D'{-}SH + Na_2S_2O_3$$

$$D{-}SH + NaOH \longrightarrow D{-}SNa + H_2O$$

硫化染料还原成隐色体是一个还原降解的过程，这和还原染料不同。在还原过程中，除了染料中的二硫键被还原外，还有多硫键也可以被还原，亚硫砜基可被还原成硫醇基，醌结构被还原成酚等。

硫化染料浸染染色前，应先将硫化染料还原成溶于水的隐色体。染液配制是将染料用热的硫化钠溶液调匀，并加适量太古油，搅拌 15min，使染料充分还原溶解。为加快染料的还原溶解速率，可采用 95～98℃高温还原溶解。硫化钠的用量随硫化染料种类、染料用量、所用的染色设备、染色温度、浴比不同而有所不同。其用量一般为染料用量的 50%～250%。用量太少，则染料的还原和溶解不完全，染液混浊，染色不匀，并且造成染料浪费。用量过多，又会影响染料的上染，降低染料的上染百分率，降低得色量。染浅色时，染料用量少，为保持染液中有一定浓度的还原剂，硫化钠用量要适当增加。硫化钠的存在能减少游离硫的析出，而且能使游离硫溶解而生成多硫化钠。

对于可溶性硫化染料虽然染料本身能溶于水，但染色时仍需向染浴中加入硫化钠、多硫化钠或硫脲等，其作用不同于传统硫化染料，在此硫化钠的作用为使染料结构中脱去亚硫酸根，变成染料隐色体，增大其对纤维素纤维的亲和力。

而对于隐色体硫化染料，染料已经是以溶于水的隐色体形式存在，但为了保证染料稳定在隐色体状态，防止隐色体水解，往往也需在染浴中补加一定量的硫化钠、多硫化钠等。

硫化染料传统染色所选用的还原剂一般为硫化钠，从而使染色废水含硫量高，难生物降解，排放水质难达要求，而且在染色过程中容易释放出有毒的硫化氢气体。为了减少环境污染，国内外从以下三方面进行了一些研究：第一，还原剂的选择，有文献报道选择葡萄糖类的生态还原剂作为硫化染料还原剂的替代物；第二，染料的改进，如环保型染料的生产；第三，无化学还原剂染色，如采用电化学阴极还原法等。

另外，有的硫化染料必须采用保险粉(或二氧化硫脲)—烧碱法还原溶解，才能获得良好的色泽和色牢度，其染色性能介于硫化染料和还原染料之间，这类染料称为硫化还原染料。

2. 染料隐色体上染纤维 硫化染料的隐色体对纤维素纤维有亲和力，染料隐色体上染纤维的主要作用力为范德瓦尔斯力和氢键，但亲和力一般较低，染色时上染百分率较低，所以硫化染料染色时应尽可能采用小浴比染色，浴比选择与采用的染色设备、染色深度、织物品种等因素有关，浅色浴比大些，深色浴比小些。像直接染料染色一样，硫化染料隐色体在染浴中带负电荷，中性电解质在染色中起促染作用，常用的促染剂是食盐和芒硝，用量一般为 5%～40%(owf)，芒硝的用量是食盐的两倍。盐用量要依据染料结构和染色深度而定，盐用量过多，会引起染料聚集，甚至沉淀，造成古铜色等染斑。硫化染料染色时一般采用较高的染色温度，以降低硫化染料隐色体的聚集，提高染料向纤维内部的扩散速率，缩短染色时间，并提高染色的匀透性。合适的染色温度既能获得较高的上染百分率，又能获得很好的染色匀透性。染色温度的选择与染料结构、染色设备有关，深色品种，除鲜艳色外，大都采用沸染或近沸染色。当采用往复式染纱机时，某些硫化染料隐色体(如硫化蓝)易过早氧化，造成红筋、色斑、色暗等疵病，染液温度控制在 50～60℃较好，硫化什色一般为 65～80℃，手工染纱时，为了便于操作，以 60℃左右染色较普遍。但染色温度过低，染料隐色体向纤维内部扩散速率低且透染性较差，影响染品的染色牢度。有的硫化染料浸染染色时，先将染液逐步升温至 98℃，保温染色 15～20min，然后停止加热；边染色边让缸内的温度降至 80～85℃，继续染色 20min 左右，最后再边慢慢排液，边慢慢进冷水进行清洗氧化。这种先热后温的染色方法，既有利于匀染，又有利于染料的充分溶解和还原，能克服染色疵病。

隐色体上染时，为了防止染料隐色体过早氧化，增强硫化钠的还原作用，在染液中可加入小苏打。小苏打能中和染料还原过程中产生的部分烧碱，有利于硫化钠的水解，或与硫化钠直接反应生成硫氢化钠，从而提高硫化钠的还原能力，促进染浴稳定，缓和因染料隐色体氧化过快而出现的“红筋”“古铜色斑”等染色疵病。

$$Na_2S+NaHCO_3 \longrightarrow NaHS+Na_2CO_3$$

但小苏打加入量过多，会促使硫化染料隐色体聚集，使隐色体不易扩散进入纤维内部，染品透染性变差，白芯现象严重，摩擦牢度较低。所以小苏打加入量要适度。

硫化染料隐色体与水中钙、镁离子作用，会生成沉淀，消耗染料，并造成深色染斑，所以在染液中加入少量纯碱，还能起到软化水的作用。此外，在染液中加入少量葡萄糖、骨胶等也有利于硫化染料的还原溶解，提高染液的稳定性，防止染料隐色体过早氧化，减少产生"红斑""红筋"现象。

为了提高隐色体染液的稳定性，也可采用其他一些方法，如驱走染浴中氧气（如充氮气法，但成本较高）；染液表面覆盖一层密度较小的物质，以隔绝空气；或采用密闭染色设备，减少染液与空气的接触；或采用闷缸染色（也称温缸染色，其由硫化钠、骨胶和少量染料组成，可加速染料隐色体向纤维内部扩散，延缓染料隐色体的氧化）。

实践证明，在染色时，如果在染液中添加 2～3g/L 小苏打、纯碱、葡萄糖或 0.5～1g/L 保险粉和 1～2g/L 尿素，都能促进染料溶解，使染液稳定，明显降低产生红斑、红条的几率。此外，染浴中加入适量亚硫酸钠，可与游离硫反应，生成硫代硫酸钠，避免产生染色白斑现象。若染色结束前发现染料已被氧化，可向染浴中追加原来数量 1/2 或 1/3 的硫化碱，然后再在 85℃左右继续染 10～15min，使织物上的染料保持色泽均匀的隐色体后再出缸。以避免染色不匀，导致返工。

染色时间适当延长，有利于染料隐色体上染及向纤维内部扩散，染深色时，时间应适当延长，如 40～60min，染黑色则时间应更长些。染中、浅色时，染色时间可适当缩短，如 20～30min。

硫化染料隐色体对纤维素纤维亲和力低，上染百分率低，染色残液中往往还含有大量的染料，为了提高染料的利用率，减少色度污染，染色残液常需续缸染色，即在残液中补充适量的硫化染料和助剂后再染色。第一次的染浴称为头缸，以后的称为续缸。

3. 隐色体的氧化固着　硫化染料上染纤维后，纤维上隐色体状态的染料必须经过氧化，再重新转变成不溶性的母体硫化染料而固着在纤维上。硫化染料隐色体的氧化过程十分复杂，是一个聚合过程，反应式如下，其氧化产物与原硫化染料的多硫键结构不一定完全一致。

$$\text{Dye}\begin{matrix}\diagup \text{SNa} \\ \diagdown \text{SNa}\end{matrix} \xrightarrow[\text{[O]}]{H_2O,H^+} \text{Dye}\begin{matrix}\diagup \text{S} \\ \quad | \\ \diagdown \text{S}\end{matrix}$$

$$\text{Dye}\begin{matrix}\diagup \text{S—ONa} \\ | \\ \diagdown \text{S—ONa}\end{matrix} \xrightarrow[\text{[O]}]{H_2O,H^+} \text{Dye}\begin{matrix}\diagup \text{S=O} \\ | \\ \diagdown \text{S=O}\end{matrix}$$

硫化染料结构不同，隐色体的氧化速率和氧化难易不同，氧化后处理方法不同。对于易氧化的染料，可采用先经水洗，使染品上的还原剂和碱的含量降低后，再透风氧化 20～30min，如硫化元。注意染品清洗温度应从染浴中逐步过渡到温和水洗，还可在含有一定还原剂的水中进行清洗，术语叫"脚缸"，这样做不仅有利于染品上的碱剂和还原剂充分净洗，而且有利于染品上染料的充分氧化固色。这种氧化方法容易掌握，质量较稳定，应用最广（称为脱碱氧化）。对于隐色体难氧化的硫化染料，水洗后要用氧化剂氧化。氧化剂的选择应视染料品种不同而定。如硫化红棕B3R、硫化深蓝3R需用红矾—醋酸溶液氧化，其他大多数硫化染料隐色体可用空气、过硼酸钠、双氧水、红矾或间硝基苯磺酸钠等多种氧化剂氧化。过硼酸钠和双氧水的氧化作用比较温和，不会损伤纤维，而且氧化显色后染品的色泽较鲜艳，但染品的湿处理牢度较差，适用于较浅及鲜艳的颜色。用红矾氧化所得染品的湿处理牢度较高，但颜色较萎暗。红矾氧化有红矾—醋酸、红矾—硫酸两种，前者氧化比较温和，后者得色比较鲜艳。过硼酸钠和双氧水是最常用的氧化剂，处理条件为：过硼酸钠1～2g/L，于50～70℃氧化处理10～15min，氧化后充分水洗。染料上染后也可不经水洗，直接透风氧化(称为带碱氧化)，这种氧化方法得色较深，但对操作要求高，染品带液程度不同，就会产生颜色深浅不一，容易造成色块或色花等染色疵病。某些深色品种，如藏青、蟹青、黑等，染色后若立即水洗，由于隐色体对纤维的亲和力低，会洗除部分隐色体，造成色浅；但如果染色后立即氧化，因氧化速率较快，纤维表面隐色体容易氧化成色淀吸附在纤维表面，造成红筋、色斑等疵病，同时降低染色牢度。所以氧化处理方式一定要慎重选择。

氧化条件选择应合适，氧化条件过于剧烈，可能会导致过度氧化，产生新的水溶性基团，如下所示，降低染品的湿处理牢度，同时会影响染品的色光。

$$\mathrm{Dye}\langle{S \atop S}\rangle \xrightarrow{[O]} \mathrm{Dye{-}SO_2^-} \xrightarrow{[O]} \mathrm{Dye{-}SO_3^-}$$

4. 后处理 硫化染料隐色体在纤维上被氧化以后，为了提高染色产品的染色牢度、色泽鲜艳度和手感，一般还需经过水洗、皂洗、水洗等后处理，有的品种还可经过套色处理、防脆处理、固色处理、柔软处理等。硫化元染品在50℃以上皂洗容易产生染斑，故一般不经皂洗处理，但需要经防脆处理。防脆处理工艺为：洗后染色织物经碱性化合物处理(如醋酸钠溶液、尿素溶液等)，以中和织物在储存中生成的硫酸。这种处理不耐久，洗涤后会消失。现已有防脆硫化染料。

除硫化元外，为了进一步提高染品的色牢度，可进行固色处理。固色处理的方法有硫酸铜—红矾—醋酸处理法，这种后处理方法能显著提高织物的耐晒和皂洗牢度，但色光往往有所变化，固色后染品应充分水洗，以去除未络合的金属盐。还可以用固色剂Y等阳离子固色剂处理，处理后染品皂洗牢度提高。其机理与直接染料相似，阳离子固色剂与染料过氧化产生的$-SO_3^-$等负基团，或与未被完全氧化的隐色体阴离子结合，降低染料的水溶性，增大染料与纤维之间的作用力，从而提高染品的湿处理牢度。

此外，为提高织物的色泽鲜艳度，必要时可将硫化染料染色的织物再用少量的碱性染料、活性染料等套色，以提高染品色泽鲜艳度及湿处理牢度。

硫化染料染色织物可经合适的柔软剂处理，使染品的柔软性能得到有效提高，若柔软剂与阳离子固色剂有很好的相容性，则柔软处理和固色处理可一步进行。

(二)轧染

硫化染料也可采用轧染染色工艺，以提高生产效率。硫化染料颗粒较大，杂质含量较多，还原速率慢，一般采用隐色体轧染而不宜采用悬浮体轧染。硫化染料隐色体轧染先将染料用硫化碱还原溶解，配成染液，然后按以下工艺流程进行染色：

浸轧染液→ 湿蒸→干蒸→水洗→氧化→水洗→皂洗→水洗→(固色)→烘干

浸轧时应采用较长的浸渍时间，轧液率在 70%～80%，轧液温度为 70～80℃。轧槽中的染液浓度约为补充液的 70%，即轧槽初始液应冲淡，一般要加水 30%左右。

湿蒸是在蒸箱底部放有一定浓度染料的染液，织物交替进入底部染液和上层蒸汽，有利于染料的扩散和透染。湿蒸箱内的染料浓度约为轧槽补充液浓度的 15%～200%，蒸汽温度为 105～110℃，时间 30～60s。干蒸可采用一般的还原蒸箱，可采用汽封口，温度 102～105℃，时间 45～60s。干蒸使硫化染料隐色体进一步扩散渗透至纤维内部。

轧染工艺中，因氧化时间较短，除硫化元外，一般都采用氧化剂氧化。氧化剂的选用应慎重，双氧水或过硼酸钠会影响染品皂洗牢度，而红矾、硫酸铜、醋酸氧化，不仅可提高产品的水洗牢度，而且日晒牢度也可得到改善。另外，为了防止染品储存中的脆损，硫化染料染色的织物需经防脆处理。常用的防脆剂中以尿素和海藻酸钠结合使用效果较好。

对于隐色体硫化染料轧染染色工艺，与传统硫化染料染色基本相同，只是应用起来更为方便，同时为了保证染液的稳定性，应根据商品染料中所含硫化钠浓度的不同，需添加适当用量的硫化钠。

此外，可溶性硫化染料也可以采用连续轧染染色工艺，由于该染料对纤维素纤维无直接性，需先在染浴中添加硫化钠，将染料转化为对纤维素纤维有亲和力的隐色体状态，这一过程可以在浸染式染缸中完成，然后倒入轧槽，或在还原汽蒸箱中进行。

四、硫化还原染料染色

硫化还原染料的染色牢度和染色性能介于硫化染料和还原染料之间，染色时需用烧碱—保险粉或硫化碱—保险粉溶解染料。这类染料若用硫化钠还原，色泽鲜艳度差，而用保险粉—烧碱还原溶解，色泽鲜艳，牢度好。其染色方法一般采用浸染和卷染，烧碱—保险粉做还原体系染色时，可按还原染料甲法染色工艺进行，染色温度 65℃左右。烧碱—保险粉做还原体系染色时，染色成本高，而硫化碱—保险粉做还原体系时，染色成本可降低，但色泽鲜艳度较差。所以为了减少保险粉用量，降低染色成本，同时又获得色泽鲜艳的染色效果，染色时可采用先用含染料、硫化钠和烧碱的染液将染物沸染数分钟，增进染料向纤维内部的渗透性，然后再将染液降温到 60～70℃，加入保险粉，保温再染色 20～30min，最后经水洗、氧化、皂煮、水洗等后处理，完成染色过程。

复习指导

1. 掌握不溶性偶氮染料染色基本原理及染色工艺过程。

2. 掌握色基重氮化的方法、重氮化反应各助剂的作用及工艺条件的选择依据，偶合显色时 pH 值选择对偶合反应的影响。了解不溶性偶氮染料染色的特点及其存在的主要问题。

3. 掌握硫化染料染色原理及染色过程，硫化染料染色工艺方法。了解硫化染料染色的应用特点、存在的主要问题及发展趋势。

思考题

1. 稳定色酚打底液的方法有哪些?

2. 为什么棉纱浸染打底时温度较低而棉织物轧染打底时温度较高?

3. 棉布浸染打底时初始液色酚浓度如何确定?

4. 色酚与色基重氮盐发生偶合反应时,偶合 pH 值选择依据是什么? 如何调节偶合 pH 值?

5. 色基重氮化反应时最常见的副反应是什么反应? 如何防止这种副反应的发生?

6. 写出不溶性偶氮染料连续轧染的工艺流程和主要工艺条件。

7. 试述硫化染料染色原理及染色工艺过程,并分析其与还原染料染色的异同点?

8. 写出硫化染料浸染染色工艺过程及主要工艺条件。

参考文献

[1] 王菊生. 染整工艺原理[M]. 北京:纺织工业出版社,1984.

[2] 郭伟民,郭冬菊,马仓,等. 活性和不溶性偶氮染料仿蜡染共同印花[J]. 印染,2006(3):29-30.

[3] 于红玮. 活性和不溶性偶氮染料对丝织品染色的新趋势 [J]. 国外丝绸, 1998 (3): 17-22.

[4] 潘乐民. 不溶性偶氮染料的深色涤棉防印印花工艺探讨 [J]. 印染,1990(5): 34-39.

[5] 杨胜利. 纯棉哔叽布色涂料防印不溶性偶氮染料的印花工艺 [J]. 印染, 1988 (5): 25-27.

[6] 郑光洪,冯西宁. 染料化学[M]. 北京:中国纺织出版社,2001.

[7] 陈荣圻. 染料化学[M]. 北京:纺织工业出版社,1992.

[8] 赵涛. 染整工艺学教程:第二分册[M]. 北京:中国纺织出版社,2005.

[9] 姜明黄. 环保型不溶性偶氮染料在伪纸中的显色研究[D]. 无锡:江南大学,2012.

[10] Deng B. Eco-friendly reducing agent for sulfur dye dyeings [J]. Dyestuffs and Coloration, 2005,42 (5): 26-29.

[11] Wang M, Yang J Z. Study of water-soluble sulfur black dye containing glucose groups[J]. Journal-Dalian University of Technology, 2002,42:428-430.

[12] Mei W. Synthesis of water soluble sulfur black dye containing glucose groups[J]. Dyestuff Industry, 2002, 39: 8-9.

[13] Mei W. A study on dyeing of cotton fabric with the new water-soluble sulfur black dye[J]. Journal of Textile Research,2001,22(3): 36-37.

[14] 邓兵. 硫化染料染色还原剂的生态选择[J]. 染料与染色 ,2005(5):26-28,34.

[15] 岑乐衍, 赵坚晔. 环保型硫化染料在牛仔布染色中的应用[J]. 纺织导报,2004(1):81-82.

[16] 汪慧春, 赵曙辉, 单兵,等. 硫化黑染涤/棉织物的两浴法染色工艺研究[J]. 染料与染色,2006,43 (5):27-29.

[17] 朱善长. 怎样提高硫化染料的染色速率? [J]. 印染, 2007(3): 59.

[18] Michael Dixon,屠天民. 硫化染料在服装染色中的应用[J]. 国外纺织技术,1989(5):26-28.

[19] 关超，王柏华. 环境友好的还原剂在硫化染料染色中的应用[J]. 染整技术，2006，28(6)：4－8，27.
[20] 郝旭，王岩. 羊毛硫化染料生态染色工艺的研究[J]. 毛纺科技，2007(6)：13－15.
[21] 刘元军，赵晓明，梁腾隆，等. WLS－20在硫化染料染色改性棉织物固色中的应用[J]. 印染助剂，2016，33(4)：41－45.

第十章　多组分纤维纺织品的染色

第一节　引　言

一、多组分纤维纺织品概述

多组分纤维纺织品是将种类、物理性能、功能、形态等不尽相同的纤维混合使用，显现出单一纤维材料所不具有的功能、风格和织物组织的服装面料或装饰用料。多组分纤维纺织品从广义上讲也称之为复合纤维材料。在形态上，有纤维形态之间的复合(长丝与长丝、长丝与短纤维、短纤维与短纤维)，也有纤维形态与非纤维形态(如薄膜、涂层膜)的复合。常规多组分纤维纺织品的制造大致分为纤维内复合、纤维间复合和纱线间复合三大类。纤维内复合是在纺丝成纤阶段完成；纤维间复合是在丝条形成后，在纺纱混纺、混纤加工时完成；纱线间复合是在并捻、包芯、织造过程中完成。

多组分纤维纺织品的品种十分繁多，但如果根据纺织材料来区分的话，一般有下列组合方式：异种天然纤维的组合，异种再生纤维素纤维的组合，天然纤维与再生纤维素纤维的组合，合成纤维与天然纤维的组合，合成纤维与再生纤维素纤维的组合，异种合成纤维的组合。

多种纤维通过混纺、交织、合股、包芯、包覆、交捻、交编等方式组合成纺织品，具有很多优点，例如：各纤维在物理性能上的取长补短，改善了纺织品的性能；提高了纺织品服用的耐久性；改善了纺织品的质感和外观；有助于纺织品获得多色的色彩效果；提高了纺纱质量，减少了部分单一纤维纺纱、织造、印染中产生的疵病；降低了部分纺织品的成本；有助于对市场做出快速反应，以混纺交织物染色等加工方式取代色纺和色织加工，有利于缩短产品的交货期。

二、多组分纤维染色纺织品的色彩效果

多组分纤维染色纺织品的色彩效果一般有同色、留白、浓淡、异色等几种。

1. 同色　同色效果(solid effect)是指两种纤维染成相近的色相或色调，而且表观色深或颜色浓淡相近，颜色鲜艳度也接近。如果用颜色特征值来表示的话，则同色效果意味着两种纤维的明度或亮度(L)相近、偏红偏绿指数(a)和偏黄偏蓝指数(b)相近、色相角(H)相近、彩度(C)相近、反射光谱曲线和最大吸收波长(λ_{max})相近、表观色深(K/S)值相近。

2. 留白　留白效果是指一种纤维染色，而另一种纤维不着色，保持白色。在有些交织提花纺织品中，常将这种留白效果称为“闪银”。留白染色要求一种染料对一种纤维染色时，不能沾染另一纤维，必须对另一种纤维具有优秀的防染效果(reserve effect)，否则的话，难以获得洁白的“闪银”外观。

3. 浓淡　浓淡效应(tone in tone，tone on tone，two-tone)是指两种纤维染成相近色相或色调，但浓淡或明度不同的颜色。浓淡效果实际上是介于同色和留白之间的一种中间效果，一般认为一种纤维的表观色深为另一纤维的 1/3～1/2 为最佳。

4. 异色　异色是指两种纤维染成不同的色相，即双色(two colour)。异色效应通常要求颜色具有强烈的对比效应(contrast effect)，例如，红色与绿色、蓝色与橙色、紫色与黄色、黑色与黄色、黑色与橙色、黑色与红色等。当然，有时对颜色的对比效应要求并不很高，微妙的色彩对比也是一种效果。异色染色在色彩上关键是要讲究颜色的对比或配色的协调性、美观性和时尚性。

三、双组分纤维纺织品染色的基本方法

双组分纤维纺织品染色的基本方法包括：

(1)一种染料一浴一步法：一种染料在同一染浴和同一染色条件下同时染两种纤维，如棉/麻织物用活性染料染色。

(2)两种染料一浴一步法：两种染料在同一染浴中同时分别染两种纤维，如涤棉混纺织物用分散/直接染料同浴染色。

(3)两种染料一浴二步法：两种染料同浴分二步染两种纤维，如涤/棉织物用分散/活性染料同浴二步法染色，始染时加入两种染料，先在高温高压下完成分散染料对涤纶的染着过程，降温至 60～80℃加入碱剂，使活性染料与棉发生反应，从而完成棉的染色过程。

(4)两种染料二浴法：两种染料按先后顺序分别在两个染浴中染两种纤维，如涤/棉织物先用分散染料染色，还原清洗后再用活性染料套染。

双组分纤维纺织品的染色是以单一纤维的染色为基础的，因此在制定双组分纤维纺织品染色工艺条件时，必须充分了解单一纤维所用染料、染色工艺条件以及各染色工艺参数对染色的影响。

三组分纤维以上纺织品的染色是以双组分纤维纺织品的染色为基础的，但就其染色方法来说，很少需要分三次进行染色，三组分纤维以上纺织品的染色实际上是综合运用单组分和双组分纤维纺织品染色技术的结果，更何况三组分纤维纺织品其中的两个纤维有时是属于同类纤维，还有一些含量很低的纤维(如氨纶)有时不必染色或只要简单着色即可。

第二节　多组分纤维纺织品染色

为了便于讨论多组分纤维纺织品及其染色方法，国外的染色学者提出了如表 10－1 所示的按纤维主要染色性能进行分类的方法，即 ABCD 分类法。根据上述的纤维分类，双组分纤维纺织品共有 10 种，即 AA、AB、AC、AD、BB、BC、BD、CC、CD 和 DD。本节将介绍典型的双组分纤维纺织品的染色方法。

表 10-1 按纤维染色性能的 ABCD 分类法

纤维类别	染色特点	常见纤维举例
A	酸性染料染浓色	羊毛、蚕丝、锦纶、氨纶、酸性染料可染腈纶
B	阳离子染料染浓色	腈纶、阳离子染料可染涤纶、阳离子染料可染锦纶
C	纤维素纤维用染料(如直接染料、活性染料、还原染料等)染浓色	棉、麻、黏胶纤维、铜氨纤维、溶剂纺丝的再生纤维素纤维(Lyocell)、莫代尔(Modal)、波里诺西克(Polynosic)
D	分散染料染浓色	涤纶、醋酯纤维、聚乳酸纤维(PLA)、聚对苯二甲酸丙二醇酯纤维(PTT)

一、羊毛/锦纶(AA 类)纺织品的染色

羊毛/锦纶纺织品一般采用酸性染料和 1∶2 型酸性含媒染料染色，媒介染料和活性染料染色应用很少。在实际染色中多数要求是染同色，宜选用上染速率和提升性能相近的染料染色。同色性的好坏与染料在两种纤维上的分配比例有关，影响染料在羊毛和锦纶上分配的主要因素是：染料结构、染料浓度、纤维类型(如锦纶氨基含量、是否消光等)、羊毛/锦纶混纺比、染浴 pH 值、染色助剂、染色温度等。

由于酸性染料对锦纶的亲和力高于对羊毛的亲和力，故在染色初期酸性染料对疏水性强的锦纶的上染速率更快，酸性染料将优先分配于锦纶上。而且染料的磺酸基越少，疏水性越强，这种倾向表现得尤为明显。例如，双磺酸基的 C. I. 酸性红 1 的疏水性大于四个磺酸基的C. I. 酸性红 41，它对锦纶和羊毛上染速率的差别比 C. I. 酸性红 41 大。

酸性染料对锦纶的上染速率快，亲和力高，锦纶的染色饱和值比羊毛低得多，酸性染料在羊毛和锦纶上的分配率随染料浓度的变化而变化。在染淡色时，因酸性染料对锦纶的上染速率快、亲和力高，染色结束时锦纶的染色深度高于羊毛；而在染浓色时，尽管染色初期锦纶的上染量高，但染色结束时羊毛的上染量将超过锦纶的上染量；在染中色时，染料在羊毛和锦纶上的分配率相差不大，两纤维容易获得同色染色效果。这些现象表明，羊毛/锦纶纺织品存在一个临界的同色染色染料浓度，该临界浓度因染料而异，单磺酸基染料的临界同色染料浓度比双磺酸基染料高，在临界浓度以上，锦纶再吸收染料十分困难，羊毛将染得更浓。

为了减小羊毛和锦纶的色差，合理选用染料十分重要。由于双磺酸基染料对锦纶的染色饱和值低于单磺酸基染料，因此，染淡、中色时宜选用双磺酸基染料，而染浓色时宜选用单磺酸基染料。染藏青等特浓色时，也可先用 1∶2 型酸性含媒染料染色，再用 1∶1 型酸性含媒染料染色。在染浓色时，为了弥补锦纶饱和值的不足，还可适量添加对羊毛沾色较少的分散染料，以提高锦纶的染色深度，但用量不宜过多，否则羊毛沾色严重，色泽鲜艳度和湿处理牢度会降低。

当染色深度在临界同色染料浓度以下时，为了降低染料在锦纶上的上染量，提高羊毛和锦纶的同色性，可适当添加一些防染剂，这是一个行之有效的措施。羊毛/锦纶纺织品染色所用防染剂，通常是阴离子型表面活性剂和相对分子质量大的阴离子型合成单宁类助剂。阴离子型防染剂对锦纶具有较高的亲和力，当防染剂更多地吸附于锦纶上、与锦纶上的氨基发生相互作用

后,就降低了酸性染料对锦纶的亲和力,从而使得酸性染料在锦纶上的上染量降低,在羊毛上的上染量增加。由于防染剂能与酸性染料竞染,因此防染剂同时也起匀染作用。相对分子质量大的锦纶固色用合成单宁类固色剂用作防染剂时,对锦纶的吸附速度特别快,防染效果好,优于普通阴离子表面活性剂,对相对分子质量大、疏水性强的弱酸性染料和 1∶2 型酸性含媒染料特别有效。一般而言,淡色染色应多加防染剂,中、浓色少加或不加防染剂,1∶2 型金属络合染料因在锦纶上的分配率高,故应多加防染剂。

在染色温度和 pH 值对染色的影响方面,pH 值降低和温度升高,有利于羊毛染色深度的提高。用单磺酸基酸性染料和 1∶2 型酸性含媒染料染色,可用醋酸调节 pH 值至 5~6。染浅淡色时,为了保证匀染性,可在近中性条件下染色。

二、羊毛/腈纶(AB 类)纺织品的染色

羊毛/腈纶纺织品的染色,羊毛适用的染料较多,如酸性、媒介、金属络合和活性染料,腈纶采用阳离子染料染色。在染色时,对染色质量影响最严重的问题是阳离子染料对羊毛的沾色及阴离子和阳离子染料之间的相互作用。

阳离子染料对羊毛沾色的根本原因在于阳离子染料能吸附于羊毛负电性的羧基上,阳离子染料对羊毛的沾色会严重影响纺织品的耐洗、耐摩擦和耐光等色牢度。因此,在染色时必须尽可能地通过各种途径降低阳离子染料在羊毛上的沾色量,或者必须将沾色充分去除。羊毛组分的含量越高,羊毛沾色程度越大;隔离型阳离子染料因正电荷集中,对羊毛的沾色程度大于共轭型阳离子染料;染浴 pH 值低,有利于抑制羊毛羧基的离子化和降低羊毛的沾色量;当 pH 值小于羊毛等电点时,添加中性电解质,有助于降低羊毛的正电性倾向,对酸性染料上染羊毛起缓染作用,增加了羊毛的沾色量;使用阳离子缓染剂时,阳离子缓染剂降低了阳离子染料对腈纶的上染速率,对腈纶的最终染色深度也有一定的影响,并增加了羊毛的沾色程度。在染色过程中,当染色温度在腈纶的玻璃化温度以下时,阳离子染料更多地沾染于羊毛上,而当染色温度超过腈纶的玻璃化温度后,由于阳离子染料对腈纶上染能力的增强,阳离子染料对腈纶的亲和力大于对羊毛的亲和力,羊毛上沾染的阳离子染料转而上染腈纶。当染色温度升至 100℃时,更多的阳离子染料转而上染腈纶,在进一步的沸染过程中,阳离子染料持续地在腈纶上发生上染,染色温度越高和沸染时间越长,阳离子染料对羊毛的沾色越少。

羊毛腈纶混纺物采用一浴法染色时,染液中的阴离子染料与阳离子染料基本按理论摩尔比以离子键的形式发生相互作用,形成复合物,并且酸性染料与隔离型阳离子染料的相互作用比与共轭型阳离子染料的相互作用强烈,酸性染料疏水性越强,与阳离子染料相互作用的程度就越大。这意味着阴离子染料与阳离子染料在同一染浴中存在相容性问题。不同种类的阴离子染料与阳离子染料的相容性一般按以下顺序由好变差:媒介染料>活性染料>1∶1 金属络合染料>匀染性酸性染料>耐缩绒染料>含磺酸基的中性染料>不含磺酸基的中性染料。

阴离子染料与阳离子染料相互作用形成复合物后,复合物还会聚集,严重时则产生沉淀,易导致产生色点色花、耐洗和耐摩擦色牢度降低等问题。即使没有产生沉淀,由于相互作用也会导致染色重现性变差,相互沾染变得严重。解决这一问题的措施是在一浴法染色时添加非离子

型的抗沉淀剂或分散剂,另外也可以采用分散型阳离子染料染色。非离子型分散剂对水溶性比阴离子或阳离子染料差的阴阳离子染料复合物具有很好的分散和增溶作用,因而可防止阴阳离子染料复合物发生高度聚集而生成沉淀。常用的非离子型抗沉淀剂是脂肪醇聚氧乙烯醚化合物,如分散剂 IW。

羊毛/腈纶纺织品的染色方法通常有一浴一步法、一浴二步法、二浴法等。一浴一步法是将阳离子和酸性、中性、活性等染料置于同一浴中染色,一步完成羊毛和腈纶的染色,这种方法一般适用于染淡、中色。藏青、黑色等深浓色多采用二浴法染色,先染腈纶,还原清洗后再套染羊毛。一浴二步法染色主要针对一些中、浓色,一般采取羊毛先染色,后添加阳离子染料染腈纶,可以采取在升温过程中当部分酸性或中性染料上染羊毛后于 75~80℃再加阳离子染料染色的方法,也可以采取在酸性或中性染料完全上染羊毛并降温后再加阳离子染料染色的方法。从阴、阳离子染料相互作用的角度来看,一浴二步法染色在加入阳离子染料之前阴离子染料已经完成了部分上染,因此在后续染色中阴、阳离子染料发生沉淀的机会明显减少。一浴一步法或一浴二步法需要加入抗沉淀剂,淡、中色染色根据实际染色情况、升温程序、阳离子染料的匀染性等因素决定是否加入阳离子缓染剂。就阳离子染料染色而言,由于阳离子染料的移染性差,因此可采用控制升温法和淡色染色添加缓染剂两种缓染方法提高染色的均匀性。

三、羊毛/纤维素纤维、锦纶/棉等(AC 类)纺织品的染色

(一)羊毛/纤维素纤维(AC 类)纺织品的染色

羊毛/纤维素纤维(AC 类)纺织品主要包括羊毛/棉、羊毛/麻、羊毛/黏胶纤维、羊毛/Lyocell 等产品。羊毛的耐酸性好,而耐碱性差,纤维素纤维则反之。羊毛一般采用酸性、媒介、金属络合和毛用活性染料染色,纤维素纤维可用直接、活性、还原、硫化等染料染色。很显然,由于还原染料和硫化染料染色时的碱性较强,故这两类染料不适合用于羊毛/纤维素纤维类纺织品的染色。从温度类型来看,常用的棉用活性染料有中温型和高温型两大类,它们在染纤维素纤维时需要添加纯碱或烧碱,但是在高温和较强碱性染色条件下,羊毛很容易发生水解,并导致泛黄、强力下降。当羊毛用媒介染料和酸性染料染色时,在保证染色深度的情况下,染浴 pH 值不应偏低,否则在酸性条件下长时间沸染,易使纤维素纤维发生酸水解,导致强力下降。

羊毛除可用毛用活性染料染色外,还可以用部分棉用活性染料染色,对羊毛可染性好的棉用活性染料主要是含有乙烯砜活性基以及乙烯砜/一氯均三嗪双活性基的活性染料。这些活性染料在 95~100℃、pH 值为 4~5 的条件下对羊毛具有很高的上染率和固着率。

尽管羊毛/纤维素纤维纺织品可以用媒介/直接染料或媒介/直接交联染料一浴二步法或二浴法染色、酸性/直接交联染料一浴法或二浴法染色,但常见的染色方法还是以下列三种为主。

1. 酸性/直接染料或中性/直接染料一浴法或二浴法染色

羊毛/纤维素纤维纺织品用酸性/直接染料或中性/直接染料染色的主要优点是染料价格便宜、色谱齐全、染色工艺简便、仿色容易、染色重现性好,缺点是湿处理牢度欠佳。既可采用一浴法染色,也可用二浴法染色,前者主要适用于浅、中色,后者主要适用于深浓色。

为了提高湿处理牢度、色泽鲜艳度和染色重现性,并方便配色,染色时应尽可能减少直接染

料对羊毛的沾色和酸性或中性染料对纤维素纤维的沾色。从直接染料选用方面来看，磺酸基多的盐效应直接染料对羊毛的沾色很低，少数磺酸基多的直接染料甚至可用于羊毛的留白染色；磺酸基少的直接染料在染色时，既上染纤维素纤维，又上染羊毛，配色时必须考虑到这一点。为了减少直接染料对羊毛的沾色，可在染浴中添加阴离子型的防染剂。从酸性染料和中性染料的选用方面来看，酸性染料和中性染料对纤维素纤维缺乏亲和力，一般不能上染或只是对纤维素纤维略有沾色。在酸性条件下染色，许多酸性染料和中性染料对纤维素纤维不沾色，尤其是那些分子结构简单、同平面性差、含磺酸基团多的酸性染料更是如此，这些对纤维素纤维不沾色的酸性染料和中性染料还可以用于留白染色；但是，部分分子结构复杂、相对分子质量高的酸性染料对纤维素纤维有不同程度的沾色。

染浴 pH 值对酸性/直接染料或中性/直接染料一浴法染色有着重要的影响，pH 值越低，酸性染料和中性染料对羊毛的上染量越高，直接染料对纤维素纤维的上染量越低，直接染料对羊毛的沾色程度越大，pH 值一般宜控制在弱酸性至微酸性较为合适。

2. 酸性/活性染料或中性/活性染料二浴法染色

羊毛/纤维素纤维纺织品用酸性/活性染料或中性/活性染料二浴法染色，是先用活性染料染纤维素纤维，染色后进行皂煮，然后用酸性染料或中性染料套染羊毛。活性染料在染色时会或多或少地上染羊毛，并固着在羊毛上，但这不影响羊毛组分的耐洗色牢度，如果活性染料固着在羊毛上的量越少，则配色就越方便，染色重现性也越好。为了减少活性染料在羊毛上的固着量或沾色量，在活性染料染色之前可先用阴离子型的防染剂处理，或者将防染剂直接加入染浴中进行染色。在选用活性染料时，应考虑到羊毛的耐碱性较差，在高温和较强碱性条件下易水解损伤，因此，不宜选用碱固着型的高温型活性染料，宜选用低碱固着型的中温型活性染料，而且纯碱用量应尽量低些，或者选用中性固着型的高温活性染料染色。

3. 活性/活性染料一浴法或二浴法染色

活性/活性染料染色法特别适合湿处理牢度要求高的产品染色。活性/活性染料染色法按活性染料对羊毛和纤维素纤维的染色性能不同分为两种：

（1）用棉用活性染料同时染羊毛和纤维素纤维：该方法在选用染料方面又分两种，一种方法是选用同一类型的棉用活性染料染色，因为部分经筛选的活性染料在接近纤维素纤维染色的条件下或在先高温酸性后中温碱性的染色条件下（一浴二步法染色），能将羊毛和纤维素纤维染成同色，但这类染料较少，且色谱不全；另一种方法是选用不同类型的棉用活性染料拼混染色，例如，可采用乙烯砜活性染料与乙烯砜/一氯均三嗪活性染料拼混染色，前者主要上染羊毛，后者主要上染纤维素纤维，通过拼色可获得同色染色效果，但该方法的配色不如用单一类型的活性染料染色方便。

（2）分别利用棉用活性染料和毛用活性染料拼混染色，要求选用的棉用活性染料主要上染和固着于纤维素纤维，而对羊毛的固着量很低，所用的毛用活性染料对纤维素纤维的固着量也要求很低，如亨兹曼公司推荐的 Lanasol/Naracron LS 活性染料一浴二步染色法。染色时，将棉用和毛用活性染料同时添加至弱酸性或近中性的染浴内，升温至 90～95℃保温一段时间，使毛用活性染料上染和固着于羊毛上，然后降温至中温，加碱，使棉用活性染料固着于纤维素纤维上。为了提高毛用活性染料对羊毛的染色深度和匀染性,可在染浴中添加两性离子型的匀染剂。

(二)锦纶/棉(AC类)纺织品的染色

锦纶/棉纺织品一般是交织物,其机织产品有两种类型:一种是经向是锦纶、纬向是棉纱的产品;另一种是经向是棉纱、纬向是锦纶的产品。锦纶/棉纺织品大多采用酸性/直接染料或中性/直接染料一浴法和二浴法浸染,或者采用酸性/直接染料或中性/活性染料二浴法浸染。

酸性/直接染料或中性/直接染料对锦纶/棉纺织品的染色方法类似于羊毛/棉纺织品的染色,浅、中色可用一浴法染色,深浓色采用二浴法染色。尽管用经选择的直接染料和酸性或中性染料一浴法染色具有工艺流程短、能耗低、修色容易等优点,但也存在染色牢度和色泽鲜艳度差、直接染料对锦纶的沾色实际上较很多活性染料严重等缺点。而活性染料染色具有较好的耐洗牢度和色泽鲜艳度,故酸性/活性染料或中性/活性染料二浴法染色应用最多。该法是先用活性染料染棉,皂洗后,再用酸性或中性染料套染锦纶。锦纶的留白染色可选用多磺酸基的盐效应直接染料染色,也可以用经特别筛选的活性染料在特定的条件下染色。

锦纶/棉纺织品用酸性/活性染料或中性/直接或活性染料染色时,无论是同色或双色染色,还是锦纶留白染色,为了方便配色以及提高色泽鲜艳度和锦纶留白白度,应采取多种措施,使棉纤维染色时直接或活性染料不沾染或很少沾染锦纶。常见的减少锦纶沾色的措施如下:

(1)对染料进行筛选,选用不沾染或少沾染锦纶的染料染色。磺酸基多、相对分子质量大的活性染料对锦纶的沾色少。

(2)选用合适的防染剂,减少锦纶的沾色。防止锦纶沾色的助剂主要是芳香磺酸盐缩合物,这类防染剂能在锦纶上发生吸附,从而能阻止直接染料和活性染料在锦纶上的吸附。

(3)对染液的pH值和染色温度进行合理的控制,用直接染料和活性染料染色时,随着pH值的降低和温度的升高,锦纶上的沾色加重;低温和碱性染色条件有利于降低活性染料在锦纶上的沾色量。

(4)活性染料染色完毕后,制定合理的皂洗工艺条件,洗除锦纶上沾染的活性染料。

四、腈纶/纤维素纤维(BC类)纺织品的染色

腈纶/纤维素纤维(BC类)纺织品主要有腈纶/棉和腈纶/黏胶纤维等产品,其中又以纱线染色产品和针织染色产品居多。纤维素纤维染色常用的染料是直接、活性、还原、硫化等染料,腈纶一般使用阳离子染料染色,个别情况下才用分散染料染淡色。很多阳离子染料在碱性条件下不稳定,只有在弱酸性条件下才具有足够的稳定性,因此,阳离子染料与普通活性染料、还原染料和硫化染料不适合采用一浴一步法染色。一浴法染色时,存在着阳离子染料对纤维素纤维的沾色和阴离子与阳离子染料相互作用的问题。解决的方法是添加非离子型的抗沉淀剂或分散剂,或采用分散型阳离子染料与阴离子染料同浴染色。

腈纶/纤维素纤维纺织品的染色方法和使用的染料组合,取决于染色牢度要求、染色效果(同色、异色、留白等)、染色深度等。如果腈纶留白,可用磺酸基多的盐效应直接染料于80～

90℃染色即可,染浴pH值为7～8,这样有利于提高腈纶的洁白度。如果纤维素纤维留白,需特别注意漂白过程中纤维素纤维的氧化损伤,氧化损伤将增加阳离子染料对纤维素纤维的沾色程度,此时腈纶染色时最好要使用阳离子缓染剂,纤维素纤维沾染的阳离子染料,应在染色后用保险粉和非离子型表面活性剂,于60～70℃还原清洗加以去除。

同色染色或异色染色以一浴法最为简单。对于染淡色,最经济的方法是分散/直接染料一浴法染色。淡、中色染色可用阳离子/直接染料一浴一步法染色,但应对阳离子染料做仔细筛选,选用对纤维素纤维沾色很小的染料,并加非离子型抗沉淀剂,以提高阴、阳离子染料的相容性。如果中、浓色染色采用一浴一步法,则阴、阳离子染料的相容性不好,阳离子染料对纤维素纤维沾染严重,染浴中染料易沉淀,染制品湿处理牢度低下,故应用阳离子/直接染料或阳离子/活性染料一浴二步法染色或二浴法染色,或用阳离子/还原染料或阳离子/硫化染料二浴法染色。一浴二步法染色是先用阳离子染料于100℃染腈纶,待腈纶染色完毕后降温至80～90℃再添加直接染料染纤维素纤维。二浴法染色,是先用阳离子染料染腈纶,还原清洗后,再用其他染料套染纤维素纤维,若用还原染料套染,则中间的还原清洗可省去。

由于腈纶在高温碱性条件下氰基易发生水解,很多阳离子染料对碱的稳定性较差,因此,采用阳离子/活性染料一浴二步法或二浴法染色,应选用中温型的活性染料。

五、纤维素/纤维素纤维(CC类)纺织品的染色

纤维素/纤维素纤维(CC类)纺织品主要是天然纤维素纤维之间的混纺交织产品、天然纤维素与再生纤维素纤维之间的混纺交织产品,如棉/亚麻或棉/苎麻、棉/黏胶纤维或麻/黏胶纤维、棉/Lyocell或麻/Lyocell等,另有少量的再生纤维素纤维之间的混纺交织物。

尽管CC类纺织品的各纤维素纤维都可用直接、活性、还原、硫化、不溶性偶氮等染料染色,但由于这些纤维的聚合度、相对分子质量、结晶形式、结晶度和取向度、表面电荷性质、比表面积、容积性质等的差异,因而染色性能不尽相同。天然纤维素纤维的可染性均比再生纤维素纤维素差,在一般情况下用未经筛选的染料染色,染料的吸尽率和纤维表观色深按照如下顺序降低:Lyocell＞黏胶纤维＞丝光棉＞未丝光棉＞麻。

纤维素/纤维素纤维类纺织品的染色一般要求是染同色,少数产品要求是浓淡效果,而一些提花纺织品,如棉/黏胶纤维家用纺织品,并不要求染同色,反而要求利用两种纤维染色性能的不同获得颜色有差别的图案。由于两种纤维均用同种类染料染色,且它们的可染性有一定的差别,故在实际生产中很难获得同色染色效果。但是,通过染料的筛选和染色工艺条件的调整等措施,还是有可能将两种纤维素纤维染成相近的同色。

六、涤纶/羊毛、涤纶/锦纶等(DA类)纺织品的染色

(一)涤纶/羊毛(DA类)纺织品的染色

涤纶/羊毛纺织品是一类重要的混纺交织物,且多为混纺物,可采用先染后混法和先混后染法两种方法加工,这里讨论的是先混后染产品的染色方法。

涤纶/羊毛纺织品的留白染色,仅可能是涤纶留白,选用酸性、1∶1型金属络合和活性染料染羊毛即可。同色和异色染色的方法有分散/酸性染料、分散/中性染料或分散/活性染料一浴法染色和分散/酸性染料、分散/媒介染料、分散/中性染料或分散/活性染料二浴法染色两种。二浴法染色是先用分散染料染涤纶,经还原清洗或洗涤后,再套染羊毛。一浴法染色又分低温载体染色法和高温染色法两种,后者需要添加羊毛保护剂,以防止羊毛在高温染色时的损伤。采取一浴法染色还是二浴法染色,主要取决于染色深度、染色牢度等要求。二浴法染色多用于深浓色,用二浴法染浓色染色牢度更好,更容易染得颜色对比强烈的异色,染色的重现性也好。淡、中色染色,采用一浴法更为经济,染色时间短,生产效率高,能耗也低,低温载体染色还有利于保护羊毛,故日益受到重视。为了方便一浴法染色,有些染料公司甚至在染料商品化加工时将分散染料与酸性和1∶2型金属络合染料拼混在一起,专门开发成所谓的复合染料用于涤纶/羊毛纺织品的染色,例如,科莱恩公司的Forosyn复合染料。

涤纶/羊毛纺织品染色时存在两大问题:一是分散染料对羊毛的沾色,二是高温染色时羊毛的损伤。这些问题必须通过对染料和染色促进剂进行筛选、使用羊毛保护剂、合理确定染浴pH值、染色温度和时间等染色工艺条件加以解决。

一般认为,引起分散染料对羊毛沾色的原因有以下几个方面:分散染料颗粒在羊毛鳞片表面的物理吸附、负电性的分散染料胶束在羊毛表面离子化氨基上的吸附、分散染料与羊毛大分子间的范德瓦尔斯力和氢键等作用。分散染料对羊毛的沾色造成了涤纶/羊毛纺织品耐湿处理牢度和耐光色牢度的降低,并使得色泽萎暗、配色难度加大、染色重现性变差。

影响羊毛沾色的主要因素有分散染料化学结构、分散染料的分散稳定性、涤纶与羊毛混纺比、染色深度、染色温度和时间、染色助剂、染浴pH值、二浴法染色中的还原清洗等。一般而言,偶氮苯分散染料因对羊毛的亲和力大而对羊毛的沾色较为严重,蒽醌分散染料因对羊毛的亲和力小而对羊毛的沾色量较低,很多杂环偶氮分散染料因对羊毛具有较大的亲和力,甚至被用于涤纶和羊毛的同时染色。羊毛比例较高的涤纶/羊毛纺织品,羊毛的沾色和染色牢度问题尤为突出。由于升高染色温度、延长染色时间和添加载体染色,能提高分散染料对涤纶的上染量,故有利于降低羊毛的沾色。不少研究人员认为,控制染浴的pH值在羊毛的等电点附近,不仅可保护羊毛,还可以减少羊毛的沾色。此外有报道称,在染浴中添加螯合剂(如EDTA和柠檬酸)也能够降低羊毛的沾色量。尽管在二浴法染色时,涤纶染色后可采用洗涤和还原清洗的方法去除羊毛沾染的大部分分散染料,但是如果分散染料选用及其染色方法不合适,仍可能造成羊毛套染时分散染料从涤纶上解吸下来,并移染至羊毛上,造成沾色。而且,涤纶染色温度越低,羊毛染色温度越高,涤纶染色越浓,这种沾色程度越大,因此在低温下套染羊毛有助于减轻沾色现象。

涤纶/羊毛纺织品高温染色时,羊毛的损伤主要与羊毛的双硫键和肽键发生水解有关,羊毛高温时的水解导致了强力显著降低,手感变得粗糙,染色成品服用耐久性降低,由此引起的黄变还易使淡、中色色光发生变化。

降低羊毛的损伤主要有两个重要途径:一是采用载体染色法,降低染色温度,在不超过110℃的温度下染色,此时一般不需添加羊毛保护剂;二是在120℃高温染色时添加羊毛保护剂。羊毛保护剂一般有两种类型,一种是架桥型或交联型的保护剂,另一种是非交联型的保护剂。前者能在羊毛大分子侧链上的活性基团之间形成交联,使被破坏了的二硫键“结合再生”(与胱氨酸分解形成的巯基反应);后者通常是一些高分子化合物,通过在羊毛表面形成一层保护性的薄膜而起保护作用。传统的羊毛保护剂是甲醛,后因纺织品残留甲醛、手感不良、有些染料色光变化等问题改用能释放甲醛的 N -羟甲基化合物,典型的例子是纺织品后整理中的树脂整理剂,如二羟甲基乙烯脲(DMEU)。另外,乙烯砜型和 α -溴代丙烯酰胺型活性染料在高温染色时对羊毛也具有保护作用,也能降低羊毛的损伤。

(二)涤纶/锦纶(DA 类)纺织品的染色

涤纶/锦纶纺织品,既有涤纶和锦纶交织产品,也有涤纶/锦纶混纤丝和超细复合丝剥离产品。

涤纶/锦纶纺织品中的涤纶组分采用分散染料染色,锦纶染色常用的染料是酸性染料和中性染料。尽管分散染料用于锦纶染色存在染色饱和值低、染色牢度欠佳、部分染料在锦纶上的色光与在涤纶上的色光不一致等缺点,但它对锦纶因微结构差异而引起的染色性能差异的遮盖性好于弱酸性染料和中性染料,故有时也被用于锦纶的浅淡色染色。

由于采用分散染料染色,锦纶总是会不同程度地被染着,故锦纶留白染色是十分困难的。一般采用酸性染料和经筛选的中性染料染锦纶,使涤纶留白。

涤纶/锦纶纺织品的同色和异色染色,一般采用分散/酸性染料或分散/中性染料一浴法染色,也可采用二浴法染色。二浴法染色是先用分散染料染涤纶,经还原清洗后,再用酸性或中性染料套染锦纶。一般情况下,一浴法染色适用于染淡、中色,二浴法染色适用于染深浓色。在染浅淡色和染色牢度要求不高的情况下,最经济和简单的染色方法是采用经筛选的分散染料同时染涤纶和锦纶。对于染色牢度要求高的深浓色或者需要获得色彩对比强烈的异色,最好采用二浴法染色。

涤纶/锦纶纺织品染色时最需要注意的问题是分散染料对锦纶的沾染对染色牢度和配色构成的影响,减少锦纶沾色及其对湿处理牢度不良影响的主要措施是:选用对锦纶沾色小的分散染料;适当提高涤纶染色温度,保证分散染料的提升性和对涤纶的透染性;还原清洗时,将锦纶沾染的分散染料充分洗除;二浴法套染锦纶时,防止分散染料从涤纶上移染至锦纶上(适当提高涤纶染色温度和降低锦纶染色温度)、加强锦纶的固色处理。

七、涤纶/阳离子染料可染涤纶(DB 类)纺织品的染色

阳离子染料可染涤纶(CDP 纤维)常与普通涤纶混纺或交织,利用其阳离子染料可染的特点,通过染色使两种纤维获得异色或双色以及涤纶留白的雪花状染色效果。市场上的阳离子染料可染涤纶有两种:一种是高温可染型,另一种是改性程度高的常压可染型。

由于用阳离子染料染色时涤纶只是略有沾色,且通过筛选阳离子染料、降低染浴 pH 值、染色后进行还原清洗等措施,可将其沾色降低到最低限度,因此用阳离子染料染色,较容易获得涤纶留白的染色效果。

涤纶/阳离子染料可染涤纶纺织品常见的异色染色方法是分散/阳离子染料一浴一步法染

色和分散/分散型阳离子染料一浴一步法染色。

分散/阳离子染料一浴法染色时，尽管不存在分散染料分子与阳离子染料分子之间的直接相互作用，但是分散染料商品中含有阴离子型分散剂，载体法染色时使用的载体乳化剂有时也为阴离子型，阳离子染料本身带正电荷，其缓染剂一般也为阳离子型的，因此在同一染浴中阳离子染料、阳离子缓染剂、分散剂和乳化剂之间会发生相当复杂的相互作用。

为了防止分散/阳离子染料一浴法染色时染料发生沉淀，应使用非离子型的抗沉淀剂。同时，尽可能不使用阳离子缓染剂，染色的均匀性主要通过升温速度来控制。有报道认为，阳离子染料可染涤纶在120℃高温弱酸性条件下染色时，会发生一定程度的酸水解，若在染浴中添加5g/L左右的元明粉，将有助于降低其损伤程度，而且元明粉对阳离子染料的上染也能起到一定的缓染作用。采用分散/分散型阳离子染料一浴一步法染色，没有染料沉淀的问题，不需要添加抗沉淀剂。

八、涤纶/棉(DC类)纺织品的染色

涤纶/棉纺织品的涤纶组分只能用分散染料染色，而棉组分可以选用直接、活性、还原、硫化、不溶性偶氮等染料染色。涤纶/棉纺织品染色方法有间歇式的浸染法和连续式的轧染法。留白产品一般是涤纶留白，涤纶留白时用活性或直接染料染棉即可。涤纶和棉的染色性能差别很大，异色染色十分容易，同色可通过配色解决。

(一)涤纶/棉纺织品的浸染

涤纶/棉纺织品的浸染在染料组合上主要有分散/直接染料或分散/直接交联染料、分散/活性染料、分散/还原染料或分散/可溶性还原染料、分散/硫化染料，它们在染色成本、染色牢度、色谱、染色操作方便程度、工艺流程的长短等方面各有优缺点，目前以分散/活性染料应用最为广泛。

分散/硫化染料染色用于一些深色产品，一般采用二浴法染色，极少使用一浴二步法染色。分散/还原染料染色既可采用二浴法，也可采用一浴二步法。二浴法染色是先用分散染料染涤纶，再用还原染料套染棉。一浴二步法是在涤纶高温高压染色完毕后，降温至60℃，在不排液的情况下，在分散染料残液中加入还原染料、烧碱、保险粉、元明粉进行染色；也可以在始染时将还原染料与分散染料同时加入染液中，待涤纶染色完毕后，降温至60℃，加入烧碱、保险粉、元明粉进行棉的染色。由于还原染料染色是在碱性还原条件下进行的，因此在还原染料染色的同时能完成分散染料浮色的清洗。还原染料的隐色体浸染容易产生白芯、环染等染色不透的疵病，所以分散/还原染料染色以采用悬浮体轧染工艺为主。

对于分散/还原染料组合和分散/硫化染料组合，还原或硫化染料染色均是在碱性还原条件下进行的，因此分散染料对棉组分的沾色很容易洗除，不存在棉组分沾色对成品色光、色泽鲜艳度和染色牢度影响的问题。但是，对于分散/直接染料或分散/活性染料组合而言，分散染料对棉组分的沾色问题较前者突出。分散/直接染料或分散/活性染料如果采用二浴法染色，棉组分的沾色可以通过中间的还原清洗去除，此时对分散染料没有很特别的要求。如果采用一浴法染色，因没有还原清洗工序，仅有水洗和皂洗，则应选用对棉沾色小的分散染料或沾色能通过皂洗或碱洗去除的分散染料。分散/活性染料组合多采用一浴二步法染色，如果分散染料的碱可洗

性很好，则在活性染料加碱固色时，不仅涤纶表面的分散染料浮色容易洗除，而且分散染料对棉的沾色也很容易洗除。通常，苯并二呋喃结构、双酯结构、噻吩偶氮结构以及含磺酰氟和环酰亚氨基团的分散染料碱可洗性很好，部分普通结构的分散染料碱可洗性也较好。

涤纶/棉纺织品用分散/直接染料或分散/活性染料染色，除需要注意分散染料对棉的沾色外，还需要注意一浴一步法染色和某些一浴二步法染色时，因加入中性电解质促染而对分散体系稳定性和染色带来的影响。尽管直接染料在染浓色时也需加入较多的中性电解质，但活性染料染色中性电解质的用量比直接染料染色高得多，因此在活性染料染色时，中性电解质对分散体系稳定性的影响比直接染料染色时严重得多。大量中性电解质的加入，破坏了分散染料分散体系的稳定性，使得染料容易凝聚，易出现色花和染斑，加重了分散染料对棉的沾色和染缸的沾污，耐洗和耐摩擦色牢度随之降低。解决中性电解质带来的不良影响的主要措施是：选用磺酸基多、溶解性好的直接染料，如直接混纺 D 型染料；选用直接性高的低盐活性染料；选用分散和匀染作用均佳的染色助剂，提高分散体系的稳定性。

涤纶/棉纺织品用分散/直接染料或分散/活性染料一浴一步法染色和一浴二步法染色时，还要特别注意直接染料和活性染料高温稳定性、直接性及其选用问题。某些直接染料在高温高压条件下，可能发生水解、还原等化学反应，分子结构和颜色易发生改变。另外，铜络直接染料还会导致部分对还原性物质敏感的分散染料（如 C. I. 分散蓝 79）色光变化，一般认为是铜离子催化还原反应所引起的。活性染料的稳定性问题主要是其自身的水解和与分散染料和分散剂反应的问题，活性染料的水解，导致了固色率降低，染色深度明显下降。普通活性染料的母体结构较小，直接性低，高温染色时直接性则更低，需要加入大量中性电解质促染，而分散/活性染料同浴染色又不能加入大量中性电解质，因此适合高温染色的活性染料应该是相对分子质量大、直接性高、用盐量低、高温水解少的染料。中性固色的烟酸型活性染料不仅可在近中性条件下固色，而且高温稳定性好，用盐量也不高，是适合涤纶/棉纺织品染色的优良活性染料，利用该类染料染色，可实现一浴一步法染色。

在涤纶/棉纺织品的浸染所用染料中，分散/活性染料不仅应用最为广泛，而且可选择的染色方法也最多，其染色方法及其特点归纳于表 10－2 中，其中的活性染料染色温度取决于活性基类型。

表 10－2　涤纶/棉纺织品分散/活性染料浸染的方法

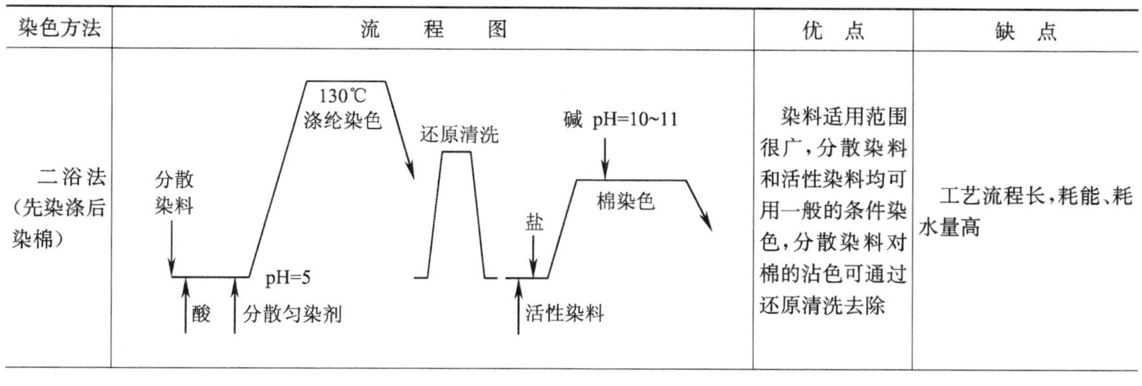

染色方法	流　程　图	优　点	缺　点
二浴法（先染涤后染棉）	分散染料；酸；分散匀染剂；pH=5；130℃ 涤纶染色；还原清洗；盐；活性染料；碱 pH=10~11；棉染色	染料适用范围很广，分散染料和活性染料均可用一般的条件染色，分散染料对棉的沾色可通过还原清洗去除	工艺流程长，耗能、耗水量高

续表

染色方法	流　程　图	优　点	缺　点
反式二浴法(先染棉后染涤)	碱 pH=10~11；棉染色；盐；活性染料；水洗或皂洗；分散染料；酸；分散匀染剂；pH=5；130℃ 涤纶染色	分散染料和活性染料均可用一般的条件染色,色泽不如先染涤后染棉的方法鲜艳,色牢度也略差	工艺流程长,耗能、耗水量高,不能还原清洗,分散染料对棉的沾色应少,活性染料耐酸稳定性应好,只有乙烯砜型染料等少数染料适合
一浴二步法(一)	分散染料；酸；分散匀染剂；pH=5；130℃ 涤纶染色；盐 碱 pH=10~11；活性染料；棉染色	工艺流程短,耗能、耗水量低,染料选择范围广	染色中途需要添加药剂,分散染料对棉的沾色应少
一浴二步法(二)	分散染料 活性染料；酸；分散匀染剂；盐；pH=5；130℃ 涤纶染色；碱 pH=10~11；棉染色	工艺流程短,工艺安排合理,耗能、耗水量低	染色中途需要添加药剂,分散染料受中性盐的影响应小,对棉的沾色应少,活性染料耐酸稳定性应好,对分散匀染剂的要求高
反式一浴二步法	活性染料；碱；分散匀染剂；盐；pH=10~11；棉染色；分散染料；酸；pH=5；130℃ 涤纶染色	工艺流程短,耗能、耗水量低	染色中途需要添加染化料,染料选择范围窄,分散染料受中性盐的影响应小,对棉的沾色应少,活性染料耐酸稳定性应好,对分散匀染剂的要求高

续表

染色方法	流程图	优点	缺点
一浴一步法(中性固色)	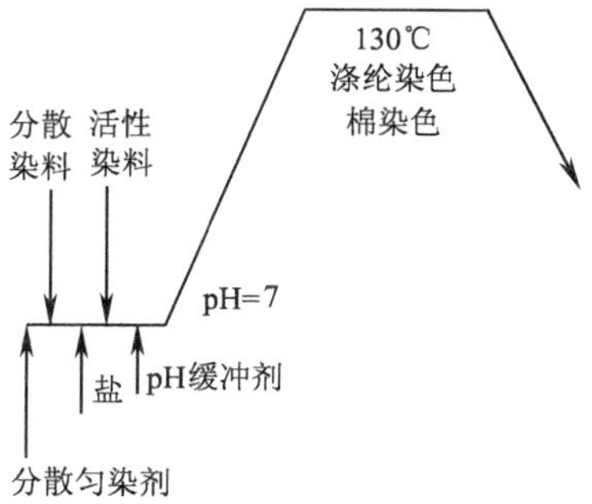 130℃ 涤纶染色 棉染色；分散染料 活性染料；pH=7；盐 pH缓冲剂；分散匀染剂	工艺流程很短,操作简单,耗能、耗水量低	染料选择范围窄,分散染料受中性盐的影响应小,对棉的沾色应少,分散染料不在最佳 pH 值下染色,需采用中性固色活性染料,对分散匀染剂的要求高
一浴一步法(碱性染色)	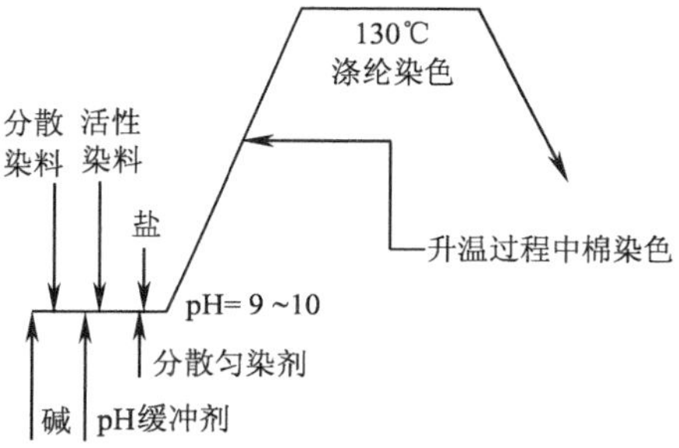 130℃ 涤纶染色；分散染料 活性染料；盐；升温过程中棉染色；pH=9~10；分散匀染剂；碱 pH缓冲剂	工艺流程很短,操作简单,耗能、耗水量低	染料选择范围窄,分散染料对盐和碱的稳定性应好,活性染料及其成键对碱的稳定性应好,对分散匀染剂的要求高,染色重现性差
一浴一步法(pH 滑移染色)	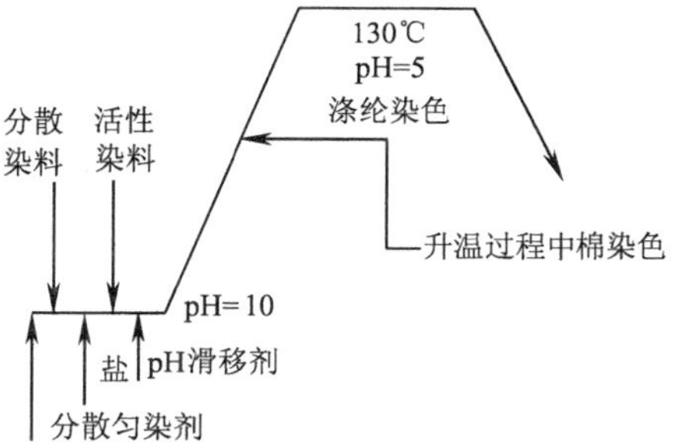 130℃ pH=5 涤纶染色；分散染料 活性染料；升温过程中棉染色；pH=10；盐 pH滑移剂；分散匀染剂	工艺流程短,操作简单,耗能、耗水量低	染料选择范围窄,分散染料对中性盐和碱的稳定性应好,活性染料成键对酸的稳定性应好,对分散匀染剂的要求高

(二)涤纶/棉纺织品的轧染

作为连续性染色工艺,涤纶/棉纺织品的轧染适合较大批量的生产。目前,涤纶/棉纺织品的轧染所用染料组合主要有分散/活性染料、分散/还原染料、分散/硫化染料。

分散/还原染料轧染具有最高的染色坚牢度,但缺点是还原染料价格高,尤其是艳红色系的染料,故浓色时成本高,在热熔固色时还原染料对涤纶有沾染,剥色和重修困难,对浸轧、汽蒸、氧化等工序需要进行严格管理。分散/还原染料轧染一般用于染淡、中色。

分散/硫化染料轧染,染色成本低,一般用于染藏青、黑色等深浓色,其染色方法与分散/还原染料大致相同,缺点是不适合染鲜艳色,染浓色时需注意耐湿摩擦色牢度,其氧化工序的管理比还原染料严格,染色的重现性不佳。

分散/活性染料轧染的主要特点是色泽鲜艳,可染得其他染料所不能染得的鲜艳色,活性染料对涤纶的沾色少,异色染色的重现性好,染色成本比分散/还原染料染色低。与分散/还原染料轧染相比,其耐光和耐氯漂色牢度欠佳,一般无法进行还原清洗,必须注意分散染料对棉的沾色。

分散/还原染料常用一浴二步法染色,分散染料在热熔时上染,还原染料隐色体在汽蒸时上染。典型工艺流程如下所示:

浸轧(分散染料、还原染料、防泳移剂,轧液率60%~70%)→烘干(100℃)→热熔固着(180~210℃,30~90s)→浸轧还原液(烧碱、保险粉、元明粉,轧液率 90%~100%)→汽蒸(100~105℃,30~45s)→氧化(双氧水 5~10g/L,醋酸5~10g/L)→皂洗(洗涤剂 2g/L,纯碱1g/L)→水洗

分散/活性染料对涤纶/棉织物的轧染可以采用二浴法、一浴二步法和一浴一步法等工艺。在这些染色方法中,分散染料一般采用热熔固色,活性染料一般采用汽蒸固色,也可以用焙烘固色,其中以汽蒸固色为主。

分散/活性染料二浴法染色时,两种染料相互之间影响很小。在分散染料热熔染色之后可进行还原清洗,减少分散染料对棉的沾色。活性染料可以与碱一起浸轧,然后汽蒸固色,也可以采用冷轧堆染色和卷染工艺完成固色。采用二浴法染色,工艺容易控制,染料利用率较高,染料品种不受限制,产品颜色鲜艳。但因工艺流程长,耗能、耗水量大,目前应用较少。

一浴一步法染色是涤纶/棉织物用分散/活性染料染色中最简单的一种,分散染料和活性染料配制在同一浴中,经过浸轧、烘干、焙烘或高温汽蒸,两种染料在同一条件下完成上染过程。典型工艺流程如下所示:

浸轧(分散染料 x,活性染料 y,小苏打 5~12g/L,尿素 50g/L,海藻酸钠 1g/L,轧液率60%~70%)→烘干(100℃)→热熔固着(180~210℃,30~90s)→皂洗(洗涤剂 2g/L,纯碱1g/L)→水洗

由于在弱碱性下染色,所以要求活性染料在浸轧或烘干时不易水解,但在高温下于弱碱性、甚至近中性条件下也有高的固色率,同时不会在上染过程中与分散染料和分散剂发生反应。一般选用相对分子质量较小的活性染料,活性基为二氟一氯嘧啶、乙烯砜、一氯均三嗪等。要求选用的分散染料对碱敏感较小,对棉沾色较轻,不易与活性染料反应。

尿素对染色有促进作用,它熔融后成为高温下活性染料与纤维反应以及分散染料从棉纤维向涤纶热转移的介质,同时能减轻棉纤维在高温下的泛黄和损伤。但应注意尿素在温度超过150℃后会发生分解或与碱剂反应,生成氨、氰酸铵和氰氢酸等有毒化合物,尿素在高温下还会与乙烯砜型活性染料发生反应,故乙烯砜型活性染料染色时不能使用尿素。为了避免碱性条件对分散染料的影响以及尿素高温分解与分散染料热熔染色在温度上的矛盾,有人研究开发了中性条件下的一浴法染色工艺。在该工艺中,用双氰胺代替尿素,同时开发中性固色剂替代小苏打,取得了一定效果。

分散/活性染料一浴二步法染涤纶/棉纺织品是常用的染色工艺。分散染料和活性染料同时浸轧到织物上,此时染液中不加碱剂,这样就减少了碱剂对分散染料的影响。在烘干的过程

中，活性染料的水解也很少。经过高温热熔染色，分散染料进入到涤纶之后再浸轧碱剂，经过汽蒸等加工，使活性染料固色。这样两种染料相互之间的影响很小，对染料的限制较少。大部分类型的活性染料，浸轧碱液后需要进行汽蒸。反应性较强的染料，汽蒸时间可短一些，反之则长一些，一般为20～60s。汽蒸时间不能过长，否则会发生断键反应，反而造成固色率降低。一些反应性强的染料，浸轧碱液后，通过卷堆一段时间，也可达到固色的目的，无须进行汽蒸。对于乙烯砜型的染料，轧染液中不能使用尿素，可加入少量醋酸，以利于染料的稳定。卤代杂环型活性染料不能加醋酸，以免染料水解。以下是分散/乙烯砜型活性染料一浴二步法染色的工艺：

浸轧（分散染料 x，活性染料 y，防泳移剂1g/L，轧液率60%～70%）→烘干（100℃）→热熔固着（180～210℃，30～90s）→浸轧碱液（纯碱20～40g/L，35%烧碱20～40g/L，元明粉200～300g/L，轧液率60%～70%）→汽蒸（100～105℃，20～60s）→水洗中和（60%醋酸2mL/L，40℃）→皂洗（洗涤剂2g/L）→水洗中和

九、涤纶/醋酯纤维（DD类）纺织品的染色

醋酯纤维有二醋酯纤维和三醋酯纤维之分，常规醋酯纤维耐碱性和耐热性较差，三醋酯纤维对碱和热的稳定性好于二醋酯纤维。醋酯纤维在高温下易变形、起皱，在碱性溶液中其酯键易被皂化。酯键水解后，纤维强力降低，易消光，染色性能随之变化。醋酯纤维本应该用分散染料染色，但如果在前处理中发生了水解皂化，那么直接染料和活性染料对皂化的醋酯纤维也具有一定的可染性，且可染性随着皂化程度的增加而增加。另外，不均匀的皂化对后面的染色均匀性也会带来严重影响，将会导致染色时产生色花和色斑。因此，涤纶/醋酯纤维纺织品的前处理十分重要，纯碱的用量一般应控制在1.5g/L以下。

由于普通醋酯纤维在高温下易消光，所以涤纶/醋酯纤维纺织品的染色在兼顾染色要求的前提下，应尽量避免过高的染色温度和较长的染色时间。由于普通醋酯纤维在低温下的可染性很好，且不耐高温，因此纯纺醋酯织物多采用低温型分散染料在75～95℃温度下染色。因二醋酯纤维的耐热性较三醋酯纤维差，可染性较三醋酯纤维好，故其染色温度低于三醋酯纤维。对于二醋酯纤维而言，低温型分散染料湿处理牢度低，很多二醋酯纤维织物只能干洗；深浓色染色制品，即使在40℃水洗牢度试验中，表现出的耐洗色牢度也不好。但是，采用经筛选的高相对分子质量分散染料对醋酯纤维进行沸染，染料的上染百分率也很高。

涤纶和醋酯纤维均是用分散染料染色，但分散染料对它们的可染性和扩散速率是不同的，分散染料对醋酯纤维的染色饱和值和扩散速率均大于涤纶。而且由于两种纤维疏水性和溶解度参数的不同，适用的分散染料疏水性也是不同的，醋酯纤维更适宜用相对分子质量低、疏水性小一些的染料染色。通过改变分散染料的取代基，可调节其疏水性和亲水性，从而可改变分散染料对涤纶和醋酯纤维的上染性能以及涤纶和醋酯纤维同浴染色时染料在两种纤维上的分配比。

除了分散染料的化学结构及其疏水性外，染色温度是影响涤纶/醋酯纤维纺织品染色的很重要的因素。例如涤纶/二醋酯纤维交织物用该类纺织品专用分散染料Dianix PAL染色时，在染色的初始阶段或低温下，分散染料主要上染和分配于醋酯纤维上，至一定温度后染料开始上

染涤纶,随着染色温度的升高和染色时间的延长,醋酯纤维上的染料将发生解吸,转而上染涤纶,即染色后期发生了染料从醋酯纤维向涤纶移染的现象。在染色过程中,醋酯纤维的颜色先由淡变浓,再由浓变淡,涤纶的颜色一直由淡变浓。当在一定的高温下保温染色一段时间后,涤纶和醋酯纤维染色深度大体相近,基本接近同色。

涤纶/醋酯纤维纺织品通常不做留白染色,因为留白染色难度较大。然而,因二醋酯纤维的最适染色温度与涤纶相差很大,故在低温下染色可获得涤纶留白的染色效果,但在色相和染色深度方面有所限制,适用的染料是低温型1,4取代基蒽醌紫色和蓝色染料、偶合组分含N-羟乙基氨基或N-乙酰氧乙基氨基的偶氮染料、高温型黄橙红色单偶氮染料(相对分子质量330～450),染色温度为60～70℃。

涤纶/醋酯纤维纺织品浓淡效果的染色较为容易,只要对分散染料做简单的筛选即可,染色工艺要求也不高。但是,同色染色比较困难,而且涤纶/二醋酯纤维纺织品的同色难于涤纶/三醋酯纤维纺织品,同色染色需要对分散染料进行仔细的筛选,或采用一些染料公司的专用染料,同时要注意染色温度和保温时间的控制。一般认为,中高升华牢度的单偶氮染料、双偶氮染料和相对分子质量为300～450的蒽醌染料在120℃温度下染色的同色性较好。

德司达公司推荐的涤纶/三醋酯纤维织物高温高压同色染色的工艺条件为:Dianix PAL (owf)x、分散匀染剂 Eganal PSL 0.5g/L、pH值5(醋酸和醋酸钠调节);50℃始染,升温至120℃保温30min左右;还原清洗:洗涤剂1g/L、纯碱1g/L和保险粉2g/L,70℃洗涤10min。

复习指导

1. 了解纤维按染色性能的分类方法。掌握多组分纤维纺织品的染色方法。了解染料对不同纤维的沾色程度、减轻沾色和去除沾色的方法。

2. 了解不同染色方法对多组分纤维纺织品染色的优缺点和适用场合。

思考题

1. 从纤维原料组合和染色角度来看,多组分纤维纺织品有哪些加工方法?

2. 多组分纤维纺织品成品有哪些色彩效果?

3. 多组分纤维纺织品的染整加工存在哪些主要问题?染色加工时,应掌握哪些基本原则?

4. 有文献报道认为,酸性染料对锦纶的亲和力大于对羊毛的亲和力,如何通过试验证明这一点?染料亲和力对羊毛和锦纶的同色性为什么会产生影响?

5. 为什么羊毛锦纶混纺物在染深浓色时,羊毛吸收的染料数量超过锦纶?

6. 阐述合成单宁类防染剂在羊毛锦纶混纺物染色中的应用。

7. 阐述羊毛腈纶混纺物染色的基本方法,不同方法的优缺点有哪些?

8. 若羊毛腈纶混纺物用酸性/阳离子染料一浴法染色,试分析中性电解质、pH值、温度、抗沉淀剂对染色的影响。

9. 羊毛棉混纺物在前处理和染色加工中存在哪些问题?

10. 乙烯砜硫酸酯活性染料与乙烯砜硫酸酯/一氯均三嗪活性染料对羊毛、棉染色性能的差别在哪里?

11. 阐述羊毛棉混纺物染色的基本方法。

12. 锦纶/纤维素纤维交织物常用的染色方法是什么? 如何减少活性染料染纤维素纤维时锦纶的沾色?

13. 如何实施真丝/人造丝交织物同色、双色、留白效果的染色。

14. 为什么要注意腈纶/纤维素纤维混纺交织物在前处理和染色中的pH值和温度控制问题?

15. 腈纶/纤维素纤维混纺交织物用两浴法染深浓色时,如何减轻阳离子染料对纤维素纤维的沾色? 如何去除这些沾色?

16. 为什么棉或麻与再生纤维素纤维的混纺交织物的同色染色难度很大?

17. 毛涤混纺物有哪些加工方法?

18. 毛涤混纺物在染色加工中存在哪些对配色、色牢度、机械性能影响大的问题? 如何解决这些问题?

19. 阐述涤纶/锦纶交织物的基本染色方法。

20. 为什么有些分散染料在涤纶和锦纶上的色光有所不同?

21. 为什么涤纶/阳离子染料可染涤纶交织物在一浴法染色中也可能存在染料沉淀问题?

22. 涤纶/阳离子染料可染涤纶交织物为什么一般不采用分散染料单独染色?

23. 阐述涤棉混纺物浸染和连续轧染的基本方法。

24. 涤棉混纺物分散/活性染料一浴一步法或一浴两步法染色时,在染料和染色助剂的选用方法应注意哪些问题?

25. 涤棉混纺物可用分散/活性染料一浴一步法碱性浴染色吗?

26. 阐述涤棉混纺物分散/活性染料、分散/还原染料轧染的工艺流程、设备、主要工艺参数。

27. 涤纶/醋酯纤维交织物染色,在染料选用、pH值和温度控制方面应注意哪些问题?

参考文献

[1] 唐人成,梅士英,程万里. 双组分纤维纺织品的染色[M]. 北京:中国纺织出版社,2003.

[2] Shore J. Blends Dyeing[M]. Bradford UK: The Society of Dyers and Colourists,1998.

[3] Aspland J R. Chapter 13/Part 2: The dyeing of other blends[J]. Textile Chemist and Colorist, 1993, 25(9): 79-85.

[4] 王菊生. 染整工艺原理(第三册)[M]. 北京:纺织工业出版社,1984.

[5] Burdett B C, Cook C C, Guthrie J. The effect of buffer systems on the uptake of acid dyes by wool and nylon[J]. Journal of the Society of Dyers and Colourists, 1977, 93(2): 55-60.

[6] Hannemann K, Runser P. Metallfreie Säurefarbstoffe für das färben von wolle und wolle/ PA-fasermischungen[J]. Melliand Textilberichte, 1999(4): 278-280.

[7] 唐人成,赵建平,杨琪芬,等. 酸性染料与阳离子染料的相互作用——电导率法和紫外可见光光谱法的研究[J]. 染料与染色,2003,40 (2): 71-74.

[8] 庀瀬繁樹,淺井 弘義,羽田野 早苗. ウール/セルロース混紡品の同色染色技術[J]. 纖維加工，1999，51(2)：1－9.

[9] Imada K，Sasakura M，Yoshida T. Dyeing cellulose/wool blends with bifunctional fiber reactive dyes [J]. Textile Chemist and Colorist，1990，22(11)：18－20.

[10] Hook J A，Welham A C. The use of reactant-fixable dyes in the dyeing of cellulosic blends[J]. Journal of the Society of Dyers and Colourists，1988，104(9)：329－337.

[11] 滑钧凯. 毛和仿毛产品的染色和印花[M]. 北京：中国纺织出版社，1996.

[12] 王惠珍，谢玲，钱国坻. 毛/棉交织物直接酸性染色研究[J]. 苏州丝绸工学院学报，1987(1)：19－33.

[13] 増永 昌弘. Cibacron LS染料による各種混紡品の1浴染色[J]. 加工技術，2000，35(7)：50－55.

[14] 唐人成，赵建平，梅士英. Lyocell纺织品染整加工技术[M]. 北京：中国纺织出版社，2001.

[15] ダイスタ—ジャパン. 複合素材の染色[8][J]. 加工技術，1998，33(9)：58－59.

[16] Tang R C，Yao F. The sorption of a syntan on nylon and its resist effectiveness towards reactive dyes [J]. Dyes and Pigments，2008，77：665－672.

[17] Cheetham R C. Dyeing fibre blends—The processing of blends，unions and mixtures containing natural or man-made fibres[M]. London UK：D. Van Nostrand Company Ltd.，1966.

[18] 陈国铭，译. 麻及麻混纺品之染色[C]. 混纺纤维染整技术资料集，台北：染化杂志社，2000.

[19] 陈家祥，译. 棉/黏胶混纺品之同色染色[C]. 混纺纤维染整技术资料集，台北：染化杂志社，2000.

[20] 住友化學工業株式會社. Sumifix HF染料の各種混紡用品分野への展開[J]. 加工技術，2002，37(1)：49.

[21] Afifi T A，Sayed A Z. One-bath dyeing of polyester/wool blend with disperse dyes[J]. Journal of the Society of Dyers and Colourists，1997，113(9)：256－258.

[22] Doran A F. Some problems associated with dyeing wool-rich blends of polyester[J]. Journal of the Society of Dyers and Colourists，1999，115(10)：318－322.

[23] Wang J，Åsnes H. One-bath dyeing of wool/polyester blends with acid and disperse dyes. Part 1—wool damage and dyeing conditions[J]. Journal of the Society of Dyers and Colourists，1991，107(7/8)：274－279.

[24] Wang J，Åsnes H. One-bath dyeing of wool/polyester blends with acid and disperse dyes. Part 2—disperse dye distribution on polyester and wool[J]. Journal of the Society of Dyers and Colourists，1991，107(9)：314－319.

[25] チバ・スペシヤルティ・ケミカルズ(株). 复合テキスタイルの合理化染色[J]. 加工技術，2002，37(3)：18－24.

[26] Tiβen W. 聚酯/聚酰胺交织物的染色[J]. 国际纺织导报，2003 (2)：52－55.

[27] Herlant M. Dyeing copolymer polyester/cotton knits Part 1[J]. American Dyestuff Reporter，1985(9)：55－61.

[28] Parham R. New dyeing system for acrylic/cationic dyeable polyester[J]. American Dyestuff Reporter，1993，82(9)：79.

[29] 庄才晋，朱凤芳. 混纺交织品染色技术[C]. 台北：染化杂志社，2000.

[30] Leadbetter P W，Leaver A T. Disperse dyes －the challenge of the 1990s[J]. Review of Progress in

Coloration and Related Topics，1989，19：33－39.

[31] 宋心远，沈煜如. 活性染料染色的理论与实践[M]. 北京：纺织工业出版社，1991.

[32] 张文潭，译. 聚酯/纤维素纤维混纺品之吸收染色法[C]. 台北：染化杂志社，2000.

[33] 陈国铭，译. T/C 混纺品的浸染法[C]. 混纺纤维染整技术资料集. 台北：染化杂志社，2000.

[34] Anis P，Eren H A. Improving the fastnss properties of one-step dyed polyester/cotton fabrics[J]. Textile Chemist and Colorist and American Dyestuff Reporter，2003，5(4)：20－23.

[35] 小谷 卓. 最新の分散/反應(E/C，E/R)短時間同浴染色技術[J]. 加工技術，1995，30(3)：44－49.

[36] 黄田，译. Remazol Samaron 染料染聚酯与棉或人造棉混纺织物的反式二浴染色法. 混纺交织品染色技术[C]. 台北：染化杂志社，2000.

[37] 吉川毅. 聚酯/纤维素混纺的连续染色. 混纺交织品染色技术[C]. 陈家祥，译. 台北：染化杂志社，2000.

[38] 陈国铭，译. 聚酯/棉混纺织物之连续染色. 混纺交织品染色技术[C]. 台北：染化杂志社，2000.

[39] Taylor J M，Mears P. Synthetic fibres in the dyehouse—the manufacturers' role[J]. Journal of the Society of Dyers and Colourists，1991，107(2)：64－69.

[40] 贺宝元，李丛珍. 醋酯纤维分散染料染色工艺[J]. 印染，2005(3)：21－23.

[41] Turner J D，Chanin M. The selectivity of disperse dyes on cellulose triacetate and polyester fibers as a function of hydrophobic and hydrophilic functional groups on the dye molecules[J]. American Dyestuff Reporter，1962 (10)：23－25.

第十一章　印花方法

第一节　引　言

使用染料、涂料或其他特殊材料，通过一定的实施方式，能够在纺织品上得到可复制图案的加工过程被称为印花(printing)。

纺织品的印花是纺织品染印技术与实用艺术相结合的结果。印花图案的设计与印花工艺密切配合才能印出好的印花产品。

从纺织纤维着色的角度看，印花也被认为是局部的着色。与纺织品染色一样，纺织品印花图案的颜色，同样是使用染料或印花涂料在一定的工艺条件下获得的。

纺织品印花的历史悠久，中国的唐朝镂空模版印花已发展到相当的程度，宋代防染技术的不断发展，制作出时称“药斑布”的蓝印花布。古代印花使用凸纹或镂空的印花模版。凸纹印花模版有木制或铜制的，模版凸纹花型通过捺印印到纺织品上。早期的镂空印花模版是兽皮镂刻而成的，后来发展成用经过防水处理的纸镂刻而成。用镂空印花模版印花被称为“漏印”，“漏印”的操作方式有刮印和刷印两种。中国的蓝印花布是通过镂空印花模版刮印防染浆，然后用靛蓝染色得到的。1783年苏格兰人T. 贝尔发明了滚筒印花机，开创了纺织品印花的伟大时代。1907年英国人塞缪尔西蒙(Samuel Simon)从镂空版技法中得到启示，把镂空纸型版粘到绷有绢网的木框上，使纸型版上能刻出更精细的花纹，并且不致散落，这是一种手刻版丝网制版的方法。1963年荷兰Stork公司生产出第一台圆网印花机(rotary screen printing machine)，这使筛网印花的生产效率大大提高。筛网印花制版周期短，成本低，适应小批量、多品种的市场需求，是目前印花行业广泛使用的印花方式。20世纪中期出现的转移印花(transfer printing)技术为印花方法的发展带来了新的思路，转移印花把印刷和印花结合在一起，在纺织品上实现了印刷的印制精度，同时具有清洁化加工的特点，但由于转移印花的技术局限，限制了其被广泛地推广。

制版(plate making)在印花中处于重要地位，从手工雕刻制版到照相法制版，从黑白菲林胶片感光制版到喷墨、喷蜡的无胶片感光制版，以及更为先进的激光法制版，这些制版方法的每一次革新，使制做出的花版精致准确，制版周期大大缩短，成本降低，使印出的花布纹样更忠实于原稿。以计算机技术为基础的制版技术和数字喷墨印花(ink-jet printing)技术为纺织品印花插上了高新技术的翅膀。

纺织品印花的一般生产过程如下所示：

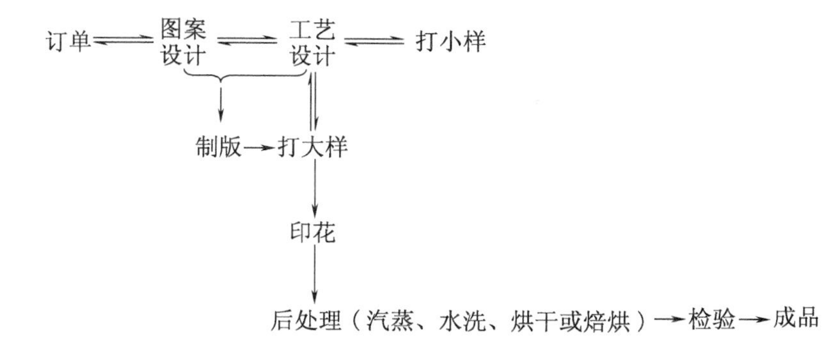

印花工艺的设计是依据印花对象及印花要求，决定糊料、选择染料或涂料、确定印花方法，并制定印花工艺。工艺设计要考虑印制效果、印制质量和成本。

印花小样、大样的试验主要是通过对色以确定印花色浆的处方，通过检验印花色牢度以满足客户对质量的要求。

纺织品印花的对象可以是匹布，也可以是衣片和成衣。用于印花的匹布被称为印花半制品，印花半制品是经过精练和漂白的匹布，不能有纬斜，缩率要达到一定要求。

印花中染料的递深性表现为，印花着色的深度随色浆中染料浓度的增加而增深的性质。

染料印花和颜料（涂料）印花都是通过印花色浆的印制来完成的，色浆需要一定的黏度，以防止花纹渗化。色浆靠印花糊料或印花增稠剂提供黏度，但两者的着色机理完全不同。

染料印花的色浆组成为：

染料印花色浆：
- 染料（活性染料、酸性染料、分散染料、阳离子染料等）
- 印花助剂（碱剂、释酸剂、助溶剂、渗透剂、消泡剂等）
- 原糊（糊料）
- 水

染料印花的工艺过程为：

匹布（或衣片、成衣等）→印制→烘干→汽蒸（或焙烘）→水洗→烘干

染料印花中，色浆的印制和烘干过程使纺织品被印上图案，而色浆中染料对纤维的着色上染是在汽蒸（或焙烘）过程中完成的。汽蒸时，色浆浆膜中的糊料吸收蒸汽的水分，蒸汽变成水放出热量使织物升温，此时在织物印花的部位便形成了一个局部的“染浴”，水和热量形成了染色的条件。与染色相比，色浆中染料的浓度较高，在汽蒸的过程中，色浆浆膜与纺织纤维之间的染料浓度差，推动染料扩散上染纤维。染料对纤维的着色机理同染色一样，主要的印花助剂起着同样的助染作用。汽蒸固色后，糊料和没有上染的染料必须被洗除，这也是造成印花有色污水的主要原因。

颜料（涂料）印花的色浆组成为：

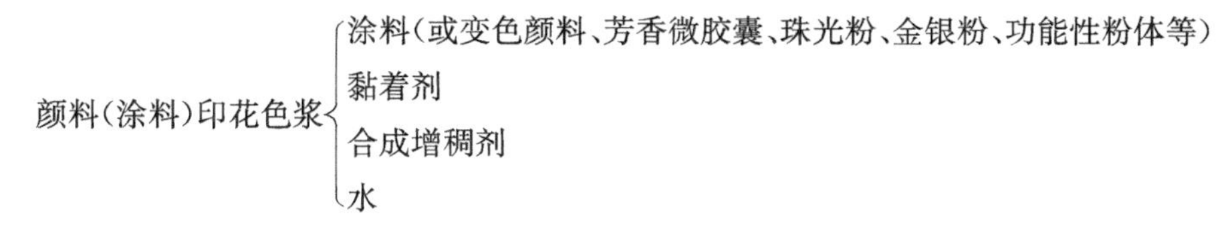

颜料(涂料)印花的工艺过程为:

匹布(或衣片、成衣等)→印花→烘干→焙烘(或汽蒸)

在颜料(涂料)印花中,用于着色的颜料(涂料)被印花黏着剂形成的薄膜包裹固定在纺织纤维的表面,这种着色的机理与染料印花完全不同,印花黏着剂的性质决定了印花的质量效果,即印花的手感和色牢度。颜料(涂料)印花的固色是经过焙烘(或汽蒸)来完成的,焙烘时印花黏着剂发生交联反应,加固了纤维表面的颜料。颜料(涂料)印花一般不需要水洗,因此颜料(涂料)印花属于清洁化加工。

许多特种印花就是利用颜料印花的原理来印制的,一些对纺织纤维没有直接性的功能物质(粉体)被印花黏着剂固着在纺织纤维表面,形成特殊的感观及功能效果,如变色印花、芳香印花、珠光印花等。

在纺织品印花中,花布图案中有几种颜色,印花花版一般就有相对应的几个,每个花版施印一个颜色的花纹,所有花版印制组合在一起便构成了完整的花布图案。调整花版的位置,使所印各花纹精确地组合在一起的操作叫做对花。

纺织品印花方法以印花设备划分,可以分为滚筒印花、筛网印花、转移印花和数码喷墨印花。如果以印花工艺来划分,可以分为直接印花、防染(防印)印花、拔染印花、共同印花、烂花印花等。以特殊效果来划分可以有胶浆印花、金银粉印花、变色印花、烫金印花、夜光印花、芳香印花等特种印花。

第二节　以印花设备划分的印花方法

一、滚筒印花

(一)滚筒印花机

滚筒印花机的花版为凹纹花辊,是由铜制的,所以滚筒印花机也叫铜辊印花机。滚筒印花机由进布装置、印花机头、衬布和印花布的烘干装置、出布装置等几部分组成。

印花机头是滚筒印花机最重要的部分,印花机头的形式有放射式、立式、倾斜式和卧式等几种形式,放射式是最常见的形式(图 11 - 1),各色印花花辊(花版)放射式分布在承压滚筒的四周。在图 11 - 1 中色浆盘中的色浆通过给浆辊传给印花花筒,刮浆刀把花筒表面的色浆刮净,花筒上剩下了嵌入花纹凹槽内的色浆,花纹凹槽中的色浆在花辊的压力下印制到待印匹布上,为了防止印透了的色浆沾污承压滚筒,待印匹布下面要同步垫入衬布。花筒后面的铲刀用于铲除沾到花筒表面上的色浆和从印花匹布脱落下的纤维毛屑,防止这些污物被带入色浆盘。

放射式滚筒印花机的印制速度一般为 70～100m/min,加工速度快,花纹印制精致,适合印制订货数量大的印花产品。由于织物印花运行中所受的张力较大,所以不适合印制易变形的面料,如针织面料。花筒凹纹中嵌留的色浆有限,因此也不适合印制需浆量大的厚重蓬松面料。

(二)滚筒印花机的制版

铜辊花版为中空铜质圆柱体,称为花筒。新花筒的圆周为 402～446mm,长度为 915～

1600mm,其内腔呈锥形,锥度为1/288,也有1/250的。花筒上图案的点和细线条为凹陷的点和细线凹纹,花筒的块面图案由平行的凹线组成,这样有利于均匀嵌浆,使印出的块面纹样得色均匀,嵌线的密度依花纹面积的大小、织物吸收色浆的能力而定。铜辊花版的表面镀有一层金属铬,以提高花版的表面硬度和光洁度。光洁度的提高有利于印花刮刀将花版上非纹样的花筒表面的色浆刮净,使凹纹中的色浆更容易从花版传递到织物的表面。

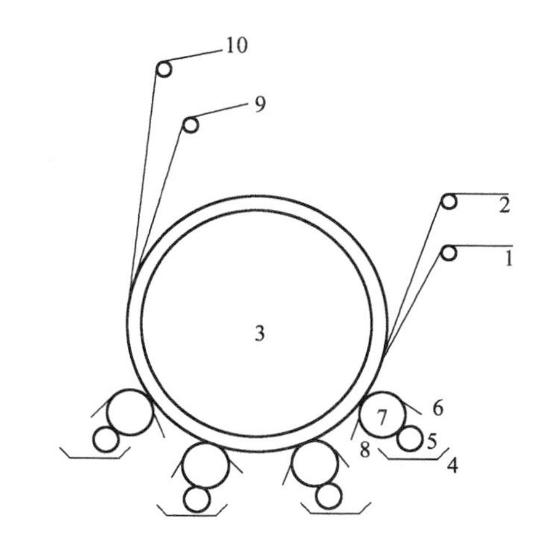

图11-1 放射式滚筒印花机机头示意图
1—待印匹布 2—衬布(进) 3—承压滚筒
4—色浆盘 5—给浆辊 6—刮浆刀 7—印花花筒
8—铲刀 9—衬布(出) 10—印花布

滚筒印花制版也叫花筒雕刻,有缩小雕刻法、照相雕刻法、轧纹雕刻(钢芯雕刻)法、手工雕刻法和电子雕刻法。其中,手工雕刻、轧纹雕刻(钢芯雕刻)、电子雕刻等为机械雕刻;缩小雕刻和照相雕刻需要配合腐蚀雕刻才能完成制版,腐蚀雕刻属化学雕刻。

滚筒印花制版周期长、成本高,印制时对花操作复杂,劳动强度高,不适用于当今小批量、多花色的市场需求,滚筒印花已基本被筛网印花替代。

二、筛网印花

筛网印花有平网印花和圆网印花两种。筛网印花的印制原理为:印花色浆在刮刀(或磁棒)的作用下透过印花版的花纹网孔,漏印到被印织物上形成花纹。平网印花适应性强,应用广泛;圆网印花生产效率高,制版周期短,制版成本比铜辊制版低。目前,纺织品印花基本上都采用筛网印花。

(一)平网印花

平网印花也叫丝网印花,平网花版是由丝网紧绷粘固于坚固的网框上再经上胶(感光胶)感光制版而得。平网印花的花版尺寸小到十几厘米,如用于成衣或衣片局部印花的花版,大到若干米,如用于窗帘、床上用纺织品的花版,花版尺寸的变化范围较广。不同规格的平网印花机有与之相适应的平网花版,平网花版的工作面尺寸应限定于相应平网印花设备台案和承印导带的尺寸之内。平网印花的印花适应性强,无论轻薄面料,还是厚重蓬松的面料都可以施印。

1. 平网印花机 平网印花有网动平网印花设备、布动平网印花机,还有转盘式的成衣、手套等平网印花机。

(1)网动平网印花设备。网动平网印花设备有手工平网印花台板和自动控制的网动平网印花机。

①手工平网印花台板。平网印花台板也被称为手工印花台案,印花台板是花布印制的承载物,印花台板没有固定的规格,视被印纺织品的情况而设计。印花台板由台板架、台面和加热管

构成。台板架可以用角铁(或其他金属型材)焊接制成。台面由三层组合而成,底层为易导热的铁板,中层为工业呢毯,顶层为人造革。台面下铺设加热管路,使台面温度达到 45℃左右,用于加热烘干印花织物。印花时织物用贴布胶(浆)平贴在台面上,以防止被印织物移动而影响精确对花。为了使各印花版能精确对花和完整连续地接版(平网版与版的横向衔接),印花版和印花台板上都设置了调整和固定位置的装置。手工平网台板印花灵活性强,印花花版的套数原则上不受限制,适用较小批量的印花加工,针织物的衣片印花广泛地采用这种印花方式,一些特种印花、生产打样也常用这种方式。

②自动控制的网动平网印花机。该印花机由印花台案、固定于台案的滑道及运行于滑道上可自动控制平网定位的装置组成,平网固定在该装置上。印花原理与手工台板一样,与手工台板印花不同的是,平网花版的移动(也称走版)和刮印色浆是通过计算机自动控制的。该印花设备控制精度高,印花的重现性好,灵活性强,常用于高档面料的印花,如羊绒衣片的印花等。

(2)布动平网印花机。布动平网印花机由进布、印花、烘房和出布等装置组成。印花装置是布动平网印花机的主体,如图 11－2 所示。

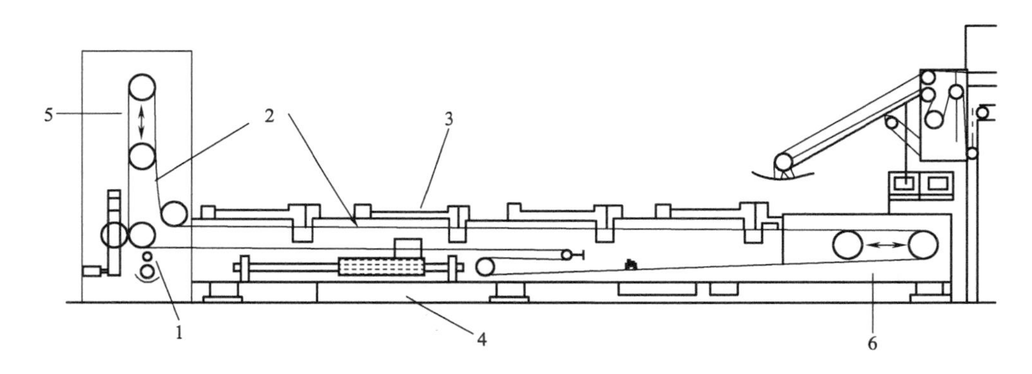

图 11－2　平网印花机印花部分示意图

1—织物与导带压合辊　2—无接缝橡胶导带　3—印花网框　4—水洗单元

5—垂直向印花导带游动滚轴　6—水平向印花导带游动滚轴

印花装置由无接缝橡胶导带、印花单元、导带驱动与控制装置、贴布上浆及水洗装置等组成。织物经过进布装置用水性贴布浆或热塑性树脂胶在压合辊处与橡胶导带贴合,印花织物的承载体为可循环的无接缝橡胶导带,在导带的印花区域,各印花单元(一般 6～12 个单元)被固定在机架上,印花网框(花版)在机架上可以升降,当印花网框落下,花版与织物紧密贴合,印花单元的刮浆器将印花色浆刮印到织物上(一般沿织物纬向刮印),刮印的次数视印花的效果而定。印后,印花网框升起,织物随导带运行规定距离(网版最大循环距离),网框再次落下,刮印器刮印色浆,如此循环。印花织物在进入烘房前与导带分离,导带转到印花台案下面,导带上的水性贴布浆通过水洗单元洗除,然后烘干,接着继续上胶,贴布。在印花区域,导带的运行是间歇式的,进出布有间歇式的,也有连续式的。间歇式进出布,织物因交替运行与停顿使其所受张力不匀,影响平整贴布。连续式进出布是由印花导带游动滚轴控制的,如图 11－2 中,垂直向、水平向印花导带游动滚轴在连续式进出布时,使织物所受张力均匀,尤其是有利于印制易变形的针织面料。刮浆器有两种，即橡胶刮刀和磁棒刮刀。橡胶刮刀是最常用的刮浆器，有时会出现刮浆不均匀的现象，如左右刮浆不匀等。磁棒刮刀是在电磁力的作用下刮印色浆，印花导带下每个印花单元需对应配置能纬向移动的电磁装置。磁棒刮刀刮印色浆受力均匀，利于色浆的均匀铺展和印透。印花导带传动采用双伺服电动机驱动，使导带既能快速运转又能准确地重复定位。

2. 平网印花的制版 平网印花的制版过程为：

图案设计与花样审核 → 分色 → 描稿 → 制版 → 修版

印花布的图案设计受纺织材料的性质、织物组织结构、印染工艺技术等因素的影响，花布图案应具有显著的纺织品印染纹样的风格。传统的花布纹样由线条、色块和云（晕）纹构成，制版和印制技术的改进与提高，使“泥点”“撇丝”“水渍”等效果也用于花布图案的设计中。印花图案的设计与印染技术不可分割。

花样审核是印染生产技术人员、图案设计人员、生产管理者、经营者在一起对花布图案稿样进行讨论、修改，对生产加工进行工艺设计并进行经济核算以及生产决策的过程。

分色（color separation）是将组成印花图案中的各色纹样从图案中分别分离出来的过程，其中所提及的“各色纹样”包含同色相不同明度、不同纯度的色彩纹样。描稿是将分出的各色纹样分别制成黑白稿的过程。分色有手工分色和计算机分色。手工分色的同时，黑白稿的描稿工作同时完成，即手工分色与描稿的工作是同步完成的。计算机的分色和描稿是分开进行的，计算机分色后，各分色稿以数据文件的形式保存在计算机中，需要输出时，可以用激光照排机输出黑白稿软片；也可以直接在涂有感光胶的花版上通过喷蜡（墨）“描出黑白稿”；还可以通过激光直接制版。目前计算机的分色描稿已取代手工的分色描稿，但在计算机上进行分色和描稿时，处理图案中对花关系密切的纹样时，纹样间边界线的缩放，仍然需要具有印花经验的人进行操作处理。

平网花版的制版方法有手工雕刻法、防漆制版法和感光制版法。手工雕刻法与防漆制版法由于制版效果不好，现已很少使用。

感光制版是在网框上的丝网上涂布感光液，经晒版、显影制成丝网版。平板筛网制版最常用的是感光制版法，其工艺过程为：

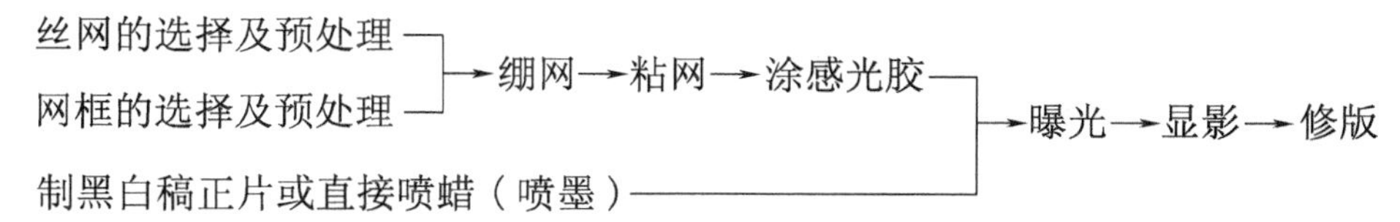

（1）丝网、网框的选择及预处理。

①有关丝网的术语。

丝网（silk screen）：丝网是用作丝网印版支持体的编织物，又叫绢网、筛网。

丝网的目数（mesh count）：是指每平方单位（厘米、英寸）丝网所具有的网孔数目或每个线性单位长度（厘米、英寸）中所拥有的网丝数量。公制单位为孔/厘米、线/厘米，英制单位为孔/英寸、线/英寸。丝网的目数表示丝网中丝与丝之间的疏密程度，目数越高，丝网越密，网孔越小。反之,目数越低,丝网越稀,网孔越大。

丝网的开度:丝网的开度是用来描述丝网的孔宽、孔径、网孔大小的重要参数。丝网的开度对于丝网印制的精细程度影响很大。开度用组成丝网的经纬两丝围成的网孔面积的平方根来表示,通常以微米为单位。

丝网的开孔率(open mesh area percentage):丝网中网孔面积所占的百分率。

②丝网的种类、规格。组成平网花版的丝网种类有很多,以材料不同分为尼龙、涤纶等丝网;以编织形式不同分为平纹、斜纹、半绞织、全绞织结构的丝网;以丝网目数不同分为高目数、中目数和低目数的丝网等。最早使用的丝网是蚕丝丝网,目前已基本被淘汰。

尼龙丝网表面光滑,色浆透过性好,有很好的耐磨性,但其不耐强酸、石炭酸、蚁酸和甲酚等,延伸率也相对较大,更适用于在印刷行业中对曲面的印制。在纺织品的印花中,除特定的情况,使用得不多。涤纶丝网的拉伸强度、结构强度、回弹性和耐用性均较好,耐化学药剂性强,特别是耐酸性强,但涤纶丝网不耐强碱。涤纶丝网的尺寸稳定、拉伸率低,所以,纺织品的平网印花多使用涤纶材料的丝网。

③丝网的选择及预处理。丝网的选择包括丝网目数和丝网材料的选择。丝网目数应根据印花织物、色浆性能、花纹面积等因素来确定。一般来说,精细的花纹,选用目数高的丝网;织物吸浆量大的,选用目数低的筛网。另外,在选择丝网时,一般保证所选丝网网孔的宽度(开度)是色浆中颗粒尺寸的3倍。色浆的化学性能,如强酸强碱性会对不同材料的丝网造成损伤,选择时应注意。

为了防止由于污物、灰尘、油脂等而引起感光膜的缩孔、砂眼、图像断线等现象,使感光胶能更牢固地与丝网结合,提高印花花版的耐用性,需要对所选的丝网进行预处理。预处理的内容包括去除丝网上的污渍和对丝网进行糙化处理。

④网框的选择及预处理。网框是支撑丝网的框架,它通过粘网胶使丝网紧绷于上,保证了丝网的平整和稳定。网框有木制的、金属的。网框的材料要满足绷网张力的要求,坚固、耐用、轻便。在温、湿度变化较大的情况下,应保持尺寸的稳定,应具有一定的耐水、耐溶剂、耐化学药剂等性能。

木制网框易变形,金属网框的强力高、坚固、耐用、稳定,尤其适用于制作大型的印花网版。金属网框包括中空铝框和钢材网框。

网框绷网后在丝网拉力的作用下,网框会发生弯曲变形,如图11-3所示,越是大型网框这种变形越明显。网框的弯曲形变会对丝网花版的稳定性产生影响,使印花花版在印花时对花不准。为了减小这种现象的发生,在绷网之前要对网框做预处理,尤其是对中、大型网框。

预处理的方法有两种:一种是根据拱形结构强度的原理将网框制成如图11-4(a)所示的凸形,挠度约为4mm/m,每个内角略大于90°,这样的网框结构有利于网框的稳定;另外一种方法是预应力法,即将已制成的网框,用特殊的工具拉成如图11-4(a)所示的凸形。另外,可以在用气动拉网的同时作预应力处理,即拉网器前端紧顶着网框四周外侧,网框受到顶力的作用而向内弯曲,如图11-4(b)所示。这样,网框恢复形变的力就会与丝网的拉力相互作用,使网框趋于稳定。

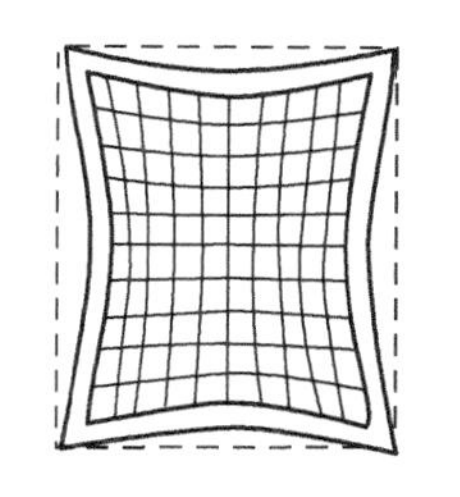

图 11－3 网框在丝网的拉力下易发生变形

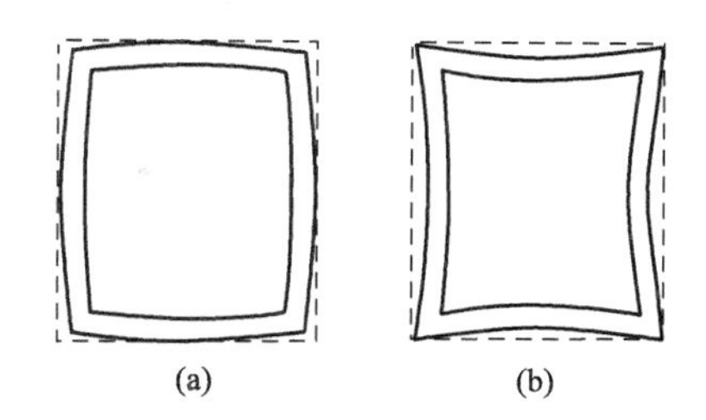

图 11－4 网框的预处理

网框的印花面一侧要求绝对地在一个平面上，这有利于印花花版与被印织物紧密地接触，保证印花的质量。

为了使网框能与丝网黏合得牢固，要对网框的粘网位置进行清洁，去除各种污渍，并使该位置有一定的粗糙度(主要指金属网框)。清洗后的网框在绷网前，可以先在网框上与丝网接触的面上预涂一遍粘网胶并晾干。

(2)绷网、粘网。绷网是将丝网在一定张力下均匀绷紧。丝网作为感光膜的承载体，必须做到平整、稳定、网孔均匀一致。丝网在各向等同张力的作用下能够达到这样的要求。绷网时丝网上的张力必须均匀，即作用于丝网各方向的力必须均衡。

丝网材料都存在着应力松弛现象。绷紧的丝网，随着时间的延长会变松。丝网应力松弛现象可通过图 11－5 加以解释。为了防止紧绷的丝网由于应力松弛而造成丝网变松，绷网前还要对丝网进行“反复增进拉网”以消除丝网的内应力。“反复增进拉网”持续的时间越长，次数越多，绷出的丝网越稳定。

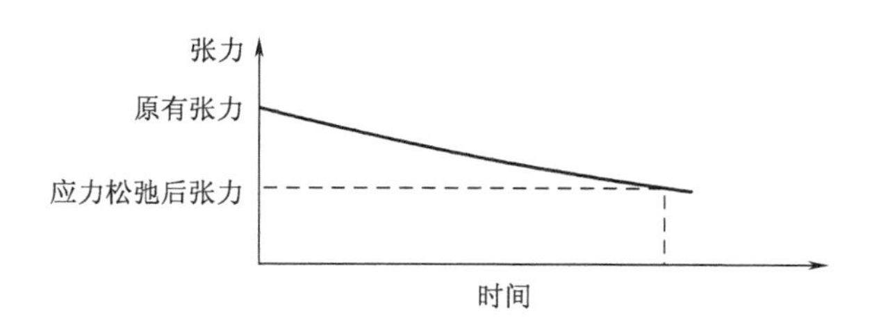

图 11－5 丝网应力松弛现象

所谓“反复增进拉网”就是丝网在绷网前，对其进行反复拉伸的操作，以消除丝网中的内应力。

绷网可以采用手动绷网、电动或气动绷网，绷网的原理基本一致，关键是丝网所受张力要保证均匀一致，否则，会影响制版精度及对花精度。

绷网和粘网是前后进行的，当绷紧丝网的内应力消除后，就可以粘网了。粘网使用的黏着剂称为粘网胶。其性能要满足丝网与网框黏结牢度的需要，应耐水、耐色浆中的各种化学药剂、耐温度的变化，且不损坏丝网，易干。绷好的网版不应马上涂感光胶，至少要放置 24h，使网版上丝网的张力趋于稳定。

(3)涂布感光胶、干燥。感光胶有耐油剂性和耐水性之分,纺织品印花的色浆绝大多数为水性浆,所以,多数情况应使用耐水性感光胶。感光胶一般分为单液型和双液型两种,单液型感光胶在生产时就将感光剂混入乳胶中,使用时无须配置即可涂布;双液型感光胶使用前先将感光剂按配方用水溶解,然后再混溶于乳胶中。双液型感光胶的贮存稳定性好,存储时间长。

感光胶的主要组分是成膜剂、感光剂和助剂等。

成膜剂起成膜作用,为膜版的主要成分。成膜剂决定着丝网感光膜层的坚牢度(成膜剂与丝网的黏结牢度)和耐抗性(如耐水性、耐溶剂性、耐印性、耐老化性等)。早期感光胶所使用的成膜剂是一些水溶性的高分子物质,如明胶、蛋白和 PVA(聚乙烯醇)等,它们的耐抗性较差,后来被改性 PVA 所代替。

感光剂是在蓝紫光的作用下,能起光化学反应,且能导致成膜剂聚合或交联的化合物,感光剂决定着感光胶的光感度、分辨力等性能。

由重铬酸盐类感光剂组成的感光胶叫重铬酸盐型感光胶。重铬酸盐类感光剂因对环境造成的危害较大,所以,它已逐渐地失去了在感光材料中的原有地位。

由重氮树脂组成的感光胶叫重氮型感光胶。重氮树脂的感光机理为:聚合度(DP)为2~3的重氮树脂在紫外线作用下变成活性分子,活性分子可以同时与不同的 PVA 分子进行交联反应形成网状结构而固化。重氮型感光胶没有环境污染问题,是目前被广泛使用的感光胶。

涂布感光胶又叫上胶,上胶有手工上胶和机械自动上胶。手工上胶又有刮斗直涂法和刮刀平涂法。刮斗和刮刀都是不锈钢制的,涂胶的刮刀口必须平整、光滑。

机械自动上胶是通过自动上胶机来完成的。自动上胶涂布速度平稳可调,感光胶厚度均匀,表面光洁度好,网版与刮斗之间压力可调,适用于各种网版,尤以布动或网动自动网印设备的大网版上胶效果更佳。

刮胶的厚度直接影响印花花版的印制质量和网版的耐用性。胶膜厚一些的网版,印制时被印物从网版上获得的色浆量多一些,适用于粗纹纹样和表面粗糙、蓬松的织物;对于精细花型,刮胶不能太厚,否则会影响印制的精细度,但太薄会使网版的耐用性降低。

刮胶后的网版在无尘埃流动的环境中(烘房)、湿度不大于80%、温度小于40℃的条件下干燥,干燥时网版水平放置。

(4)曝光、显影、修版。上胶的网版必须经充分的干燥才能进行曝光,如果网版上的感光胶层没有完全干燥,曝光时胶膜就不会充分固化。曝光是在晒版设备上进行的,晒版设备有简易晒版箱、感光连拍机和真空晒版机等。制作精细的印花花版时,应使用真空晒版机。

现在的制版多是在喷蜡或喷墨制版机上进行的。制版机读取经电脑分色处理生成的图像数据文件后,驱动喷墨打印头在涂有感光胶的平网上直接打印花纹的黑白稿图案,这就是所谓的无黑白稿软片的制版。由于省去了制作黑白软片和贴软片工序,因此制网精度和生产效率都大大提高,生产成本降低,同时也克服了因贴片晒网过程中的接缝不准而造成的网点损失等缺陷。

曝光时所用的晒版光源有炭精灯、氙灯、荧光灯、高压水银灯、超高压水银灯和金属卤素灯等。大多数感光材料的感光波长分布在250~510nm之间。印花花版的感光除了与合适的光源有关外，还与光源的强度、感光的距离、感光时间等因素有关。网版的曝光还与光源的均匀分布、感光胶涂布厚度、图形的精细度及环境温度有关系。对于中、大型网版，感光时光源的均匀分布非常重要，如果光源分布不匀，网版胶膜的感光程度就会不同，自然会影响印花网版的制版质量；感光胶涂布越厚，胶层感光固化所用的时间相对就长；精细图案上胶的胶层不会很厚，其曝光所用的时间不应过长，长时间曝光，会使非常精细的纹样曝光过度而无法显影；当然，环境温度的高低对感光胶的固化反应也会产生一定的影响。

激光技术应用于制版使制版技术达到更高的水平。蓝光制版是通过半导体激光器产生的可控激光束（波长 405nm 的蓝光），在计算机控制下对涂有水溶性光敏胶的网版进行直接曝光，使网版上受光照部分感光胶被瞬间固化，未受光照部分感光胶胶，能被水冲掉形成网孔，从而在网上形成图案。蓝色激光束打在感光胶上不会像墨滴那样溅起和变形，它使网版上的图案更加准确无误。

显影是将曝光后的网版浸泡在 25℃左右水中 2～4min，等网版上未感光部分的胶膜吸收水分膨润后，取出，先用较强水压冲洗印花面，再以较弱水压清洗整个网版，最好采用细雾状水流喷洗。显影时网版上未感光的胶膜必须被完全溶解、冲洗掉，尤其是纹样的精细处更应认真冲洗。网版的显影冲洗并非时间越长越好，在网孔显透的前提下，时间越短越好。时间过长，膜层湿膨胀严重，影响图案的清晰度。但有时冲洗得不充分，网版上会留有蒙翳，堵塞网孔，造成废版。蒙翳是一层极薄的感光胶残留膜。易在纹样的细节处出现，而且还高度透明，容易使人误认为是水膜。显影操作中可用安全光线检查所冲洗后的网版有无蒙翳，如果存在蒙翳，应继续冲洗。

显影后的网版放在无尘的干燥箱中用温风吹干，干燥温度为(40±5)℃，若干燥温度太高，会造成网版的变形。如果使用坚膜剂处理版面，在水洗完毕之后就可以进行，要注意流布均匀。坚膜剂是为了提高感光显影后网版坚牢性的处理剂。

网版的检查是制版极重要的工序之一。检查的内容包括曝光的时间是否正确、网孔是否完全通透、胶膜上是否有针孔和砂眼等缺陷。不该开孔的地方要用堵网液或感光胶液涂抹封堵。在印花过程中，网与框的结合处有时会产生漏浆的现象，这时应以适当的材料遮挡，防止色浆漏出。

为了增强膜版的耐印力，可将检修的花版再次曝光（二次曝光），在网版上的胶膜经再次曝光，胶膜被进一步固化，这样可提高网版的耐用性。

3. 平网印花的印制　平网印制是通过印花刮刀刮印的，色浆在刮刀的作用下，透过网版花纹网孔处漏印到纺织面料上，形成花纹。

印花色浆透过丝网的量与丝网的规格（目数、开孔率）、色浆的流变性、刮刀类别及刮印条件等因素有关。丝网的规格前文已述，色浆的流变性将在印花糊料部分介绍。

平网印制有手工刮印和机械自动刮印两种，前者是工人用刮刀在筛网上手工刮印，后者则利用机械或电磁驱动刮刀刮印。常用的刮刀有两种，即橡胶刮刀及磁棒刮刀。

橡胶刮刀的硬度、形状对印制效果有较大的影响。刮刀硬度采用肖氏 48～80 度，硬度高的印精细花纹，硬度低的印大块面纹样。刮刀刀头形状与印制效果也有关系，一般刀头弧度相对小的用于给浆量少的细线条花纹;刀头稍平或弧度大些的,则用于给浆量多的大块面花纹。

刮刀刮印的压力、角度和刮浆速度对调整给浆量和渗透性有很重要的影响。刮刀压力与色浆的渗透度成正比。刮刀刮印时,刮刀与所印面料在刮刀运行方向的角度称为刮刀刮印角度。在一定压力下,刮刀的刮印角度大,色浆透网量少,适于精细线条花纹;在一定压力下,刮刀的刮印角度小,色浆透网量多,适用于粗犷的或大面块的图案。刮刀刮印的速度快,色浆透网量少,反之则多。目前的平网印花机刮刀压力一般用螺栓、弹簧来调节,或用气动加压调节,后者更易控制,可提高印花重现性。

磁棒刮刀依靠电磁力的吸引和拖动,使磁棒移动实现刮印。这种刮刀的刮印是通过电磁力的大小和更换不同直径磁棒刮刀来调整色浆透网量和印透性的。电磁力大则色浆透网量多,有利于印透。磁棒刮刀直径越大也越利于色浆的透网。

印制多套色花型有一个排版顺序的问题,在保证对花准确的前提下,一般小面积的花纹版放在前面印,大面积的花纹版放在后面印,这样可以尽可能地防止纺织面料遇色浆收缩造成的对花难度。

连续图案的平网印花,在花版与花版间需要接版,两版相接处往往会出现因色浆搭接而产生所谓"接版印",这是平网印花的不足,需要通过制版、印制技巧克服。

(二)圆网印花

1. 圆筒筛网印花机 圆筒筛网印花(简称圆网印花)兼有滚筒印花连续运转和平网印花色泽浓艳等特点,适应性强,生产效率高。

圆网印花机的印花花版是呈圆筒状的圆网,圆网材料的主要成分是金属镍,所以圆网也叫镍网。不同规格的镍网其圆周长和宽度都有规定的尺寸,一般镍网网孔呈蜂巢状。印花时,镍网网筒内的刮刀,将网内的色浆刮过有花纹处的镍网网孔,漏印到纺织面料上形成图案。

圆网印花机的形式有放射式、立式和卧式三种,常规印花以卧式为主。

同布动平网印花机的结构类似,圆网印花机也是由进布、印花、烘干和出布四个部分组成(图 11-6)。与布动平网印花机不同的是,圆网印花机无论是在进出布,还是在印花区域都是连续运行的,圆网印花不存在"接版印"的问题。

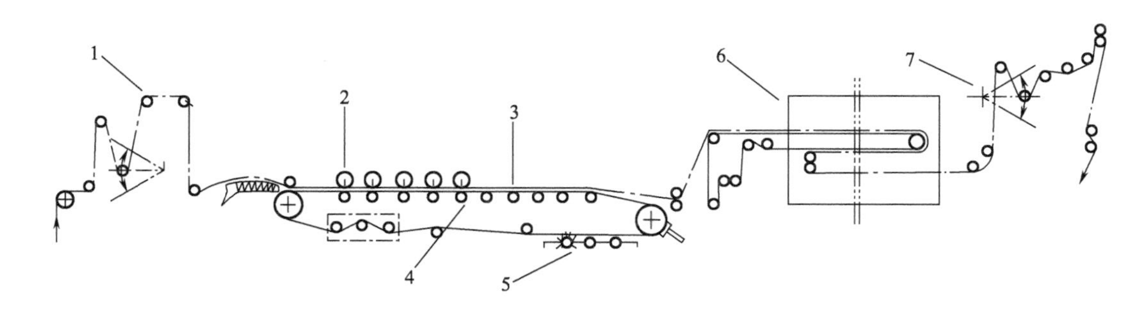

图 11-6 圆网印花机示意图

1—进布 2—印花圆网 3—橡胶导带 4—承压辊 5—水洗单元 6—烘箱 7—出布

织物通过贴布胶暂时黏附于橡胶的循环导带上(能使织物暂时平整地黏附于循环导带上,利于对花),并随循环导带连续运行,圆网花版在导带上旋转,每只印花圆网的导带下面都有一只小的承压辊。印花时,色浆由泵打入圆网内,经刮刀刮浆,色浆便透过花纹网孔印到织物上,见图 11-7。圆网内的刮刀有三种形式,即不锈钢刮刀、磁棒刮刀和磁性组合刮刀。印花完毕,印花布与导带分离,面料便进入烘箱烘干。印花后循环导带转入机下,进行水洗、烘干、刮贴布浆再转到上面。

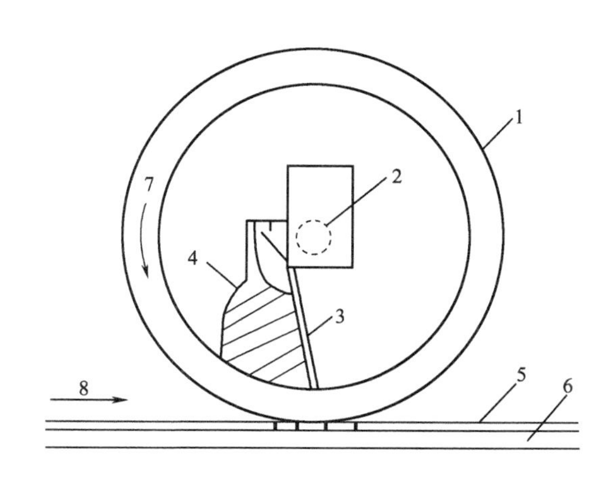

图 11-7 圆网刮印色浆示意图

1—圆网 2—供浆管 3—不锈钢刮刀 4—色浆 5—织物 6—橡胶导带
7—圆网旋转方向 8—导带运行方向

圆网印花机操作方便,劳动强度低,车速一般为 70~80m/min,最高可达 120m/min。

2. 圆筒筛网的制版

圆网花版是由金属镍制成的镍网,网孔为六角形或圆形等。圆网的规格有上百种,如有 15.7 网孔/cm(40 目)、23.6 网孔/cm(60 目)、31.5 网孔/cm(80 目)、39.4 网孔/cm(100 目)、47.2 网孔/cm(120 目)、49.2 网孔/cm(125 目)、61 网孔/cm(155 目)、72.8 网孔/cm(185 目)、100.4 网孔/cm(255 目)等圆网;圆网的周长有 480mm、640mm、913mm、1826mm 等;圆网的幅宽有 1280mm、1620mm、1850mm、2400mm、2800mm、3200mm 等。

我们通常使用的圆网多为标准网,网孔形状为六角形,网孔的排列方向即网孔与网的轴线的角度有 15°、45°、60°,以 45°为多,这样的网孔排列类似于丝网的斜绷网,有利于避免印花时龟纹的产生。除了标准网外,还有目数和开孔率更高的 Penta 网和 Nova 网。

(1)圆网感光制版。目前,圆网花版的制版基本上都采用无黑白稿软片的喷墨、喷蜡感光制版。无黑白稿软片的喷墨、喷蜡感光制版是把计算机分色后的黑白稿图案直接喷印在已涂有感光胶的圆网上,所喷墨和蜡都是具有遮光作用的"墨水",区别在于喷出的微小蜡滴遇到冷的上过感光胶的圆网便快速凝固,利于精致图案花纹的再现。无黑白稿软片的感光制版省去了制作黑白稿软片的工序,将黑白稿花纹直接喷绘在涂有感光胶的花版上,制版的效率高,制版精确。有黑白稿软片和无黑白稿软片的喷墨、喷蜡感光制版的机理没有区别,都是一样的。

圆网的感光直接制版工艺过程如下：

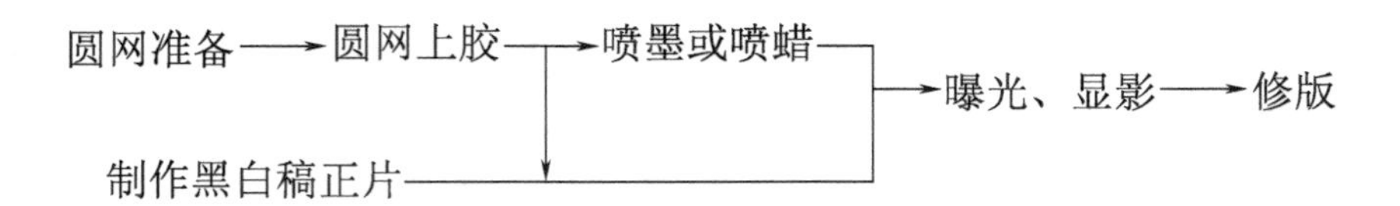

①圆网准备。圆网准备包括圆网的选择、圆网的检查、圆网的复网以及清洁去油等。

圆网的选择主要涉及的是圆网规格的选择,包括圆网的目数、圆网的周长和幅宽。圆网检查的内容包括圆网的外观质量、透光度、串通孔数、盲孔数、网壁厚度的均匀性以及弯曲性能等的检查。圆网在生产、运输过程中难免要受到沾污,为了能使感光胶与镍网结合得牢固,使印花圆网花版的质量和耐用性更佳,涂胶前必须要对圆网进行清洁去油。

②圆网上胶。圆网用感光胶的基本组成和感光机理与平网感光胶是基本一样的,只是圆网感光胶要有更好的耐磨性能。

上胶分手工上胶和机械自动上胶,目前基本使用机械自动上胶。

感光胶的黏度直接影响感光胶的上胶性能。根据印花的具体情况(印花图案精细程度、被印纺织品的特点)调配合适、恰当的胶液黏度是非常重要的。一般黏度大一些的胶,上胶后胶膜的厚度较厚一些,黏度小一些的胶液,上胶后胶膜的厚度要薄一些。

黑白稿正片的制作一般通过照相连晒或激光照排进行,输出黑白正片的纹样在尺寸上要与圆网周长、印花工作幅宽相吻合。

应用喷墨或喷蜡制网机,省去了黑白稿胶片,能够克服图案接缝不准、网点损失、含杂质以及低效率等缺点。

③圆网花版的曝光、显影。经过上胶烘干的圆网要马上曝光,不宜久放,特殊情况可在低温条件放置 4h。曝光是在圆网曝光机上进行的,影响曝光强度的因素是光源强度、曝光距离和曝光时间。曝光后的圆网应及时显影,显影时圆网经温水浸渍及冲洗实现显影。显影后的圆网放入恒温干燥箱中干燥。

④修版、焙烘固化。干燥后的圆网放在检查架上,仔细检查网体胶面,如出现砂眼可用光敏胶修补,使花网在上机印花前无质量问题。圆网经光敏胶修补后可进行二次曝光。二次曝光的目的有两个,一是使修补的光敏胶感光固化,二是使感光胶膜进一步感光,让胶膜更加耐用。

修版后的圆网,要进行焙烘固化处理。将圆网放入恒温干燥箱内升温至 160℃,焙烘 60~120min,使胶层进一步充分聚合固化。

(2)激光制网。基于计算机数字技术、激光技术的先进圆网制版技术——激光技术制网也已开发和应用。一种是在平网制版中叙述的蓝光制版,另一种是激光“雕刻”制版,其制版的原理是通过高频激光发生器发出的激光束(激光打点),在涂有特殊胶层的圆网上“雕刻”出所制的花纹,“雕刻”的过程中,胶层在激光的作用下被汽化。具体的实施过程为,用分色后的图案数字信息控制激光打点,通过圆网的转动和激光头的平移,完成图案的“雕刻”。激光直接“雕刻”花网,目前有 254dpi、508dpi、1016dpi 三种精度,可根据花型要求选用,激光束直径最小可达 0.025mm,这对纺织品印花来说,可实现精细的云纹、泥点的印制。

激光制网，在印花图案经电脑分色以后，就可以直接在网上“雕刻”花纹，无须再制分色黑白胶片，也没有曝光、显影、冲洗等后续工序，花型信息丢失少，制网速度快、精度高、质量好，是先进的圆网制网方法。

三、转移印花

转移印花与其说是与转移印花的设备有关，不如说转移印花是一种与印刷密切相关的特殊印花工艺，通过转移印花设备得以实施，鉴于大家在归类上将转移印花划在设备分类上，本处也依惯例为之。

（一）转移印花概述

转移印花就是将印花图案预先印制到特定的纸张上，得到所谓的转移印花纸，然后将转移印花纸与所印纺织面料复合（转移印花纸图案面和纺织面料接触），通过热和压力或者在一定的湿度下施加压力，转移印花纸上的图案便转印到纺织面料上。

理想的纺织品转移印花技术应该具有两大特征，一是其所印制的图案与常规印花相比，具有更加丰富的表达能力，图案的线条更精细、层次更丰富；二是具有环保特征的清洁式生产方式。

转移印花图案丰富的表达能力是常规纺织品印花无可比及的，常规印花是直接在纺织品上印制，承印对象为表面粗糙、蓬松、充满孔隙的纺织面料。而转移印花，首先是在转印纸上印制图案，承印物为表面平整的、细密光洁的纸张，之后，将转移印花纸上的图案转印到纺织品上，显然，平整、光洁、细密的表面要比粗糙、蓬松、充满孔隙的表面可印性强，图案层次更丰富、线条更精细。

纺织品的转移印花主要分为三大类：一是以分散染料为代表的升华法转移印花；二是颜料和热熔树脂的脱膜法转移印花；三是以活性染料为代表的半湿法转移印花。前两类也称为干法转移印花。在三类转移印花中，发展最为成熟的是分散染料转移印花，无论从工艺、技术路线及设备方面都达到了相当的水平。但由于其加工对象仅限于以涤纶为代表的，有明确玻璃化温度的合成纤维纺织品，所以，从广泛的应用上受到了较大的限制。脱膜法转移印花也是较为成熟的一类，有其独特的风格特征，由于有局限性，仅用于成衣的局部印花和广告纺织品的印花，其特点是不受承印对象材料的限制。活性染料的半湿法转移印花是解决棉织物转移印花的方法之一，到目前为止还无法免除印后水洗这一过程，无法体现清洁的生产性能，仅在图案的表达上比常规印花的线条精细，图案色彩、层次更加丰富。

（二）升华法转移印花

升华法转移印花就是利用分散染料升华的性质，200℃左右时，转印纸上的分散染料升华汽化转移上染到涤纶纺织面料上形成图案。

升华法转移印花所用的分散染料其相对分子质量为250～400。

1. 升华法转移印花纸的制作

（1）升华法转移印花用纸的要求。

①足够的强度。

②能耐 220℃,时间在 30s 以上。

③表面光洁,对分散染料的亲和力低。

(2)升华法转移印花油墨。

①水溶性油墨:

分散染料	x
尿素	10%
海藻酸钠(6%)	40%~50%
加水合成	100%

②醇溶性油墨:

分散染料	x
正丁醇	2%~7%
乙基纤维素	46%
异丙醇	40%~46%
苯丙醇	0~9%
加水合成	100%

(3)升华法转移印花纸的印制。转移印花纸可以用筛网或凹版滚筒印花(刷)机印制。水溶性油墨适合筛网印制,醇溶性油墨适合凹版滚筒印制。

2. 升华法转移印花的印制条件

(1)转移印花设备。转移印花设备有平板式烫印机和连续式转移印花机。匹布的转移印花用连续式转移印花机,针织衣片、成衣的转移印花多用平板式烫印机。

(2)转移印花的转印条件。

涤纶织物:200~220℃,10~30min。

锦纶织物:190~200℃,30~40min。

3. 棉织物的升华法转移印花 棉织物的升华法转移印花大致有四种方法:

(1)在棉纤维上连接染料受体。以羟甲基丙烯酰胺为例,它既能与纤维素纤维结合又能与染料连接。因为它的 $\rangle C{=}O$ 基团可以和分散染料分子结构中某些极性基团(如—OH、—NH_2、—NH_2R)等形成氢键结合。这种预处理方法是浸轧羟甲基丙烯酰胺水溶液,然后在100℃以下烘干备用。在高温转移印花时能产生自身交联和游离甲醛,前者足以影响染色牢度,后者导致织物上甲醛超标。积极的方法是加入某些物质,阻止副反应的发生。

(2)膨化纤维素。常用的膨化剂是聚乙二醇。它是一种高沸点的非离子型极性溶剂,不但能溶胀膨化纤维素纤维,而且又是分散染料的溶剂。这种方法主要是模拟涤纶在高温时无定形区分子运动剧烈,微小空隙逐渐软化成半熔融状态和分散染料气体受范德瓦尔斯力吸引运动到涤纶周围,然后扩散进入无定形区着色的现象。这种预处理方法得色深度很好,而且鲜艳。问题在于它是分散染料的溶剂,印后日久花纹模糊和湿摩擦牢度下降,产生严重的泳移现象。

(3)在织物表面聚合高分子薄层。这种方法是在纤维素纤维织物表面包覆一层合成材料薄膜，依靠它们吸收并固着分散染料。常用的有聚酯、聚酰胺、聚苯乙烯等。这种预处理不仅可达到印花目的，还兼有提高织物处理强度的补偿作用。其中聚苯乙烯在织物上形成薄层较为易行，而且耐洗涤性好，也不为一般溶剂萃取。

(4)将纤维素纤维进行接枝变性处理。常用的有乙酰化、苯甲酰化、氰乙基化的接枝变性处理。其中苯甲酰化变性处理效果接近涤纶，尤其在具有良好的耐水洗牢度方面。

棉织物的升华法转移印花仍然存在着值得深入探讨的问题，还有很多不足需要完善，这也是升华法转移印花没能更广泛推广的重要原因。

四、喷墨印花

(一)喷墨印花概述

喷墨印花也叫数码喷墨印花，是通过纺织品专用的喷墨打印机将数字图案打印到纺织品上，这种专用的喷墨打印机称为数码喷墨印花机。

喷墨印花被称为无版印花，它不需要制版就能够实现印花，喷墨印花对所印图案没有限制，从传统的花布纹样到国画、油画乃至彩色照片都能印制。

计算机喷墨打印技术在自动化办公领域已相当成熟，但该技术应用于纺织领域面临的问题却比较复杂，如喷印的对象表面不是平整的，不同面料的界面张力不同，不同的纤维材料需要不同的墨水，还要配合纤维的着色工艺才能达到符合要求的色牢度。

数码图像的输入设备(扫描仪、数码相机)、计算机、数码输出设备(喷墨印花机)构成了喷墨印花的硬件组合，图像处理软件、RIP(raster image processer)软件支持和控制数码印花机正确工作。当然做好纺织品喷墨印花产品更离不开常规印染设备的配套，如织物的预处理设备，卷放与输送装置，汽蒸、焙烘、水洗与干燥设备等。

喷墨印花是利用CMYK模式的三原色混色原理，微小的喷墨液滴在被喷印材料上形成空间混色的效果。数码喷墨印花机喷头喷出的墨滴大小、形状以及设备的分辨率决定着喷墨印花的效果。与打印纸张不同，喷墨印花喷出的墨滴的大小决定了它的适用性，比如相对厚和蓬松的纺织品就需要能喷出相对大一些墨滴的喷头。

数码印花机的喷头是最关键的部件，其喷墨原理有按需喷墨和连续喷墨两种。

按需喷墨(DOD)印花是根据图案的需要产生墨滴的，有压电式、气泡式和阀门式等不同喷墨方式。

数码喷墨印花机分为导带(导辊)型和平板型两种，导带型数码喷墨印花机主要是用于各种纺织面料的连续式喷墨印花，导辊型数码印花机基本上是用于分散染料转移印花纸的连续式喷墨印花，转移印花纸上的图案通过热转印机印到涤纶面料上。平板型数码喷墨印花机是一种间歇式喷墨印花机，主要用于围巾、衣片和成衣的喷墨印花。

当前，数码喷墨印花机喷头几乎为压电喷头。喷墨印花机的喷印方式有喷头移动和喷头不移动两种，喷头移动的方式被称为扫描的方式，喷头不动的是single－pass喷印机的喷印方式。在扫描方式喷印时，横向移动的喷头喷印到静止的织物上，喷印后导带带动织物向前移动一定距离，然后导带停止，喷头再次进行横向扫描喷印，如此往复。这种喷印方式限制了喷墨印花的印花速度,当然增加喷头的数量仍然会提高印花速度。single－pass 的喷印方式使数码喷墨印花机的印花速度达到传统圆网印花机的速度,single－pass 喷墨印花机配置的喷头从百只到数百只,喷头固定不动,织物随导带连续向前移动。

喷墨印花所用墨水有染料墨水和颜料墨水。染料墨水有活性染料墨水、酸性染料墨水和分散染料墨水。活性染料墨水适用于纤维素纤维面料以及蛋白质纤维面料;酸性染料墨水适用于蛋白质纤维和锦纶面料;分散染料墨水适用于涤纶面料。颜料墨水适用面广,对所印面料没有限制。

(二)喷墨印花在织物上的应用

1. 活性染料、酸性染料的喷墨印花

(1)织物在喷墨印花前的预处理。用于喷印棉、丝绸、羊毛等面料前,必须对织物进行上浆处理,这对喷墨印花的印制非常重要。上浆处理达到三个基本目的,一是通过上浆创造一个墨水染料上染纤维的条件,如活性染料墨水喷印棉织物,活性染料的上染需要碱剂固色,活性染料墨水中不能有碱剂存在,否则影响墨水的稳定性,那么碱剂就必须通过上浆施加。同样丝绸、羊毛需要在酸性条件下染色,那么酸剂也需要通过上浆施加。二是通过上浆可以保证喷印到面料上的墨水不致渗化,使喷印的纹样细致精制,但上浆不能影响染料对纤维的扩散上染。三是通过上浆使面料平整稳定,表面光洁没有过多的绒毛,有利于喷墨液滴没有障碍地喷印到面料上,这一点对于羊绒面料的喷印尤为重要。用于上浆的糊料可以根据染料的不同进行选择和混合应用,如海藻酸钠、醚化淀粉及植物种子胶等都能使用。上浆可在平网或圆网印花机上完成,也可以通过轧、烘完成。

(2)喷印。根据图案和面料设定喷印的分辨率,进行色彩的控制和调整,实施喷印。

(3)印后处理。喷印后进行汽蒸、水洗和干燥。

2. 分散染料的喷墨印花 分散染料的喷墨印花主要用于涤纶面料,有两种方法:一是分散染料墨水直接喷印到涤纶面料上,但也像活性染料喷墨印花一样,需要必要的预处理以及喷印后的高温汽蒸或焙烘发色;二是先将分散染料墨水打印到转移印花纸上,之后进行升华法转移印花。

3. 颜料墨水的喷墨印花 颜料墨水的喷墨印花适用性广,所有纺织纤维的面料都能喷印,喷印前也要进行特定的预处理,喷印之后焙烘固色。

一般认为,阻碍数码喷墨印花发展的瓶颈有喷印速度、喷头的寿命和价格以及墨水的成本等。扫描式高速喷墨印花机和 single－pass 喷印机的出现、2～3 年喷头的使用保障以及墨水市场的竞争,使传统筛网印花面临真正的挑战和威胁。

第三节　以印花工艺划分的印花方法

一、直接印花

直接印花(direct printing)是在白色或有色纺织面料上直接印制各种颜色的印花色浆从而形成印花图案的印花方法。活性染料一般用于纯棉、纯麻和黏胶纤维等面料的直接印花;分散染料一般用于纯涤纶等面料的直接印花；弱酸性染料、中性染料一般用于纯毛、蚕丝和锦纶等面料的直接印花；毛用活性染料一般用于纯毛和蚕丝纤维等面料的直接印花；阳离子染料一般用于腈纶面料的直接印花；涂料直接印花在传统的面料印花中应用最为广泛，涂料直接印花适用于几乎所有纺织纤维面料的直接印花，尤其适用于针织面料的衣片和成衣印花。

二、防染(防印)印花、拔染印花

防染或防印印花(resist printing)、拔染印花(discharge printing)可以得到精细和精致的印花效果，常用于花纹图案精密的印花。

所谓防染、防印印花，就是先在纺织面料上印制能够防止染料着色的印浆，然后染色或压(叠)印其他颜色的色浆，先印花部位的色浆能够破坏或阻止后染或后印染料对所印纤维的着色，从而形成花纹，这样的印花叫防染或防印印花。防止染料上染的物质称为防染剂，含有防染剂的色浆叫防染浆。如果防染浆中只有防染剂，防染或防印部位得到的颜色为印制前纺织面料的颜色(一般为白色)，这样的防染或防印称为防白印花；如果防染浆中除了防染剂还含有不受防染剂影响能正常上染纤维的染料，防染或防印印花后得到的图案颜色为防染浆中染料对所印面料着色的颜色，这样的防染或防印称为色防印花。

防染、防印印花有物理防染和化学防染两种，传统的蜡染印花和蓝印花布就是采用物理防染的方法，典型的化学防染在活性染料印花中会具体介绍。

防印印花的方法能解决对花关系要求严格的难题，比如当图案相邻两色搭色会产生第三色，可采用防印印花的方法阻止第三色的产生。

拔染印花一般是在已经染色的或染色尚未固色的面料上，印制能够破坏已染色的染料结构或能阻止尚未固色染料固色的印浆，印花后经适当处理如汽蒸水洗，印花部位染料不能显色，形成花纹，这种印花方法称为拔染印花。印浆中能够破坏已染色染料结构使染料消色或能阻止染料固色的物质叫做拔染剂，含有拔染剂的印花浆叫拔染浆。如果拔染浆中含有的染料不受拔染剂的影响，能够在印花的过程中上染所印面料，印花处的地色(先前已染色的颜色)被拔染剂消色，花纹呈现拔染浆中含有染料的颜色，这种印花方法称为拔染印花的着色拔染，简称色拔。拔染后得到白色花纹的拔染称为拔白，拔染印花分为拔白和色拔两种。

拔染印花的纹样边界干净清晰，特点鲜明，对于深色背景花布上的白色或浅艳色精细线条或细点子，一定要用拔染印花的方法印制。旗帜的印花多用拔染印花的方法施印。

三、罩印和叠印印花

罩和叠都有重合的意思，但罩具有遮盖的意思，而叠却不一定。

深色罩印在浅色上，相叠处不易出现第三色，如黑色叠在其他颜色上，同类或同色相不同深浅色的深色叠印到浅色上，如橙色叠在黄色上，红色叠在粉色上，这些都是罩印。白色或浅艳色花纹将深地色遮盖的印花是人们常说的罩印印花，这样的罩印印花属于涂料印花的范畴，该法也能够印出深色背景花布上白色或浅艳色精细线条或细点子的效果，但效果比不上拔染印花。

两色相叠产生第三色的印花可以称为叠印(oven printing),这样的方法在一些花布印花中也是被采用的。

罩印和叠印印花的方法会经常使用,在条件具备时,用以通过分色的手段,简化对花的操作难度。

四、阶调印花

将连续变化的图案如照片、各种艺术绘画等图像分解成很小的、眼睛在一定的观察距离上不能分辨的、不同密度级的像素网点,在观察距离内达到连续调的视觉效果。用这种方式表达的图像叫阶调图像。印制阶调图像的印花花版叫阶调调印花花版。

阶调图像有单色和彩色阶调之分。

单色的称为半调(halftone)。任何一张连续调原稿图案的深浅、浓淡的连续变化,都可以分为高、中、低三个层次。浅、亮的层次叫高调。深、暗的层次叫暗调,介于两者之间的叫中间调。把连续调图像转换成阶调图像的技术叫阶调加网技术。阶调加网技术是用不同明暗的空间网点即阶调来表达连续调图像。由于计算机的运用,使得加网变得非常方便。不同明暗空间网点的表达形式,是等密度的空间网点通过点子直径的大小来表达色调的明暗的。

彩色阶调就是利用空间混色(包括叠加部位的减法混色)达到拼色的阶调效果,使阶调具有彩色效果。彩色阶调一般通过四块单色阶调网版(半调),即青(cyan)、品红(magenta)、黄(yellow)和黑(black)获得拼色阶调。青、品红、黄和黑被概括为CMYK,称为彩色阶调印花的四分色。

彩色阶调印花的技术重点在于根据面料和图案的情况进行分色加网,确定制版所用筛网的目数和分色加网的线数,经验规定丝网目数是加网线数的4.2倍。为了避免干涉龟纹的产生,加网角度确定为黄版0°、品红版75°、青版15°、黑版45°。

彩色阶调印花是借鉴了彩色印刷的技术,只用四个颜色的花版,通过所印点子的空间混色可以复制出无数个颜色,较传统印花减少了花版的数量。传统印花只能表达色块、线条,彩色阶调印花能够表现彩色照片、绘画的效果,较传统印花表达能力强。

五、共同印花

用不同类别的染料、颜料及不同的其他印花材料,印制同一块面料的方法叫共同印花。如涂料和染料的共同印花,金粉和涂料的共同印花,变色颜料和普通涂料的共同印花等。共同印花可以组合出色彩斑斓的印花产品。

第四节　以印花效果划分的印花方法

一、烂花印花

烂花印花(burn-out printing)是用印花的方式将两种纤维的一种通过化学方法破坏去除形成镂空效果纹样的印花。

典型的烂花印花是用酸性印浆对涤/棉包芯纱织成的面料印花，原理为纤维素纤维在无机酸的作用下被炭化。

酸剂为硫酸铵、硫酸等，糊料采用耐酸的混合糊料(白糊精与合成龙胶的混合糊)。

工艺流程为：

织物定形→印花→热处理(汽蒸或焙烘)→洗涤→烘干

热处理的条件为：140℃、30s，或95～97℃、3min。通过激烈的洗涤将炭化的纤维素从面料上洗除。

二、静电植绒印花

静电植绒印花(printing and flocking)是先在织物表面上印上植绒专用的黏着剂，然后把纤维短绒结合到织物上，纤维短绒与印了黏着剂的花纹部位黏结，此时，给纤维短绒施加静电，使粘到花纹黏着剂上的短纤维都直立定向排列，并固着在织物上。用于静电植绒的纤维包括实际生产中应用的所有纤维，其中黏胶纤维和锦纶两种最普遍。大多数情况下，短绒纤维在移植到织物上之前要先进行染色。

三、胶浆印花

胶浆印花普遍地用于针织衣片和成衣的印花中，胶浆印花与涂料印花在印花原理上没有本质的区别，印花时都是黏着剂成膜，但两者在成膜的感官上却追求着迥异不同的风格，常规涂料印花追求的印花手感如染料印花一样柔软，只求黏着剂的固色作用，而胶浆印花追求的却是光亮的胶皮风格。胶浆印花成膜后具有良好的弹性，而且不能发黏。胶浆的主要成分为高含固的丙烯酸酯共聚乳液或水性聚氨酯乳液。水性聚氨酯是良好的胶浆组分。胶浆分为弹性透明胶浆和弹性白胶浆。

四、其他基于涂料印花技术的特种印花

许多特殊的印花方法都是基于涂料印花的技术，即一些具有感官效果的材料(主要是它们的粉体)通过印花黏着剂与纺织品黏着而获得印花的效果。

珠光印花、夜光印花、金银粉印花、变色印花、芳香印花等都是通过使用相应的黏着剂将具有上述感官功能的粉体制成印花色浆，印制而得。

复习指导

1. 了解印花的历史、定义，印花的目的和要求，印花的特点，印花花版的发展，不同印花花版的印制特性。

2. 掌握印花方法按工艺和设备分类的方法。

3. 了解印花工艺过程的调浆、雕刻和制网、印制和后处理方法。

4. 了解特种印花及其印花效果和实施方法。

思考题

1. 从印花历史的沿革角度,简述对印花方法发展的体会。
2. 何谓直接印花、防染印花、拔染印花和转移印花?
3. 分别从印花技术和市场需求的角度,对比和评价滚筒印花、平网印花和圆网印花方法。
4. 分析分色制版与印花工艺的关系。
5. 在现代印花中,拔染印花、防印印花如何灵活运用于生产实际?
6. 简述喷墨印花的技术特点,分析喷墨印花的未来发展。

参考文献

[1] 城一夫. 西方染织纹样史[M]. 孙基亮,译. 北京:中国纺织出版社,2001.
[2] 郑德海,郑军明,沈青. 丝网印刷工艺[M]. 北京:印刷工业出版社,2006.
[3] 陈立秋. 平网印花机的技术进步[J]. 印染,2004(22):41-43.
[4] 陈立秋. 圆网印花机的技术进步[J]. 印染,2004(19):37-40.
[5] 房宽峻. 数字喷墨印花技术(一)[J]. 印染,2006(18):44-48.

第十二章　印花色浆

第一节　引　言

印花是在纺织品表面获得有色花纹的加工过程。为了获得清晰的图案，印花色浆中除了必要的化学药剂外，还要加入适当的糊料来防止色浆的渗化。印花糊料(paste，short thickeners)是指加在印花色浆中能起增稠作用的高分子化合物。印花糊料在和染料、化学试剂调制成色浆之前，一般先在水中溶胀，制成一定浓度的稠厚糊状胶体溶液，这种糊状胶体溶液被称为印花原糊。

印花是综合性的加工过程。影响印花质量的因素很多，除了纤维品种、纺织品组织结构、织物前处理质量、印花设备、印花工艺和技术、后处理加工条件等因素外，印花色浆的性质是一个十分重要的影响因素。色浆的功能在于使染料(或颜料)顺利地转移到纤维上，在织物上印制出清晰的花纹，因此，色浆应具有一定的化学稳定性、润湿性、黏着力和成膜性。此外，要求色浆中的染料对纤维有较高的上染率或给色量。上染率或给色量与染料及纤维的性质、织物的组织结构以及色浆的组成、固色条件等多种因素有关，但色浆中糊料的性质起到不可忽略的作用。同一种染料用不同的糊料，在相同印制条件下，上染率或给色量可以相差很大。通常糊料对染料的亲和力越大，上染率就越低，而印花表观给色量还和色浆的印透程度有关，印透性差的往往织物表观给色量高。色浆的印花均匀性除了和调浆是否均匀有关外，还和色浆的流变性有关。一般来说，印透性好，印花均匀性也较好。印花轮廓的清晰性与原糊的抱水性有关。

流变学是一门深奥的学问，对糊料的流变性能、色浆流变性能以及流变性和印花性能之间的关系，人们的认识还不够深刻，还有很多需要深入研究的地方，在实际生产中，往往主要仍然靠经验来判断。对一个印花色浆来说，要满足所有工艺要求是不可能的，有些因素是相互影响和矛盾的，例如，印透性和表观给色量往往是相互矛盾的，另外还必须考虑印制的成本。因此，十全十美的色浆是没有的，使用时应根据实际情况灵活选用。

第二节　印花糊料的结构和性质

一、印花原糊在印花过程中的作用

原糊在印花过程中起着下列几方面的作用：

(1)作为印花色浆的增稠剂，使印花色浆具有一定的黏度，保证印花加工的顺利进行，可以部分地抵消织物的毛细管效应而引起的渗化,从而保证花纹的轮廓清晰。

(2)作为印花色浆中的染料、化学品、助剂或溶剂的分散介质和稀释剂,使印花色浆中的各个组分能均匀地分散在原糊中,并被稀释到规定的浓度来制成印花色浆。

(3)作为染料的传递介质,起到载体作用。印花时染料借助原糊传递到织物上,经烘干后在花纹处形成有色的糊料薄膜,汽蒸时染料通过薄膜转移并扩散到纤维内部,染料的转移量视糊料的种类而不同。

(4) 作为黏着剂,以保证印花色浆能黏着到织物上去,经过烘干,织物上的有色糊料薄膜又必须对织物有较大的黏着能力,不致从织物上脱落。

(5)作为吸湿剂,在汽蒸固色时能吸收水分,保证色浆中染料溶解、扩散过程的顺利进行。

(6)作为印花色浆的稳定剂,延缓色浆中各组分彼此间相互作用。

二、印花糊料的要求

作为印花糊料,必须具备以下一些条件。

1. 印花糊料应具备恰当的流变性(rheological behaviour) 糊料在水中膨胀或溶解,得到具有胶体性质的黏稠液体,用作印花色浆的原糊。它必须具有合适的流变性。流体的流变性包括流体的可塑性、触变性和抗稀释性等诸多特性。不同的印花设备、不同的印花工艺和不同的花型特点,需要采用不同流变性的印花糊料。印花生产中,常把两种或两种以上的糊料相互拼混,使不同流变性流体间能取长补短,获得适合不同印花需要的流变特性。

2. 印花糊料应具有一定的物理和化学稳定性 在制成原糊后,原糊存放时,不易于发生结皮、发霉、发臭、变薄等变质现象;在制成色浆后要经得起搅拌、挤轧等机械性的作用,保持糊料的流变性能不发生显著变化;加入染料、化学助剂时不发生化学变化。

3. 印花糊料本身不能具有色素或略有色素 如果糊料略有色素,那么这些色素应该对所印的纤维没有直接性,可在其后的水洗过程中洗除,不影响印花织物的鲜艳度。

4. 印花糊料要保证染料有良好的上染率 糊料和染料之间的亲和力要小,使所印的织物具有较高的表观给色量和染料上染率,随水洗除去的染料要少,染料的利用率要高。

5. 印花糊料在制成色浆后应有一定的渗透性和成膜性 糊料应能渗入织物内部,又能在烘干后的织物表面形成有一定弹性、挠曲性、耐磨性的膜层。这一膜层要经得起摩擦、辊筒的压轧和织物堆放在布箱中产生的折叠堆压,使膜层不脱落、折断。

6. 印花糊料在汽蒸时应具有一定的吸湿能力 印花后烘干的织物在汽蒸时,蒸汽中的水分将在印花织物表面冷凝进而被色浆及纤维吸收,糊料吸收水分的多少对于染料的溶解和向纤维扩散有直接的关系。糊料的蒸化吸湿能力和膨化能力因糊料的结构不同而存在差异。

7. 印花糊料必须具有良好的洗除性 糊料的洗除性又称易脱糊性,糊料在印花汽蒸后要易于洗除,否则会造成花纹处手感粗硬、色泽不艳、染色牢度不良等病疵。

8. 印花糊料的成糊率要高,制糊要方便 成糊率即为制取相同黏度的糊料溶液,需要投入糊料的量,它表示不同糊料间的增稠能力大小。羟乙基皂荚胶和高黏度海藻酸钠有较高的成糊率,它们在较低的糊料用量条件下,就能获得较高黏度的胶体溶液;印染胶、淀粉的成糊率则较低。低黏度海藻酸钠的成糊率虽较低,但由于它具有含杂低、天然色素少、渗透性好、PVI 值较高、抱水性好和成膜性好等优点,适宜印制涤/棉等要求糊料含固量较高的印花。

三、印花糊料的分类

糊料种类很多,目前大多数是用天然的亲水性高分子物及其变性产物;用火油和水乳化成的乳化体是涂料印花的重要原糊;20 世纪 70 年代初出现了合成亲水性高分子化合物,被称为合成增稠剂,现已成为一类重要的糊料品种;无机膨润土胶体、气液分散体系(泡沫)也可作为印花糊料。

现将主要几类糊料的组成和性质分述于下。

(一)淀粉及其变性产物

1. 淀粉 常用的淀粉(starch)有小麦淀粉和玉米淀粉。淀粉呈颗粒状,难溶于水,在煮糊过程中,水分子扩散进入淀粉颗粒,发生溶胀,在加热条件下不断搅拌,淀粉颗粒溶胀、破裂形成淀粉糊。

淀粉包括直链淀粉和支链淀粉两种。直链淀粉是由 α-D-葡萄糖剩基通过 1,4-苷键连接而成。

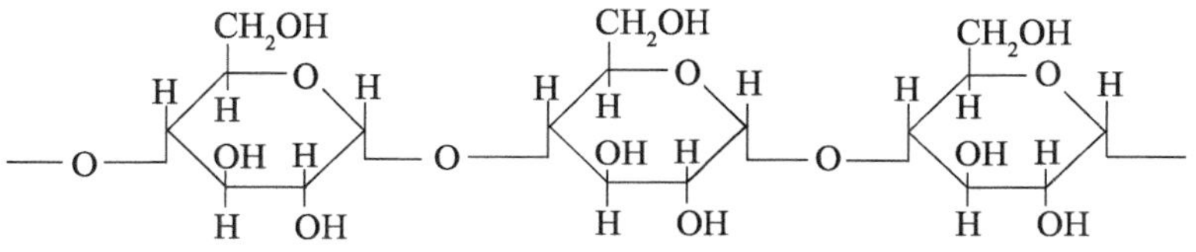

直链淀粉分子片段

支链淀粉是在上述直链淀粉分子中还含有许多结构,由葡萄糖剩基以 1,6-苷键连接而成的支链结构。

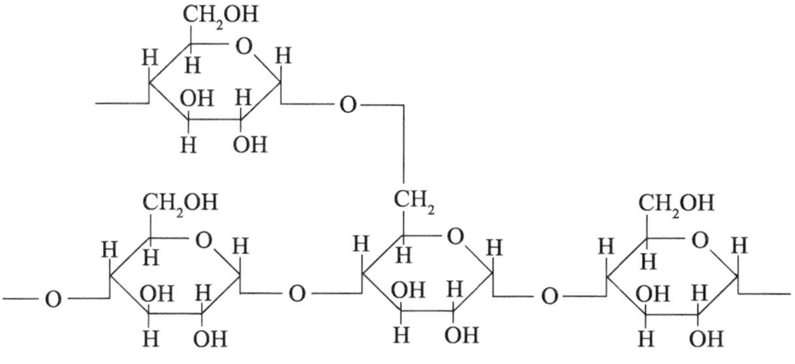

支链淀粉分子片段

直链淀粉和支链淀粉的形状如图 12-1 所示。

由不同农产品原料制得的淀粉,直链淀粉和支链淀粉的含量是不等的。大多数淀粉中直链

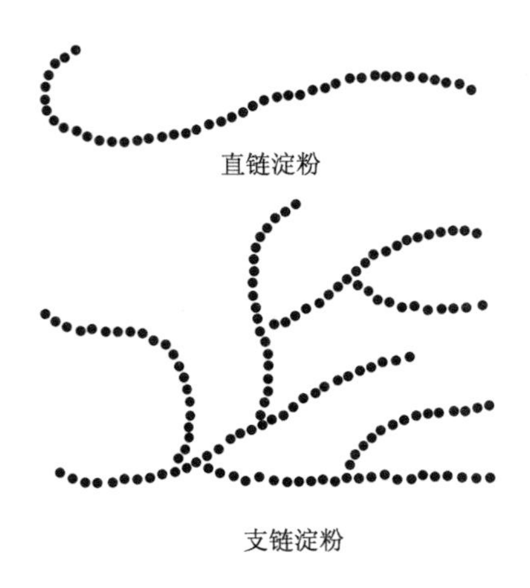

图 12-1 直链淀粉和支链淀粉的形状示意图

淀粉含量为 20%～30%，支链淀粉含量为 70%～80%，也有少数是例外的，例如，糯米淀粉绝大部分是支链淀粉，而百合淀粉则直链淀粉含量很高。作为印花用的淀粉糊，主要用小麦淀粉制得。

直链淀粉相对分子质量较低，为 $2\times10^5\sim6\times10^5$；支链淀粉相对分子质量较高，为 $4.5\times10^4\sim4\times10^8$（支链平均含 15～30 个葡萄糖剩基）。直链淀粉和支链淀粉的性质有较大的差别（表 12-1）。直链淀粉和碘成深蓝色反应，支链淀粉则成红紫色反应。直链淀粉的分子链可呈扭旋状，聚集倾向较大，它的胶体溶液会变成凝胶，甚至发生聚集沉淀。支链淀粉由于支链的空间阻碍，不容易发生取向、聚集，其胶体溶液性质稳定。直链淀粉可被 β-淀粉酶全部水解，而支链淀粉只能部分被水解。

表 12-1 直链淀粉与支链淀粉

性　　能	直链淀粉	支链淀粉
相对分子质量	较低	高
聚合度	200～400	>1000
糊化力	低	高
结晶性	高	低
溶液稳定性	低	高
遇碘的颜色	深蓝	红或紫
可溶性	可溶	不溶

从植物种子中得到的淀粉颗粒形状不一。在淀粉颗粒中，淀粉分子之间存在大量氢键结构，部分直链淀粉能形成微晶体结构。在制糊过程中，随着温度升高，水分子不断进入淀粉颗粒，颗粒逐渐溶胀，溶胀难易随颗粒紧密程度和结晶程度高低而不同，结晶度高的较难溶胀，反

之较易。随着淀粉的溶胀，颗粒体积继续增大，糊料溶液黏度不断增加，在热和不断的机械搅拌作用下，溶胀的颗粒逐渐破裂，此时糊料溶液黏度反而开始降低。沸煮最后得到的原糊是由直链淀粉和支链淀粉的混合物构成的胶体溶液，其中还掺杂有破碎的颗粒外壳残渣。所以，原糊的黏度和流变性能不但与直链淀粉和支链淀粉的相对分子质量大小和分布有关，也与制糊方法和条件有关。

原糊冷却后，葡萄糖分子链之间或分子的链段交接处，由于氢键作用，形成三维网状结构，除水化层外，还网裹着大量的水而成凝胶，产生很高的结构黏度，在机械力作用下或放置过程中会发生析水分相现象。

制糊时，将小麦淀粉和水搅拌均匀，制成悬浮液后加热到近沸，并煮制一定时间。也有将淀粉和水搅拌均匀后，将这种悬浮液经高温蒸汽喷射加热，在较短的时间内制成原糊。前者得到的原糊糊化较充分，黏度较稳定；后者由于加热时间短，糊化往往不够充分。工业生产中还有一种快速制糊方法，即在室温下用烧碱溶液和淀粉作用，使淀粉颗粒（多半是玉蜀黍淀粉）迅速糊化，制得透明状糊料溶液，然后用酸中和，该法使糊中电解质含量较高，不适用于难溶解或对电解质较敏感的染料印花。

淀粉不耐酸，在酸作用下便水解使聚合度降低，原糊黏度下降。水解程度由酸的性质和制糊条件而定。

淀粉原糊的优点是：表观给色量高；印花轮廓清晰；蒸化时无渗化现象；受金属离子的影响较小。缺点是：渗透性差，印花的均匀性不好；易洗涤性差，印花后织物手感偏硬。

2. 淀粉衍生物 淀粉衍生物是用适当的试剂将淀粉进行醚化及改性，淀粉相对分子质量下降不多，但成糊率较高。由于大分子链上引入侧基的空间阻碍，使得淀粉分子链难于聚集，糊料的流变性、凝胶性得到改善。淀粉的醚化衍生物有羧甲基淀粉钠、羟乙基淀粉和甲基淀粉、乙基淀粉等。

羧甲基淀粉钠是将淀粉在氢氧化钠水溶液中和一氯醋酸或其钠盐反应而得到的产物。取代度为0.5～0.8的可溶于冷水，其分子中具有较多的羧基阴离子，糊料溶液的黏度对pH值的变化比较敏感，遇重金属离子会发生凝结或沉淀，适用于阴离子染料印花。取代度高（＞1.5）的产品，较适合活性染料印花。通过对淀粉进行轻度交联和羧甲基醚化的复合改性可以有效地提高改性产物的成糊率，使糊料的流变性能发生显著变化。用羧甲基淀粉钠原糊配制的色浆印花，匀染和透染性比较好，浆膜比较柔软，也易于洗除。

羟乙基淀粉是将淀粉用环氧乙烷或氯乙醇醚化制得的改性产物。取代度一般为0.3～0.8，可溶于冷水，随醚化温度不同呈淡黄至黄棕色。它和淀粉相比，印透性较好，浆膜较为柔软，特别适用于筛网印花，主要由玉蜀黍淀粉制得。

印染胶为淀粉的水解产物，其化学结构与淀粉相似，但聚合度较淀粉为低。它是将淀粉用热酸、氧化剂等经过水解或焙炒而成。印染胶与黄糊精是相似的淀粉加工制品，转化较好、色泽深黄的就是黄糊精，转化较差颜色较浅的是印染胶。印染胶原糊的固含量高达80%，糊料耐碱性、渗透性好，印花均匀。印染胶本身因末端潜在醛基的存在而具有还原能力，由它制得的还原染料色浆在放置时色浆中的雕白粉分解较少，蒸化时雕白粉的有效利用率较高。在汽蒸过程中，印染胶原糊的吸湿性很强，在蒸化时易造成搭色，为了减少搭色和提高给色量，一般拼用一些小麦淀粉糊，以互补长短。

(二)纤维素衍生物(CMC)

作为印花糊料的纤维素衍生物，最主要的是羧甲基纤维素钠(CMC)。此外还有甲基纤维素、羟乙基纤维素等。

羧甲基纤维素钠是由碱纤维素与一氯醋酸或其钠盐反应制得的，反应式如下：

$$\text{Cell—OH} + \text{Cl—CH}_2\text{COONa} + \text{NaOH} \longrightarrow \text{Cell—O—CH}_2\text{COONa} + \text{NaCl} + \text{H}_2\text{O}$$

醚化反应主要发生在 6 位碳原子的伯羟基上，2 位和 3 位的羟基也有部分反应发生。实验表明，制得取代度为 0.91 的产物，6 位羟基有 48.6%发生了反应，2 位羟基有 24.8%发生反应，3 位羟基只有 15.4%发生反应。随着反应条件和取代度的变化，它们的比例也会变化。羧甲基纤维素钠的结构常用下式表示：

H OH CH₂OCH₂COONa
H H O O
OH H H
H O H OH H H
H O
CH₂OCH₂COONa H OH n

用作印花糊料的 CMC 取代度为 0.6～0.8 时，可溶于水，聚合度一般为 500～2000。一般商品按溶液的黏度分高、中、低三种规格。在商品中往往含有一定的副产物，如食盐、羟基醋酸钠等。低取代度的羧甲基纤维素钠，可用于还原染料两相法印花，分散染料涤纶印花，但不适用于金属络合染料及阳离子染料的印花。取代度高于 1.5 的羧甲基纤维素钠可代替海藻酸钠用于活性染料印花。用聚合度为 2000、取代度为 1.46 的 CMC 用于活性染料印花时，其色泽鲜艳度、色牢度、手感均与海藻酸钠相同。

羧甲基纤维素钠的成糊率高，其糊和淀粉糊相比，干燥后结成的皮膜强韧性较好，易于洗除，和羧甲基淀粉糊相同，由于分子中具有较多的羧基阴离子，故适合阴离子染料印花。羧甲基纤维素钠糊一般耐硬水中的钙、镁离子，取代度高、聚合度低的糊，耐电解质和酸的能力较强，但和铁、铬等重金属离子会发生沉淀。在不同 pH 值或不同食盐浓度的条件下，羧基发生不同程度的电离，羧甲基纤维素钠分子的伸展程度也就不同，因而糊的黏度也随之变化，这种影响对高黏度的产品更为显著。

甲基纤维素是将纤维素进行甲醚化得到的产物。商品的取代度为 1.6～2.0，易溶于冷水，在 pH 值为 3～12 范围内性质稳定，加热或加食盐能使甲基纤维素发生胶凝。

纤维素和环氧乙烷反应可制得羟乙基纤维素，性质和羟乙基淀粉类似，耐酸、碱和电解质作用的性能都较好。

(三)海藻酸钠(sodium alginate)

海藻酸钠是一种重要的印花糊料。目前我国生产海藻酸钠的方法主要有酸析法和钙析法两种。酸析法提取海藻酸是将海带或马尾藻切碎、浸泡，然后用海藻重 6%～9%的纯碱液使海藻酸转变成海藻酸钠溶解，滤出海藻酸钠后用漂液漂白，然后用盐酸沉淀，冲洗，便成为海藻酸凝胶。干燥后便成固体，中和后成为海藻酸钠。

海藻酸钠的分子结构式为：

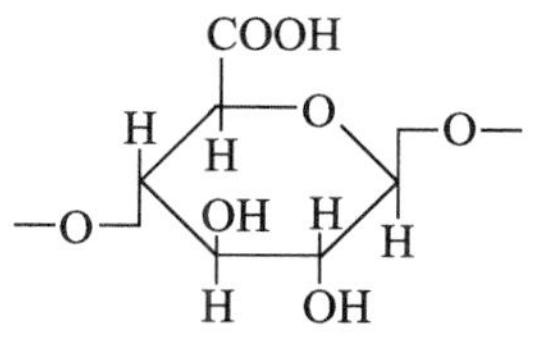

β－1,4－D－甘露糖酸剩基(M) 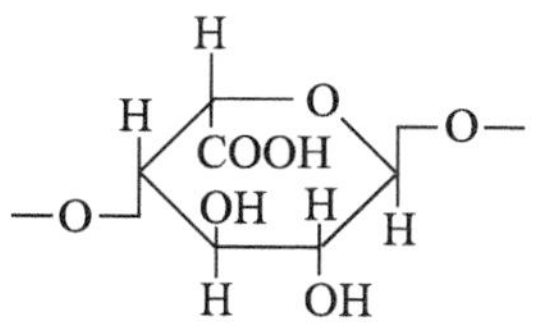　　　　β－1,4－L－古罗糖酸剩基(G)

海藻酸由甘露糖酸剩基(M)和古罗糖酸剩基(G)组成，两者的含量比约为1.5∶1。其相对分子质量的大小和分子中两种糖酸剩基含量随海藻产地和生长季节不同而不同。市售高黏度的海藻酸钠相对分子质量超过150000。海藻酸在水中的溶解度不高，变成钠盐、铵盐后可溶于水。海藻酸溶液遇到Ca^{2+}、Ba^{2+}、Al^{3+}和Fe^{3+}等重金属离子后会发生胶凝。在海藻酸钠溶液中加入醇、食盐、强碱也会发生胶凝，冲稀后可再次溶解；海藻酸钠溶液遇强酸，羧基电离受到抑制，则会发生胶凝，海藻酸溶液在pH＝5.8～11时性质最稳定。

除了阳离子染料外，海藻酸钠糊可适用于大多数染料印花，特别适用于活性染料的印花，其分子中不具有伯醇基，每个六元环具有一个羧基阴离子，和染料阴离子之间存在静电斥力，不但和活性染料反应性小，而且有利于染料阴离子从色浆中上染纤维。由它制得的色浆印透性、印花均匀性以及吸湿性都良好，且给色量较高。在织物上形成的浆膜柔软、坚牢，同时虽经焙烘也易于洗除。

海藻酸钠制糊操作简便，成糊能力强，根据黏度高低，商品分高、中、低三种规格。制糊时温度不宜过高，以避免引起分子链发生降解，使黏度明显降低，一般用40～50℃的温水调制。普通的海藻酸钠原糊含4%～8%的海藻酸钠，高黏度型的含3%左右，低黏度的含量较高，为12%～15%。高黏度的适用于印纤维素纤维纺织品，低黏度的适用于印合成纤维和蚕丝纺织品。为了防止钙离子的影响，在原糊中可加0.25%～0.5%的六偏磷酸钠，并用纯碱调节pH值至7～8。加入少量三乙醇胺可提高对烧碱等的稳定性。

(四)乳化糊(emulsion thickener)

乳化糊最初仅用于涂料印花，可和海藻酸钠等原糊混合使用，即俗称的半乳化糊。乳化糊是由石油溶剂和水两种互不相溶的液体，在乳化剂的存在下经高速搅拌而成的分散体系。分散相(内相)含量很高，连续相(外相)含量很低，由于分散相液滴相互间的挤压作用，使乳液不易流动，故乳化糊具有较高的黏度。乳化糊有油分散在水中(油/水型)和水分散在油中(水/油型)两类。油/水型乳化糊的内相体积占70%～80%，外相占20%～30%；内相为石油溶剂沸程为160～220℃的烷烃，沸程过高、过低均不适合。石油溶剂中的芳香烃含量应低，芳香烃含量高，不但毒性高，而且易使印花橡胶衬布溶胀损坏。

内外相体积比不但和乳化糊的黏度和分散稳定性有关，还会影响分散体类型。油相体积分数为 5%～75%的容易形成油/水型乳化糊,油相体积分数大于 75%的则容易形成水/油型乳化糊。理论分析告诉我们,假如液滴直径相同,又不发生变形(即呈球状),则乳液内相体积不能高于 74%,但实际上悬浮的液滴大小是不均匀的,而且会发生变形,所以实际油相体积分数可以大于此值。决定形成乳化糊类型的主要因素是乳化剂的性质,在乳化过程中,乳化剂吸附在水和油的界面,油相和水相分别形成分散相还是连续相,取决于乳化剂的亲水和亲油性相对大小,即 HLB 值大小。一般 HLB 值较低的,有利于形成水/油型乳化糊(即 HLB 值为 3～6),反之有利于形成油/水型乳化糊(即 HLB 值为 12～14)。

常用乳化剂有阴离子表面活性剂和非离子表面活性剂。阴离子乳化剂可使分散相的表面带有负电荷,防止它们相互靠近,分散稳定性较好。不适当的 pH 值和大量盐类存在,会减弱这种静电斥力,甚至使乳化体破乳。为了提高分散稳定性,乳化时常选用适当的高分子溶液作保护胶体,油/水型乳化糊的保护胶体是一些亲水性高分子溶液,例如羧甲基纤维素钠、海藻酸钠等的溶液,它们都可提高外相的黏度,提高乳化糊的稳定性。

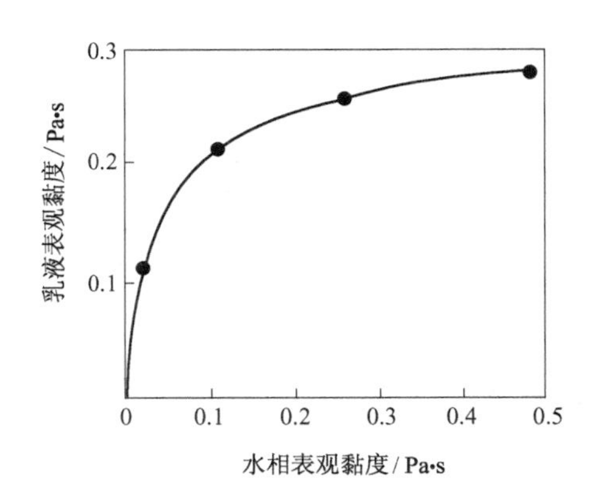

图 12-2 乳化糊黏度和外相黏度的关系(用海藻酸钠作保护胶体)

乳化糊的黏度与油、水相的比及外相黏度有关,提高乳化糊油、水相的比可以增大乳液中液滴之间的相互挤压作用,因此糊料的黏度也会增大,反之黏度就迅速下降,所以乳化糊的耐稀释性差。在油水相体积比一定的条件下,乳化糊的黏度随外相黏度的增加而增加。如图 12-2 所示,外相黏度增加后,乳化糊黏度不断增加,但有一定的限制,外相中加入亲水性高分子的量太多,用于涂料印花会影响黏着剂的膜牢度,降低涂料印花的摩擦牢度。

在使用乳化糊时,温度不宜过高,温度高不但黏度降低,分散体稳定性也差,甚至会发生破乳现象;温度太低,使水相结冰后,也会发生破乳现象。为了减缓油/水型乳化糊中水的蒸发速率,有时在外相中加 5%左右的尿素。

乳化糊具有许多独特的印花性质,如易于刮浆、图案轮廓清晰、色浆固含量低、印花均匀性好、便于叠印且色泽特别鲜艳等特点。由于不含大量亲水性糊料,印后织物手感一般较其他糊料的柔软。乳化糊也存在一些缺点,首先需耗用大量石油溶剂,烘干时有大量火油挥发出来,易于引起爆炸,水洗时石油溶剂又会污染水源;其次色浆固含量低,皮膜强度低,易于脱落造成疵点;再者由于体系含水量低,染化料溶解困难,染料上染纤维也较缓慢,为此乳化糊应用于水溶性染料印花时,往往拼用其他原糊,例如海藻酸钠糊。故乳化糊主要用于涂料印花或印花后需要树脂整理加工的织物的印花。

油/水型 A 邦浆乳化糊是用 2%～4%平平加 O 或加入适当的保护性胶体,在 1000r/min 左右的转速下搅拌,将火油(70%～80%,质量分数)和水进行乳化而得到的。

(五)合成糊料(synthetic thickener)

合成糊料(合成增稠剂)一般都是高分子电解质,在水中成胶体状,成糊率很高,目前主要用于涂料印花，或部分代替乳化糊，以减少或避免由于使用石油溶剂而引起的安全、污染等问题。

合成糊料有多种品种，其性能随化学组成不同而有很大差异。按结构可大致分成线型和轻度交联型两类。从单体组成来看，主要是马来酸酐

$$\left(\begin{array}{l} CH{-}C{=}O \\ \| \quad\quad\;\; \backslash \\ \| \quad\quad\quad O \\ \| \quad\quad\;\; / \\ CH{-}C{=}O \end{array}\right)$$

、丙烯酸（$CH_2{=}CH{-}COOH$）、甲基丙烯酸（$CH_2{=}CCH_3{-}COOH$）以及其他含羧基的不饱和单体和丙烯酸酯、醋酸乙烯酯、丁二烯等的共聚物。轻度交联型的加有少量诸如二乙烯苯或双（丙烯酸）丁二酯等双官能交联剂所制得的共聚产物，商品合成增稠剂有的制成铵盐或钠盐，有的则是游离酸的形式，后者在制糊时需要加氨水或烧碱使羧基变成铵盐或钠盐。羧基在水中离解变成阴离子后，发生水化可结合大量的水分子；而且羧基离解后使分子链带上大量的负电荷，阴离子基团之间存在斥力，使卷缩的分子链在水中伸展，增大了流体层与层之间的阻力，溶液黏度随之增高，因此合成增稠剂具有很高的成糊率。在分子链之间引入双官能交联剂，形成轻度交联，以及分子链中的疏水部分在水中相互发生缔合，引起类似轻度交联的作用，可以强化合成增稠剂的增稠能力，并可使浆膜变得更加柔软。交联型的合成糊料分子在糊中加碱前后的形态如图12－3所示。

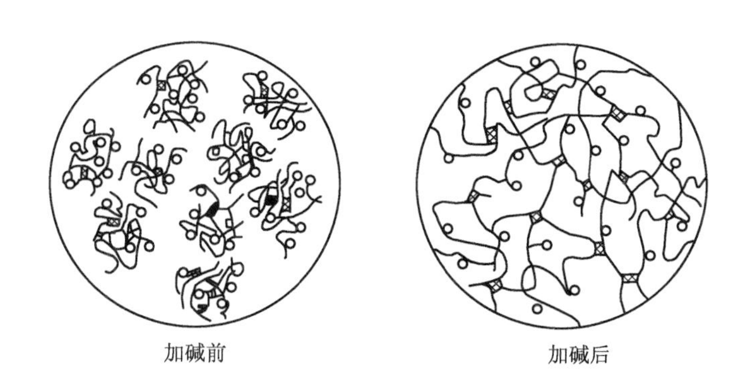

图 12－3　合成糊料分子在糊中加碱前后的形态

○—电离的羧基离子

合成增稠剂作为高分子电解质胶体对酸和电解质，特别是重金属离子很敏感。遇强酸时羧基电离被抑制，黏度迅速降低，甚至发生胶凝。碱金属盐类化合物可以抑制羧基电离，减弱大分子链之间的斥力，使原本舒展的大分子链卷缩起来，溶液黏度迅速下降，重金属离子则和羧基反应形成难溶性的金属盐。电解质对丙烯酸共聚物溶液黏度的影响如图 12－4 所示。

合成糊料的成糊能力很强，色浆中糊料的含量只有 0.5%～1%。大多数商品为固含量20%左右的游离酸的浆状物。使用时用氨水、稀烧碱中和，随着中和反应的进行，分子链上的羧基离解成阴离子，溶液黏度迅速增高，pH 值控制在 7～8 时糊的黏度最高。用作涂料印花的糊料一般用氨水中和，羧基的铵盐在高温焙烘时可分解成—COOH 和 NH_3，随着氨气逸去后，色浆 pH 值不断降低，可使色浆呈酸性，对黏着剂的架桥反应起催化作用；而且糊料吸湿溶胀能力

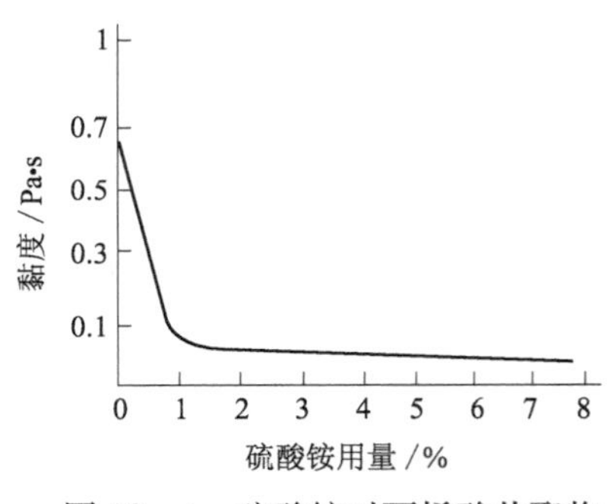

图 12－4　硫酸铵对丙烯酸共聚物溶液黏度的影响
（丙烯酸共聚物浓度为 1%，20℃）

大为降低，有利于改善涂料印花的摩擦牢度。

合成糊料对阴离子染料分子存在静电斥力，因此用于阴离子染料印花时染料的上染百分率较高，但因其耐电解质性能差，黏度下降幅度大，需要提高用量，或和海藻浆拼混使用。合成糊料具有较高的假塑性，色浆受机械力的作用，黏度下降很大，机械力去除后，黏度又会迅速回复，用于滚筒印花和筛网印花，可印得细致清晰的花纹。由合成糊料调制的色浆固含量低，糊料易洗涤性良好，印花织物手感良好。

除上述丙烯酸类合成糊料以外，还有聚乙二醇醚类非离子型增稠剂，其对电解质不敏感，可用作丙烯酸增稠剂的补充，如国产的增稠剂 M。

（六）其他糊料

1. 膨润土（bentonite）　膨润土是一种天然矿物质，它的主要成分是二氧化硅，还含有氧化铝、氧化铁、水分等。用作糊料的膨润土有红泥和白泥两种，但必须经过精制加工，才能使用。膨润土糊料可用于丝绸印花，但其黏着力低，印花后易产生脱落现象，一般与海藻酸钠糊拼用。

2. 龙胶（gum dragon）　龙胶是一种多聚糖醛酸化合物，是紫云英类灌木分泌的液汁，收集后加以干燥而成。龙胶的成糊率高。龙胶糊在印花中印制性能良好，对有机酸、淡碱以及金属离子的稳定性也较好，常与小麦淀粉糊混合使用。龙胶的价格昂贵，我国近年来多用羟乙基皂荚胶（也称合成龙胶）来代替。

3. 种子胶及其衍生物　这是一类豆科植物的种子糊料，化学组成和含量随植物而异。商品一般为奶白至淡黄棕色的粉末。目前以刺槐豆胶和瓜耳（Guar）豆胶两种最为重要。槐树在我国分布较广，刺槐豆胶是由槐树种子的胚乳研磨而制得；瓜耳豆胶是由印度、巴基斯坦等地区生长的一种一年生豆科植物的种子中制得；它们的主要组分都含有半乳糖和甘露糖剩基，是以多甘露糖为主干的高聚物，其结构示意如下：

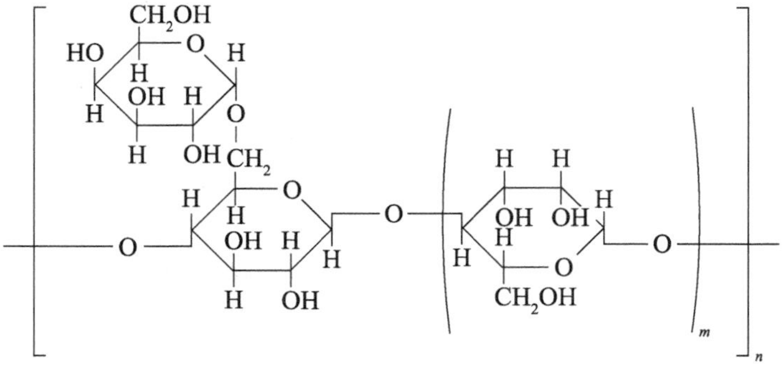

一般来说，刺槐豆胶 $m=3$，瓜耳豆胶 $m=1$，n 和 m 数随树木种子类别有变化。此外，它们

还含有少量蛋白质。

刺槐豆胶分子容易聚集，遇浓烧碱易发生胶凝，和硼酸离子会发生交键结合而胶凝，遇酸，特别是较高温度时会发生水解，但在 pH=8～11 范围内，糊的黏度比较稳定。

它们和淀粉一样，也可制成羧甲基、羟乙基等衍生物，以提高它们的溶解性和化学稳定性，并改进糊的印花均匀性、印透性、易洗涤性和流变性能；高取代度的羧甲基醚产物可用于活性染料的印花。

经醚化变性的种子胶调制糊料时，只需将它慢慢撒入温度低于 80℃的热水，不断搅拌至透明无颗粒物存在即可，也可加少量醋酸调节 pH 值至 7 左右，一般制成含糊料 6%～10%的原糊。

4. 阿拉伯树胶　阿拉伯树胶是由金合欢树分泌的黏液干涸而得的糊料。主要出产于北非，产品呈淡黄色玻璃状半透明固体或白色粉末状。主要成分是阿拉伯胶酸的钾、钙盐。分子链支化度很高，主链主要由 D-半乳糖剩基按 β-1，3-苷键方式连接而成，支链则由 L-阿拉伯糖、D-半乳糖、D-葡萄糖醛酸以及 L-鼠李糖剩基组成。支链接在半乳糖剩基的第 6 位碳原子上。它的化学组成很复杂，分子中具有一定数量的羧基，相对分子质量约为 20 万～30 万，组成还随产地变化很大。下列为一些糖剩基的结构：

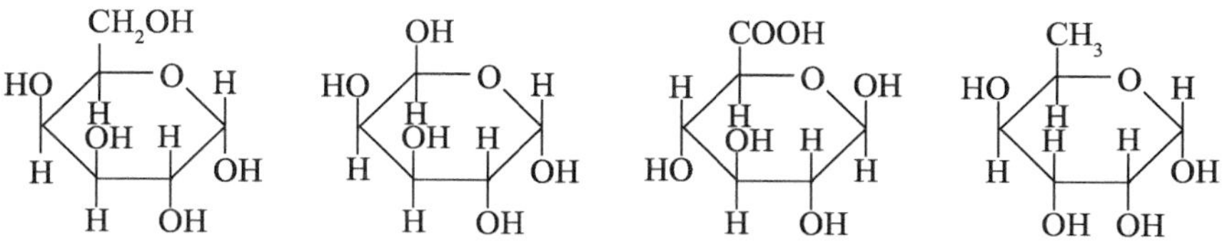

D-半乳糖　　D-阿拉伯糖　　D-葡萄糖醛酸　　L-鼠李糖

阿拉伯树胶可溶于水，难溶于有机溶剂，水溶液呈弱酸性反应，黏度高低取决于产品的组成。如果经过干热处理，黏度会显著增高；在水中加热则会发生水解，使黏度降低。重金属离子会使它发生胶凝。由它制得的糊还原性较强，但黏着力很高，烘干后结成的浆膜硬而脆，易龟裂。通常制成固含量为 50%左右的原糊。适合疏水性合成纤维纺织品印花。

5. 结晶树胶　这是从生长在东南亚一带的某些树木黏液干涸后得到的一种树胶，呈淡棕色颗粒状，水溶性不高，经高压处理后才易溶于水。经过这样处理，并除去不溶物，干燥后再经粉碎得到的产物称为结晶树胶。由它制得的糊适用于多种染料印花。通常制成固含量 30%～50%的原糊。

第三节　糊料的流变性概述

所谓流变性是流体在切应力(shearing stress)作用下的流动变形特性。对印花原糊的流变性研究较多的是原糊在不同切应力(τ)作用下与切变速率$\left(\frac{dV}{dX}\right)$的变化关系，以及原糊在不同切应力作用下的黏度变化特征。印花色浆中除了原糊外,还含有染料或颜料以及各种化学药剂。一般来说,色浆的流变性主要取决于原糊。本节主要介绍印花原糊的流变性。

一、原糊的流变性质

流体受到外力或因自身重力的作用会发生流动。流动速率随流体内部分子间的阻力(或称内摩擦力)大小而变化,阻力大,流动速率低,反之就高。流体流动的内部阻力大小表现为流体的黏度。设一液层对距离为 X 的另一平行平面相对流动的速度为 V,克服阻力所需单位面积剪切应力为 τ,它们之间的关系为 $\tau=\eta\frac{dV}{dX}$,式中 η 为黏度(viscosity)。切应力为单位流体面积受到的剪切应力,即 $\tau=\frac{F}{A}$(F 为切面积 A 受到的切向应力)。流体层间的速度变化用速度梯度(velocity gradient)γ 表示,称为剪切速率,$\gamma=\frac{dV}{dX}$。黏度的倒数称为流度。流体层特征如图 12-5 所示。则切应力和剪切速率的关系可表示为:

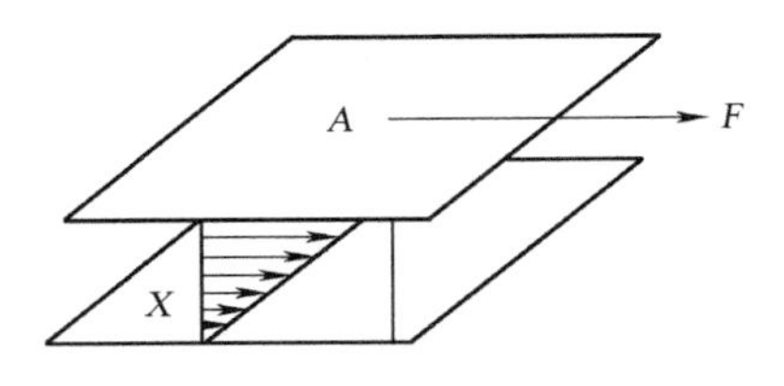

图 12-5 流体层流特征示意图

F—切向应力 A—切面积 X—距离

$$\tau=\eta\cdot\frac{dV}{dX}=\eta\cdot\gamma \quad 或 \quad \gamma=\frac{1}{\eta}\cdot\tau$$

将切应力(τ)对剪切速率的关系作图,可得到流体的流变曲线。

对低分子物流体或一些高分子稀溶液来说,黏度不随切应力而变化,在给定温度和压强下是常数,将 τ 对 $\frac{dV}{dX}$ 作图为一直线关系,这种流体称为牛顿型流体,其黏度称为牛顿黏度。对印花原糊来说,切应力和剪切速率不呈直线关系,即黏度随切应力而变化,这样的流体称为非牛顿型流体,其黏度称为非牛顿黏度。

典型的几种流变曲线如图 12-6 所示,图中曲线 1 为典型的牛顿型流体的流变曲线;曲线 2 和曲线 3 在低于一定的切应力时,流体不发生流动,高于某一切应力后才开始流动,此切应力称为剪切屈服应力(用 τ_0 表示),τ 和 γ 可呈线性或非线性关系,呈线性关系的称为塑流型流体,一些油墨、油漆属这种类型的流体,呈非线性关系的称为黏塑流型流体,小麦淀粉原糊就有这种

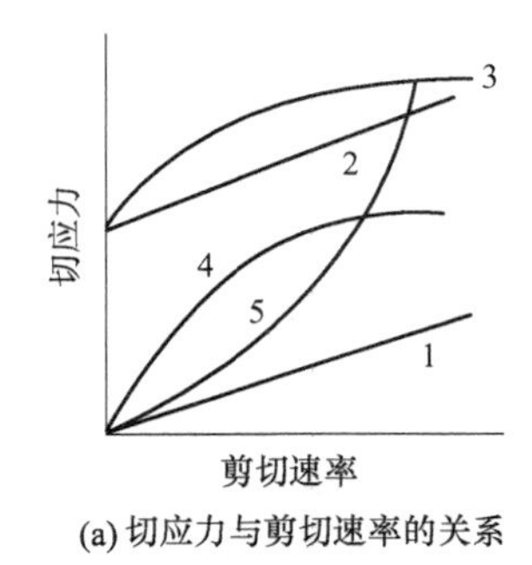

(a) 切应力与剪切速率的关系

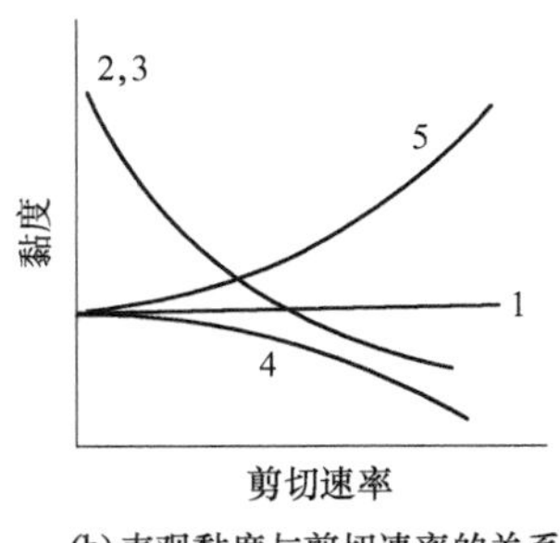

(b) 表观黏度与剪切速率的关系

图 12-6 用回转式黏度计测得的流体流变曲线

性质；曲线 4 表示在受到切应力时就开始流动，但流变曲线的斜率随剪切应力增加而减小，即黏度随切应力或剪切速率增大而不断减小，剪切速率降低后，黏度随之而增高，这种流体称为假塑流型流体，大多数中等浓度的高分子溶液以及大部分印花色浆属这种类型的流体；曲线 5 和曲线 4 正好相反，曲线斜率随切应力增加而增大，即黏度随切应力或剪切速率的增大而不断增加，这种流体称为触稠流型流体，一些高浓度的颜料浆、膨润土浆的流动有触稠现象。

上述各类非牛顿型流体的流变曲线可分别用下列各项公式表示：

塑流型：
$$\gamma=\frac{1}{\eta_a}(\tau-\tau_0)$$

假塑流型：
$$\gamma=\frac{1}{\eta_a}\tau^n,\quad n>1$$

黏塑流型：
$$\gamma=\frac{1}{\eta_a}(\tau-\tau_0)^n,\quad n>1$$

触稠流型：
$$\gamma=\frac{1}{\eta_a}\tau^n,\quad n<1$$

式中：τ_0 为流体剪切屈服应力；η_a 为在测定条件下的表观黏度；n 为结构黏度指数。

在实际工作中所遇到的胶体溶液，如印花原糊和色浆的黏度，绝大多数是随着切向应力的增加而降低，并非是一个常数。其主要原因在于原糊中的高分子物具有链状结构，有些还有支链结构，这些链和链之间的网状结构包藏了大量的溶剂，构成了溶剂化胶体，同时在糊料大分子链之间存在范德瓦尔斯力或氢键作用力，从而增大了胶体溶液中流体层和层之间的内摩擦力，形成了所谓结构黏度。所以，胶体溶液经过仪器测量得到的黏度是表观黏度 η_a，表观黏度是流体牛顿黏度和结构黏度之和，即 $\eta_a=\eta_n+\eta_c$，其中 η_n 是流体的牛顿黏度，为常数，而 η_c 是流体的结构黏度，在受到切变应力的作用后，糊料大分子链的溶剂化作用被破坏，产生自由水分，同时高分子链和链之间的网状结构受机械作用，开始向某一特定的方向运动，使分子链间范德瓦尔斯力或氢键作用力被破坏，流体层和层之间黏滞阻力（内摩擦力）降低，从而使 η_c 值下降甚至消失；当施加在糊料溶液上的切变应力取消后，糊料大分子链可以在新的位置上再形成新的分子链间范德瓦尔斯力或氢键作用力，使 η_c 变大，因此 η_c 是一个变量，它的大小受多种外界因素的影响。

有些原糊的表观黏度不但随剪切应力的增加而降低，而且还和施加切应力的时间长短有关。在恒温条件下，对流体加以恒定的切应力，它们的剪切速率在开始时比较小，随着时间延续，剪切速率会渐渐增加，去除切应力以后，它会逐渐恢复成原来的状态。这种黏度在等温条件下和时间有依赖关系的可逆变化称为触变性。触变性流体的流变曲线如图 12－7 所示。

流变曲线图中，流变曲线的滞后（超前）曲线的形状，取决于曲线上行和下行时，剪切应力施加或递减的速率，当速率极慢时，流体不呈现触变现象，得到的是一根上行曲线和下行曲线相互重叠的平衡曲线。流体触变性的大小，是以上行曲线和下行曲线所包围的面积来表示，面积越大，则流体的触变性越大。

流体的触变性，主要是由其结构黏度引起的。结构黏度可因机械影响（如搅拌、印花刮浆、花筒挤压）或温度变化（如加热）而减小或消失，也可因施加影响的消除（如色浆静置一段时间、

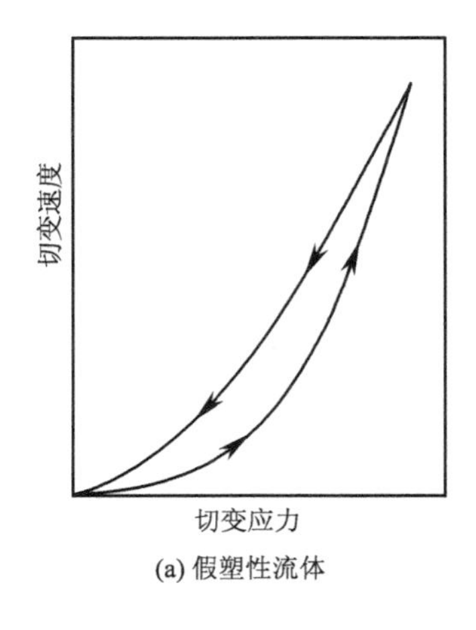

(a) 假塑性流体

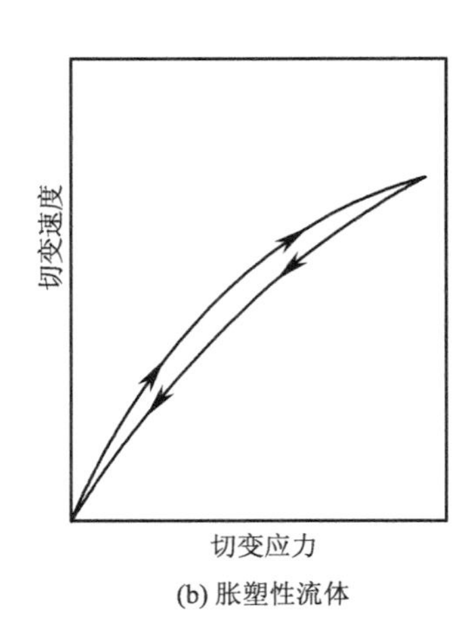

(b) 胀塑性流体

图 12－7　触变性流体的流变曲线

冷却)而恢复。恢复过程中,流体的流变曲线并不一定循原来曲线的轨迹,但最终仍可以恢复成原来流体的表观黏度,这种现象常可重复地演变。

影响流体触变性大小的因素有:

(1)分散体系的性质:牛顿型流体无触变性,其他类型的分散体系,由于结构黏度的存在或多或少地都存在触变现象,结构黏度大的分散体系其触变性大。

(2)分散体系中分散质的含量:分散体系中分散质的含量对印花原糊来说即是原糊的浓度,浓度低的其触变性小。例如 4%以下的皂荚胶,其触变性极小,到 6%以上时,则该原糊的触变性变大,如图12－8所示。

(3)切变应力的作用幅度:切变应力的作用幅度增大,同一分散体系的触变性变大。

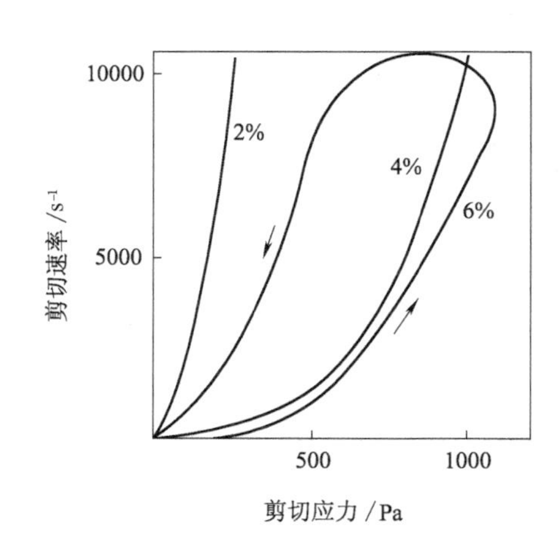

图 12－8　刺槐豆胶触变性示意曲线

图中百分数(2%,4%,6%)为糊的浓度

印花原糊、色浆的流变性能,对其印花性能有很大的影响,根据印花原糊、色浆的流变曲线或黏度曲线,可以预测该原糊在实际印花过程中的印花性能。在实际生产中常用印花黏度指数(printing viscosity index,简称 PVI 值)来表示流变性。它的定义为同一流体剪切速度梯度相差 10 倍时表观黏度的比值:

$$PVI=\frac{\eta_{10}}{\eta_1}=10^{\frac{1-n}{n}}$$

式中:PVI 为印花黏度指数;η_1 为低剪切速度时所测得的表观黏度;η_{10} 为 10 倍低剪切速度时所测得的表观黏度;n 为结构黏度指数。

PVI 值为正值,当 PVI=1 时,流体为牛顿型流体;当 PVI 在 0~1 时,为假塑性流体,PVI 值越小,则结构黏度指数越大,流体假塑流性越大。

原糊的 PVI 值与原糊的浓度有关,当浓度降低时,其 PVI 值提高。

各种原糊的PVI值因原糊品种而异，也因测试用的仪器、条件不同而异，所以必须标明测试条件：如分别测定6r/min和60r/min转速时的黏度，η_{60}为转速60r/min的表观黏度，η_6为转速为6r/min的表观黏度，则$PVI=\frac{\eta_{60}}{\eta_6}$。PVI值的相对比较对认识糊料流变性有一定的指导价值。表12－2列举了一些原糊的PVI值。

表12－2 一些印花原糊的结构黏度和印花黏度指数

印花原糊	浓度/%	n	PVI值
印染胶	30 45 55	1.15 1.19 1.29	0.741 0.692 0.596
甲基纤维素	2.5 3.0 2.5	2.04 2.23 2.25	0.309 0.281 0.278
聚乙烯醇	7.86 9.83 11.8	2.07 2.07 2.08	0.304 0.304 0.303
羧甲基淀粉钠	2.0 2.5 3.0	2.12 2.47 2.86	0.296 0.254 0.224
结晶树胶	10 15 20	2.13 2.28 2.85	0.294 0.275 0.224
龙 胶	4.47 5.59 6.68	2.47 2.79 3.02	0.254 0.228 0.215
小麦淀粉	4.93 5.70 6.41	3.35 4.61 5.11	0.199 0.165 0.157
高黏度海藻酸钠	—	3	0.577
中黏度海藻酸钠	—	6	0.710
乳化糊	80/20(火油/水)	—	0.22～0.24

小麦淀粉、龙胶、结晶树胶、甲基纤维素、羧甲基淀粉钠和羧甲基纤维素糊的结构黏度指数都很高(即PVI值很低)，而印染胶糊的结构黏度则较低(PVI值较高)。阿拉伯树胶糊的PVI值很高，接近1，近似牛顿型流体。海藻酸钠糊的PVI值也较高，特别是低黏度的，通常认为属

于牛顿型流体。

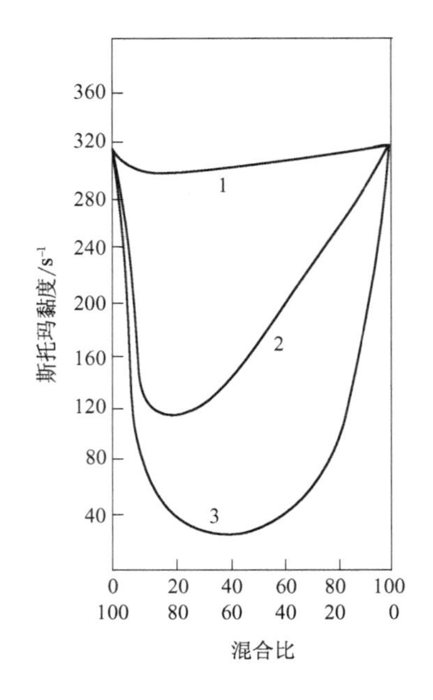

图 12-9　小麦淀粉糊和黄糊精、龙胶、阿拉伯树胶拼混糊黏度与混合比的关系
小麦淀粉糊浓度 7.4%
1—小麦淀粉糊和黄糊精(高黏度,15.4%)
2—小麦淀粉糊和龙胶(5.0%)
3—小麦淀粉糊和阿拉伯树胶(酸性,57.4%)

在实际应用中,有时为了获得较为满意的结果,常选用两种原糊,取长补短进行拼混使用。例如,小麦淀粉的印透性和印花均匀性差,为了改进印花均匀性,小麦淀粉糊可以和印花均匀性良好的印染胶糊或海藻酸钠糊混合使用。油/水型乳化糊和海藻酸盐混合使用,不但可增加乳化糊的胶体稳定性,而且可增进乳化糊的渗透性。即使同类的糊料,也可采用几种来源的原料混合使用,例如,国外有些海藻酸钠商品是取不同产地的海藻加以制得的,所制成印花糊的印花性能较从一个产地的海藻制得的好。混合糊的黏度不是它们原来的简单平均值,和它们的混合比不成直线关系,大多数是低于原来任何一种糊的黏度,少数也有相反规律的,这取决于原糊的性质和相容性。图 12-9 为小麦淀粉糊和黄糊精、龙胶、阿拉伯树胶糊拼混糊黏度与混合比的关系。

混合糊的黏度不等于原来两种糊的平均值,这表明混合后两种糊料组成之间会发生相互作用。一般来说,水合能力强的糊料分子可夺去水合能力弱的水分子,使它溶胀程度下降,黏度随之降低。两种都带负电荷的糊料分子,例如,海藻酸钠和羧甲基纤维素钠,由于分子之间存在静电斥力,相互作用较小,故拼混后黏度变化不大。

混合糊的黏度虽然和混合比不呈直线关系,但大多数混合糊的 PVI 值和混合比呈直线关系,而且混合组分越多,这种关系越明显。因此混合糊的 PVI 值可以从每种糊的 PVI 值和它们的含量近似求得:

$$(\mathrm{PVI})_{\mathrm{AB}}=\frac{(\mathrm{PVI})_{\mathrm{A}}\cdot W_{\mathrm{A}}+(\mathrm{PVI})_{\mathrm{B}}\cdot W_{\mathrm{B}}}{W_{\mathrm{A}}+W_{\mathrm{B}}}$$

式中:$(\mathrm{PVI})_{\mathrm{A}}$、$(\mathrm{PVI})_{\mathrm{B}}$ 和 $(\mathrm{PVI})_{\mathrm{AB}}$ 分别为 A 糊、B 糊及混合糊的 PVI 值;W_{A} 和 W_{B} 分别为 A 糊和 B 糊的质量。

小麦淀粉糊和羧甲基纤维素钠糊的混合比和 PVI 值的关系如图 12-10 所示。

二、印花糊的印花适应性

如前所述,各种印花糊的流变性差异很大,什么样的流变性最适用,或者说不同的印花方式、图案以及印制不同纤维的纺织品应选用怎样流变性的印花糊,这是印花工作者最为关心的问题。

在手工平网印花过程中,要求色浆在刮前静止在筛网上(不能产生所谓“淌浆”现象);色浆

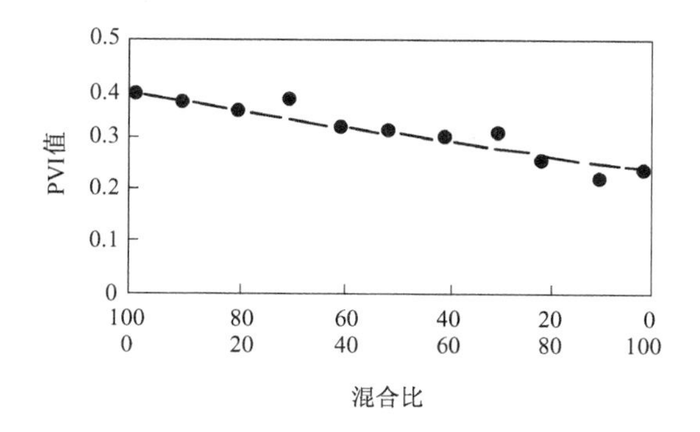

图 12－10 小麦淀粉糊和羧甲基纤维素钠糊的
混合比和 PVI 值的关系
羧甲基纤维素钠糊 13%，小麦淀粉糊 8%

在刮浆时受切应力作用后，黏度应迅速下降，透过网孔并进入织物的毛细管中；切应力去除后，色浆又应立即恢复原来的状态，故应选用塑流型色浆为宜。这种印花方法最常用的原糊是海藻酸钠以及醚化刺槐豆胶等原糊。滚筒印花机印花时，色浆受到强烈的刮切和挤压的机械力作用，切应力和剪切速率都很高。例如，色浆在由花筒转移到织物上的瞬间，受到花筒和承压辊之间强烈的挤压作用，色浆要在很短的时间内从花筒上的凹纹转移到织物上，并透入到织物内部，而当通过挤压点后，则要求黏度迅速增高，以防止色浆在织物上渗化，降低花纹精细度。一般以选用黏度相对较低的糊较适合。常用的印花糊有海藻酸钠、印染胶以及羟乙基刺槐豆胶制得的糊。自动平网和圆网印花的刮浆速度介于上述两种之间，刮浆时色浆受到的切应力和剪切速率也在上述两种之间，故需要选用流变性介于上述两种之间的糊。常用印花糊有海藻酸钠、羧甲基纤维素钠以及其他天然糊料的变性产物。

上述四种印花方法的色浆具有的黏度和 PVI 值要求大致有以下关系：

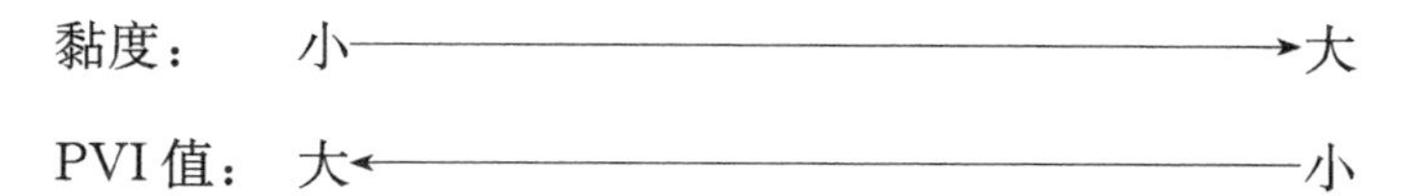

花型或图案特征不同，色浆的流变性也应不同。一般来说，色浆的黏度高，PVI 值低，容易印得清晰的花纹，反之较差。所以印制线条、小花等精致花纹时，应选用 PVI 值较小，触变性较强和黏度较高的色浆。而印制大块面、满地花的花纹，或者要求印透性和印花均匀性好的产品，应选用 PVI 值较高，触变性较弱和黏度较低的色浆。

此外，纤维性质和织物组织结构不同，色浆的流变性也应不一样。例如，印亲水性强的天然纤维纺织品或印浆易渗透的蓬松纺织品，以选用固含量低、PVI 值较低和黏度较低的色浆为宜，通常选用羧甲基纤维素钠、羟乙基刺槐豆胶以及高黏度的海藻酸钠作糊料，以利于色浆对纺织物润湿、渗透。相反，印制疏水性纤维纺织品或色浆较难渗透的紧密织物，则以选用固含量高，PVI 值较高和黏度较高的色浆为宜，通常选用糊精、低黏度海藻酸钠以及某些变性淀粉糊做糊料。上述关系可粗略地由图12－11表示。这种关系不是绝对的,有些因素也是相互制约的,实际应用时应根据具体情况加以平衡来选用糊料。

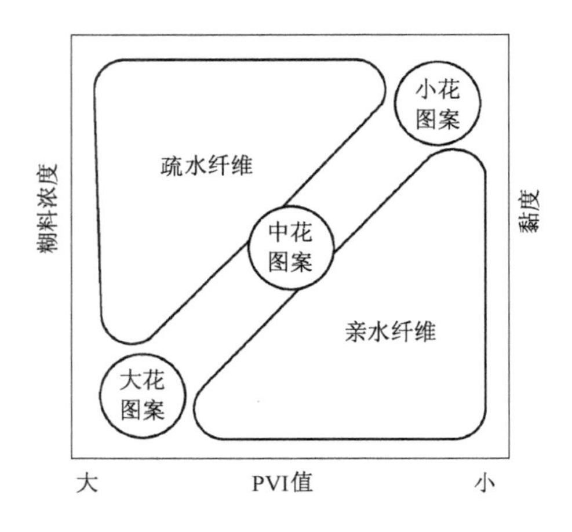

图12－11 图案特征、纤维性质和织物组织结构与色浆的黏度、PVI值的关系

复习指导

1. 了解印花色浆的组成和功用,色浆的基本要求和条件。

2. 掌握印花糊料的基本条件和成糊过程,常用印花糊料及其成糊和增黏机理。

3. 掌握印花色浆的流变特性,印花糊的流变曲线、结构黏度和PVI值。掌握印花糊流变特性和印花方式、花型、纤维材料的关系。

思考题

1. 解释名词:原糊、糊料、流变性、切变应力、速度梯度、黏度系数、牛顿型流体、假塑型流体、胀塑型流体、塑流型流体、流变曲线、黏度曲线、流体的触变性、PVI值。

2. 淀粉糊、海藻酸钠糊、乳化糊的增黏机理和流变特性是什么?分别适合何种染料的印花加工?

3. 理想糊料的条件是什么?

4. 影响流体触变性的因素是什么?

参考文献

[1] 王菊生. 染整工艺原理:第四册[M]. 北京:纺织工业出版社,1987.

[2] 赵涛. 染整工艺学教程:第二分册[M]. 北京:中国纺织出版社,2005.

[3] MILE W C. Textile Printing[M]. 2nd. ed. SDC,1994.

第十三章　颜料印花

第一节　引　言

将有颜色或具有特殊视觉效果的非水溶性物质颗粒用高分子黏着剂黏着在纤维/织物表面形成所需花纹图案的印花方法即为颜料印花(pigment printing),也常被称为涂料印花。这种方法可能是最早得到应用的在纺织品上获得花纹的印花方法。数千年前的古人就懂得用天然矿物质颜料(如赭石、群青、朱砂、铬黄的粉末等)混入天然高分子黏着剂(动物或植物胶、动物或植物蛋白质、干性油)在纺织品上印制花纹,我国马王堆西汉古墓中出土的多套色“敷彩锦袍”就是这样的产品。然而,真正意义上的颜料印花技术是在20世纪随着有机颜料、黏着剂和低含固率增稠剂的发展而逐步成熟并得到大规模应用的。

从发色结构看,颜料和染料并无本质差异,只是颜料通常缺少水溶性基团,在应用时不像染料一样在介质中以单分子状态存在,因此颜料也常被看作是染料的聚集体。实际上,有些染料在纤维上染着后的状态与颜料并无不同,如还原染料和不溶性偶氮染料等。但是,颜料印花与一般的染料印花却有很大的不同。

首先,颜料对纤维没有亲和力,不能像染料一样通过与纤维的相互作用而上染。颜料与纤维的结合必须依赖于黏着剂(binder/bond)(高分子成膜物质)膜的包覆及黏着剂大分子对纤维的黏附作用。由于使用黏着剂,会导致一系列染料印花中不易出现的问题,如手感偏硬、色泽浓艳度不高、摩擦牢度不好等。但使用黏着剂这一特点也赋予颜料印花一个突出的优点:通过黏着剂的作用,颜料颗粒可以在任何一种纤维表面固着,因此,颜料印花对纤维没有选择性,它适用于任何纤维制成的纺织品。这在新型纤维不断涌现、多组分纤维混纺交织产品日益增多的时代,具有很大的优势。

其次,在染料印花中,染料与纤维的结合方式与染色完全相同,固着后,染料分子与纤维大分子融为一体,被染物显现的颜色取决于该融合体对可见光的吸收特性,既与染料有关,也与纤维有关;而颜料印花中颜料对纤维着色的效果还与颜料的“遮盖”作用有关。遮盖力(hiding power/masking power)的优劣是评价颜料品质的重要指标之一。遮盖力优异的颜料可以遮盖纤维原有颜色,只显示颜料本身的色泽。这一特点赋予颜料印花另一个优势:选用高遮盖力的颜料,不需借助防/拔染技术就可以在中深色(包括黑色)纺织品上直接印制色泽明亮的花纹。

另外,染料印花中,最后真正固着在纤维上的只是一部分染料,残余的染料以及印浆其他组分中的固体物质如增稠剂(thickener)、表面活性剂等均不能牢固地与纤维结合,需通过水洗除去以获得更好的色牢度和柔软手感。而颜料印花固着时,随着黏着剂的成膜以及在纤维表面的黏着,原来色浆中各组分的所有固体物质都会像颜料粒子一样被固着在纤维上。在这种情况下,印花后的水洗就变得没有意义,常常可以省略。因此,与染料印花相比,颜料印花常常用水较少,同时也比较节能。但必须强调的是,也正是由于颜料印花不能通过印后水洗来改善色牢度和手感,颜料印花对黏着剂和增稠剂的要求是十分苛刻的。对黏着剂来说,除了必须有很好的黏着力,薄膜的耐磨性、透明度、柔软性等也至关重要;对于增稠剂来说,则必须选用含固率(solid content/dry content)尽可能低的品种,以免过多的增稠剂固体分子被黏着剂包覆固着后使印花产品的手感严重恶化。

综上所述,颜料印花技术的特点可概括如下:

(1)工艺简单,生产流程短,通常可省去汽蒸或焙烘后的水洗工序,节水节能,减少污水排放,符合环保要求。

(2)色谱齐全,色泽鲜艳,仿色打样较为便捷,适宜于使用自动调配色系统以提高生产效率。

(3)对纤维种类无选择性,适用性广,即使应用于多种纤维混纺交织织物的印花,也能方便地获得均一的着色效果。

(4)印制的花型轮廓清晰、层次分明,富有立体感;采用特种颜料,还可以生产具有特殊视觉效果的印花产品。

(5)产品的手感较硬,尤其当印制块面较大的花纹时;湿摩擦牢度及干洗牢度仍有待改进。

(6)印花浆必须使用含固率极低的特殊增稠剂;由于黏着剂的存在,印花过程容易发生嵌花筒、粘刀口和堵塞筛网等弊病。

长期以来,颜料印花的品质难以媲美染料印花,一直被认为是一种低档次的纺织品加工方法,它的应用情况直到 20 世纪 40 年代仍然微不足道。然而随着时代的发展、技术的进步,颜料印花早已步入快速发展的时期。由于高品质颜料、黏着剂和极低含固率的增稠剂逐步得到开发和应用,颜料印花产品的质量不断提高,应用的范围不断扩大,到 21 世纪初,颜料印花在全球纺织品印花中应用的比率已经达到 50%左右,而且由于近年生态环保呼声的日益高涨,以及具有特殊视觉效果的颜料印花技术的不断问世,这一印花方法正在受到越来越多的关注,显示了前所未有的发展前景。

纺织品印花用颜料印花浆一般由颜料、黏着剂和增稠剂 3 种主要成分组成。颜料印花的工艺也有多种,除了直接印花,也可以进行防染和拔染印花。应用特殊的颜料和功能材料,还可以获得独特的印花产品。

进入 21 世纪以采,纺织品数码喷墨印花技术的发展也为颜料印花技术的应用提供了新的机遇。颜料喷墨印花技术的关键在于颜料墨水的开发,由于颜料在墨水中以固体颗粒状态存在,容易堵塞喷嘴,因此对颜料颗粒的大小和均匀性有严格的限制:而且,颜料颗粒粒径尺寸和分布对墨水的流变性、稳定性以及颜料的遮盖力和色泽丰满度也至关重要,颗粒过大过小均会产生不利影响。另一个难点是,颜料墨水的应用必须有黏合剂的参与,由于黏合剂属高分子化合物,易聚集成膜,如果作为墨水的组分之一,同样有严重的负面影响。因此,颜料墨水的开发难度较高,颜料喷墨印花技术的应用也不及染料喷墨印花广泛。但是,颜料喷墨印花技术对纤维无选择性以及工艺简便、节水节能的优势,是染料喷墨印花无法企及的,因此,它的应用前景十分广阔,发展势在必行。

第二节 颜 料

一、常用颜料及其化学结构

颜料(pigment)是非水溶性的着色剂,用于纺织品印花的颜料通常都需用乳化(分散)剂、保湿剂、稳定剂和水等组分经合理的预分散及研磨工艺制成稳定的水性浆状体。

颜料可分为无机和有机两大类。无机颜料(inorganic pigments)容易制备、成本低廉、机械强度和耐热性好,多用于塑料、玻璃、陶瓷和搪瓷等材料的着色。有机颜料(organic pigments)品种多、色谱广、毒性小,色泽鲜艳度和着色力也比无机颜料高。纺织品印染使用的颜料主要是有机颜料,无机颜料仅限于钛白粉、炭黑和氧化铁等少数几种。

(一)普通有机颜料

有机颜料与染料一样都属于有色化合物,其颜色同样取决于基本发色结构,因此也可以像染料一样按发色体系的化学结构进行分类。

偶氮结构的有机颜料的品种最多,有黄、橙、红、蓝等多种颜色,其中大多数是单偶氮结构的不溶性偶氮染料色淀。也有联苯胺结构的双偶氮染料,但一些会释放致癌分解物的该类颜料已被禁用。二氯联苯胺无致癌性,由其制得的颜料多为黄色,它也可与吡唑酮偶合制得黄、橙、红色颜料。偶氮结构的金属络合颜料因其日晒牢度好也有应用。

此外,酞菁、蒽醌、硫靛、三苯甲烷以及杂环结构的颜料也是重要品种。其中酞菁类颜料色泽鲜艳、各项牢度优良,但色泽仅限于蓝、绿两系,其中的翠蓝是其他颜料无法比拟的。

稠环酮类的硫靛颜料和蒽醌颜料具有还原染料的发色结构,色泽鲜艳、色牢度好,但价格高,其色谱有橙、红、蓝、紫等。

杂环结构的颜料是目前发展很快的一类颜料,主要是喹吖啶酮、二噁嗪、噻嗪靛蓝等结构的品种,其日晒牢度优良,化学稳定性、热稳定性和耐溶剂性都较好。

(二)荧光颜料

颜料中有一类特殊的品种,叫荧光颜料(fluorescent pigments)。该类颜料除了选择性吸收可见光外,还能吸收紫外光并将其转变为一定波长的可见光释放出来,因此颜色特别鲜艳,如图13-1所示。

荧光颜料主要有两类,一类是非水溶性的荧光染料,如德国IG公司的Lumogen Color系列产品,以及近年开发的一些荧光分散染料,如德国拜耳公司的荧光黄S101(Fixoplast Fluoresent S101)等。这类荧光颜料虽然色光非常亮丽,但因耐光牢度低等问题,在纺织品印染中应用很少。

另一类为有机荧光染料与树脂的共熔物,应用广泛,俗称荧光树脂颜料(fluorescent resin pigments),是将有荧光的有机染料溶解在固体树脂中,经粉碎研磨而成。这些荧光染料多具有苯并杂环结构,如呫吨、吖啶、萘-1,8-二甲酰亚胺等,结构中通常含有较硬挺的、芳环共平面性

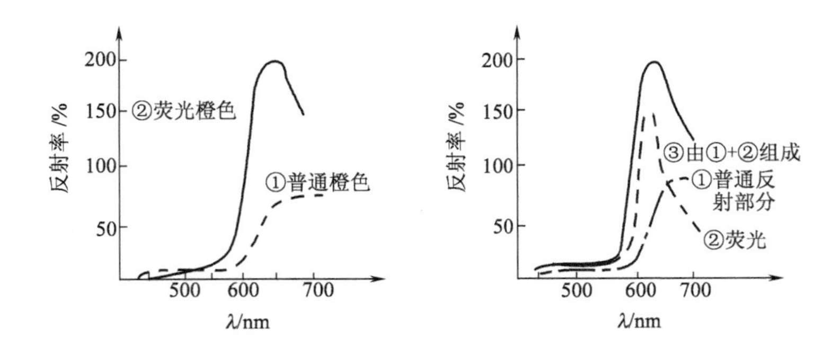

图 13－1 荧光颜料的反射曲线

强的共轭体系,并带有一定的供电子基和吸电子基。一些荧光染料的化学结构如表 13－1 所示。

表 13－1 部分荧光染料结构与荧光特性

名　　称	结　　构	日光下颜色	荧光颜色
硫化黄素 Thioflavine	H_3C, S, C, $N(CH_3)_2$, $\overset{+}{N}$, Cl^-, CH_3	黄色	绿—黄绿
碱性黄 HG Basic Yellow HG	H_2N, H, $\overset{+}{N}$, CH_3, $\cdot Cl^-$, H_3C, C, CH_3, CH_3	黄色	黄—黄绿
罗丹明 B Rhodamine B	$(C_2H_5)_2N$, O, $\overset{+}{N}(C_2H_5)_2 \cdot Cl^-$, C, COOH	品红色	橙—红色
碱性桃红 6GDN Rhodamine 6GDN	$(C_2H_5)_2N$, O, $\overset{+}{N}(C_2H_5)_2 \cdot Cl^-$, H_3C, C, CH_3, $COOC_2H_5$	品红色	橙—红色

续表

名　　称	结　　构	日光下颜色	荧光颜色
荧光黄(荧光素) Fluorescein	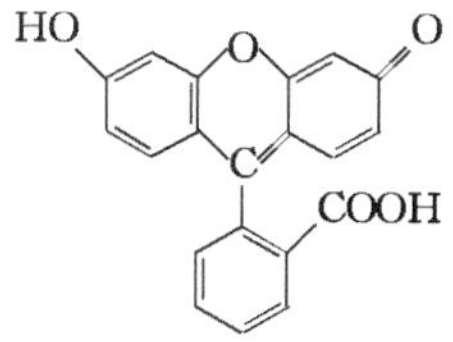 HO O O C COOH	黄色	绿—黄绿
酸性曙红 Eosine	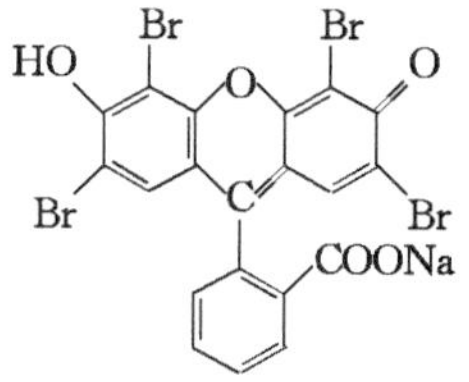 Br Br HO O O Br Br C COONa	红色	黄—橙色

制备荧光树脂颜料时所用的树脂基体有多种,如脲醛树脂、醇酸树脂、磺酰胺甲醛树脂及三聚氰胺甲醛树脂等。最常用的是对甲苯磺酰胺甲醛树脂和三聚氰胺甲醛树脂以1∶0.35比例拼混而得的混合物。为了改善耐光性能,也可采用特殊的胍胺树脂及聚丙烯树脂。如日本触媒化学工业公司生产的荧光树脂颜料 Epocolor 采用了苯并胍胺(2,4-二氨基-6-苯基均三嗪)树脂,具有优良的耐热、耐溶剂性能,而且着色力强。

荧光树脂颜料的制备方法有两种,常用的一种是将树脂基体加热熔融,加入荧光染料混合均匀,经焙烘固化成固体溶液,冷却后粉碎研磨而得。另一种方法是将染料与树脂单体混合,进行聚合,可以制得乳液状的荧光树脂颜料。

二、颜料的应用性质

优良的颜料要求色泽明亮艳丽,着色力高,并有一定遮盖力;其晶体形态稳定、粒度均匀,不溶于水和一般有机溶剂,但能在使用介质中良好分散,不易凝聚沉淀,而且耐日晒、耐高温、耐酸碱,有很好的稳定性。

颜料的上述应用性质不仅取决于它们的化学结构,也与颜料的晶型、聚集状态、粒度、在介质中的分散状态以及介质的性质相关。

(一)颜料的着色力(coloring power)

着色力是指颜料以其本身颜色使被着色基质具有颜色的能力。着色力不仅取决于颜料本身的化学结构,也与颜料粒径密切相关。通常粒径较小、分布均匀的颜料具有较高的着色力,粒径大约在0.05～0.1μm范围内时着色力出现极大值。同时,颜料的晶型对着色力也有影响,如ε型 CuPc 要比α型 CuPc 的着色力高10%～15%。

(二)颜料的遮盖力(hiding power/masking power)

颜料的遮盖力是指涂布于基质表面的着色剂中颜料能阻止光线穿透着色剂膜到达基质表面,从而遮盖基质表面原有地色使其不能显露的能力,这对在已染色织物上印制浅色花纹十分重要。颜料的遮盖力可以用单位表面积地色完全被遮盖时所需颜料的克数(g/m^2)或 1g 颜料所能完全遮盖的表面积表示。

颜料遮盖力的高低,与下述因素有关:

(1)颜料的折射率(reflection index)。分散在色浆中的颜料颗粒在色浆中被透明介质(基料)包覆,当光从介质射至颜料颗粒时,光在介质和颜料颗粒界面处的行径取决于两种物质的折射率。如果两者的折射率完全相等,光就不会在两者的界面上被反射,而是全部射入颜料颗粒,此时,颜料是透明的;如果两者的折射率不同,就会有一部分光线在界面发生反射,颜料的透明度下降,颜料就具有一定的遮盖力。颜料的折射率和介质(基料)的折射率之差越大,光线在两者界面发生反射的比率越高,颜料的遮盖力也越强。

当颜料色浆中的介质确定后,其折射率一定,颜料的遮盖力高低就取决于颜料本身的折射率,折射率越高,遮盖力越强。一些无机颜料如钛白粉、氧化锌的折射率远大于基料,因而具有很强的遮盖力。

同一化学结构的颜料,若晶型不同,不仅吸收光谱不同,折射率也不同,因而会影响颜料的遮盖力,如斜方晶体的遮盖力比单斜晶体的弱,片状晶体的遮盖力比棒状晶体的高。

(2)颜料本身对光的吸收能力(light absorbency)。遮盖力还与颜料本身对光的吸收能力有关。例如,炭黑几乎不反射光线,但它的遮盖力很强,原因在于它能吸收入射的绝大部分光线,使光线不能透射至被着色基质之故。因此,不同色调及不同色强度的颜料的遮盖能力也不同。

(3)颜料的粒径及其分布(particle size and particle size distribution)。颜料的粒径及其分布与颜料粒子对光的总体散射强度(scatting intensity)相关,因而直接影响颜料的遮盖力。当颜料粒径小于光波波长的 1/2 时,因光线发生绕射,遮盖力很低;随着粒径增大,遮盖力提高,至一定粒径(与颜料的折射率相关)时达到最大值,继续增大粒径则会由于颜料总体反射面积下降而导致遮盖力的损失。图 13-2 所示为两个不同折射率颜料颗粒的平均粒径与某一波长光波散射强度之间的一般关系曲线。

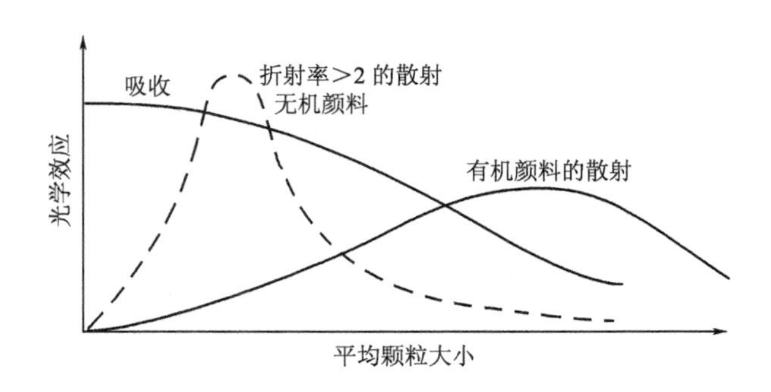

图 13-2 颜料粒径和颜料光学性质的关系

由图 13-2 可见,折射率高的颜料在颗粒比较小的时候就达到散射高峰;折射率低的颜料,散射达到高峰时的平均粒径较大。分析表明,颜料色浆的最合理粒径应在光波波长低限的 1/2 至光波波长高限的 1 倍之间,即在 0.25~1.50μm 之间,且该范围粒径的粒子含量应达 80% 以上。

(4)颜料的混合。混合颜料的遮盖力，取决于混合物各组分的遮盖力。但是，混合颜料的遮盖力并不是各混合组分遮盖力的简单叠加或消减。例如，白色颜料的遮盖力，不会因掺加填充料而显著减低；氧化锌掺以滑石粉混成的颜料，其遮盖力较这两种颜料按加乘法计算出来的遮盖力要高。因此可以在某些颜料中加入适量的体质颜料，来降低颜料的成本，又不致使它的遮盖力降低。

(三) 颜料的耐光性(light stability)

颜料的耐光性对印花产品的日晒牢度至关重要。决定颜料耐光性能的主要因素是其化学结构和取代基类型。无机颜料大多具有优良的耐光性，有机颜料中除偶氮颜料和色淀类颜料外，其他结构的也都具有较好的耐光性能，其中铜酞菁、喹吖啶酮、二噁嗪、异吲哚啉酮、苯并咪唑酮类等高档有机颜料的耐光牢度优越。聚集状态对颜料的耐光性能也有明显的影响。聚集度高、颗粒较大的颜料通常具有较好的耐光牢度。颜料颗粒的平均大小应控制在 0.1～1μm，荧光树脂颜料控制在 2～3μm 为宜。

(四)颜料分散体的稳定性(stability of pigment dispersion)

颜料一般制成浆状商品供应，必须保持良好的分散状态(避免凝聚结块而嵌花筒、塞网眼)，并有良好的流动性。在生产过程中除了控制合成工艺条件外，还需根据颜料的表面性质，选择适当的分散剂和其他助剂进行研磨加工，增加晶型的稳定性，使颜料粒子在连接料中良好分散。对于纺织品印花常用的油/水型颜料浆，往往用 HLB>10 的非离子表面活性剂或阴离子表面活性剂作分散剂。

三、特殊颜料

(一)罩印(cover/over/toping printing)白色颜料浆及罩印彩色颜料浆

颜料具有一定的遮盖力，但一般颜料的遮盖力不足以完全遮盖地色，难以在深色织物上印制鲜艳的浅色花纹。为此专门开发了有很高地色遮盖能力的罩白印花浆和罩彩印花浆。

1. 罩白印花浆　罩白印花浆由钛白粉(TiO_2)、黏着剂、分散剂和糊料等组成。该颜料浆具有很高遮盖力的主要原因是选用了高纯度的两种不同晶型即锐钛型和金红石型的钛白粉混合物作主料。金红石型为细长成对的孪生晶体，每个晶胞含有 2 个 TiO_2 分子并以 2 棱相连，结构紧密，密度大，折射率高达 2.71，遮盖力高。锐钛型晶体呈八面体形式，氧位于八面体顶角，每个晶胞含有 4 个 TiO_2 分子并以 8 个棱边相接，结构较松，相对密度小，折射率为 2.52，遮盖力略次于金红石型。但因其结构松，较易分散，粒度小，反射光呈蓝光，所以白度高于金红石型。钛白粉两种晶型的物理性能如表 13－2 所示。

表 13－2　钛白粉两种晶型的物理性能

物理性质＼颜料	TiO_2(锐钛型)	TiO_2(金红石型)
相对密度	3.9	4.2
折射率	2.52	2.71

续表

物理性质 \ 颜料	TiO_2(锐钛型)	TiO_2(金红石型)
遮盖力(PVC 20%)/%	333	414
着色力/%	1300	1700
紫外线吸收率/%	67	90
反射率/%	94～95	95～96
TiO_2 含量/%	95～98	92
最佳粒径/μm	0.2～0.25	0.3
平均粒径/μm	0.15～0.25	0.25～0.40

在制造罩白浆时，选用单一品种的钛白粉难以兼顾白度与遮盖力之间的关系，必须将两种不同晶型的钛白粉合理搭配，选用分散效率高的分散剂，在高效分散设备上加工成白色浆状体。

2. 罩彩印花浆 彩色颜料大多为有机颜料，其遮盖力远低于钛白粉。因此，常规的彩色印花体系透明度较高，遮盖不住地色，难以在中深地色纺织品上印制彩色罩印图案。在普通彩色颜料浆中添加具有高遮盖力的白色底粉，如锌钡白等无机白色颜料，能提高色浆的光散射率，将地色盖住。但是，这也同时降低了彩色颜料的色饱和度，使颜色的视觉效果与白地布上印花产生较大的差距。要获得理想的彩色罩印效果，需使用特殊的罩彩印花浆。罩彩印花浆不用钛白粉，而用透明的体质颜料做底粉，常用的有铝化合物或钙化合物，如硅酸铝[$Al_2(SiO_3)$]。这一类底粉通常没有很高的折射率，粒径较大，颗粒表面呈不规则构造，既能遮盖织物地色，又不影响彩色浆中颜料的色泽。用它配以分散稳定助剂制成胶体，加入彩色颜料和黏着剂混合制成罩彩印花浆，对深地色纺织品进行彩色罩印，产品色泽艳丽，保真度高，有良好的效果。

(二)用于颜料印花的微胶囊

将固态、液态或气态物质的微小颗粒用高分子成膜物质包覆，形成粒径约 1～500μm 的芯壁结构微粒，这就是微胶囊(microcapsule)。微胶囊在常态下有较高的稳定性，适当条件下能将囊芯物质释放出来。应用相分离法、聚合法和多种机械物理方法，可以将各种功能性物质制成微胶囊，不仅大大改善了功能性物质的应用性能，而且可以通过囊壁特性的设计和外界条件的作用，实现芯材的可控释放和维持功能的长效。将这样的微胶囊当作“颜料”应用于纺织品的印花，可以得到具有独特功能的产品。例如，以香精为芯材，聚苯乙烯为壁材，制成香精微胶囊，利用颜料印花方法印制在织物上，就是香水花布。香水花布在服用过程中发生摩擦时不断有微胶囊破裂，香精缓缓释放，有留香持久的效果。

除了上述的香精微胶囊之外，常见的用于颜料印花的微胶囊还有以下几种：

1. 热敏变色(thermochromic)微胶囊 将热敏变色材料用透明成膜物质包覆，制成微胶囊，然后用黏着剂以颜料印花的方式印到织物上，当外界温度变化时，织物上的花纹颜色会发生变化。

热敏变色材料有热敏无机颜料、热敏有机染料和热敏液晶(thermochromic liquid crystal)

等数种。热敏无机颜料在温度升高时晶型发生变化或失去结晶水而变色，灵敏度较差。常见的热敏液晶主要是胆甾型液晶（cholesteryl liquid crystal），在温度变化时，该类液晶的螺旋体结构会随温度升降而伸缩，使其对光的反射和透射特性发生变化，产生从红到紫的可逆颜色变幻，具有很好的热敏变色性能，但价格较高。目前得到较多应用的是有机可逆热变色染料（reversible thermochromic dyes）。

有机可逆热变色染料是一类非常特殊的染料，通常是一种多组分的复配物，其热变色温度范围为－200～200℃，在设计温度范围内颜色可随温度发生有色和无色或颜色A和颜色B之间的可逆变化，变色灵敏度高，价格低廉。

这种复配物主要由三种组分构成：

隐色染料（leuco dyes）——提供热变色色基的给电子体，如内酯化合物、荧烷类化合物和三芳甲烷类化合物，一般均具有内酰胺环或内酯环的结构；

显色剂（developer）——引起热变色的受电子体，主要有酚式或羟基化合物及其金属盐，如双酚A；

显色溶剂（developing solvent）——调节变色温度的极性有机溶剂，如高碳脂肪醇，室温为固态，能随温度发生固液相变。

以纺织品印花常用的隐色染料结晶紫（crystal violet）为例，它的内酯（lactone）结构中，中心碳原子 sp^3 杂化闭环，共轭体系不贯穿，为无色化合物；但若在上述复配物中有受电子基显色剂双酚A（bisphenol A）存在，则室温条件下在有机极性溶剂的环境中，变色色基结晶内酯吸收质子，发生分子重排，使内酯开环，其共轭体系贯穿，变成有色物质，与高碳脂肪醇混溶成有色固态溶液。当温度升高，脂肪醇熔融，体系变成真溶液，双酚A的阴离子从结晶紫开环的发色体系中夺取质子而分离，形成中性分子，结晶紫内酯闭环呈无色。降低温度，脂肪醇凝固，体系又恢复成有色。如此，颜色可随温度反复变化（图13－3）。通过选用碳链长度不同的脂肪醇作溶剂，可控制色变所需温度，提高变色灵敏度。

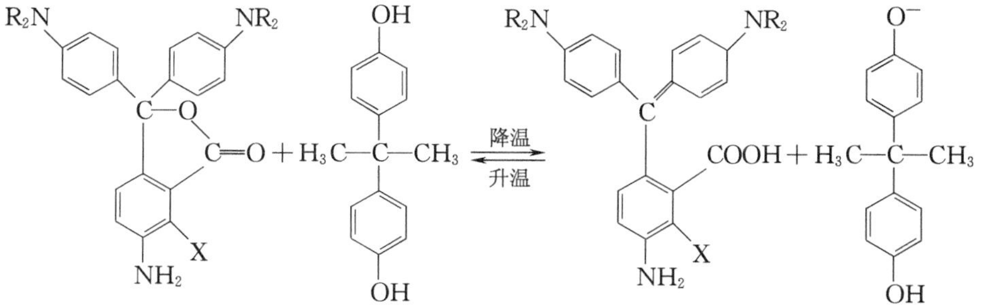

结晶紫内酯　　双酚A　　降温 / 升温

蓝～紫色

X=H,R=H 时，紫色

$X=N(CH_3)_2,R=CH_3$ 时，蓝紫色

$X=OCH_3,R=CH_3$ 时，蓝色

图13－3　结晶紫内酯的热敏变色机理

为了避免隐色染料遇强酸失去可逆变化特性,也为了确保复配体系三组分始终处于一个整体中,这类热敏变色染料需要制成微胶囊才能很好地得到应用。

2. 发泡印花(forming printing)微胶囊 选择合适的可挥发性液体作为微胶囊的芯材,将它"贮存"在某种具有弹性的高分子聚合物作囊壁的胶囊里,并将这种微囊用颜料印花方法印制在织物上,在焙烘时,微胶囊芯材中的挥发性液体受热后迅速汽化,体积猛增数十倍,将胶囊膨胀成气泡,同时各个气泡之间一个挨一个挤压着,产生无规律的重叠分布。如以 400 倍的光学显微镜观察这样的印花织物,可见其表面布满密集堆砌的肥皂泡状气泡囊,形成一种立体的、并具有绒绣般触感的花纹,其效果可与绣花、植绒印花产品媲美。

发泡印花微胶囊可采用压缩气体(如氮气、二氧化碳等)、挥发性液体及可溶性固体等作囊芯,其中挥发性液体,特别是常压下沸点低于 110℃ 的脂肪烃和卤代脂肪烃最为常用。作为囊壁材料的发泡树脂可用聚苯乙烯、聚氨酯、聚氯乙烯等。

3. 多色颜料微胶囊 将颜料微粒包埋在囊衣中,可以制成颜料微胶囊,将各种颜色的单色颜料微胶囊混合后制成复合微胶囊或直接调浆,用于颜料印花,印后焙烘时颜料微胶囊囊壁破裂,各种颜料微粒释出就地着色,形成多彩色点组成的花纹,具有独特的风格。

(三)长余晖(long afterglow)夜光颜料(luminescent pigments)

长余晖发光材料也称为长余晖蓄能发光材料,它是光致发光材料的一种。其激发能源是光源,可以是环境光,如日光、灯光、紫外光等。

余晖发光材料的发光原理是:在余晖蓄能发光材料中有基质和掺杂元素,两者在基质中形成发光中心和陷阱中心两个部分。当受到外界光源激发时,吸收光能,其发光中心的基态电子因吸收能量跃迁到激发态,当这些电子再由激发态跃迁回基态时,能量以可见光的形式释放,即发光。这种发光是瞬时的,即使有余晖,时间也不长。光照时,有一些电子受到激发,会落入陷阱中心,被陷阱中心束缚。光照撤除后,受环境温度的扰动,被束缚在陷阱中心的电子跳出陷阱中心,落到基态,释放出的能量激发了发光中心而形成荧光,这便是余晖产生的机理。由于束缚于陷阱中心的电子受环境温度扰动时是逐渐从陷阱中心跳出的,因此,这一发光过程可持续较长的时间,一直到所有被束缚在陷阱中心的电子全部跳出陷阱中心才告结束,因而获得长余晖。

长余晖发光材料在撤除光照后能在黑暗中较长时间熠熠发光,因此也常被称为夜光粉。传统的夜光粉分为两大类,第一类是硫化物复合体,如高纯度的硫化锌或硫化镁,添加铜和钴或铜和锰作为掺入元素,分别具有绿色余晖(前者)或橙色余晖(后者),但余晖时间仅 15~20min,而且硫化物因易水解或光解而不稳定。第二类是在夜光粉中掺入放射性物质,由于放射性物质能不断提供辐射能,使发光中心持续受激而发光,可以获得长时间的余晖。但放射性物质对人体健康有害,因此不能用于日常用品。

新型的长余晖发光材料是以碱土金属铝酸盐(陶瓷)为基质,掺入稀土金属元素作为激活剂一起煅烧而成的。这种长余晖发光材料具有不规则的晶体结构,能因使用的碱土金属铝酸盐的组分不同而发出不同光泽的余晖,且余晖时间长,用低照度(200 lx)的光照射 10min 后,可持续发光 12h 以上;发光亮度达到 1.5~2cd/m^2,发光寿命长达 12 年。

表 13-3 长余晖发光颜料品种

余晖光泽	黄绿色	蓝绿色	蓝 色	蓝紫色
成分	$SrAl_2O_4$:Eu. Dy	$Sr_4Al_{14}O_{25}$:Eu. Dy	$SrAl_2O_4$:Eu. Dy	$CaAl_2O_4$:Eu. Dy
发光波长/nm	500±4	490±3	520±3	440±3
相对密度/%	≥100	≥100	≥95	≥90
余晖时间/h	≥20	≥25	≥15	≥10
粒径/目	100~600	100~600	100~600	100~600

注 Eu. Dy 指稀土激活剂。

长余晖发光颜料可借助颜料印花方式用于纺织品的印花，除特别用途，如晚间工作的警示服等外，还可以在普通纺织物上做点缀花纹用，如夜舞服、演员表演服等。常见长余晖发光颜料品种见表 13-3。印花时宜选用透明度好的黏着剂，印浆中可添加少量的荧光树脂颜料或普通颜料，使印得的花纹在可见光下也呈现出相应的颜色。

(四)用于颜料印花的特殊视觉效果材料

有一些能产生特殊视觉效果的物质，虽然不一定能在织物上形成色彩，但能形成各种光泽效果，如模拟的金光、银光、宝石或钻石光泽，因此也可以像颜料一样在纺织品颜料印花工艺中使用。它们种类很多，性能各异，择要介绍如下：

1. 金光颜料 金光颜料有两种：一种是铜锌合金，光泽因铜锌比不同而有黄铜色、红金色、青红金色和青金色之分。其光泽的强弱与目数相关，目数越低，光泽越好，通常用得较多的是 200~400 目的红光和青光金粉，目数太低时，因颗粒太大容易造成印花时的塞网。这种金粉因表面裸露，不耐高温和气候，易被氧化而变暗，因此印花浆中要加入 0.5%的抗氧化剂，如苯并三氮唑、对甲氨基苯酚、亚硫酸钠等。印花时，该金粉的用量需高达 15%~25%，因此，所需黏着剂的用量很高，约 40%~60% 。另一种是以天然云母为基质制成的人造金光粉。天然云母是复杂的硅酸盐，常用的是白云母[$KAl_2(Al \cdot Si_3O_{10})(OH)_2$]和金云母[$KMg_2S_2(Si_3Al_{10})(OH)_2$]。新型金光粉以云母为晶核，表面依次包覆有增光层、TiO_2 钛膜层和金属光泽沉积层(图 13-4) 。钛膜层约占 25% ，有很高的折射率，是产生光芒的重要物质，金属光泽沉积层为黄色透明薄膜，使钛膜反射的光芒呈黄金色泽。这种金光粉在阳光下照 250h，光泽无变化，具有很强的抗氧化、耐日晒性能，耐酸、耐碱性也很好。因此，印花时无需用抗氧化剂，印制后手感柔软。

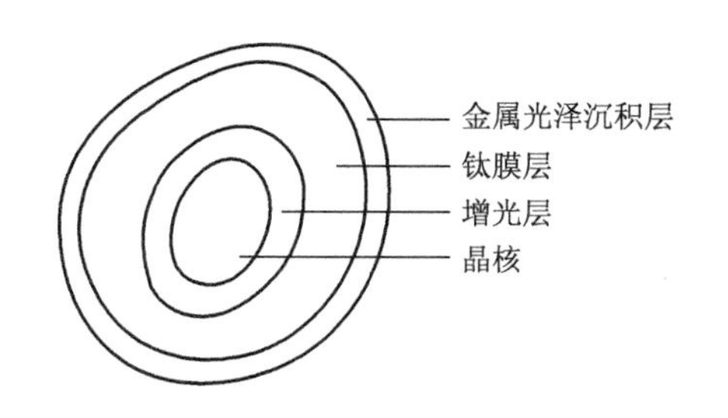

图 13-4 人造金光粉构造示意图

2. 银光颜料 银光颜料也分为两种：一种是纯度为 99.5%以上的铝粉，它与铜锌粉一样，能被氧化而发暗，印花时也要加抗氧化剂。其基本性能与铜锌粉相似。另一种是云母包覆钛膜制得的新型银光粉。控制钛膜包覆温度和包覆厚度，可以获得银光或黄、红、青、绿等各种色光，具有彩色珠光效果。此种银光粉的稳定性很好，在灯下连续照射

300h，失光率仅 10%，而且印花后各项牢度都很好。

3. 珠光颜料 天然珍珠具有层状碳酸钙和蛋白质重复叠合而成的层状构造。当光线入射时，这种层状构造能够对入射光形成多层次的反射，相互干涉连贯，形成似彩虹的光芒，产生闪烁的视觉效果。但天然珍珠粉的耐热性差，不能用于印花。

最早用于印花的珠光颜料是人造珠光粉，其主要成分是碱式碳酸铅[$2PbCO_3 \cdot Pb(OH)_2$]，具有一定的耐热性和耐光性，但印浆放置时间长时，晶体容易破坏，影响光泽。

改进的仿珠光颜料是云母钛珠光颜料，由鳞片状云母薄片包覆适当厚度的金属氧化物(二氧化钛等)膜而制成。天然云母主要为单斜晶系，晶体呈假六方薄片状、鳞片状、板状，有时呈假六方柱状，是一种含有水的层状硅酸盐矿物，因此结构与珍珠有相似之处，也能对入射光进行多层次反射形成珠光。

为使珠光颜料除具有柔和的珠光特性外，还能显示不同颜色，可使不同金属离子(如 Bi、Sb、As、Fe、Zn、Mn 等)在云母钛表面沉积。例如，用 $FeCl_3$、$FeSO_4$ 沉积而制得黄、橙色珠光颜料，用 $Cr_2(SO_4)_3$、$K_4[Fe(CN)_6]$ 沉积制得绿、青色珠光颜料。以上述方法制得的有色珠光颜料具有优良的耐热与耐气候牢度，但色泽不鲜艳，着色强度较低。近年已开发出有机珠光颜料，即采用有机染料、颜料对云母钛实施表面着色而获得有色珠光颜料。该法与上述无机金属离子着色工艺相比，具有工艺简单、产物颜色鲜艳的优点。

珠光颜料的粒径影响珠光效果，粒径小时，呈丝绸般的柔和光泽，但遮盖力较弱。粒径也影响珠光色泽，如粒径较小的云母钛呈红金色珍珠光泽，而较大粒径(40～200μm)的云母钛呈最闪烁的金色珍珠光泽。因此，珠光颜料的颗粒粒径比一般颜料大得多，印花时宜选用 24～31 网孔/cm(60～80 目)的筛网。

4. 宝石光颜料 宝石具有闪光的特点，在光线照射下能反射出几种不同光泽的光芒，观察角度不同、入射光强度不同，其反射光芒的色相就不同。人造宝石是在二氧化钛微粒上包覆氧化铝薄膜，因二氧化钛折射率与氧化铝的折射率不同而显示不同光芒。印花时，印浆中不能加电解质和有色颜料，而要用遮盖力强的彩印印花浆。

5. 钻石粉 钻石能发出闪烁耀眼的光芒，人造钻石是二氧化锆扁平体晶体。它随着入射光方向和视角方向的改变，产生强烈的、闪烁的钻石般光泽，在入射光角度呈 90° 时，其反射光的亮度最强，而色泽最差；当入射光角度大于 90°而小于 130°时，反射光亮度减弱，而色泽增强；而当入射光角度大于 135°而小于 180°时，反射光强度更弱，而色泽更强；当入射光几乎与钻石层平行时，闪烁的光芒消失，色泽最好。钻石粉印花时，黏着剂的透明度要好，手感要软，可加些紫外交联剂，以提高其色牢度。

6. 金属箔 在聚酯薄膜上加脱膜层和着色层，然后在高温和真空条件下镀上金属铝膜，根据着色层颜色的不同，可以得到金色或银色金属箔。采用热熔型黏合剂预先在织物或金属箔上印制花纹图案，继而将金属箔和织物贴合进行热压转移，就能获得具有极高光亮度的金色或银色环纹图案。

第三节　黏着剂和交联剂

一、黏着剂

黏着剂是颜料印花色浆中重要的组分之一。大多数印花用黏着剂是高分子乳液，能与印花增稠剂和颜料良好相容，在色浆中呈溶解或分散状。印花时，黏着剂与颜料一起涂布在织物表面，当溶剂或分散介质蒸发后，黏着剂能在印花部位形成一层很薄(通常只有几微米厚)的膜，将颜料颗粒包覆并黏着在纤维和织物的表面。它对产品的牢度(摩擦、水洗、干洗牢度等)起决定性的作用，而且与色浆的印制性能以及产品的手感和色泽有密切关系。

理想的黏着剂应具备如下性能：乳液稳定，液滴均匀，有良好的耐热及抗冻性能；成膜温度不应太高，室温下不结皮，不凝聚，印制过程不粘搭、不塞网、易清洗；成膜速度适当，所形成的膜应该无色透明、柔软而不发黏，富有弹性和韧性，对纤维有优良的黏着力(adhesive force)，而且有较好的耐有机溶剂(organic solvent stability)、耐光(light stability)和耐老化性能(age resistance)。但实际的黏着剂很难完全满足上述要求，应根据具体情况谨慎选用，有时可选择两种以上黏着剂混合使用，取长补短，并利用适当的助剂或添加剂来改善或弥补其不足，以获得尽可能好的效果。

目前，常用的黏着剂主要是丙烯酸酯、丁二烯、醋酸乙烯酯、丙烯腈、苯乙烯等单体的聚合物以及聚氨酯，常常是两种或两种以上单体的共聚物。共聚物的性能一般比均聚物优越，例如单一的苯乙烯、丙烯腈或氯乙烯均聚物的膜较硬，而单一的丁二烯或丙烯酸丁酯的均聚物的膜较软，但常常发黏，而共聚物的性质则可通过选用不同特性的单体和它们之间的用量比来调节。颜料印花的黏着剂一般是以乳液聚合方法制成的，乳液固含量为30%～50%，颗粒大小为0.2～2μm。通过改变反应条件和添加适当助剂，可控制聚合物分子链长度、颗粒大小以及分散体的稳定性等。常用黏着剂可分成以下几类：

(一)非反应性黏着剂

这类黏着剂在印花和后处理过程中，无论是自身或与交联剂、纤维均不发生反应。它们又可分以下几类：

1. 聚丙烯酸酯共聚物　常见的是丙烯酸酯类软单体与非丙烯酸酯类硬单体的共聚物。丙烯酸酯类软单体有丙烯酸甲酯、丙烯酸乙酯、丙烯酸丁酯以及丙烯酸异辛酯等，非丙烯酸酯类硬单体包括丙烯腈、苯乙烯等。这类黏着剂通常可以由一种丙烯酸酯和一种非丙烯酸酯单体共聚，也可以由两种不同的丙烯酸酯单体或再加一种以上非丙烯酸酯单体共聚制得。共聚物的性质取决于单体的性质、含量以及单体在分子链中的排列情况。例如，共聚物的玻璃化温度一般介于组成它的两种单体的均聚物之间，增加其中一种单体的含量，共聚物的玻璃化温度会朝着该单体的玻璃化温度靠近，这表明：黏着剂膜的柔软度可通过选择单体和改变两种共聚组分的相对含量来调节。

聚丙烯酸酯类黏着剂具有较好的黏着力，耐光老化性能也较好，但它们的性能随单体性质和用量的变化而有很大不同。例如，丙烯酸酯和苯乙烯的共聚物分散体系对电解质稳定，但所结膜耐干洗性(dry-clean ability)较差，而丙烯酸酯和丙烯腈共聚物的膜，耐干洗牢度和耐老化性能好，但手感较硬；就丙烯酸酯类单体而言，其结构对共聚物的性质也有很大影响，例如，聚甲基丙烯酸甲酯的膜比聚丙烯酸丁酯硬得多；对聚酯纤维的黏着力，丙烯酸丁酯比丙烯酸乙酯的强，而两者对棉纤维的黏着力都比对聚酯纤维的好。各类单体对黏着剂性能的影响见表13－4。

表13－4　各种单体对丙烯酸酯共聚体薄膜性能的影响

单体		弹性	柔软性	耐洗涤性	耐溶剂性	耐热性	耐光性	耐干摩性	耐湿摩性
均聚体	醋酸乙烯酯	×	×～△	×	×	*	*	○	○～△
	丙烯酸甲酯	○	×～△	○～△	○	*	*	↗	↘
	丙烯酸乙酯	○	○	○～△	○	*	*	↗	↘
	丙烯酸丁酯	○～△	*	○	○	*	*	↘	↗
	丙烯酸异辛酯	○～△	*	○	○～△	*	*	↘	↗
与丙烯酸酯共聚用单体	甲基丙烯酸甲酯	→	→	→	→	→	→	↗	↘
	苯乙烯	↘	↘	→	↘	→	→	↗	↗
	丙烯腈	↗	↘	↘	↗	↘	↘	↗	↗
	氯丁二烯	→	↘	↗	→	↘	↘	↗	↗
	氯乙烯	→	↘	↗	↗	↘	↘	↗	↗

注　*优良；○良；△一般；×不好；↗增加；→不变；↘下降。

这类黏着剂品种很多，以丙烯酸丁酯和丙烯腈的共聚物为例，它们的聚合反应可表示如下：

$$nCH_2{=}\underset{\displaystyle COOC_4H_9}{\underset{|}{CH}} + mCH_2{=}\underset{\displaystyle CN}{\underset{|}{CH}} \longrightarrow \left[CH_2\underset{\displaystyle COOC_4H_9}{\underset{|}{CH}}CH_2\underset{\displaystyle CN}{\underset{|}{CH}} \right]_p$$

聚丙烯酸丁酯的膜的机械强度不高，且易溶胀；分子链中引入丙烯腈组分后，黏着剂膜的手感虽然较硬，但膜的抗张强度(tensile strength)、耐磨性(abrasion resistance)以及耐干洗牢度等都可提高。例如，将11％(质量分数)的丙烯腈与89％的丙烯酸丁酯共聚，共聚物的玻璃化温度约为－25℃，用它作黏着剂仍然有较柔软的手感，而且其他性能也大为改善。

黏着剂薄膜的柔软性与黏着剂高分子的玻璃化温度密切相关。当高分子化合物受热，温度超过玻璃化温度(T_g)时，便可由玻璃态转化为柔软弹性的橡胶态，因此具有室温以下玻璃化温度的高分子化合物，在室温下通常具有良好的柔软性。表13－5列出了一些高分子物的玻璃化温度。

表 13－5 高分子物的玻璃化温度

单体性质	高分子均聚物	玻璃化温度/℃	单体性质	高分子均聚物	玻璃化温度/℃
软单体	低密度聚乙烯	－125	软单体	聚乙烯	－80
软单体	聚丙烯酸乙酯	－24	软单体	聚丙烯酸甲酯	8
软单体	无规聚丙烯	－20	硬单体	聚甲基丙烯酸丁酯	20
软单体	聚丙烯酸丁酯	－57	硬单体	聚氯乙烯	80
软单体	聚丙烯酸异辛酯	－70	硬单体	聚乙烯醇	85
软单体	聚丁二烯	－77	硬单体	聚醋酸乙烯酯	28
硬单体	聚丙烯酰胺	165	硬单体	聚丙烯腈	103
硬单体	聚苯乙烯	100	硬单体	聚丙烯酸	106
硬单体	无规聚丙烯	100	硬单体	无规聚甲基丙烯酸甲酯	105

2. 丁二烯共聚物 这类黏着剂主要为丁二烯和苯乙烯的共聚物(丁苯胶乳)、丁二烯和丙烯腈的共聚物(丁腈胶乳)以及氯丁胶乳等。这是一些柔软、弹性良好的高分子物，相对分子质量较高的常用作合成橡胶。但它们中的一些黏着力或耐光稳定性或耐溶剂能力较差。以下是丁苯胶乳和丁腈胶乳的合成反应式(乳液聚合)：

$$n\mathrm{CH_2{=}CH(CN)} + m\mathrm{CH_2{=}CH{-}CH{=}CH_2} \longrightarrow \left[\mathrm{CH_2{-}CH(CN){-}CH_2{-}CH{=}CH{-}CH_2}\right]_p$$

丁腈胶乳

$$n\mathrm{CH_2{=}CH(C_6H_5)} + m\mathrm{CH_2{=}CH{-}CH{=}CH_2} \longrightarrow \left[\mathrm{CH_2{-}CH(C_6H_5){-}CH_2{-}CH{=}CH{-}CH_2}\right]_p$$

丁苯胶乳

随着共聚组分比的变化，共聚物的性质也变化。在丁二烯聚合物分子链中引入苯乙烯组分后，共聚物的机械强度和弹性都会提高，而柔软性则降低。这可从它们的玻璃化温度变化中看出，例如聚丁二烯的 T_g 约为－85℃，聚苯乙烯的 T_g 约为 80～100℃，而丁二烯和苯乙烯共聚比为 75∶25 的共聚物的玻璃化温度约为－60℃，介于两种均聚物之间。同理，聚丁二烯分子链中引入丙烯腈组分后，机械强度和弹性也增加，玻璃化温度介于两种均聚物之间；丁二烯和丙烯腈共聚比为 70∶30 的共聚物的玻璃化温度约为－41℃。由于丁苯胶乳膜的黏着力不够好，有些产品还加入第三单体如丙烯酸酯、丙烯酰胺进行共聚，或者在印花时拼混某些黏着力强的结膜物质来改善。属于丁苯胶乳类的常用黏着剂有黏着剂 BH、707 等。

3. 醋酸乙烯酯共聚体 聚醋酸乙烯酯本身虽然是一种黏着剂，但不耐洗，性能较硬(玻璃化温度约为 29℃)，不能作为颜料印花的黏着剂。如果将它与其他单体进行共聚，或将其进行改性，则可做印花用黏着剂。例如，共聚物中的醋酸酯基经水解后可在分子链中引入羟基，成为可和适当交联剂反应的黏着剂，水解反应可表示如下：

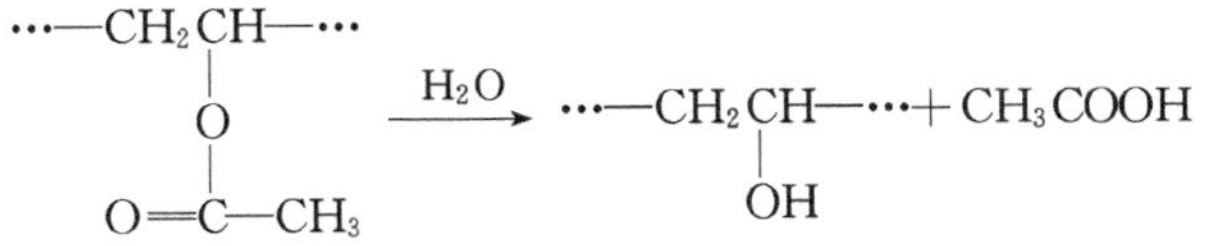

$$\cdots-CH_2\underset{\underset{O=C-CH_3}{|}}{\underset{|}{\underset{O}{CH}}}-\cdots \xrightarrow{H_2O} \cdots-CH_2\underset{OH}{\underset{|}{CH}}-\cdots+CH_3COOH$$

(二)反应性黏着剂

上述黏着剂分子链之间不能相互反应形成共价交联，所结的膜一般可被适当的溶剂溶解，耐热性、耐干洗牢度和耐摩擦牢度不够理想。通过在黏着剂分子链中引入适当的反应性基团，使黏着剂大分子能通过与适当的交联剂反应或直接与纤维反应，形成网状结构，因而耐溶剂性、耐热性和弹性均大为提高，摩擦牢度也可改善。这类可直接与纤维反应或可与交联剂反应的黏着剂，称为反应性黏着剂，其中某些黏着剂在反应过程中，本身大分子之间也可形成共价交联。但是在颜料印花中，黏着剂分子中含反应性基团不能太多，否则，所结的膜将会太硬。含反应性基团单体的黏着剂主要有以下几类：

1. 含氨基单体的黏着剂

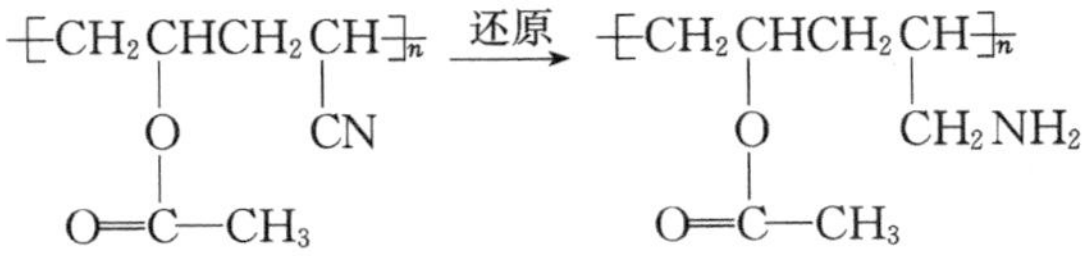

$$\left[CH_2CH(OCOCH_3)CH_2CH(CN)\right]_n \xrightarrow{还原} \left[CH_2CH(OCOCH_3)CH_2CH(CH_2NH_2)\right]_n$$

分子中具有氨基的黏着剂可与适当的交联剂反应形成网状结构。

2. 含羟基单体的黏着剂 醋酸乙烯酯共聚物水解后可使黏着剂分子链具有羟基。此外，也可用含羟基的单体进行共聚得到含羟基的黏着剂。含羟基的单体主要有：

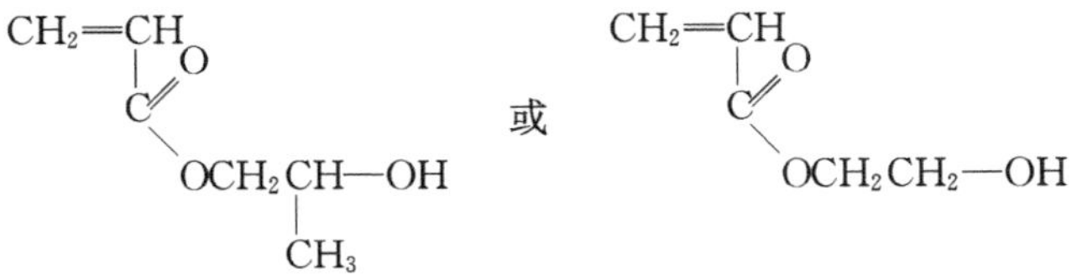

$$CH_2=CH-C(=O)-OCH_2CH(CH_3)-OH \quad 或 \quad CH_2=CH-C(=O)-OCH_2CH_2-OH$$

分子链中的羟基可与适当的交联剂反应形成网状结构。

3. 自交联黏着剂(self - crosslinking binder) 这类黏着剂含有能自身交联的单体，主要有以下几种：

(1)羟甲基丙烯酰胺：

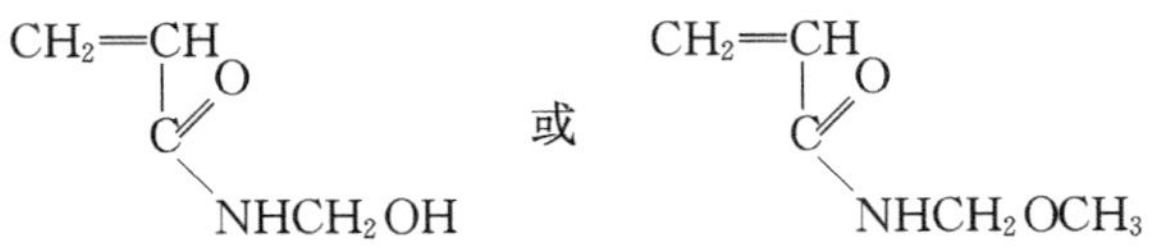

$$CH_2=CH-C(=O)-NHCH_2OH \quad 或 \quad CH_2=CH-C(=O)-NHCH_2OCH_3$$

(2)丙烯酸环氧丙酯：

$$CH_2=CH-C(=O)-O-CH_2-\underbrace{CH-CH_2}_{O}$$

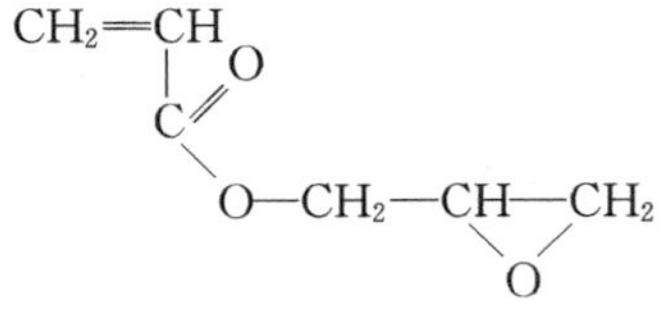

(3)N-环氧丙基丙烯酰胺：

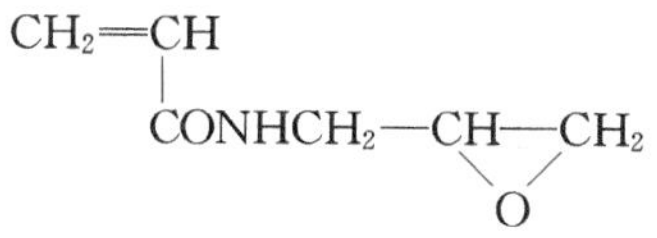

$$\begin{array}{l} CH_2{=}CH \\ \quad | \\ \quad CONHCH_2{-}\underset{\diagdown\ O\ \diagup}{CH{-}CH_2} \end{array}$$

(4)丙烯酸(ω-环氮乙烷)烷基酯：

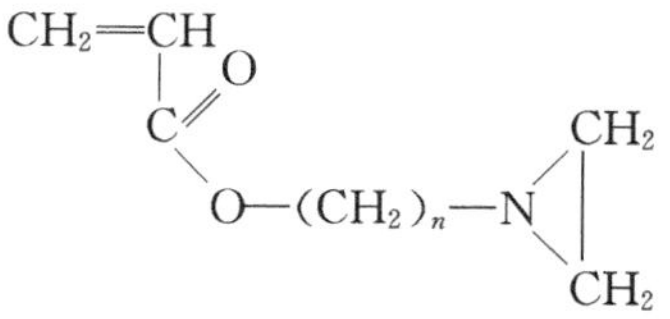

$$CH_2{=}CH{-}C({=}O){-}O{-}(CH_2)_n{-}N\begin{matrix} CH_2 \\ | \\ CH_2 \end{matrix}$$

上述单体中以羟甲基丙烯酰胺最为常用。例如，将它和丙烯酸酯、丙烯腈、丁二烯等单体共聚后就可得到反应性黏着剂，其合成反应可示意如下：

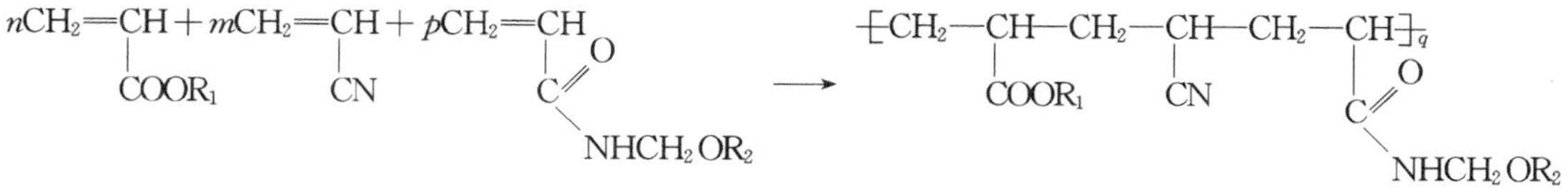

$$n\underset{\substack{| \\ COOR_1}}{CH_2{=}CH} + m\underset{\substack{| \\ CN}}{CH_2{=}CH} + p\underset{\substack{| \\ C({=}O)NHCH_2OR_2}}{CH_2{=}CH} \longrightarrow \left[CH_2{-}\underset{\substack{| \\ COOR_1}}{CH}{-}CH_2{-}\underset{\substack{| \\ CN}}{CH}{-}CH_2{-}\underset{\substack{| \\ C({=}O)NHCH_2OR_2}}{CH}\right]_q$$

式中：R_1 为 CH_3、C_2H_5、C_4H_9等；R_2 为 H、CH_3 等。丙烯酸丁酯、丙烯腈以及少量羟甲基丙烯酰胺的共聚物是最常用的反应性黏着剂。

反应性黏着剂的性能随所用单体的性质和共聚比而变化。例如，丙烯酸乙酯和丙烯腈(质量分数约为 11%)以及少量羟甲基丙烯酰胺(一般低于 5%)共聚物的玻璃化温度约为－15～5℃。而当丙烯酸乙酯被丙烯酸丁酯代替后，玻璃化温度则约为－25～5℃，比前者低得多；而不含丙烯腈组分，即丙烯酸丁酯和羟甲基丙烯酰胺共聚物的玻璃化温度则更低，约为－55～35℃。一般来说，和不含羟甲基丙烯酰胺的共聚物相比，它们的玻璃化温度要高一些。羟甲基丙烯酰胺相互间发生缩合后，形成网状结构(reticulate / net structure)，所获得的膜较硬，但相应的抗张强力、耐热性和耐溶剂能力也大为提高。

羟甲基酰胺作自交联基团的自交联黏着剂，其自身交联以及和纤维的交联反应可表示如下。

自身交联反应：

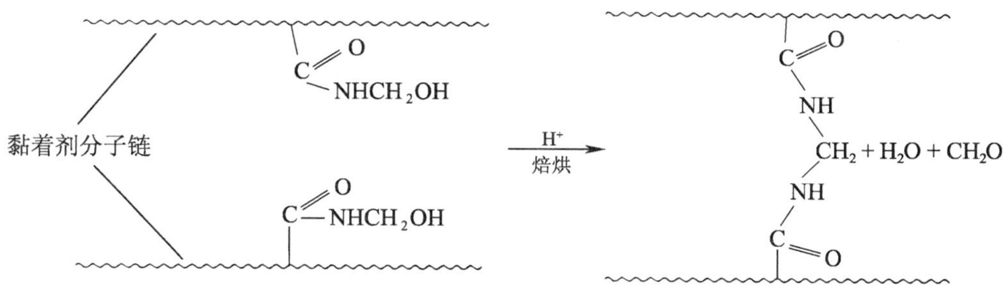

$$\begin{array}{c} \sim\sim\sim\sim{-}C({=}O){-}NHCH_2OH \\ \text{黏着剂分子链} \\ \sim\sim\sim\sim{-}C({=}O){-}NHCH_2OH \end{array} \xrightarrow[\text{焙烘}]{H^+} \begin{array}{c} \sim\sim\sim\sim{-}C({=}O){-}NH \\ \qquad\qquad CH_2 + H_2O + CH_2O \\ \sim\sim\sim\sim{-}C({=}O){-}NH \end{array}$$

与纤维素纤维的反应：

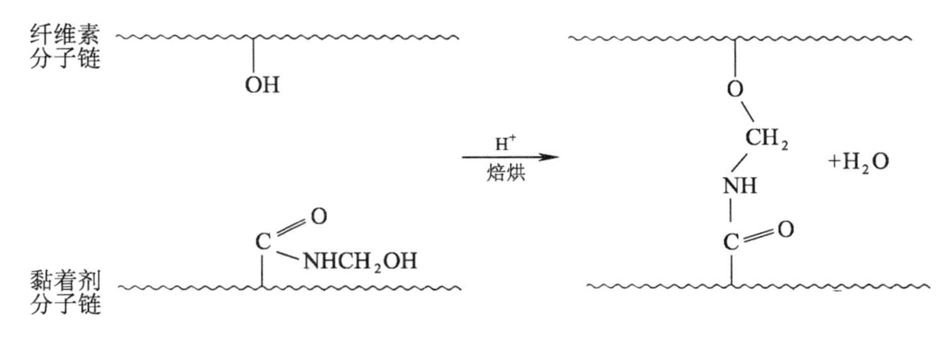

黏着剂分子链中的羟甲基丙烯酰胺基的反应性和氨基树脂初缩体类似，用适当的酸性催化剂，在130～160℃焙烘2～5min，就可完成交联反应。自交联型和非交联型黏着剂薄膜焙烘前后拉伸性能的变化如图13－5所示。由图可看出，焙烘形成网状结构后，膜的抗张强度显著提高，延伸性则相应降低。非反应性的黏着剂焙烘后性能变化不大。

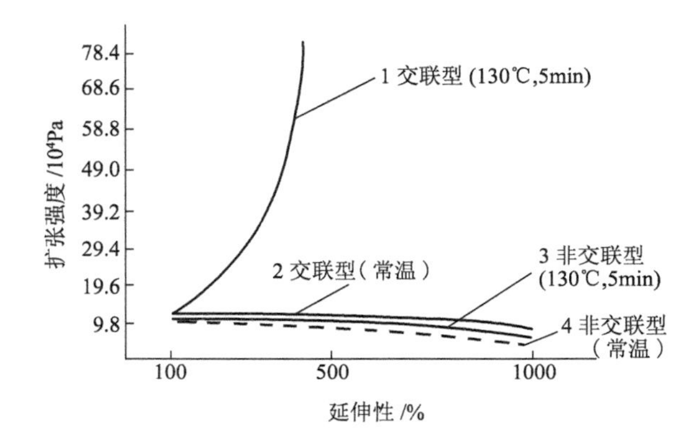

图13－5　自交联型和非交联型黏着剂薄膜焙烘前后拉伸性能的变化

1—丙烯酸丁酯和羟甲基丙烯酰胺共聚物，在130℃焙烘5min　2—丙烯酸丁酯和羟甲基丙烯酰胺共聚物，室温干燥

3—聚丙烯酸丁酯，在130℃焙烘5min　4—聚丙烯酸丁酯，室温干燥

需要指出的是，含羟甲基丙烯酰胺组分的自交联黏着剂在焙烘时，会释放出甲醛，使织物上残留游离甲醛，因此不适宜用作内衣类织物的印花。必要时，可改用以其他自交联单体为共聚组分的自交联黏着剂。

(三)水性聚氨酯黏着剂

聚氨酯(polyurethane)，也常用“PU”表示，全名为聚氨基甲酸酯，其结构如下：

$$n\mathrm{OCN{-}R{-}NCO} + 2n\mathrm{HO{-}R'{-}OH} \longrightarrow \mathrm{{+}O{-}\overset{O}{\overset{\|}{C}}{-}NH{-}R{-}NH{-}\overset{O}{\overset{\|}{C}}{-}O{-}R'{+}_{n}OH}$$

聚氨酯

其特点是在聚合物主链上有重复出现的氨基甲酸酯基团(—NHCOO—)，是发展较晚而性能优异的一种合成高分子材料。常见的聚氨酯制品有泡沫塑料、弹性体/涂层剂、纤维和黏着剂等。

聚氨酯黏着剂性能优越，它的气候稳定性和化学稳定性好，薄膜耐磨、耐溶剂，回弹性高，柔软而不发黏，且不吸附灰尘。聚氨酯黏着剂在制鞋工业中有十分重要的应用。近年来，水性聚氨酯在纺织品颜料印花中的应用也日益增加，因其手感柔软、弹性优越而特别适用于丝绸和针织物的印花，显示了很好的发展前景。

早期的聚氨酯产品由二异氰酸酯与低聚物二元醇（相对分子质量500～3000的多元醇聚醚或聚酯）缩合而成。

若以▶代表—NH—COO—，HO～～～OH代表低聚物二醇，OCN—R—NCO代表二异氰酸酯，HO—R′—OH代表扩链剂低分子醇，上述反应可表达如下：

nHO～～～OH＋(n＋1)OCN—R—NCO ⟶ OCN—[R▶～～～◀]$_n$R—NCO

（低聚物二醇）　　　　（端异氰酸酯预聚体）

(m－1)OCN—[R▶～～～◀]$_n$R—NCO＋mHO—R′—OH ⟶ HO—[R′◀(R▶～～～▶)nR▶]$_{m-1}$R′—OH

（扩链剂）

若在用低聚物二元醇的同时，加入一定比例的低分子二醇，两种醇一起和二异氰酸酯反应，得到结构形式如下的嵌段聚合物（block polymer）：

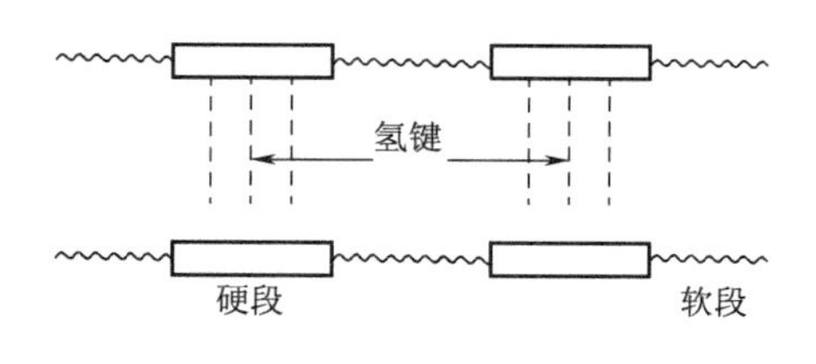

图13－6　嵌段聚氨酯分子间的节点

在这种聚氨酯结构中，相间排列的硬段和软段分别为二异氰酸酯和低分子二醇组成的链段和低聚物二元醇组成的链段。这种聚氨酯的分子间生产结点的倾向较强，在溶剂挥发后，硬段部分会相互靠拢，生成氢键而形成结点（图13－6），不必加交联剂即可成膜，所以称为单组分聚氨酯（single component PU）。同样，通过调节硬段和软段的比例，可制得各种不同性能的产品。

上述两种聚氨酯均属溶剂型聚氨酯（solvent based PU），使用时常用甲苯作溶剂。由于甲苯有毒，且易燃，溶剂型的聚氨酯已逐渐被非溶剂型的水性聚氨酯（water based PU）取代。

水性聚氨酯无毒、无害，使用方便。它的开发和应用不过是近十多年的事情，但发展很快。水性聚氨酯的封端不含异氰酸酯基，而以羟基、羧基或氨基封端，成膜时主要依赖分子内极性基团产生的内聚力和黏附力。含一定量羧基的水性聚氨酯在电离时成阴荷性，因此称为阴离子型水性聚氨酯；以氨基或取代氨基封端的，因电离成阳荷性，故称为阳离子水性聚氨酯；不含电离基团的称为非离子型水性聚氨酯。因此，水性聚氨酯使用时要注意其离子性，以选择可相容的渗透剂或其他助剂共用。

水性聚氨酯的制备目前以离子型自乳化法为主，分为熔融分散法、预聚体法及丙酮法三种。其中丙酮法可以制得高分子量的预聚体或聚氨酯树脂，所得乳液的膜性能好，因此应用较多。制备时先在溶剂（如甲乙酮）存在下由二异氰酸酯与聚醚或聚酯或多烯多胺反应，制成预聚体，其中端异氰酸酯基达到理论值后，再与亲水性扩链剂如二羟甲基丙烯酸及1,4－丁二醇进行扩链反应，到异氰酸酯基全部反应完毕，生成较高分子量的聚氨酯，产物中羧基的含量可用二羟基丙烯酸和1,4-丁二醇的相对数量来控制。然后用三乙醇胺中和，加入去离子水进行分散，形成乳液，最后蒸发去除溶剂而制得水性聚氨酯黏着剂的水分散液。

这种制备方法可制得粒径0.03～0.5μm的自乳化液。使用的二异氰酸酯化合物有芳香族的和脂肪族的两类。由芳香族二异氰酸酯制成的水性聚氨酯结构中含双键，不耐黄变；脂肪族二异氰酸酯制成的水性聚氨酯则无泛黄现象。

水性聚氨酯黏着剂的黏度是应用性能中的一个重要指标，影响其黏度的主要因素是离子电荷、乳化粒径、聚氨酯分子的离子和水溶液中的反离子。反离子越多，黏度越大。所谓反离子是指水中具有与聚氨酯支链、侧链中所含的离子基团性质相反的离子。水性聚氨酯的黏度与其相对分子质量、固含量、交联剂等关系不大，但它们有利于聚氨酯的内聚强度的提高，这正好与溶剂型聚氨酯相反。

水性聚氨酯黏着剂有较好的稳定性，一般可贮存6个月。但放置时间过长时，由于它在水中能逐渐水解而产生羧基，体系pH值随之降低，会使乳液凝聚。由于相容性及溶解性的影响，水性聚氨酯黏着剂只能与少数其他黏着剂拼用，拼用最多的是聚丙烯酸酯类黏着剂。

聚氨酯的价格较贵，为改善其性能和降低成本，可与聚丙烯酸黏着剂进行IPN(互穿网络，interpenetration polymer network)聚合，以取长补短。互穿网络聚合不同于简单的共混、嵌段和接枝聚合。在互穿网络结构中，两种或两种以上聚合物的分子链相互贯穿，并至少有一种聚合物分子以化学键方式交联形成网络。这一结构的特点是可以将热力学互不相容的聚合物相混而形成至少在动力学上稳定的类合金物质，构成该IPN结构的各种聚合物本身均为连续相，相区一般为10～100nm，远小于可见光波长，故聚合物呈无色透明状；但各相的玻璃化转变温度区发生偏移并变宽，使得聚合物能兼具良好的静态和动态力学性能以及较宽的使用温度范围。聚丙烯酸与聚氨酯的IPN共聚物，其干、湿摩擦牢度、薄膜的耐磨性、延伸性和弹性均比单一的聚丙烯酸黏着剂高，并改善了薄膜的发黏性能。

二、交联剂

为了提高黏着剂薄膜的机械强度和耐热、耐溶剂性能，以改进颜料印花的洗涤、摩擦等各项牢度，色浆中往往需加适当的交联剂(cross-linking agents)。交联剂是一类至少具有两个反应性基团的化合物，经过适当处理，其反应性基团或者与纤维的有关基团反应，形成纤维分子间的交联；或者与黏着剂大分子反应，形成网状结构的黏着剂膜。有些交联剂分子本身间也可发生反应。因此，即使使用非反应性的黏着剂进行印花，由于交联剂与纤维或它们本身分子间反应形成网状结构后，通过机械的钩联作用，也可提高水洗牢度、摩擦牢度及耐热、耐溶剂性。交联剂的结构中常具有以下一些反应基团：

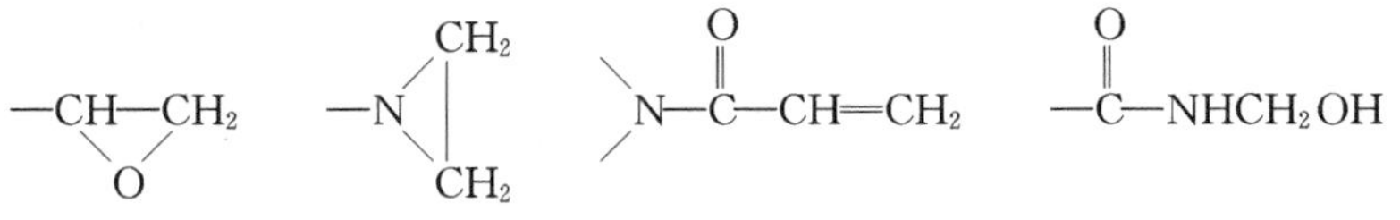

$-CH-CH_2$ (CH 与 CH_2 间以 O 桥连)　环氧乙烷基

$-N<$ (CH_2-CH_2 成环)　环氮乙烷基

$>N-\overset{O}{\overset{\|}{C}}-CH=CH_2$　丙烯酰胺基

$-\overset{O}{\overset{\|}{C}}-NHCH_2OH$　羟甲基酰胺基

例如，交联剂 EH 是具有一个以上环氧乙烷基的线型化合物，它是由二胺化合物和环氧氯丙烷缩合制成的：

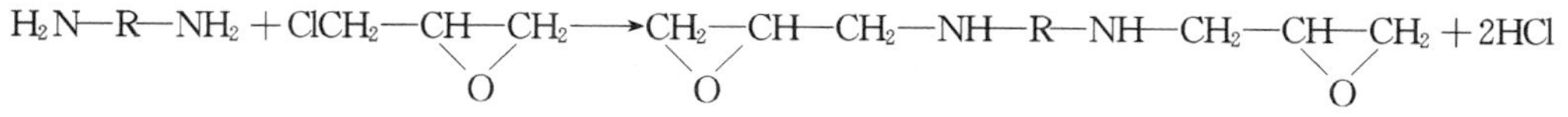

$$H_2N-R-NH_2+ClCH_2-\underset{\diagdown O \diagup}{CH-CH_2}\longrightarrow \underset{\diagdown O \diagup}{CH_2-CH}-CH_2-NH-R-NH-CH_2-\underset{\diagdown O \diagup}{CH-CH_2}+2HCl$$

式中：R 为 $-C_2H_4-$、$-C_3H_6-$、$-C_6H_{12}-$ 等。

反应时还可能形成少量下列产物：

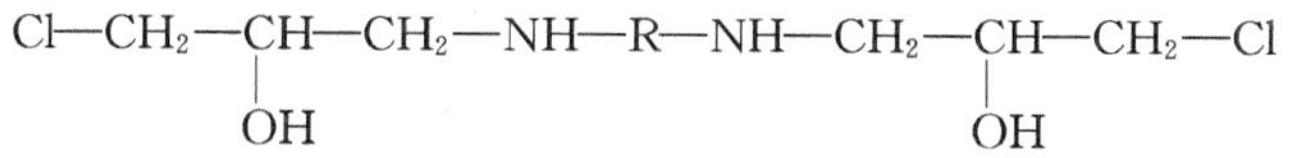

$$Cl-CH_2-\underset{|\atop OH}{CH}-CH_2-NH-R-NH-CH_2-\underset{|\atop OH}{CH}-CH_2-Cl$$

上述两种反应产物还可进一步发生反应，生成相对分子质量更大的缩合物。前一种结构的产物在焙烘或碱性条件下可与纤维或黏着剂的羟基和氨基等基团反应，后一类结构的产物则只有在碱性条件下才能与这些基团反应。这些交联剂在与纤维或黏着剂反应的同时，本身分子相互间也可发生反应。交联剂 FH 是环氧氯丙烷与 γ,γ' 双(氨丙基)甲胺的缩合物盐酸盐：

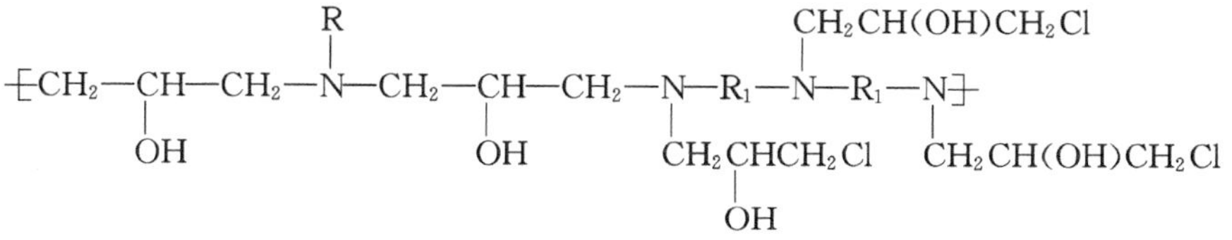

$$\left[CH_2-\underset{|\atop OH}{CH}-CH_2-\overset{R\atop |}{N}-CH_2-\underset{|\atop OH}{CH}-CH_2-\underset{|\atop CH_2\underset{|\atop OH}{CH}CH_2Cl}{N}-R_1-\overset{CH_2CH(OH)CH_2Cl\atop |}{N}-R_1-\underset{|\atop CH_2CH(OH)CH_2Cl}{N}\right]$$

式中：R 为 H 或 $C_1 \sim C_3$ 烷基；R_1 为 $C_1 \sim C_3$ 亚烷基。

下述结构的两个交联剂具有三个反应基团，交联能力更强。其中一个交联剂具有三个丙烯酰反应基，另一个交联剂具有三个反应性强的环氮乙烷反应基。在较温和的条件下就可与纤维或黏着剂的羟基、氨基发生反应，形成共价键结合。上述交联剂往往制成弱酸性溶液，带有弱阳荷性，因此与以阴离子表面活性剂为乳化剂的黏着剂乳液混用时，常使乳液分散稳定性降低，有时甚至使印花难于进行。颜料和活性染料等阴离子染料共同印花时，由于上述原因，颜料印花部位常带一定的阳离子性，加上黏着剂对染料分子有一定的黏着力，故容易吸附活性染料阴离子，使花色变暗，牢度降低。此外，印白颜色或色泽鲜艳的花纹时，由于一些交联剂经高温焙烘后会泛黄而使色泽萎暗。

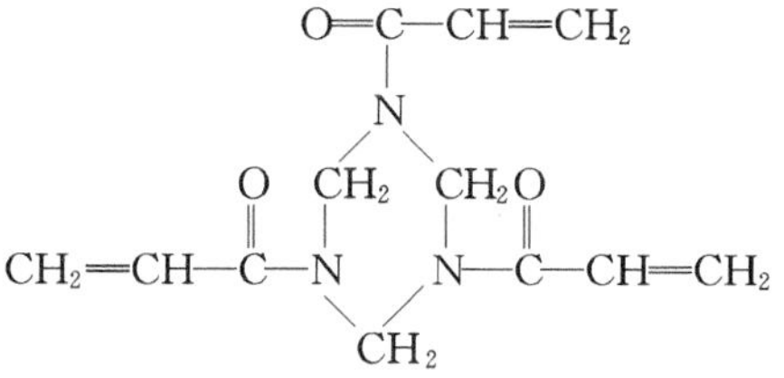

六氢 1,3,5-三(丙烯酰基)三氮苯 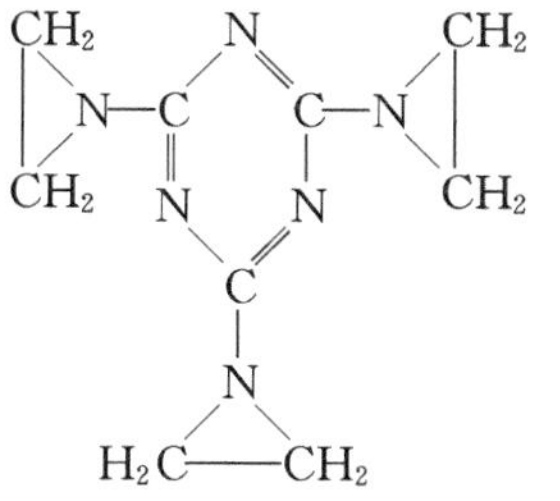　　　　2,4,6-三(环氮乙烷基)三氮苯

涤纶等合成纤维表面光滑，而且亲水性很低，颜料印花的摩擦牢度比棉织物印花的低。一般在色浆中加醚化羟甲基三聚氰胺作交联剂。在酸性催化剂的存在下，醚化羟甲基三聚氰胺既能发生自身缩聚形成网状结构，也能与羟基、氨基化合物发生交联而提高产品的摩擦牢度，但用量不能太高，一般为 3%左右，以免使手感发硬。在某些情况下(例如使用上述交联剂引起黏着

剂乳液分散稳定性降低或泛黄严重时),也可部分或全部用热固性树脂的初缩体来代替专用的交联剂,在酸性条件下焙烘后,初缩体可与纤维或黏着剂的羟基或氨基反应,达到交联的目的。这些初缩体的交联能力较专用交联剂差,用量应稍高些,而且手感也稍硬一些。

第四节　黏着过程

颜料印花黏着剂在印花和随后的烘焙工序中,将在被印织物表面发生一个成膜和对纤维的黏着过程。成膜时,连续的黏着剂薄膜将颜料粒子包覆,并通过对纤维的黏着,将颜料粒子固着在纤维上。

一、黏着剂的成膜

乳液型黏着剂的成膜可经历三个阶段:

(1)浆膜中介质的蒸发:颜料色浆印到织物表面后,浆膜中的水和溶剂(如增稠剂中的火油)立即对纤维发生润湿作用,蒸发也随之发生,烘干和焙烘时蒸发的速度急剧增加。

(2)乳液中聚合物颗粒的聚集和变形:随着水分蒸发,在表面张力作用下产生毛细管引力,水膜发生收缩;毛细管越细,则毛细管引力越大,水膜发生收缩的作用力也越大;此作用力迫使分散在水中的黏着剂颗粒逐渐靠拢、聚集,并发生变形。

(3)聚合物颗粒黏结成膜:当水分全部蒸发后,连接着的黏着剂颗粒间凹曲处的气—液界面张力,使连接的凹曲处消失,水和粒子之间的界面张力迫使黏着剂粒子相互黏结在一起形成薄膜。

这三个阶段之间并没有明显的界限,整个过程是连续发生的,如图 13－7 所示。

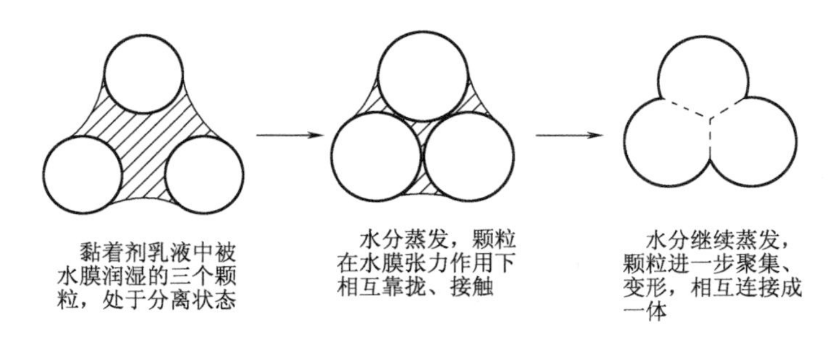

图 13－7　黏着剂成膜过程示意图

在上述成膜过程中,有两个因素十分重要,一是有效的介质蒸发,它是黏着剂颗粒相互靠拢的必要条件;二是有足够高的温度,它是黏着剂颗粒发生变形的必要条件。布朗(Brown)等于 1956 年提出了黏着剂完整的成膜机理,同时引入了最低成膜温度(minium film-forming temperature, MFT)的重要概念。MFT 即乳液中高聚物颗粒能形成具有弹性且连续透明薄膜时的温度下限值,当环境温度高于 MFT 时,聚合物分子柔顺,聚合物颗粒能屈服于毛细管压强而变形，最终相互连接形成连续薄膜；环境温度低于 MFT 时，聚合物分子具有较大的刚性，毛细管压强不足以使大分子屈服而导致高聚物颗粒变形，也就不会形成连续薄膜，即使完全干燥，也只能变成粉末状态。因此，黏着剂要形成连续的薄膜，必须经历一个一定温度的处理过程，即焙烘过程，而且焙烘的温度不能低于该黏着剂的 MFT。

可见，MFT 不仅是衡量乳液型黏着剂聚合物品质性能的重要指标，而且对乳液型黏着剂的实际应用有重要指导意义。不同品种的黏着剂，其 MFT 是不同的。一般认为，高聚物的 MFT 与它的玻璃化温度（T_g）相近，但实际上还与介质性质、黏着剂乳液颗粒大小及其分布以及软、硬单体及交联单体的组分比等相关。MFT 低的黏着剂，聚合物颗粒在较低温度下就能变形，容易成膜，因此，印花时所需的焙烘温度较低，称作低温黏着剂。

颜料印花的牢度，不仅与包覆了颜料粒子的黏着剂薄膜的性质有关，还与黏着剂薄膜与纤维之间的黏结作用强弱有关，只有当黏着剂分子与纤维分子之间建立了足够强的相互作用，才能获得较好的黏着牢度（有关黏着机理将在后面讨论）。实际上，印到织物表面的色浆在烘干前就对纤维表面发生了润湿和渗透，黏着剂乳液进入纱线或织物的孔隙，有些大分子还能嵌入纤维表面的沟槽或洞穴，在焙烘成膜时，这些进入纱线、纤维空隙和槽穴中的黏着剂成为连续薄膜的一部分，不仅增加了薄膜与纤维及织物表面的接触面，增强了分子间引力，而且还起到机械的钩连作用，使黏着剂薄膜与纤维表面产生更强的黏着力。

另一个较重要的概念是成膜时间（minium film-forming time），是指水分蒸发，乳液中高聚物分子颗粒变形所必需的最短时间，可看作是成膜和黏着速率的表征。它不但与黏着剂分子的结构和颗粒大小及其分散状态有关，也与色浆中其他组分的性质、织物厚薄、组织结构疏密和孔隙的大小，以及外部给定的温度条件和环境的相对湿度等因素有关。温度越高，成膜和黏着速率越快。另外，成膜和黏着速率在很大程度上还取决于色浆（或黏着剂溶液）对纤维表面的润湿速度：色浆的黏度低，色浆中表面活性剂含量高，润湿就快；织物组织结构疏松，润湿时间也较短；此外，印花时的机械压力越大，色浆也越容易渗透到织物和纱线的空隙中去。最低成膜温度较低和成膜时间较短的黏着剂，在实际应用中更有价值。

二、黏着剂性质与黏着牢度的关系

在颜料印花中，颜料是由黏着剂固着在纤维上面的。色浆中所加的各种用料和后处理工艺条件等各种因素，都会影响产品的摩擦牢度。但从根本上来说，起主要作用的还是黏着剂。如果黏着剂在织物上形成的连续薄膜具有足够的机械强度、良好的弹性和耐磨性能，并对纤维有较高的黏着力，受摩擦时不易剥离，印花产品就有较高的摩擦牢度。在棉织物上，黏着剂薄膜与纤维的黏着力较大，颜料印花的摩擦牢度主要取决于黏着剂薄膜的机械物理特性；涤纶的表面光滑，涤纶织物印花的摩擦牢度则主要取决于黏着剂薄膜与纤维之间的黏着力。

黏着剂与纤维之间的黏着力，与分子间引力密切相关。黏着剂是高聚物，即使在较高的温度下，分子也不能完整地扩散进入纤维内部，但大分子的末端或短小的链节可以扩散进入纤维的表面，从而通过分子间引力发生黏着作用。就黏着剂的分子结构和性能来说，影响其与纤维分子间引力大小的因素，除了溶解度参数的匹配程度以外，还有相对分子质量的大小。若相对分子质量太小，不仅与纤维大分子间作用力下降，而且黏着剂成膜后的机械强度也低；若相对分子质量太大，则黏着剂能向纤维扩散的末端减少，都不利于获得高的剥离强度(peeling strength)。表13－6列出了不同相对分子质量的聚异丁烯黏着剂在纤维素薄膜上的剥离强度。数据显示，相对分子质量为20000时，聚异丁烯黏着剂有最高的剥离强度，相对分子质量高于或低于20000的黏着剂，剥离强度均低。

表13－6　不同相对分子质量的聚异丁烯在纤维素薄膜上的剥离强度

聚异丁烯相对分子质量	剥离特征	剥离强度/$cN \cdot cm^{-1}$
7000	自黏面剥离	0
20000	自黏和黏着面剥离	362
100000	黏着面剥离	66
150000	黏着面剥离	66
200000	黏着面剥离	67

分子之间的作用力可用内聚能或内聚能密度(溶解度参数的平方，δ^2)来衡量。内聚能密度或溶解度参数相近，而且极性情况也相当时，两个高分子便有良好的相容性。黏着剂分子中的某些基团的内聚能密度和某些线型高分子物的内聚能密度见表13－7和表13－8。

表13－7　黏着剂分子中某些基团的内聚能

基　团	内聚能/$kJ \cdot mol^{-1}$	基　团	内聚能/$kJ \cdot mol^{-1}$
$—CH_2—$ $=CH—$	41.4	$>C=O$	178.7
—O—	68.2	$—COOCH_3$	234.3
$—CH_3$ $=CH_2$	74.5	$—COOC_2H_5$	260.7
		—OH	303.3
—Cl	142.3	$—CONH_2$	552.3
$—NH_2$	147.3	—CONH—	677.8

表13－8　一些线型高分子物的内聚能密度

高分子物	内聚能密度/$J \cdot mL^{-1}$	高分子物	内聚能密度/$J \cdot mL^{-1}$
聚乙烯	259.4	聚甲基丙烯酸甲酯	347.3
聚异丁烯	272.0	聚醋酸乙烯酯	368.2
天然橡胶	280.3	聚氯乙烯	380.7
聚丁二烯	276.1	涤　纶	477.0
丁苯橡胶	276.1	锦纶66	774.0
聚苯乙烯	301.2	聚丙烯腈	991.6

内聚能高，特别是极性也相近时，黏着剂与纤维分子之间的分子作用力就强。因此，黏着剂分子中含有—CONH—、—$CONH_2$、—OH、—$COOC_2H_5$ 以及 >C=O 等极性基团的数量越多，对纤维素纤维的黏着将越牢固。一般来说，只有当聚合物分子具有的内聚能高于 2.1×10^5 J/mol 的基团时，对极性物质才有较高的黏着力，反之，不能单独作为黏着剂使用。此外，黏着是否坚牢还与被黏着物体的组成和结构有关。纤维分子中极性基团越多，黏着也越坚牢，反之较差。棉、麻、蚕丝等天然纤维大分子中含大量的极性基团，黏着较坚牢；而黏着剂对涤纶等疏水性合成纤维尤其是丙纶等不含极性基团的纤维就很难黏着。一般来说，对这些疏水性合成纤维，黏着剂和纤维分子之间的色散力在黏着中起了重要的作用。

判别黏着剂对纤维的黏着是否牢固，也可从溶解度参数（solubility parameter）进行比较。溶解度参数和物体的表面自由能（即表面张力）直接有关。表面自由能随内聚能增大而增大，也就是说，分子间引力与表面自由能直接相关。黏着剂对纤维黏着首先必须对纤维充分润湿，发生分子间接触，并在纤维上铺展。

通常，聚丙烯酸酯分子中引入丙烯腈后，可提高黏着剂薄膜的抗张强力、断裂伸长、断裂功以及耐磨强度。在其他组分相同的情况下，丙烯酸乙酯共聚物机械性能比丙烯酸丁酯共聚物好，但聚丙烯酸丁酯及其共聚物在聚酯薄膜和棉织物间的剥离强度较好。

三、影响黏着牢度的其他因素

黏着剂对纤维的黏着牢度除了取决于黏着剂的性能外，还和其他一些因素有关。黏着发生在纤维的表面，因此纤维表面特征和纺织品的组织结构与黏着牢度也紧密相关。疏水性纤维经过适当处理，可改善黏着牢度。纤维表面的油脂去除充分也有利于提高黏着牢度，因此纺织品在颜料印花前应该进行充分的前处理，以去净纤维上的油蜡等杂质。纤维比表面（单位体积的面积）越小，越不易黏着。颜料印花黏着剂黏着是否牢固，不仅决定于黏着剂、纤维的表面自由能和它们之间的界面自由能，即展开系数或剥离功的大小（这些参数都是热力学参数，只表示黏着平衡后的牢固稳定性），在黏着过程中，动力学因素也起非常重要的作用，例如色浆的流变性能及对纤维或纺织品润湿速率，黏着（或印花）时的挤压力和挤压时间以及印花、烘干或焙烘时的温度等都有影响。一般来说，色浆印透性好，印花时挤压力越大，烘干或焙烘温度越高，色浆越易渗透到纺织品内部，对纤维表面润湿越充分，黏着也越牢固。

颜料印花黏着剂薄膜的磨损过程非常复杂。通常，颜料含量越多，颗粒越大，助剂含量越多，黏着坚牢度越差，故颜料用量越高，黏着剂用量也应越高。不同黏着剂薄膜的磨损脱落特征也不一样，一些性软而黏、弹性模数低的黏着剂薄膜在磨损时，主要在黏着界面成团块状撕裂脱去，耐磨牢度一般较差。而一些性较硬、弹性模数高和黏着力高的黏着剂薄膜，磨损时常以细粉状脱落，耐磨牢度一般较好，不过颜料印花的手感较硬。在干态或湿态下以及有无表面活性剂存在时，摩擦牢度是不同的，湿处理牢度一般比干时差。含极性基团较多的黏着剂在亲水性纤维上湿处理牢度降低更为明显。

第五节　印花色浆与印花工艺

一、颜料印花色浆

颜料印花色浆的主要成分是颜料、黏着剂和增稠剂,并酌情添加交联剂、催化剂、柔软剂、吸湿剂、消泡剂等辅助组分。颜料的选用依据是图案的色泽和鲜艳度,除了对颜料的色光、着色力和遮盖力进行考察外,也要考虑它们的色泽坚牢度和价格等因素。

总的说来,颜料的着色力比染料差,要获得同等浓度的色泽,用量需比染料高。但颜料用量的提高不但需要增加黏着剂的用量,导致产品手感发硬,而且色浆的稳定性也会变差。所以用颜料不易印制颜色很浓的图案,特别是选用几种颜料拼色时效果更差。因此,印制深浓色泽产品时,需要尽可能选择着色力高的颜料。提升率(build up rate)是颜料应用中的一个重要概念,是指印花视觉深度。它与用于织物上的颜料量有相关性。提升率可由绘制参考深度(BZT)与浓度(g/kg)之间的提升率曲线并以图解法测得,见图 13－8。该曲线由线性区、非线性区及饱和区组成,颜料应用的成本效率与此密切相关。颜料的相对强度(力份)应在线性区测定;非线性区至饱和区,曲线逐渐变得平缓,表明颜料用量增加时,颜色深度的提高越来越小。因此,超过饱和区的用量是无意义的,它不但增加了消耗,还会对手感和牢度造成负面影响。按图能测得该颜料实际的用量区域和推荐的最大颜料用量。它对于编制配方中最优化颜色图表或计算机配方公式体系尤为重要。对于选定颜料的研究表明,那些只需要 30g/kg 以下低浓度就可以获得标准深度的颜料,是着色力较高的产品。

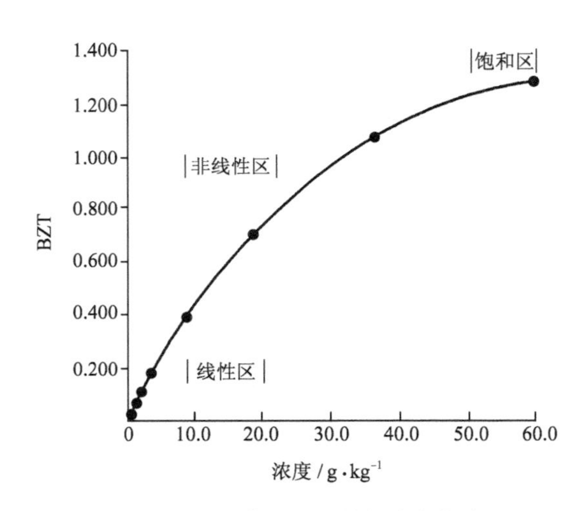

图 13－8　典型的颜料提升率曲线

某些色泽,例如,白色的图案,则要求颜料有较高的遮盖性和反射率(有的图案还要有一定的立体感),此时以选用折射率高的无机颜料为宜。

由于颜料印花色浆中使用合成增稠剂,对电解质十分敏感,因此,要求颜料浆中的电解质含量尽可能低,以免影响印花浆的黏度稳定性,降低印花的重现性。

黏着剂对颜料印花的手感、耐洗牢度有决定性的意义,同时,花纹图案的色泽鲜艳度、耐晒牢度和光泽等也与黏着剂的性能密切相关。各种黏着剂的性质相差很大,如前所述,以丙烯酸酯和丙烯腈共聚的黏着剂有较好的耐老化性和耐干洗牢度,但手感较硬;而以丁二烯为主的共聚物手感柔软,但耐老化性和耐干洗牢度较差;水性聚氨酯黏着剂有极好的弹性;反应性黏着剂一般都有较好的摩擦和干洗牢度。印花用的黏着剂大都制成乳液状态。不同黏着剂乳液对酸、碱、电解质的稳定性以及与颜料的相容性是不同的，实际应用时应根据印花要求选用。此外，不同黏着剂对各种纤维的适应性也是不同的。黏着剂的用量主要取决于黏着剂的黏着力强弱和颜料的性质和用量。颜料的比表面积大、用量高，黏着剂用量也需高。黏着剂成膜的厚度约为5μm，一般用量为色浆的30%左右，颜料用量高时，还要适当增加。

交联剂的用量根据黏着剂、交联剂的性质和颜料用量而定。一般为色浆质量的1%～3%，交联能力强的交联剂用量可稍低，自交联型黏着剂可少加或不加交联剂；颜料用量高时交联剂用量也应相应提高。需注意的是，若交联剂用量太高，摩擦牢度虽然高，但手感会严重恶化。

同染料印花一样，颜料印花色浆中还必须添加增稠剂，以赋予印浆适当的黏度和流变性，确保印制过程的顺畅和所得花纹的准确清晰。但颜料印花对增稠剂的要求有其特殊性。如引言中所述，颜料印花固着时，随着黏着剂的成膜以及在纤维表面的黏着，原来色浆中各组分的所有固体物质都会像颜料粒子一样被固着在纤维上。如果使用含固率高的增稠剂，如一般染料印花所用的淀粉、种子胶、海藻酸钠等高分子糊料，黏着剂成膜后将使这些糊料完全不能洗除，严重影响产品的手感，因此，颜料印花对增稠剂的要求是十分苛刻的，必须使用不含固体物质的乳化糊或含固率极低的合成增稠剂。以白火油为分散相、水为连续相的油/水乳化体系——乳化糊曾经是颜料印花使用的主要增稠剂，但因其难以克服的环境问题逐渐被合成糊料替代。合成糊料的成糊率很高，含固率很低，印花时能确保色浆有合适的黏度和流变性，焙烘时糊料中水分挥发，残留的固体物质量很低，既不会影响印花产品的手感，也不会影响黏着剂的成膜。但它们对酸、重金属离子很敏感，一般中性电解质也会降低它们的黏度，色泽鲜艳度差，故实际应用中，有时还会与乳化糊拼用。有关颜料印花增稠剂的相关内容，请参见本书第十二章。

除上述组成外，在色浆中经常还含有其他一些组分，例如分散剂、乳化剂、催化剂、柔软剂、吸湿剂、消泡剂。在颜料的分散研磨、黏着剂的合成以及乳化糊的制备过程中，都已分别加入分散剂和乳化剂，虽然它们在色浆中含量并不高，但对印花色浆的稳定性有一定影响；尤其当织物热处理时水分和火油挥发逸去，乳化剂和分散剂的总量在浆膜中的浓度大幅度提高，会影响黏着剂的成膜，降低薄膜的牢度。这就是黏着剂、颜料的化学组分相同，而加工条件不同的产品，其色牢度和色浆稳定性不相同的原因之一。

加入保护胶体可提高颜料、黏着剂和乳化糊的分散稳定性。作为保护胶体的有海藻酸钠、纤维素衍生物以及聚乙烯醇等亲水性高分子物质。不过，它们的用量不宜太高，否则会显著降低印花的湿处理牢度，并使产品手感发硬。在色浆中加入某些相对分子质量较高的聚乙二醇型乳化增稠剂，不但可显著提高乳化糊色浆的黏度(用来调节和控制黏度)，还可用作保护胶体。

为了阻止或减缓印花色浆在贮存和使用过程中发生脱水和结膜，可在色浆中添加一定比例(30～50g/kg)的尿素、乙二醇、甘油等吸湿剂来减慢水分蒸发，但用量需要控制，否则会降低印花湿处理牢度。印白颜料和荧光颜料时不宜加尿素，否则高温焙烘后易泛黄。

在反应性黏着剂或加有交联剂、树脂初缩体的色浆中，要加缓冲剂控制pH值。常用硫酸铵、磷酸氢铵等释酸剂，在焙烘条件下发生分解起酸性催化作用。而碳酸氢钠、三乙醇胺可用作碱性催化剂。

颜料印花时如有泡沫产生，可加0.05%～0.1%的有机硅消泡剂。

二、印花工艺

1. 直接印花 绝大部分的颜料印花采用的都是直接印花工艺。颜料直接印花的色浆组成和固着条件随黏着剂不同而不同。丙烯酸丁酯—丙烯腈共聚的自交联型黏着剂的印花处方举例如下:

	白颜料色浆	彩色颜料色浆	荧光颜料色浆
黏着剂(固含量40%)	30%~40%	20%~30%	30%~50%
交联剂	0~3%	0~3%	0~3%
颜料	30%~40%	0.5%~15%	10%~30%
乳化糊	x	x	x
尿素	—	5%	—
水	y	y	y
总量	100%	100%	100%

织物印花后进行烘干、焙烘或汽蒸。烘干时随着水分、火油的蒸发,黏着剂逐渐在织物上结膜,并黏着在纤维表面。自交联型黏着剂或使用树脂初缩体作交联剂的,印花后必须经焙烘固着,否则色牢度受影响。在焙烘(一般在140~150℃,3~5min)时,水分和火油充分去除,黏着剂交联成膜,对纤维的黏着变得更为坚牢。颜料则被黏着剂薄膜包覆而固着在纤维表面上。使用反应性强的交联剂,可以通过汽蒸(105℃,5min)使交联剂与黏着剂、纤维进行交联成膜,当然也可用焙固法。焙烘或汽蒸后,除非乳化糊中的火油未能彻底去除,需要进行水洗和皂洗,否则,不必进行水洗就可完成印花过程。

2. 防染和拔染印花 颜料色浆除了用于直接印花外,还可用于防染和拔染印花(resist printing and discharge printing)。

由于黏着剂在织物上所结的薄膜对染料可起机械防染作用,若根据地色染料的性质,在颜料色浆中再加入适当的化学试剂,阻止地色染料上染纤维,可获得良好的防染效果。例如,选用适当的黏着剂,在颜料印花色浆中加入酒石酸、乳酸、柠檬酸等有机非挥发性酸,或硫酸铵等酸性物质,可对活性染料地色进行酸性防染/印;同样,也可以加入稳定性好的还原剂,如雕白粉,对具有偶氮发色结构的活性染料进行还原防染/印。

用颜料作为花色对各种地色进行拔染印花是应用较多的工艺,它的拔染机理和还原染料的拔染机理一样,是用还原剂破坏地色得到花型。颜料拔染的优势在于,颜料颗粒本身有一定的遮盖力,不仅有利于印花时的对花,也容易获得鲜艳度较高的花色;而且色浆的稳定性比还原染料好,后处理的条件也比较容易控制。

用颜料进行活性染料地色拔染印花时,地色可选用易拔的乙烯砜型活性染料,着色颜料要选择色光稳定的品种;拔染剂须选用能在酸性条件下发挥作用的还原剂,如羟甲基亚磺酸锌(德科林)和二氧化硫脲。由于拔染剂的存在使得对电解质敏感的合成增稠剂不稳定,拔染印花的增稠剂必须谨慎选择。印花后烘干温度需控制在120℃以下,蒸化用102℃的饱和蒸汽蒸8~10min。为了确保黏着剂的良好成膜固着,可进行150℃、5min,或190℃、1min的焙烘,最后及时氧化水洗。通过对黏着剂和增稠剂的合理选择,该工艺能在棉织物乃至蚕丝织物上获得良好的印制效果和柔软的手感。

3. 特种印花(special printing) 赋予印花产品特殊效果的印花工艺称为特种印花。采用本章第二节所述特殊“颜料”如微胶囊、长余晖夜光颜料、特殊视觉效果材料等进行的印花即属特种印花。由于这些特殊“颜料”大多对纤维无亲和力,必须借助黏着剂固着在纤维表面,工艺特点与颜料印花基本相同。因此尽管特种印花并不一定使用颜料,但它仍属颜料印花的范畴。

特种印花和一般颜料印花一样,工艺简单,但印制效果独特而丰富多彩(表13-9)。

表13-9 特种印花的分类

分类	印花工艺
立体特种印花	发泡印花、起绒印花、植绒印花
仿珍特种印花	珠光印花、宝石印花、钻石印花、金/银光印花、金葱印花、金属箔转移印花
仿真特种印花	仿皮(鳄鱼皮、虎皮、蛇皮等)印花、仿植物(树茎、叶、花)印花
变幻特种印花	荧光印花、夜光印花、消光印花、回归反射印花
微胶囊特种印花	芳香微胶囊印花、多彩色微胶囊印花、变色微胶囊印花
弹性胶浆印花	弹性白胶浆印花、弹性不透明胶浆印花、弹性透明胶浆印花

这些印花工艺中,印浆中均需添加黏着剂(发泡印花是一个例外,因其印浆中含热塑性树脂,兼具发泡基质和黏着剂双重作用,弹性胶浆含PA、PU树脂,也不需要另加黏合剂),它们的印浆配方、工艺条件和普通颜料直接印花基本相同,但需根据不同特殊效果材料以及相应辅助组分的性质,对筛网目数、黏着剂、交联剂种类、用量以及印后固着条件等作相应调整,以减少对印花效果的不利影响,并获得良好牢度和手感。

弹性胶浆是一种特殊的颜料罩印浆,主要成分为PA或PU树脂及其改性物,也可以是两种树脂的共混乳胶,可用于弹力织物尤其是针织物的印花。弹性胶浆有三种不同的产品,白胶浆含钛白粉,能在织物上获得有弹性的橡皮膜感花纹;不透明胶浆含不透明聚合物,有很强的遮盖力;透明胶浆不含遮盖性组分,能在白地色织物上印制具有弹性的鲜艳色花纹图案,还可以用于薄型织物的仿烂花印花,获得酷似烂花效果的透明花纹图案。

第六节 颜料印花的生态环保问题

颜料印花已成为纺织品印花中最受欢迎的方法之一,这是因为颜料印花适用性强、工艺简单、工序短,降低了生产过程的环境和生态负荷,减少了发生事故的危险性,被认为是一种比较符合生态和环保要求的加工方法。因此,颜料印花的应用面不断扩大。据统计,在全球的印花纺织产品中,颜料印花产品超过55%。然而,随着全社会对纺织品生产和服用过程的生态要求不断提高,颜料印花技术中的一些与生态和环保密切相关的问题,仍然需要加以关注。

一、生产废水的污染问题

颜料印花过程要用到大量的有机物质如颜料、增稠剂、黏着剂,以及其他添加剂包括柔软剂、消泡剂、防腐剂、固着剂、尿素、乙二醇等。这些有机物质在印花过程中有可能会不同程度地进入废水中,因此在废水中可能含有的重要物质以及它们的产生源可概括如下:

矿物油:产生源为汽油、糊状合成增稠剂、柔软剂、消泡剂。

重金属:产生源为染料、金属颜料、白颜料。

烷基酚聚氧乙烯醚(APEU,alkyl-phenol-ethoxylates):产生源为乳化剂、黏着剂、柔软剂。

可吸附有机卤化物(AOX,absorbable organic halogens):产生源为染料、颜料。

由于颜料印花生产过程常常省略水洗,若能控制好印花机器洗涤用水并杜绝多余印花浆的直接排放,颜料印花生产过程中产生的废水量较小,因此,废水污染问题并不突出。

随着生态环保型颜料的不断开发,颜料印花废水中的重金属(除了青铜之外)和可吸附有机卤化物方面存在的问题已基本得到解决。废水中的矿物油的主要来源是糊状合成增稠剂,可以采用一些低矿物油含量的糊状合成增稠剂如 BASF 公司的 Lutexal HIT、汽巴精化公司的 Alcoprint PTP 等,国内的 KG—201 等来改善,但需注意产品湿摩擦牢度可能下降的问题。

另外,按照欧盟法则 2003/53/EG ,从 2005 年 1 月 17 日起对烷基酚聚氧乙烯醚产品的使用进行了严格的限制。由于用烷基酚聚氧乙烯醚制成的乳化剂是一类乳化分散性能很好的表面活性剂,大多数黏着剂都借助烷基酚聚氧乙烯醚类乳化剂进行乳液聚合,因此颜料印花的废水中仍会有一定量的烷基酚聚氧乙烯醚残余。解决的途径是研制和使用烷基酚聚氧乙烯醚的替代品,但尚需时日。

二、生产废气的污染问题

在颜料印花生产过程需经烘干和焙烘处理,会产生较大量的废气,含有的重要污染物质及其产生源包括:

矿物油:产生源为煤油、糊状合成增稠剂、柔软剂、消泡剂。

甲醛:产生源为黏着剂、固着剂、防腐剂。

单体:产生源为黏着剂、固着剂、增稠剂。

烟雾:产生源为糊状合成增稠剂、柔软剂、尿素、乙二醇。

挥发性有机化合物:产生源为煤油、糊状合成增稠剂、柔软剂、消泡剂、乙二醇。

在上述纺织品印花生产过程中产生的废气里,按照生态纺织品的相关法则评判,甲醛、单体和烟雾并没有表现出大的问题,欧盟法则 1999/13/EG 和德国法则 BlmSchV31 主要关注的是挥发性有机化合物即 VOC(volatile organic compounds)的情况。而导致这一问题的主要来源仍然是增稠剂,包括含煤油的乳化糊和糊状合成增稠剂。改进的办法,一是减少使用乳化糊,二是使用挥发性有机化合物含量较低的增稠剂。近年乳化糊火油回收技术及设备的问世,也不失为另一种解决该问题的途径。

三、游离甲醛问题

为了满足颜料印花织物越来越高的牢度要求，一些黏着剂仍在使用含甲醛的三聚氰胺类树脂固着剂，一些黏着剂的自交联单体也仍沿用 N-羟甲基丙烯酰胺(占单体总量的3%～5%)，它们在焙烘和储藏过程中会释放出游离甲醛；此外，用于拔染印花的还原剂大都含有甲醛。因此颜料印花织物上的游离甲醛含量常常会超标。可以采取以下措施来改进：

(1)增加印后洗涤工序。

(2)采用无甲醛黏着剂，如丙烯酸与环氧氯丙烷的缩合物，含有羟基、氨基、酰胺基等基团不需使用自交联单体进行共聚的交联型黏着剂等。

(3)使用无甲醛交联剂，如异氰酸酯类交联剂、双乙烯脲结构的交联剂以及环氧氯丙烷与胺类的缩合物型的交联剂等。

(4)采用无甲醛还原剂如二氧化硫脲等进行拔染印花。

四、有机颜料的毒性问题

颜料印花使用的颜料大多为有机颜料，按化学结构分有偶氮型、杂环型和酞菁结构，其中以偶氮颜料居多，大部分的黄、橙、红色均为此类，也是与致癌芳香胺关系最密切的一类颜料。涉及的致癌芳香胺主要有三种，即3,3′-二氯联苯胺(DCB)、3,3′-二甲基联苯胺(DMB)和2-甲基-5-硝基苯胺(大红G倍司)，涉及的颜料有黄、橙、红、紫、棕等数十个不同商品牌号的产品。

由于颜料是非水溶性的，在毒性上与相同结构的染料有很大的不同。用3,3′-二氯联苯胺和3,3′-二甲基联苯胺制成的有机颜料都被证明在标准检测条件下检测不出因内源代谢裂解产生的致癌芳香胺，因此不具有致癌性。但进一步的研究发现，若使用一个过量的、强碱性的甲醇和氨的混合物即用比标准检测法更苛刻的条件进行检测，可以发现某些用3,3′-二氯联苯胺制成的偶氮颜料仍会裂解产生超过界限值的致癌芳香胺。而且这种裂解不仅与颜料结构有关，还与应用方法和印染的质量有关，包括所用的黏着剂体系、颜色深度和织物等因素。

复习指导

1. 了解颜料与染料的差异，颜料印花与染料印花的主要不同点及与此相关的优点与缺点。

2. 了解颜料的应用性质及特殊颜料的性能特点。

3. 掌握黏着剂的作用，不同结构黏着剂的分类及性能比较，交联剂的作用，黏着剂的成膜过程和黏着过程，影响黏着剂黏着力的因素等内容。

4. 掌握印花色浆组成，颜料印花增稠剂的特点，不同印花工艺的技术要点等内容。

5. 了解颜料印花过程及产品生态环境问题的来源及改进办法。

思考题

1. 为什么说颜料印花是一种适用性广而且比较符合生态环保要求的印花工艺?

2. 颜料与染料在结构和应用性能上的主要差别是什么? 由这些差别导致的两种工艺的优缺点各是什么?

3. 常用颜料的种类有哪些? 什么是荧光颜料? 基本制备方法如何?

4. 颜料的遮盖力的作用是什么? 与哪些因素有关?

5. 夜光颜料的发光机理是什么?

6. 为什么把大部分特殊视觉效果印花归类为颜料印花? 应用时需注意哪些问题?

7. 黏着剂和交联剂在颜料印花中各有何作用?

8. 颜料印花用黏着剂分哪几类? 各类黏着剂的性能如何? 试述通过调节不同组分种类和比例合成不同性能黏着剂的基本方法。

9. 解释:溶剂型聚氨酯黏着剂、水性聚氨酯黏着剂、阴离子型水性聚氨酯黏着剂、阳离子型水性聚氨酯黏着剂、非离子型水性聚氨酯黏着剂。

10. 制备水性聚氨酯主要采用自乳化法,有三种不同的工艺,请简单说明并分析不同工艺的特点。

11. 聚氨酯黏着剂的性能特点是什么? 其基本结构如何? 试解释硬性链段、软性链段、扩链剂等名词。

12. 聚氨酯黏着剂的黏度与哪些因素有关?

13. 黏着剂的成膜过程分几个阶段?

14. 黏着剂成膜过程中有哪两个重要因素? 解释最低成膜温度和成膜时间两个概念,阐述成膜机理。

15. 试从黏着剂以及纤维/织物的性能诸如黏着剂皮膜机械强度、耐磨性、弹性、黏着力、剥离强度、纤维表面性能、亲疏性能、织物组织结构,以及分子间引力、溶解度参数、物质极性、相对分子质量、表面能、内聚能和印花过程中的动力学因素等方面阐述影响颜料印花产品质量的重要因素及应用要旨。

16. 颜料印花色浆的基本组成如何? 各组成对颜料印花产品的质量有何影响?

17. 颜料印花在防拔染印花工艺中的应用有何特点?

18. 为什么特种印花多采用颜料印花工艺? 有哪些已经实现产业化的产品?

19. 与染料印花比,颜料印花在生态环保方面有哪些优势?

20. 颜料印花的生态环保问题主要来源于哪些方面? 各有哪些可能的污染产生? 如何改进?

参考文献

[1] 王菊生. 染整工艺原理:第四册[M]. 北京:纺织工业出版社,1987.

[2] 赵涛. 染整工艺学教程:第二分册[M]. 北京:中国纺织出版社,2005.

[3] LESLIE W C Miles. Textile Printing[M]. 2nd ed. Bradford:The Society of Dyers and Colourists,1994.

[4] 岑乐衍，等．纺织品印花[M]．北京：纺织工业出版社，1986.
[5] 余一鹗．涂料印染技术[M]．北京：中国纺织出版社，2005.
[6] 刘今强，张玲玲，邵建中，等．世纪之交国内外纺织品印花技术的现状与发展趋势[C]．第八届陈维稷优秀奖论文汇编，北京，2005.
[7] SHELDON F. A history of pigment printing, pigment printing handbook[M]. Research Triangel Park, NC: AATCC, 1995.
[8] Levy O. A pigment system to replace dyestuffs[J]. International Dyer, 2002, 187(10): 29.
[9] 上海市纺织科学研究院《纺织史话》编写组．纺织史话[M]．上海：上海科学技术出版社，1979.
[10] Iyer N D. Cotton - the king of fibres (Part - XI)[J]. Colourage, 2000, 47(10): 61 - 62.
[11] Cardozo B L. A problematic approach to pigment printing, pigment printing handbook[M]. Research Triangel Park, NC: AATCC, 1995.
[12] Broadbent A. Printing, basic principles of textile coloration[M]. Bradford: The Society of Dyers and Colourists, 2001.
[13] Gore A S, Somaiya C V. Cuffing-down the use of kerosene for pigment printing by the textile industray[J]. Colorage, 1997, 44(2): 24.
[14] 上海市纺织工业局《染料应用手册》编写组．染料应用手册（下册）[M]．北京：中国纺织出版社，1994.
[15] Heinrich Zollinger. Color chemistry[M]. 2nd revised ed. New York: VCH Publishers, Inc., 1991.
[16] 周春隆，穆振义，等．有机颜料化学及工艺学[M]．北京：中国石化出版社，2002.
[17] El-Shafei A. A comparison of Ab initio and semi-empirical molecular orbital methods in defining the photodegradation of some nonmutagenic organic pigments[C]. Proceedings of the Annual International Conference & Exhibition of the American Association of Textile Chemists & Colorists. Greensboro, 2001.
[18] Levy O. Printing with pigments[J]. International Dyer, 2001, 186(1): 29 - 30.
[19] Christie R M. Structure/property relationships for organic pigments that are of relevance to printing Inks., Colour Science 1998[C]. Proceedings of the International Conference & Exhibition, Harrogate, 1998.
[20] 宋健，陈磊，李效军，等．微胶囊化技术及应用[M]．北京：化学工业出版社，2004.
[21] 徐扬群．珠光颜料的制造加工与应用[M]．北京：化学工业出版社，2005.
[22] Khoja A K, Khan J S, Halbe A V. Saxena, noopur, chemistry of binder[J]. Man-Made Textiles in India, 2003, 46(10): 388.
[23] 赵秀琴，向乾坤．自交联涂料印花胶黏剂的合成及应用[J]．化学与黏合，2007, 29(4): 302 - 304.
[24] 罗瑞林．织物涂层[M]．北京：中国纺织出版社，1994.
[25] 丁莉．水性聚氨酯胶黏剂结构与性能的研究[J]．功能高分子学报，2001, 14(3): 18 - 21.
[26] 邵菊梅．丙烯酸酯共混改性水性聚氨酯的结构与性能[J]．印染助剂，2003, 20(4): 23 - 25.
[27] Warren Walker J. 用水性聚氨酯改善丙烯酸黏合剂的性能[J]．丙烯酸化工，1992, 5(1): 12, 20 - 22.
[28] 蔡明训．IPN 结构在合成颜料印花黏合剂中应用初探[C]．国际颜料应用和特种印花学术交流论文集，苏州，2004.
[29] El - Molla M M, Schneider R. Development of eco-friendly binders for pigment printing of all types of

textile fabrics[J]. Dyes and Pigments, 2006, 71:130 - 137.

[30] Khoja A K,Khan J S,Halbe A V. Saxena, noopur,chemistry of binder[J]. Man-Made Textiles in India,2003,10:390.

[31] Hammonds A G L. Choosing the right binder for pigments[J]. America's Textiles International,1996,25(3):70 - 71.

[32] Jing L Chen S. Preparation and application of low temperature curable binders[J]. Colourage,2002,49(7):41 - 44.

[33] Jassal M,Acharya B, Badri N,Bajaj P. Chavan R B. Acrylic-based thickeners for pigment printing—a review[J]. Journal of Macromolecular Science: Polymer Reviews,2002,42(1): 2 - 4.

[34] Zogu A. Pigment printing: Synthetic thickeners (English) [J]. Industrie Textile, 2000,1326: 53 - 55.

[35] Rahman S, Chaudhary D M, Bag D S, Gharia M M. A new fully aqueous thickener system for pigment printing of textiles[C]. Technological Conference, Resume of Papers, BTRA, SITRA, NITRA, & ATIRA,1998.

[36] Ronzoni I. Printing — The pastes (English)[J]. Tinctoria, 1998, 95(8):45 - 47.

[37] Iyer N D. Cotton — The king of fibres (Part - Ⅻ)[J]. Colourage,2000,47(11):53.

[38] 余一鹗. 新型涂料拔染印花浆的研制与应用[J]. 印染,2004(14):12 - 16.

[39] 孙建东,郑启华. 颜料拔印印花色浆体系研究及应用技术[C]. 全国特种印花和特种整理学术交流会论文集,苏州,2006.

[40] 尚颂民,葛惠德. 颜料防拔染印花技术[C]. 2004'国际颜料应用和特种印花学术交流会论文集,上海,2004.

[41] 孙建东,等. 涂料拔印印花色浆体系研究及应用技术[C]. 全国特种印花和特种整理学术交流会论文集,上海,2006.

[42] 邵建中,等. 真丝绸涂料拔染印花拔染浆及其涂料拔活性的拔染印花工艺:200510049427. 1[P]. 2005 - 10 - 2.

[43] 邵建中,等. 无甲醛拔染性原浆及其制备方法和用途:200710071509. 5[P]. 2007 - 9 - 20.

[44] 郑今欢,等. 蚕丝织物涂料拔活性印花拔染浆的研制[J]. 印染助剂,2006, 23(9):10 - 15.

[45] Allen A. Discharge effects with pigments and reactive dyes[C]. Clemson University Presents. Textile Printing. Clemson, 1997.

[46] 刘治禄. 深地色颜料罩印印花技术[C]. 全国印花学术和技术创新会议论文集. 苏州,2002.

[47] 唐增荣. 特种印花综述[C]. 2004' 国际颜料应用和特种印花学术交流会论文集. 上海,2004.

[48] 田禾,等. 功能性色素在高新技术中的应用[M]. 北京:化学工业出版社精细化工出版中心,2001.

[49] 徐穆卿. 新型染整[M]. 北京:纺织工业出版社,1984.

[50] Gube R, Bechter D, Oppermann W. Pigment printing on polypropylene fabrics[J]. Melliand Textilberichte-International Textile Reports, 2003,84 (10):154 - 155.

[51] Zogu A. Special effects in pigment printing (English)[J]. Industrie Textile, 2000,4(1319):45 - 50.

[52] 章杰. 颜料印花技术的突出问题[J]. 纺织信息周刊,2005(17):14.

[53] 陈荣圻,王建平,等. 生态纺织品与环保染化料[M]. 北京:中国纺织出版社,2002.

[54] 陈荣圻. 有机颜料的生态环保问题探讨(一)[J]. 印染,2003(2): 36 - 41.

[55] 陈荣圻．有机颜料的生态环保问题探讨(二)[J]. 印染,2003(3): 35－41.

[56] Galgali M R. Development of ecofriendly product for pigment printing[J]. Colourage, 1998, 7(45): 20－22.

[57] Jassal M, Bajaj P. Developments in acrylic-based thickeners as substitute of emulsion thickeners for pigment printing[J]. Indian Journal of Fibre & Textile Research. 2001, 26(1－2):143－155.

[58] Galgali M R L. Development of ecofriendly product for pigment printing[J]. Colourage, 1998, 45 (7): 20－22.

[59] Schymitzek T, Esche T, Rouette H K. Progressive range for pigment printing[J]. International Dyer, 1997, 182(9):17－20.

[60] Zacharia J. BTRA's efforts in hydrocarbon recovery and abatement of air pollution in textile pigment printing[J]. BTRA Scan, 1998, 29(3):1.

[61] Zacharia J. Curbing kerosene pollution[J]. Indian Textile Journal, 1999, 109(6):46.

[62] Gore A S, Somaiya C V. Cutting-down the use of kerosene for pigment printing' by the textile industry[J]. Colourage, 1997, 44 (2):24－25.

[63] Zacharia J. Recycling of kerosene used in textile pigment printing[C]. Proceedings of the Annual International Conference & Exhibition of the American Association of Textile Chemists & Colorists. Winston-Salem, 2000.

第十四章　各类织物的印花

第一节　纤维素纤维织物的印花

一、活性染料直接印花

(一)概述

活性染料直接印花是纤维素纤维织物印花的主要印花工艺。这是由于:活性染料色谱宽广、色泽鲜艳、性能优异、适用性强;活性染料印花色浆的配制操作较为方便,花纹的印制及工艺过程的控制较为容易;其印花后的织物不仅手感好,而且能获得高水平的各项色牢度,特别是湿处理牢度,印花的匀染性较好;可适应新型纤维素纤维如 Lyocell 纤维的印花。近年来随着许多存在环境污染和安全等问题的常用染料被禁用或限用,活性染料已成为主要的代用染料。

活性染料直接印花也存在着一些问题,如活性染料的固色率及提升率不高,一般在 65%~72%,不仅易造成印花固色后水洗的沾污,且污水排放量大;染料与纤维素结合的化学稳定性常受外界和染料结构的影响而发生断键;某些品种的耐氯漂牢度不够理想;在活性染料印花中,使用尿素,在尿素被洗除排放后,自然分解为二氧化碳和含氮化合物,后者造成废水中含氮量很高,存在生态问题。

活性染料印花的关键在于染料的选择。对于印花用的活性染料应具备以下性能:

(1)应具有优良的溶解性。在活性染料印花色浆中含有糊料、碱剂及其他助剂,与染色相比,在单位体积的水中,染料的浓度较高,因此必须有好的溶解度,否则会产生凝聚、色斑和色渍等疵病。

(2)低的直接性和高的扩散性。印花用活性染料应具有较高的扩散性能,即染料向纤维内部移动的能力,特别在网版印花中,由于印花时,施加给色浆的压力较小,印花后,色浆堆积在织物的表面,必须在固色时,通过吸湿溶解向纤维内扩散,而高扩散性的染料有利于染料从浆膜向纤维的扩散。直接性较高的染料易造成印花得色不匀,产生色差,印花固色后,未与纤维结合的染料既不易洗除,也容易造成对印花织物的沾污。

(3)高的固色率和好的提升性。具有好的提升性的活性染料,便于制备深浓色印花色浆。提升性的影响因素较多,但关键是染料的结构,既与发色体的性质有关,与分子大小及空间位阻有关,也与其直接性和染料与纤维的反应性以及形成的共价键的稳定性有关。高固色率的活性染料印花后可减少未固着的活性染料、水解的活性染料,从而可有效地减少对印花织物的沾污。

(4)拼色的活性染料应具有相似的反应速率与扩散速率。相似的反应速率与扩散速率决定了活性染料对固色方式、碱剂的种类、碱剂和尿素的用量的敏感性,它是获得色泽一致的重要性能。由于活性染料品种较多,性能相差较大。在拼色时,若选用不当极易造成色变或色差,为了使印花产品同色位保持一致,从根本上应选用上染速率和反应活泼性较为接近的染料进行拼色。目前国内外染料制造商和供应商提供的印花专用活性染料大多数能满足直接印花用活性染料的质量要求。

一般活性染料与纤维素的反应,是在碱性介质中进行的。活性染料的直接印花根据是否在印花色浆中加入碱剂而分成全料法(all-in-method)印花和二步法印花(two stage method)两种形式。所谓全料法印花是将活性染料、碱剂及参与印花的其他助剂放在一起制成印花色浆进行印花,印花烘干后,经过蒸化或焙烘使染料与纤维反应,最后通过水洗、皂洗等工序,彻底洗除糊料、各类助剂和未反应的染料。而二步法印花是不将碱剂放入由活性染料组成的印花色浆中,印花烘干后再用各种方法将碱剂施加到已经印花的织物上,经汽蒸或其他方法使活性染料与纤维反应,后经水洗、皂洗、烘干完成印花过程。

全料法印花,由于将碱剂和活性染料放置在一起组成色浆,这样对活性染料在碱性中的稳定性提出较高的要求,由于活性基和纤维之间的反应与染料本身的水解同时存在,而碱剂的存在对染料的水解起促进作用。另外,印花后的织物在未固色水洗前的堆放过程中会因堆放环境的影响而造成色变或色差,这种现象称为环境变色(俗称“风印”)。其原因是:印制到织物上的印花色浆中的碱剂受环境中的酸气的影响而妨碍固色;乙烯砜型活性染料在碱性中 β-羟乙基砜硫酸酯水解成乙烯砜基,再吸收环境中的水分,使其水解而造成色差;乙烯砜型活性染料受环境中二氧化硫气体的侵袭,先形成亚硫酸氢钠,再与乙烯砜基反应形成无反应性的砜乙基磺酸钠而造成色差。因此全料法印花应选用染料活泼性相对较低的活性染料,同时应尽量缩短从制备成色浆到完成印花全过程的时间。

二步法印花中,碱剂未放置在印花色浆中,制成的色浆相对较为稳定,在印花的过程中所受环境的影响也较小,因此可采用反应活泼性较强的活性染料。但二步法印花的工艺流程较全料法长,碱剂的施加方式、固色工艺条件对染料的上染及印花效果影响较大。此外,二步法印花还需要有专用的碱剂施加和固色设备进行配套,才能达到理想的印花效果。

(二)全料法印花

活性染料全料法印花就是将活性染料、碱剂、糊料及所有助剂放置在一起,制成印花色浆进行印花,印花后经烘干、固色处理(蒸化或焙烘),再洗除未固色的染料、残存的化学药剂和糊料。

印花色浆处方举例:

海藻酸钠糊	30%~50%
防染盐 S	0.7%~1%
尿素	1%~15%
活性染料	x
小苏打	1.5%~3%
加水合成	100%

色浆调制时,可先将活性染料用水调成浆状,然后加入事先溶解好的尿素和防染盐 S 的混合溶液,再加热水或温水使染料溶解,之后将已溶解好的染料溶液过滤入原糊中,临用前加入已

溶解好的小苏打或纯碱溶液。如使用染料浓度较高时，也可将染料直接撒入高速搅拌的原糊与尿素的混合液中，使染料溶解，然后再加入防染盐 S 和碱剂。

活性染料印花常选用海藻酸钠作为糊料。海藻酸钠的结构上带有羧酸基（—COOH），在碱性介质中生成羧酸钠（—COONa），溶解于水中，电离成羧酸阴离子和钠离子，因此海藻酸钠是阴荷性的，与阴荷性的活性染料有很好的相容性，得色率较高。

海藻酸钠糊的黏度随浓度增加而急剧上升，高浓度的海藻酸盐呈典型的假塑型流体，随着浓度降低，其流变性向牛顿型流体靠近，高聚合度的海藻酸盐的抗稀释性差于低聚合度的海藻酸盐。海藻酸钠的黏度与其聚合度成正比，聚合度越高，黏度就越大。低聚合度海藻酸钠的流变性近似于牛顿型流体，其结构黏度较小，抱水性好，压透性好。在圆网印花中，宜采用中低黏度的海藻酸钠，在该黏度下，印制效果较好，花纹精细度、光洁度高，渗透性好。金属离子的存在会造成海藻酸盐产生凝胶，钙离子也会与海藻酸钠生成难溶的海藻酸钙，为此，在原糊制备时常加少量六偏磷酸钠以络合钙、镁离子，但对金属络合染料母体的活性染料则不宜使用。

除海藻酸钠原糊外，高取代度的羧甲基淀粉、羧甲基纤维素、聚丙烯酸类的阴离子合成糊料也可用作活性染料原糊。它们的给色量比海藻酸钠糊还高，洗涤也更为容易，但合成增稠剂耐电解质稳定性欠佳，黏度下降很多，影响其使用。在网版印花时，海藻酸钠糊也可与乳化糊混拼，制成半乳化糊，以获得较好的印花效果。

活性染料直接印花使用的碱剂有小苏打、三氯醋酸钠和纯碱。碱剂的选用依所用活性染料的反应性和印浆的稳定性而定。一般选用小苏打为碱剂。小苏打受热后分解生成纯碱、水和二氧化碳气体。反应式如下：

$$2NaHCO_3 \longrightarrow Na_2CO_3 + H_2O + CO_2\uparrow$$

小苏打的用量根据印花色浆中的染料浓度和染料的反应性增减。一般用量控制在 1%～3%之间。含乙烯砜基的活性染料及反应性高的活性染料也可采用三氯醋酸钠为碱剂。三氯醋酸钠的水溶液呈微碱性，当使用时，先以醋酸调节三氯醋酸钠溶液的 pH 值至 6 左右，再以磷酸二氢钠作 pH 值缓冲剂，这样活性染料可在色浆中保持其稳定性。三氯醋酸钠的用量约为 2.5%～6%，磷酸二氢钠的用量约为 0.5%～1%。三氯醋酸钠在 80℃时分解成三氯甲烷和小苏打，小苏打进一步分解成纯碱，分解的速度与温度有关，温度越高，分解速度越快。其反应式如下：

$$CCl_3COONa + H_2O \longrightarrow NaHCO_3 + CHCl_3\uparrow$$

$$2NaHCO_3 \longrightarrow Na_2CO_3 + H_2O + CO_2\uparrow$$

对于反应性特别低的活性染料单独使用时，也可在小苏打组成的活性染料印花色浆中加入 0.5%～1.5%的纯碱，以提高染料的固色率。

尿素在活性染料直接印花中起着较重要的作用。尿素的加入有利于染料的溶解，提高染料的溶解性，尿素还是良好的吸湿剂，在蒸化固色时，充分吸收箱体内的水分，从而有利于染料及其他助剂的溶解，同时尿素还是纤维素纤维的膨化剂，使染料及助剂在充分溶解后，能迅速地渗透并与纤维素纤维结合，提高染料的固色率。尿素用量的多少取决于印花色浆中活性染料的用量，除此之外，尿素的用量也与印花的方法及固色类型有关。近年来尿素对环境的影响引起了人们的关注，尿素洗除排放后，自然分解出含氮化合物，使水中藻类加速生长，形成公害。它在150℃时分解可形成有害的异氰酸盐和氰化物，污染水质。如何降低尿素的用量或开发代用品成为研究的课题。

防染盐S是间硝基苯磺酸钠，它是弱氧化剂，其作用是在蒸化和焙烘时，克服还原性物质对活性染料中偶氮基团的破坏，而造成的色浅或色变的缺点。

常规蒸化法是活性染料全料法印花最常用的固色类型，它适用于大多数类型的印花用活性染料的固色。其特点是蒸化温度相对较低，固色时织物的吸湿较为充分，工艺过程较容易控制，但固色时间相对较长，约为7～10min。常规蒸化的温度一般应略高于100℃，以控制在102～105℃范围内为宜，其目的是防止在蒸化时有水滴产生，滴落到织物上造成印花疵病。

活性染料固色后的洗涤过程非常重要。印花用活性染料的固色率相对较低，未固色的染料在洗涤时溶落到洗液中，易被纤维吸附而再沾污织物。因此，尽量降低洗液中的染料浓度是减少沾污的有效措施。通常先用大量冷水冲洗，洗液迅速排放，然后再进行热水洗和皂洗。在皂洗以前，务必将未反应的染料洗除，以免在碱性液中染料上染纤维，并与纤维反应而造成持久的沾污。除此之外，还可以通过加入防沾污洗涤剂来减少或防止水洗造成的沾污。防沾污洗涤剂主要有三种类型：

(1)聚丙烯酸类。以丙烯酸为主体的共聚物，当其相对分子质量适当时，即具有螯合作用，可使金属离子络合而不致影响到染料洗涤，也具有表面活性作用，同时它又能与染料形成氢键而吸附染料，防止其再沾污。

(2)聚乙烯吡咯烷酮(PVP)类。聚乙烯吡咯烷酮是乙烯吡咯烷酮的均聚物，吡咯烷酮分子有C—O基和N—H基团，能与染料及其他物质形成氢键而吸附染料，从而可以用作防沾污剂，其防沾污能力大于丙烯酸。

(3)氧化还原酶类。氧化还原酶能够转移一个电子从而使空气中的氧还原成水，而使污物氧化，从而可以把染色和印花织物残留的未染色的染料漂去。其特点是作用快，洗除的污水颜色浅，污水处理负担轻。

(三)二步法印花

二步法印花的方法较多，如轧碱短蒸法(pad-steaming)、轧碱冷堆法(pad-batch)、织物预轧碱法、浸碱法(wet-fixation)等。但实际应用的则不多，较为典型的是轧碱短蒸法。二步法印花的主要优点是：印花工艺反应快速，可以缩短蒸化机蒸化时间，节约蒸汽等能源，同时设备占地面积小；印花工序简单，在印花后，可以将蒸化和水洗工序联合在一起进行；印花织物和印花色浆的稳定性好，由于印花织物和印花色浆中只有染料，不含固色剂或反应性助剂，因此非常稳定和安全。二步法印花的关键除工艺因素外，较重要的是专用的浸轧和蒸化设备。

轧碱短蒸法，即印花色浆中不加入碱剂，织物经印花烘干后进行轧碱短蒸固色，这样可提高印花色浆的稳定性，印花后的织物在堆置过程中，不会产生环境变色，且汽蒸时间短，一般仅为20～30s，成品艳亮度较全料法好，给色量也有所提高，快速轧碱汽蒸法中，尿素的加入只是用来溶解染料，因此可不加或少加。

印花色浆举例：

海藻酸钠与甲基纤维素(1∶1)	30%～50%
活性染料	1%～6%
尿素	3%～6%
防染盐 S	1%
醋酸(30%)	0.5%
加水合成	100%

调浆时，先将活性染料与尿素混合，加水溶解，再加入稀释后的醋酸，倒入原糊中，最后加入溶解好的防染盐 S。

在二步法印花中，活性染料的选择依据为：染料的反应性，应选用反应性较快的染料，这样汽蒸时间可以缩短，对碱剂的选择也不会太苛刻；染料的固着率，应选择与纤维结合时获得固色率高的染料；染料的直接性，由于二步法印花的轧碱汽蒸方式，带来比全料法略多的含湿量，易引起染料的水解而沾到织物上，所以二步法印花最好选择直接性较低的活性染料。

使用的原糊应在碱液中凝聚，以防止染料在轧碱时溶落和花纹渗开。原糊采用海藻酸钠和甲基纤维素按 1∶1 拼混，甲基纤维素的取代度要求在 1.5～2 之间，取其遇碱能凝聚的特性，使在轧碱时花纹不易渗化。但若全部使用遇碱能聚集的原糊，也会妨碍碱液的渗入而使染料固色率下降。轧碱短蒸时，织物含湿较高，色浆中尿素仅用于溶解染料，用量在 6%以下。醋酸用于调节印浆 pH 值在 6～7，维持弱酸性，有利于提高印花色浆的稳定性。

印花烘干后的织物在下列碱液中进行轧碱：

烧碱(30%)	30mL
纯碱	100g
碳酸钾	50g
氯化钠	15～50g
加水合成	1L

加氯化钠的作用是在电解质、高钠离子浓度下，染料负离子被纤维吸收加速，与纤维的键合反应加速，相应可抑制染料的水解，有利于提高固着率；同时还可以防止染料在碱液中溶下而沾污白地。但氯化钠不能加得太多，一是会影响吸碱量，影响连续生产中碱剂的平衡，二是会影响染料的鲜艳度。有时还可加些淀粉糊，以增加碱液黏度。碱剂的选用是轧碱短蒸法印花的关键，既要求在短时间内蒸化能使染料固着和提高给色量，又要考虑色光鲜艳度和得色均匀性等各方面的因素。如用单一碱剂，较难达到这些要求，一般可选用混合碱剂。

轧碱不宜采用普通的浸轧方式，因普通浸轧方式吸液多，易沾污轧辊，且沾污白地，同时会造成花纹的渗化。所以可采用面轧或特殊浸轧方式。所谓面轧是指织物不进入液槽，直接通过由上下两根轧辊组成的轧点，其中下轧辊浸入碱液中，碱液由下轧辊的表面引上织物(图 14－1)。目前较适用于轧碱短蒸法的专用设备为带特殊轧液装置的快速蒸化机(flash steamer)(图 14－2)。

轧碱后的织物立即进入短蒸蒸化机，于 120～130℃汽蒸 20～30s，使染料在强碱性下快速固色。汽蒸时间太长或太短，都会使固色率下降。

二、还原染料直接印花

还原染料具有优异的各项色牢度，印花色浆稳定，拼色方便。除用于直接印花外，还广泛用作拔染印花的着色拔染染料。

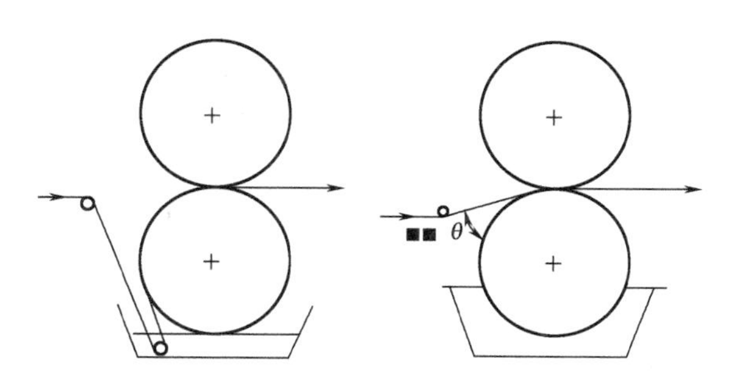

图 14-1 浸轧与面轧示意图

印花用还原染料的选用以超微剂型、超细粉剂型、细粉剂型和超微分散的液状剂型为宜，即染料的颗粒小、粒径分布均匀、分散稳定性好的剂型。这样有利于色浆的调配及印制，不易产生色点等疵病，同时有利于染料的还原，这是由于印花使用的还原剂及还原条件较染色时差，而印花时，还原染料的浓度又较高。印花用还原染料宜选用色泽鲜艳度较高的品种。如果选用细粉剂型的还原染料，必须对染料进行研磨，将染料的细度控制在 2μm 以下。

还原染料的印花工艺有全料法印花和二相法印花两种。全料法印花是将还原染料、还原剂、碱剂、助剂和原糊调制成印花色浆印在织物上，烘干后，进行还原蒸化，蒸化时还原剂发挥较强的还原能力，将染料还原成隐色体而上染纤维，最后进行氧化、皂煮、水洗。二相法印花是将还原染料的悬浮体和原糊制成印花色浆，印花烘干后，浸轧还原剂与烧碱组成的还原液，立即进入快速蒸化机中进行快速蒸化，染料被还原而上染纤维，然后进行氧化、皂煮、水洗和烘干。

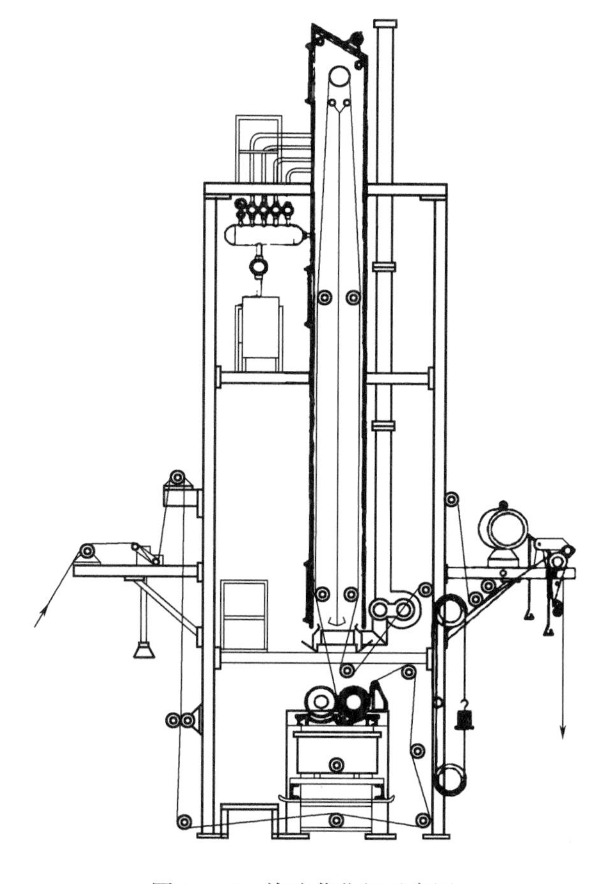

图 14-2 快速蒸化机示意图

(一)全料法印花

还原染料全料法印花一般使用雕白粉作为还原剂，因其在常温下较稳定，通常将还原染料按印花时的最高用量与雕白粉、碱剂和其他助剂制备成基本色浆(又称储备浆)，印花时再根据花纹色泽浓淡将基本色浆用冲淡浆调节至所需印制的浓度，在拼色时同样以稀释浆来调节所需色浆的浓度。

还原染料全料法印花基本色浆的制备方法可分为预还原法(pre-reduction method)和不预

还原法。所谓预还原法就是使用保险粉和烧碱先将还原染料还原成隐色体,然后在印花色浆中再加入雕白粉,以作为印花后蒸化过程的还原剂。而不预还原法则无需用烧碱和保险粉将还原染料还原成隐色体,直接使用雕白粉调配出基本色浆。基本色浆制备方法根据还原染料的还原难易、染料的细度等进行选择。

预还原法基本色浆举例:

还原染料	5%～6%
甘油	5%
酒精	1%
烧碱(30%)	8%～10%
保险粉	2%
雕白粉	6%～14%
原糊	30%～35%
加水合成	100%

调浆时,将染料、甘油、酒精依次调和,如果还原染料为细粉或颗粒较粗,还需进行研磨,加入到原糊中,再加入已溶解好的碱剂,边加边搅拌,然后间接加热至规定温度,在搅拌下慢慢加入保险粉使染料还原,冷却后再加入规定量的预先溶解的雕白粉溶液。

不预还原法印花色浆举例:

还原染料	5%
甘油	5%
酒精	1%
碳酸钾	10%～12%
雕白粉	8%～10%
原糊	30%～35%
加水合成	100%

不预还原法印花基本浆的调配方法根据染料剂型的不同而有所不同,其基本过程同预还原法,但省却了加热和加入烧碱、保险粉的过程。

冲淡浆处方举例:

印染胶—淀粉糊	40%～60%
碳酸钾	12%
雕白粉	16%
加水合成	100%

还原染料全料法印花所使用的还原剂在制备成色浆后和印花烘燥过程中应保持一定的稳定性,而在蒸化时则发挥较强的还原能力。最常用的还原剂是羟甲基亚磺酸钠,俗称雕白粉,分子式为 $HOCH_2SO_2Na \cdot 2H_2O$,商品中含量约为 90%～95%,遇酸分解。它在常温下较稳定,在湿热的环境下分解速度加快。条件不同,其分解产物组成不同,反应比较复杂。它在蒸化时具有较强的还原能力,与还原染料发生亲核加成,在碱中分解成隐色体。

$$\text{(醌)} + O^{-}-\overset{O}{S}-CH_2OH \rightleftharpoons \text{(}O^{-},\ SO_2CH_2OH\text{ 加成物)} \xrightarrow{OH^{-}} \text{(}O^{-}\ \ldots\ O^{-}\text{)} + HO-\overset{O}{\underset{O}{S}}-CH_2OH$$

雕白粉在储存中应避免光、潮湿和接触空气，它们都会导致雕白粉分解。雕白粉在不同碱剂中及不同原糊中的还原电位和分解速率是不同的。在含烧碱的色浆中还原能力较含碳酸钾的色浆强，分解速率较高；在用印染胶糊调制的色浆中，蒸化时其分解速率较在龙胶糊中高。

除此之外，二氧化硫脲也可用作还原染料直接印花的还原剂。其在室温下比较稳定，在温度超过 80℃时分解加速，在高温下分解成具强还原力的次硫酸。

$$\underset{\text{稳定}}{H_2N-C(NH_2)=SO_2} \xrightarrow{\triangle} \underset{\text{不稳定}}{\left[H_2N-C(=NH)-S(=O)-OH\right]} \xrightarrow{+H_2O} H_2N-C(NH_2)=O + H_2SO_2$$

它的还原能力随色浆的 pH 值而异，在弱酸性色浆中的还原能力较碱性者弱得多。由于二氧化硫脲还原电位高，对于所用的一部分染料，常发生“过还原”现象，不仅使隐色体的直接性、亲和力下降，而且在下一步的氧化工序，不能恢复到原来的结构物质，使颜色变得浅而暗。

全料法印花色浆中使用的碱剂有碳酸钾、纯碱和烧碱。选用碱剂时应考虑：印花织物在蒸化时的吸湿性，印花织物在蒸化前放置的稳定性以及印制的适应性。最常用的是碳酸钾，它的溶解度较纯碱大，有利于印花后还原染料的蒸化。也可用纯碱，但其溶解度较小，有的染料给色量较低。用预还原法制备印花色浆时，使用烧碱作碱剂，个别染料的隐色体在烧碱色浆中会析出较粗的结晶。预还原法色浆用于黏胶纤维织物印花时，为防止黏胶纤维溶胀过剧，在预还原色浆中可加小苏打和部分烧碱，以降低色浆的 pH 值。

全料法印花色浆中的助剂主要是一些具有吸湿、助溶和促染作用的助剂。最常用的是甘油、硫二甘醇或尿素等。它们可以单独使用，也可拼混使用。它们的加入有助于印花色浆在蒸化时吸湿，并有助于隐色体的溶解，从而提高染料的上染率、增进固色率。

全料法印花色浆中含有强碱性的碳酸钾和还原剂雕白粉，所以原糊必须耐碱和耐还原剂。常用的糊料为印染胶。它具有还原性，且耐碱，用它制成的印浆在烘干时雕白粉分解最少，而在蒸化时又能使雕白粉的利用率提高。印染胶糊的吸湿性较强，在蒸化时，若蒸化机内湿度控制不好，极易造成花纹渗开，为此，常与淀粉糊拼用，加以改善。海藻酸钠糊遇碱会凝聚，适用于轧碱短蒸二相法印花的色浆，不适用于全料法印花的色浆。

在还原染料全料法印花过程中，从调配印花色浆到完成蒸化固色阶段，减少雕白粉的分解损失是确保还原染料上染纤维、提高印花固色率的关键。无论是印花色浆中的雕白粉，还是印制到织物上而未固色的花纹中的雕白粉，都极易受到环境中湿、热、氧化作用的影响而造成分解。印花后的烘燥时间不宜过长，温度不宜过高，并且在烘干落布前使织物透风冷却后才能

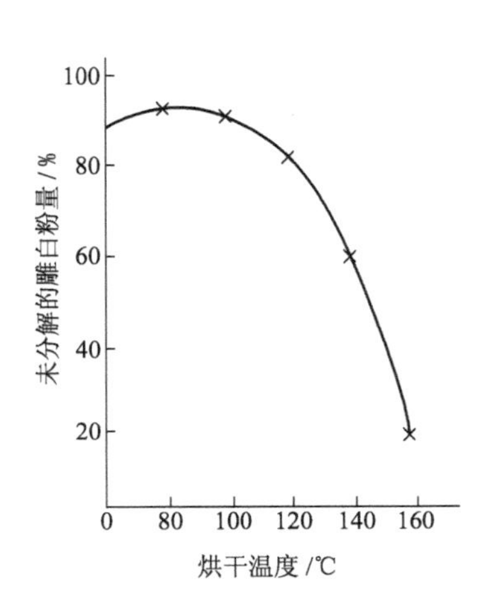

图 14-3 不同温度烘干时雕白粉的分解情况

堆置。

烘干时不同温度下的雕白粉分解情况如图 14-3 所示。由图可知,在 110℃烘干 30s,雕白粉的损失很少。烘干温度提高,雕白粉分解速率提高。烘干后的织物在堆置时,雕白粉继续分解。据测定,在温度为 25℃、相对湿度 20%的条件下存放一周,雕白粉分解达 15%;如相对湿度为 40%,则损失达 35%。因此,印花烘干后应尽快进行蒸化。

还原染料全料法印花时,用雕白粉作还原剂,而且色浆中染料浓度高,它的还原、溶解和上染必须在有限的蒸化时间内完成,因此染料的性能差异会导致印花效果的不同。一般地说,隐色体电位负值较小而还原速率又快的染料,则最容易获得满意的蒸化效果。印花织物的蒸化是在还原蒸化机中进行的,蒸化温度约为 102℃,时间为 7～10min。蒸化机中应尽量避免空气进入,否则会使雕白粉损失。

蒸化过程中,织物进入蒸化机后,蒸汽随即在织物上冷凝,放出潜热,使织物温度迅速上升,纤维、碳酸钾和甘油吸湿,色浆中雕白粉发生分解,产生强的还原作用,使还原染料还原成隐色体而溶解,然后上染纤维。所以,染料的溶解度是很重要的因素,助溶剂的存在,有利于提高染料的溶解度。

为了获得良好的印花效果,蒸化机中必须保持一定的湿度。湿度的大小,以控制在既能达到最佳上染效果,又不会造成花纹渗化为度。

印花织物蒸化后冷却,即进行氧化、皂煮、水洗等后处理。氧化可采用轧水透风或浸轧氧化剂,如过硼酸钠、过氧化氢等使还原染料隐色体氧化。氧化后皂煮必须充分,以提高色泽鲜艳度和牢度。多数还原染料的隐色体在冷水淋洗透风过程中即可被氧化,少数难氧化的染料则可用氧化剂处理,以免在皂洗时沾污白地。

(二)二相法印花

二相法印花是用极细的还原染料调成色浆,色浆中不含碱剂和还原剂,印花后织物经碱性还原液化学处理,随即进行快速蒸化,还原染料被迅速还原成隐色体向纤维转移和扩散,进而上染固着,然后进行氧化、皂洗、水洗。由于染料是以悬浮体的形式配制成色浆的,因此又称为悬浮体直接印花。

还原染料二相法印花的优点为:适用的还原染料品种多,有许多耐日晒、气候牢度优良而原来仅适用于染色的品种,可以采用二相法来进行印花,并可得到良好的印制效果,使色谱范围大为增加;给色量高,色泽鲜艳、纯正;色浆稳定性高,染料拼混性好;印花后的织物受环境的影响极小;蒸化过程相对简单,易于控制。除此之外,全料法印花中使用雕白粉作还原剂,而雕白粉在使用过程中,特别是在高温下会分解,释放出甲醛。而二相法印花以保险粉为还原剂,不存在甲醛释放问题。

与全料法印花色浆相比，二相法印花的色浆组成要简单得多。

二相法印花色浆处方举例：

还原染料(1:4，浆状)	2%～20%
分散剂 N	6%
原糊	50%
加水合成	100%

用于悬浮体印花工艺的还原染料必须具备一定的细度，其颗粒大小应力求均匀，平均细度应在 2μm 以下，为防止染料颗粒聚集，一般在印花色浆中加入适量的分散剂。因此，应尽量采用超细粉染料。

为了防止印花糊料的沾污、渗开和汽蒸时的起皱搭色，原糊的选用应慎重。如全部使用甲基纤维素或海藻酸钠原糊，会阻碍还原液的渗入和染料的扩散，造成色淡或摩擦牢度的降低。为此可加入少量遇碱不凝固的原糊，如小麦淀粉糊、龙胶糊等。经常使用的糊料为海藻酸钠糊及其与其他糊料的混合糊。

织物经印花烘干后，即可在专用的浸轧或面轧设备上(参见活性染料二步法印花部分)浸轧碱性还原液，然后进行快速汽蒸还原固色。

还原液处方举例：

保险粉	4%～5%
烧碱(30%)	8%～10%
淀粉糊	10%
加水合成	100%

浸轧后立即进入快速蒸化机中进行蒸化处理，蒸箱内温度和湿度要相对稳定，工艺温度为 128～130℃，固着时间为 15s。

织物从快速蒸化机口出来时，印花部分的还原染料应完全呈还原隐色体状态，随即迅速将织物上所带的碱性还原液用冷水冲去，然后进入氧化处理，氧化剂一般采用过硼酸钠，也可采用过氧化氢。染料必须充分氧化后才可进行皂煮。皂煮一般采用肥皂或洗涤剂 3～5g/L 和纯碱 2g/L，温度在 90℃以上。

三、共同印花

所谓共同印花是指采用两种或两种以上的染料各自配制成色浆，相互配合印制一套图案的印花工艺。采用共同印花的原因：满足色光的要求，有时一套图案中的颜色用一种染料无法满足色光的要求，如荧光、鲜艳的绿色、鲜艳的大红色等；降低印花的成本，如活性染料印制黑色时，染料用量高，印制成本较高，可以用涂料黑来代替。

在共同印花中，由于各种染料的性质、印浆的组成及印制工艺都不相同，因此，在进行共印时，要防止不同性质的色浆互相影响，可在互相有影响的两种不同色浆的花版之间，采取防止传色的措施，也可将影响小的色浆排列在前面，影响大的排列在后部；固色时一般先干固色，再湿固色，即依次为焙烘、蒸化和浸轧固色液(显色液)；应选用彼此影响小的染料；各色浆组分中助剂的选用及用量应作适当修改;应考虑糊料的选用,以确保能顺利地印制和达到理想的印制效果。

四、防染印花

(一)活性染料地色防染印花

活性染料地色防染工艺特别适用于在中、浅地色的防染印花中。其色彩鲜艳度高,色谱齐全。活性染料地色防染印花一般采用酸性防染法。由于活性染料上染纤维素纤维必须在碱性介质中才能进行,因此,可使用酸或酸性化合物来防染。如在印花色浆中加入有机酸、酸性盐或释酸剂,即可中和活性染料地色轧染液中的碱剂,阻止纤维素纤维上羟基与染料的键合,从而达到防染的目的。

用于活性染料地色防染印花的酸性防染剂主要是非挥发性的有机酸和释酸剂,如柠檬酸、酒石酸、硫酸铵和磷酸二氢铵等。酸性防染剂的选用及用量,在满足防染要求的前提下,不应对织物造成损伤,特别是在汽蒸、烘干的过程中;应和防染印花色浆中的其他组分具有良好的相容性。

地色用活性染料同纤维的亲和力大小是影响防染效果的重要因素。一般应选用对纤维直接性小、反应活泼性低的染料,这样不仅能阻止地色活性染料的上染,而且能将未固着的染料从织物上彻底洗除。防染效果还与活性染料地色的颜色深浅有关,中、浅地色防染较易,深地色防染较难。

活性染料地色防染印花主要有:酸性防白印花、不溶性偶氮染料色防印花和涂料色防印花。

酸性防白浆举例:

硫酸铵	5%～6%
羟乙基刺槐豆胶糊	50%
耐酸荧光增白剂	0.5%
加水合成	100%

涂料色防印花浆举例:

黏着剂	10%～20%
乳化糊	x
涂料	0.2%～5%
硫酸铵	2%～6%
合成龙胶糊	5%
加水合成	100%

调浆时,将乳化糊加到黏着剂中,充分搅匀,硫酸铵用水溶解后加入合成龙胶糊内搅匀,在不断搅拌下,将其倒入已调好的乳化糊和黏着剂中,最后加入涂料色浆,并充分搅匀。

大多数的合成糊料都不耐电解质,因此应选用乳化糊作糊料,合成龙胶是保护胶体,防止硫酸铵的加入对黏着剂和乳化糊造成破坏。

(二)活性染料防印印花

活性染料防印印花生产过程短,印花、防染在印花机上一次完成,工艺灵活,印制效果好,质量比防染印花稳定、容易控制。主要有涂料防印活性染料地色印花和活性染料防印活性染料地色印花。

涂料防印活性染料地色印花,是使用酸剂或释酸剂中和地色染料色浆中的碱剂而达到阻止活性染料与纤维键合的目的,常用的酸剂为硫酸铵和柠檬酸。作为被防印的地色活性染料,要求对棉纤维的亲和力低,使未固着的水解染料易于洗净。

色涂料着色防印印花举例:

涂料	x
乳化糊	15%~20%
黏着剂	10%~25%
柠檬酸或硫酸铵	2%~6%
合成龙胶糊	5%
加水合成	100%

调浆时,在不断搅拌下,依次加入乳化糊、涂料、黏着剂,将溶解好的酸剂加到原糊中搅匀后,最后加入合成龙胶糊。

涂料防印活性染料地色印花,黏着剂的选择是决定防印效果的关键。黏着剂结膜后对活性染料基本上没有吸附作用,从而保证防印的色泽鲜艳度,同时在防染剂存在下,黏着剂应保持较高的稳定性,否则无法顺利印制。防染剂应先加入到合成龙胶内,合成龙胶为保护胶体。圆网印花用合成龙胶易造成塞网,可改用增稠剂 M,再加到涂料印花色浆中,可防止乳化体系分相。

活性染料防印活性染料是利用亚硫酸钠(或其衍生物)能够与以乙烯砜为活性基的活性染料发生加成反应,从而使其失去反应性能,而一氯均三嗪活性染料对亚硫酸钠比较稳定的特性,以此为着色防印浆,防印乙烯砜为活性基的活性染料。

$$D—SO_2CH_2CH_2—OSO_3Na + Na_2SO_3 \longrightarrow D—SO_2CH_2CH_2SO_3Na + Na_2SO_4$$

该工艺简单灵活,得色鲜艳,既可地色防印花色,也可花色防印地色,或两种相反色调花型间防印。印花时,一般先印色防浆,后罩印地色,烘干后蒸化或焙烘,然后水洗、皂洗、水洗、烘干。

色防浆举例:

海藻酸钠糊	40%~50%
尿素	5%~10%
防染盐 S	1%
小苏打	1%~1.5%
亚硫酸钠	0.5%~3%
一氯均三嗪基活性染料	1%~4%
加水合成	100%

罩印地色举例:

海藻酸钠糊	45%
尿素	10%
防染盐 S	1%
小苏打	0.8%～1.5%
乙烯砜基活性染料	2%～6%
加水合成	100%

色浆的调配同活性染料直接印花，亚硫酸钠先用水溶解好，在临用前加到色浆中。

作为防染剂的亚硫酸钠，也会与三嗪环上的氯原子发生亲核取代反应，且具有还原能力，因而也会影响到一氯均三嗪活性染料的固色；而对以酞菁结构和溴氨酸结构的蓝色品种，由于亚硫酸钠对它们不能产生还原作用，且染料分子又较大，故亚硫酸钠对其活性基的影响就较少。因此防印色浆中，K 型活性染料的浓度(主要为偶氮类染料)应根据亚硫酸钠的用量，比直接印花适当提高些。被防染的染料若其磺酸盐衍生物对纤维素纤维亲和力较大，因后处理洗除困难，也不易获得良好的防印效果。亚硫酸钠的用量根据乙烯砜活性染料地色或花色面积大小及其防染性能难易而定。中浅色且面积较小时，亚硫酸钠用量在 0.5%～1%；面积较大时，可控制在 1%～1.5%；深色时，亚硫酸钠用量需相应增加，但最高用量不宜超过 3%，以获得最佳防染效果和印制效果为宜。

固色方法可采用常规蒸化，或高温常压蒸化(120℃，5～7min)，后者不仅可防止在防印印花中产生的“白圈”问题，也可改善一氯均三嗪活性染料由于亚硫酸钠的影响而造成的给色量下降。

(三)还原染料地色防染印花

还原染料地色防染印花，一般用于中、浅浓度隐色体轧染的地色。常用的防染剂有氯化锌、硫酸锌、硫酸铝、防染盐 S、钛白粉、明胶、平平加等。酸性锌盐能与还原染料隐色体生成沉淀，并能中和还原染料色浆中的碱剂，生成的氢氧化锌在纤维表面形成胶状薄膜，可以阻止染料的渗透，兼有机械防染作用，故为常用防染剂，其中氯化锌吸湿性强易渗化，印制效果不如硫酸锌精细清晰。酸性铝盐与锌盐有相似的作用，但效果不如锌盐。防染盐 S 是一种氧化剂，能分解还原染料色浆中的还原剂，在锌盐的存在下能生成不溶性的氧化剂间硝基苯磺酸锌盐，兼有化学性和机械性的防染作用，因此在酸性锌盐的防印浆中加入防染盐 S，可以提高防染效果。平平加等能和隐色体发生聚集。

还原染料地色防染印花的着色防染主要有色基(色盐)着色防染印花、涂料着色防染印花和活性染料着色防染印花。

活性染料着色防染色浆举例：

活性染料	1%～6%
尿素	2%～5%
小苏打	1%～2.5%
防染盐 S	3%～5%
龙胶糊	x

锌氧粉(1∶1)	10%~16%
加水合成	100%

印花烘干后，蒸化处理，蒸化后轧染前应复烘一次，以防止渗化，然后浸轧还原染料悬浮体，还原短蒸固色，透风，酸洗，水洗，皂洗，净洗。

五、拔染印花

拔染印花是在已经染色的织物上印花，印花色浆中含有能破坏染色染料的化学物质(称为拔染剂)，将印花处的地色染料破坏或消色的印花方法。若拔染印花浆中不含有染料，则在地色织物上得到白色的花纹，称为拔白印花，如果在拔染印花浆中加入染料，则在地色织物上得到彩色的花纹，称为色拔印花。和防染印花相比，拔染印花要困难一些，不仅要将上染到织物上的染料破坏掉，而且还要将分解产物较容易地从织物上洗除，同时在拔染过程中的化学反应不应损伤纤维或很少损伤纤维。拔染印花主要可分成偶氮类染料地色拔染印花和还原染料地色拔染印花两类。

(一)偶氮类染料地色拔染印花

被拔染的地色染料主要是偶氮结构的染料，这类染料的偶氮基团在汽蒸过程中被还原拔染剂还原分裂，生成两个氨基。分解的难易和分解的产物是否容易洗去直接影响拔染效果。

$$R_1\text{-}C_6H_4\text{-}N{=}N\text{-}C_6H_4\text{-}R_2 \xrightarrow{4[H]} R_1\text{-}C_6H_4\text{-}NH_2 + R_2\text{-}C_6H_4\text{-}NH_2$$

用作色拔的主要是还原染料和涂料印花浆。常用的拔染剂主要有雕白粉、德科林(Decroline)、二氧化硫脲和氯化亚锡。

雕白粉是拔染印花中应用最广的拔染剂，它的名称即由此而得。它是甲醛和连二亚硫酸钠的加成产物。拔白浆中其含量可高达20%以上。

德科林的化学名称为甲醛次硫酸锌盐(也称作雕白粉锌盐)，是具有较高稳定性的还原剂，它有两种锌盐，即 $Zn(SO_2CH_2OH)_2$ 和 $Zn(SO_2CH_2OH)(OH)$，具有显著不同的特性，前者可溶于水，后者难溶于水，但可溶于弱酸。难溶于水的主要用于醋酯纤维和合成纤维的防染印花，因其难溶于水，汽蒸时因不易渗化而不会造成“白圈”疵病。

二氧化硫脲是一个良好的拔染剂。其溶解度较小，水溶液呈酸性，在常温下性质较稳定。在碱作用下或蒸化时受热发生分解，产生次硫酸而起还原作用。二氧化硫脲也可避免因渗化造成“白圈”疵病，而且可不致因碱性色浆而引起醋酯纤维的皂化。其还原电位高，还原能力强。

氯化亚锡($SnCl_2$)是最早应用的还原拔染剂，它的拔染作用不及次硫酸盐。在水溶液中发生水解而生成盐酸和氢氧化亚锡，溶液变得混浊，汽蒸过程中使染料还原而产生氯化氢，有强腐蚀性。一般常与酒石酸并用，以防止 $Sn(OH)_2$ 的沉淀。主要用于合成纤维织物和蚕丝绸的拔染印花。

$$6SnCl_2 + 4H_2O \longrightarrow 2SnCl_4 + 4Sn(OH)Cl + 4[H]$$

$$SnCl_4 + 4H_2O \longrightarrow Sn(OH)_4 + 4HCl$$

$$ArN{=}NAr' \xrightarrow{4[H]} ArNH_2 + Ar'NH_2$$

活性染料地色拔染印花可分为还原剂拔染法和亚硫酸钠拔染法，还原剂拔染法又分还原染料着色拔染和涂料着色拔染两种。

可拔性活性染料在还原剂的作用下，染料被破坏，生成无色的物质。影响拔染效果的因素主要有染料的结构、染料与纤维结合的稳定性和染色的浓度。染料的可拔性主要取决于它的化学组成和化学结构，活性基团相同而染料母体不同，或活性基与染料母体的连接方法不同，都影响染料的可拔性和染料与纤维键的稳定性，均三嗪活性染料的活性基团接在染料的重氮部分的，能够被拔白；若均三嗪环活性基团接在染料的偶合组分上，这种染料在还原剂的作用下，仍留有颜色，不能被拔白；母体为金属络合染料、溴氨酸、酞菁结构的活性染料均不能被还原剂破坏。活性染料与纤维结合后，若生成的共价键的稳定性不高，在酸性或碱性介质中，尤其在高温条件下易于断裂，则有利于拔白。拔染效果与所染地色的浓度成反比，随着染色浓度的提高，拔染效果降低，白花洁白度也较差。

当活性染料与纤维发生化学结合后，真正可以被拔染的活性染料种类不多，即便能拔染也仅限于浅色，但如果在活性染料浸轧以后，未经固色就进行印花，在印花处既有防止染料与纤维结合的作用，又有拔染作用，这种印花方法称为半拔染印花(也称为防拔染印花)。这种印花方法的拔染效果要比在染色固色后的织物上进行拔染印花好，适用的染料品种也较多，无论乙烯砜型活性染料，还是一氯均三嗪型活性染料均可以获得较理想的拔染效果。

活性染料浸轧后的烘干温度不能超过 80℃，尽可能采用热风烘燥，轧染后应立即印花，以防止未固着的活性染料受环境的影响而造成色变。利用还原剂对活性染料地色进行着色拔染的着色染料有还原染料、涂料。

还原染料着色拔染印花浆举例：

还原染料	1%～5%
甘油	4%～8%
酒精	1%
碳酸钾(或碳酸钠)	8%～12%
雕白粉	10%～22%
醚化植物胶糊	40%
加水合成	100%

着色拔染的碱剂可使用碳酸钾或碳酸钠，其作用是可中和雕白粉受热分解后生成的酸性物质，防止其使棉纤维水解受损和加速雕白粉的分解。另外，被破坏的地色分解物在碱性溶液中的溶解度较大，色浆中加入碱剂有利于分解物洗除。拔白浆则采用氢氧化钠作碱剂。要使刮印到织物上的拔染色浆能渗透到织物内，防止拔染不净现象产生，应适当地选用润湿剂如甘油、尿素等。拔染印花色浆的原糊必须耐碱、耐酸、耐还原剂和电解质，制成色浆后流变性要好。可采用黄糊精或印染胶，若为网版印花，也可选用醚化植物胶或醚化淀粉。

(二)还原染料地色拔染印花

如前所述，靛蓝地色在雕白粉问世以前是用氧化剂拔染的。自从有了雕白粉以后，就改为还原剂拔染，但牛仔服仍使用氧化剂法拔染。靛蓝被雕白粉还原成隐色体(靛白)，靛白因在空气中或水洗过程中会重新被氧化而成靛蓝，因而不能获得良好的拔白效果。为了防止隐色体被重新氧化，在拔白浆中加咬白剂 W 使隐色体醚化成可溶于碱的橙色产物加以洗去。

咬白剂 W(氯化对磺酸苄基-间磺酸苯基-二甲铵钙盐)是醚化剂。雕白粉和还原染料作用使羰基变成羟基，生成隐色体。后者很容易被氧化。咬白剂 W 能使隐色体醚化，然后予以洗去，从而获得良好的拔染效果。

拔白浆举例：

雕白粉	20%
锌氧粉(1∶1)	12%
醋酸钠	10%
蒽醌(20%)	6%
咬白剂 W	10%
原糊和水	x
合成	100%

印花后烘干、汽蒸、水洗、皂煮。醚化时释出的氯化氢由锌氧粉与之化合。

咬白剂 O 分子中没有磺酸基，其余的结构和咬白剂 W 相同，生成的醚化物不溶于水，为橙色产物固着在纤维上得橙色花纹。

还原染料的拔染难易程度不同。例如，还原艳橙 RK、蓝 HCGK 等，用含有咬白剂 W 的拔白浆印花可得良好的拔白效果。但紫蒽酮还原紫 2R 和蓝蒽酮还原蓝 GCD 等难以拔染。

第二节　蛋白质纤维织物印花

一、蚕丝织物直接印花

蚕丝织物印花最常用的染料有弱酸性浴染色的酸性染料以及 1∶2 型酸性含媒染料、直接染料和活性染料。弱酸性染料是用于丝绸织物印花的主要染料，其色谱较齐全，色泽鲜艳，弱酸性条件下染色有利于保持丝的光泽与触感。印花用直接染料应选用对蚕丝具有较高牢度的染料，或在印花色浆中适当加入一些醋酸铵等酸式盐类，以增加染料对蚕丝的亲和力，主要用于墨绿、藏青、棕等深浓色谱。用于丝绸印花的活性染料其得色鲜艳，染料与丝纤维的反应主要发生在氨基上，丝素中的羟基在中性或碱性介质中也参与反应。丝绸印染用活性染料品种不多，一般只有 Huntsman 公司的溴丙烯酰胺型 Lanasol 染料和 Clariant 公司的二氟一氯(氟氯甲基)嘧啶型 Levafix P/PN 染料。国内 β-(N-甲基磺基乙氨基)乙基砜活性染料(SN 型)可在中性介质中对丝绸进行印染，反应率 70%，湿处理牢度可达 4 级。

蚕丝织物印浆用的糊料要有良好的易洗性、透网性和流变性。由于丝绸的吸湿性较纤维素纤维低,因此糊料应有较好的透印性;良好的易洗性对于蚕丝织物也是非常重要的,否则会影响丝绸织物的风格和手感;蚕丝织物多采用网版印花,因此色浆应具有较好的流变性;蚕丝织物的印花图案多为精细花型,因此所用糊料应能达到较高的印花精度。单一的糊料很难满足蚕丝织物印花的要求,因此常采用拼混糊来进行印花以满足不同印花图案的印制要求。例如,增加可溶性小麦淀粉的用量可提高给色量和印花精度;加入海藻酸钠糊可改善印花的流变性和刮印性,特别适合圆网印花;若拼用部分乳化糊则可提高印花后的易洗性,对改善手感有明显的作用。

蚕丝吸收色浆的能力差,印花时色浆易浮在表面,印多套色时易造成互相"搭色",再加上织物容易变形,因此用于蚕丝织物印花的设备主要是平网印花机,包括网动式热台板印花机、布动式平网印花机和圆网印花机。热台板印花机在印花过程中可对织物进行烘燥,因此非常有利于采用叠色印花,可避免"搭色"。圆网印花机生产效率高,应用也甚为广泛,但不适用于精细度要求较高的花型。

蚕丝织物印花烘干后,需经蒸化处理,使大部分留在浆膜中的染料在水的存在下发生溶解,转移到纤维上,并扩散入纤维内部。蒸化还可使染料和化学助剂在较高温度下,在较短的时间内完成必要的化学反应。在蒸化过程中,由于织物上的色浆含有浓度较高的电解质以及高沸点的吸湿剂,所以其蒸汽压较低,蒸化室内的蒸汽会在色浆处冷凝形成必要的反应介质——水,而蒸汽在冷凝过程中所释放出的潜热可使织物特别是印有色浆处迅速升温,蒸化室内采用饱和蒸汽会使整个织物和色浆含水分过高,因而造成色浆渗化和"搭浆"等疵病,所以实际上蒸化机内的蒸汽都有适当程度的过热。蒸化效果的好坏往往取决于过热程度。蒸化温度高,可提高染料向纤维转移、扩散和化学反应的速度,以缩短蒸化时间。但过热程度过高,又会提高色浆中水分的蒸汽压,从而降低蒸化室内蒸汽压和色浆蒸汽压之间的压差,使织物上色浆不能得到足够的冷凝水作介质。过热程度过分高时,不但不能对色浆良好给湿,还会使色浆中的水分蒸发,从而不能取得蒸化效果。所以,蒸化时应尽可能降低蒸汽的过热程度,以保证色浆有充分的水分作介质,但以控制在不产生色浆渗化和"搭浆"为度。

由于蚕丝织物上的印花色浆大都在表面,所以蒸化时间较长,蚕丝织物受张力后易变形,故蒸化设备必须采用松式(有间歇式或连续式的),常用的蒸化设备有星形架蒸化机和长环悬挂式蒸化机。

弱酸性浴染色酸性染料印花色浆处方举例:

染料	x
尿素	5%
硫二甘醇	5%
原糊	50%~60%
硫酸铵(1:2)	6%
氯酸钠(1:2)	1.5%
加水合成	100%

硫酸铵为释酸剂,也可用酒石酸或草酸铵等。酸性含媒染料可与酸性染料拼用,但色浆中

一般不宜加释酸剂，否则色浆不稳定，且易使染料聚集造成色斑。尿素和硫二甘醇主要用于助溶染料和提高蒸化效果，也有用甘油的，但蒸化时易造成渗化。印花色浆中加入氯酸钠可防止汽蒸时因糊的还原性使染料破坏而造成色萎。

印花、烘干后需蒸化，根据所用蒸化设备的不同，约需30～60min。蒸化后水洗时应减少织物所受机械张力，可采用松式绳洗机。如印花浆中含有淀粉类原糊，织物还应经过酶退浆处理，务必使洗涤充分，以确保蚕丝织物的优良手感。水洗后，为提高牢度，还要用固色剂处理。最后还可用醋酸处理，以提高色泽鲜艳度和织物丝鸣感。

二、羊毛织物直接印花

羊毛和蚕丝同属蛋白质纤维，两者的印花工艺基本相同。但羊毛织物在预处理过程中，除需要经过常规的洗呢、漂白等处理外，还需经氯化处理，以改变毛的鳞片组织，使纤维易于润湿和溶胀，缩短印花后的蒸化时间，显著提高对各种染料的上染率，同时可防止织物在加工过程中产生毡缩现象。

羊毛的氯化处理通常在每升含 0.018～0.3g 有效氯和 1.4～1.5g 盐酸的氯化液中浸渍10～20s，然后充分水洗，经拉幅烘干。用于印制浅色的，氯化液浓度宜稍低；印制深色的，浓度宜稍高。如在氯化处理过程中有织物泛黄现象，应降低氯化液的浓度或缩短浸渍时间。若织物在氯化处理及充分洗涤后，再经过淡甘油水溶液处理，则利于印花后的蒸化，提高给色量。织物氯化处理应均匀，否则易导致印花不匀。为使氯化均匀，可用二氯异氰酸钠氯化，它在溶液中逐渐水解，释出次氯酸进行氯化反应。

羊毛较蚕丝吸收色浆的性能好，常用平网印花机印花。对原糊印透性能的要求没有蚕丝织物印花那样高，所用印花染料和处方与印蚕丝织物的基本相同。羊毛经过氯化，染料易于上染，色浆中可加缓染剂，以提高印花均匀度。蒸化时织物上色浆含潮要适当，含潮过低蒸化效果不良，含潮较高得色深且艳，但过高易产生渗化并在洗涤时造成沾色。由于染料对织物的上染率高，所以后处理的洗涤工艺较简单，用松式绳洗机流动水洗即可。

羊毛除织物印花外，尚有毛条印花和纱线印花。毛条印花通常在凸纹辊印花机上进行，预先不经过氯化处理。印花后经过纺、织，可制成混色织物。纱线印花和毛条印花类似，主要用于生产花式毛线或用于织造地毯。

三、蚕丝、羊毛织物拔染印花

蚕丝和羊毛织物的拔染印花工艺基本相同。通常用还原剂作为破坏地色的拔染剂，常用的有雕白粉、二氧化硫脲和氯化亚锡。用雕白粉作拔染剂，适用的地色染料范围较广，拔白效果较好，拔白印花容易得到良好的白度，但在用酸性或直接染料作着色拔染印花时，印花色浆受雕白粉的影响而不够稳定。雕白粉破坏地色染料的作用虽强，但用于着色拔染时可选用的着色染料范围更狭，所以主要用于拔白印花。二氧化硫脲也能在酸性印花色浆中应用。用氯化亚锡作拔染剂时，因锡盐容易和被破坏的地色染料结合成有色物质，拔白效果不及雕白粉，主要用于着色拔染印花。氯化亚锡还会对设备造成腐蚀,但由氯化亚锡组成的拔染印花色浆,在织物印花和蒸化前的搁置过程中不受空气氧化的影响,这对于生产管理,特别是生产效率低的手工台板印花是很有利的,蒸化时也不必过分强调使用不含空气的蒸化设备。

用于染地色的染料是那些容易被还原剂破坏消色而能够洗除的直接染料、酸性染料。它们一般都是偶氮染料。直接染料可选用的品种较多,酸性染料的色泽比较鲜艳。织物可按常规工艺染色,染色后应将织物用水洗净。

(一)拔白印花

蛋白质纤维织物的雕白粉拔白浆中不加碱剂,即所谓中性拔白浆。雕白粉用量一般为15%~20%,原糊可用淀粉—印染胶糊或单一印染胶糊。拔白浆中可加入10%的锌氧粉作为机械性防染剂,还可加入5%的甘油,以提高蒸化效果。

印花烘干后通常在密闭的圆筒蒸化室内蒸化15~20min,操作时必须注意,应将蒸化室内的空气排除。蚕丝织物在预处理过程中若经锡盐增重,蒸化时易生成有色硫化物,所以蒸化时间不宜过长。若拔白浆中加锌氧粉或碳酸锌,它们能生成白色的硫化锌,从而可避免产生有色的锡硫化物。

氯化亚锡拔白浆主要用于中、浅地色的拔染印花。拔白浆中氯化亚锡用量一般为8%,另加有机酸如草酸、柠檬酸等。原糊宜用耐酸的醚化淀粉糊或刺槐豆胶、瓜耳豆胶等的醚化衍生物。蒸化通常在圆筒蒸化室内进行,压强为8.8×10^4Pa(0.9kgf/cm^2),时间约15min。蒸化后水洗,再固色处理。

(二)着色拔染印花

常用的着色染料是耐拔染剂的酸性染料,酸性含媒染料常用于牢度要求高的深色花纹。

雕白粉法着色拔染印花色浆中雕白粉用量为15%~20%,糊料可选用印染胶或印染胶—淀粉混合糊,另加甘油,印花、烘干后蒸化15~30min。

氯化亚锡法着色拔染印花中氯化亚锡用量约8%,并加有机酸如柠檬酸钠约2.5%,另加醋酸钠约5%,以缓冲氯化亚锡过强的酸性。原糊宜选用耐酸以及遇锡盐不会凝聚的糊料,如醚化淀粉和刺槐豆胶、瓜耳豆胶等的醚化衍生物。

第三节 合成纤维织物印花

一、涤纶织物直接印花

涤纶织物印花主要使用分散染料。印花用的分散染料必须要具有较好的分散性能,否则染料在制备印浆时易产生凝聚,印花后会导致色斑、色点等疵病。因印制后需高温汽蒸,为避免花色相互渗透,必须选择升华牢度高的染料。分散染料的升华牢度与染料的分子结构、汽蒸固着温度和印制深度有关,升华温度过低的染料会在热熔固色时沾污白地,固色率不高的,后处理水洗时又会沾污白地,一般以选用中温型固色(热熔温度175℃以上)或高温型固色(热熔温度190℃以上)的染料较为合适。低温型固色的染料一般不宜使用。同一织物上印花所用分散染料的升华温度应一致，同时要求对固着条件的敏感性要低，这是确保印花重现性的重要条件。除此之外，印花用分散染料还应具有高的日晒牢度、好的提升性和相容性，水洗时的白地沾污性良好。另外值得注意的是分散染料的生态性能，即不含有在特定条件下会裂解产生24种致癌芳香胺的偶氮染料、不含有过敏性染料、不含有其他有害化学物质。

糊料的选用应能确保有较高的得色量，花纹轮廓清晰度高、印制效果好，与印花色浆中的其他成分的相容性、稳定性好。涤纶是疏水的热塑性纤维，不易印制均匀，选用的原糊应有良好的黏着性能、润湿性和易洗涤性。印在织物上所形成的浆膜还应具有一定的柔顺性，以防止浆膜脱落。

各种糊料单独使用都无法满足上述各种要求，因此常使用若干种糊料拼混使用来达到较为良好的印制效果。常用糊料有：海藻酸钠、羧甲基纤维素、醚化淀粉、醚化植物胶、合成糊料和乳化糊。海藻酸钠糊，尤其是低聚合度的褐藻酸酯调成的原糊流动性好，渗透性也很好，且具有较好的给色量，若与乳化糊拼混，不仅易于洗涤，保持织物手感柔软，而且还能改善刮印性能，更好地适应圆网印花机和布动式平网印花机的需要；羧甲基纤维素、醚化淀粉调制成的原糊，给色量高，印制轮廓清晰度也较好，但必须选择高醚化度的产品，否则易造成堵网和易洗除性差；醚化植物胶流动性好，印制效果良好，但易洗除性较海藻酸钠略差些，给色量与醚化淀粉相似；多元羧酸型高分子合成糊，原用于颜料印花，逐渐发展后也用于涤纶织物分散染料直接印花，该糊料在高温汽蒸条件下不会产生还原性物质，所以不会有使某些染料色泽变萎暗的现象，因制成的原糊固含量低，所以给色量也较其他糊料的高，而且浆层结膜薄，易溶胀洗除，但该原糊对电解质甚为敏感，仅适用于含非离子型分散剂的分散染料，否则原糊的黏度将显著降低。

调制印花色浆时，根据染料、花型、织物规格及印制设备选用适当的原糊，再将分散染料悬浮液以温水稀释，在搅拌下加入原糊中，然后加入必要的助剂。分散染料直接印花常用助剂主要有释酸剂、氧化剂、金属络合剂和增深促进剂，释酸剂一般使用不挥发的有机酸，例如酒石酸、乳酸、柠檬酸等，主要用来调节印花色浆的pH值，因为许多分散染料对碱敏感，在碱性条件下高温长时间蒸化，有可能因水解而变色，但pH值又不能太低，否则会使染料中某些扩散剂的扩散能力丧失，有氨基的染料还会形成铵盐而失去对涤纶的上染性，印花色浆的pH值一般控制在4.5～6之间。含有硝基或偶氮基的分散染料，在蒸化时易被还原而变色，印花色浆中可加入间硝基苯磺酸钠或氯酸钠等氧化剂，但氯酸钠在170℃以上的高温常压蒸化时，会促使某些糊料降解从而影响分散染料的印花深度，应对糊料进行选择。分散染料分子结构中，具有数个不共有电子对的基团，它们能与某些金属离子发生络合作用生成络合物，会导致分散染料色变、降低分散能力，甚至降低分散染料的染着，因此色浆中应加入金属络合剂，如六偏磷酸钠、乙二胺四乙酸钠等。增深促进剂（又称固色促进剂）本身具有吸湿性，对染料有“助溶性”，并具有使纤维溶胀的作用，能加速染料向纤维转移和向纤维内部扩散，从而避免因长时间的高温固着处理所造成的染料升华污染以及对涤纶性能的影响。增深促进剂大多为表面活性剂，其组分主要有：有机化合物的混合物、芳香族酯化物的混合物、氧乙烯化合物的混合物等。尿素是高温高压汽蒸工艺印花色浆中常用的增深促进剂，但不适用于高温常压蒸化或培烘固色，这是因为尿素在高温汽蒸时，会提高吸湿性，对抱水性差的糊料会造成花纹轮廓清晰度下降，同时尿素在高温下会分解出游离氨,导致对碱性敏感的分散染料分解,焙烘时,尿素的存在会使糊料变为棕色,进而影响色泽鲜艳度。

印花色浆处方举例:

	(Ⅰ)	(Ⅱ)
分散染料	x	x
尿素	2%	—
氯酸钠	0.5%	—
硫酸铵	0.5%	0.2%
增深促进剂	—	1%
原糊	50%	50%
总量	100%	100%

上述处方(Ⅰ)适用于高温高压蒸化,处方(Ⅱ)适用于高温常压蒸化。

涤纶织物用分散染料印花,烘干后,可采用高温高压蒸化法(HPS)、热熔法(TS)或常压高温连续蒸化法(HTS)进行固色。

高温高压蒸化法(HPS)固色是织物印花后在密闭的高压汽蒸箱内,于125~135℃温度下,蒸化约30min。汽蒸箱内的蒸汽过热程度不高,接近于饱和,所以,纤维和色浆吸湿较多,溶胀较好,有利于分散染料向纤维内转移,水洗时浆料也易洗除。涤纶在130℃和含湿条件下,纤维非晶区的分子链段运动加剧,有利于分散染料在纤维内扩散。分散染料的升华温度大都远高于130℃,所以HPS法固色不会产生升华沾色问题,因此相对分子质量较小,升华温度较低的染料也能适用,染料品种选择的范围较广。用HPS法固色,染料的给色量较高,织物手感较好,可适用于易变形的织物(如仿绸制品及针织物)等的固色。HPS是间歇式生产,适宜于小批量加工。

热熔法(TS)固色的机理和方法基本与热熔染色相同。为了防止染料升华时沾污白地,同时又要求达到较高的固色率,热熔温度必须严格按印花所用染料的性质确定,热熔时间一般为1~2.5min。固色是否均匀,不但取决于温度是否均匀,还取决于喷向织物不同部位的热风流速是否均匀。因为热熔法是干热条件下固色,对织物的手感有影响,特别是对针织物的影响更为明显。热熔法不适用于弹力纤维织物。

常压高温蒸化固色法(HTS)以过热蒸汽为热载体。和热熔法固色相比较,高温蒸化法分散染料的固色温度可降低到175~180℃,因此可供选用的染料较热熔法多,但蒸化固色时间较长,约需6~10min。用过热蒸汽进行固色较用焙烘的优点是织物上印花色浆是在蒸汽压为101.3kPa(1个大气压)的过热蒸汽的环境中,容易保留溶胀糊料的水化水(水化水不像自由水那样容易挥发逸去),在湿热的条件下,纤维较易溶胀,这就有利于分散染料通过浆膜转移到纤维上。此外,过热蒸汽的热容比焙烘的大,蒸汽膜的导热阻力也较空气膜的小,使织物升温较快,温度也较稳定。

二、涤棉混纺织物直接印花

涤棉混纺织物的印花有两种方法:一种是单一染料同时上染两种纤维。可使用的染料有涂料、缩聚染料、可溶性还原染料、聚酯士林染料以及涤/棉专用染料。但它们有一定的局限性，除涂料印花外，其他类型染料往往由于混纺织物组分不同造成色相不能平衡，有涤深棉浅或棉深涤浅现象发生，染料选择性强，色谱不能配套，色泽也不够丰满。另一种是将染涤纶和染棉两类不同的染料调制在同一印花色浆中，印花后分别固着在两种纤维上，即两种染料同浆印花。常用的有分散染料和活性染料同浆印花、分散染料与还原染料同浆印花和分散染料与可溶性还原染料同浆印花等。调节同浆印花色浆中两种染料用量的比例，可以在两种不同纤维上得到比较接近的色相和深度，从而获得较理想的均一色泽。由于同浆印花印浆中含有两种不同的染料及所有的助剂，因此不可避免地会相互影响，只有对染料及助剂进行选择，采取合理的印花工艺，才能达到理想的效果。虽然可用于涤棉混纺织物印花的染料种类较多，但真正实用的却不多，普遍采用的仅有涂料印花，分散染料和活性染料同浆印花，对于牢度要求较高或特殊服用性能的涤棉混纺印花织物也可采用分散染料和还原染料同浆印花。涂料直接印花参见颜料印花部分。

(一)分散染料和活性染料同浆印花

分散染料和活性染料同浆印花是涤棉混纺织物最主要的印花方式。其特点在于色谱齐全，色泽鲜艳，特别适用于中、浅色花型，色浆的调配及印制工艺相对简单，印花织物的手感较好，刷洗牢度优良，但对于染料的选用、固着条件和洗涤要求较严，若选用不当易造成色泽萎暗，白地不白，湿处理牢度差。

在分散染料和活性染料同浆印花中，由于两种染料同处在一起，若为全料法印花还有碱剂的存在，彼此之间会产生影响。将印花色浆印制到织物上后，色浆中的分散染料会对棉纤维造成沾污，由于分散染料只有在进入涤纶纤维后才会呈现出鲜艳的色泽，而未进入的分散染料本身色泽萎暗，若黏附在棉纤维上会造成织物色泽萎暗而影响织物色泽鲜艳度。分散染料对棉的沾污主要与分散染料分子结构有关，沾污程度受未固着在涤纶上染料数量的影响，染料用量高、固色条件差和存在阻碍固着的助剂时，沾棉严重。部分活性染料也会对涤纶造成沾污，但对织物的影响较分散染料小，应选用扩散速率高、染料母体亲和力低的染料。

碱剂的存在对分散染料的影响较大，小苏打可促使某些分散染料水解，从而影响色光，降低染料的上染性，增加沾污，降低染料的鲜艳度，高温时促使染料发生凝聚造成色点，因此在全料法印花中应严格控制碱的用量，在不影响活性染料固色的前提下尽量维持在最低碱量。碱剂对分散染料的影响还与固色方式有关，其中高温高压汽蒸固色的影响最大，焙烘影响最小，而高温常压蒸化介于两者之间。

涤棉混纺织物的印花方法可分为全料法工艺和二相法工艺两种类型，其中以全料法工艺较为普遍。

全料法印花就是将分散染料、活性染料、碱剂和其他助剂放置在一起制成色浆进行印花，印花烘干后，再进行固色。固色的方式主要为高温常压汽蒸固色，固色温度为175℃左右，固色时间为5～7min。也可采用先进行焙烘(180～190℃，2～3min)，再进行常规蒸化(102℃，5～7min)的固色工艺。固色后再进行水洗、皂洗、水洗，彻底洗除浮色。

分散染料和活性染料全料法印花色浆举例：

分散染料	x
活性染料	y
防染盐 S	1%
六偏磷酸钠	0.5%
小苏打	0.5%～1%
尿素	3%～5%
海藻酸钠糊	50%
加水合成	100%

分散染料和活性染料全料法同浆印花时，易造成白地的沾污，其原因主要是分散染料的升华沾色，另外分散染料本身颗粒极细，若固着不充分，未固着的分散染料在平洗时沾污白地，特别是最初水洗时，洗槽内的水置换慢，水洗温度高，沾色更为严重，一经沾污就很难洗净。因此要选择合理的固着条件，一般采用先焙烘后汽蒸，对分散染料而言，其给色量较先汽蒸后焙烘时高。

(二)分散染料和还原染料同浆印花

分散染料和还原染料同浆印花主要用于印制中色或深色以及对牢度有较高要求的印花织物。还原染料和分散染料同浆印花不能采用全料法工艺，这是因为还原剂和碱剂对分散染料有影响，因此，应采用二相法印花，即印花烘干后先经焙烘或高温蒸化使分散染料固着，而后浸轧烧碱—保险粉还原液后快速汽蒸，使还原染料在棉纤维上固着。织物经还原液处理时，还能将沾污在棉纤维上的分散染料清洗除去，从而提高了色泽鲜艳度。

三、涤纶织物的防拔染印花

在涤纶织物上获得拔染或防染效果花纹图案的方法不同于纤维素纤维织物，因为涤纶织物一般采用分散染料染地色，当完成染色过程，地色染料扩散入涤纶内部以后，是难以用拔染印花的方法将其彻底破坏去除的。若采用先印防染色浆，烘干，再浸轧地色染液的方法，则由于疏水性的涤纶黏附色浆的能力差，在浸轧地色时，会使色浆在织物上渗化，同时防染剂会不断进入地色染液，使地色染液被防染剂所破坏而难以染得良好的地色。最常用的方法是，采用先浸轧地色染液(或印全满地)，经低温烘干，其目的是不使分散染料地色上染涤纶，再印防染色浆，烘干后再进行固色及后处理。也可采用类似防印印花的方法，即在织物上先印防染色浆，随即罩印全满地地色色浆，最后烘干、固色和后处理。此方法的特点是防染色浆和地色在印花机上一次完成，往往可获得较好的防染效果。这类方法被称作防拔染印花。

涤纶织物防拔染印花主要有还原剂法、碱性法和络合法三种方法。

(一)还原剂防拔染印花

利用分散染料还原电位的不同(即耐还原剂的性能不同)，分别用氯化亚锡、变性锡盐(加工锡)、德科林(Decroline)进行拔白或着色拔染。可拔分散染料(即地色染料)可以被拔染剂还原分解，分解产物应无色，对涤纶的亲和力很低，且分解产物易从纤维上去除。而作为着色用染料应在拔染色浆中稳定性良好，色牢度高。

氯化亚锡是强酸性还原剂类防染剂，可用于涤纶织物的防白或着色防染印花。氯化亚锡法防拔染印花可采用先浸轧染液（或在印花机上印地色），经低温烘干后再印防染色浆的二步法工艺，也可采用在印花机上一步法的湿法罩印工艺。

印花处方举例：

耐拔分散染料	x
渗透剂	0～2%
氯化亚锡	4%～6%
酒石酸	0.3%～0.5%
尿素	3%～5%
原糊	45%～60%
加水合成	100%

氯化亚锡在蒸化过程中所产生的盐酸酸雾，不但会腐蚀设备，还会影响防白效果。色浆中加尿素和 pH 缓冲剂，可与在蒸化过程中所产生的氯化氢作用，从而缓和上述缺点。

为进一步提高防白效果，防白浆中还可加入六偏磷酸钠、聚乙二醇 300# 或丙二醇聚氧乙烯醚以及水玻璃。白度不白（泛黄，俗称“锡烧”）的重要原因之一是锡离子在蒸化过程中会与糊料及染料的分解产物结合，生成有色沉淀附着在纤维上，使纤维泛黄。防白浆中加入六偏磷酸钠后，可与亚锡离子络合成较稳定的络合物，在高温蒸化时才将亚锡离子逐渐释出，同时聚乙二醇或其醚化物兼有吸湿和分散作用，再在水玻璃的作用下，锡离子与糊料或染料的分解产物所产生的沉淀，就不易聚集或固着在纤维上。

印花糊料宜采用耐酸和耐金属离子的醚化刺槐豆胶糊或其和醚化淀粉糊的混合糊。水玻璃遇强酸会凝结，调制防白浆时应将水玻璃先调入原糊，再在搅拌下缓慢地加至含有氯化亚锡的糊内。

印花烘干后，在圆筒蒸化机中 130℃蒸化 20～30min，或在常压下 170℃蒸化 7～10min，两者都能得到满意效果。

最后的洗涤必须充分，才能获得良好的防白白度。洗涤时除用一般的冷、温水外，还需用酸液（30%HCl 20mL/L，60～70℃）酸洗，以洗除锡盐等杂质。

（二）碱性防拔染印花

在高温时，某些分散染料可能会发生水解，使染料具有亲水性，失去对涤纶的亲和力，而采用耐水解的分散染料作着色防染的染料。易于水解的基团有—OCOR、—OCOOR、—NHCOR、—COOR、—CN，双酯基团在高温下对碱十分敏感，羧酯基被碱剂水解，生成对涤纶没有亲和力的水溶性羧酸盐，从而易于从纤维上洗除。

碱性防拔染印花的优点是拔染剂价格便宜，也不存在使用还原剂拔染法中氯化亚锡对汽蒸设备的腐蚀和废水中的重金属离子处理等问题，若合理选择印花原糊，可以采用高目数的网版印制精细花纹。这是碱性防拔染法较还原剂防拔染法最为明显的优点。碱性防拔染法印花的产品白度较好,但其花纹常由于碱剂用量和原糊选择不当而有渗化现象,使轮廓的清晰度稍差。

适用于碱性防拔染的地色染料结构上应含有1～3个酯基,在高温下,羧酯基被水解成为可溶性的物质。由于这些染料对碱的敏感程度不一,因此必须弄清碱剂和碱剂用量与染色深度的匹配性,以达到最佳的防拔染效果。而作为着色防拔染的分散染料,应对碱剂的稳定性优良,且不会因碱剂的存在而发生色泽变浅与色相变化。

碱性防拔染印花常用的碱剂有碳酸钠、碳酸钾、碳酸氢钠和氢氧化钠等。碳酸氢钠的碱性稍弱,防拔白的白度也稍差。氢氧化钠、碳酸钾拔白度好,但吸湿性较大,印花后的半制品在堆放过程中,易吸收空气中的水分而渗化,造成花纹轮廓不清。因此,目前均采用碳酸钠作为防拔染印花的碱剂,其防拔白效果和花纹轮廓清晰度均较好。

在碱性防拔染印花的色浆中一般还要加入润湿剂、助拔剂和增白剂。润湿剂在汽蒸时吸湿,使分散染料的酯基碱水解完全,以提高防拔染的效果,丙三醇和聚乙二醇(相对分子质量为300～400)都是有效的润湿剂。助拔剂有较大的助溶性和吸湿作用,并且对涤纶有一定的增塑作用,可提高拔染效果。

碱性防拔染印花使用的印花糊料常选用耐碱性能较好的醚化淀粉、醚化植物胶和羧甲基纤维素。这些糊料可以根据印花方式的不同,选择不同的拼混比例,以得到较为理想的印制效果。

(三)络合法防拔染印花

络合法防拔染印花是利用某些分散染料能与金属离子形成络合物,从而丧失其上染涤纶的能力,达到防拔染效果。分散染料和金属离子络合通常生成1∶2型的络合物,相对分子质量成倍增大,对涤纶的亲和力和扩散性能大大下降,因而难以上染。

用于金属盐防染法地色的分散染料品种不多,大部分属于蒽醌类染料。这些染料必须在蒽醌结构的α位上有能和金属盐形成络合物的取代基,如—OH、$—NH_2$等,所用金属盐有铜、镍、钴、铁等,其中铜盐的防染效果最好,最为常用的是醋酸铜或蚁酸铜。

着色防拔染印花色浆处方举例:

染料(不为铜盐络合的)	x
醋酸铜	5%
冷水	y
氨水(25%)	5%
憎水性防染剂	5%
ZnO(1∶1)	20%
防染盐S	1%
原糊	45%～50%
合成	100%

醋酸铜溶解度小,加入氨水构成铜氨络合物,以提高溶解度。氨水还可提高防白浆或色浆的pH值至中性以上,有利于提高铜盐和分散染料的络合作用和络合物的稳定性。但若氨水过多,又会降低铜离子和染料的络合能力。憎水性防染剂可从常用的柔软剂中选用,如石蜡硬脂酸的乳液或脂肪酸的衍生物等。防白浆中可加入0.2%～0.5%的荧光增白剂。印花原糊应选

用耐重金属离子的，如糊精、醚化淀粉糊或刺槐豆胶醚化衍生物等。

印花采用罩印地色的一步法湿法防拔染印花，可取得良好的防拔染效果。蒸化可在高压蒸化或常压高温设备中进行，在防染地色的同时使着色防染染料固色。织物印花、蒸化后，先充分冷水洗，再用10～20g/L的稀硫酸液酸洗，以洗除未络合的金属盐和不溶的金属络合物。

四、锦纶织物印花

锦纶织物印花一般选用弱酸性染料和中性染料，也有个别选用直接染料和阳离子染料的。弱酸性染料色泽鲜艳，湿处理牢度较高，色谱广，使用方便。中性染料由于有优良的日晒牢度而被用于深色印花，但由于匀染性较差，故拼色时要选用亲和力和扩散率基本近似的染料。

印花前，织物先经蒸汽定形，以提高染料的上染速率。常用的印花设备为网版印花机，印花时织物的幅宽最好比稳定幅宽宽约4%，这样可避免织物隆起而起皱。

印花色浆处方举例：

酸性染料	3%～6%
硫二甘醇	1%
硫脲	5%
碘化油	2%
硫酸铵	3%
原糊	约50%
合成	100%

硫二甘醇可帮助染料溶解。硫脲兼有助溶和溶胀纤维的作用。硫酸铵是释酸剂，可提高染料给色量。所用糊料应耐较低pH值并具有较高的黏着力，成膜后有一定的延伸性，如变性刺槐豆胶、瓜耳豆胶等，也可用变性淀粉或糊精等。

印花、烘干后可在长环连续蒸化机内103℃连续蒸化20～30min，或者在星形架圆筒内加压挂蒸30min，后者可得到较高给色量。

水洗时应特别注意，防止从织物花纹上洗下的染料沾染白地。先以流动冷水在松式绳洗机上洗20～30min，再以不超过60℃的温水洗。为了更好地洗去浮色，可用1g/L的稀纯碱溶液洗涤。印花织物很少像染色那样用类似单宁的合成固色剂固色，因为这会影响白地白度。

五、腈纶织物印花

腈纶织物主要用阳离子染料印花，分散染料对腈纶仅能印得浅色，且染料的递深能力差，所以很少应用。腈纶遇热碱会泛黄，超过玻璃化温度时，上染速率急剧上升，上染不易均匀。因此，印花及蒸化时，都必须考虑到这些因素。对腈纶用荧光增白剂处理，可以提高印花织物白地白度以及花色的艳亮度。

印花色浆处方举例：

阳离子染料	x
硫二甘醇	1%
醋酸(98%)	1.5%
酒石酸	0.75%
固色促进剂	1%～2%
原糊	y
合成	100%

硫二甘醇是染料良好的助溶剂。固色促进剂的主要作用是促使纤维溶胀,以利于染料进入纤维和扩散,可缩短蒸化时间。腈纶的化学结构中有氰基,所以结构中含氰基的固色促进剂其效果较为显著,如三氰乙基胺、氰乙醇等。尿素也可用作固色促进剂。在印制面积较大的花型时,色浆中可加入适量的缓染剂,如长链烷基季铵盐,在蒸化过程中,它能和阳离子染料对纤维的上染位置产生"竞染",在部分染位上长链烷基先于阳离子染料上染,然后再逐渐让位于阳离子染料,从而达到缓染的目的。也有采用阴离子缓染剂的,它在非离子型分散剂的存在下,和阳离子染料结合形成一分散体系,印上纤维后在蒸化过程中逐渐释出阳离子染料上染纤维。印花色浆必须确保酸性,除加入醋酸外,还应加入不挥发性有机酸,如酒石酸、柠檬酸等。糊料可采用羟乙基淀粉、羧甲基纤维素或糊精等。

阳离子染料对腈纶的直接性高,扩散较慢,所以蒸化时间较长。腈纶织物在加热下受张力容易变形,所以应采用松式蒸化设备,如星形架圆筒蒸化机或长环连续蒸化机,但长环连续蒸化的效果不如星形架加压蒸化的好。

复习指导

1. 了解不同类型纤维织物的印花方法、工艺流程、色浆组成及各组分的作用,印花后的固色及后处理的特点及要求。

2. 掌握活性染料全料法印花和二步法印花各自的特点及要求,直接印花与防染印花、拔染印花的适用范围及基本方法。了解各类纤维织物防、拔染印花的基本原理。

3. 了解各类染料、助剂在不同印花方法中的选择及要求,各类印花色浆的调配方法。

思考题

1. 活性染料印花有哪些特点?存在哪些问题?
2. 简述印花用活性染料应具备的性能及要求。
3. 什么是全料法印花?什么是二步法印花?它们各有什么特点?
4. 写出活性染料全料法印花的色浆组成,试分析各组分的作用及原理。
5. 简述活性染料全料法印花的固色方法。
6. 活性染料二步法印花常用工艺有哪些?简述轧碱短蒸法的工艺过程。
7. 简述还原染料印花的特点。

8. 阐述还原染料全料法印花基本色浆的制备方法。

9. 试分析还原染料全料法印花色浆主要成分的作用及原理。

10. 简述还原染料二相法印花的特点。

11. 什么是共同印花？为什么要采用共同印花？在进行共同印花时应注意哪些问题？

12. 什么是防染印花？为什么要采用防染印花？

13. 什么是防印印花？它与防染印花有什么不同？

14. 阐述活性染料地色防染印花的防染原理。

15. 什么是拔染印花？

16. 什么是拔染剂？常用的拔染剂有哪些？

17. 简述蚕丝织物用弱酸性浴染色酸性染料直接印花的色浆组成及各组分的作用。

18. 试分析涤纶织物用分散染料直接印花的色浆组成及各组分的作用。

19. 简述涤棉混纺织物的印花方法。

20. 阐述涤棉混纺织物采用分散染料/活性染料同浆印花的色浆组成及各组分的作用。

21. 简述涤纶织物防拔染印花的方法及原理。

22. 试分析锦纶织物印花的色浆组成及各组分的作用。

23. 简述腈纶织物的印花方法。

参考文献

[1] 宋心远．活性染料近代染色技术及助剂[J]．印染助剂，2008，25(1)：1.

[2] 章杰．纤维素纤维用活性染料技术进展(一)[J]．纺织导报，2007(4)：26－27.

[3] 章杰．纺织品印花用染料和涂料的质量要求[J]．纺织导报，2006(11)：89－90.

[4] 黄茂福．常规印花的研究与开发综述[J]．印染，2001(11)：42－45.

[5] 岑乐衍．今日之二相法印花高效蒸化技术(上)[J]．纺织导报，2002(3)：41－46.

[6] 陈立秋．新型染整工艺设备[M]．北京：中国纺织出版社，2002.

[7] 章杰．还原染料现状和发展[J]．印染，2005(20)：43。

[8] 胡平藩．筛网印花[M]．北京：中国纺织出版社，2005.

[9] 赵涛．染整工艺学教程：第二分册[M]．北京：中国纺织出版社，2005.

[10] 王菊生．染整工艺原理：第四册[M]．北京：纺织工业出版社，1987.

[11] 上海印染工业行业协会《印染手册》编修委员会. 印染手册[M]. 2 版，北京：中国纺织出版社，2003.